21世纪高等院校教材

海洋测量学

周　立　主编

教育部高等学校海洋技术特色专业建设项目
江苏省高等学校海洋科学类重点专业建设项目
江苏省高等学校精品教材建设项目　资助
江苏省高等学校海洋科学与技术优势学科建设工程
江苏省测绘科学与技术重点建设学科项目

科学出版社
北京

内 容 简 介

本书全面系统地论述了海洋测量学的现代理论与方法。本书共13章，第1章为绪论，介绍海洋基础知识、海洋测绘的发展史和基本内容；第2章介绍测量学基础理论；第3章和第4章介绍海洋定位和水深量测两种基本测量的方法及其仪器使用；第5章和第6章介绍海底地形测量与海图绘制；第7章介绍海籍调查与测量；第8章和第9章介绍港口与航道工程和海洋工程测量；第10章～第12章介绍海洋管理中的海岛、海岸线和勘界测量；第13章介绍卫星测高技术的基本原理及其应用。

本书可作为高等院校海洋科学、海洋技术、海洋资源开发技术、海洋工程与技术、港口航道与海岸工程、海洋资源与环境、海洋管理、船舶与海洋工程、海洋渔业科学与技术等专业本科生及研究生教材，同时也可供从事海洋科学调查、海域使用管理、海籍管理、海洋环境保护、海洋工程勘测设计、海洋工程施工、海洋信息技术、海事和测绘工作的工程技术人员参考。

审图号:GS 京(2022)1373 号

图书在版编目(CIP)数据

海洋测量学／周立主编. —北京：科学出版社，2013
21世纪高等院校教材
ISBN 978-7-03-036701-3

Ⅰ.①海… Ⅱ.①周… Ⅲ.①海洋测量-高等学校-教材 Ⅳ.①P229

中国版本图书馆CIP数据核字(2013)第028452号

责任编辑：杨　红 / 责任校对：郭瑞芝
责任印制：张　伟 / 封面设计：刘可红

科学出版社出版
北京东黄城根北街16号
邮政编码：100717
http://www.sciencep.com
北京凌奇印刷有限责任公司 印刷
科学出版社发行　各地新华书店经销
*
2013年3月第　一　版　开本：787×1092　1/16
2023年1月第七次印刷　印张：24
字数：610 000

定价：89.00 元

(如有印装质量问题，我社负责调换)

序

海洋与国家安全、全球气候变化、人类可持续发展等人类面对的具有全局性、长期性和挑战性的重大问题休戚相关。21世纪，人类进入了全面开发海洋的新时代，沿海各国在海洋领域的竞争日益激烈。海洋资源的开发利用和海洋环境的安全保护将成为世界各国经济与科技竞争的焦点之一。海洋科技水平和创新能力在未来的竞争中将占据主导地位。

海洋测绘是海洋开发利用和海洋权益保障的重要基础性工作。中国是海洋大国，管辖近300万km^2的主权海域，相当于陆地面积的三分之一，成为世界第5位拥有广大海洋“国土”的国家。要建设海洋强国，海洋测绘必须先行。国家启动了“数字海洋”这一巨大系统工程，其中海洋测绘不仅为“蓝色国土”提供了海洋空间基础信息，而且在建设“数字海洋”中具有促进海洋经济发展的综合性战略地位。

海洋测量学是海洋科学领域的一个重要学科，是研究海洋空间环境、海洋资源开发和各类海洋工程建设所不可缺少的科学与技术。近几年来，各级政府海洋管理部门和海洋企事业单位等对海洋科技人才的需求日益增加，作为国家战略性新兴产业专业，如海洋科学、海洋技术、港口航道与海岸工程、海洋资源开发技术、海洋资源与环境、海洋管理、船舶与海洋工程、海洋渔业科学与技术等专业，犹如雨后春笋般发展起来。“海洋测量学”成为培养海洋科学技术与工程类专业人才教学体系中必修的专业基础课程。现有的《海洋测量学》教材尚不能适应全新的海洋科学技术类专业人才培养要求，因此亟待编写适合高等教育海洋科学技术与工程类专业“海洋测量学”课程的教材，以满足各类海洋专业人才培养的需要。

淮海工学院多年来依托其扎根江苏沿海形成的专业优势，积极投身服务于沿海开发，以塑造具有鲜明海洋特色的高校为目标，开展了海洋人才培养的创新实践，特别是在测绘类专业领域创建了基于“3S”技术的多学科交叉渗透的海洋技术国家级特色专业；探索了创新能力本位教育模式，以培养海洋空间信息基础设施建设所急需的多学科渗透交叉复合型海洋信息技术应用人才；构建了多学科交叉渗透的工程化教学与教学过程工程化管理创新能力培养的新途径。该教材则是基于这些教学改革成果，经过大量调研和教学实践之后编写而成，填补了我国高等教育海洋科学技术与工程类专业“海洋测量学”课程教材的空白，必将推进海洋高等工程教育改革与发展。

该教材有别于其他海洋测量学教材的特点是，既以现代海洋测绘新技术为主干内容，又顾及测量学的基本理论和方法，以陆地测量为基础过渡到海洋测量，充分体现“海洋测量学”是测绘学的一个重要组成部分，从而构建了陆海测绘一体化框架，并且针对海洋多学科应用需要，又恰当地与海洋高新科技相结合。另外，该教材还编入海籍调查与测量、海岸线测量、海岛(礁)测绘等内容，满足了合理开发海洋资源、保护海洋生态环境，维护国家海洋权益的新形势、新要求。

该教材的主要作者周立同志是我熟悉的一位长期工作在高等教育测绘领域教学第一线的教授，这几年他在海洋科学技术与测绘科学技术相结合上做了大量卓有成效的工作，有着丰富的海洋测绘教学经验。这本《海洋测量学》就是在他和团队的共同努力下，本着创新精神，取得的辛勤劳动的成果。该教材的出版也必将进一步促进测绘科学技术在海洋科学技术领域的应用和发展。

我希望作者能及时收集广大读者对该教材的意见与建议，深入研究海洋测量学的新理论、新技术、新问题，全面提高“海洋测量学”课程教学质量。

教育部高等学校测绘学科教学指导委员会主任
武汉大学教授　中国工程院院士

2012年11月

前　言

海洋蕴藏着丰富的自然资源，21 世纪人类已经将资源开发和利用的重点转向了海洋。海洋测量是人类进行一切海洋活动的基础，为海洋开发与可持续发展、国家海洋权益保护保驾护航，必将在我国海洋强国战略实施中发挥重要的作用。纵观我国海洋测绘发展的 60 多年，海洋测量随着人类社会开发管理海洋的需要和科学技术水平不断的发展，作业模式实现了由手工操作到自动化操作。测量方式实现了由点线测量到高效率的面测量。测量要素实现了由单一水深到多要素的综合信息。海图生产完成了由手工绘制向计算机辅助制图和计算机自动制图的转变。海图使用向电子化和信息化方向发展，基于海洋地理信息系统的各种海图应用系统得到广泛应用，海图种类迅速增加。特别是近 10 年来，以卫星定位、多波束和机载激光测深、卫星测高等技术为主要代表的高新技术应用迅速提高了海洋测量的保障能力和水平。我国的海洋测量技术已经跻身世界先进水平。海洋测绘已经形成了集教学、科研及生产于一体的完整体系，仪器装备、作业方法、标准规范、服务保障等均处于国际先进水平。目前已进入信息化海洋测绘时代，正在建设中国的"数字海洋"。随着海洋经济的日益发展，海洋资源的开发和利用已经成为世界各国关注的焦点、热点和重点。我国海洋测绘工作正在向更高层次、更新的目标迈进，为实现未来"感知海洋"而努力。

在海洋开发管理与可持续发展中，海洋测量工作要先行，需要大量海洋测量技术人才。淮海工学院在海洋科学、海洋技术、港口航道与海岸工程、海洋资源与环境、海洋管理、船舶与海洋工程、海洋渔业科学与技术等专业率先开设"海洋测量学"课程。其中，海洋技术专业为教育部高等学校特色专业建设点。为推广现代海洋测绘高新技术在海洋中的应用，使高等院校的本科生、研究生以及与海洋测绘相关的专业人员能够了解和掌握这些新技术，在江苏省教育厅高等学校精品教材建设项目支持下，我们在总结多年教学经验的基础上为海洋科学技术与工程类专业编撰了第一本《海洋测量学》教材，期望在推动海洋测量学教学方面尽微薄之力，为我国的海洋事业培养更多的海洋测量人才。

本书在现代海洋测绘定义框架内，全面介绍了在海洋科学研究、海域使用监测保护、海籍管理、海洋环境监测、海洋工程勘测设计、海洋工程施工、海洋信息技术领域和海事管理等工作中的海洋测量技术原理和方法。重点介绍了正在推广应用的新技术和方法，尤其是对近年来国家海洋管理部门新开展的海籍测量等其他海洋测绘类教材上没有的内容进行了充实。

全书共 13 章，内容包括海洋、海洋测绘与测量学的基本知识，海洋定位测量与水深测量技术，海底地形测量，海图绘制，海籍调查与测量，港口与航道工程测量，海洋工程测量，海岸线测量，海岛(礁)测绘，勘界测量和卫星测高技术等。为满足教学的需要，每章后附有思考题和习题。

本书依据海洋科学技术与工程类专业教学的需要编写。编写时注重内容的系统性与完整性，体现相关技术的先进性与前瞻性，并尽力做到结构严谨、层次清楚、图文并茂、文字简练、重点突出。

本书由作者集体讨论确定内容体系，分工编写完成。其中，第 1 章由郭衍游与谢宏全编写；第 2 章由吴清海与王继刚编写；第 3 章～第 5 章由汤均博编写；第 7 章由谢宏全编写；第 6

章、第 8 章～第 13 章由周立编写。全书由周立统稿。

在本书编写过程中，参考了大量国内外文献，在此对这些文献的作者表示诚挚的感谢。由于海洋测量涉及内容广泛，相关技术发展迅速，加之编者水平和时间有限，不足之处在所难免，恳切期望专家、学者和所有读者批评指正。

编 者

2013 年 1 月于淮海园

目　录

第1章 绪　论

海洋测量学是在人类探索海洋、开发海洋的过程中产生和发展起来的，海洋测量是开发利用海洋的前期基础工作之一。

1.1 海洋基本知识

1.1.1 地球的海陆分布

地球表面可以分为海洋和陆地两大部分，其中海洋面积约 3.6 亿 km^2，比全球陆地面积(约 1.5 亿 km^2)的两倍还要大，约占地球表面积的 71%。正是由于这个原因，地球常常被称为“蓝色星球”。

海洋的中心主体部分称为洋，边缘附属部分称为海。海与洋之间彼此通连，共同形成世界统一的海洋整体。海与洋之间有明显的区别：大洋的面积大；约占海洋总面积的 89%，海的面积小得多，只占海洋总面积的 11%；大洋深度大，平均水深一般都在 3000m 以上，海的水深较浅，平均水深一般在 2000m 以下，有的甚至只有几十米；大洋有独立的洋流和潮汐系统，海则受大洋流系和潮汐的支配；大洋离陆地较远，受陆地影响小，水温、盐度等要素比较稳定，海水的透明度大；海与陆地接边，受大陆影响大，水温、盐度等随季节变化大，海水透明度较差。

根据海陆分布状况，地球表面可以分为“陆半球”和“水半球”。即以经度 0°，北纬 38°的一点和经度 180°，南纬 47°的一点为两极，把地球分为两个半球，海陆面积的对比达到最大程度，分别为“陆半球”和“水半球”(图 1-1)。陆半球的中心位于西班牙东南沿海，陆地约占 47%，海洋占 53%；这个半球集中了全球陆地的 81%，是陆地在一个半球内最大的集中。水半球的中心位于新西兰的东北沿海，海洋占 89%，陆地占 11%；这个半球集中了全球海洋的 63%，是海洋在一个半球的最大集中。必须说明的是，即使在陆半球，海洋面积仍然大于陆地面积。各个半球的海陆相对面积见表 1-1。

表 1-1　半球海陆面积对比

半球	海洋面积/%	陆地面积/%
北半球	60.7	39.3
南半球	80.9	19.1
东半球	62.0	38.0
西半球	80.0	20.0
水半球	89.0	11.0
陆半球	53.0	47.0

1.1.2 海底地貌

正如形态各异、千变万化的陆地地貌一样，海底地貌也是千姿百态、十分复杂。在进行海洋测量之前，有必要了解各种海底地貌的特点。

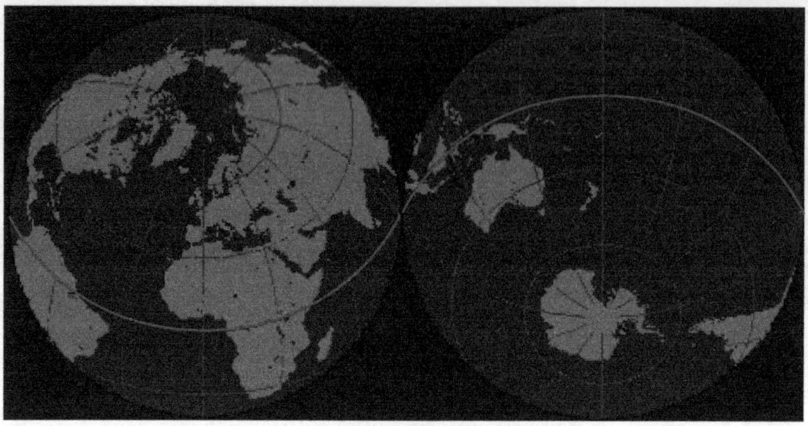

图 1-1　陆半球(左)和水半球(右)

1. 海岸地貌

海洋与陆地的交接地带是海岸带，这里蕴藏着极为丰富的矿产、生物、能源、土地等自然资源。海岸带附近是人类活动的重要地区，遍布工业城市和海港，不仅是国防前哨，而且是海陆交通的枢纽、经济发展的重要基地。受陆海相互作用影响，海岸地貌处于不断变化之中，并且形态错综复杂。

根据海岸地貌的基本特征，可分为海岸侵蚀地貌和海岸堆积地貌两大类。侵蚀地貌是岩石海岸在波浪、潮流等不断侵蚀下所形成的各种地貌，主要有海蚀洞、海蚀崖、海蚀平台、海蚀柱等。这类地貌又因海岸物质的组成不同，被侵蚀的速度及地貌发育的程度也有差异。堆积地貌是近岸物质在波浪、潮流和风的搬运下，沉积形成的各种地貌。按海岸的物质组成及其形态，可分为沙砾质海岸、淤泥质海岸、三角洲海岸、生物海岸等。中国海岸带和海涂资源可分为河口岸、基岩岸、砂砾质岸、淤泥质岸、珊瑚礁岸和红树林岸等 6 种基本类型。

2. 大陆边缘

从海岸带向大洋延伸就到达了大陆边缘。通常按大陆边缘的构造活动性分为稳定型和活动型两大类。

稳定型大陆边缘没有活火山，也极少有地震活动，在近代地质史上是构造稳定的，以大西洋两侧的美洲和欧洲、非洲大陆边缘比较典型，所以也称大西洋型大陆边缘。此外，稳定型大陆边缘也广泛出现在印度洋和北冰洋周围及我国近海。稳定型大陆边缘由大陆架、大陆坡和大陆隆三部分组成。

大陆架是大陆周围被海水淹没的浅水地带，是大陆向海洋的自然延伸。其范围从低潮线起，以极其平缓的坡度延伸到坡度突然变大的地方(陆架坡折)为止。大陆架最显著的特点是坡度平缓，平均坡度只有 $0°07'$，其内侧比外侧更缓。我国海域分布有宽广的大陆架，最大宽度超过 500km，外缘深度最大约为 150m。

大陆坡是介于大陆架和大洋底之间的巨大斜坡，表面崎岖不平，常发育有海底峡谷。海底峡谷是陆坡上一种奇特的侵蚀地貌，形如深邃的凹槽切蚀于大陆坡上，横剖面通常为不规则的“V”形，下切深度为数百米甚至数公里，谷壁最陡 40°以上，与陆上河谷极为相似。

大陆隆是自大陆坡坡麓缓缓倾向洋底的扇形地，位于水深 2000～5000m 处，由沉积物堆积而成。表面坡度平缓，沉积物厚度巨大，多富含有机质，具备生成油气的条件。

3. 大洋底

陆地表面高低起伏不平，有高山深谷，在浩瀚的大洋底下也同样如此，分布有十分复杂的海底山脉。大洋底一般分为大洋中脊和大洋盆地两大单元。在各大洋的中部，都有一条高峻脊岭，彼此相接，贯通四大洋，全长约 8 万 km，统称大洋中脊，是世界上规模最巨大的环球山系（图 1-2）。最为壮观的大西洋中脊宽达 1500～2000km，约占大西洋面积的三分之一，相对高度 1000～3000m，巍然耸立于洋底之上，呈“S”形南北延伸。

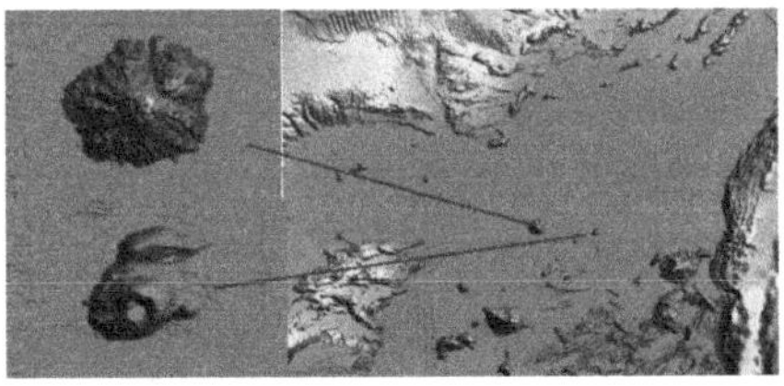

海底火山

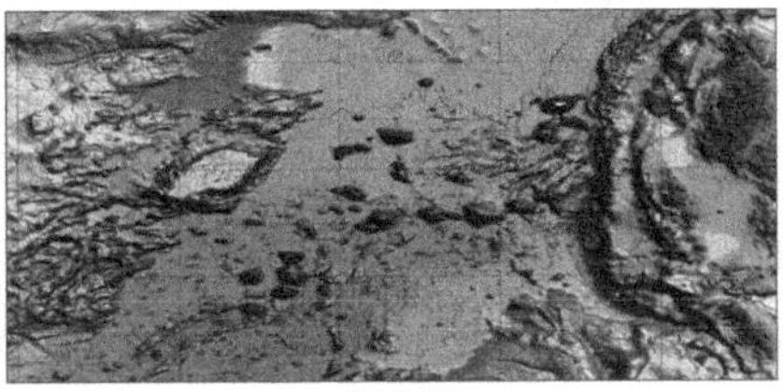

海山链

图 1-2　大洋底

大洋中脊的两侧便是广阔的大洋盆地，深 4000～5000m，这里分布有众多海丘（海底丘陵）、海山、海底高原和深海平原。海丘和海山绝大多数为火山成因，相对高度小于 1000m 者称为海丘，大于 1000m 者称为海山。海丘呈圆形或椭圆形，直径从不足 1km 至 5km 不等，分布较广泛。海山一般具有比较陡峭的斜坡和面积较小的峰顶。大洋盆地底部相对平坦的区域是深海平原，它的坡度极微，一般小于 10^{-3}，有的小于 10^{-4}。

4. 海洋岛屿

岛屿是岛与屿之合称，泛指各类型的岛。其中面积大于 $1km^2$ 的称为“岛”，不足 $1km^2$ 的称为“屿”。在狭小的地域集中两个以上的岛屿，即成“岛屿群”，大规模的岛屿群称为“群岛”或“诸岛”，列状排列的群岛称为“列岛”。岛屿最多的群岛是马来群岛，岛屿数量在两万个以上。全球岛屿总数达 5 万个以上，总面积约为 997 万 km^2，约占全球陆地总面积的 1/15。格陵兰岛是世界上最大的岛。

我国共有岛屿 5000 多座，面积超过 $1000km^2$ 的大岛有台湾岛、海南岛和崇明岛，岛屿岸线总长超过 1.4 万 km。

1.1.3　海水的物理性质

海水的物理性质主要包括海水的机械运动和海水的温度、盐度、密度等，这些对海洋测量都有直接或间接影响。水下测量多数要用声波作为手段，而不是光波，这就需要了解声波在海水中的传播性质。

1. 海水的运动

海洋是位于地球表面的庞大水体,受各种作用力的驱动而产生运动,具有复杂多样的运动形式。海水运动最显著的现象是海流、潮汐和海浪运动。

1) 海浪

海水是流体,最为人熟知的运动形式是海浪,人们对海面状况(即海况)的判断主要依据海浪的大小。在海洋调查规范中,就规定了海况与海浪的关系(表 1-2)。

表 1-2 海况与海浪

海况等级	浪高范围	海面特征
0 级	0m	海面光滑如镜或仅有涌浪存在
1 级	0～0.1m	波纹或涌浪和波纹同时存在
2 级	0.1～0.5m	波浪很小,波峰开始破裂,浪花不显白色而呈玻璃色
3 级	0.5～1.25m	波浪不大,但很触目,波峰破裂,其中有些地方形成白色浪花——白浪
4 级	1.25～2.5m	波浪具有明显的形状,到处形成白浪
5 级	2.5～4m	出现高大的波峰,浪花占了波峰上很大面积,风开始削去波峰上的浪花
6 级	4～6m	波峰上被风削去的浪花,开始沿着波浪斜面伸长成带状,有时波峰出现风暴波的长波形状
7 级	6～9m	风削去的浪花带布满了波浪斜面,并且有些地方到达波谷,波峰上布满了浪花层
8 级	9～14m	稠密的浪花布满了波浪斜面,海面变成白色,只有波谷内某些地方没有浪花
9 级	＞14m	整个海面布满了稠密的浪花层,空气中充满了水滴和飞沫,能见度显著降低

海洋中任何地方,任何时刻均可产生海浪。在海面、江面和大型水库的水面都能见到波浪现象。从波浪理论分析,这种振荡起伏属于谐振运动,当每一波浪通过时,水分子作上下圆周运动,实际水体很少前进,其向前传播的仅是波的形状。由于各种原因,使海水面形成周期性起伏,波浪向前传播。波浪形成的主要原因与风关系密切,所谓“无风不起浪”、“风平浪静”,都表明了浪与风的关系。一般来说,在风的扰动下海面上会产生微波,或称毛细波、涟漪、表面张力波,其恢复力是表面张力。如果风继续吹,就形成风浪。风浪与风速大小、风向、风作用时间长短、风作用空间范围大小有关。风速越大,风作用时间越长,风作用空间范围越大,产生的海浪波高越大。但是,随着风作用时间的继续延长,波高不会一直增加下去,而是保持一个定常状态,这时的风浪称为充分成长的风浪。当风停止时,海面不会马上静止下来,而是会继续存在浪,并向周围传播开来,这就产生涌浪,也称为涌。海面上还有“无风三尺浪”的说法,指的就是这种情形。

海水存在密度垂直变化时产生海流剪切、海面扰动的内波,海底或海岸地震而引起的海啸,风应力、大气压强的变化等引起的表面重力波,科氏力作用引起的随时间变化的大尺度长周期的罗斯贝波或行星波,以及由日月引潮力作用而产生的波等。

研究海浪的一个重要应用,就是通过对海浪的观测和计算处理进行海浪预报,并对海洋水深测量进行必要改正。

2）海流

海水具有一定速度和方向的大规模流动，称为海流。按引起海流的原因不同，海流可分为风生流和密度流；按其空间分布分为表层环流、中层环流、深层环流和底层环流。表层环流主要是风生环流，而中层环流、深层环流和底层环流则为密度环流。海流对海上航行、海底地质过程、海岸工程建设、海底矿产资源开发和全球气温变化等都有着直接影响和重要意义。

风生流，包括由全球大气环流作用在海面的风应力和水平湍流压力的合力与地转偏向力平衡后而形成大洋中的风生环流，以及主要受季风影响的沿岸风生漂流。密度流是由于全球热辐射不均和盐度分布不均所产生的水平压强梯度力与水平地转偏向力平衡时而形成的海流。

海流有暖流和寒流之分。若海流的水温高于所流经海域的水温，称为暖流，著名的有日本海的黑潮和美洲的墨西哥湾流等；若海流的水温低于所流经海域的水温，称为寒流，如格陵兰海流等。暖流、寒流对邻近陆地气候会产生影响，同时直接影响海洋渔业资源的分布。

海流是海洋中的“河流”，是指在一段较长的时间内（一个月、一个季节、一年或长期），具有大体固定路径、较大规模的海水运动，但不包括波浪或潮汐导致的海水周期性运动。海流流速通常在每秒几厘米至几米之间，宽度可达数百公里。影响我国海域的著名海流是黑潮，它发端于太平洋北赤道海区，主轴经台湾东面，至琉球群岛一带，进入日本海。内波是发生在几十米至几百米深处的海洋波动现象。内波比海面的波浪波高更大，波长更长，会破坏海洋工程设施，影响施工安全。

3）潮汐

潮汐是海水受日、月引潮力作用而产生的周期性上升和下降运动。它在垂直方向上表现为潮位升降现象，在水平方向上表现为潮流的进退涨落现象。主要是由于天体对地球表面海水的引力作用产生的，这种引力主要来自月球和太阳。如果在海边观察数小时，就能看到海面有周期性的升降变化，这就是潮汐的表现形式。与海浪不同，潮汐不是由近处的风引起，而是由遥远的天体所引起的。根据牛顿万有引力定律，任意天体之间存在引力，引力大小与距离平方成反比。海洋是一个庞大的水体，不同地方的海水与月球、太阳等天体的距离不同，受到的引力也不同，这就造成引力分布不均，从而引起海水受力不平衡，产生海面升降变化。

海水面上升到最高时，称为高潮；海水面降低到最低时，称为低潮。高潮发生时刻每天推迟的时间间隔，称为高潮间隙，每天推迟约 50min。高潮和低潮之差称为潮差。潮差与月球运动有关，与月球距地球的远近有关。新月和满月时潮差最大，形成大潮；上弦和下弦时潮差最小，形成小潮。

同一天中，相邻两次高潮（或低潮）的高度不相等，或相邻两次高潮（或低潮）的时间间隔不一样的现象，称作回潮不等现象，主要是由于半日潮和全回潮相叠加而引起的。所谓半日潮是指一天两次高潮和两次低潮的潮汐；所谓全回潮是指一天一次高潮和一次低潮的潮汐。月球在赤道附近时回潮不等小，离赤道较远时回潮不等大。

潮汐除了引起海面的潮起潮落，还通过波动的形式向周围海区传播，这种波动称为潮波。潮波通常与海浪叠加在一起，需要通过计算才能将其区分开来。我国近海大陆架宽广，局部地区的天体引潮力引起的潮汐分量较小。

水深测量中通常要同时进行潮位观测，并对观测数据进行处理，剔除潮汐的影响。潮汐观测还是全国高程基准的基础，在大地测量中占有重要地位。

海浪、潮汐、海流、内波等海水运动现象只有通过专门手段才能定量观测研究。

2. 电磁波在海水中的传播性质

海水能强烈吸收光及其他电磁波，波长越短，损失越大。可见光在清洁海水中传播40m就衰减一半以上的能量，其他电磁波在海水中的穿透距离也很小(表1-3)，但是声波在海水中能很好的传播。因此，海洋测量中水下测量多数采用声学仪器。

表1-3 电磁波在海水中的传播速度和穿透距离

频率/Hz	1	100	1M	10^4M
穿透距离/m	1160	116	1	4×10^{-3}
速度/(m/s)	18	180	20	27

声波在海水中的传播速度是海水温度、盐度、深度的函数。当海水温度在0～17℃范围内时，温度每升高1℃，声速约增加4.21m/s。当海水盐度增加1‰时，声速约增加1.14m/s。当深度增加100m时，声速约增加1.75m/s。这三个因素中，温度变化的影响最为显著，其次是水深，而盐度的影响多数情况下可以忽略不计。

声波的折射导致在传播中总是向声速低的界面弯曲。海洋垂直剖面中存在一个声速最小的深度，称为声道轴，沿声道轴附近声波聚集在一个薄层内，就好像在两层硬壁中传播一样按柱面扩散，而不是按球面扩散，所以在水中传播很远。声呐的午后效应也与声波的折射紧密相关。白天由于太阳照射，在午后表面水温增加到最高值，此时，水温随深度增加而下降，因此声速也随之下降，导致声波向下折射，大大影响声呐的正常工作。声波的散射主要由生物和气泡引起。大洋中的深海散射层由大量浮游生物、游泳生物组成，一般在清晨潜入深海，黄昏浮至浅层。

其他影响声波性质的有：海水中的硫酸镁等化学成分对声波有强烈吸收；内波会引起声波振幅和相位的起伏；海面和海底对声波有反射和散射作用；海洋混响对声波产生干扰等。

1.2 海洋测绘基本概念和特点

1.2.1 海洋测绘的定义

一切海洋活动，无论是经济、军事还是科学研究，像海上交通、海洋地质调查和资源开发、海洋工程建设、海洋疆界勘定、海洋环境保护、海底地壳和板块运动研究等，都需要海洋测绘提供不同种类的海洋地理信息要素、数据和基础图件。因此，可以说，海洋测绘在人类开发和利用海洋活动中扮演着“先头兵”的角色，是一项基础而又非常重要的工作。

海洋测绘是海洋测量和海图绘制的总称，其任务是对海洋及其邻近陆地和江河湖泊进行测量和调查，获取海洋基础地理信息，编制各种海图和航海资料，为航海、国防建设、海洋开发和海洋研究服务。海洋测绘的主要内容有：海洋大地测量、水深测量、海洋工程测量、海底地形测量、障碍物探测、水文要素调查、海洋重力测量、海洋磁力测量、海洋专题测量和海区资料调查以及各种海图、海图集、海洋资料的编制和出版，海洋地理信息的分析、处理及应用。

从广义的角度来讲，海洋测绘是一门对海洋表面及海底的形状和性质参数进行准确的测定和描述的科学。海洋表面及海底的形状和性质是与大陆以及海水的特性和动力学有关的，这些参数包括:水深、地质、地球物理、潮汐、海流、波浪和其他一些海水的物理特性。同时,海洋测绘的工作空间是在汪洋大海之中(海面、海底或海水中),工作场所一般是设置在船舶上,而工作场所与海底之间又隔着一层特殊性质的介质——海水,况且海水还在不断地运动着,因此造成海洋测绘与陆地测绘之间虽有联系和相同之处,但却使海洋测绘具有明显的特殊性。

1.2.2 海洋测绘研究对象

海洋测绘是测绘学的一个分支学科,它的对象是海洋。由于海洋是由各种要素组成的综合体,因此海洋测绘的对象可以分解成两大类:自然现象和人文现象。

自然现象是自然界客观存在的各种现象,如曲曲折折的海岸、起伏不平的海底、动荡不定的海水、风云多变的海洋上空,也就是海岸和海底地形、海洋水文和海洋气象。它们还可以分解成各种要素,如海岸和海底的地貌起伏形态、物质组成、地质构造、重力异常和地磁要素、礁石等天然地物,海水温度、盐度、密度、透明度、水色、波浪、海流,海空的气温、气压、风、云、降水,以及海洋资源状况等。

人文现象是指经过人工建设、人为设置或改造形成的现象,如岸边的港口设施(码头、船坞、系船浮筒、防波堤等),海中的各种平台,航行标志(灯塔、灯船、浮标等),人为的各种沉物(沉船、水雷、飞机残骸等),捕鱼的网、栅,专门设置的港界、军事训练区、禁航区、行政界线(国界、省市界、领海线等),还有海洋生物养殖区。这些现象包含有海洋地理学、海洋地质学、海洋水文学和海洋气象学等学科的内容。

海洋测绘不仅要获取和显示这些要素各自的位置、性质、形态,还包括它们之间的相互关系和发展变化,如航道和礁石、灯塔的关系,海港建设的进展,海流、水温的季节变化等。由于海洋区域与陆地区域自然现象的重要区别在于海洋区域分布着时刻运动着的水体,使海洋测绘方法与陆地测绘方法有明显的差别。

1.2.3 海洋测绘的特点

海洋测绘的对象是海洋,而海洋与陆地的最大差别是海底以上覆盖着一层动荡不定、深浅不同、所含各类生物和无机物质有很大区别的水体。由于这一水体的存在,使海洋测绘在内容、仪器、方法上有明显不同于陆地测绘的特点,水体使目前海洋测绘只能在海面航行或在海空飞行中进行工作,而难以在水下活动。在海洋水域没有居民地,也没有固定的道路网,除浅海区外,也没有植被。因此海洋测绘的内容主要是探测海底地貌和礁石、沉船等地物,而没有陆地那样的水系、居民地、道路网、植被等要素。此外,海底地貌也比陆地地貌简单得多,地貌单元巨大,很少有人类活动的痕迹。但这并不是说海洋测绘比陆地测绘要简单容易,相反,海洋测绘在许多方面比陆地测绘要困难。

首先,水体具有吸收光线和在不同界面上产生光线折射及反射等效应,陆地测绘中常用的光学仪器在海洋测绘中使用很困难,航空摄影测量、卫星遥感测量只局限在海水透明度很好的浅海域。海洋测深主要使用声学仪器,超声波在海水中的传播速度随海水的物理性质,如海水盐度和温度等的变化而不同,这就增加了海洋测深的困难。其次,由于水体的阻隔,肉眼难以通视海底,加上传统的回声测深只能沿测线测深,测线间则是测量的空白区。海底地形的详测需要进行加密或采用全覆盖的多波束测深系统,这会大大增加测绘时间和经费。

因此,海洋测绘主要有以下特点:

(1) 在海洋中设置控制点相当困难,即使利用海岛或设置海底控制点,其相隔的距离也是相当远的。因此,在海洋测绘中测量的作用距离远比陆地上测量的作用距离长得多,一般在陆地中测量的作用距离为5～30km,最大的也不超过50km。但海上测量的作用距离一般为50～500km,最长的达1000km以上。

(2) 陆地上的测站点与在海上(船体)的测站点相比,可以说是固定不动的。但海上的测站点是在不断地运动过程中测定的,因此测量工作往往采取连续观测的工作方式,并随时要将这些观测结果换算成点位,而在陆地测量中,则无此必要。由于海上测站点处在动态中,所以其观测精度也不如陆地上的观测精度高。

(3) 由于作用距离的差别,陆地上和海洋测量时所使用的传播信号也是不同的。在陆地测量中一般必须使用低频电磁波信号,且其传播速度不能简单地作匀速处理;而在海水中,则应采用声波作信号源,且声速受到海水温度、盐度和深度的影响。

(4) 陆地上测定的是高程,即某点高出大地水准面多少,而在海上测定的是海底某点低于大地水准面(可以近似地把海水面当作大地水准面)多少。但由于海水面经常受到潮汐、海流和温度的影响,因此所测定的水深也受到这些因素的影响。为了提高测深精度,有必要对这些因素进行研究,并对水深的观测结果进行修正。

(5) 关于重复观测,陆地上的观测点往往通过多次重复测量,得到一组观测值,经平差后可得该组观测值的最或然值。但在海上,测量工作必须在不断运动着的海面上进行,因此就某点而言,无法进行重复观测。为了提高海洋测量的精度,往往在一条船上,采用不同的仪器系统,或同一仪器系统的多台仪器进行测量,从而产生多余观测,进行平差后提高精度。另外,整个海洋测量工作是在动态的情况下进行的,所以必须把观测的时间当作另一维坐标来考虑,或者用同步观测的办法把它消去。

(6) 采用的技术手段更加先进。主要表现为在继承传统测绘方法和手段的基础上,更加突出现代"立体"海洋测绘的概念,即卫星定位技术、卫星遥感技术、机载激光测深技术、多波束测量技术、高精度测深侧扫声呐技术和基于AUV/ROV等水下载体的水下测绘技术和手段。

对以上海洋测量工作特点的了解,是人们顺利地进行工作和继续深入研究的前提。

1.2.4 海洋测绘的精度要求

在海洋测绘的各项工作中,定位测量是它们的基础,因为其他一切观测值,只有与观测点的平面坐标联系起来考虑,才有实际价值。所以我们在讨论海洋测绘的精度要求时,主要考虑定位的精度要求。

通常是采用两种精度指标来衡量定位精度的,其一是相对精度(也可称实测精度),它是一种内部符合精度,指的是同一个点进行复原的可能程度。而绝对精度(也可称点位精度)指的是外部精度,其定义为确定的点相对于某一参考点或某一坐标系的可靠性。

各种学科对海洋测量提出的精度要求参见表1-4。该表中所列的数据是卡尔·林纳根据穆雷德和富巴雷德的统计得出,于1975年在委内瑞拉所举行的第一次专业会议上提出来的。在这些数字中,应引起我们注意的是,对于测定海底扩张(即近期地壳运动)提出了三维坐标均应达到±0.1m,而大地水准面在高程方面的测定精度也应达到±0.1m,控制点的三维坐标均应达到±1m的高精度要求。随着现代测量技术的发展,现有的技术完全可以满足这些精度要求。

表 1-4 各类海洋测量点位精度要求

测量作用	测量精度/m			点位精度/m		
	±N	±E	±H	±N	±E	±H
控制点	1	1	1	10	10	5
试验网点	1	1	0.3	10	10	5
重力基本点	10	10	1	10	10	5
大地水准面	—	—	0.1	—	—	0.5
平均海水面	—	—	—	50～100	50～100	0.1
固定站浮标	10	10	—	10	10	10
漂移浮标	50～100	50～100	—	50～100	50～100	—
海底扩张	0.1	0.1	0.1	—	—	—
冰盖运动	1～5	1～5	—	—	—	—
探测、救护、打捞	1～10	1～10	—	20～100	20～100	—
地球物理测量	10～100	10～100	5	—	—	—
钻探	1～5	1～5	1～5	—	—	—
管线和电缆敷设	1～10	1～10	—	—	—	—
疏浚	2～10	2～10	—	—	—	—
跟踪站	—	—	—	10	10	10

1.3 海洋测绘的任务和内容

由于海洋测绘的工作领域相当广阔，而服务的对象随着海洋开发事业的发展也日益增多，因此根据海洋测绘工作的不同目的和不同工作内容来讨论海洋测绘的分类问题。另外讨论海洋测绘与其他学科的关系。

1.3.1 海洋测绘的任务

根据海洋测绘不同的工作目的，可把海洋测绘任务划分为科学性任务和实用性任务两大类。

1. 科学性任务

这一任务包括三大部分内容，一是为研究地球形状提供更多的数据资料。为此，要连续不断地测定海洋表面形态的变动情况，并进行分析研究，从而推算出和大地水准面的差距(海面地形)；同时还要在广阔的海洋领域中进行重力场的测定工作，为研究地球形状和空间重力场结构提供广泛的、精确的观测数据。二是为研究海底地质的构造运动提供必要的资料。为此，要对海底地质构造的重点地段进行连续观测，以探明海底地壳运动的规律，同时为海洋地质工作者提供海底宏观的地形和地貌特征图，以及在海洋地质调查时提供测绘保障。三是为海洋环境研究工作提供测绘保障。人类为了进一步了解海洋，进而向海洋进军，开发利用海洋，就要在海洋中进行大量的调查研究工作，如对海洋气候、海洋地质、海洋资源、海潮、海流以及海水的特性等进行的调查研究。所有这些工作都要凭借船舶提供工作场所，为了标明所有取样的地点，就必须知道船舶的位置，也就是说，所有取样点的三维坐标是由海洋测绘工作者提供的。

2. 实用性任务

关于海洋测绘的实用性任务，主要指的是对各种不同的海洋开发工程，提供它们所需要的海洋测绘服务工作。也可以把这部分任务称为海洋工程测绘。它们的服务对象主要有：海洋自然资源的勘探和离岸工程(也称近海工程)；航运、救援与航道；近岸工程(包括陆上和水中)；渔业捕捞；其他海底工程(包括海底电缆、管道工程等)；海上划界和海域使用权管理等。其中关于海上实际定界的作业方法，目前仍然处于探索之中，一般方法是在海底布设不连续的控制网，并根据这些控制网，在船上用定位系统把船舶精确地导航到领海、大陆架、经济区等的边界上，然后投放浮标作为海面标志。划界工作因涉及国家的主权，所以海底控制网的精度要求很高。对于渔业范围的划分虽然也属于划界范围，但是这种边界精度要求不高。

1.3.2 海洋测绘的内容

根据不同的工作内容，可将海洋测绘分成物理海洋测绘和几何海洋测绘两类 9 种，如图 1-3 所示。物理海洋测绘测定海洋表面的地球引力场和磁场等物理要素，以海洋重力测量为主；几何海洋测绘测定海洋表面、海底及其相邻海岸的几何形状，以水深测量为主。在图 1-3 中，为完成某种特定任务所要进行什么样的海洋测量工作用箭头联系起来表示。例如，自然资源勘探需要进行 7 种不同内容的海洋测绘工作，就在该箭头上标注“⑦”字，同样，方框阴影也表示某种海洋测绘工作可为哪些特定任务服务，如定位测量就可为 9 种不同的任务服务。从这些方框阴影中可以看出“定位”和“测深”是所有各种工作中使用最多的两种。海洋地理信息系统是数据管理工具，各项海洋测量工作都需要。在这里我们先就每一种海洋测量工作的主要内容介绍如下。

1. 海洋重力测量

对于研究地球形状，进行地球物理勘探，以及对于海底地壳的状态和运动情况的科学研究来说，重力资料是一个很重要的基础资料。为此，必须进行海洋重力测量。重力测量，即在海上测量重力加速度的工作。海洋重力测量的目的在于研究地球的形状和内部构造、勘测海洋矿产资源和为保证远程导弹发射提供海洋重力数据。

海洋重力测量可分为海底重力测量、航海重力测量和卫星重力测量。海底重力测量，是将重力仪器用沉箱沉于海底，用遥控及遥测方法进行的测量。航海重力测量是将仪器安置在舰船或潜水艇内进行的海洋重力测量。海底重力测量多用于浅海，其测量方法和所用仪器与陆地重力测量基本相同，但测量的精度比较高。海底重力测量必须解决遥控、遥测以及自动水平等一系列复杂问题，且速度很慢，所以，目前大量进行的是航海重力测量和卫星重力测量。

2. 海洋磁力测量

地磁是地球的一个重要物理特性，海洋磁力测量是测定海上地磁要素的工作，是研究地球物理现象、海洋资源勘探以及海底宏观地质构造的有力手段之一。海洋磁力测量是应用质子磁力仪在海上进行的，这是为了避免船体磁性的影响，常常是从船尾向后延伸 100～200m 的电缆在离开船体的情况下测量的。海洋磁力测量的主要目的在于寻找与石油、天然气有关的地质构造和研究海底的大地构造。此外，在海洋工程应用中，为查明施工障碍和危险物体，如沉船、管线、水雷等，也常进行磁力测量以发现磁性体。

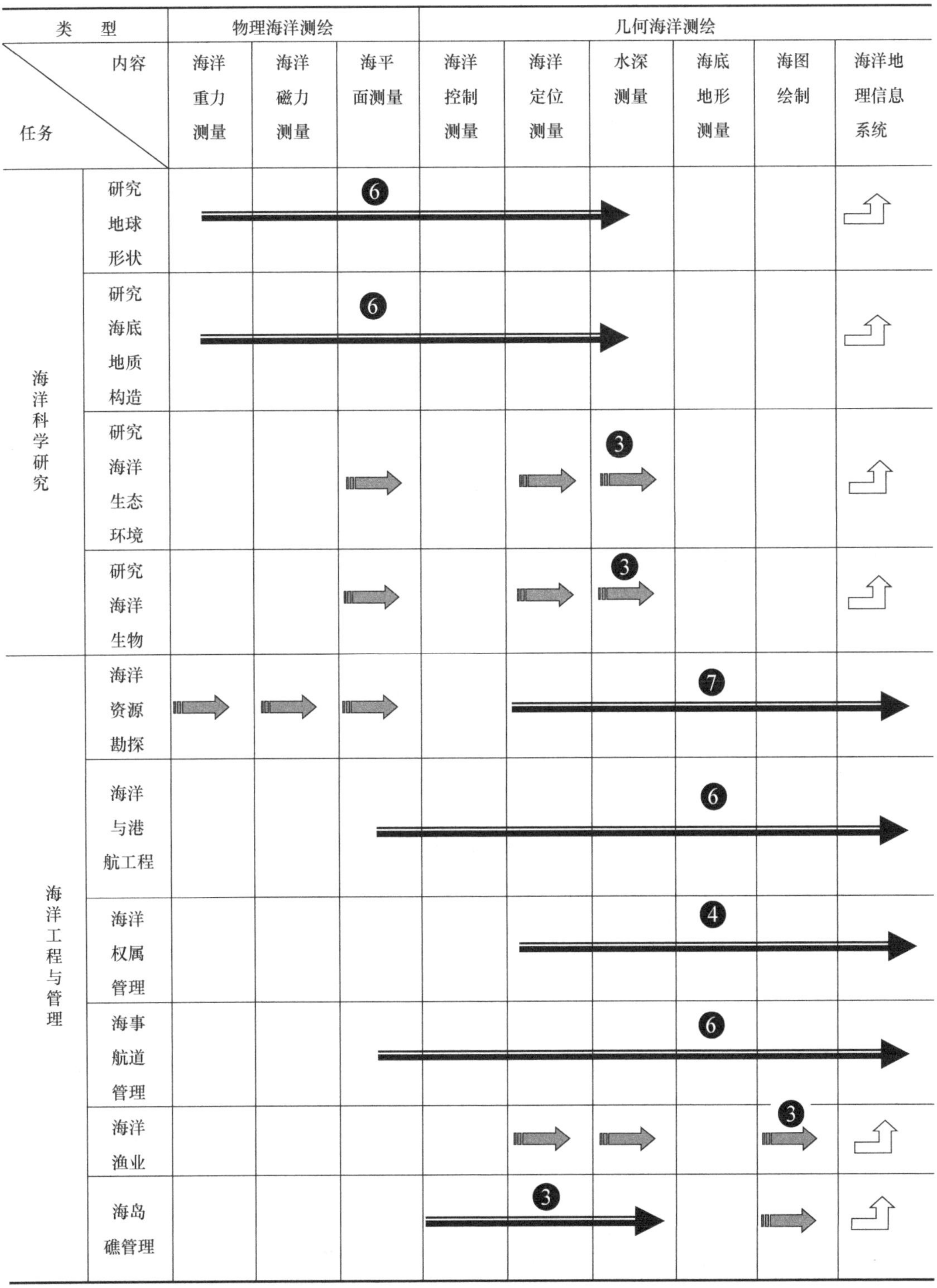

图 1-3　海洋测绘的任务和主要内容

3. 海水面测定

海水面的测定包括海面形态的测定和平均海平面的测定。前者对海洋测量和海洋科学的研究有着重要意义，而后者却对大地测量有着重要的意义，因为平均海水面的形状，就是地球等位面的形状，一般称为大地水准面。潮汐、风浪会影响海面的形状，如果把这些影响都消除的话，那么就可以认为海水表面是一个假设表面。

理论上，大地水准面和海面形态的假设面之间并不重合，在高程方面的差异可达 2m 左右，这将使沿海岸线进行的几何水准测量结果与长年观测的平均水位读数有所不同。同时，因为各国的测量高程系统是根据水位读数而得到的，所以在这些系统联系和组合时，就会产生变换问题。

根据海洋学建立的理论，如果海水密度含盐量和海流已知，就能计算出大地水准面和海面形态的假设面之间的高差，然而实际结果同这些理论并不完全相同，如果这些高差已知，就可以由海面形态确定大地水准面，反之亦然。在当今的测量技术条件下，以全球来考虑这两个面之间的差异是不大的，可以忽略不计。这样，海面形态就可当作是大地水准面的一个良好近似，当然反过来说也行。

传统的验潮站办法也能测定海洋沿岸几个点的水位情况，而对整个海面形状的测定只有借助于卫星测高这一手段才能按所需要的精度加以测定。

4. 大地控制和海底控制测量

在沿岸和一些岛屿上安设必要的控制点，是建立海洋大地控制网的一个重要的组成部分，而这些沿岸的控制点可以在国家控制网中选取或联测，但一些岛屿上的点大部分应以卫星测量的方法来进行测定。即使这样，由于整个海域无限广阔，为了使控制点具有一定的密度，就不得不在海底设置控制点。由于这些控制点是设置于海底，它们被海水所包围，无法使用光波和电波，所以一般使用 3 个或 4 个一组的应答器通过声学测距的办法来建立海底控制。但这一工作技术复杂，费用昂贵，因此一些国家仅在每隔 5°经纬度处才布设一点。随着现代定位技术的发展，海底控制点的间隔可进一步缩小。

5. 定位

精确地确定海洋表面、海水中和海底各种标志的位置称为海洋定位。定位必须预先建立控制点。控制点可以设置在岸上或利用卫星，也可以设置在海底。在海洋中对航行中的船舶进行定位，是具有极大的普遍性和重要性的。另外船舶的定位也可运用惯性系统进行，而对近岸船只也可根据岸上控制点用交会的方法进行定位，但用途最广的是卫星定位系统。

6. 测深

在船体上进行海底地形测量，主要问题是如何测出水体的深度。目前根据海水的物理特性，一般采用从船上发射声波，使其传递到海底再反射回来，在船上接收，以获得测量成果，这种仪器称为回声测深仪。它可以每秒测深数次，这样在船的航行过程中可以测出航线下海底地形剖面。为了提高航行的经济效益，有时也采用多波束测探系统。

目前，在浅水海域中还用航空摄影测量的方法测定水深和用机载激光系统测定水深及卫星水深测量，其中航空摄影测量虽具有对测区 100％的覆盖、减少了经费、节省了时间和沿海水域同陆地可以连接等优点，但由于摄影光束对水的穿透能力有限，该方法目前仅限于深度小于3m的沿海混浊水域，以及深度小于25m的清澈水域，其精度为0.4m。机载激光系统仍然是一种光学方法，也受到对水的穿透能力的限制，它目前可测深度最大为50m，目前我国有关单位已在渤海地区进行这一系统的试验工作。

7. 海底地形测量及地貌、底质探测

海底地形测量是测量海底起伏形态和地物的工作，是陆地地形测量在海域的延伸。按照测量区域分为海岸带、大陆架和大洋三种海底地形测量。特点是测量内容多，精度要求高，显示海底地物、地貌详细。测量内容包括海底地貌、各种水下工程建筑、底质、沉积物厚度、沉船等人为障碍物、海洋生物分布区界和水文要素等。通常对海域进行全覆盖探测，确保详细测定测图比例尺所能显示的各种地物及微地貌。是为从事各种海上活动提供重要资料的海域基本测量。水下地形地貌测量已经发展为空间、海面以及水下的立体测量。

海底底质探测是对海底表面及浅层沉积物性质进行的测量。探测工作是使用专门的底质取样器具进行的，可以由挖泥机、蚌式取样机、底质取样管等实施。它们可在船只航行和停泊时采集海底的不同深度的底质，也能采集大块碎屑沉积物、坚硬的岩石、液态底质等。目前，浅地层剖面仪已广泛地应用于该领域。

8. 海图编制

海图是以海洋及其毗邻的陆地为描绘对象的地图，其描绘对象的主体是海洋，海图的主要要素为海岸、海底地貌、航行障碍物、助航标志、水文及各种界线。海图还包括为各种不同要素绘制的专题海图。海图是海洋区域的空间模型，海洋信息的载体和传输工具，是海洋地理环境特点的分析依据，在海洋开发和海洋科学研究等各个领域都有着重要的使用价值。

海图是通过海图编制完成的。海图编制是设计和制作海图、出版原图的工作，作业过程通常分为编辑准备、原图编绘和出版准备三个阶段。

编辑准备阶段是根据任务和要求确定制图区域的范围、数学基础；确定图的分幅、编号和图幅配置；研究制图区域的地理特点；分析、选择制图资料；确定海图的内容、选择指标与综合原则、表示方法；制定为原图编辑和出版准备工作的技术性指导文件。

原图编绘阶段是根据任务和编辑文件进行具体制作新图的过程，是海图制作的核心，主要包括：数字基础的展绘；制图资料的加工处理；当基本资料比例尺与编绘原图比例尺相差较大时，需作中间原图，资料复制及转绘；各要素按综合原则、方法和指标进行内容的取舍和图形的概括（综合），并按照规定图例符号和色彩进行编绘；处理各种图面问题，包括资料拼接，与邻图接边、接幅、图面配置等。编绘方法按照海图内容的繁简、制图技术、设备条件而选定，有编稿法、连编带绘法、计算机编绘法等。为保证原图的质量，在正式编绘前作试编原图或草图。运用传统方法进行图形编绘后还需作清绘或刻绘原图的工作，即出版前的准备工作。

出版准备阶段的主要工作有：将编绘原图复制加工成符合图式、规范、编图作业方案和印刷要求的出版原图；制作供制版、印刷参考的分色样图和试印样图。随着制图技术的进步，原图编绘和出版准备工作可在电子计算机制图系统上完成。

9. 海洋地理信息系统(MGIS)

地理信息系统(Geographic Information System,GIS)在20世纪八九十年代得到迅速发展和广泛应用。就地球科学而言,GIS是空间信息处理、分析、管理和显示的一种强有力的手段,这个手段已在陆地制图、城市及企业管理、建立空间数据分析模型等方面得到广泛应用。近年来,由于全球环境变化研究及海洋资源与环境管理的需求,海量的海洋数据综合分析和管理促使海洋地理信息系统(Marine GIS,MGIS)学科兴起。

MGIS的研究对象包括海底、水体、海表面、大气及沿海人类活动5个层面,其数据标准、格式、精度、采样密度、分辨率及定位精度均有别于陆地。在发展MGIS过程中,对计算机应用软件的特殊需求为:能适应建立有效的数字化海洋空间数据库;使众多海洋资料能方便地转化为数字化海图;在海洋环境分析中可视化程度较高,除2-D、3-D功能以外,还能通过4-D系统分析环境的时空变化和分布规律;能扩展海洋渔业应用系统和生物学与生态系统模拟;能增强水下和海底的探测能力,能改进对海洋环境综合分析的效果;能作为海洋产业建设和其他海事活动辅助决策的工具。

一般GIS处理分析的对象大多是空间状态或有限时刻的空间状态的比较,而MGIS主要强调对时空过程的分析和处理,这是MGIS区别于一般GIS的最大特点。

1.3.3 海洋测绘学与其他学科的关系

海洋测绘学与其他学科的关系,可以从两个方面来考虑,一是要求海洋测绘为其服务,并促使海洋测绘进一步发展的学科,与这些学科的关系可称为间接关系;二是为了发展海洋测绘技术,必须向某些学科进行理论借鉴、技术引进,与这些学科的关系称为直接关系。以下仅介绍与海洋测绘有直接关系的学科,如图1-4所示。

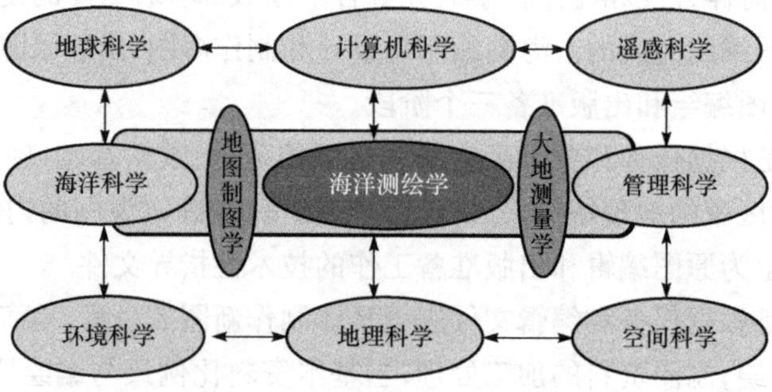

图1-4　海洋测绘学与其他学科的关系

从图1-4可以得出以下一般性观点:

(1) 海洋测绘与陆地测绘是有密切关系的,但是它又要根据海上工作条件的特点,对相关陆地测绘理论和方法进行创造性的运用,尤其是海洋测绘所用的仪器设备与陆地测绘的有明显的差别,因此形成了具有显著特色的海洋测绘工作。

(2) 现代海洋测绘技术的基础是无线电电子学和计算机科学。

(3) 由于海洋测绘的主要工作场所是在船上,因此航海技术和导航技术已成为海洋测绘工作中一个不可缺少的组成部分。

(4) 随着卫星技术的发展以及在海洋领域的广泛应用,海洋遥感学也成为目前研究的一个热门领域，与之相关的学科是航空航天学、遥感技术以及摄影测量学。

(5) 海洋测绘工作所处的空间是在广阔的海洋上，因此每一个海洋测绘工作者必须掌握相关的海洋学知识。另外，海洋测绘的一项重要任务是测绘海底地形图和配合海底矿产资源勘测进行测绘工作，为此我们必须对地质学要有所了解，因为它是解释海底地貌运动的基础。

1.4 海洋测绘的发展历史

1.4.1 国际发展历史

早在4000余年前，人类就开始了海上探险和商业活动，并随着造船业和航海技术的进步而蓬勃发展。公元前一世纪古希腊学者就已经能够绘制表示海洋的地图。直到13世纪，航海测量仍用一些原始的方法，如目测和经验来进行。13世纪后，中国发明的指南针传到西方才开始使用罗盘进行海洋测量，这时也开始用长绳系铅锤测量海水的深浅。在这以后，很长一段时间内一直用这样古老的办法进行海洋测量。1330年左右制作的地中海区域的“波特兰”型海图是现存最早的直接服务于海上活动的海图。1492～1504年，意大利航海家哥伦布发现新大陆，四次横渡大西洋并到达美洲。1504年葡萄牙在编制海图时，采用注记的方法表示水深，这是现代航海表示海底底质基本方法的开端。1519～1532年，葡萄牙航海家麦哲伦环球航行，完成了人类历史上的第一次环球航行。1569年墨卡托采用等角圆柱形投影编制海图，此方法被世界各国沿用至今。

到18世纪，欧洲的资本主义发展很快，它们为了掠夺海外市场和资源，对海上交通予以极大的关注，同时船舶的吨位也逐渐增大。这样，原有的海洋测量工作已不能满足社会发展的需要。为了改善这一工作，当时欧洲一些较发达的资本主义国家相继成立了海道测量机构，同时由于六分仪、天文钟等一系列测量用的仪器设备的研制成功，使得海洋测量工作摆脱了原始的状态，进入了一个新的时期。即使这样，在当时情况下，进行海洋测量仍然是既费时又费事的，因此其工作所及的范围仅限于浅海地区和一些重要的航道地段。直到1725年，才出现用等深线表示的海底地形图。1768～1779年，英国探险家库克最早进行了海洋探险的科学考察。这些著名的海上活动，使人类在认识、了解和研究海洋方面取得了大量的成果。

其实，直到19世纪资本主义工业大发展之后，人类才开始对海洋进行大规模考察和研究。从19世纪中叶起，汽船开始代替帆船，船的吃水量也随着增加，船的航速也有了显著的提高，这样对航道又提出了新的要求。为满足这些要求，开始了大量的海洋测量工作，同时在一些沿海国家专门敷设了沿海三角网，进行沿海的三角测量和地形测量，在此基础上对近海海域也进行了大量的水深测量。1854年，美国海军航道部绘制出了《北大西洋水深图》，这幅图虽然只有180个大西洋深海处的水深值，但确已集当时海洋测量成果之大成，是一张最初的海底地形图。1872～1876年，英国“挑战者”号远程海洋考察，航行超过12万km，对海洋生物、海洋气象、海水特性、珊瑚礁等进行了大量的考察和研究，取得了丰硕的成果，相继出版了多种著作，奠定和初步形成了由海洋物理学、海洋化学、海洋地质学和海洋生物学等构成的海洋科学基本体系。

第一次世界大战期间，研制成功了潜水艇，同时为了防御潜水艇的攻击，又发展了利用水声学的原理探测潜艇的技术，战后，这一技术很快被运用到水深测量。1922年，法国航道部首次在海洋测量中应用回声测深仪进行地中海水深测量，并获得成功，它标志着水深测量技术进入了一个崭新的时代。这种仪器后来不断改进，一直发展到目前广泛使用的连续自动记录的回声测深仪。

当时虽然发明了回声测深仪，但远没达到普遍使用的阶段，一般仍然使用测深锤进行水深测量。同样，船舶定位的方法也无重大的发展，仍然是在能看见陆地的海域中，用六分仪根据陆上的已知点来测定船位。这种方法的定位精度仅为距离的 1/300，而在看不见陆地的海洋里，只能用天文方法来测定船位，这时定位的精度为 1 n mile①。

第二次世界大战之后，航运和造船技术迅猛发展，船舶不仅类型多，而且向大型化、自动化方面发展。同时海上交通、渔业生产，港湾工程、海上及海底的建筑工程和海上军事工程都蓬勃地发展起来，对海洋调查研究的规模也日益扩大和深入，海洋已成为重要的经济、政治、军事和科学研究活动的场所。因此，对海洋测量的要求，已不仅是测海图为航海服务，而是要为开发海洋、研究海洋服务，从而有力地促进海洋测量的发展。第二次世界大战以后，全球经济迅猛发展，人口激增，环境恶化，人类面临资源加速枯竭和食品严重短缺的巨大挑战，各海洋大国相继提出了海洋研究和开发计划，投入大量资金发展海洋产业，海洋事业出现了前所未有的繁荣景象。据统计，目前全世界 1/3 的石油产量来自海洋，初步探明的大陆架海底石油储量为陆地石油储量的 3 倍以上，20 世纪末世界海洋产值已超过了 10 000 亿美元。

20 世纪 50 年代以来，在应用新技术和扩大研究内容方面取得了很多进展。测深方面，除了使用单一波束回声测深仪，还使用了侧扫声呐和多波束测深系统，海洋遥感技术测深也取得了初步成功。定位手段，由采用光学仪器发展到广泛使用电子定位仪器，精度由几千米、几百米，提高到几十米、几米。测深数据的处理已经采用电子计算机，逐渐改变了海洋测绘的落后状况，使海洋测绘进入了电子化、自动化的先进行列。1967 年美国海军海洋局成功地研制了一种先进的海道测量和制图系统，它综合了目前海洋测量和制图的先进技术，这个系统加快了获得海道测量资料的速度，改进了资料现场鉴定的方法，加速了现场生产海图所需要的资料加工和编辑工作。

随着海洋经济地位的提高，海洋研究的国际合作也大大加强。早在 18 世纪，欧洲许多国家就相继成立了海道测量机构，专门从事本国沿岸海区海道测量，提供航海图，保证航行安全。1921 年，在摩纳哥设立国际海道测量局，并成立国际海道测量组织（International Hydrographic Organization，IHO），它是协调国际海道测量及有关活动的国际政府间组织。IHO 至 2008 年已有 73 个成员国。国际海道测量组织的宗旨是，促进各成员国海道测量局之间的合作，推广更可靠、有效的海道测量方法。为此，该组织成立了若干专业委员会和工作组，负责起草并提交各成员国认定该组织的各项海道测量标准和规范。《国际海道测量组织海道测量标准》是国际海道测量组织的第 44 期特别出版物，简称 S-44。S-44 初版于 1968 年，1982 年和 1987 年分别再版。1993 年来自 13 个成员国的专家成立了 S-44 工作组，对 S-44 进行了重新研究和审议，提出了修改意见并拟定了 S-44 第四版。1998 年 1 月 IHO 成员国表决通过了 S-44 第四版，同年 4 月 1 日正式出版发行。

1957 年成立了海洋研究科学委员会，1960 年成立了政府间海洋学委员会，1957～1965 年实施了国际印度洋考察计划，1965～1977 年实施了黑海及邻近水域合作计划，1970～1976 年实施了加勒比海及邻近水域合作调查计划，1971～1980 年实施了国际海洋考察十年计划，1968～1983 年实施了深海探测计划，20 世纪 80 年代中期欧共体提出了尤里卡海洋计划以及

---

① 1 n mile＝1852m。

80年代末提出了跨世纪全球海洋观测系统等。这些国际合作研究计划的目的都是为了有效和迅速地获取全球海洋空间的各种信息,为人类研究海洋、开发海洋资源、减少海洋灾害、改善人类生存环境服务。

一切海洋活动,无论是经济、军事或科学活动,还是海上交通、海洋地质调查和资源开发、海洋工程建设、海洋疆界勘定、海洋环境保护、海底地壳和板块运动研究等,都需要海洋测绘提供不同类型的海洋地理信息要素、数据和基础图件。事实上,海洋测绘是伴随海洋探险和航海事业的兴起而诞生的。

1.4.2 我国发展历史

公元3世纪,我国魏晋时期刘徽所著《海岛算经》中已有关于海岛距离和高度测量方法的内容。1119年中国宋代《萍洲可谈》记载"舟师识地理,夜则观星,昼则观日,阴暗则观指南针或以十丈绳钩取海底泥嗅之,便知所至"。说明当时已有定位和测量深度、底质推测船位的方法。15世纪中叶,中国航海家郑和远航非洲,沿途进行了一些测量和底质探测,编制了航海图集。

我国古代的海洋测绘事业是非常发达的。但是在20世纪初,我国处于半封建、半殖民地状态,清政府和国民党政府的腐败无能以及帝国主义的侵略,水深测量基本上是外国人在中国沿海及内河实施的。据史料记载,从光绪二十七年(1901年)至宣统二年(1910年),英国海军多次在中国的东海、南海及长江进行水深测量。清政府虽然当时在海关设立海务部,负责包括测量在内的港口和航道管理,但由于当时海务部的上级海关总税务司是英国人担任的,航道的管理实际上受洋人的控制。直到辛亥革命,中国人都未能自行实施水深测量。

新中国成立以后,在党和政府的关怀下,我国的海洋测绘事业有了明显的变化,建立了专门的测绘机构,扩大了测绘队伍,更新了设备,统一计划,统一管理,集教学、科研、生产于一体的海洋测绘事业蓬勃发展。纵观60多来我国海洋测绘事业的发展,可以分成以下五个时期。

1) 开创与起步时期(1949～1956年)

新中国的海洋测绘事业是从1949年初开始起步的。1949年4月,中国人民解放军强渡长江天险,在苏北白马庙成立了华东区海军。随后在5月26日,我海军接管了原国民党海军海道测量局,成立了华东军区海军海道测量局,设测量、制图、潮汐、海事等科室。华东军区海军海道测量局的成立,标志着新中国海洋测绘事业的开始。与此相似的是,国际上绝大多数国家的海洋测绘也都是由海军统管的,尤其是一些海洋大国和海洋强国。

华东军区海军海道测量局成立初始,只有海洋测绘技术人员30人,印刷工人10人,绘图用具、海图和书籍非常少。到1949年底,已经发展到有100余吨测量船艇4艘,测绘人员129人。海测部队利用小舢舨、水铊、六分仪、经纬仪、平板仪等简易的测量工具,在作战海区开展航道检测,赶制航海图书,为人民解放军解放沿海岛屿和舰船作战提供了保障。

1951年2月,华东军区海军海道测量局更名为海军司令部海道测量局。1953年7月,海军司令部海道测量局扩建为海道测量部,海军各级海道测量机关接收了交通部设在全国各海区的海务机构,并于1953～1957年相继组建了海测部海道测量船大队、青岛基地海道测量船大队、旅顺基地海道测量船大队、海司海道测量大队和海道测量训练大队5个团级海测勤务与训练部队,成立了5个海道测量区和7个海道测量段。编制了新中国第一代海图。

2）发展与壮大时期（1957～1977年）

自1956年8月底海道测量部机关迁至天津之后，1957年国家决定开展海区基本测量，使得海洋测绘事业得到了空前的发展，主要体现在管理机构得以健全，院校教育得以规范，测量部队得以组建，有步骤有计划的海洋测绘正式开展。各舰队成立了航海保证处和海道测量队，分别负责各舰队辖区的海域基本测量。

1958年之前的高程基准尚未统一，只是存在多个独立的高程系统。1958年开始，海区基本测量开始采用1956年黄海高程基准，海岛上缺乏水准网，测量高程困难较大，一般采用同步验潮方法，用水面水准联测，个别远离海岸的岛屿高程，仍以当地平均海面为基准。同年，海测部队开始了我国海域的基础测绘工作，通过对大陆岸线和沿海岛屿的调查测量，获得了我国大陆岸线长度、岛屿数量及岛屿岸线长度等基础地理信息数据。1976年完成了我国距岸100n mile海区的海洋基础测绘工作。

1958年以后，水深测量仪器装备有了改善，电子管回声测深仪得到较广泛的应用，开始了大规模的正规化水深测量。海上定位设备为徕卡公司的HI-FIX 6双曲线定位仪，以及后来的近导4型双曲线定位系统。卫星定位系统则为美国1967年解密后逐渐供全球用户使用的子午卫星系统Transit。

1964年，国家海洋局成立，开展海洋调查的同时也开展了很多的测量工作，主要包括水深测量、重力测量、磁力测量、潮汐观测和海图制图等。国家海洋局第一、二、三所成立时，有关研究室内设有测绘组，负责海洋测绘科学研究工作。值得一提的是，在当时的历史条件下，水利电力系统的测量队伍颇具规模，交通系统的水运测量力量也发展很快。

随着测量资料的积累日益增多，20世纪60年代初着手准备第二代海图的编图方案、分幅方案和编号方案，颁发了《海图图式》。采用1954年北京坐标系、1956年黄海高程系，以理论最低潮面为海图的深度基准面。航海图采用墨卡托投影，港湾图采用高斯-克吕格投影。1975年修订颁发了《海图编绘规范》。于60年代中期陆续编制出版第二代民用海图，此后又进行了几次修订。与此同时，还相继出版了黄渤海、东海、南海等海域的港湾锚地图集，出版了珠江三角洲、西江等江河图集。

3）拼搏与提高时期（1978～1990年）

1978年3月，海军第一水面舰艇学校正式组建了海洋测绘系，这标志着海洋测绘教育事业开始了新的征程。首次从地方应届高考生中招收了一批海洋重力测量专业和海图制图专业的大学本科生。1978年7月组建了海洋测绘研究所，协助南海海测大队积极筹备海洋重力测量。1980年，临时组建了海洋重力队，1982年5月正式成立了相关的测量大队。

20世纪70年代末期，当时海洋测量领域普遍应用的测深仪均为单波束测深仪。进入80年代之后，利用热敏打印纸作为测深记录纸的模拟式测深仪逐渐被数字式测深仪所取代。水深测量自动化系统随之研发成功，应用于从事海洋测量的各部门。而就在此时，国外已经研制成功多波束测深系统。中国科学院声学研究所开始跟踪研究多波束测深仪。青岛海洋大学和华中理工大学已研制成功机载激光测深系统样机，并进行了初步试验。

20世纪80年代后期，海上测量定位系统除了一直使用的无线电双曲线定位系统之外，短程的定位系统则开始应用圆-圆定位方式的海用微波测距定位系统。1973年美国开始筹建全球定位系统（GPS），1989年开始发射正式工作卫星，到1994年全部建成投入使用。我国是20

世纪 80 年代中期开始引进 GPS 接收机，并应用于海洋测量领域。

1990 年，首部海洋测量方面的国家标准《海道测量规范》颁布执行，海图制图领域的四部国家标准《海图图式》、《中国航海图图式》、《航海图编绘规范》、《中国航海图编绘规范》首次颁布执行。

4) 开拓与改革时期(1990～2000 年)

1994 年，GPS 全部建成并投入使用后，彻底改变了传统的无线电定位方式。目前，传统的无线电定位手段在海洋测量上已基本不用，大量应用的是 GPS 所衍生的各种不同形式的定位方式。GPS 技术应用取得了突飞猛进的发展，沿岸 GPS 差分技术、广域差分技术、精密单点定位技术、星际差分技术、实时动态定位技术、连续观测站技术在控制测量及海上定位中得到了广泛应用。除了美国的 GPS 以外，俄罗斯的 GLONASS 和我国的北斗卫星定位系统也被少量应用。

从 1994 年起，以国家海洋局、上海海事局、广州地调局等部门引进 Seabeam2112 型、ATLAS Fansweep 型、Simrad EM 系列、Elac BottomChart 型多波束测深系统等为标志，我国的水深测量由传统的线状测量转为面状测量的作业模式。多波束水深测量系统在海军、海事局、海洋局、地调局等部门得到空前广泛的应用。

随着全站仪和 GPS 的普及应用，海岸地形测量手段也随之发生了质的变化。速度快、精度高的电子平板仪地形测量和 GPS-RTK 地形测量完全取代了传统的平板仪地形测量。

随着地理信息系统技术的广泛应用，海洋地理信息系统有了一定发展，我国于 1999 年最早提出中国“数字海洋”发展的基本构想。同时，我国研究者在海洋地理信息系统、海岸带及近海卫星遥感应用信息系统构建等相关技术领域取得了一系列研究进展。

5) 创新与跨越时期(2000～2011 年)

GPS 技术应用取得了突飞猛进的发展，沿岸 GPS 差分技术、广域差分技术、精密单点定位技术、星际差分技术、实时动态定位技术、连续观测站技术在控制测量及海上定位中得到了广泛应用。

到目前为止，我国已经建造了多艘 6000t 级的中远海综合测量调查船，装备有水深、重力、磁力、底质、定位、水文等测量调查设备 30 多项，大大提升了中远海海洋测量能力，体现了海洋测量的信息化、采集要素的多样化、数据处理的实时化。

在水深测量方面，除了应用数字式单波束测深仪、双频测深仪、多波束测深系统之外，这一时间段内还出现了利用可见光遥感和微波遥感的手段反演水深的方法。哈尔滨工程大学研制的便携式多波束测深系统已经进行了海试。海军海洋测绘研究所、南方测绘仪器有限公司、广州中海达公司都研发了水深测量自动化系统和数据处理软件，在水深测量工作中得到了广泛的应用。海洋局第二海洋研究所和海军海洋测绘研究所分别开发了多波束水深数据处理和成图软件系统，得到了很好的应用。海军海洋测绘研究所还开展了利用卫星测高数据反演海底地形技术研究，也取得了较好的效果。

航空摄影测量已成功应用于海岸地形测量，对于大范围快速编绘海岸地形图发挥了重要作用。卫星遥感测图已成功用于海图修编，取得了很好的效果。

计算机制图已被应用于海图生产的全过程，数字海图的生产已成规模。2002 年我国完成了所管辖海域 300 多万 km^2 的海洋基础测绘工作。编制出版了各种比例尺海图，范围覆盖中国海区、大洋区、国外部分海区。根据各部门和行业的需要，出版了渔业图、导航图、海区形势图、海流图、航法图、重力异常图、领海基线图、素图、各江河图集、各海区港湾锚地图集、各大洋图集、航路指南、港口资料、潮汐表等，开始规模生产各种比例尺数字图。

我国研究者在海洋信息共享技术、“数字海洋”构建基准和关键技术等相关技术领域取得了很大的进展。2003 年 9 月，以“我国近海海洋综合调查与评价(908 专项)”启动为契机，着手开始我国数字海洋建设方案的编制工作，并从 2006 年开始，正式启动了数字海洋系统工程一期项目——“数字海洋信息基础框架构建”的建设工作。2009 年中国“数字海洋”公众版①开通。该系统作为提供信息服务的门户，是 908 专项第一个面向公众并为公众服务的“数字海洋”应用成果，是我国“数字海洋”从起步建设迈向应用服务的一个重要标志。

毫无疑问，今天的海洋已成为人类生存和发展的重要空间。我国地处亚洲东部大陆，濒临西太平洋，既是一个大陆国家，又是一个海洋大国。按照联合国《海洋法公约》，我国管辖的内水、邻海、大陆架、专属经济区的面积超过 300 万 km^2，大陆海岸线超过 1.8 万 km，岛屿 6500 多个。改革开放以来，我国海洋事业也得到了快速发展，海洋年产值已达到数千亿元。以海洋石油为主的海洋开发体系已经建立，沿海省市的海洋经济开发区和港口建设在开发近海资源和经济建设中发挥了重要的作用，已开始开发深海和南大洋资源的活动，海洋经济已成为我国国民经济发展的重要组成部分。

近年来，我国海洋测绘技术进展主要体现在以下八个方面。

1）实现了数字化、自动化的测绘作业模式

在相当长的一段时间内，我国的水深测量主要靠单波束回声测深仪，采用模拟记录方式，然后由人工从记录纸上量取，费时费力，劳动强度大，作业效率低。经过海测工作者近 20 多年的努力，水深测量经历了模拟记录、模数转换、手工定位、人工绘图的阶段后，目前已经发展到集数字测深仪测深、自动化导航定位和数据采集、内业计算机处理为一体的外业内业综合测量与处理体系。更为引人注目的是，多波束测深系统以其快速高效宽覆盖式的测深方式，已有取代单波束测深仪之势。侧扫声呐海底地貌探测和浅地层剖面测量也经历了类似的过程，即从模拟记录发展到了数字记录方式。

测量时的定位由过去人工在绘有双曲线的作业图板上手工定位、无线电自动化定位，逐渐发展到广泛采用卫星定位技术。GPS 的出现为海洋定位提供了先进的手段，我国于 20 世纪 90 年代中期开始组织实施的沿海无线电指向标/差分全球定位系统(RBN-DGPS)投入使用。到 2001 年，覆盖整个中国沿海的 RBN-DGPS 台链将全部开放，为海洋测量提供了更优越的条件。

海岸地形测量，也经历了小平板测量、电子平板测量，到应用 RTK DGPS 测地形的作业方法，海岸地形航空摄影测量也已经大规模启动。

以传统的海图制图原理为基础，以计算机及其外围设备为工具，采用数据库技术和图形数据处理技术，实现海图数据信息的获取、变换、传输、识别、存储、处理、显示和绘图的机助制图，目前已经取得极大进展。海图数据库已经建成，数字海图的生产已经相当成熟，并且已经大量配发到使用单位。

① www.iocean.net.cn。

2）测量方式实现了由点测量到面测量的飞跃

水深测量的最早阶段是进行的点状式测量，20 世纪 50 年代末使用回声测深仪以后才进入线状测量阶段。90 年代中后期，我国海洋测量单位陆续引进了多波束测深系统，国产多波束测深系统也研制成功并投入应用阶段。多波束测深系统应用实现了水深面状测量，大幅度提高了工作效率和水深测量密度。

机载激光水深测量系统利用高频激光器所发出的红光和绿光，对 50m 以内的浅水区进行快速测量。激光器发出的光束经过高速转动的反射镜反射后，射向海面，红光经海面反射后返回接收器，绿光穿透水体，经海底反射后，返回到接收器。根据红绿光返回的时间差即可计算出海水的深度。由于反射镜的快速转动和飞机的高速前进，激光点在海面的排列与多波束的覆盖方式非常相似，因此，可以认为机载激光水深测量也是面状测量。

3）测量要素越来越多样化

20 世纪 80 年代以前，海洋测量的要素是非常单一的。由于仪器的限制，最常见的海洋测量就是水深测量。如今，可探测海底地貌的侧扫声呐大量投入应用，重力测量也同水深测量同时进行，既可测量海底自然表面，又可测量海底硬质表面的双频测深仪开始崭露头角。这类测深仪可测量海底淤泥厚度，对于淤泥质海港的适航航道确定有重要实用价值。

进入 20 世纪 90 年代以来，我国的综合性测量调查船配备了先进的测量设备，使得 80 年代已经出现的多要素测量在 90 年代发生了更大的变化，并将成为今后测量调查的发展方向。大的测量调查船上配备了水深测量设备、重力和磁力测量设备、侧扫声呐探测设备、浅地层剖面测量设备以及水文气象设备。只有在一个航次中，通过合理选择，尽可能地测量更多的要素，才能发挥综合测量船的效能。

4）测量平台由船载向与机载、星载相结合转化

传统的海洋测量基本上都是以水面船只为测量平台的。随着国外卫星遥感信息的引入，我国使用遥感方法确定海洋环境要素的工作开始起步，并逐步引向深入。

航空摄影测量作为陆地地形测量的主要手段之一已应用多年，但直到 20 世纪 90 年代中后期才在海洋测量中真正应用，主要是进行船只无法到达海区的岛礁及浅水测量，结合高精度的潮汐预报成果确定岛屿高程与岛屿周围水深。

机载激光水深测量技术以快速高效、高密度、低消耗测量浅海水深的特点正日益受到海洋测量界的重视，国外已经成功应用，我国正在进行研究。

5）基础设施实现了从无到有的飞跃

海洋测量的基础设施是为实施精确有序的海洋测量工作提供基础性保障的必要条件，主要由各种控制网和各种规范组成。

新中国成立以后，在全国大地测量控制网建立的同时，在沿海建立的、为海洋测量提供基础条件的海洋大地测量控制网也初具规模。20 世纪五六十年代海洋测量工作者进行过近海主要岛屿的平面和高程联测，受当时条件的限制，精度不算太高。后来，又进行了我国领海基点的测量，为我国行使主权作出了贡献。

20 世纪八九十年代，我国建立了包括近海岛屿测点在内的高精度 GPS 控制网，改变了岛

屿没有控制网点的状况，并将控制网推向了西沙群岛、南沙群岛等远离大陆的我国海域。目前，我国在南海岛礁上的大地测量控制网点已有十多个，并重新进行平差，提高了精度，初步完善了南海大地测量控制网。

规范化文件也是基础设施的组成部分，20 世纪 90 年代以来，我国先后编制了数部海洋测绘的国家标准，并由国家技术监督局作为强制性规范颁布执行。其中包括《海道测量规范》、《海洋调查规范》、《海洋工程地形测量规范》、《中国航海图编绘规范》、《海图编绘规范》、《中国航海图图式》、《中国海图图式》、《海图印刷规范》等。在国家标准的带动下，一系列和海洋测绘作业、质量控制等有关的规范性文件也陆续由有关部门颁布执行。

6）基础理论与应用研究发展迅速

目前，我国在海洋测绘基础理论研究与应用研究方面取得了全面、迅猛的发展，公开出版的海洋测绘方面的专著越来越多，国内外学术刊物发表海洋测绘方面的论文也与日俱增。我国在水深测量的基准方面提出了深度基准面分布形态曲面法和高程基准历元理论；在声速改正方面拟合出全球大于 200m 水深各海区改正公式，建立了中国近海各海区、各季节声速改正模型和改正公式；在水位改正方面提出时差改正法理论；在平均海面和海面地形研究方面提出了平均海面“稳定性”概念及计算方法，并建立了中国近海海面地形数学模型；在多波束测深系统信号处理和数据处理方面提出基于抗差估计理论的异常数据定位和处理方法；在海水温跃层对侧扫声呐声图的影响、TM 图像与 SPOT 卫星图像的综合几何定位和配准、海图制图综合、数学形态学在海图制图中的应用、建立海岸带地区新的光谱融合模式和遥感方法、推导严密的双介质解析摄影测量公式和建立实用的双介质解析摄影测量数学模型等方面也做了深入的研究和探索。

7）信息获取趋向实时化与规范化

长期以来，重力测量总是以非实时获取信息的模式运行，在海洋上测得的重力场信息和位置信息、水深信息收测后在后处理阶段进行合成、计算。由于测区一般离大陆很远，后处理中出现质量问题时也无法再去补测，造成遗憾。此外，传统的海洋重力测量都在瞬时海面上进行，经过处理，仍然归算到瞬时海面上，并不归算到规范的大地水准面上。由天津海洋测绘研究所研制的海洋重力测量实时处理系统已进入海试阶段，信息获取已向实时化、规范化转化。

8）数字型信息产品趋于多样化

随着人类对数字型信息产品的需求日益增加，物理海洋测量数字产品的种类也日趋增长。数字重力模型分为格网模型、球谐函数模型和质点模型 3 种形式。

格网型数字海洋重力模型通过实测海洋重力数据内插或其他数据处理方法生成。我国于 20 世纪 90 年代初建立沿海及太平洋西北部 $5' \times 5'$ 格网型数字重力模型。目前，该数字重力模型的分辨率已达到 $2' \times 2'$，覆盖范围已扩展到全球海洋。同时，全球海洋 $2' \times 2'$ 大地水准面模型也已建成。

球谐函数型数字重力模型是通过重力实测数据、卫星测高数据、卫星跟踪数据等原始数据处理成地球扰动位的球谐函数级数展开式的系数，用以表示地球重力场的状况和特征。我国在 20 世纪 70 年代后期首次发表 22 阶和 20 阶地球重力场模型；80 年代中期和末期分别发表 50 阶和 180 阶地球重力场模型；80 年代中期发表 360 阶地球重力场模型；天津海洋测绘研究所于 90 年代末发表的重力场模型完全阶次已经达到 1880 阶,可以准确而精细地反映出海洋重力场的结构和特征。

如今我国的海洋测绘,已经实现全球化定位、自动化采集、数字化处理、一体化成图,测绘装备与世界同步,测绘规范与国际接轨,基础测绘成果出版物达到世界先进水平。

展望 21 世纪的海洋测绘,其内涵将发生深刻的变化。昔日的海洋测绘无论从名词术语的重新定义,还是海洋测绘业所起的作用,都发生了极大的变化。海洋测绘将面临以下四个方面的挑战与发展机遇。

(1) 服务对象将由主要为水面船只航行安全服务向全方位、多层次服务转化;

(2) 信息获取和表示的方式将由单一系统累加向多系统集成转化;

(3) 信息服务形式将由三维静态向四维动态转化;

(4) 信息获取手段将由大部分依靠引进向全面国产化转化。

思考题和习题

1. 简述海底主要有哪些地貌类型。
2. 试分析海水的物理性质。
3. 海洋测绘的含义? 海洋测绘的主要内容包括哪些?
4. 海洋测绘的主要特点?
5. 海洋测绘任务可划分为几类? 具体内容包括哪些?
6. 根据不同的工作内容,海洋测绘可分为哪几种类型?
7. 近年来我国的海洋测绘技术主要在哪几个方面取得了进展?

第 2 章　测量学基础

2.1　测量学的任务和作用

测量学是一门古老的地球科学，它来自于希腊文的“土地划分”，至少已有四千多年的历史。我国是世界文明古国之一，测量学的发展也有悠久的历史。早在公元前 2200 年夏禹治水时期就已使用了“左准绳，右规矩”的测量工具和方法，春秋战国时期已经制成了利用磁石的指南仪器“司南”，唐代僧一行(张遂)主持了世界上最早的子午线弧长测量，西晋裴秀的《制图六体》被誉为世界上最早的地图制图理论。

近代的测量学已经发展为一门综合科学，它在一系列测量仪器与工具帮助下能够解决许多复杂的科学、技术与工程问题，现今通常叫做测绘科学。

测绘科学的研究对象主要是地球的形状和大小以及地球表面(包括空中、地表、地下和海洋)上各种物体的几何形状与空间位置。测绘工作就是把地球表面用平面图、地图或剖面图表示出来，以及对于这些空间位置信息进行处理、储存、管理，同时解决各种类型的实际问题。测绘技术也是进行空间技术、地壳形变、地震预报、地球动力学等科学研究不可缺少的工具。

随着人类社会的发展，按照研究对象及采用技术的不同，测绘科学已经发展为包含着许多学科的现代科学，主要包括以下六方面。

(1) 大地测量学。它的任务是研究地球的形状与大小，解决地球重力场以及建立大地控制网问题。大地测量以地球表面广大地区为测量对象，因此必须考虑地球的曲率。大地测量学又可分支为几何大地测量学、物理大地测量学、卫星大地测量学、海洋大地测量学和空间大地测量学等。

(2) 普通测量学或地形测量学。它研究地球表面上较小面积局部地区的测量问题，一般在点的平面位置问题上不考虑地球曲率。

(3) 摄影测量学。它是研究利用摄影或遥感技术来获得地球表面上地貌和地物的影像并绘制地形图的理论与方法。根据获得影像方法的不同，摄影测量学可分为水下摄影测量、地面摄影测量、航空摄影测量和遥感测量。

(4) 工程测量学。它研究城市建设、矿山与工厂、水利水电、农林牧业、铁道交通、地质矿产等领域在勘测设计、建设施工、竣工验收、生产经营与变形监测等方面的测绘工作。工程测量需要完成的任务有三，一是测绘，把地面上的情况描绘到图纸上；二是测设(或标定)，即把设计图纸上的目标(建筑物、构筑物等)标定在实地，以指导施工；三是对已建成的建筑物、构筑物进行的竣工测量和变形监测。

(5) 海洋测量学。它以海洋和陆地水域作为研究对象，研究港口、码头、航道及水下地形测量的理论和方法的测量问题。

(6) 地图制图学。研究各种地图的制作理论、原理、工艺技术和应用的一门学科。研究内容主要包括地图编制、地图投影学、地图整饰、印刷等。现代地图制图学向着制图自动化、电子地图制作及地理信息系统方向发展。

当前信息社会中，测绘工作在国民经济建设和国防建设中发挥着越来越重要的作用。测绘技术及成果应用面很广，国民经济建设中的任何一项发展项目，从调研、立项、设计到施工建设，都必须有地形图和各种测量数据作为依据。各种带有特殊目的的专题地图（反映有关地质、地貌、土壤、生态、土地、气象、矿产、人口等方面的信息分布）都必须建立在测绘工作成果的基础上。航空与航天业发展、地震预测预报、江底资源的勘测与开发、灾情的监视与控制、环境的调研与治理、城市建设与改造、工矿企业建设、公路与铁路修建、各种水利工程和输电线路的兴建、农业规划和管理、森林资源的保护和利用、地下矿产资源的勘探和开采等各项工作都离不开测量学的支持与帮助。测绘科学在国防建设中也起着重要的作用，各项国防工程的建设、战略战役的部署、战斗行动的指挥都离不开地形图，而且对于现代化的武器装备，如远程导弹、空间武器、人造卫星和航天器的发射都需要精确的测量定位数据作为基础。

2.2　地面点位的确定

测量工作的基本任务是确定地面点的位置。地面上任意一点都是位于三维空间的点，地面点的位置通常用坐标和高程表示：坐标指该点在大地水准面或参考椭球面上的位置或投影到水平面上的位置；高程指该点到大地水准面的铅垂距离。

2.2.1　地理坐标

在地理坐标系统中，点的位置可以用经度 λ 和纬度 ϕ 表示。如图 2-1 所示，N 为北极，S 为南极，P 为球面上一点，过 P 点的铅垂线 PO 与地轴 NS 所组成的平面称为该点的子午面，子午面与球面的交线称为子午线或经线。过 P 点的子午线与首子午线（通过英国格林尼治天文台的子午线）所夹的两面角称为经度 λ。从首子午线往东计算称为东经，往西计算为西经（从 0°到 180°）。过 P 点的法线 PO 与赤道平面的夹角 ϕ 称为 P 点的纬度，纬度从赤道起，向北由 0°到 90°称为北纬；向南从 0°到 90°称为南纬。例如，北京的地面坐标为东经 116°24′，北纬 39°54′。

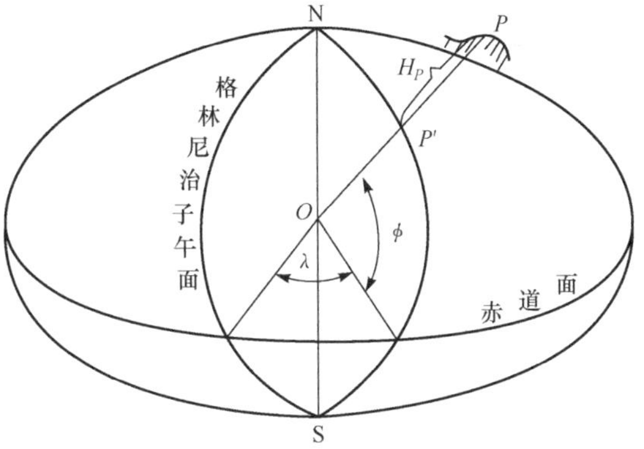

图 2-1　地球椭球

严格来说，大地测量学还把地理坐标区别为天文地理坐标与大地地理坐标。点在大地水准面的位置可用天文经度 λ 与天文纬度 ϕ 表示。点在旋转椭球面上的位置则用大地经度 L 和大地纬度 B 表示。只有在大地原点上，大地经纬度和天文经纬度才相一致。地面点位也可以用空间直角坐标 (x,y,z) 表示，它与地理坐标之间可用公式转换。

我国 1980 年采用陕西省泾阳县永乐镇内某点为大地坐标原点（该点的大地经纬度和天文经纬度相同），进行大地定位，并建立全国统一的 1980 国家大地坐标系。

2.2.2 空间直角坐标

用于现代卫星大地测量的空间直角坐标系属于三维地心坐标。选取地球质心(地球的质量中心)为坐标原点,在赤道平面内建立互相垂直的 X 轴、Y 轴,其中首子午面与赤道平面的交线为 X 轴,Z 轴与地球的自转轴重合,如图 2-2 所示。地面点 A 的空间位置用三维直角坐标 x_A,y_A,z_A 表示。地心坐标与地理坐标可以通过一定的数学公式进行换算。

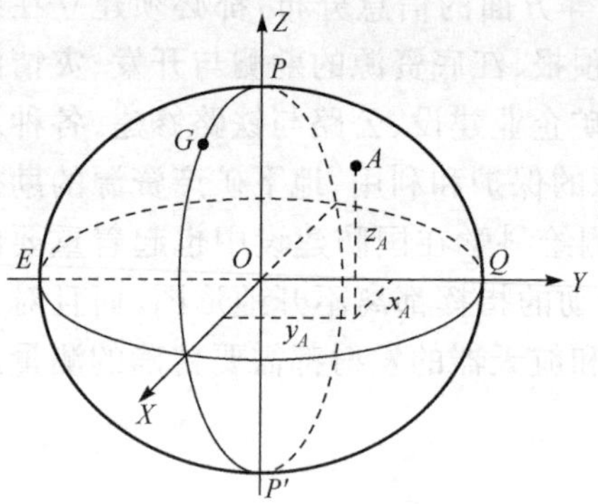

图 2-2 地心坐标

2.2.3 高斯-克吕格平面直角坐标

地理坐标系是大地测量的基本坐标系。常用于大地问题的解算,研究地球形状和大小,编制地图,火箭和卫星发射及军事方面的定位及运算。但是由于采用曲面坐标,易使工作烦琐和不直观。若将其直接用于工程建设规划、设计、施工等很不方便,所以要将球面上的地理坐标按一定数学法则归算到平面上,即采用地图投影的理论测量与计算、绘制地形图,才能用于规划建设。

椭球体面是一个不可直接展开的曲面。故将椭球体面上的元素按一定条件投影到平面上,总会产生变形。测量上常以投影变形不影响工程要求为条件选择投影方法。地图投影有等角投影、等面积投影和任意投影三种。在测绘科学中采用的是高斯横圆柱投影法,其原理如图 2-3 所示,它是一种等角投影,它将保证在椭球体面上的微分图形投影到平面后能保持相似,这是地形图的基本要求。

横圆柱投影是一种正形投影。它是将一个横圆柱套在地球椭球体上,椭球体中心 O 在圆柱中心轴上,椭球体南北极与圆柱相切,并使某一子午线与圆柱相切,此子午线称中央子午线。然后将椭球体面上的点、线按正形投影条件投影到椭圆柱上,再沿圆柱 N 点、S 点母线割开,并展成平面,称为高斯投影平面。在此平面上:①中央子午线是直线,其长度不变形,离开中央子午线的其他子午线是弧形,凹向中央子午线。离开中央子午线越远,变形越大;②投影后赤道是一条直线,赤道与中央子午线保持正交;③离开赤道的纬线是弧线,凸向赤道。

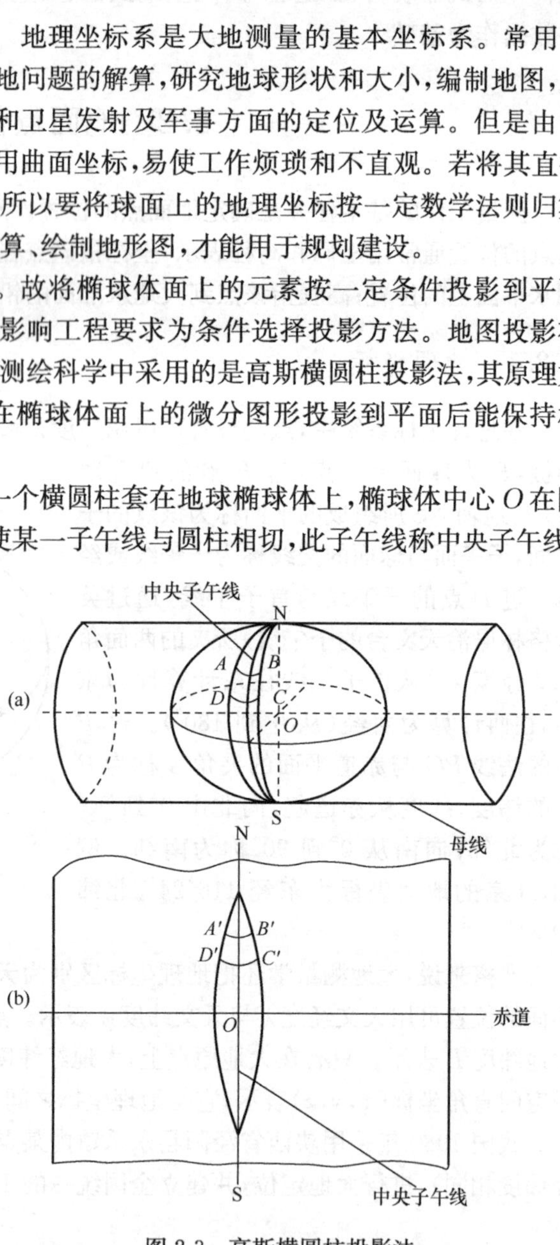

图 2-3 高斯横圆柱投影法

高斯投影可以将椭球面变成平面,但是离开中央子午线越远变形越大,这种变形将会影响测图和施工精度。为了对长度变形加以控制,测量中采用了限制投影宽度的方法,即将投影区域限制在靠近中央子午线的两侧狭长地带,这种方法称为分带投影。投影带宽度是以相邻两个子午线的经差来划分,有 6°带、3°带等不同投影方法。

我国通常采用 6°分带法，如图 2-4 所示，即把全球划分为 60 个带。自西向东，0°～6°为第 1 带，中央子午线为 3°，以后每隔经差 6°增加 1 个带。每一个带都是用横圆柱投影法单独地进行投影。任意一个带的中央子午线经度 L_0 可用下式计算：

$$L_0 = 6N - 3 \tag{2-1}$$

式中，N 为投影带的带号。

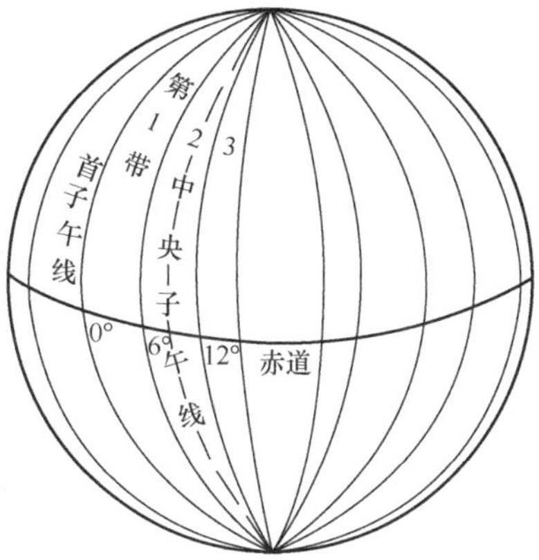

图 2-4　6°带划分

我国地域辽阔，包括了从第 13～23 带共 11 带。分带投影后，各带的中央子午线和赤道相垂直，中央子午线为纵坐标轴 x，赤道为横坐标轴 y，这样形成了高斯平面直角坐标。采用上述方法划分投影带后，就可以进行高斯投影。如图 2-3 所示，设想有一个空心圆柱体套在旋转椭球体的外面，圆柱体的中心轴线位于赤道平面内并通过球心，并且与某一个带的中央子午线相切，在球面图形与柱面图形保持等角的前提下，将球面图形投影在圆柱上，再将圆柱体沿通过南北极母线切开并展开成平面。在这个平面上，中央子午线和赤道成为互相垂直的直线，规定它们分别为高斯平面直角坐标系的纵轴（X 轴）和横轴（Y 轴），两轴交点为坐标原点 O。

在坐标系内规定 X 轴向北为正，而 Y 轴向东为正，如图 2-5 所示。由于我国位于北半球，境内 X 轴坐标恒为正，而 Y 轴坐标有正有负，如图 2-5(a)所示，y_A 为正，而 y_B 为负，假设 B 点的横坐标 $y_B = -120\ 000$m。为了避免出现负值，规定每个投影带的坐标原点向西平移 500km，则投影带内任意点的坐标均为正值，则有 $y_B = 500\ 000 - 120\ 000 = 380\ 000$m，如图 2-5(b)所示。由于 6°带有许多个，为了能确定某点在哪一个 6°带内，可以在横坐标（Y 轴坐标）前冠以该带的编号。如果 B 点在第 20 带内，可以记为 $y_B = \boxed{20}\ 380\ 000$m。

在高斯投影中，仅在中央子午线上的投影没有变形，其他离开子午线的点在作高斯投影时都会产生变形，而且离开中央子午线越远变形越大，这样对于测图和应用图都是不利的。研究发现，当采用 6°带投影，边缘部分的变形能够满足1∶25 000 或更小比例尺测图的精度，而当采用 1∶10 000 或更大比例尺测图时，可以采用 3°带投影法或 1.5°带投影法。在这里仅介绍 3°带投影法。

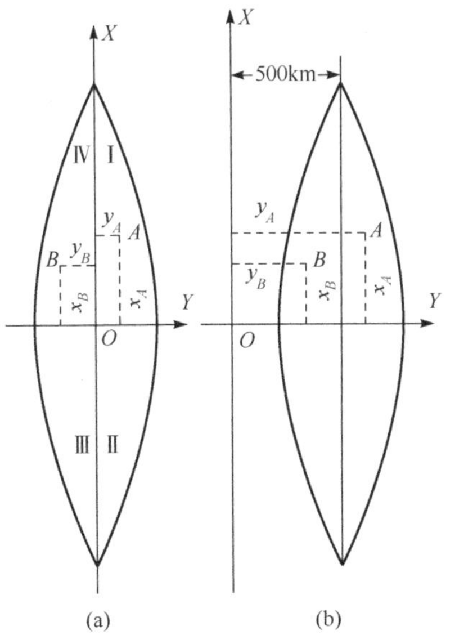

图 2-5　平面直角坐标

3°带投影法是自东经 1°30′开始，自西向东每隔经差 3°划分为一带，将整个地球划分成 120 个 3°带，如图 2-6所示。每个 3°带的中央子午线的经度可按下式计算：

$$L_0' = 3n \tag{2-2}$$

式中，n 为 3°投影带的带号。

以上所介绍的就是我国统一的高斯直角坐标系统。当测区面积较小时，可以不考虑地球曲率的影响，而把水准面当成平面看待。如果采用地区性的直角坐标系统，此时可把原点中心位置放在地区的西南角，从而把整个测区都处在第一象限。

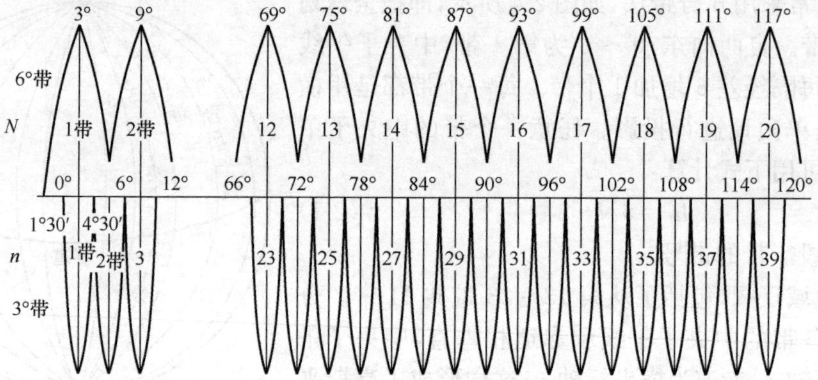

图 2-6 3°带和 6°带

按数学方法推导，把球面当作平面而引起的相对误差 $\Delta d/d$ 按下式计算

$$\frac{\Delta d}{d}=\frac{d^2}{3R^2} \tag{2-3}$$

式中，d 为球面上两点间距；R 为地球半径。当 $d=10\text{km}$ 时，Δd 只有 0.82cm，相对误差为 1∶120 万。由此可见，当距离在 10km 以内时，完全可以不考虑曲率的影响。

2.2.4 地面点的高程

所谓高程，就是地球上一点到大地水准面的铅垂距离，用 H 表示，它又称标高、海拔或绝对高程。如图 2-7 所示，A、B 两点的绝对高程为 H_A、H_B，它们都是从位于青岛的全国水准原点出发，经一系列的水准测量作业求得，这样的高程系统称为 1956 黄海高程系统和 1985 国家高程基准。

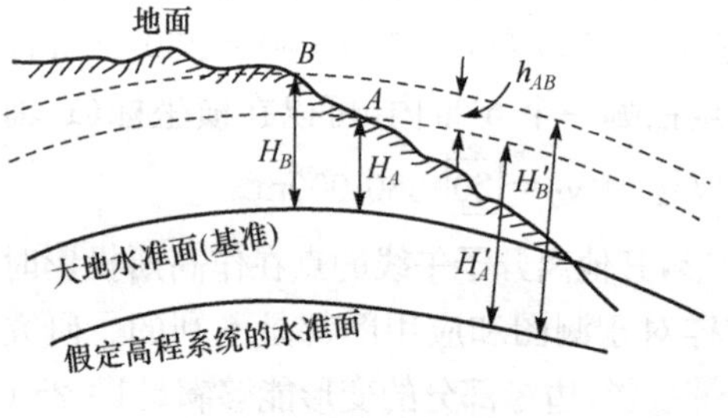

图 2-7 高程系统

两点之间的高程差称为高差，如 A、B 两点间的高差为 h_{AB}。

$$h_{AB}=H_B-H_A \tag{2-4}$$

由于大地水准面不是光滑曲面，所以某一点的大地高和海拔高是不同的，这个高程差也不是常数。两点之间的大地高差和海拔高差也是不相同的。

某个局部地区内如果难于从附近的国家级水准点起算，此时可采用假定高程系统。如图 2-7 所示，A、B 的假定高程为 H'_A 和 H'_B。不管采用哪一种高程系统，两点间的高差值应是相同的，即

$$h_{AB}=H_B-H_A=H'_B-H'_A \tag{2-5}$$

用水平面代替水准面对于高程测量会产生较显著影响。如图 2-8 所示，水准面上的 N 点投影到水平面上得出 N' 点，$\overline{NN'}=\Delta h$，即这种代替所带来的高差误差。

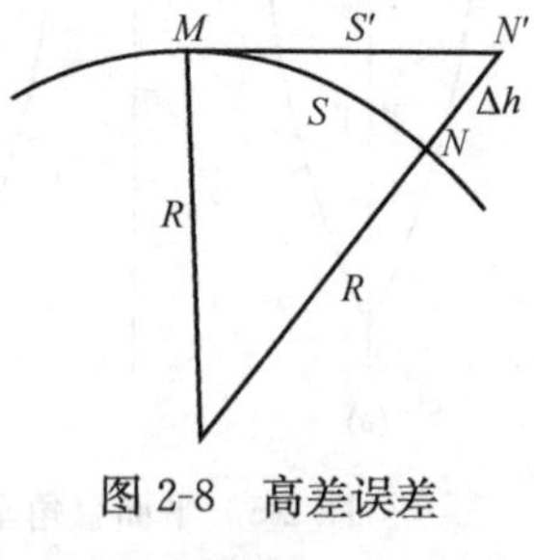

图 2-8 高差误差

设水准面与水平面的切点为 M，$\overset{\frown}{MN}=S$，$\overline{MN'}=S'$，则由勾股定理可得

$$(R+\Delta h)^2=R^2+S'^2 \tag{2-6}$$

$$\Delta h=\frac{S'^2}{2R+\Delta h}\approx\frac{S'^2}{2R} \tag{2-7}$$

由余弦定理可得：当 $S'^2=1\text{km}$ 时，Δh 为 8cm，当 S'^2 为 5km 及 10km 时，这个误差分别达到 196cm 和 785cm。因此，即使我们在范围不大的地区进行测量工作时，也应该考虑地球曲率对高差测定的影响。

2.3　直线定向

2.3.1　直线定向的概念

在测量工作中常常需要确定两点间平面位置的相对关系。要确定这种关系，仅仅量得两点间的距离是不够的，还需要知道这条直线的方向，这才算把两点间相对位置确定了。确定一条直线与基准方向间的关系称为直线定向。

椭球体上某点子午线指向北端的切线方向称为真子午线方向；磁针在地面某点自由静止时，其轴线所指的磁北方向称为磁子午线方向；平行于高斯投影平面直角坐标系 X 坐标轴的方向称为坐标纵线方向。图 2-9 为三个基本方向之间关系的一种情况，通常称为“三北方向”。通过地面上某点的真子午线方向，与该点坐标纵线方向比较，这两个基准方向之间的夹角，称为子午线收敛角。凡坐标纵线方向偏在真子午线方向以东者为正，以西为负，子午线收敛角用 γ 表示。图 2-10 分别为处于中央子午线的东和西两侧的情况。

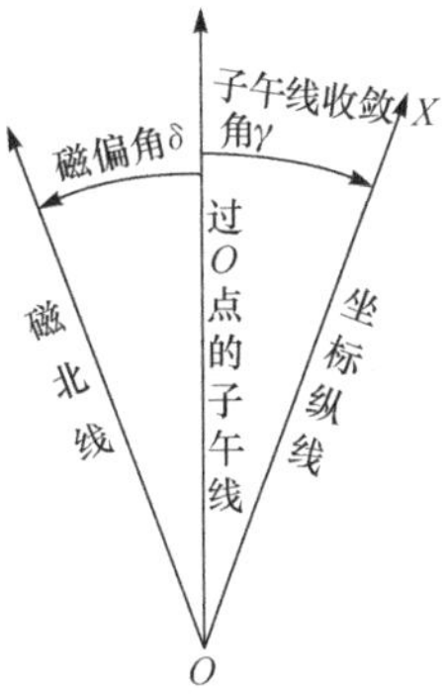

图 2-9　三种基准方向

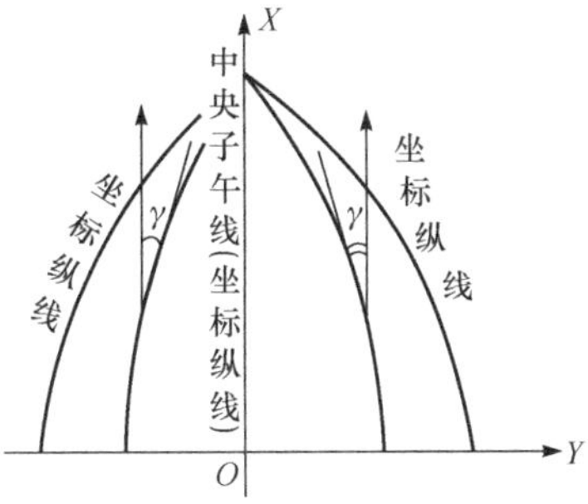

图 2-10　子午线收敛角

磁子午线与真子午线方向之间的夹角称为磁偏角；凡磁子午线偏于真子午线以东者称东偏，其角值为正；偏于西者称西偏，其角值为负；磁偏角用 δ 表示。

2.3.2　三北方向的定向方法

1. 方位角

由基本方向线的北端起顺时针方向到一方向线的水平角度，称为该方向线的方位角，一般用 A 表示。如图 2-11 所示，设 NS 为通过 O 点的基本方向线，OP_1、OP_2、OP_3、OP_4 为通过 O 点的四条方向线，则水平角 A_1、A_2、A_3、A_4 即为四条直线的方位角。方位角的取值范围通常为 0°～360°，小于 0°和大于 360°的方位角应该以加 360°或减 360°的方法换算至 0°～360°的范围内。凡方位角的计算以真子午线方向为基本方向者称为真方位角（$A_{真}$）。以磁子午线方向为基本方向，则称

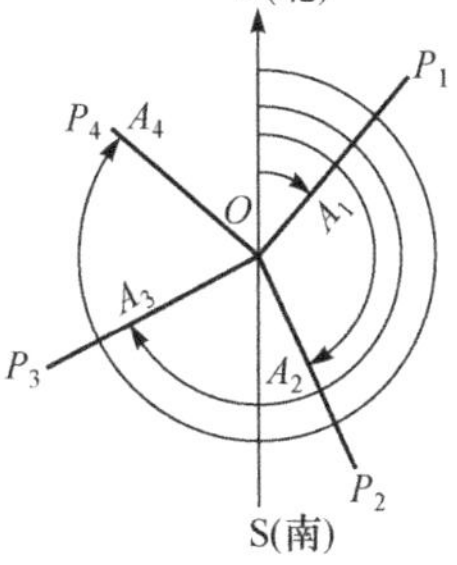

图 2-11　方位角

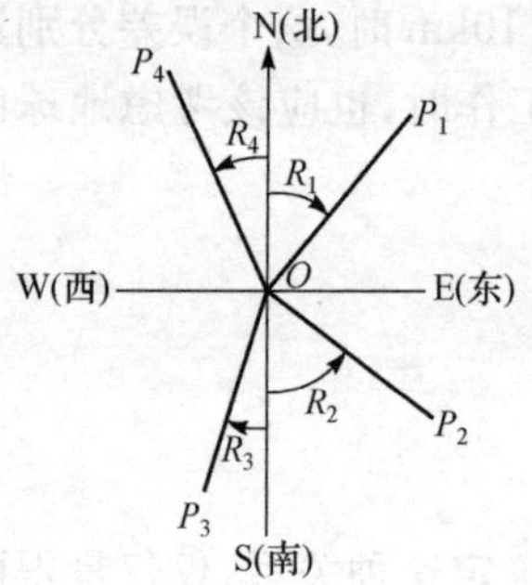

图 2-12　象限角

磁方位角（$A_{磁}$）。

2. 象限角

有时用直线与基本方向线相交的锐角来表示直线定向，这种定向的锐角称为象限角，如图 2-12 所示，用符号 R 表示。它是由基本方向线北端或南端顺时针方向或逆时针方向量至直线的水平角度。由于象限角可自子午线北端量起，也可自其南端量起，可以向东量，也可以向西量。因此，用象限角定向时，不但要注明角度的大小，同时还要注明它所在的象限。

3. 坐标方位角

以平行于纵坐标轴（坐标纵线）的方向为基准方向的方位角，称为坐标方位角，简称方位角。它以 X 轴正方向为起算方向，通常以 α 表示，如图 2-13 所示，α_{12} 表示 P_1P_2 方向的坐标方位角，α_{21} 表示 P_2P_1 方向的坐标方位角。

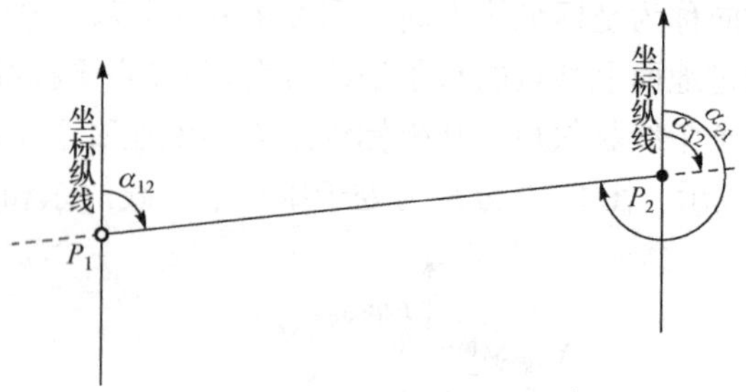

图 2-13　正反坐标方位角的关系

1）正、反坐标方位角

一条直线有正、反两个方向，通常以直线前进方向为正方向。如图 2-13 所示，如果以 P_1 点到 P_2 点为前进方向，则直线 P_1P_2 的坐标方位角 α_{12} 称为正坐标方位角；相对于前进方向，由 P_2 点到 P_1 点为反方向，则直线 P_2P_1 的坐标方位角 α_{21} 称为反坐标方位角。

正、反坐标方位角相差 180°，即

$$\alpha_{21}=\alpha_{12}\pm180° \tag{2-8}$$

2）坐标方位角的推算

实际测量工作中，各边的坐标方位角并不是直接确定的，而是通过与已知坐标方位角的直线连测，并测量出各边之间的水平夹角，然后根据已知直线的坐标方位角，推算出各边的坐标方位角值。

如图 2-14 所示，1、2 为已知的起始边，其坐标方位角已知为 α_{12}，观测了水平角 β_2、β_3。则从图中可以看出

$$\left.\begin{aligned}\alpha_{23}&=\alpha_{21}-\beta_2=\alpha_{12}+180°-\beta_2\\ \alpha_{34}&=\alpha_{32}+\beta_3=\alpha_{23}+180°+\beta_3\end{aligned}\right\} \tag{2-9}$$

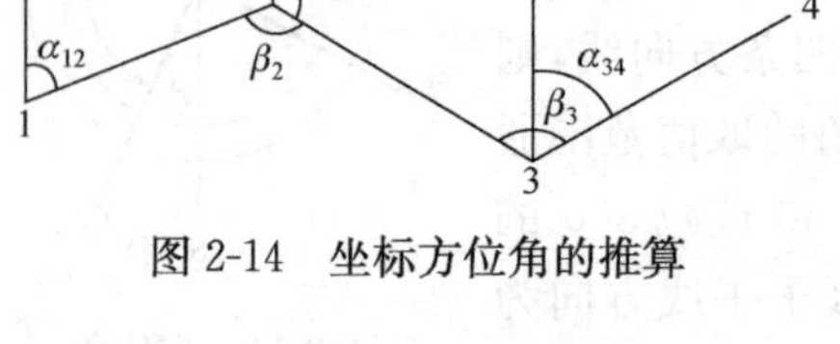

图 2-14　坐标方位角的推算

由于 β_2 在推算路线前进方向的右侧，则称其为右角；β_3 在左侧，则称其为左角。经过归纳可得出坐标方位角推算的一般公式为

$$\left.\begin{aligned}\alpha_{i+1,i+2}&=\alpha_{i,i+1}\pm180°+\beta_{左}\\ \alpha_{i+1,i+2}&=\alpha_{i,i+1}\pm180°-\beta_{右}\end{aligned}\right\} \tag{2-10}$$

对于式(2-10)中的“±180°”，当 $\alpha_{i,i+1}<180°$ 时，取加号；当 $\alpha_{i,i+1}>180°$ 时，则取减号。如果算出 $\alpha_{i+1,i+2}>360°$，应减去 360°；如果 $\alpha_{i+1,i+2}<0°$，则应加上 360°。

2.3.3 坐标正、反算

测量内业计算的一个主要任务是最终获得点的平面直角坐标。依据的原始数据为观测的角度和边长，首先要进行各边方位角的推算，其次进行坐标增量的计算。

1. 坐标正算

由已知点坐标、已知边长和坐标方位角计算未知点坐标。如图 2-15 所示，设 A 为已知点，B 为未知点，当 A 点的坐标 x_A、y_A、边长 S_{AB} 和坐标方位角 α_{AB} 均为已知时，则可求得 B 点的坐标 x_B、y_B。

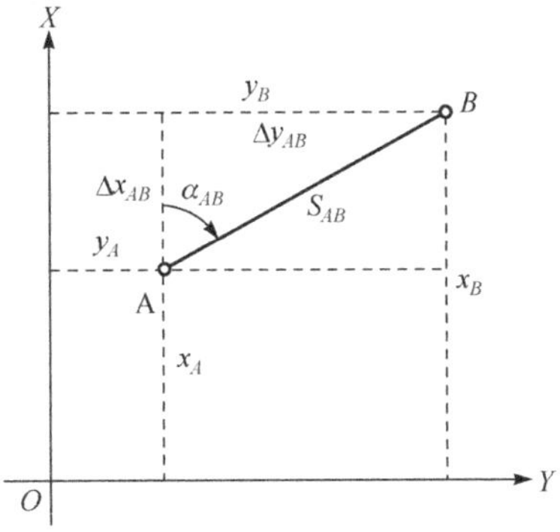

图 2-15　坐标正反算

$$\left.\begin{array}{l} x_B = x_A + \Delta x_{AB} \\ y_B = y_A + \Delta y_{AB} \end{array}\right\} \tag{2-11}$$

式中，

$$\begin{array}{l} \Delta x_{AB} = S_{AB} \cdot \cos\alpha_{AB} \\ \Delta y_{AB} = S_{AB} \cdot \sin\alpha_{AB} \end{array} \tag{2-12}$$

则

$$\begin{array}{l} x_B = x_A + S_{AB} \cdot \cos\alpha_{AB} \\ y_B = y_A + S_{AB} \cdot \sin\alpha_{AB} \end{array} \tag{2-13}$$

Δx_{AB} 和 Δy_{AB} 称为坐标增量，坐标方位角和坐标增量均带有方向性，故必注意下标的书写。

2. 坐标反算

由两个已知点的坐标反算坐标方位角和边长。如图 2-15 所示，设 A、B 为两已知点，其坐标分别为 x_A、y_A 和 x_B、y_B，因为

$$\tan\alpha_{AB} = \frac{\Delta y_{AB}}{\Delta x_{AB}} = \frac{y_B - y_A}{x_B - x_A} \tag{2-14}$$

则

$$\left.\begin{array}{l} \alpha_{AB} = \arctan\dfrac{\Delta y_{AB}}{\Delta x_{AB}} = \arctan\dfrac{y_B - y_A}{x_B - x_A} \\ S_{AB} = \dfrac{\Delta y_{AB}}{\sin\alpha_{AB}} = \dfrac{\Delta x_{AB}}{\cos\alpha_{AB}} \end{array}\right\} \tag{2-15}$$

注意：求得 α_{AB} 是象限角值可在四个象限内，具体方位角值由 Δx_{AB} 和 Δy_{AB} 的符号而定。

例如，已知：$x_1 = 350.000\text{m}$，$y_1 = 250.000\text{m}$，$x_A = 332.500\text{m}$，$y_A = 228.150\text{m}$，求 α_{A1}。

$$\alpha_{A1} = \arctan\frac{y_1 - y_A}{x_1 - x_A} = \arctan\frac{250.000 - 228.150}{350.000 - 332.500} = 51°18'30''$$

因为 Δy_{A1} 和 Δx_{A1} 都大于零，说明直线方位角在第一象限，故方位角值与象限角值相等。

2.4 测绘基准与坐标转换

2.4.1 测绘基准

测量工作是在地球表面上进行的，作为测量数据处理，需要统一大地坐标和计算的基准面。基准面必须具有两个条件：基准面的形状和大小要尽可能地接近地球的形状和大小；基准面要是一个规则的数学面，即能用简单的几何体和数学方程式表达。

测绘基准由坐标（参考）框架、高程（参考）框架和重力测量（参考）框架等三种大地测量参考框架组成，通常称为大地测量框架。框架由包括坐标系统、高程系统、深度基准和重力系统的规定模式构建。

1. 大地坐标基准

大地测量坐标框架是通过大地测量手段实现的大地测量坐标系统。大地测量参考框架由若干个固定在地面上的大地网（点）或其他实体（静止或运动的物体）按相应的大地测量系统的规定模式构建，它是大地测量系统的具体实现。

大地测量坐标系统规定了大地测量起算基准的定义及其相应的大地测量常数。大地测量坐标系统是一种固定在地球上，随地球一起转动的非惯性坐标系统。根据其原点位置不同，分为地心坐标系统和参心坐标系统。前者的原点与地球质心重合，后者的原点与参考椭球中心重合（参考椭球是指与某一地区或国家地球表面最佳吻合的地球椭球）。从表现形式上分，一般大地测量坐标系统又分为空间直角坐标系统、大地坐标系统两种形式。空间直角坐标用（x,y,z）表示；大地坐标用（经度 L，纬度 B，大地高 H）表示，其中大地高 H 是指空间点沿椭球面法线方向高出椭球面的距离。

1）地心坐标框架

如图 2-16 所示，地心坐标系统定义为：坐标系原点位于地球质心。地心直角坐标系 Z 轴和 X 轴的定向由某一历元的地球定向参数（Earth Orientation Parameters，EOP）确定，Y 与 X、Z 构成空间右手直角坐标系。地心大地坐标系椭球旋转轴与国际测定的某一历元的地球北极（Conventional Terrestrial Pole，CTP）重合，起始大地子午面与零子午面重合。

地心坐标系统应满足四个条件，通常表达为：①原点位于整个地球（包括海洋和大气）的质心；②尺度是国际统一规定的长度因子；③定向为国际测定的某一历元的地球北极和零子午线，称为地球定向参数；④满足地球地壳无整体旋转（No Net Rotation，NNR）的约束条件。

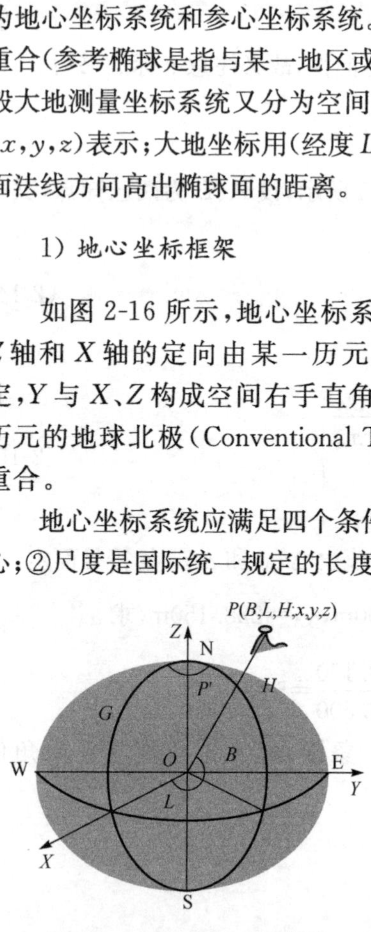

图 2-16 地心坐标系示意图

地心坐标框架采用的国际地面参考（坐标）框架（International Terrestrial Reference Frame，ITRF）是国际地面参考（坐标）系统（International Terrestrial Reference System，ITRS）的具体实现。它以甚长基线干涉测量（Very Long Base Interferometry，VLBI）、卫星激光测距（Satellite Laser Ranging，SLR）、激光测月（Lunar Laser Ranging，LLR）、美国的全球定位系统（Global Positioning

System, GPS)和法国的卫星多普勒定轨定位系统(Doppler Orbitography by Radiopositioning Integrated on Satellite, DORIS)等空间大地测量技术构成全球观测网点，经数据处理，得到ITRF 点(地面观测站)的站坐标和速度场等。目前，ITRF 已成为国际公认的应用最广泛、精度最高的地心坐标框架。

我国的 GPS2000 网是定义在 ITRS2000 地心坐标系统中的区域性地心坐标框架，它综合了全国性的三个 GPS 网观测数据，一并进行计算而得。

2) 参心坐标框架

参心坐标系统的原点位于参考椭球中心，Z 轴(椭球旋转轴)与地球自转轴平行，X 轴在参考椭球的赤道面并平行于天文起始子午面。

传统的大地测量坐标框架是由天文大地网实现和维持的，一般定义在参心坐标系统中，是一种区域性、二维静态的地球坐标框架。20 世纪世界上绝大部分国家或地区都采用天文大地网来实现和维持各自的参心坐标框架。

我国在 20 世纪 50～80 年代完成的全国天文大地网，不同时期分别定义在北京 1954 坐标系统和西安 1980 坐标系统中。天文大地控制点(大地点)覆盖我国大陆和海南岛。

中华人民共和国成立初期，由于缺乏天文大地网观测资料，我国暂时采用了克拉索夫斯基参考椭球，并与苏联 1942 坐标系统进行联测，通过计算建立了我国大地坐标系统，称为北京1954(大地)坐标系统。20 世纪 80 年代，我国采用国际大地测量和地球物理联合会(International Union of Geodesy and Geophysics, IUGG)的 IUGG75 椭球为参考椭球，经过大规模的天文大地网计算，采用整体平差方法构建了比较完善的我国参心坐标框架，称为西安 1980 坐标系统。西安 1980 坐标系统克服了北京 1954 坐标系统对我国大地测量计算的某些不利影响。

2. 高程基准

点的高程通常用该点至某一选定的水平面的垂直距离来表示，不同地面点间的高程差反映了地形起伏。

1) 高程基准

高程基准定义了陆地上高程测量的起算点。区域性高程基准可以用验潮站处的长期平均海面来确定，通常定义该平均海面的高程为零。在地面预先设置好的一固定点(组)，利用精密水准测量联测固定点与该平面海面的高差，从而确定固定点(组)的海拔高程。这个固定点就称为水准原点，其高程就是区域性水准测量的起算高程。

我国高程基准采用青岛大港验潮站观测获得的黄海平均海水面。以此基准为零点，在其附近的观象山设有“中华人民共和国水准原点”。1956 年联测水准原点高程为 72.289m，称为“1956 国家高程基准”。1985 年重新计算黄海平均海水面，联测水准原点高程为 72.260m。1988 年 1 月 1 日，我国正式启用“1985 国家高程基准”。“1985 国家高程基准”的平均海水面比“1956 年黄海高程基准”的平均海水面高 0.029m。

2) 高程框架

我国的高程系统采用正常高系统。正常高的起算面是似大地水准面(似大地水准面可由物理大地测量方法确定)。由地面点沿垂线向下至似大地水准面之间的距离,就是该点的正常高,即该点的高程。

高程框架是高程系统的实现。我国水准高程框架由全国高精度水准控制网实现,以黄海高程基准为起算基准,以正常高系统为水准高差传递方式。水准高程框架分为四个等级,分别称为国家一等、二等、三等、四等水准控制网。框架点的正常高采用逐级控制,其现势性通过一等水准控制网的定期全线复测和二等水准控制网部分复测来维护。高程框架的另一种形式是通过(似)大地水准面来实现。

3. 深度基准

深度是指在海洋(主要指沿岸海域)水深测量所获得的水深值,是从测量时的海面(即瞬时海面)起算的。由于受潮汐、海浪和海流等的影响,瞬时海面的位置会随时间发生变化,因此,同一测深点在不同时间测得的瞬时深度值是不一样的。为此,必须规定一个固定的水面作为深度的参考面,把不同时间测得的深度都换算到这一参考水面上去。这一参考水面称为深度基准面。它就是海图所载水深的起算面,所以,狭义的海图基准面就是深度基准面。如图 2-17所示,深度基准面通常取在当地平均海面以下深度为 L 的位置。由于不同海域的平均海面不同,所以深度基准面对于平均海面的偏差因地而异。由于各国求 L 值的方法有别,所采用的深度基准面也不相同,甚至有的国家(如美国),在不同海岸采用不同的计算模型。

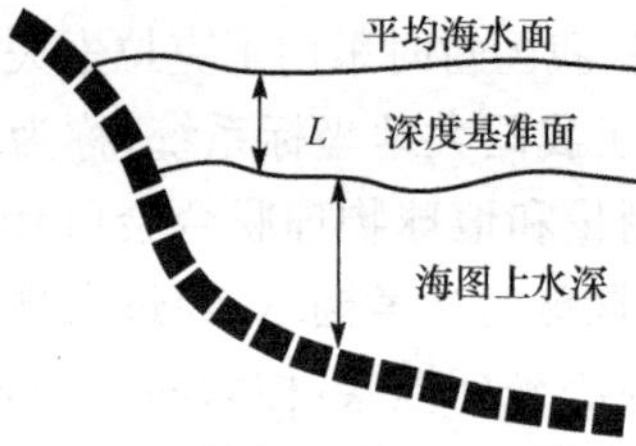

图 2-17　深度基准面与平均海面的关系

我国 1956 年以前采用略最低潮面作为深度基准面。1956 年以后采用弗拉基米尔斯基理论最低潮面(简称理论最低潮面)作为深度基准面。

2.4.2　坐标转换

1. 高斯投影正反算

大地坐标与高斯直角坐标之间的坐标变换总称为大地测量主题计算。由大地坐标变换成高斯直角坐标称为高斯投影正算,高斯坐标变换大地坐标称为高斯投影反算。

1) 高斯投影正算

高斯投影正算就是已知椭球面上点的经纬度 L,B,求算该点在高斯平面上的平面直角坐标 x,y。高斯投影坐标正算公式是按照高斯投影的条件推导出来的,其形式如下:

$$\left\{\begin{aligned}x=&x_0^B+\frac{N}{2\rho''^2}\sin B\cos B l''^2+\frac{N}{24\rho''^4}\sin B\cos^3 B(5-t^2+9\eta^2+4\eta^4)l''^4\\&+\frac{N}{720\rho''^6}\sin B\cos^5 B(61-58t^2+t^4)l''^6\\y=&\frac{N}{\rho''}\cos B l''+\frac{N}{6\rho''^3}\cos^3 B(1-t^2+\eta^2)l''^3\\&+\frac{N}{120\rho''^5}\cos^5 B(5-18t^2+t^4+14\eta^2-58\eta^2t^2)l''^5\end{aligned}\right.\tag{2-16}$$

式中,x_0^B 为中央子午线上纬度为 B 处的 x 坐标值。式中的一些符号的意义将在后面一并解释。

若用计算机或计算器计算。下面给出适用于直接计算的公式

$$\begin{cases} x_0^B = C_0B - \cos B(C_1\sin B + C_2\sin^3 B + C_3\sin^5 B) \\ x = x_0^B + \dfrac{1}{2}Ntm_0^2 + \dfrac{1}{24}(5 - t^2 + 9\eta^2 + 4\eta^4)Ntm_0^4 \\ \quad + \dfrac{1}{720}(61 - 58t^2 + t^4)Ntm_0^6 \\ y = Nm_0 + \dfrac{1}{6}(1 - t^2 + \eta^2)Nm_0^3 \\ \quad + \dfrac{1}{120}(5 - 18t^2 + t^4 + 14\eta^2 - 58\eta^2 t^2)Nm_0^5 \end{cases} \tag{2-17}$$

式中，C_0、C_1、C_2、C_3 为常系数，对于不同的椭球有不同的值，见表 2-1；$t = \tan B$；$m_0 = l''\cos\dfrac{B}{\rho''}$；$l'' = (L - L_0)''$，为投影点与中央子午线的经度差，以秒为单位；$\rho'' = \dfrac{180}{\pi}$，在计算中至少取至 10 位的有效数字；$\eta^2 = e'^2\cos^2 B$；$C_0B$ 一项中的 B 应以弧度为单位。

表 2-1　不同椭球的参数值

符号	北京 1954 坐标系	西安 1980 坐标系
a	6 378 245m	6 378 140m
b	6 356 863.018 773 047 2m	6 356 755.288 157 528 6m
α	1/298.3	1/298.257
e^2	$6.693\,421\,622\,965\,949 \times 10^{-3}$	$6.694\,384\,999\,587\,952 \times 10^{-3}$
e'^2	$6.738\,525\,414\,683\,497 \times 10^{-3}$	$6.739\,501\,819\,472\,927 \times 10^{-3}$
C	6 399 698.901 782 711 1m	6 399 596.651 988 010 4m
C_0	6 367 558.496 87m	6 367 452.132 79m
C_1	32 005.780 1m	32 009.857 5m
C_2	133.921 3m	133.960 2m
C_3	0.703 2m	0.697 6m
k_0	$1.570\,460\,641\,22 \times 10^{-7}\,\text{m}^{-1}$	$1.570\,486\,874\,73 \times 10^{-7}\,\text{m}^{-1}$
k_1	$5.051\,773\,902 \times 10^{-3}$	$5.502\,505\,593 \times 10^{-3}$
k_2	$2.983\,868 \times 10^{-5}$	$2.984\,733\,5 \times 10^{-5}$
k_3	2.415×10^{-7}	2.416×10^{-7}
k_4	2.2×10^{-9}	2.2×10^{-9}
$\pi = 3.141\,592\,653\,589\,8$　　$\rho'' = 206\,264.806\,247\,1$		

2）高斯投影反算

高斯投影反算就是已知某点在高斯平面上的坐标 x，y，要反求该点的经纬度。计算时求出 B 和 l（该点与中央子午线 L_0 的经差），$L = L_0 + l$，B，l 计算公式如下：

$$\begin{cases} B=B_f-\dfrac{t_f}{2M_fN_f}y^2+\dfrac{t_f}{24M_fN_f^3}(5+3t_f^2+\eta_f^2-9\eta_f^2t_f^2)y^4 \\ \quad -\dfrac{t_f}{720M_fN_f^5}(61+90t_f^2+45t_f^4)y^6 \\ l=\dfrac{1}{N_f\cos B_f}y-\dfrac{1}{6N_f^3\cos B_f}(1+2t_f^2+\eta_f^2)y^3 \\ \quad +\dfrac{1}{120N_f^5\cos B_f}(5+28t_f^2+24t_f^4+6\eta_f^2+8\eta_f^2t_f^2)y^5 \end{cases} \tag{2-18}$$

式中，B_f 为垂足纬度(在高斯平面上，自点 P 向中央子午线作垂线，垂足处的纬度即为垂足纬度)，按正算中的子午线弧长公式进行 6 次迭代计算求得；t_1，η_1，N_1 均为相应于纬度 B_f 之值。

2. 大地坐标(B,L)和椭球高 H 与空间直角坐标(X,Y,Z)转换

大地坐标(B,L)和椭球高 H 与空间直角坐标(X,Y,Z)的转换模型如式(2-19)所示。

$$\begin{bmatrix} X \\ Y \\ Z \end{bmatrix}=\begin{bmatrix} (N+H)\cos B\cos L \\ (N+H)\cos B\sin L \\ [N(1-e^2)+H]\sin B \end{bmatrix} \tag{2-19}$$

式中，N 为椭球的卯酉圈曲率半径，e 为椭球的第一偏心率。

3. 空间直角坐标(X,Y,Z)与大地坐标(B,L)和椭球高 H 的变换

空间直角坐标(X,Y,Z)与大地坐标(B,L)和椭球高 H 的转换模型如式(2-20)所示。

$$\left.\begin{aligned} &B=\arctan\left[\tan\Phi\left(1+\frac{ae^2}{Z}\right)\frac{\sin B}{W}\right] \\ &L=\arctan\left(\frac{Y}{X}\right) \\ &H=\frac{R\cos\Phi}{\cos B}-N \end{aligned}\right\} \tag{2-20}$$

式中，

$$\left.\begin{aligned} &N=\frac{a}{W} \\ &W=(1-e^2\sin B)^{\frac{1}{2}} \\ &e^2=\frac{a^2-b^2}{a^2} \\ &\Phi=\arctan\left[\frac{Z}{(X^2+Y^2)^{1/2}}\right] \\ &R=(X^2+Y^2+Z^2)^{1/2} \end{aligned}\right\} \tag{2-21}$$

2.4.3　相邻带的坐标换算

高斯投影中，为了控制长度变形，采用了分带投影的办法。分带的结果就是椭球面上统一的坐标系就分割成各带独立的平面坐标系。这样，给生产实践提出了新的问题，即怎样解决带与带之间控制点的联系问题。解决这种联系就需要把一个带的平面坐标换算到相邻的另一带上，简称为相邻带的坐标换算。在投影带边缘地区进行控制测量及计算时，往往需要把位于相邻带的高级点作为控制点。因此必须将这些点换算到同一带内。

现在高斯投影的换带计算一般采用反正投影法，即把点的旧带高斯平面坐标 $x_{旧}$，$y_{旧}$ 经反投影获得椭球面坐标 B,L，再将 B,L 经正投影获得该点在新带的坐标 $x_{新}$，$y_{新}$。具体作业流程为：① $x_{旧}$，$y_{旧}$ 经反投影得 $B,l_{旧}$；② $L=L_{0_{旧}}+l_{旧}$；③ $L_{新}=L-L_{0_{新}}$；④ $B,l_{新}$ 经正投影得 $x_{新}$，$y_{新}$。这里 $L_{0_{旧}}$，$L_{0_{新}}$ 分别表示旧带和新带中央子午线经度。这种换带的方法自然适用于任意中央子午线的换带，并不局限于国家标准的 3°带，6°带邻带换算问题。

例　某点的 54 坐标高斯平面坐标为 $X=3\ 813\ 779.63$，$Y=20\ 349\ 981.60$，请换算为中央子午线为 115°的地方坐标系。

解　由给定的 y 坐标知，该点在第 20 带，y 坐标自然值为 $-150\ 018.40$。

(1) 用 $x_{旧}=3\ 813\ 779.63$，$y_{旧}=-150\ 018.40$ 经高斯投影反算得

$$l_{旧}=-1°37'55.9409'',B=34°26'25.1132''$$

(2) $L_{0_{旧}}=20\times 6°-3°=117°$，$L=L_{0_{旧}}+l_{旧}=117°-1°37'55.9409''=115°22'04.0591''$。

(3) $l_{新}=L-L_{0_{新}}=115°22'04.0591''-115°=0°22'04.0591''$。

(4) 用 $B=34°26'25.1132''$，$l_{新}=0°22'04.0591''$，经高斯正投影计算得

$$x_{新}=3\ 812\ 632.326,y_{新}=33\ 802.920+500\ 000=533\ 802.920$$

2.5　测量工作的基本原则和内容

2.5.1　测量工作的基本内容

测量学是一门专门研究如何确定地面点的空间位置，将地球表面的地物、地貌、行政和权属界线等测绘成图，或者将规划设计的特征点或线等在实地进行定位，以及连续测量相关特征点以发现其变化趋势与规律的科学。从以上定义可以发现，测量学的内容可分为三部分：测绘、测设和监测。

1. 测绘

地形图、海图测绘简称为“测绘”。地球表面所包含的内容是多种多样的，但总的说来，可分为地物和地貌两大类。地物是指地球上天然或人工形成的固定物体，如房屋、道路、河流和港口等。地貌是指地表面高低起伏的形状，如山岭、洼地、河谷、岛屿等。测绘就是把陆地和海洋区域各种地物和地貌的位置与形状，以及地球地表的起伏形态，使用测量仪器，通过测量和计算得到一系列测量数据，然后用规定的图例与符号，依据选定的比例尺绘制成地形图，或者用数字表示出来，为经济建设、规划设计、行政管理、科学研究和国防建设提供地理信息服务。

2. 测设

工程建设施工放样简称为“测设”。就是把设计图纸上工程建(构)筑物的平面位置和高程，按设计要求、以一定的精度，用测量仪器和特定的方法标定设置到实地上去的测量工作，作为工程建设施工的依据。

施工放样包括平面位置和高程放样，即直线放样、曲线放样、曲面放样和形体放样，也称为点、线、面、体的放样。其中，点放样是基础，放样点必须满足特定的条件：如在一条给定的直线

或曲线上，或在已知曲面上且空间形状符合设计要求。放样与测绘的原理相同，使用的仪器和方法也相同，只是目的不一样。测绘是把具体物体或目标点的位置用坐标的形式确定下来标示在图上，而放样是把图上设计的物体按确定的尺寸或坐标在实地标定下来。放样方法分直接放样法和归化法放样。直接放样法是根据放样点的坐标计算放样元素，用逐渐趋近法把放样点的位置在实地标定下来；归化法放样是先用直接放样法作近似放样，再用测量的方法测出放样点的坐标，将计算的放样点的理论坐标与实测坐标相比较，由差值可归化改正到理论位置。归化法是一种精密的放样方法。两种放样方法都包括以下各种方法：极坐标法、直角坐标法、各种交会法（如方向交会、距离交会、方向距离交会）、偏角法、偏距法、投点法等。采用电子全站仪、全球导航卫星系统（Global Navigation Satellite System，GNSS）技术。

3. 监测

几何变形监测简称为"监测"。变形是指被监测对象（变形体）的空间位置随时间发生变化的形态和特征。变形监测是对地球形变和一些大型、重要的工程在施工工程中以及后续的管理运营期间，由于灾变和修建工程而发生的建（构）筑物本身及环境的变化定期进行稳定性的监测。变形监测包括变形观测和变形分析两部分。

变形监测是对被监视的对象或物体进行测量以确定其空间位置随时间的变化特征。变形可分为变形体自身或内部的伸缩、错动、弯曲和扭转变形，以及变形体的整体平移、转动、升降和倾斜变形四种。变形又分非周期变形、周期变形两类，可用静态变形、似静态变形、运动变形以及动态变形模型描述。因此，变形监测主要内容为沉降观测、位移观测、倾斜观测、裂缝观测、挠度观测等。

变形分析分为变形的几何分析和物理解释。几何分析在于确定变形量的大小、方向及其变化，即变形体形态的动态变化。物理解释在于确定引起变形的原因，确定变形的模式。实际变形分析中可将两种方法结合起来进行综合分析预报。

此外，在施工过程中通过测量等进行相关部位检查、验收，工程结束后编绘竣工图等，都离不开测量工作。

2.5.2 测量工作的原则

地球表面的形态和地球上固定不动的物体的形状都是由许多特征点决定的。在进行测量时，就是需要测定（或测设）许多特征点在平面上的位置和它的高程。如果从一个特征点开始逐点进行测量，虽然容易测得各点的位置，但是由于测量工作中存在不可避免的误差，在实际工作中误差会从前一点传递到后一点，依次积累起来，最后可能使点位误差达到不能接受的程度，为了避免以上情况的发生，在进行测量工作时必须按照一定的原则开展工作。

为了将整个测区的地物和地貌正确地测绘在图纸上，设置一些具有控制意义的地面点，作为全面测量的依据，这些点称为控制点，如图 2-18 中 A、B、C、D、E 点。控制点的位置，必须采用精密的仪器和方法测定，使它具有较高等级的精确程度，以保证下一步工作的顺利进行，这部分测量工作称为控制测量。各控制点在图上的位置确定后，再以这些控制点为根据测绘（或测设）附近的特征点（碎部点）的位置，即可依次在每个控制点上安置仪器，以较低的精度测绘（或测设）其周围的地物和地貌，直至测完整个测区，这部分测量工作称为碎部测量。用这种分阶段进行的测量方法可以明显减少误差的传递和积累，同时在后期的测绘（或测设）时，可以在几个控制点上同时进行测量工作，加快测量进度。

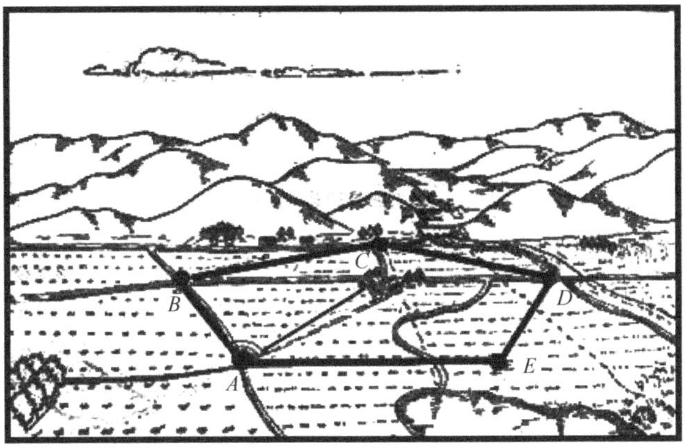

图 2-18　控制点示意图

应该注意在测量工作的各个阶段需要选择合适的精度，如果精度太低，显然无法满足实际需要；而精度太高，实际测量的工作量会成倍增加，这样也是没有意义的。特别是在控制点测量阶段，如果精度比较低，这时点位误差已经比较大，在以后的碎部点测量阶段精度再高也是没有用的，显然其精度受到前期控制测量精度的约束，所以要由高精度的控制测量来控制低精度的碎部测量。由此可见，在实际开展测量工作时，整个测量工作应遵循的基本原则是：从整体到局部、先控制后碎部、高精度控制低精度。

2.5.3　比例尺和比例尺精度

测绘地形图是将地面上的地物和地貌按一定比例缩绘在图上。这种缩小的比例关系，即在地形图上任一线段的长度 1 与地面上相应线段的水平距离 L 之比，称为地形图的比例尺。

1. 比例尺的种类

1）数字比例尺

数字比例尺常用分子为 1，分母为整数的分数式表示，即

$$\frac{l}{L}=\frac{1}{M} \tag{2-22}$$

式中，M 为比例尺分母，即缩小的倍数；l 为图上某一线段的长度；L 为地面上相应的水平长度。

比例尺分母越小，比值越大，比例尺越大；反之，分母越大，比值越小，比例尺越小。为了满足经济建设和国防建设的需要，测绘和编制了各种不同比例尺的地形图。通常称 1∶100 万、1∶50万、1∶25 万为小比例尺地形图，它是根据大比例尺地形图编绘而成的，内容概括程度大，主要反映制图区域总体特点和地理分布的规律性，供一般参考用；1∶10 万、1∶5 万、1∶2.5万为中比例尺地形图，可供各经济部门作为总体规划和专业普查用；1∶1 万、1∶5000、1∶2000、1∶1000和 1∶500 为大比例尺地形图，多为实测的，内容详细、几何精度高，可作为规划建设和工程建设的基础资料。建筑类各专业通常使用大比例尺地形图。

2）图式比例尺

为了用图方便，简化计算工作和避免图纸伸缩对用图的影响，常在地形图的图廓下方绘一个图示比例尺。图示比例尺以 1cm 或 2cm 为基本单位。把左端一个基本单位又分成 10 等分或 20 等分，如图 2-19 所示为图式比例尺。图式直线比例尺上所注记的数字表示以 m 为单位的实际水平距离，这种比例尺能读到基本单位的十分之一。

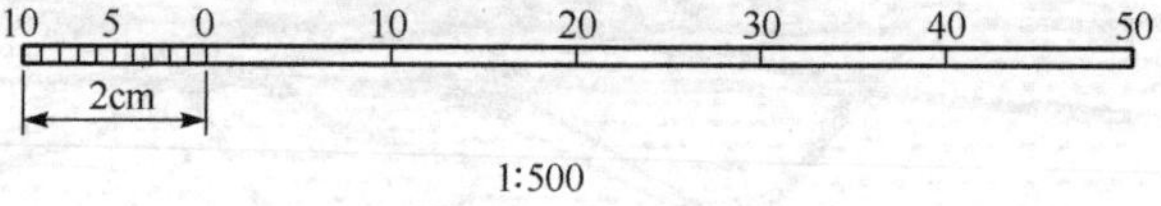

图 2-19 图式比例尺

2. 比例尺精度

人的眼睛由于视角的限制，在正常情况下，直接在图上能分辨出的最小长度为 0.1mm。在各种比例尺的地形图上，0.1mm 所表示的实地水平距离称为比例尺精度（0.1mm×M，M 为比例尺分母）。表 2-2 为常用的几种大比例尺地形图的比例尺精度。

表 2-2 常用的几种大比例尺地形图的比例尺精度

比例尺	1∶500	1∶1000	1∶2000	1∶5000
比例尺的精度/m	0.05	0.10	0.20	0.50

比例尺精度的概念对测图和设计用图都有重要意义。如果地面上的距离小于比例尺精度，在图上就表示不出来。例如，测绘 1∶2000 比例尺的地形图时，距离测量的精度只需达到 0.2m 即可，小于 0.2m 在图上就表示不出来。若规定了需表示于图上地物的最短长度，如为 0.1m 时，则可根据比例尺的精度确定测图比例尺应不小于 0.1/100＝1/1000。因此，比例尺精度有如下用途：

(1) 按照工作要求，规定了需表示在图上的地物最短长度或测绘地物应精确到什么程度，根据比例尺精度可参考确定测图的比例尺。

(2) 在已知比例尺的情况下，由比例尺精度可以推算测量地物时应精确的程度。

由表 2-2 可知，比例尺越大，表示地物和地貌的情况就越详细，相应的测量精度也就要求越高，反之，比例尺越小，表示地形变化就越简略，其精度也越低。同一测区，采用较大比例尺测图往往比采用较小比例尺测图的工作量会成倍增加。所以测绘何种比例尺的地形图应根据用图的需要来决定，不应盲目地认为比例尺越大越好。一般情况下选定比例尺可以表 2-3 作为参考。当设计有特殊要求时可进行商定，以满足设计需要为准。

表 2-3 用图比例尺的选择

比例尺	用途
1∶5000	工程规划设计、大型企业厂址的选定、线路工程比较方案、水利工程中计算容积和汇水面积等
1∶2000 1∶1000	工程初步设计、厂区新建及一般工程设计用图
1∶500	工程施工图设计、城市建筑区内工程设计基本图、厂区扩建和独立建筑物设计
1∶200 1∶100	小型厂、站、所址，桥涵闸位，路口、停车场工程设计和独立建筑物的改建工程等

2.6 控制测量

2.6.1 控制测量的任务和作用

“从整体到局部”是测量工作的基本原则。所谓“整体”，主要是指控制测量。控制测量目的是在整个测区范围内用比较精密的仪器和严密的方法测定少量大致均匀分布的点位的精确位置，包括点的平面坐标(x，y)和高程(H)，前者称为平面控制测量，后者称为高程控制测量。点的平面位置和高程也可以同时测定。所谓“局部”，一般是指细部测量，是在控制测量的基础上，为了测绘地形图而测定大量地物点和地形点的位置，或为了地籍测量而测定大量界址点的位置，或为了建筑工程的施工放样而进行大量设计点位的现场测设。细部测量可以在全面的控制测量的基础上分别进行或分期进行，但仍能保证其整体性和必要的精度。对于分等级布设的控制网而言，则上级控制网是“整体”，而下级控制网是“局部”，保证控制网的整体性和必要的精度。

2.6.2 平面控制测量

1. 平面控制测量原理

进行平面控制测量的主要目的是完成点位(坐标)的传递和控制。点位传递的概念是：如图 2-20 所示，已知点 A、B 的坐标 X 和 Y，要求传递至待定点 P，即推算 P 点的坐标 X、Y。常用几何的测量方法是在 A、B 两点上测角∠BAP 和∠ABP，并测定 AB 两点间的距离，然后计算出 P 点的坐标 X、Y。此外，也可以用测边长(AB，AP，BP 的长度)的方法，由已知坐标点 A、B 推算 P 点坐标。可以采用卫星定位技术进行点位坐标的传递。

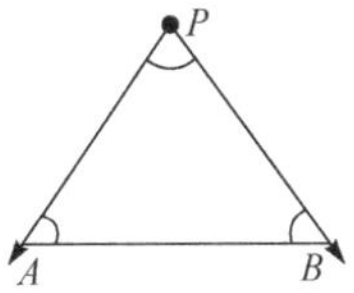

图 2-20 点位传递示意图

平面控制测量依据点位(坐标)传递的技术包括：三角测量、导线测量、卫星定位、甚长基线干涉测量(VLBI)、惯性测量(INS)。

1) 三角测量

在测区上选定一系列点位 1，2，3，…，把它们按三角形的形式连接起来构成三角网。如果测区范围较小，可以把测区所在的一部分椭球面近似看作平面，则该三角网即为平面上的三角网(图 2-21)。三角网中的观测量是网中的全部(或大部分)角度值，图 2-21 中每条实线表示两个方向，根据方向值即可算出任意两个方向的夹角。

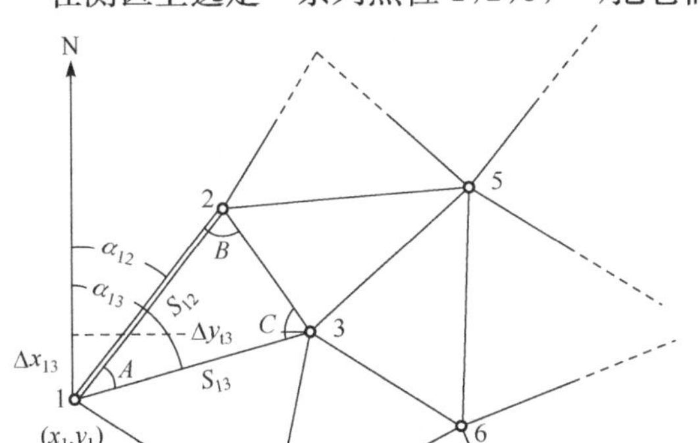

图 2-21 测角网示意图

若已知点 1 的平面坐标(x_1，y_1)，点 1 至点 2 的平面边长 S_{12}，坐标方位角 α_{12}，便可用正弦定理依次推算出所有三角网的边长、各边的坐标方位角、各点的平面坐标。这就是三角测量的基本原理和方法。以图 2-21 为例，待定点 3 的坐标可按下式计算。

$$\left.\begin{aligned} S_{13} &= S_{12}\frac{\sin B}{\sin C} \\ \alpha_{13} &= \alpha_{12}+A \\ \Delta x_{13} &= S_{13}\cos\alpha_{13} \\ \Delta y_{13} &= S_{13}\sin\alpha_{13} \\ x_3 &= x_1+\Delta x_{13} \\ y_3 &= y_1+\Delta y_{13} \end{aligned}\right\} \tag{2-23}$$

即由已知的 S_{12}，α_{12}，x_1，y_1 和各角观测值的平差值 A，B，C 可推算求得 x_3，y_3。同理可依次求得三角网中其他各点的坐标。

为了得到所有三角点的坐标，必须已知三角网中某一点的起算坐标 x_1，y_1。某一起算边长 S_{12}，和某一边的坐标方位角 α_{12}。我们把这三个起算数据统称为三角测量的起算数据。在三角点上所观测的水平角(或方向)是三角测量的观测元素。由起算数据和观测元素的平差值所推算出来的三角网边长、坐标方位角和三角点的坐标统称为三角测量的推算元素。如果既测量角度又测量三角网的边长称为边角网，若只测边而不测角即为测边网。网中的基本图形可以是三角形或多边形。实际上测角网也可以看作是边角网的特殊情况。

上述三种布设形式中，三角网早在 17 世纪时即被采用，随后经过前人不断研究、改进，无论从理论上还是实践上逐步形成一套较完善的控制测量方法，这就是“三角测量”。由于这种方法主要使用全站仪(经纬仪)完成大量的野外观测工作，所以在卫星定位尚未被广泛采用的年代，三角网是布设各级控制网的主要形式。三角网的主要优点是：图形简单，网的精度较高，有较多的检核条件，易于发现观测中的粗差，便于计算。缺点是：在平原地区或隐蔽地区易受障碍物的影响，布网困难较大，有时不得不建造较高的觇标。

随着全球卫星导航定位系统的不断完善和普及，卫星导航定位逐渐得到广泛的应用，尤其是 GPS 定位技术，目前已基本上代替了三角网作为等级控制网。只在精度要求更高或卫星定位条件较差的情况下(如精密的变形监测)，可用全站仪布设边角全测的控制网。

2）导线测量

导线网是目前控制网较常用的一种布设形式，它包括单一导线和具有一个或多个结点的导线网，网中的观测值是角度和边长。独立网的起算数据是起算点的 x、y 坐标和一个方向的方位角。

随着测绘科学技术的不断发展，电磁波测距和电子计算机技术的广泛应用，以导线测量的方法来建立平面控制网得到了广泛应用。导线布设形式灵活，适用于平原和人口密集的地区。

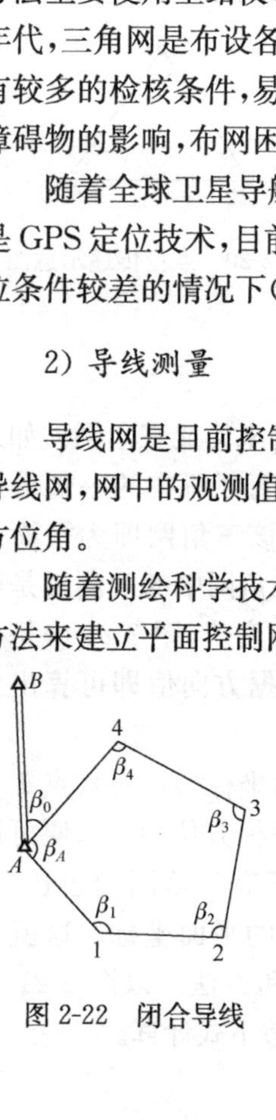

图 2-22 闭合导线

导线的布设形式有下述三种。

(1) 闭合导线。闭合导线是从一个已知边的一个点出发，最后仍回到这个已知点上。如图 2-22 所示，在各导线点测量水平角和导线边长，并测出已知边与闭合导线的连接角 β_0。

(2) 附合导线。附合导线是由一个已知边的一个点出发，最后附和到另一已知边的一个已知点上，如图 2-23 所示。同样，在各导线点测量水平角和导线边长，并测出起始边和最终边的连接角 α_{AB} 和 α_{CD}。

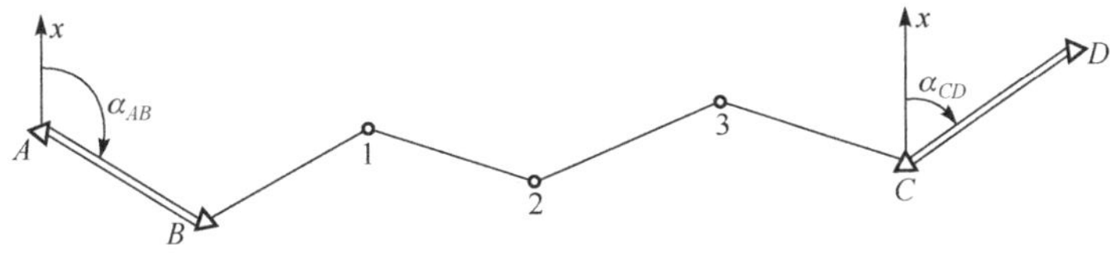

图 2-23　附合导线

(3) 支导线。支导线是从某一已知边的一个点出发，既不回到原来的出发点，又不附合到另一已知点上，如图 2-24 所示。支导线同样要测出水平角和导线边长。如果测量发生粗差，这种导线无法检核，因此在地面应用较少。在特殊情况下非用不可时，一般不得超过三条边，并需要往返测量。但在井下由于受条件限制，多在巷道中布设支导线并用往返测量来检查其正确性，或采用陀螺定向边加以检查测角的正确性和控制方向误差积累。

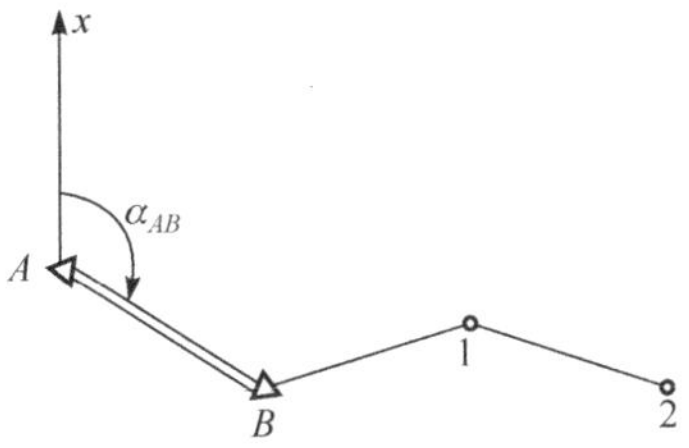

图 2-24　支导线

导线测量与三角测量相比，主要优点在于：①网中各点上的方向数较少，除结点外只有两个方向，因而受通视要求的限制较小，易于选点和降低觇标高度，甚至无须造标。②导线网的图形非常灵活，选点时可根据具体情况随时改变。③网中的边长都是直接测定的，因此边长的精度较均匀。导线网的缺点主要是：导线网中的多余观测数较同样规模的三角网要少，难于发现观测值中的粗差，因而可靠性不高。

由上述可见，导线网特别适合于障碍物较多的平坦地区或隐蔽地区。

3) 卫星定位

卫星定位技术是一种利用卫星接收机同时接收来自全球导航卫星系统多个卫星的电磁波信号，以卫星动态位置为基准解析确定接收点位置(x,y,z)的现代定位技术。

广泛应用的全球定位系统(Global Positioning System，GPS)由美国国防部开发研制，设计有 24 颗 GPS 卫星组成天基定位网，可为用户提供精密的三维坐标、三维速度和时间信息。该系统的出现，对大地测量的发展产生了深远的影响，因为利用 GPS 技术可以在较短的时间里以极高的精度进行大地测量的定位，所以，它使常规大地测量的布网方法、作业手段和内业计算等工作都发生了根本性的变革。卫星定位测量方法的优点见表 2-4。

表 2-4　GPS 与其他技术比较

特点	GPS 技术	其他定位技术
全球性	能在世界上任意地点提供精确位置	世界局部区域定位
全天候	能在一天 24h 中任何时刻、任何气候条件下定位	一天局部时间(白天)、良好气候条件定位
定位精度	高精度$\leqslant 10^{-7} \sim 10^{-8}$	$\leqslant 10^{-6}$
通视要求	不需要	需要
典型距离	0.5～1000km	0.1～20km
最短作业时间	≤1min	≥1min
最少作业人员	1 人	2～5 人

GPS 定位系统由三个主要部分组成:卫星星座——空间部分;地面监控系统——地面部分;GPS 接收系统——用户设备部分,如图 2-25 所示。

GPS 卫星星座由 24 颗卫星组成,大致均匀分布在 6 个轨道面上,每个轨道上有 4 颗卫星,如图 2-26 所示。轨道相对于地球赤道面的倾角为 55°,各轨道平面之间交角为 60°,卫星距地球约为 20 000km,运行周期为 11h 58min,在世界任何地区任何时候至少可同时接收 4 颗卫星信号。每颗卫星上装有 4 台高精度的原子钟(铷钟和铯钟),称为卫星钟,以提供高精度的时间标准。GPS 卫星主要功能:连续不断地发射导航定位的 GPS 信号;发送导航电文,以提供卫星自身的轨道位置及其他卫星的概略位置;接收存储和执行地面监控系统发来的导航信号和控制命令。

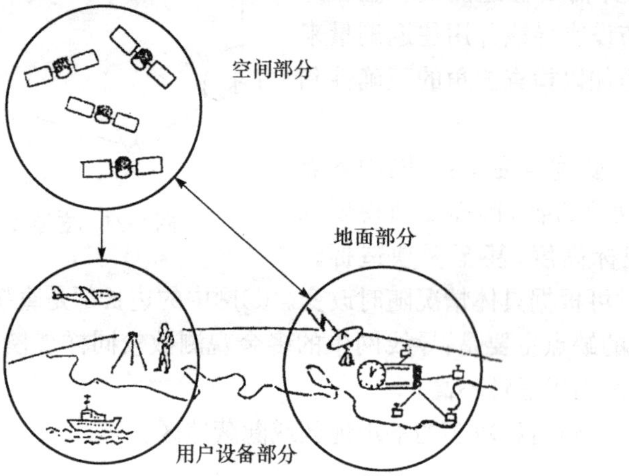

图 2-25　GPS 定位系统

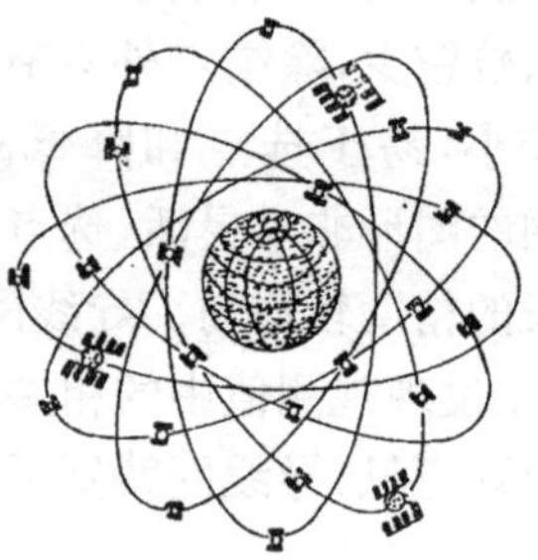

图 2-26　GPS 星座

GPS 卫星监控系统(图 2-27)由 1 个主控站——卫星操控中心(CSOC),5 个监控站和 3 个注入站(NSWC)组成,分布在美国本土的科罗拉多和三大洋的美国军事基地。它的主要功能是:对卫星工作状态及运行轨道实时监测;计算和编制导航电文,包括卫星星历(即卫星轨道参数等)、卫星钟差、大气修正参数;将导航电文发送注入每颗卫星。

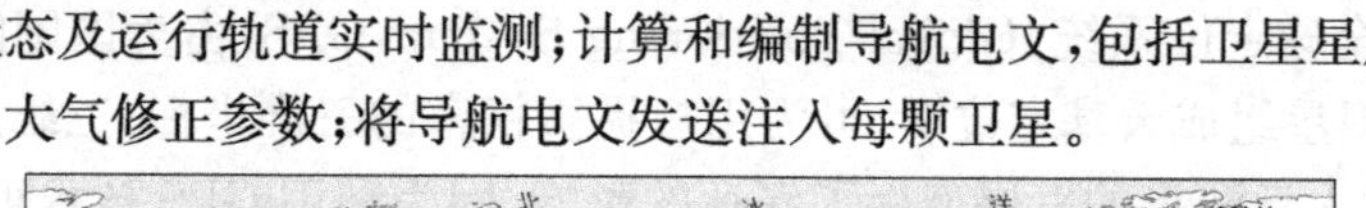

图 2-27　GPS 卫星地面监控系统

GPS 卫星信号是 GPS 卫星向用户发送的用于导航定位的组合调制无线电波,用户只需通过接收设备接收卫星播发的信号,就能确定接收机位置,达到实时导航定位的目的。GPS 卫星信号是包含载波、测距码(包括 P 码和 C/A 码)、导航电文,信号结构如图 2-28 所示。

它们的主要功能分别是:①载波——加载传送测距码和导航电文到达地面用户接收设备,并且本身也是一种重要的定位基本观测量。②测距码——GPS 导航定位中用于测定卫星至

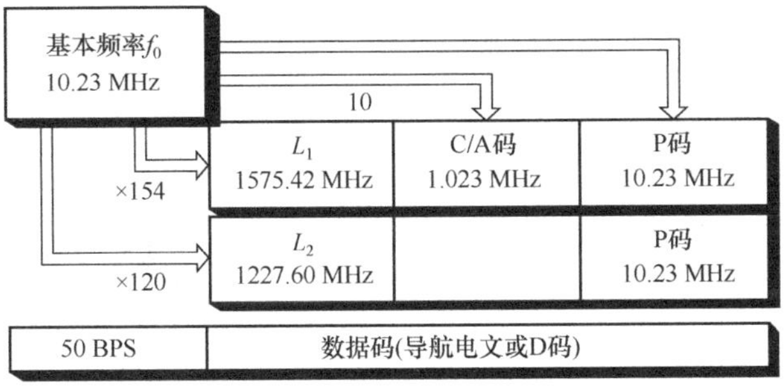

图 2-28　GPS 信号的结构

地面接收设备之间的空间距离，GPS 系统设计了两种性质和精度的测距码，即 C/A 码的 P 码。C/A 码结构公开，但精度较低，可供全球民用用户使用，而 P 码精度虽然高，但结构不公开，专供美国军方及特许用户使用。③导航电文——供用户利用 GPS 进行导航定位的基础数据，包括卫星星历、卫星钟改正参数、卫星工作状态、时间系统、大气折射修正参数等信息。

GPS 接收系统是能够接收、跟踪、变换和量测处理 GPS 信号的设备，由 GPS 接收机、预处理、后处理软件及计算机等组成，如图 2-29 所示。各类用户，在任何地点、任何气候、任何时刻均可用 GPS 接收系统接收 GPS 信号，进行导航定位测量。

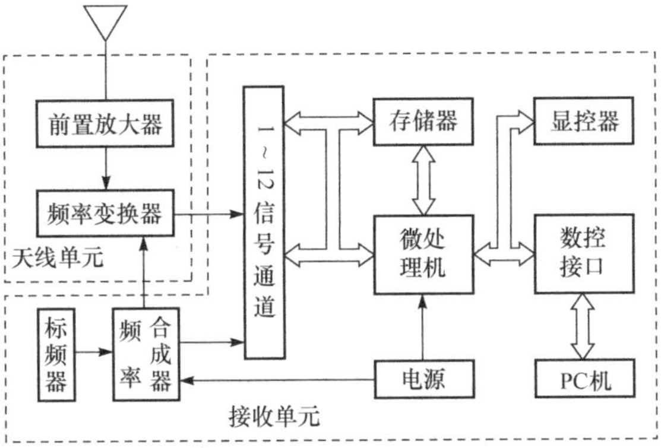

图 2-29　GPS 接收机系统结构

它们的基本功能是：①天线单元——当微弱的 GPS 信号到达天线，天线将 GPS 信号的电磁波能量转换为电流，送至前置放大器，并将接收的高频信号变为中频信号处理。②接收单元——信号通过波道净化、解调和解译 GPS 码信号和导航电文，送至微处理器实时处理测定信号从卫星到接收机天线单元的传播时间或位移，进而计算出测站（天线相位中心处）的三维位置坐标。

GPS 定位测量分为两大类：单点定位和相对定位。

所谓单点定位（也叫绝对定位），就是用一台 GPS 接收机独立确定待定点在坐标系统中的绝对位置，GPS 系统采用的是世界大地坐标系统 WGS-84，所以，单点定位的结果也属于该坐标系统。如图 2-30 所示，在待定点上安置 GPS 接收机天线，接收卫星（第 i 颗）发送 GPS 信号，测定该卫星发送信号的时刻到接收机接收该信号的时刻的时间延迟 Δt_i（传播时间），求定卫星到接收机天线的距离 ρ。

$$\rho = C\Delta t_i \tag{2-24}$$

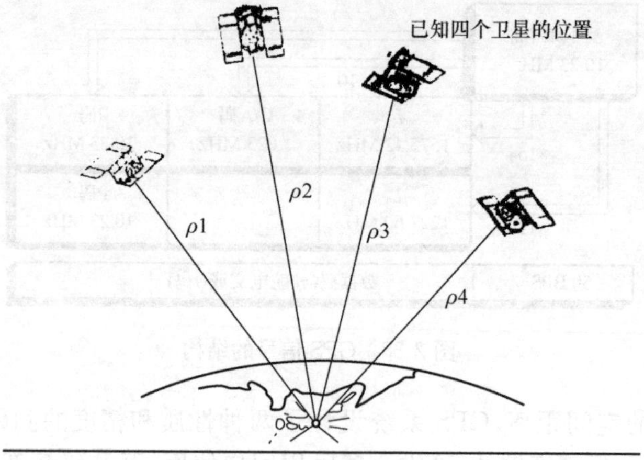

图 2-30 GPS 单点定位原理

式中，C 为电磁波在大气中传播的速度。

根据空间解析几何原理，卫星到接收机天线的几何距离、卫星坐标、接收机天线(待测点)坐标之间的关系为

$$\rho=\sqrt{(x^{s}-x_{p})^{2}+(y^{s}-y_{p})^{2}+(z^{s}-z_{p})^{2}} \tag{2-25}$$

式中，x^{s}, y^{s}, z^{s} 为卫星坐标，由导航电文给定；x_{p}, y_{p}, z_{p} 为待测点 P 的坐标。

从原理上讲，只需同时观测 3 颗卫星，量测该接收机至每颗卫星的空间距离观测值，从导航电文中选取观测时刻卫星的空间位置坐标，按(2-25)式联立方程即可解出待定点。

但实际上将接收机的钟误差修正为未知数，单点定位空间数学模型为

$$\rho_{p}^{s}(t)+\Delta\rho=\sqrt{[x^{s}(t)-x_{p}(t)]^{2}+[y^{s}(t)-y_{p}(t)]^{2}+[z^{s}(t)-z_{p}(t)]^{2}} \tag{2-26}$$

式中，$x^{s}(t), y^{s}(t), z^{s}(t)$ 为卫星坐标；$x_{p}(t), y_{p}(t), z_{p}(t)$ 为接收机待定点坐标；$\rho_{p}^{s}(t)$ 为空间距离观测值；$\Delta\rho$ 为接收机钟差修正。

GPS 绝对定位将包含 4 个未知数，即待定点的三维坐标和时钟修正数。为此需要同时观测 4 颗卫星，4 个独立空间距离方程求解 4 个求知数，从而求出待定点坐标 x、y、z。

单点定位的优点是只需一台接收机即可自主定位，外业观测组织实施方便，数据处理简单。缺点是定位精度较低，一般达到米级，用于实时定位导航。

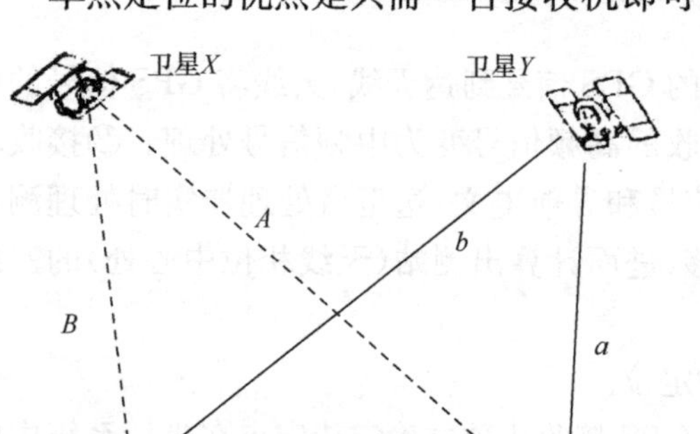

图 2-31 GPS 相对定位原理

若用不同地点的若干台接收机同步跟踪相同的 GPS 卫星，确定各接收机之间的相对位置，这种定位方式称为相对定位。相对定位最基本的情况是用两台接收机分别安置在基线两端(图 2-31)，同步观测相同的 GPS 卫星，确定基线端点的相对位置或坐标差(基线向量)。若已知其中一点坐标后，即可求得另一点坐标。

由于同步观测值之间有多种误差影响是相同的或强相关的，这些误差在相对定位过程中可以得到消除或减弱，从而使相对定位获得极高的精度。

将接收机设在 P 和 Q 两点，同步观测卫星 X 和 Y，累计 P、Q 两点分别接收 A 和 B 个波，即

$$\begin{cases}A=a^x+\alpha^x(t)+\beta_P(t)\\B=b^x+\alpha^x(t)+\beta_Q(t)\end{cases}\tag{2-27}$$

式中，a^x，b^x 为 A、B 对应观测值；$\alpha^x(t)$为与卫星相关偏差；$\beta_P(t)$，$\beta_Q(t)$为与接收机相关偏差。

将卫星 X 点和 P 点、卫星 X 点和 Q 点之间距离差$(A-B)$乘波长 λ 称为一次差或单差，即

$$SD^x(t)=(a^x-b^x)\lambda+[\beta_P(t)-\beta_Q(t)]\lambda\tag{2-28}$$

这时，卫星即使有钟误差，但在求一次差运算中得到消除。

此外，仍存在接收机的钟误差，为了消除接收机的钟误差，在求一次差的同时刻，求接收卫星 Y 信号的一次差，即

$$SD^y(t)=(a^y-b^y)\lambda+[\beta_P(t)-\beta_Q(t)]\lambda\tag{2-29}$$

再将这两个一次差求差，称为二次差，即

$$DD^{xy}(t)=[(a^x-a^y)-(b^x-b^{y})]\lambda\tag{2-30}$$

显然，在各自的一次差中，所包含的接收机钟误差是相同的，故在二次差中卫星和接收机的时钟误差都能得以消除。当然，与此同时，在利用同步值之差消除误差时，也丢失了绝对参考系的关系，所以相对 GPS 定位，必须至少从一个已知的参考点出发，相对于一个以上已知基准点进行。考虑其他误差，可以求三次差，四次差削弱。

卫星定位技术的应用领域相当广泛，可以进行海、空和陆地导航，导弹制导，大地测量和工程测量的精密定位，时间的传递及速度的测量等。仅就测绘领域而言，GPS 定位技术已经用于建立高精度的全国性的大地测量控制网，测定全球性的地球动态参数，也可用于改造和加强原有的国家大地控制网；可用于建立陆地海洋大地测量的基准，进行海洋测绘与高精度的海岛陆地联测；用于监测地球板块运动和地壳形变；在建立工程测量的平面控制网时 GPS 已成为主要方法；GPS 还可用于测定航空航天摄影的瞬间位置，实现仅有少量的地面控制或无地面控制的航测快速成图。可以预言，随着 GPS 技术的不断发展和研究的不断深入，GPS 技术的应用领域将更加广泛，并进入我们的日常生活。

4) 甚长基线干涉测量

甚长基线干涉测量系统（Very Long Baseline Interferometry，VLBI）是在甚长基线的两端（相距几千公里），用射电望远镜接收银河系或河外星系以外的类星体发出的无线电辐射信号，通过信号对比，根据干涉原理，直接测定基线长度和方向的一种空间技术。长度的相对精度优于 10^{-6}，对测定射电源的空间位置，可以达到 $0.001''$。由于其定位精度高，可在研究地球的极移、地球自转速率的短周期变化、地球固体潮、大地板块运动的相对速率和方向中进行广泛的应用。

5) 惯性测量

惯性测量系统是利用惯导技术，同时快速地获得大地测量数据（如经度、纬度、高程、方位角、重力异常和垂线偏差）的一种新技术。惯性测量是利用惯性力学基本原理，在相距较远的两点之间，对装有惯性测量系统的运动载体从一个已知点到另一个待定点的加速度，分别沿三个正交的坐标轴方向进行两次积分，从而求定其运动载体在三个坐标轴方向的坐标增量，进而求出待定点的位置和其他大地测量数据。惯性测量系统的优点是：完全自主式，在测量过程中不需要任何外界信号，点间也不要求通视；全天候；全能快速，机动灵活。它的缺点是价格昂贵，不便于检修。

2. 平面控制网布设

平面控制网从整体到局部分等级进行布设，称为控制网逐级加密。如图 2-32 所示，我国原有的国家平面制网首先是一等天文大地锁网，在全国范围内大致沿经线和纬线方向布设，形成间距约 200km 的格网，三角形的平均边长约 20km。在格网中部用平均边长约 13km 的二等全面网填充。一、二等三角网构成全国的全面控制网。然后用平均边长约为 8km 的三等网和边长为2～7km 的四等网逐步加密，主要为满足测绘全国性 1∶10 000～1∶5 000地形图的需要。随着全球导航卫星系统(GNSS)技术的应用和普及，从 20 世纪 80 年代开始，GNSS 网逐步代替了国家等级的平面控制网和城市各级平面控制网。其构网形式基本上仍为三角形网或多边形格网(闭合环或附合线路)。我国国家级的 GNSS 大地控制网按其控制范围和精度分为 A、B、C、D、E 共五个等级。在全国范围内，已建立由 20 多个点组成的国家 GNSS 网的 A 级网，如图 2-32 所示。在其控制下，又有由 800 多个点组成国家 GNSS 网的 B 级网。

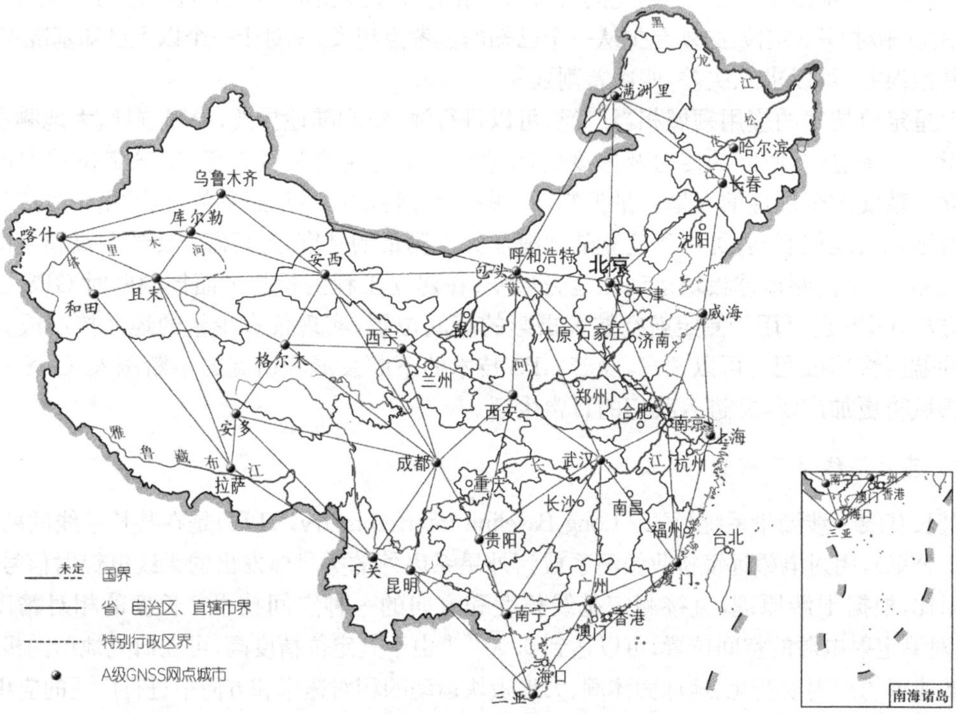

图 2-32 我国国家级 A 级 GNSS 网示意图

为了测绘更大比例尺的 1∶2000～1∶500 地形图和城市工程建设的施工放样和变形观测等，需要布设密度更大的平面控制网。一般用国家平面控制网作为起始数据，由若干个独立闭合环构成，或构成附合线路。某城市的三等 GNSS 网(首级)如图 2-33 所示。

面向城市和各种工程建设服务的平面控制网既有与国家控制网相同之处，也有它自身的特点，一般也应遵守分级布网、逐级控制的原则。对于城市和一般工程控制网，通常先布设精度要求最高的首级控制网，随后根据测量需要、测区面积的大小再加密若干级较低精度的控制

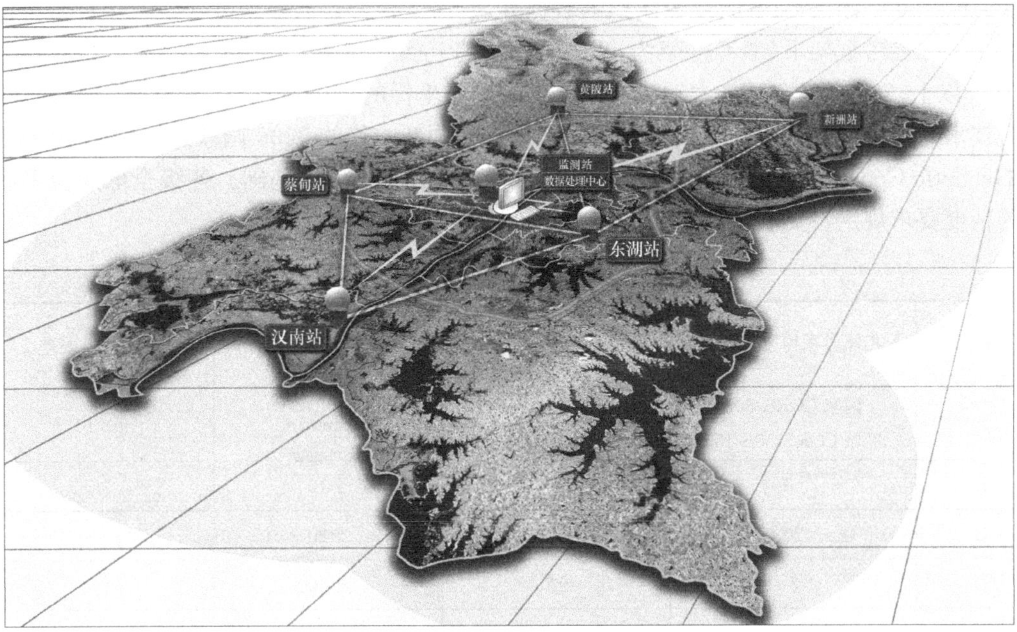

图 2-33　城市 GNSS 网示意图

网。在国家控制网的统一控制下，城市平面控制网的布设分为二、三、四等(按城市面积的大小，从其中某一等开始)和一、二、三级，以及直接用于地形图测绘的图根控制。但是，用于工程建筑物放样的专用控制网，往往分二级布设。第一级作总体控制，第二级直接为建筑物放样而布设用于变形观测或其他专门用途的控制网，通常无须分级，直接布设成高精度的控制网即可。

3. 平面控制网测量

1) 国家大地控制网测量

我国统一的国家大地控制网的布设工作开始于 20 世纪 50 年代初，60 年代末基本完成，历时近 20 年。共布设一等三角锁 401 条，一等三角点 6182 个，构成 121 个一等锁环，锁长 7.3 万 km。一等导线点 312 个，构成 10 个导线环，导线环总长约 1 万 km。1982 年完成了天文大地网整体平差，网中包括一等三角锁系，二等三角网，部分三等网，共 48 433 个大地控制点，500 条起始边和近 1000 个正反起始方位角的 311 198 个方向观测值，1404 条导线测距观测值。平差结果表明，网中离大地原点最远点的点位中误差为 ±0.9m，一等方向中误差为 ±0.46″。采用条件联系数法和附有条件的间接观测平差法两种方案独立进行平差，两种方案平差后所得结果基本一致，坐标最大差为 4.8cm。这充分说明我国天文大地网的精度较高，结果可靠。

20 世纪 90 年代，我国采用 GPS 技术布设了 800 个点的国家 GPS 平面控制网，简称国 A、B 级网。进入 21 世纪，以国家测绘局布设的 A、B 级网，联合总参测绘局布设的 GPS 一、二级网以及由中国地震局、总参测绘局、中国科学院、国家测绘局共建的中国地壳运动观测网，还有其他地壳形变 GPS 监测网等组网建立了 2000 国家 GPS 大地控制网。所有参加三网平差的上述 GPS 网点，经过筛选和相邻点合并，最后选取了国内 2542 个 GPS 点(其中 CORS 站 25

个)参加了 2000 国家 GPS 大地控制网的数据处理,通过联合数据处理将框架点坐标统一归算到一个坐标参考框架下(参考框架为 ITRF 97,参考历元为 2000.0),处理后网点相对精度优于 10^{-7} 以上,2000 国家 GPS 大地控制网提供的地心坐标的精度平均优于±3cm,可满足现代测量技术对地心坐标的需求。同时为构建和维持我国新一代的 2000 国家地心坐标系统(China Geodetic Coordinate System 2000, CGCS2000)奠定了坚实的基础。各级全球定位系统测量的精度要求规定参见表 2-5。

表 2-5　国家 GPS 网测量精度要求

等级	相邻点平均边长/km	相邻点基线分量中误差		相对中误差
		水平分量/mm	垂直分量/mm	
A	国家 CORS:300 区域 CORS:50~150	±2mm/a	±3mm/a	1×10^{-8}
B	50	±5	±10	—
C	20	±10	±20	—
D	5	±20	±40	—
E	3	±20	±40	—

2) 城市与工程控制网测量

在陆地和海洋测绘中,为满足大比例尺地形图测绘、海岸工程建设和建筑施工放样的需要,一般应在国家控制网的基础上,布设不同等级的平面控制网和高程控制网。平面控制测量方法的选择应因地制宜,既满足当前要求,又兼顾今后发展,做到技术先进、经济合理、确保质量、长期使用。一般可采用 GPS 测量、各种形式边角组合三角测量和导线测量方法。

(1) 城市与工程控制测量精度。在控制测量实践工作中,通常要求最低级控制网的点位中误差能满足大比例尺 1∶500 的测图要求。按图上±0.1mm 的绘制精度计算,这相当于地面上的点位精度为±(0.1×500)=±5cm。而对于国家控制网而言,尽管观测精度很高,控制面积大,但由于边长比工程测量控制网长得多,待定点与起始点相距较远,因而点位中误差远大于工程测量控制网。

《城市测量规范》规定的边角组合网、导线网和 GNSS 网的主要技术指标见表 2-6、表 2-7 和表 2-8。上述表中各等级的平面控制网,根据城市或测区的规模均可作为首级控制。首级网下用次级网加密,视条件许可,可以越级布网。

表 2-6　城市边角组合网边长测量的主要技术指标

等级	平均边长/m	测距中误差/mm	测距相对中误差
二等	9	≤±30	≤1/300 000
三等	5	≤±30	≤1/160 000
四等	2	≤±16	≤1/120 000
一级小三角	1	≤±16	≤1/60 000
二级小三角	0.5	≤±16	≤1/30 000

表 2-7　城市导线测量的主要技术指标

等级	闭合环或附合导线长度/km	平均边长/m	测距中误差/mm	测角中误差/″	导线全长相对闭合差
三等	15	3 000	≤±18	≤±1.5	≤1/60 000
四等	10	1 600	≤±18	≤±2.5	≤1/40 000
一级	3.6	300	≤±15	≤±5	≤1/14 000
二级	2.4	200	≤±15	≤±8	≤1/10 000
三级	1.5	120	≤±15	≤±12	≤1/6 000

表 2-8　城市 GNSS 网的主要技术指标

等级	平均边长/km	a/mm	$b/10^{-6}$	最弱边边长相对中误差
二等	9	≤5	≤2	1/120 000
三等	5	≤5	≤2	≤1/80 000
四等	2	≤10	≤5	≤1/45 000
一级	1	≤10	≤5	≤1/20 000
二级	<1	≤10	≤5	≤1/10 000

布设城市与工程控制网时，应尽量与国家控制网联测，这样可使控制网纳入到国家坐标系中，以便于各有关部门互相利用资料，而不至于造成重复测量和浪费。在布设专用控制网时，则要根据专用控制网的特殊用途和要求进行控制网的技术设计。因为专用控制网是为工程建筑物的施工放样和变形观测等专门用途建立的，其用途非常明确。

(2) 导线测量。导线测量是利用全站仪直接观测水平角、竖直角和距离，并通过计算直接得到各待求导线点的平面坐标(x,y)和高程(H)。导线测量分为外业工作和内业工作。外业工作包括踏勘选点、测角、量边和起始边方位角的测定；内业工作指导线点的平面坐标(x,y)和高程(H)的计算工作。导线测量外业工作流程详见表 2-9。

表 2-9　导线测量外业工作流程

工作流程	工作内容	工作要求
程序 1:踏勘选点	踏勘是到测区了解测区的实际情况，在实地选定导线点的位置	(1) 便于地形测绘:导线点应选在视野开阔的高地，而不应选在低洼、闭塞的角落； (2) 便于测角量边:相邻导线点之间应能相互通视，并尽量使之能看到相邻导线点上标杆的最下端； (3) 边长适宜:各导线边长最好大致相等，并尽量避免由短边突然转到长边，短边应尽量的少，以减少对测角精度的影响。

续表

工作流程	工作内容	工作要求
程序 2：造标埋石	建立导线点标志 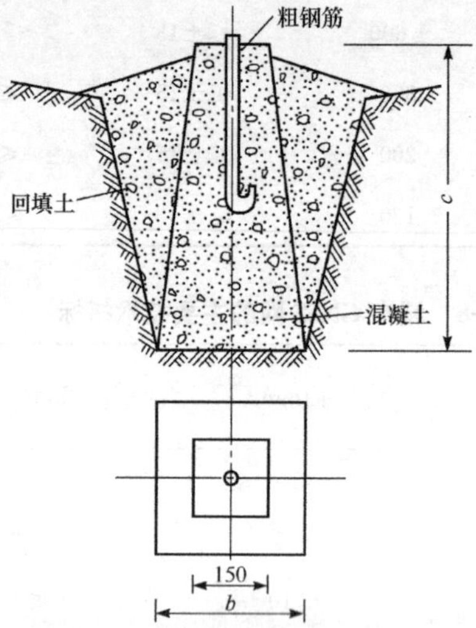 注：b、c 视埋设深度而定	(1) 临时性标志：导线点位置选定后，要在每一点位上打一个钢钉，在钉顶作标志，也可在水泥地面上用红漆画一圆，圆内点一小点，作为临时标志； (2) 永久性标志：需要长期保存的导线点应埋设混凝土桩。桩顶嵌入带"+"字的金属标志，作为永久性标志。
程序 3：测角	用全站仪由已知点开始，依次沿导线前进方向逐点观测，一般观测左角(在前进方向左侧的水平角) 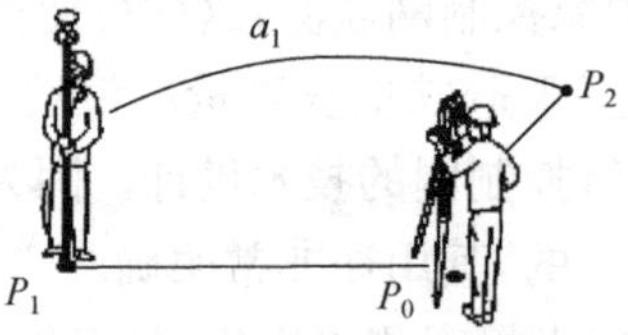 	(1) 对中、整平：对中误差应≤3mm，并瞄准相邻两导线点上标杆底部，每站需进行检查计算，符合要求后，方可迁站； (2) 在用全站仪观测角度前，应将竖轴补偿器打开，同时设置角度改正功能； (3) 图根导线的转折角一般测一个测回，两个半测回之间的观测值的差数不得超过 40″。
程序 4：量边	用全站仪在测角时，同步观测导线边长 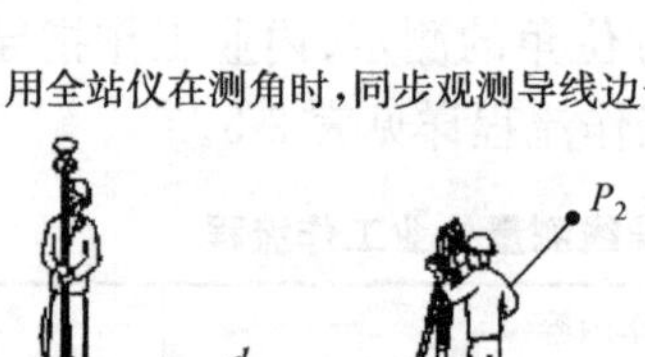 	(1) 如果测量斜距，则应观测垂直角，以进行倾斜改正； (2) 在同一测站上，观测距离 2～4 次，取其平均值作为观测结果； (3) 对于一、二级精密导线，在同一段距离上应采用往返测。也需要对影响距离改正的温度、几何因子等参数进行设置。
程序 5：连接角的测定	用全站仪观测与高级已知点连接的导线转折角 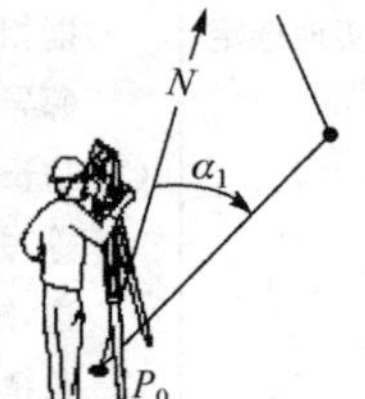 	(1) 只需观测连接角便可推算各边的方位角； (2) 对于不能与高级边连接的闭合导线，可采用陀螺经纬仪定向，测定一条起始边的方位角。

在进行导线内业计算前，首先应检查导线测量记录是否符合要求、计算是否正确，将已知数据和检查整理好的测量成果填入坐标计算表中，同时根据导线边长和水平角按比例绘制导线略图，以备导线计算时检核之用。

导线计算的目的是求得各导线点的坐标，并根据求得的各点坐标精确地绘制导线图。导线计算可分为以下五个步骤进行：①角度闭合差的计算和调整；②坐标方位角的推算；③坐标增量的计算；④坐标增量闭合差的计算和调整；⑤坐标计算。

【闭合导线坐标计算】

a. 角度闭合差的计算与调整

根据平面几何学，n 边形内角和的理论值应为$(n-2)\times180°$。但由于观测条件的限制，观测角不可避免地含有误差，致使实测的内角之和不等于理论值，从而产生角度闭合差。

$$f_\beta=\sum\beta_{测}-\sum\beta_{理}=\sum\beta_{测}-(n-2)\times180° \tag{2-31}$$

对于图根导线，角度闭合差的容许值为 $f_{\beta容}=\pm40''\sqrt{n}$，其中，$n$ 为测站数。只有当 $f_\beta\leqslant f_{\beta容}$时，才可将角度闭合差反号平均分配给各个观测角，得到改正后的角度值。改正后的内角和应与理论值相等，以作计算校核。

b. 推算坐标方位角

沿导线前进方向左侧的称左角，右侧的称右角。根据起始边的已知坐标方位角及改正后的内角按下列公式推算各导线边的坐标方位角。

$$\alpha_{前}=\alpha_{后}+\beta_{左}-180°\quad（适用于测左角）\tag{2-32}$$

$$\alpha_{前}=\alpha_{后}-\beta_{左}+180°\quad（适用于测右角）\tag{2-33}$$

在推算过程中必须注意：①如果算出的 $\alpha_{前}\geqslant360°$时，则应减去360°。②如果 $\alpha_{前}<0°$时，则应加 360°。③最后推算出的起始边坐标方位角应与原有的已知坐标方位角值相等，否则应重新检查计算。

c. 坐标增量的计算

坐标增量是相邻两点坐标的差值，也是一个线段在坐标轴上的投影长度，如图 2-34 所示。其中坐标增量的计算为

$$\Delta x_{AB}=x_B-x_A=l_{AB}\cos\alpha_{AB} \tag{2-34}$$

$$\Delta y_{AB}=y_B-y_A=l_{AB}\sin\alpha_{AB} \tag{2-35}$$

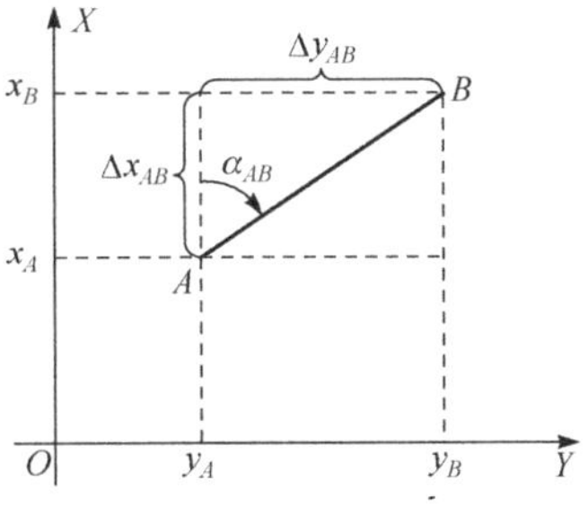

图 2-34　坐标增量计算

d. 坐标增量闭合差的计算及其调整

闭合导线纵、横坐标增量代数和的理论值应为 0，实际上由于测角、量边的误差和角度闭合差调整后的残余误差，往往不等于 0，而产生纵坐标增量闭合差与横坐标增量闭合差，即

$$f_x=\sum\Delta x_{测}-\sum\Delta x_{理}=\sum\Delta x_{理} \tag{2-36}$$

$$f_y=\sum\Delta y_{测}-\sum\Delta y_{理}=\sum\Delta y_{理} \tag{2-37}$$

$$f=\sqrt{f_x^2+f_y^2} \tag{2-38}$$

导线测量精度以导线全长相对闭合差 K 表示。

$$K=\frac{f}{\sum l}=\frac{1}{\frac{\sum l}{f}} \tag{2-39}$$

式中，$\sum l$ 为导线全长。

导线测量的精度要求：一般地区的导线全长闭合差不低于 1/2000，量距困难地区不低于 1/1000。如果精度满足要求，就可进行坐标增量闭合差的分配；如果闭合差超限，应首先检查计算是否有误，其次是外业成果检查。如果排除计算错误，则应到现场重测可疑部分或全部重测。

坐标增量闭合差的分配是按与边长成正比的原则进行的。如果以 V_{xi}、V_{yi} 分别表示坐标增量 Δx、Δy 的改正数，其符号与坐标增量闭合差符号相反，则第 i 个测段坐标增量改正数为

$$V_{xi}=-\frac{f_x}{\sum l}\cdot l_i,V_{yi}=-\frac{f_y}{\sum l}\cdot l_i \tag{2-40}$$

则改正后的坐标增量为

$$\Delta x_{i改}=\Delta x_i+V_{xi},\Delta y_{i改}=\Delta y_i+V_{yi} \tag{2-41}$$

e. 坐标计算

从起始点开始，根据已知点坐标和各测段改正后的坐标增量逐点推算各点坐标，最终推算的已知点坐标应与已知坐标相等，以作检核。

$$x_{前}=x_{后}+\Delta x_{改},y_{前}=y_{后}+\Delta y_{改} \tag{2-42}$$

闭合导线坐标计算过程见表 2-10。

表 2-10　闭合导线计算实例

点号	观测角/左	改正后的角值	方位角	边长/m	纵坐标增量/m		横坐标增量/m		纵坐标 x/m	横坐标 y/m	点号
					计算值	改正值	计算值	改正值			
1	−0.2′ 87°51.2′	87°51.0′	224°33.0′	224.5	+4 −159.99	−159.95	+6 −157.50	−157.44	1800.00	1000.00	1
2	−0.2′ 89°13.7′	89°13.5′	133°46.5′	179.38	+3 −124.10	−124.07	+4 +129.52	+129.56	1640.05	842.56	2
3	−0.2′ 87°29.2′	87°29.0′	41°15.5′	129.92	+2 +97.67	+97.69	+4 +85.68	+85.72	1515.98	972.12	3
4	−0.2′ 147°07.3′	147°07.1′	8°22.6′	109.14	+2 +107.98	+108.00	+3 +15.90	+15.93	1613.67	1057.84	4
5	−0.2′ 128°19.6′	128°19.4′	316°42.0′	107.61	+1 78.32	+78.33	+3 −73.80	−73.77	1721.67	1073.77	5

续表

点号	观测角/左	改正后的角值	方位角	边长/m	纵坐标增量/m		横坐标增量/m		纵坐标 x/m	横坐标 y/m	点号
					计算值	改正值	计算值	改正值			
1	−0.2′ 87°51.2′	87°51.0′	224°33.0′	—	+283.97 −284.09	+284.02 −284.02	+248.17 −248.37	+248.26 −248.26	1800.00	1000.00	1
Σ	540°01.0′	540°00.0′	—	750.56	$f_x=-0.12$	$f_x=0$	$f_y=-0.20$	$f_y=0$	—	—	—

$f_\beta=\sum\beta_{测}-(n-2)\cdot 180°=1', f_{\beta容}=\pm 40''\sqrt{n}\approx 1.5', f_\beta<f_{\beta容}$

$f=\sqrt{f_x^2+f_y^2}=\pm 0.23, K=\frac{f}{\sum l}=\frac{0.23}{750.56}\approx\frac{1}{3300}$

【附合导线坐标计算】　附合导线的计算步骤和方法与闭合导线基本相同,差别在于角度闭合差和坐标增量闭合差的公式不同。

a. 角度闭合差的计算

附合导线的角度闭合差是从一已知边方位角出发,使用观测角推算至另一已知边,推算所得的已知边的方位角与已知方位角之差,如图 2-35 所示。

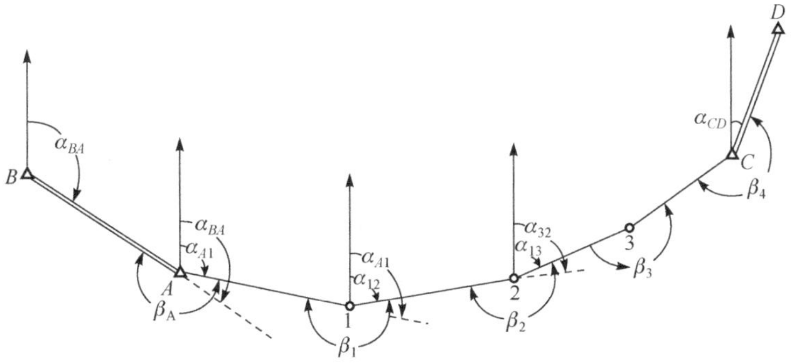

图 2-35　附合导线

$$\left.\begin{aligned}\alpha_{A1}&=\alpha_{AB}-\beta_A=(\alpha_{BA}+180°)-\beta_A\\ \alpha_{12}&=\alpha_{1A}-\beta_1=(\alpha_{A1}+180°)-\beta_1\\ \alpha_{23}&=\alpha_{21}-\beta_2=(\alpha_{12}+180°)-\beta_2\\ \alpha_{3C}&=\alpha_{32}-\beta_3=(\alpha_{23}+180°)-\beta_3\\ \alpha'_{CD}&=\alpha_{C3}-\beta_C=(\alpha_{3C}+180°)-\beta_C\end{aligned}\right\}\tag{2-43}$$

将上式相加后,可得

$$\alpha'_{CD}=\alpha_{BA}+n\cdot 180°-\sum\beta_{右}\tag{2-44}$$

式中,$\sum\beta_{右}$为未改正的观测右角和。

由于测角误差的存在,使得式(2-44)计算的方位角与 CD 边的已知方位角不一致而产生角度闭合差 f_β。

$$f_\beta=\alpha'_{CD}-\alpha_{CD}\tag{2-45}$$

当角度闭合差在允许范围内时,按与闭合导线角度闭合差相同的原则调整各个观测角值。如果推算坐标采用的是左角,则将角度闭合差反号平均分配给各观测角;如果采用右角推算坐标方位角,由于右角在式(2-43)中的符号为减号,则角度闭合差分配按同号原则进行。

b. 坐标方位角的推算

角度闭合差分配后，根据起始边坐标方位角 α_{BA} 和改正后的角度值，推算各边的坐标方位角，最后推算的 CD 边坐标方位角 α'_{CD} 应与已知方位角相同，作为计算过程的检核。

c. 坐标增量的计算

根据各导线边的边长和坐标方位角计算坐标增量，计算方法与闭合导线相同。

d. 坐标增量闭合差的计算与调整

附合导线是从一个已知边的已知点出发，附合到另一个已知边的已知点上。理论上的纵横坐标增量之和分别等于两端已知点 A、C 的纵横坐标差，即

$$\begin{cases}\sum \Delta x_{理} = x_C - x_A = x_{终} - x_{起} \\ \sum \Delta y_{理} = y_C - y_A = y_{终} - y_{起}\end{cases} \tag{2-46}$$

由于测角、量边误差的存在，计算出的纵横坐标增量代数和不满足理论值而产生坐标增量闭合差 f_x 和 f_y。

$$\begin{cases}f_x = \sum \Delta x_{测} - \sum \Delta x_{理} \\ f_y = \sum \Delta y_{测} - \sum \Delta y_{理}\end{cases} \tag{2-47}$$

附合导线全长闭合差、全长相对闭合差的计算、限差要求以及纵横坐标增量闭合差的分配方法与闭合导线完全相同。

e. 计算坐标

坐标增量闭合差分配后，根据起始边一高级控制点的坐标，以及改正后的坐标增量，按照闭合导线计算方法，逐点计算各导线点的坐标。最后计算的附合边高级控制点的坐标应与已知坐标相同，以此作为计算检核。附合导线计算实例见表 2-11。

表 2-11　附合导线计算实例

点号	观测角/左	改正后的角值	方位角	边长/m	纵坐标增量/m		横坐标增量/m		纵坐标 x/m	横坐标 y/m	点号
					计算值	改正值	计算值	改正值			
B									843.40	1264.29	B
A	+0.1′ 245°43.0′	245°43.1′	224°03.0′	82.70	+0 −76.36	−76.36	+1 +30.34	+30.35	640.93	1068.44	A
1	+0.1′ 213°00.5′	213°00.6′	158°19.9′	77.28	+0 −44.68	−44.68	+1 +63.06	+63.07	564.57	1098.79	1
2	+0.1′ 224°48.5′	224°48.6′	125°19.3′	89.64	−1 +14.78	+14.77	+1 +88.41	+88.42	519.89	1161.86	2
3	+0.1′ 214°21.5′	214°21.6′	80°30.7′	79.84	+0 +55.31	+55.31	+1 +57.58	+57.59	534.66	1250.28	3
C	+0.1′ 202°00.0′	202°00.1′	46°09.1′						589.97	1307.87	C
D			24°09.0′						793.61	1399.19	D

续表

点号	观测角/左	改正后的角值	方位角	边长/m	纵坐标增量/m		横坐标增量/m		纵坐标 x/m	横坐标 y/m	点号
					计算值	改正值	计算值	改正值			

$\alpha'_{CD}=\alpha_{BA}+5\times180°-\sum\beta=24°09.5'$, $f_\beta=\alpha'_{CD}-\alpha_{CD}=+0.5'$

$f_{\beta容}=\pm40''\sqrt{n}\approx1.5'$, $f_\beta<f_{\beta容}$

$f_x=\sum\Delta x-(x_C-x_A)=+0.01$, $f_y=\sum\Delta y-(y_C-y_A)=+0.04$

$f=\sqrt{f_x^2+f_y^2}\approx\pm0.04$, $K=\dfrac{f}{\sum l}=\dfrac{0.04}{329.46}\approx\dfrac{1}{8200}$

3) 卫星定位测量

卫星定位技术由于具有定位精度高、作业速度快、费用省、相邻点间无须通视、不受天气条件的影响等诸多常规技术不可比拟的优点，因而它在控制测量中得到了广泛应用，目前已经成为控制测量的主要手段之一。在目前卫星定位技术中，以 GPS 技术最为成熟，应用最为普及。卫星定位方法有绝对定位、相对定位和差分定位。

绝对定位又称单点定位，是用一台 GNSS 接收机进行定位的模式，用伪距测量或载波相位测量的方法确定接收机天线的绝对坐标。由于受卫星星历误差、大气延迟误差等影响，定位精度为米级。一般用于飞机、船舶、车辆等交通工具的定位以及勘探作业等。

相对定位是不同测站采用两台或两台以上 GNSS 接收机同步跟踪相同的卫星信号，以载波相位测量方法确定多台接收机（多个测站点）天线间的相对位置（三维坐标差或基线向量），称为同步观测（simultaneous observation）。由于多台接收机同步观测相同的卫星，因此接收机的钟差、卫星的钟差、卫星星历误差和大气（电离层和对流层）对于电磁波的延迟效应几乎是相同的。通过多个载波相位观测值的线性组合，解算各个测点的坐标时可以消除或削弱上述各项误差，从而达到较高的定位精度（±1～5mm），因而被广泛应用于大地测量、工程测量、地形测量等方面。

实时动态差分定位（Real Time Kinematic，RTK）将测站分为基准站和流动站（用户站，测站坐标待定的点），如图 2-36 所示；在基准站上安置 GNSS 接收机，对所有可观测卫星进行连续观测；根据基准站的已知三维坐标，求出各观测值的校正值（距离改正数、坐标改正数等），并通过无线电台将校正值信号实时发送给各用户的流动观测站，称为数据通信链；流动站接收机将其接收的 GNSS 卫星信号与通过无线电台传来的校正值进行差分计算，实时解算得到流动站点的三维坐标。实时动态定位作业效率高，一般用于细部测量。

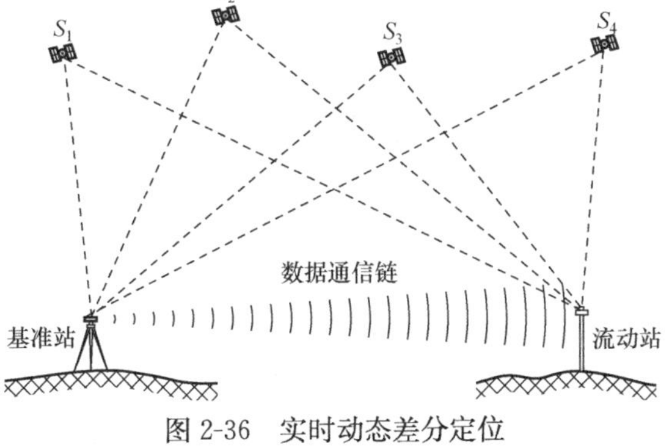

图 2-36　实时动态差分定位

本节主要介绍静态相对定位和RTK实时动态差分定位方法。GNSS静态测量主要用于建立各级测量控制网，用相对定位方法测定基线的精度很高，静态测量基本工作流程见表2-12，实时动态差分定位工作流程见表2-13。

表2-12　静态测量基本工作流程

工作名称	工作流程
外业基本操作	①架设脚架、基座、GNSS天线，连接天线与主机，仪器对中整平；②量取天线高，记录数据；③开机(按下接收机电源开关按钮至灯亮松开)；④开始数据记录(按下数据存储按钮至灯亮松开)；⑤等待存储足够数据；⑥停止存储数据(按下数据存储按钮至灯灭松开)
内业数据处理	①GNSS接收机数据导入计算机；②参数设置；③基线解算；④无约束平差计算；⑤约束平差计算

表2-13　实时动态差分定位RTK工作流程

工作程序	工作内容
程序1：收集测区的控制点资料	包括控制点的坐标、中央子午线、坐标系及控制点；其地形和位置环境是否适合作为动态GPS的参考站等
程序2：求定测区转换参数	由于GPS RTK测量是在WGS-84坐标系中进行的，而各种工程测量和定位往往是在地方坐标上进行的，这就需要进行实时坐标转换。常用的转换模型有布尔沙模型、莫洛金斯基模型等
程序3：参考站设置	参考站安置应满足下列条件：①参考站应有正确的已知坐标；②参考站应选在地势较高且交通方便，天空较为开阔，周围无高度角超过10°的障碍物，有利于卫星信号的接收和数据链发射的位置；③为防止数据链丢失以及多路径效应的影响，周围无GPS信号反射物(大面积水域、大型建筑物等)，无高压线、电视台、无线电发射站、微波站等干扰源；④参考站应选在土质坚实、不易破坏的位置
程序4：项目参数设置	要进行实时坐标的转换，一般需要在仪器中输入以下一些参数：①当地坐标系(如北京54坐标系)的椭球参数为长半轴和偏心率；②中央子午线的经度；③测区坐标系间的转换参数；④如果是施工坐标系，还要输入转到施工坐标系的转换参数
程序5：数据采集	①在基准站上安置GPS接收机，打开接收机，输入(或从卡中读出)基准站的精确地方坐标和天线高，基准站GPS接收机连续接收所有可视GPS卫星信号，同时通过数据发射电台将其测站坐标、观测值、卫星跟踪状态及接收机工作状态发送出去；②流动站接收机在跟踪GPS卫星信号的同时，接收来自基准站的数据，进行处理后获得流动站的三维WGS-84坐标，再通过与基准站相同的坐标转换参数将WGS-84转换为地方坐标，并在流动站的手持控制器上实时显示

2.6.3　高程控制测量

1. 高程控制测量原理

进行高程控制测量的主要目的是完成点位高程的传递和控制。点位高程传递的概念是：已知点A的高程H_A，要求传递至待定点P，即推算P点的高程H_P，如图2-37所示。常用几何的测量方法是在A、P两点上测量1、2高程传递点间的差，然后计算出P点的高程H_P。此外，还可以采用卫星定位技术直接测量P点的椭球高的方法。距离较远时，也可以采用卫星定位技术进行点位高程的传递。由已知高程点A和高程传递点1、2推算P点高程。

$$H_P=H_A+h_A+h_{12}+h_{2p} \tag{2-48}$$

高程控制测量依据点位高程传递的技术分为：水准测量、三角高程测量、卫星定位和卫星测程等。水准测量的原理是利用水准仪提供的水平视线，在直立在两点上的水准尺上读数，以测定两点间的高差，从而由已知点的高程推算未知点的高程。如图2-38所示，已知地面点A

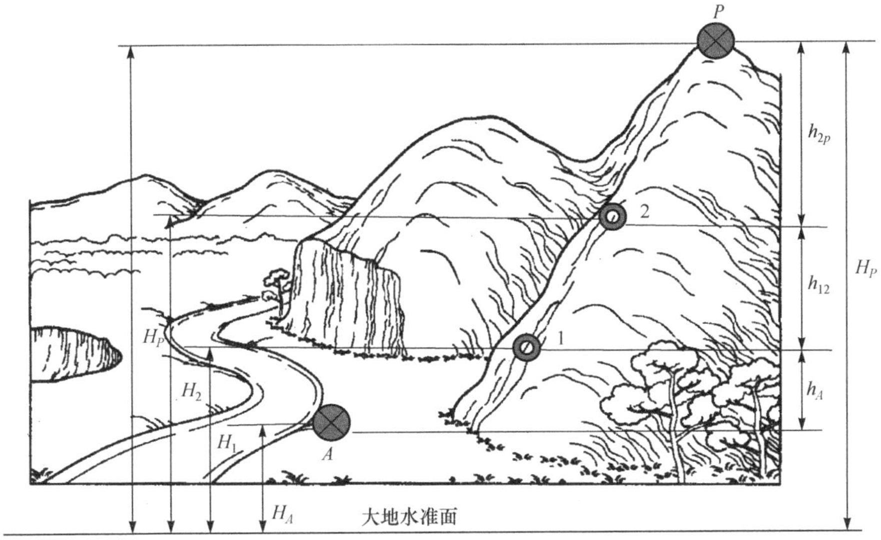

图 2-37　高程传递示意图

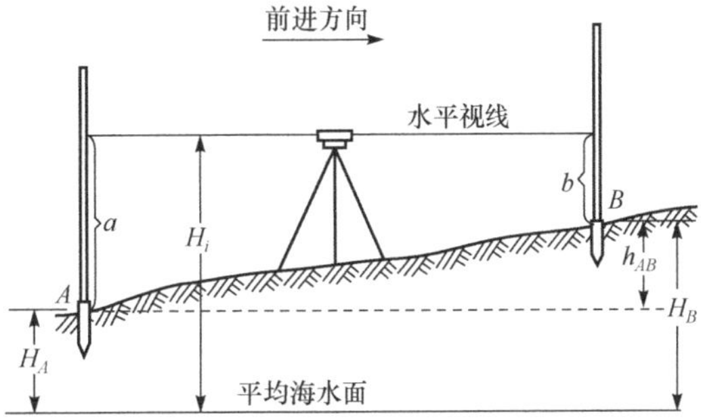

图 2-38　水准测量原理

的高程为 H_A，求未知点 B 的高程 H_B。根据高差的定义式：

$$h_{AB}=H_B-H_A \tag{2-49}$$

可以知道，若能测出 B 点相对 A 点的高差 h_{AB}，则可以求出 B 点的高程 H_B。

在 A、B 两点之间安置一架水准仪，并在 A、B 两点上分别竖立水准尺，根据水准仪望远镜的水平视线在 A 点的水准尺上读数为 a，在 B 点的水准尺上读数为 b，则 A、B 两点的高差为

$$h_{AB}=a-b \tag{2-50}$$

设水准测量是从 A 点向 B 点进行，则称 A 点为后视点，其水准尺读数 a 为后视读数；称 B 点为前视点，其水准尺读数 b 为前视读数。由此可知，两点间的高差即为“后视读数”－“前视读数”。如果 a 大于 b，则高差为正，表示 B 点比 A 点高；如果 a 小于 b，则高差为负，表示 B 点比 A 点低。

测出 A、B 两点间的高差 h_{AB} 后，根据 A 点的高程 H_A，可求得 B 点的高程 H_B，即

$$H_B=H_{A+}h_{AB} \tag{2-51}$$

若已知高程点和未知高程点间相距较远或高差较大，不可能仅仅通过安置一次仪器就能够测得两点间的高差时，可以在两点间加设若干临时立尺点，并依次测量相邻两点间的高差，最后取各个高差的代数和，即可得到已知点和未知点间的高差。这种方法称为连续水准测量，这些临时立尺点称为转点(Turning Point，TP)，其作用是用来传递高程。

如图 2-39 所示，在 A、B 两个点间，依次设置 3 个临时性的转点 $TP_1\sim TP_3$，连续地在相邻两点间安置水准仪，并在点上竖立水准尺，依次测定相邻点间的高差：h_1、h_2、h_3、h_4，并将其相加，从而得到 A、B 两点间的高差。A、B 两点间高差的一般计算公式为

$$h_{AB}=\sum_{i=1}^{n}h_i=\sum_{i=1}^{n}a_i-\sum_{i=1}^{n}b_i \tag{2-52}$$

式中,n 为安置仪器的设站数(或称测站数)。

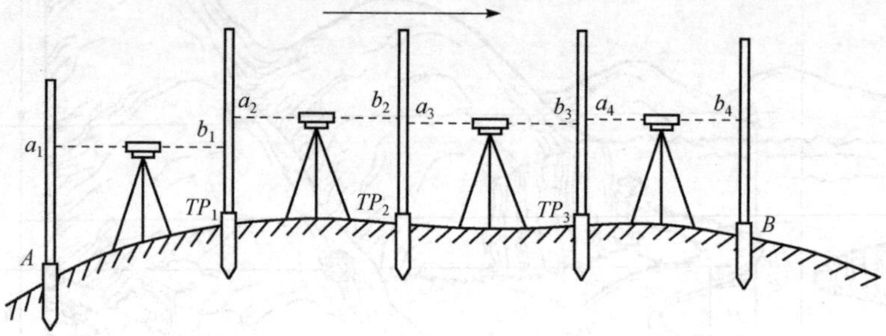

图 2-39　连续水准测量

在进行连续水准测量时,为了更好地消除水准面曲率的影响,当距离较远时,应尽量使后视距离之和与前视距离之和相等。此外,在相邻测站的观测过程中,为了保证高程传递的正确性,必须保持转点稳定不动。

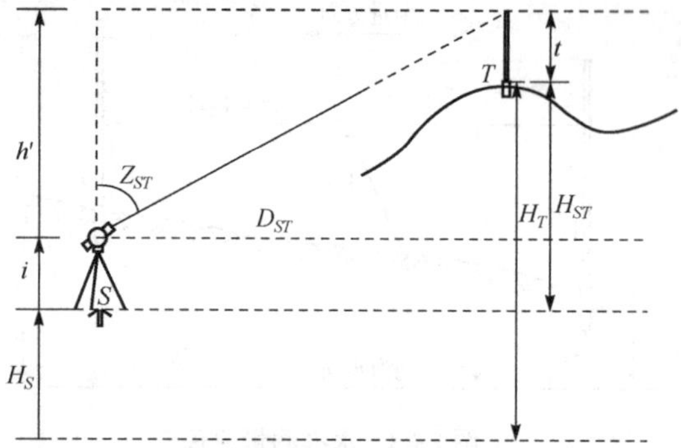

图 2-40　三角高程测量原理

当地形高低起伏较大,不便于进行水准测量时,可应用三角高程测量的方法测定两点间的高差而求得未知点的高程。该方法较水准测量精度低,可用于一些常规任务的高程控制及碎部测量。如图 2-40 所示,S 为测站点,其高程为 H_S,T 为待定目标点,D_{ST} 为测站至目标点的平距,Z_{ST} 为仪器至目标点的天顶距,i 为仪器高,t 为目标高,则 S 点到 T 点的高差计算公式为

$$h_{ST}=D_{ST}\cdot\tan\alpha+i-t \tag{2-53}$$

其中,竖直角 α 为

$$\alpha=90-Z_{ST} \tag{2-54}$$

则所求 T 点的高程为

$$H_T=H_S+h_{ST}=H_S+D_{ST}\cdot\tan\alpha+i-t \tag{2-55}$$

2. 高程控制网布设

高程控制网的建立主要用水准测量方法,布设的原则也是从高级到低级,从整体到局部,逐步加密。国家水准网分为一等、二等、三等、四等。一等、二等水准测量称为精密水准测量,全国高程控制从青岛水准原点出发,采用由高级到低级、由整体到局部的布设原则,用精密水准测量方法测定。按精度不同分为一等、二等、三等、四等四个等级布网。一等、二等水准路线是国家高程控制网的骨干,一等水准网在全国范围内沿地质构造稳定、路线平缓的主要干道和河流等布设成格网形的高程控制网,国家一等水准网的布设如图 2-41 所示。然后用二等水准网进行加密,作为全国各地的高程控制。三等、四等水准网根据城市的大小或工程测量需要及所在地区国家水准点的分布情况从一等开始布设。一般要求布设成闭合环,加密时可布设成附合路线、结点图形和闭合环。在四等水准以下,再布设直接为测绘大比例尺地形图所用的图

根水准网，直接提供地形测图和各种工程建设所必需的高程控制点。

图 2-41　我国国家级一等水准网示意图

表 2-14　水准网布设形式

水准名称	布设方法	示意图
支水准路线	从一个已知高程的水准点 BM. *A* 开始，沿待测高程点 1、2 进行水准测量，也称为支水准路线	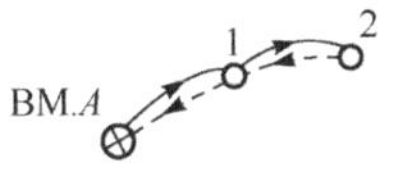
闭合水准路线	从一个已知高程的水准点 BM. *A* 开始，沿各待测高程点 1、2、3 进行水准测量，最后又回到原水准点 BM. *A*，也称为闭合水准路线	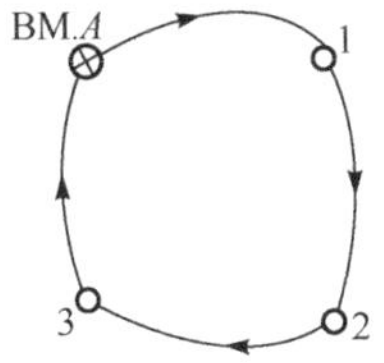
附合水准路线	从一个已知高程的水准点 BM. *A* 开始，沿各待测高程点 1、2、3 进行水准测量，最后附合至另一已知水准点 BM. *B* 上，也称为附合水准路线	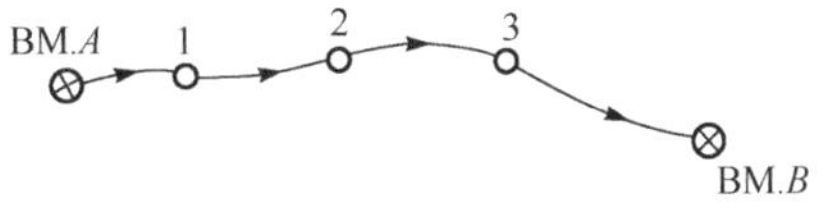
结点水准网	若干条单一水准路线相互连接构成网形，也称为水准网	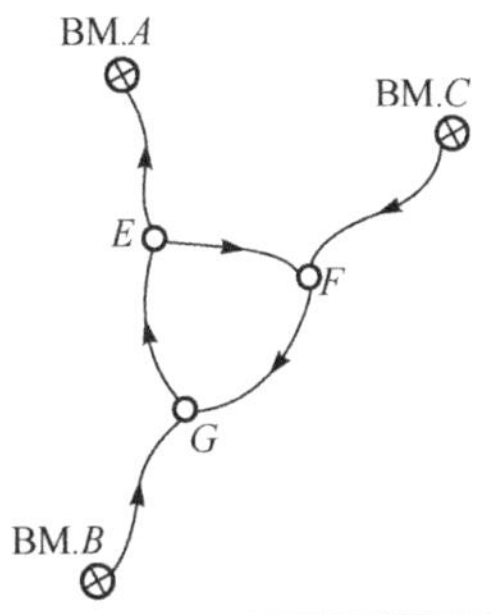

3. 高程控制测量

城市和工程测量中的高程控制网可按水准测量和三角高程测量的方法来建立，其中以水准测量方法为主，因此主要介绍水准测量布设高程控制网。

水准点是各种大比例尺测图、城市工程测量和城市地面沉降观测的高程控制基准，又是工程测量施工放样和监测工程建筑物垂直形变的依据。所以,必须以较高精度和要求测设,各等级水准测量的精度和国家水准测量中相应等级的精度一致。国家高程控制精度要求见表 2-15。

表 2-15　国家高程控制精度要求

等级		环线周长/km	附合路线长/km	每公里中误差/mm	往返较差、附合或环线闭合差/mm
一等	平原、丘陵	1000～1500	—	≤±0.5	$\pm 2\sqrt{L}$
	山地	2000	—		
二等		500～700	—	≤±1.0	$\pm 4\sqrt{L}$
三等		300	200	≤±3.0	$\pm 12\sqrt{L}$
四等		—	80	≤±5.0	$\pm 20\sqrt{L}$

注:L 为水准路线长度,单位为 km

水准测量的实施和平面控制测量相似,其主要步骤一般是:水准网图上设计、选点、标石埋设、外业观测、平差计算和成果表的编制。如果测区面积较大,则应先在 1∶25 万～1∶10 万比例尺地形图上先进行图上设计,图上技术设计的方法和国家水准测量相同,需要注意的是,布设工程建设的水准网时应与国家水准点进行联测,以求得高程系统的统一。

水准点应按照水准测量等级,根据地区气候条件与工程需要,每隔一定距离埋设不同类型的永久性或临时性水准标志或标石,水准点标志或标石应埋设于土质坚实、稳固的地面或地表以下合适的位置,必须便于长期保存又利于观测与寻找。国家等级永久性水准点埋设形式如图 2-42 所示,一般用钢筋混凝土或石料制成,深埋到地面冻结线以下。标石顶部嵌有不锈钢或其他不易锈蚀的材料制成的半球形标志,标志最高处(球顶)作为高程起算基准。有时永久性水准点的金属标志也可以直接镶嵌在坚固稳定的永久性建筑物的墙脚上,称为墙上水准点,如图 2-43 所示。

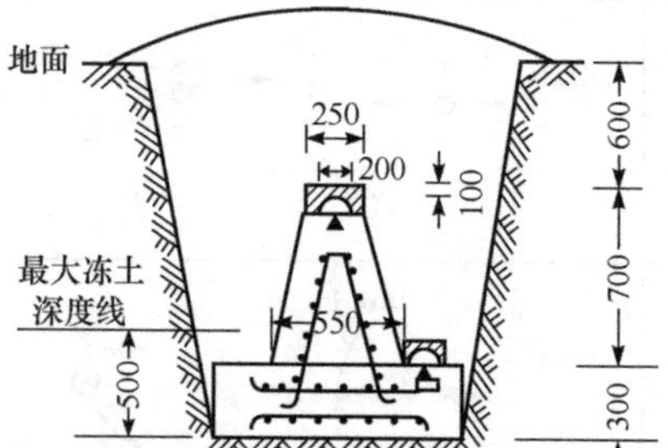

图 2-42　国家等级水准点埋设

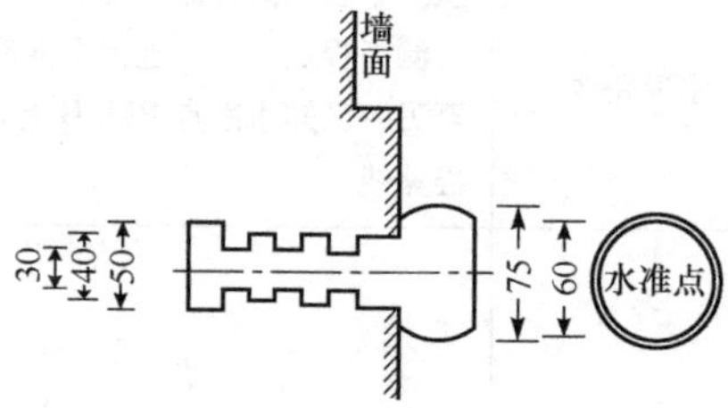

图 2-43　墙上水准点

各类测量工程中常用的永久性水准点一般用混凝土或钢筋混凝土制成,顶部设置半球形金属标志;建筑中临时性水准点可用大木桩打入地下,桩顶面钉一个半圆球状铁钉,也可直接把大铁钉(钢筋头)打入沥青等路面或在桥台、房基石、坚硬岩石上刻上记号(用红油漆示明)。为便于以后寻找,水准点应进行编号,编号前一般冠以"BM"字样,以表示水准点,并绘出水准点与附近固定建筑物或其他明显地物关系的点位草图,称为"点之记",作为水准测量的成果一并保存。同样,标石埋设后,应绘制水准点之记,并办理委托保管手续。

四等水准测量通常采用双面尺或两次仪器高法进行观测,四等水准测量双面尺法的记录格式见表 2-16。

表 2-16　四等水准测量双面尺法记录计算格式

测站编号	后尺	下丝	前尺	下丝	方向及尺号	标尺读数		K+黑-红	高差中数
		上丝		上丝					
	后距	前距	后距	前距		黑面	红面		
	视距差 d	Σd	视距差 d	Σd					
	(1)		(5)		后	(3)	(7)	(10)	
	(2)		(6)		前	(4)	(8)	(9)	
	(15)		(16)		后—前	(11)	(12)	(13)	(14)
	(17)		(18)						
1	1591		0739		后	1384	6167	0	
	1097		0258		前	0551	5239	−1	
	49.4		48.1		后—前	+0833	+0932	+1	+0832
	+1.3		+1.3						
2	2471		2196		后	1934	6623	−2	
	1645		1359		前	2008	6793	+2	
	82.6		83.7		后—前	−0074	−0170	−4	−0072
	−1.1		+0.2						
3	1914		2056		后	1726	6511	+2	
	1073		1231		前	1866	6553	0	
	84.1		82.5		后—前	−0140	−0042	+2	−0141
	+1.6		+1.8						

表 2-16 中每个测站上的计算与检核如下，其中视距部分的计算为

$$\left.\begin{aligned}&(15)=\{(1)-(2)\}\times 100\\&(16)=\{(5)-(6)\}\times 100\\&(17)=(15)-(16)\\&(18)=\text{前站}(18)+(17)\end{aligned}\right\}\tag{2-56}$$

一个测段或水准路线观测结束后的计算与检核：

(1) 高差部分：

$$\left.\begin{aligned}&\sum(3)-\sum(4)=\sum(11)=\sum h_{\text{黑}}\\&\sum\{(3)+K\}-\sum(8)=\sum(10)\\&\sum(8)-\sum(7)=\sum(12)=\sum h_{\text{红}}\\&\sum\{(4)+K\}-\sum(7)=\sum(9)\\&\sum h_{\text{中}}=\frac{1}{2}\left(\sum h_{\text{黑}}+\sum h_{\text{红}}\right)(\text{偶数站})\\&\sum h_{\text{中}}=\frac{1}{2}\left(\sum h_{\text{黑}}+\sum h_{\text{红}}\pm 100\right)(\text{奇数站})\end{aligned}\right\}\tag{2-57}$$

(2) 视距部分：

$$\left.\begin{aligned}\text{末站}(18) &= \sum(15)-\sum(16)\\ \text{总视距} &= \sum(15)+\sum(16)\end{aligned}\right\}\tag{2-58}$$

四等水准测量的内业计算包括外业记录的检查、计算、高差闭合差的分配和待定点高程的计算。

1) 计算高差闭合差

附合水准路线(或闭合水准路线)，因起点 BM. A 和终点 BM. B 的高程已知，两点之间的高差是固定值，因此附合水准路线所测得的各测段高差的总和理论上应等于起终点高程之差，即

$$\sum h_{\text{理}}=H_B-H_A \tag{2-59}$$

则附合水准路线的高差闭合差为

$$f_h=\sum h_{\text{测}}-(H_B-H_A) \tag{2-60}$$

由于水准测量中仪器误差、观测误差以及外界的影响，使水准测量观测数据中不可避免地存在着误差，高差闭合差 f_h 就是水准测量观测误差中上述各误差影响的综合反映。为了保证观测精度，对高差闭合差应作出一定的限制，当高差闭合差不超过容许值时认为精度合格，成果可以使用，否则应返工重新测量，直至符合要求。

《城市测量规范》规定：对于图根水准测量，规定在平坦地区容许高差闭合差为

$$f_{h\text{容}}=\pm 40\sqrt{L}(\text{mm}) \tag{2-61}$$

式中，L 为水准路线总长度，以 km 为单位。

在山区，当每公里水准路线的测站数超过 16 个站时，容许高差闭合差则为

$$f_{h\text{容}}=\pm 12\sqrt{n}(\text{mm}) \tag{2-62}$$

式中，n 为水准路线的测站总数。

2) 高差闭合差的分配和计算改正后的高差

当计算出的高差闭合差 f_h 的绝对值小于 $f_{h\text{容}}$ 时，说明观测结果合格，可进行高差闭合差的分配。水准支线高差闭合差的分配是把各段往返测高差的绝对值取平均值，按往返方向取高差的正负号。对于闭合或附合水准路线，高差闭合差的分配原则是按与路线长度 L 或按路线测站数 n 成正比的原则，将高差闭合差反其符号进行分配。其数学公式表示为

$$V_i=-\frac{f_h}{L}\cdot L_i\left(\text{或 } V_i=-\frac{f_h}{n}\cdot n_i\right) \tag{2-63}$$

式中，L 为水准路线总长度；L_i 为第 i 测段的路线长度；n 为水准路线总测站数；n_i 为第 i 测段路线的测站数；V_i 为分配给第 i 测段观测高差 h_i 上的改正数。高差闭合差分配后应进行校核计算，若 $\sum V_i=-f_h$，则说明计算无误。

最后计算改正后的高差为

$$\hat{h}_i=h_i+V_i \tag{2-64}$$

3) 计算各点改正后的高程

根据已知水准点高程和各测段改正后的高差，可推求各点改正后的高程，作为水准测量高

程的最后成果。推求到最后一点高程值应与闭合或附后水准路线的已知水准点高程值完全一致。

如图 2-44 所示的附合水准路线，BM. A 和 BM. B 为已知水准点，按普通水准测量的方法，测得各测段观测高差和测段路线长度分别标注在路线的上方、下方。现将此算例高差闭合差的分配和改正后高差及高程计算成果列于表 2-17。

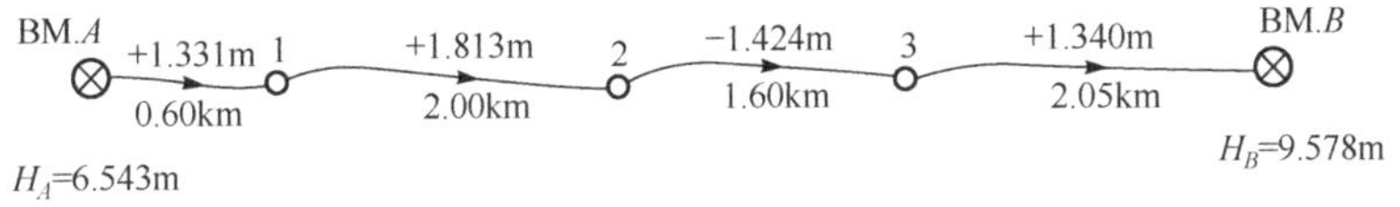

图 2-44　附合水准路线

表 2-17　附合水准路线测量成果计算

点号	路线长度/km	观测高差/m	高差改正数/mm	改正后高差/m	高程/m	备注
BM. A					6.543	已知
	0.60	+1.331	−2	+1.329		
1					7.872	
	2.00	+1.813	−8	+1.805		
2					9.677	
	1.60	−1.424	−7	−1.431		
3					8.246	
	2.05	+1.340	−8	+1.332		
BM. B					9.578	已知
Σ	6.25	+3.060	−25	+3.035		

$f_h=\sum h_{测}-(H_B-H_A)=+25\text{mm}$　　$f_{h容}=\pm 40\sqrt{L}=\pm 100\text{mm}$

$V_{1\text{km}}=-\dfrac{f_h}{L}=-4\text{mm/km}$　　$\sum V_i=-25\text{mm}=-f_h$

2.7　误差理论基础

2.7.1　误差的基本概念

测量是人们认识自然界客观事物和现象的一种手段和途径。借助于一定的仪器、工具，并采用一定的测量方法对某个量进行量测称为观测，获得的观测数据称为观测值。当对某量进行重复观测时，就会发现这些观测值之间必然存在差异。例如，对同一段距离重复观测若干次，量得的观测值是互有差异的。另外，对已经知道其理论值的被观测量进行观测时，也发现观测值不满足理论值或某一理论关系。例如，从几何原理上知道一平面三角形三个内角之和应等于 180°，但如果对三内角观测后，其和往往不等于 180°。测量上，将同一量的各观测值之间，或观测值与其理论值之间的差异称为误差。一般来讲，任一观测量，客观上总是存在其理论上的真值，测量上通常分别以下列符号来表示常见的量：$\tilde{L}$ 为理论值（真值）、L 为观测值、Δ 为真误差（$\Delta=L-\tilde{L}$）、V 为观测误差（$V=L-E$，E 为均值）。

产生观测误差的原因很多，观测条件不理想或不断变化是产生测量误差的根本原因。根据观测条件可将测量误差来源分为三类。

(1) 测量仪器：任何仪器都具有一定限度的精度，从而使观测值的精度受到限制。同时由于在加工、装配、搬运过程中不能保证测量仪器的结构满足其额定的各种几何关系，就是说仪器本身含有一定的误差，仪器的校正也不可能完全准确，从而也使观测值的精度降低。

(2) 观测者自身条件：由于观测者的感觉器官的鉴别能力有一定的局限性，所以在仪器的安置、照准、读数等方面都会产生误差。同时，观测者的工作态度和技术水平，也是对观测成果质量有直接影响的重要因素。

(3) 外界条件：观测环境中气温、气压、湿度、清晰度、风力和大气折光等因素不断变化，必然对观测结果产生影响。

根据观测误差对观测结果的影响性质，可将观测误差分为系统误差和偶然误差两种。

系统误差是指在相同的观测条件下，对某一量进行了多次观测，出现的大小和符号均固定不变或按一定的规律变化的误差。系统误差的存在必然引起观测成果的偏差。为减小系统误差对观测成果的影响，通常可采用适当的方法来消除系统误差或使其减小到可忽略的程度。①通过测定系统误差的大小改正观测值。②采用合适的观测方法抵消系统误差，如水准测量中，用前、后视距相等的方法来消除水准管轴与视准轴不平行引起的高差误差；全站仪测量中，采用测回法正、倒镜观测，可以消除视准轴不垂直于水平轴和竖盘指标差对测角的影响。③通过对仪器的检验校正，将系统误差降低到允许值范围内，以减弱其对观测结果的影响。

偶然误差是指在相同的观测条件下作一系列的观测，如果误差在大小和符号上都表现出偶然性，即从单个误差看，该列误差的大小和符号没有规律性，但就大量误差的总体而言，具有一定的统计规律，这种误差称为偶然误差。例如，在用全站仪测角时，测角误差是由照准误差、读数误差、外界条件变化所引起的误差和仪器本身制造工艺而引起的误差等综合的结果，而其中每一项误差又是由许多偶然因素所引起的小误差的代数和，每项微小误差又随着偶然因素影响的不断变化，其数值忽大忽小，其符号或正或负。这样，由它们所构成的总和，就其个体而言，无论是数值的大小或符号的正负都是不能事先预知的。

系统误差和偶然误差在观测过程中总是同时存在的。当观测值中有显著的系统误差时，偶然误差就居于次要地位，观测误差就呈现出系统性质。反之，即呈现出偶然的性质。系统误差对于观测成果的影响一般具有累积的作用，它对成果质量的影响也特别显著。在实际工作中，应该采用各种方法来消除系统误差，或减小其对观测成果的影响，达到实际上可以忽略不计的程度。

当观测值中已经排除了系统误差的影响，或与偶然误差相比已处于次要地位，则该观测值中主要存在着偶然误差。由于观测结果不可避免地存在着偶然误差，在实际工作中，为了提高成果的质量，同时也为了检查和及时发现观测值中有无错误存在，通常要使观测值的个数多于未知量的个数，也就是要进行多余观测。通过多余观测必然会发现在观测结果之间的不一致，或不符合应有关系而产生的不符值。因此，必须对这些带有偶然误差的观测值，根据概率统计的方法来求出观测量的最可靠结果。偶然误差具有如下概率统计特性：

(1) 在一定的观测条件下，误差的绝对值有一定的限制，或者说，超出一定限值的误差，其出现的概率为零；

(2) 绝对值较小的误差比绝对值较大的误差出现的概率大；

(3) 绝对值相等的正负误差出现的概率相同；

(4) 偶然误差的数学期望为零，即

$$E(\Delta)=E[L-E(L)]=E[L-\widetilde{L}]=E(L)-\widetilde{L}=0 \tag{2-65}$$

2.7.2　衡量精度的指标

精度则是同一量各观测值之间的符合程度，也是误差的分布情况。测量上习惯用一个能反映误差分布的密集和离散程度（离散度）大小的一个具体数字来衡量，称为精度指标。

1. 中误差

从误差分布函数可知，参数 σ 具有该种特性。

$$\sigma^2=\lim_{n\to\infty}\frac{[\Delta^2]}{n} \tag{2-66}$$

式中，n 为无穷大，而测量中 n 总是有限的，所以用 m 来作 σ 的估值，测量上把 m 称为观测值的中误差。

$$m=\pm\sqrt{\frac{[\Delta\Delta]}{n}} \tag{2-67}$$

2. 平均误差

在一定的观测条件下，一组独立的偶然误差绝对值的数学期望称为平均误差。设以 θ 表示平均误差，则有

$$\theta=E(|\Delta|)=\int_{-\infty}^{+\infty}|\Delta|f(\Delta)\mathrm{d}\Delta \tag{2-68}$$

同样，如果在相同条件下得到了一组独立的观测误差，上式也可写为

$$\theta=\lim_{n\to\infty}\frac{[|\Delta|]}{n} \tag{2-69}$$

即平均误差是一组独立的偶然误差绝对值的算术平均值之极值。

因为

$$\begin{aligned}\theta&=\int_{-\infty}^{+\infty}|\Delta|f(\Delta)\mathrm{d}\Delta=2\int_{0}^{+\infty}\Delta\frac{1}{\sqrt{2\pi}\sigma}\mathrm{e}^{-\frac{\Delta^2}{2\sigma^2}}\mathrm{d}\Delta\\&=\frac{2}{\sqrt{2\pi}}\int_0^{\infty}\left(-\sigma\mathrm{d}\mathrm{e}^{-\frac{\Delta^2}{2\sigma^2}}\right)=\frac{2\sigma}{\sqrt{2\pi}}[-\mathrm{e}^{-\frac{\Delta^2}{2\sigma^2}}]_0^{\infty}\end{aligned} \tag{2-70}$$

所以有

$$\left.\begin{aligned}\theta&=\sqrt{\frac{2}{\pi}}\sigma\approx0.7979\sigma\approx\frac{4}{5}\sigma\\\sigma&=\sqrt{\frac{\pi}{2}}\theta\approx1.253\theta\approx\frac{5}{4}\theta\end{aligned}\right\} \tag{2-71}$$

3. 或然误差

或然误差 ρ 是这样定义的，误差出现在 $(-\rho,+\rho)$ 的概率等于 1/2，即

$$\int_{-\rho}^{+\rho}f(\Delta)\mathrm{d}\Delta=\frac{1}{2} \tag{2-72}$$

误差分布曲线与横轴所包围的面积为 1，则在曲线下 $(-\rho,+\rho)$ 的面积为 1/2。将 Δ 的概率密度代入，并作变量代换，令 $\frac{\Delta}{\sigma}=t$，$\Delta=\sigma t$，$\mathrm{d}\Delta=\sigma\mathrm{d}t$，则得

$$\int_{-\rho}^{+\rho} f(\Delta)\mathrm{d}\Delta = 2\int_{0}^{\rho/\sigma} \frac{1}{\sqrt{2\pi}}\mathrm{e}^{-\frac{t^2}{2}}\mathrm{d}t = \frac{1}{2} \tag{2-73}$$

由概率积分表可查得，当概率为 1/2 时，积分限为 0.6745，即得

$$\left.\begin{aligned} \rho &\approx 0.6745\sigma \approx \frac{2}{3}\sigma \\ \sigma &\approx 1.4826\rho \approx \frac{3}{2}\rho \end{aligned}\right\} \tag{2-74}$$

4. 极限误差

中误差不是代表个别误差的大小，而是代表误差分布的离散度的大小。由中误差的定义可知，它是代表一组同精度观测误差平方的平均值的平方根极限值，中误差越小，表示在该组观测中绝对值较小的误差越多。在大量同精度观测的一组误差中，误差落在 $(-\sigma, +\sigma)$，$(-2\sigma, +2\sigma)$，$(-3\sigma, +3\sigma)$ 的概率分别为

$$\left.\begin{aligned} &P(-\sigma < \Delta < +\sigma) \approx 68.3\% \\ &P(-2\sigma < \Delta < +2\sigma) \approx 95.5\% \\ &P(-3\sigma < \Delta < +3\sigma) \approx 99.7\% \end{aligned}\right\} \tag{2-75}$$

这就是说，绝对值大于中误差的偶然误差，其出现的概率为 31.7%；而绝对值大于两倍中误差的偶然误差出现的概率为 4.5%，特别是绝对值大于三倍中误差的偶然误差出现的概率仅有 0.3%。这已经是概率接近于零的小概率事件，或者说这是实际上的不可能事件。因此，通常以三倍中误差作为偶然误差的极限值 $\Delta_{限}$，称为极限误差。即

$$\Delta_{限} = 3\sigma \tag{2-76}$$

实践中，也有采用 2σ 作为极限误差的。在测量中，如果误差超过了极限误差，那就可以认为它是错误，相应的观测值应舍去。

5. 相对误差

对于某些观测结果，有时单靠中误差还不能完全表达观测结果的好坏。例如，分别量得 1000m 和 800m 的两段距离，观测值的中误差均为 ±2cm，虽然两者的中误差相同，但就单位长度而言，两者精度并不相同。此时，需要采用另一种办法来衡量精度，通常采用相对中误差，它是中误差与观测值之比。如上述两段距离，前者的相对中误差为 1/50 000，而后者为 1/4000。相对中误差是个无名数，在测量中一般将分子化为 1，即用 $1/N$ 表示。

2.7.3 误差传播定律

在实践工作中有许多未知量不能直接观测求得，需要由观测值间接计算出来，那么如何根据观测值的中误差去求观测值函数的中误差呢？阐述观测值中与观测值函数中误差之间关系的定律，称为误差传播定律。

1. 倍数的函数

设有函数：

$$z = kx \tag{2-77}$$

式中，z 为观测值的函数；k 为常数(无误差，下同)；x 为观测值，已知其中误差为 m_x，现在求 z 的中误差 m_z。

设 x 和 z 的真误差分别为 Δ_x 和 Δ_z，由上式可以知道 Δ_x 和 Δ_z 的关系为

$$\Delta_z = k\Delta_x \tag{2-78}$$

若对 x 共观测了 n 次，则

$$\Delta_{z_i} = k\Delta_{x_i} \qquad (i=1,2,\cdots,n) \tag{2-79}$$

将上式平方，得

$$\Delta_{z_i}^2 = k^2\Delta_{x_i}^2 \qquad (i=1,2,\cdots,n) \tag{2-80}$$

将上式求和，并除以 n

$$\frac{[\Delta_z^2]}{n} = \frac{k^2[\Delta_x^2]}{n} \tag{2-81}$$

由中误差定义可知

$$\left.\begin{aligned} m_z^2 &= \frac{[\Delta_z^2]}{n} \\ m_x^2 &= \frac{[\Delta_x^2]}{n} \end{aligned}\right\} \tag{2-82}$$

即

$$\left.\begin{aligned} m_z^2 &= k^2 m_x^2 \\ m_z &= k m_x \end{aligned}\right\} \tag{2-83}$$

观测值与常数乘积的中误差等于观测值中误差乘常数。

2. 和或差的函数

设有函数

$$z = x \pm y \tag{2-84}$$

式中，z 为 x，y 观测值的函数。

x，y 为独立观测值，已知其中误差为 m_x，m_y，现在求 z 的中误差 m_z。

设 x，y，z 的中误差分别为 Δ_x，Δ_y，Δ_z，由上式得

$$\Delta_z = \Delta_x \pm \Delta_y \tag{2-85}$$

对 x、y 均观测了 n 次，则

$$\Delta_{z_i} = \Delta_{x_i} \pm \Delta_{y_i} \qquad (i=1,2,\cdots,n) \tag{2-86}$$

将上式平方求和，并除以 n 得

$$\frac{[\Delta_z^2]}{n} = \frac{[\Delta_x^2]}{n} + \frac{[\Delta_y^2]}{n} \pm 2\frac{[\Delta_x\Delta_y]}{n} \tag{2-87}$$

由于 Δ_x，Δ_y 均为偶然误差，其符号为正或负机会相同，所以其乘积也具有正负机会相同的性质。根据偶然误差的特性，当 n 越大时，$\frac{[\Delta_x\Delta_y]}{n}$ 将趋于零。根据中误差定义，得

$$m_z^2 = m_x^2 + m_y^2 \tag{2-88}$$

当 z 为一组观测值 x_1，x_2，$\cdots$，x_n 代数和(差)的函数时，即

$$z = x_1 \pm x_2 \pm \cdots \pm x_n \tag{2-89}$$

可得出 z 的中误差平方为

$$m_z^2=m_{x_1}^2+m_{x_2}^2+\cdots+m_{x_n}^2 \tag{2-90}$$

n 个观测值代数和(差)的中误差平方,等于 n 个观测值中误差平方之和。

3. 线性函数

设有线性函数:

$$z=k_1x_1\pm k_2x_2\pm\cdots\pm k_nx_n \tag{2-91}$$

综合和差函数和倍数函数得

$$m_z^2=k_1^2m_{x_1}^2+k_2^2m_{x_2}^2+\cdots+k_n^2m_{x_n}^2 \tag{2-92}$$

4. 一般函数

$$z=f(x_1,x_2,\cdots,x_n) \tag{2-93}$$

式中,$x_i(i=1,2,\cdots,n)$为独立观测值。已知其中误差为 $m_i(i=1,2,\cdots,n)$,求 z 的中误差。

由数学分析可知,变量的误差与函数的误差之间的关系,可以近似地用函数的全微分来表达,为此,求函数的全微分,并以真误差的符号"Δ"替代微分号"d",得

$$\Delta_z=\frac{\partial f}{\partial x_1}\Delta x_1+\frac{\partial f}{\partial x_2}\Delta x_2+\cdots+\frac{\partial f}{\partial x_n}\Delta x_n \tag{2-94}$$

式中,$\frac{\partial f}{\partial x_i}$是函数对各个变量所取的偏导数,它们是常数,因此,上式又变成线性函数,则

$$m_z^2=\left(\frac{\partial f}{\partial x_1}\right)^2m_1^2+\left(\frac{\partial f}{\partial x_2}\right)^2m_2^2+\cdots+\left(\frac{\partial f}{\partial x_n}\right)^2m_n^2 \tag{2-95}$$

例　设有某函数

$$z=S\cdot\sin\alpha \tag{2-96}$$

式中,$S=150.11\text{m}$,其中误差 $m_s=\pm0.05\text{m}$;$\alpha=119°45'00''$,其中误差为 $m_\alpha=\pm20.6''$。求 z 的中误差。

解　因为 z 是 S 及 α 的一般函数,它们之间真误差的关系式为

$$\Delta_z=\frac{\partial f}{\partial S}\Delta_S+\frac{\partial f}{\partial\alpha}\Delta_\alpha \tag{2-97}$$

则

$$m_z^2=\left(\frac{\partial f}{\partial S}\right)^2m_S^2+\left(\frac{\partial f}{\partial\alpha}\right)^2m_\alpha^2 \tag{2-98}$$

式中,$\frac{\partial f}{\partial S}=\sin\alpha$,$\frac{\partial f}{\partial\alpha}=S\cdot\cos\alpha$。

因此可得

$$m_z^2=\sin^2\alpha m_S^2+(S\cos\alpha)^2\left(\frac{m''_\alpha}{\rho''}\right)^2 \tag{2-99}$$

将观测值及已知值代入式(2-99)得 $m_z=\pm4.4\text{cm}$。

上述计算中$\left(\frac{m''_\alpha}{\rho''}\right)$是将角值的单位化成弧度,其他参数以厘米表示,以便使整个公式的单位统一。

2.7.4　同精度观测值的中误差

由上述可知,同精度观测值中误差的计算公式为

$$m=\pm\sqrt{\frac{[\Delta\Delta]}{n}} \tag{2-100}$$

$$\Delta_i=L_i-X \tag{2-101}$$

这是利用观测值真误差求观测值中误差的定义公式，由于未知量的真值往往是不知道的，真误差也就不知道了。所以不能直接利用上式求观测值的中误差。但是未知量的最或然值是可以求得的，它和观测值的差数也可以求得，即

$$v_i=x-L_i \qquad (i=1,2,\cdots,n) \tag{2-102}$$

式中，v 为改正数。

由改正数 v 来计算观测值中误差的白塞尔公式为

$$m=\pm\sqrt{\frac{[vv]}{n-1}} \tag{2-103}$$

思考题和习题

1. 测量学的主要任务是什么？

2. 表示地面点位置有几种坐标系统？各有什么特点？

3. 上海某地的经度为东经 120°30′，试计算该点所在的 3°带和 6°带的带号，其相应的 3°带和 6°带的中央子午线的经度是多少？

4. 定向用的基本方向有哪几种？

5. 测量基准包括哪些具体内容？

6. 测量工作的原则是什么？

7. 用水平面代替水准面，对水平距离和高程有何影响？

8. 何谓测图比例尺和测图比例尺精度？

9. 什么是控制测量？什么是碎部测量？两者是什么关系？

10. 偶然误差与系统误差有什么不同？偶然误差有哪些特性？

11. 什么是中误差？为什么中误差能作为衡量精度的标准？

12. 设有函数 $z_1=x_1+x_2$，$z_2=2x_3$，如果存在 $m_1=m_2=m_3$，且 x_1、x_2 和 x_3 之间相互独立，问 m_{z_1} 和 m_{z_2} 的值是否相同？为什么？

13. 水准测量中，设一测站的中误差为±5mm，1km 有 15 个测站，试求 1km 的测量中误差？

14. 用水准仪测量两点之间的高差 10 次，所得测量结果如下(单位为 m)：1.253、1.250、1.248、1.252、1.249、1.247、1.251、1.250、1.249、1.252，试求两点之间高差的最或然值及其中误差？

15. 用经纬仪对某角观测 8 个测回，结果如下：56°32′13″、56°32′21″、56°32′17″、56°32′14″、56°32′19″、56°32′23″、56°32′21″、56°32′18″，试求该角的最或然值及其中误差？

16. 一个三角形中观测了其中的两个角 α 和 β，其中误差分别为 $m_\alpha=\pm20''$，$m_\beta=\pm20''$，试求第三个角的中误差？

17. 函数 $z=z_1+z_2$，其中 $z_1=x+2y$，$z_2=2x-y$，x 与 y 是相互独立的，且 $m_x=m_y=m$，试求函数 z 的中误差？

18. 如图 2-45 所示的闭合导线，已知 A 点的坐标和 $A1$ 边的坐标方位角，观测了图中的 5 个水平角和 5 条边长，试计算各点的坐标？(边长单位为 m)

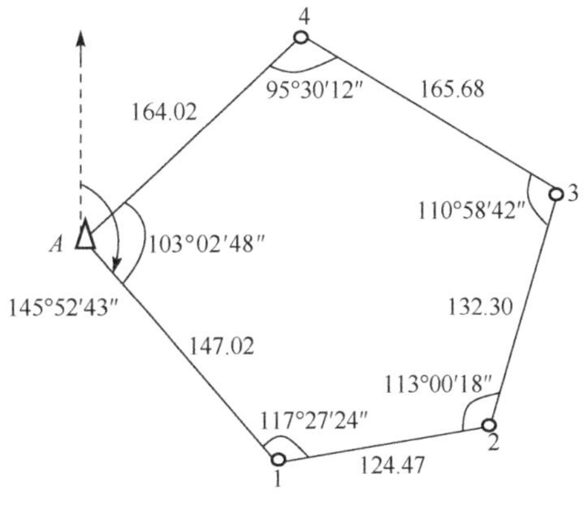

图 2-45　闭合导线

19. 如图 2-46 所示的图根附合导线，BA 和 CD 边为已知边，坐标方位角 $\alpha_{BA}=120°25'05''$和 $\alpha_{CD}=125°27'22''$，现沿前进

方向观测左角 $\beta_A=93°21'12''$、$\beta_1=259°43'52''$、$\beta_2=125°35'28''$、$\beta_3=132°16'29''$、$\beta_4=253°37'03''$、$\beta_C=220°28'31''$，试推算各边的坐标方位角？

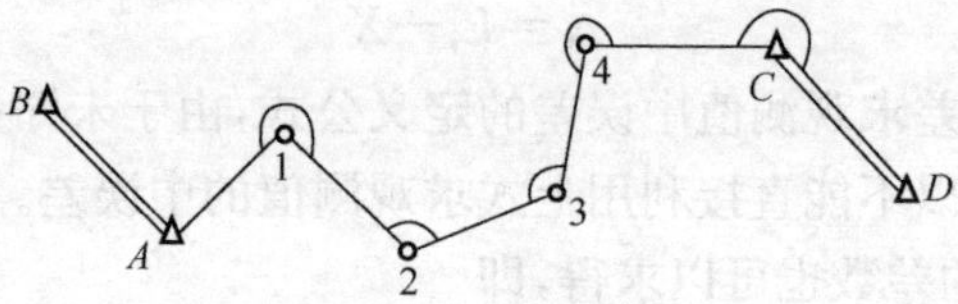

图 2-46 附合导线

20. 表 2-18 为一闭合水准路线的观测成果，试完成表格中的相关计算。

表 2-18 闭合水准路线测量成果计算

点号	路线长度/km	观测高差/m	高差改正数/mm	改正后高差/m	高程/m	备注
BM. A					14. 335	已知
	0. 60	+1. 224				
1						
	2. 00	−1. 414				
2						
	1. 60	+1. 777				
3						
	2. 05	−1. 606				
BM. A					14. 335	已知
Σ						

$f_h=$　　　　　　　　$f_{h容}=$

$V_{1km}=-\dfrac{f_h}{L}=$　　　　　　　　$\sum V_i=$

21. 如图 2-47 所示水准路线中的数据，试计算 P 点、Q 点、R 点的高程？

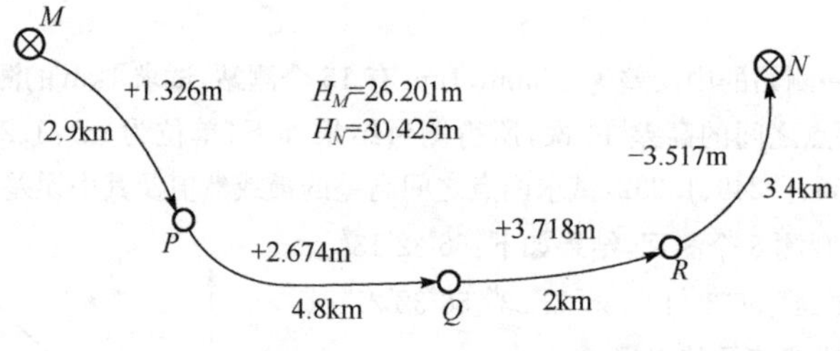

图 2-47 水准路线

第3章　海洋定位测量

3.1　海洋定位测量概述

海洋定位测量是海洋测量中最基本的工作，一般包括海上定位测量和水下定位测量两部分。海上定位测量一般是指测定海面上船只实时位置的工作。相比陆地测量，海洋定位测量有其显著特点：①在运动状态下定位。由于目前测量的定位仪器的载体是测量船，而测量船是漂浮在起伏不定的海面上的，这就使得海道测量定位只能在运动条件下进行。②不可重复性。海洋测量定位是在运动条件下进行的，在海上一个点利用一种仪器在某个时刻仅能确定一个位置坐标，若再返回到原来位置是一项非常困难的工作，而且这样做效率低且成本太高。③精度相对陆地测量低。一般情况下，海洋测量定位的不可重复性，使得确定的海上各点的位置缺少多余观测值，这样就不能获得最或然估计坐标，从而降低了定位精度，所以仅能依靠仪器的定位精度和外界参数的改正精度来提高定位精度。除非对于特殊的海底障碍物和海上目标的定位采用多种（或套）仪器进行定位，才能进行平差，获得最或然估计坐标。

海洋定位可根据离岸远近而采用不同的方法，目前常用的定位方法有以下五种。①光学定位仪器：经纬仪、六分仪、全站仪等。②岸基无线电定位仪器：电磁波测距仪；双曲线方式定位仪器；圆-圆方式定位仪器。③水声定位仪器：水下声标和接收基阵组成的水声定位系统。④卫星定位仪器：北斗卫星导航系统、GPS系统、GLONASS系统、GALILEO系统、INMARSAT系统等。⑤组合定位（导航）仪器：如MX-200组合导航系统、GIN导航系统、GPS/GLONASS多星接收机。

现代海上交通运输、海洋资源调查勘测、海洋工程建设、海洋科学研究等需要更精确的测量成果。水声定位系统和卫星定位系统，尤其是全球定位系统在海洋测量中的应用，使海洋定位测量工作变得简便易行。目前，除在沿岸（<10km）区域的一些测量有时仍利用光学定位仪器（特别是全站仪）进行定位外，岸基无线电定位仪器已基本失去了使用空间。随着定位精度和自动化程度的提高，卫星定位技术已经取代光学定位和岸基无线电定位成为海洋定位的主要手段，海洋测量定位精度要求见表3-1。本章重点介绍卫星定位和水声定位技术。

表3-1　海洋测量定位的精度要求

测量任务	平面位置精度/m		高程精度/m	
	绝对	相对	绝对	相对
海洋大地测量控制点	1～10	1	1～5	1
海岸重力基点	10	10	—	1
海面地形	—	—	0.5	0.1
平均海面	—	—	—	0.1
校正无线电定位系统控制点	10	1	—	—
声学航标	10	10	—	—
普查性海道测量和地球物理勘探测量	100～500	100～500	—	—

续表

测量任务	平面位置精度/m		高程精度/m	
	绝对	相对	绝对	相对
海底地形测量和海洋工程测量	50～100	15～75	—	—
海上的标准台站	10	1	5	0.3
钻井	1	1.5	—	1～5
敷设管线	10	1～10	—	—
海上划界测量	10	1～2	—	—
打捞救生	20～100	10～20	—	—
导航	3000	45～500	—	—

3.2 海洋定位测量基准

3.2.1 海洋定位坐标系统

测量的基本任务就是确定物体在空间的位置，而对位置的描述都是建立在某一特定的空间框架之上的，即建立参考椭球面和相应的坐标系统。由于采用的参考椭球面及定位方法不同，同一地面点在不同坐标系中的坐标值也不相同，如在我国同一地面点在1954北京坐标系、1980西安大地坐标系和GPS测量中的WGS-84坐标系中的大地坐标都是不同的。在海洋定位测量计算中，经常遇到不同坐标系之间的转换。海洋测量定位基本采用两种坐标系统，即与陆地测量一致的大地坐标系（一般为参心大地坐标系）和与卫星定位系统相一致的地心大地坐标系。

3.2.2 海面定位控制测量

1. 海面测量控制网

海面控制网主要包括以固定浮标为控制点的控制网、海岸控制网、岛屿控制网以及岛屿-陆地控制网。

海面大地测量控制网布设时采用的几何图形与陆上大地网基本相同，根据海区海岸和岛屿的分布状况及测量目的，通常采用三角形网、四边形网、中点多边形网等布设，如图3-1所示。海面大地控制网也采取逐级控制的方法。与陆地大地网直接联结的海洋大地控制点，称为基本点，它们之间的距离可以从100～1000km不等，基本点的定位误差约±0.5m。在基本点的基础上进一步加密设置的海洋大地控制点，称为加密点，相互间距离2～30km，其定位误差±(1～2)m。图3-1中符号“○”为加密点。目前，海面控制网一般采用GPS测量，测量和数据处理方式与陆地控制网基本相同。

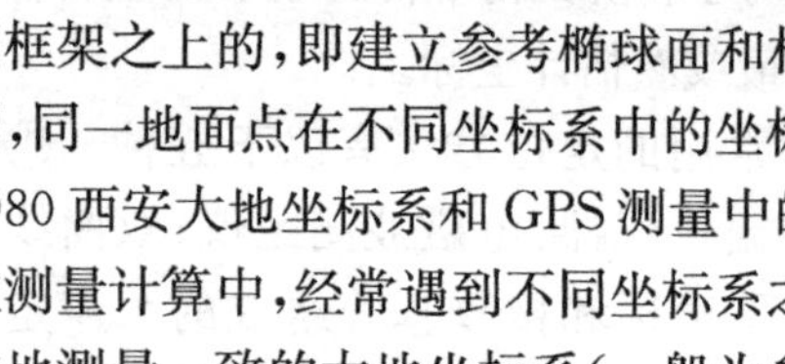

△为基本控制点，○为加密点

图3-1 海面大地控制网

2. 沿海无线电指向标/差分全球定位系统

无线电指向标/差分全球定位系统(RBN/DGPS)

简称信标差分定位系统。信标差分是信标台站-移动站差分，是指采用两台 GPS 接收机，一台是信标基准站 GPS，另一台是用户端 GPS，并且知道基准点的坐标。原理是在已知坐标的固定点上架设一台 GPS 接收机(信标台站)，通过 GPS 的定位数据和已知坐标点的数据解算出差分数据(RTCM)，再通过数据链将误差修正参数实时播发出去，用户信标接收机端通过数据链接收修正参数并传给 GPS，GPS 接收修正参数后和自己的定位数据进行修正解算，即可将定位精度提高到米级甚至厘米级。信标差分系统不需要用户自己架设基准站。

交通部海监局从南到北在我国沿海岸线建立了 20 个信标台站(也就相当于差分系统的基准站)(图 3-2)，这些信标站 24h 发送差分校正信息(RTCM)，其传输的距离是：在内陆是 300km 的覆盖范围，在海上是 500km 的覆盖范围。用户端只需要一台移动站的 GPS 接收机就可以实现1～5m 精度的实时定位。该系统在我国沿海的船舶导航、海洋渔业、海洋测绘、海上石油开发以及海上定位工程等都起着重要的作用。我国沿海无线电信标台站主要技术参数如下。

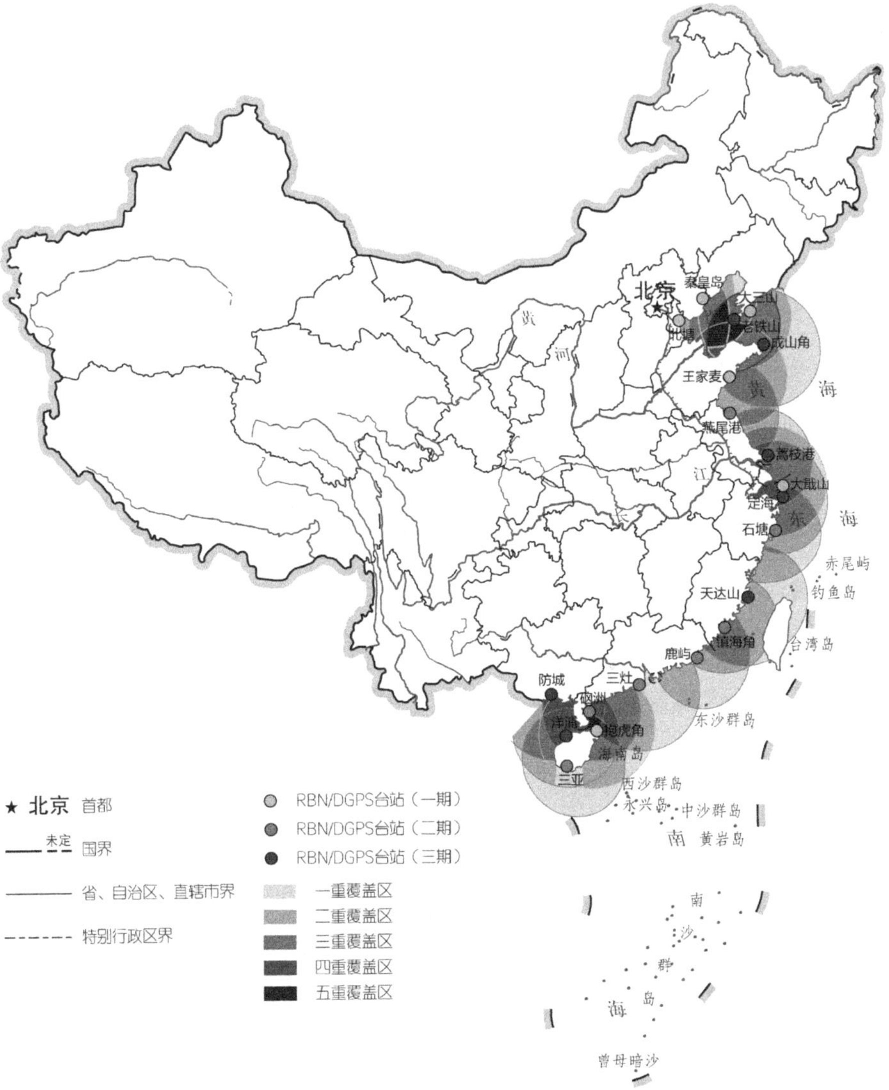

图 3-2　我国无线电信标台分布图

1）台站配置

每一个台站均由一个基准站、一个播发台和一个监控台组成，同步建设。基准站测量并解算差分改正数，通过播发台向用户播发。监控站实时接收本站的差分改正信息并进行差分定位，定位结果与其坐标真值进行比较，从而达到本站差分的完整性监控的作用。

2）工作频率

采用国际电联划分的海上无线电指向标频率，频率范围为283.5～325.0kHz。

3）台站识别码

依据国际航标协会（International Association of Lighthouse Authorities，IALA）分配给我国的基准台和播发台的差分GPS识别码范围由北向南按区域进行分配。

4）差分信息调制方式、播发信号格式、类别和传输率

采用最小频移监控（MSK）方式调分信息，播发类别为调相单信道数据传输（GID）。信号格式采用RTCM SC-104标准，信息类型为9-3、16，差分数据传输率为200b/s。

5）坐标系统和基准站精度

采用WGS-84坐标系，基准站在WGS-84坐标系中的绝对定位精度优于0.5m。

6）单站信号作用范围

台站的有效覆盖范围是根据信号强度和信噪比确定的。距差分台300km范围内，海上用户接收差分修正信息号强度 75μV/m。经验表明，当信号强度大于 40μV/m、信噪比大于10dB-Hz时，信号的可靠性较高；当信噪比小于10dB-Hz时，信号开始不稳定。

7）定位精度

定位精度与测点到基准站的距离相关，离台站越近，定位精度越高，距离增加，定位精度降低。通常情况下，在系统覆盖范围内，亚米级的接收机利用差分信号进行海上导航定位可以获得5m以上的实时定位精度。

RBN/DGPS系统完全覆盖了我国大陆的沿海海域，基本上实现双重覆盖，主要港口和水域实现多重覆盖。受辽东半岛地形限制，鸭绿江口（丹东港）只能收到成角山电台的信号，在夜间又不稳定，为系统覆盖薄弱地区；辽河口（营口港）只能稳定接收秦皇岛的电台信号，为单站覆盖区域。

RBN/DGPS系统已经在海上导航，定位，海图测量，中小比例尺港口航道测量，海岸线地形修测，航标定位以及近海急、难、险、重等工程中发挥了重要作用。

目前，我国沿RBN/DGPS系统台站基本情况见表3-2所示。

表 3-2　我国沿海 RBN/DGPS 系统台站基本参数

辖区	序号	建设顺序	台站	台站位置	RBN/DGPS 识别码 基准台 1	基准台 2	播发台	频率/kHz
北海海区	1	一期改造	大三山	38°52′N 121°50′E	602	603	601	301.5
	2	三期改造	老铁山	38°44′N 121°08′E	604	605	602	307.5
	3	一期改造	秦皇岛	39°55′ N 119°37′ E	606	607	603	287.5
	4	一期改造	北塘	39°06′ N 119°43′ E	608	609	604	310.5
	5	三期改造	成角山	37°24′N 122°41′E	612	613	606	317
	6	一期改造	王家麦	36°04′ N 120°26′ E	614	615	607	313.5
东海海区	7	二期改造	燕尾港	34°29′N 119°47′E	620	621	610	291
	8	三期改造	蒿枝港	32°01′N 121°43′E	622	623	611	304
	9	一期改造	大蕺山	30°49′ N 122°10′ E	623	625	612	307
	10	三期改造	定海	30°01′N 122°04′E	626	627	613	310
	11	三期改造	石塘	28°16′N 121°37′E	628	629	614	295
	12	三期改造	天达山	25°28′N 119°42′E	630	631	615	313
	13	二期改造	镇海角	24°16′N 118°08′E	632	633	616	320
南海海区	14	二期改造	鹿屿	23°20′N 116°45′E	640	641	620	317
	15	二期改造	三灶	22°00′N 113°24′E	642	643	621	291
	16	二期改造	硇洲岛	20°54′N 110°36′E	644	645	622	301
	17	三期改造	防城	21°35′N 108°19′E	646	647	623	287
海南海事局	18	一期改造	抱虎脚	20°00′ N 110°56′ E	652	653	626	310.5
	19	二期改造	三亚	18°17′N 109°22′E	654	655	627	295
	20	二期改造	洋浦	19°43′N 109°12′E	656	657	628	313

3. 近海全球导航卫星连续运行参考站网

全球导航卫星连续运行参考站网(Continuously Operating Reference Stations,CORS)可以定义为在某一区域内建立由若干个固定的、连续运行的 GNSS 参考站,对该地区构成网状覆盖,联合若干基准站数据解算或消除电离层、对流层等影响。它是利用现代计算机、数据通信和互联网技术组成的网络,实时地向不同类型、不同需求、不同层次的用户发播经过检验的不同类型的 GNSS 观测值(载波相位,伪距),各种改正数、状态信息,对该地区内的 GNSS 用户进行实时载波相位/伪距差分改正,以及提供其他有关 GNSS 服务项目的综合系统。CORS 是动态的、连续的空间数据参考框架,是快速、高精度获取空间数据和地理特征的设施之一。

GNSS 参考站网主要有四类,一是 IGS GPS 永久跟踪站,全球分布,站间距离较长,达数千公里,主要用于地球动力学服务和提供 GPS 卫星精密轨道、电离层参数等 GPS 服务,我国的 IGS 站主要分布在上海、武汉、昆明和拉萨等地;二是全球或局部的 DGPS 和 WADGPS 网,基线为几十公里到数千公里不等,目的是提供差分 GNSS 精密星历服务;三是用于形变监测的 GNSS 连续跟踪站点,基线一般为几十公里到数百公里不等,主要用于地壳形变监测,如我国地壳形变监测网;四是区域多功能 GNSS 连续跟踪网,边长为几公里至数百公里,主要用于区域的 DGPS、地表监测、气象服务、动态控制网测量等。无论哪一种类型的 GNSS 参考站,其共同点是每天 24h 连续观测接收 GNSS 数据。系统主要通过互联网和无线通信网络向系统覆盖的服务区内用户提供参考站基准坐标和参考站 GNSS 观测数据，用户可通过互联网卸载 CORS 若干参考站数据进行事后精密定位，也可以接收数据播发站发播的载波相位观测数据进行实时动态精密定位。建立连续运行卫星定位参考站系统主要依靠 GNSS 技术、数据通信技术和计算机技术。

基于连续运行参考站的空间数据实时服务平台的 GNSS 实时差分定位技术称为网络 RTK/RTD 技术，即基于连续运行参考站的网络实时动态定位(Continuously Operating Reference Stations Network Real-Time Kinematic positioning, CORS NRTK)技术。作为空间数据实时服务平台的一个重要组成部分，CORS NRTK 定位服务以其突出的优越性而受到重视。基于连续运行参考站的网络实时动态定位技术与常规实时动态定位技术相比，具有以下两个优点。

(1) 连续运行。参考站的连续运行可以增加多余观测值；有利于削弱参考站上的周期性误差，包括消除周日性误差、季节性误差以及周年性误差；可实现全天候不间断精确导航定位服务。

(2) 多个参考站。利用多个参考站可以增加多余观测值；可以建立精确的空间相关误差区域模型，极大地提高导航定位服务的精度和可用性；可以形成相互备份的参考站(冗余参考站)，保障服务的可靠性和连续性；利用大规模多参考站形成的参考站网络，可以提供广域无缝导航定位服务。

显然，连续运行参考站网络实时动态定位技术具有常规实时动态定位技术无可比拟的优势。以连续运行参考站网络为主的地理空间数据基础设施建设是国家基础设施建设的重点，而基于连续运行参考站的网络实时动态导航定位服务成为极具潜力的精密海洋定位导航应用业务。

CORS NRTK 测量模式是采用参考台站网和 N 个流动测量站点进行定位测量，其关键是求解 GNSS 相位观测值的整周模糊度，难点问题是解决 GNSS 观测值中含有的各种误差对模糊度的整数特性影响。利用 CORS 参考站网的目的就是要分离各种影响 GNSS 观测值的误差，以便对其改正或消除，如电离层误差、对流层误差和星历误差等。因此，首先要对所有 GNSS 基准站的观测数据进行处理，求出观测值误差；其次需要解算模糊度。高精度 GNSS 定位一般采用双差作为观测量。要确定双差模糊度，可以从双差观测方程出发，对于 $L1$、$L2$ 相位观测值有

$$\begin{aligned}\lambda_1 DD(\phi_1)&=[DD(\rho)+\lambda_1 N_1-\Delta Ion_1+\Delta Trop+\varepsilon_1]\\ \lambda_2 DD(\phi_2)&=[DD(\rho)+\lambda_2 N_2-\Delta Ion_2+\Delta Trop+\varepsilon_2]\end{aligned} \tag{3-1}$$

式中，$DD(\phi)$为对应(ϕ)的双差值；ϕ 为相位观测值(cycle)；ρ 为测站至卫星的距离(m)；N 为双差相位观测值的整周模糊度(cycle)：λ 为载波相位的波长(m)；ΔIon 为 DD 电离层折射(m)；$\Delta Trop$ 为 DD 对流层延迟(m)；ε 为观测噪声(m)。

对于对流层延迟，一般可以通过模型改正基本得到消除，如果忽略电离层误差，$L1$ 和 $L2$ 的模糊度 N 可以直接计算：

$$N=DD(\phi)-DD(\rho)/\lambda \tag{3-2}$$

利用 CORS 参考站网计算误差改正数的形式有多种，一般可分为两类，一种是将各种模型误差(如轨道、电离层、对流层等)分类处理；另一种是对每颗卫星计算总的改正数，但 CORS NRTK 在应用时与一般的 DGPS 改正数有所不同。在一般的 DGPS 应用中是直接对观测值

进行改正，在一定空间范围内，所有用户采用同一改正数。而相位观测值的改正数是针对某一点，即观测点来进行改正的，因而更准确。目前，计算 CORS 参考站网相位观测值改正数有三种方法，第一种称为虚拟参考站法(VRS)；第二种称为基准网改正数法或区域改正数法(FKP)；第三种称为主辅站正数法(MAX)。

1) 虚拟参考站法 VRS 模型

GPS 虚拟参考站法(Virtual Reference Station，VRS)是利用参考站网进行 GPS 测量的一种方式，顾名思义，该参考站实际上是不存在的，而是虚拟的，虚拟的条件是在 GPS 实际观测点附近(其近似坐标)作为虚拟参考站，根据 GPS 基准站的观测数据和计算得到的各种误差分布模拟计算出虚拟参考站的 GPS 观测数据。由于模拟参考站与实际观测点距离很近，可以认为是超短基线，各种误差通过差分可以较好地得到消除，而且其定位计算的原理和软件与传统方法完全一样。其基本流程如图 3-3 所示。

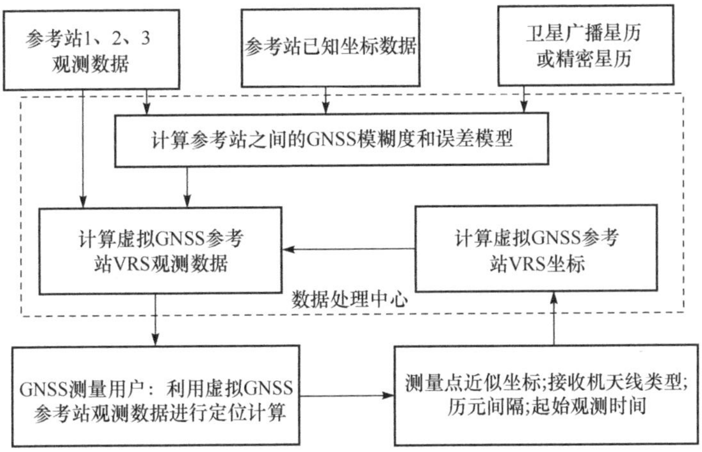

图 3-3　虚拟参考站法 VRS 模型

基于 CORS 参考站网的虚拟参考站 GNSS 测量方法是一个系统工程，首先各个参考站的观测数据必须能够通过一定的通信方式传送至一个数据处理中心，数据处理软件对各参考站的观测数据进行完整性检查，然后对各参考站的 GNSS 观测数据进行处理计算出该区域与时间和空间有关的 GNSS 误差，从而模拟出虚拟参考站的观测数据的误差，使得虚拟的观测数据与实际的观测数据相一致或非常接近。

2) 主辅站正数法(MAX)模型

主辅站正数法是从参考站网以高度压缩的形式，将所有相关的代表整周未知数水平的观测数据，如弥散性的和非弥散性的差分改正数，作为网络的改正数据发给流动站。主辅站正数法的基本要求就是将参考站的相位距离简化为一个公共的整周未知数水平。如果相对于某一个卫星与接收机"对"而言，相位距离的整周未知数已经被消去，或被平差过，那么当组成双差时，整周未知数就被消除了，此时，我们就可以说两个参考站具有一个公共的整周未知数水平。网络数据处理中心的主要任务就是将网络中(或子网络中)所有参考站相位距离的整周未知数归算到一个公共的水平。一旦此项任务得以完成，接着就有可能为每一对卫星-接收机及为每一个频率分别计算出弥散性的和非弥散性的误差。

为了降低台站网络中数据的播发量，主辅站概念为每一个单一参考站发送相对于主参考站的全部改正数及坐标信息。对于网络(子网络)中所有其他台站，即所谓辅参考站，播发的是差分改正数及坐标差。主站与每一个辅站之间的差分信息从数量上来说要少得多，而且，能够以较少数量的比特来表达这些信息。差分改正信息可以被流动站简单地用于内插用户所在点位的误差，或重建网络(或子网络)中所有参考站的完整改正数信息。因此，主辅站概念完全支持单向的数据通信，而且不会失去为流动站所关注的定位性能。播发数据所需的带宽可以进一步被减少，具体方法就是将改正数分解为两个部分：弥散性的和非弥散性的。正如我们前面已经提及的，弥散性的误差是直接相应于信号的频率，而非弥散性的误差则对所有的频率来说都是相同的。由于频率相关的电离层误差是已知的，因而对所有频率($L1$,$L2$,$L5$)，它可以表达成完全的改正数。另外，由于我们知道对流层及轨道误差是随时间缓慢变化的，因此非弥散性的部分不必以弥散的误差那样高速率播发，因而可以进一步降低提供网络改正数所需要的带宽。

对于用户来说，主参考站并不要求是最靠近的那个参考站，因为它仅仅被用来简单地实现数据传输，而且在改正数的计算中并不扮演任何特殊的角色。如果由于某种原因，主站传来的数据不再具有有效性，或者根本无法获取主站的数据，那么，任何一个辅站都可以被设定并充当主站的角色。在任何时候，RTCM 3.0 版主辅站网络改正数都是相对于真正的参考站的，因此也是完全可以追踪的。流动站采用主辅站改正数的基本步骤和数据流程如图 3-4 所示。

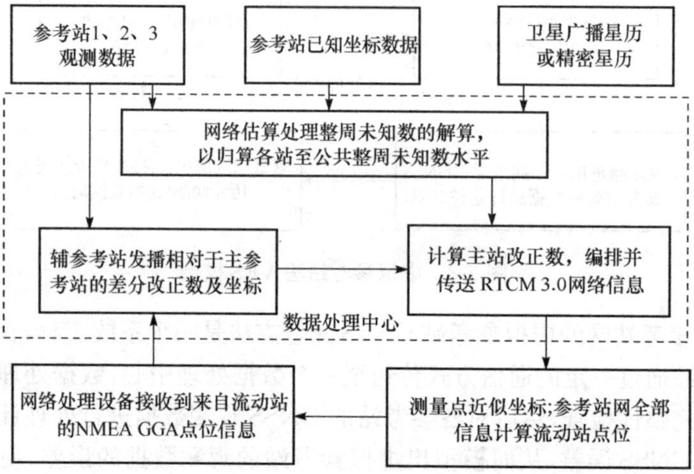

图 3-4　GPS 主辅站正数法 MAX 模型

3) 区域改正数法 FKP 模型

区域改正数法 FKP(源于德文 Flachen-Korrectur-Parameter，即 Area correctionParameter)是指利用 GNSS 参考站观测数据(相位观测值和伪距观测值等)及参考基准站已知坐标等信息，计算得到参考网范围内与时间或空间相关的误差改正数模型，然后利用测量点的近似坐标内插出测量点的误差改正数，将它应用到观测值中，从而消除各种与时间和空间有关的误差，获得高精度的定位结果。GNSS 区域改正数法 FKP 的基本流程如图 3-5 所示。

要获得 FKP，首先必须将 GNSS 参考站之间相位观测值的整周模糊度确定，然后分析基准网观测值的模型误差，计算各基准站相对于某一参考点(主参考站)的误差改正数，最后选择

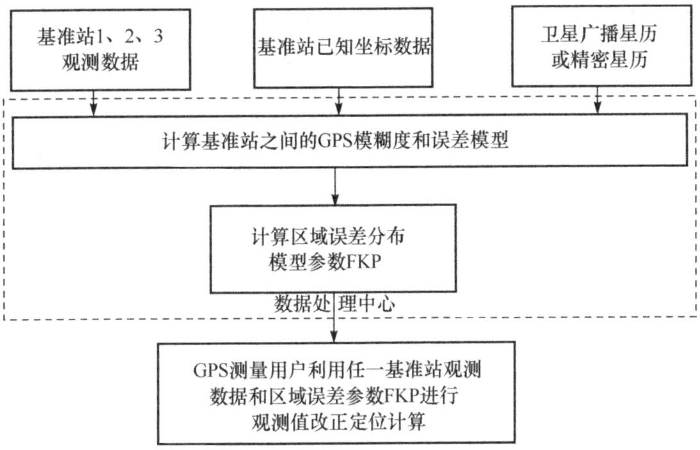

图 3-5　区域改正数法 FKP 模型

合适的模型得到网中某一测量点的误差改正数。区域改正数模型有多种，有的采用单向伪距和相位作为观测值，有的采用双差观测值，下面以双差残差改正数法为例说明 FPK 的算法。根据式(3-3)以及已知的基准站坐标，在 $L1$ 和 $L2$ 的模糊度确定后，可以直接得到 $L1$ 和 $L2$ 相位观测值双差残差的改正数及 $\mathrm{R}es_1$ 和 $\mathrm{R}es_2$。

$$\begin{aligned}\mathrm{Res}_1&=\lambda_1 DD(\phi_1)-[DD(\rho)+\lambda_1 N_1+\Delta Trop]\\ \mathrm{Res}_2&=\lambda_2 DD(\phi_2)-[DD(\rho)+\lambda_2 N_2+\Delta Trop]\end{aligned}\tag{3-3}$$

上面得到的改正数包含电离层误差、对流层残差误差、轨道误差、钟差以及观测噪声等误差。因此，模型误差实际上是各种误差的总和。所有基准站的双差残差改正数得到后，需要根据这些值进行模型化，以便提供给用户使用，最常用的模型为多项式拟合模型，如平面拟合模型，其表达式可以写成：

$$f(\mathrm{d}x,\mathrm{d}y)=\alpha_1\mathrm{d}x+\alpha_2\mathrm{d}y\tag{3-4}$$

式中，$(\mathrm{d}x,\mathrm{d}y)$为参考站相对于主参考站的平面坐标差；$f(\mathrm{d}x,\mathrm{d}y)$为计算得到的各参考站相对于主参考站的误差改正数；$\alpha_1$，$\alpha_2$为待求的拟合系数。

当参考站超过 3 个点(含 3 个点)时，则可按最小二乘法或线性方程组求解出拟合系数。通过拟合计算得到$\alpha_1\alpha_2$后，对于参考站网内的任一 GNSS 用户在进行定位计算时，先根据其近似坐标求出其相对平面坐标，然后利用上述拟合公式即可求出对应测站相对于主参考站的误差改正数，将其加入到观测方程中以消除对应的误差。采用 FKP 改正数法，不需要向参考站网数据处理中心发送信息，只需要接收任一参考站的观测数据和 FKP 改正数即可。

全球导航卫星连续运行参考站网综合服务技术体系由连续运行的 GNSS 参考站网、数据中心、数据通信和若干用户子系统四部分组成，如图 3-6 所示。系统可提供毫米级、厘米级、分米级、米级等不同精度的三维定位和时间信息，可以满足不同海洋定位应用需要。

1) GNSS 参考站网子系统

系统包括 N 个参考站和台站服务器，主要负责卫星定位数据跟踪、采集、传输备份和发送，同时监控参考站设备情况。

2) 数据中心子系统

数据中心子系统接收并控制参考站发回的数据，检查各参考站的工作状况，对数据进行质

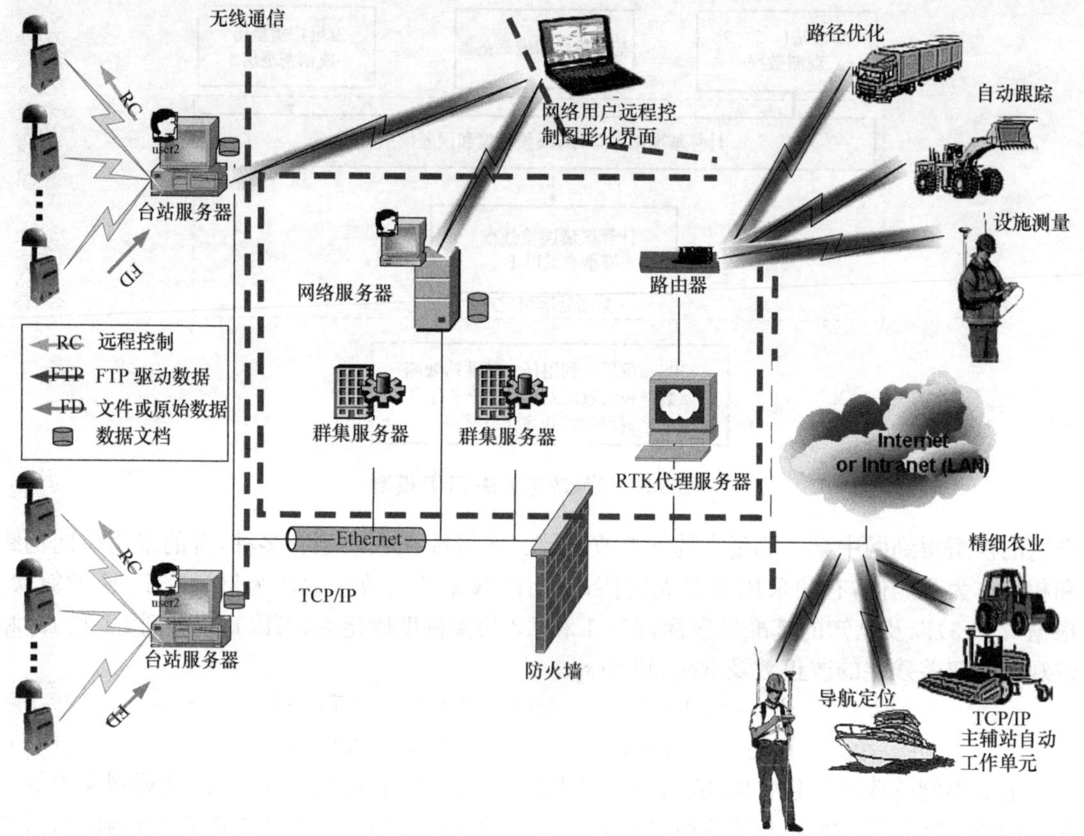

图 3-6　CORS综合服务系统技术体系

量监控、数据处理、数据存储、系统监控、信息服务、网络管理和用户管理。数据中心是整个GNSS网络的核心单元，可以对系统内所有参考站进行远程监控，负责管理整个系统的数据分析、处理、发布，系统的运行监控、信息服务、网络管理和用户管理等。系统可以工作在VRS模式，也可以工作在多参考模式，还可以发播FKP信号，系统可以为每个移动站用户发布VRS数据或MXA数据，也可以同时让每个参考站发布单参考站差分数据；系统可以实时发布数据，也允许用户通过互联网下载数据，进行事后处理。系统发布的数据有六种：①RTCM V2.1/2.3伪距差分修正信息，服务于米级定位导航的用户；②RTCM V2.1/2.3/3.0相位差分修正信息，服务于厘米级、分米级定位的用户；③CMR/CMR＋差分数据，服务于米级、分米级、厘米级定位导航用户；④网络RTK差分修正信息，数据格式可以为RTCM V2.1/2.3/3.0、CMR/CMR＋，服务于网络RTK用户；⑤RINEX原始观测数据，服务于事后分米、厘米和毫米级定位的用户；⑥虚拟参考站RINEX数据，服务于事后分米、厘米和毫米级定位的用户。数据中心可以为单机工作模式，也可由多个服务器在局域网内工作。

3）通信子系统

GNSS网络中的通信系统，是连接数据中心与各参考站、数据中心和用户的纽带，在整个网络中的作用非常重要。通信子系统包括参考站到数据中心的数据传送和数据中心到用户的数据发布，通信方式有光纤通信、无线公网通信等，主要传送GPS相关数据、控制数据和状态数据等。

我国在沿海 56 个海洋环境监测站建立了 GNSS 参考站网(图 3-7),实现了中国近海 GNSS 连续运行参考站网综合服务业务化运行,将为海洋开发与管理和海洋科研提供新的定位导航数据来源,特别是在海面变化监测、海气相互作用、灾害海洋天气监测和预报、海底地震监测、海啸预警等方面将发挥重要作用。

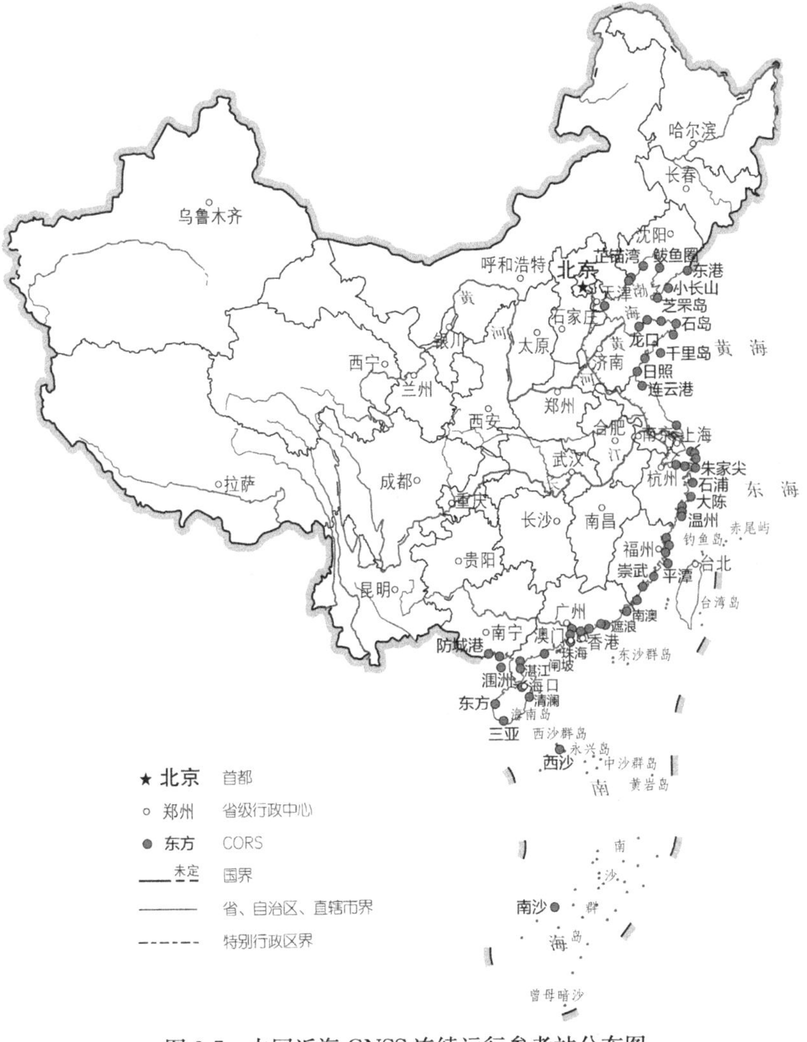

图 3-7　中国近海 GNSS 连续运行参考站分布图

3.2.3　水下定位控制测量

水下定位不仅要有水上的控制点,还需要水下的控制点。海底控制点(网)无论是照准标志、布设原则和坐标测定方法与海上控制点在许多方面都不一样,因此,下面介绍海底控制点(网)的布设及其坐标测定方法。

1. 海底测量控制网

海洋大地测量控制网不仅要有水上的控制网,还包括水下的控制网,即海底控制点(网)。海底控制点,如同陆地上的控制点一样,其位置必须要由自身稳定、易识别且能长期保存的中心标石作为标志。但由于它深固于海底,因此,作为观测目标的照准标志,只能采用水声照准标志,而观测手段也只能采取水声测距和定位技术。

当利用坐标已知的海底控制点来确定海面或水体中运动目标的位置时，须满足两个条件。条件 1：测量船必须位于作为海底控制点的水声声标的有效范围之内；条件 2：至少需要三个这样的控制点，否则无法实施定位。要能同时满足这两个条件，要求海底控制点应以规则的几何图形布设。海底控制点的布设通常采用等边三角形（图 3-8）或正方形（图 3-9）。下面分别介绍这两种网形结构的海底控制网。

1）以等边三角形构成的海底控制网

若海底是平坦的，且声标的有效距离相同，则等边三角形海底控制网网型（三个声标组成的应答器基阵）如图 3-8 所示。P_1、P_2和 P_3为配置在以半径为 r 的圆周上的声标位置，D 为声标的有效水平距离，θ 为以 D 为边线的交会角，d 为声标之间的距离，AB、AC 和 BC 是以三个声标为圆心，以 D 为半径的圆弧。显然，在被圆弧所包围的面积内，在任意点上均可同时测量出到达三个声标的距离，这个面积就称为三个声标的有效面积场。由图容易得到半径 r 和声标之间的距离 d 为

$$r=\frac{D\sin\frac{\theta}{2}}{\sin 60^\circ} \tag{3-5}$$

$$d=2D\sin\frac{\theta}{2} \tag{3-6}$$

式中，只要给出不同的 θ 角，r、d 和 D 之间的关系便可以确定，如 $\theta=20^\circ, r=0.2D, d=0.3D$；$\theta=30^\circ, r=0.3D, d=0.5D$；$\theta=40^\circ, r=0.4D, d=0.7D$。

确保三角形的三个声标具有较大的有效面积场，边线的长度不应超过声标的有效距离，否则，处在某一声标上方的船只，可能仅仅只能测到其中一个声标的距离（船只下方的声标），而所有邻近的声标，则处在有效距离之外。在三角形边长为 D 的情况下，可同时有 3～7 个声标可供使用。

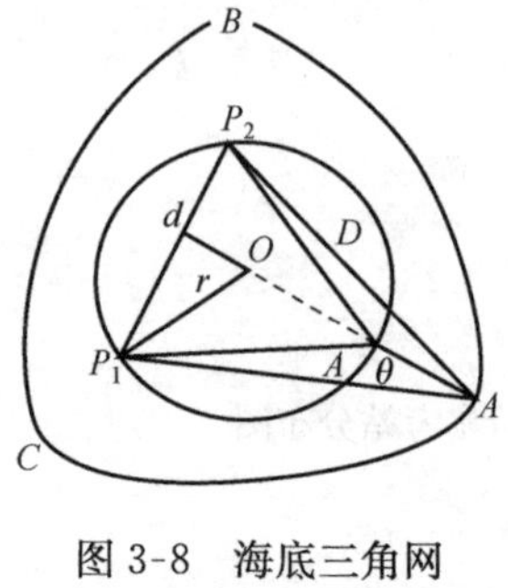

图 3-8 海底三角网

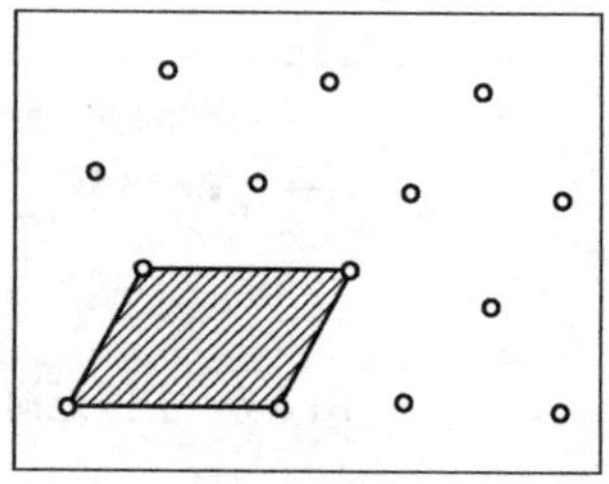

图 3-9 海底控制网（正方形）

2）以正方形构成的海底控制网

由四个声标构成的海底控制网如图 3-10(a)所示。E、F、G、H 所包围的区域即为四个声标的有效面积场。若采用其中的三个声标，则斜线所表示的区域，即为相应的有效面积场。若采用四个声标时，声标之间的距离为

$$d=\frac{\sqrt{2}D}{1+\cot\frac{\theta_1}{2}} \tag{3-7}$$

于是可得 $\theta_1=20^\circ, d=0.2D$；$\theta_1=30^\circ, d=0.3D$；$\theta_1=40^\circ, d=0.4D$。

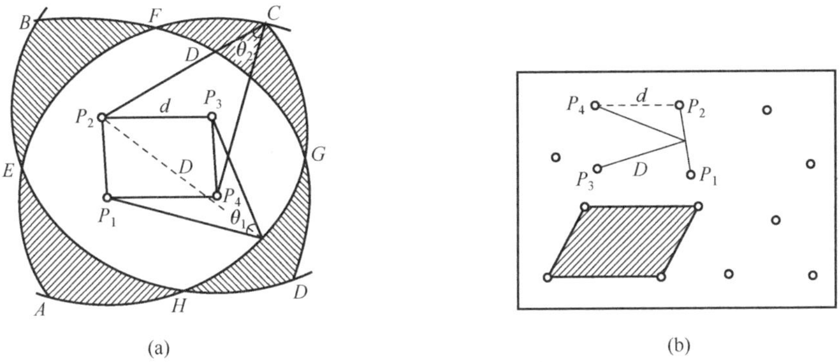

图 3-10　海底四边形控制网

当采用三个声标时，声标之间的距离为

$$d=\sqrt{2}D\sin\frac{\theta_2}{2} \tag{3-8}$$

于是可得 $\theta_2=20°$，$d=0.2D$；$\theta_2=30°$，$d=0.4D$；$\theta_2=40°$，$d=0.5D$。如果布设成网，则如图 3-10(b)所示。声标均设置在正方形的角顶处。若船从声标 P_1沿边线移到 P_2时，能够在同声标 P_2取得有效距离之后；不失与声标 P_3、P_4的有效距离，这只能在声标 P_3和 P_4到 P_1P_2连线中点处的距离为 D 才能做到。由此，正方形边长应为

$$d=\frac{2}{\sqrt{5}}D=0.894D \tag{3-9}$$

在此情况下，网内任何地方可保证有 4～6 个声标可供使用。按三角形布网或按正方形布网，可得两种面积：①三角形构成的面积$=D^2\sin60°=0.866D^2$；②正方形构成的面积$=0.800D^2$。可见，对于均匀覆盖的同一面积来说，三角形网所需设置的声标数目比正方形的要少。当然实际布设时，只能近似满足等边三角形或正方形的条件。

2. 海底测量点标志

海底控制点，如同陆地上的控制点一样，其位置必须要由自身稳定、易识别且能长期保存的中心标石作为标志。但由于它深固于海底，因此，作为观测目标的照准标志，只能采用水声照准标志。而观测手段也只能采取水声测距和定位技术。海底控制点的结构，通常由固设于海底的中心标石和水声照准标志两部分组成。水声照准标志分主动式和被动式两种。海底控制点的中心标石如图 3-11 所示。

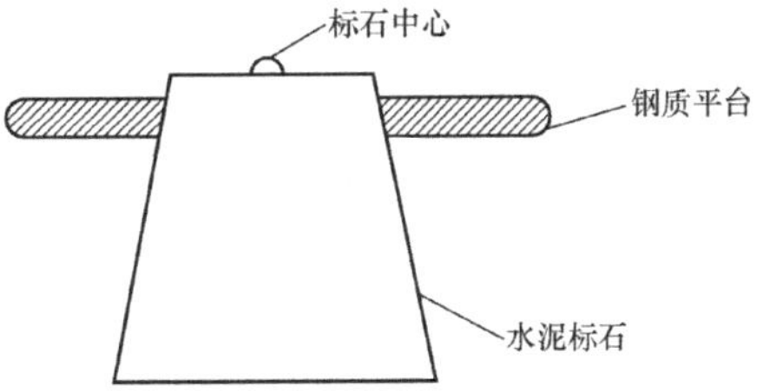

图 3-11　海底控制点中心标石

1) 主动式水声照准标志

所谓主动式水声照准标志，实际上是一种水声声标。它能主动发射出强度足以保证测量船上的水声设备能在其有效作用距离内接收到信号；或者当接收到船台发射出询问声信号后，能转发应答声信号被船台接收。具有上述功能的水声声标，我们称为主动式水声照准标志。例如，海洋定位中常采用的应答器就被普遍采用。作为海底控制点的主动式照准标志的水声应答器，通常由换能器、电子系统(包括电源)、锚以及浮标等组成。如图 3-12 所示，换能器的功能见水深测量部分。

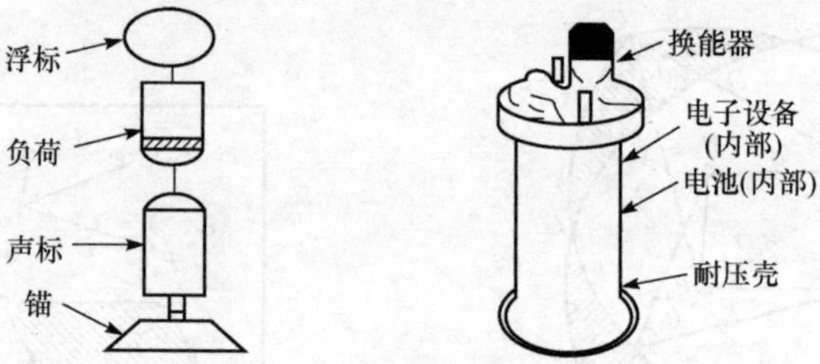

图 3-12　水声应答器结构图

作为海底控制点照准标志的主动式水声声标的主要技术要求是作用距离远,使用寿命长。使用寿命的长短主要取决于电源的选择。目前,这类水声声标的有效作用距离一般在15～30km。

2) 被动式水声照准标志

以自身表面反射来自船上水声设备所发射的声信号再被船台接收,这种水声照准标志称为被动式照准标志。对被动式水声照准标志的主要技术要求是它反射信号的能力,在声学中称目标强度。根据材料的声学特性,来恰当选择制造被动式水声照准标志的材料。图 3-13就是用不同材料制成的被动式照准标志所具有的各种形状:①钢质正方形反射体;②铝质角形反射体;③铝质用于垂直面上的角形反射体;④玻璃球反射体;⑤串形玻璃球反射体。

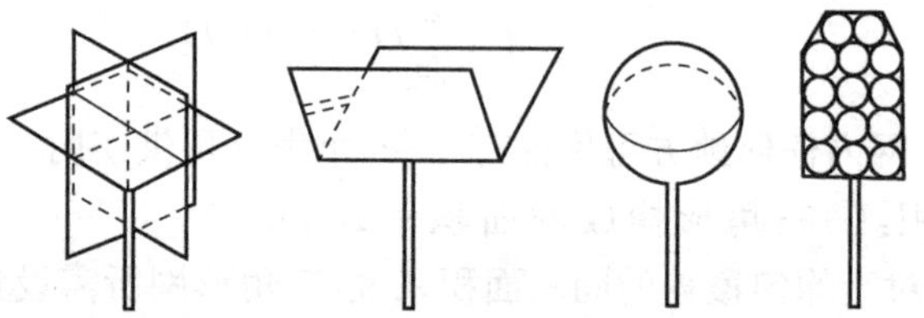

图 3-13　不同材料被动式照准标志的各种形状

经过实际的试验,其中最具有均匀反射声能特点的是球体或半球体形状的照准标志。大量试验表明,海底底质、地形地貌以及海水中存在的其他反射源(如生物、植物群)对识别被动式水声照准标志的反射信号有很大的影响,加上声波在海水中不可避免地声能损耗,使被动式水声照准标志的可识别距离受到很大限制,一般仅为 1km 左右,这对海洋大地测量控制网来说,只能在布设临时点时才有意义。但它无需电源且隐蔽性好,使其在其他方面仍有一定的应用。

水声声标的有效距离,即声信号的最大传播距离,对海底控制点(网)的布设方案起决定作用。海底控制点能否解决海洋大地测量以及其他实用任务,同样取决于水声声标有效距离长短。这里的有效距离,指的是有效水平距离。影响水声声标有效距离的因素有:①声信号的发射强度和频率;②声信号传播路径中噪声的掩盖作用;③声信号传播过程中的衰减;④声射线的折射特性。

根据声学知识,声信号的发射强度以及发射声信号频率的选择都受一定条件的限制。例如,高于 10kHz 的声信号的衰减作用,随频率的增加而加速,然而选择低到 1kHz 的频率,声信号的衰减虽然小到可以忽略,但对于低频信号,要求发射技术设备非常复杂。所以通常海底水声声标使用 8～15kHz 的频率。此时,在深海域就能确保具有 10～18km 的有效距离。另外,声标所在海底地形对声信号的有效传播距离也是有一定的影响,如当声标置于倾斜的地段时,那么上坡方向,有效距离将减小,而下坡方向,有效距离将增大。如图 3-14 所示,图中 P

为声标，B 和 B_1 为船位，O 和 O_1 分别为下坡和上坡方向声射线曲率中心，d 和 d_1 为相应的有效水平距离，显然，d 大于 d_1。所以，要求水声声标尽可能布设在海底地形平坦的地段。

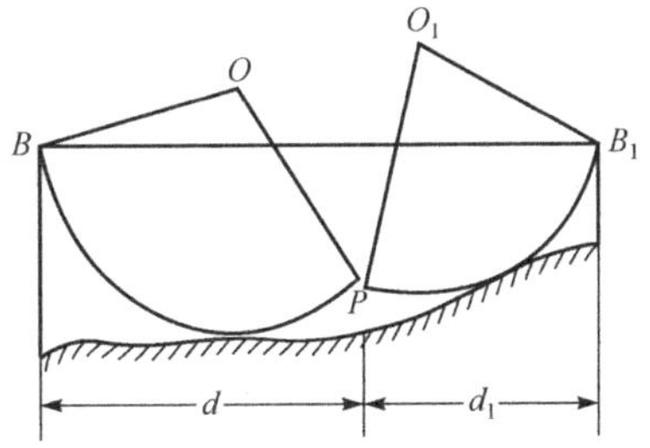

图 3-14　声标倾斜对有效传播距离的影响

计算水声声标的有效距离，有图解法和解析计算法。图解法通常用于海区声速梯度 G_c 为常数的情况。若表层声速为 C_0，φ_0 为折射角（与入射角互为余角），G_c 为常梯度，此时声射线是一条以半径为

$$R=\frac{C_0}{|G_c|\cos\varphi_0} \tag{3-10}$$

的圆弧，求出该圆弧中心的坐标，以 R 为半径，在方格纸上画出该声线（圆弧），从而在图上直接量取相应的有效水平距离。通常情况下，G_c 不为常数，G_c 需通过计算来确定。G_c 的计算是将海水根据具体情况分层（水平层），每一分层中的声射线视为直线。各分层的声速值由对各层的海水温度、盐度、压力取样，并通过声速经验模型计算获得，也可用声速剖面仪直接测定。

若 φ_i 为声线在第 i 层的折射角，ΔZ_i 为该水层厚度，显然，在每一分层的水平距离 D 为

$$D=\Delta Z_i\cot\varphi_i \tag{3-11}$$

那么整个声线所相应的有效水平距离为

$$D=\sum_{i=1}^{n}D_i \tag{3-12}$$

在式(3-11)中，ΔZ_i 是人为划分的，φ_i 为声射线与海平面（或平行于海平面的水平方向）之间的夹角（折射角），φ_i 可由下式计算：

$$\frac{C_0}{C_1}=\frac{\cos\varphi_0}{\cos\varphi_1} \tag{3-13}$$

由 Snell 定律得

$$\cos\varphi_i=\frac{C_i}{C_0}\cos\varphi_0\quad(i=1,2,\cdots,n) \tag{3-14}$$

根据层内三角形边角关系，若 S 为层内声线传播的直线距离，S 可通过声线在层内的传播时间 t 和声速 C 来确定，则 φ_0 可近似的表达为

$$\sin\varphi_0=\frac{Z}{S},S=\frac{tC}{2} \tag{3-15}$$

3. 海底测量点坐标测定

海底控制点（网）坐标的测定一般分两步进行：一是海底控制点的定标；二是海底控制点坐标的测定。

1）海底控制点的定标

当水声声标按照布网设计方案投放到海底后，要对控制点的深度、相互间距离以及方位进行测定，这项工作称为海底控制点的定标。它既可验证是否符合布网方案要求，同时也得出了控制点之间的相对位置（或者说控制点在局部坐标系中的位置）。

(1) 海底控制点深度的测定。海底控制点的深度，如同陆地上控制点的高程一样，是控制

点三维坐标中的一个坐标分量。它们都是以大地水准面为参考而定义的。无论大地水准面如何定义，在海上，大地水准面通常以平均海面来表述。因此，世界各国都采用平均海面作为陆上高程和海上深度的起算面，称零面或基准面。但是，需要注意的是，不同地点的平均海面并不一致。一个国家只能选取某个地方的平均海面作为全国统一的高程基准面。例如，美国取波特兰平均海面，日本取东京灵岸岛平均海面，欧洲地区取阿姆斯特丹平均海面。我国在1988年以前采用的是黄海平均海(水)面，1988年以后采用的是“1985高程基准”。两者都是取青岛验潮站的多年平均海面，后者计算平均海面所依据的验潮资料的时间跨度更长(如1985高程基准由19年的验潮资料确定)，计算方法有所改进。在海上，由于考虑的因素比较多，使用国家高程基准的情形要复杂得多。例如，在近岸和大陆架海区进行海底地形测量，通常需采用与陆地统一的高程基准。而在其他情况下均采用所谓深度基准面。深度基准面即海图所载水深的起算面，又称海图基准面。

深度测定一般采用回声测深仪。它记录从声波发射到信号由水底返回的时间间隔，通过模拟或直接计算，确定水深值。海底控制点的深度，指的是声标在平均海面下的深度。与水深测量不同的是，观测深度值是船载换能器与声标之间的最短声距。

为了提高海底控制点观测深度值的精度，通常采用所谓三叶法来测定海底控制点的深度。三叶法是指测量船在进行深度测定时的航行路线，若海底控制点按三角形布设时，如图3-15(a)所示船只按箭头指示方向航行，当海底控制点按正四边形布设时，测量船可按图3-15(b)所示航线航行。图中的1、2、3和4表示海底控制点P_1、P_2、P_3和P_4投影到海面的位置。当测量船沿航线接近位置1时，就不断地测量对P_1点的超声波距离，若距离用函数来表示，则当$f(t)=\min$时，所测距离应是最接近P_1点的真正深度。

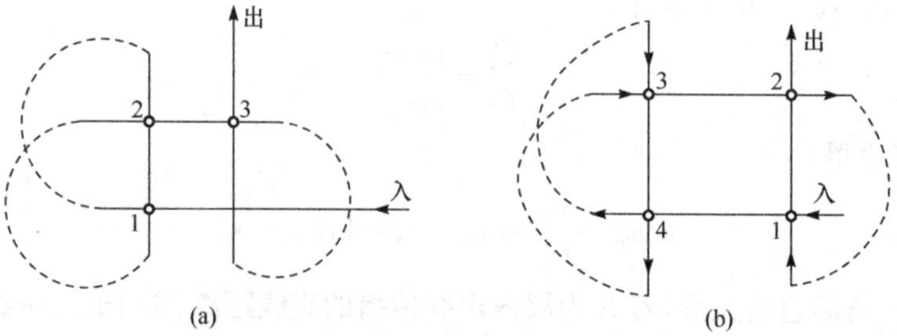

图3-15　针对三角形、四边形海底网的“三叶法”定深

然而，由于测量船航行上的偏差，不可能正好通过P_1点的投影位置1，所以实际上就采用测量船越过控制点上方多次，取其几次测量值的平均值作为该点的最或然深度。按照三叶法航行，一个航次穿越每个控制点上方两次，算作一测回，每越过一次都需要同时记录所测的最小声距及瞬时时刻。读取时间的目的是为了计算水位改正。每一个控制点的观测深度值需要测量三个测回，共计6个深度值。这6个深度值分别经过有关改正后，在满足设定限差的情况下，取所有测回深度的平均值作为该控制点的深度。三叶法测深的可靠性可按下式进行检验：

$$S_{ik}^2-Z_k^2-(S_{ki}^2-Z_i^2)=0 \tag{3-16}$$

式中，各符号的意义如图3-16所示。

(2) 海底控制点间距离的测量。海底控制点间距离可采用海面几何测量法或卫星测量法。海面几何测量方法采用所谓穿线法来测定控制点间距离，它是使测量船的航向穿过两控制点在海面上投影点的连线。当然，穿线航行需在一定条件下进行，这样才能得到两点间距离的唯一解。如图 3-17 所示，图中 P_1 和 P_2 为两个控制点，其空间距离为 d，将三维坐标系的原点设于 P_1，并设 P_1、P_2 在 yz 平面上，M 为船只在水面上的位置，且与 P_1P_2 同在一个平面内。f 为航线上一动点，M 至 P_1 和 P_2 的斜距为 S_1 和 S_2，f 至 P_1 和 P_2 的斜距为 S_3 和 S_4，f 至 M 的距离为 μ，航线在 xy 平面上的投影与 x 轴之间的夹角为 β。于是 P_1、P_2 和 M、f 的坐标分别为 $P_1(0,0,0)$；$P_2(0,y_2,z_2)$；$M(0,y_M,z_M)$；$f(\mu\cos\beta, y_M+\mu\sin\beta, z_M)$，可得

$$\left.\begin{aligned}S_3^2&=\mu^2+S_1^2+2\mu y_M\sin\beta\\S_4^2&=\mu^2+S_2^2+2\mu(y_M-y_2)\sin\beta\end{aligned}\right\}\tag{3-17}$$

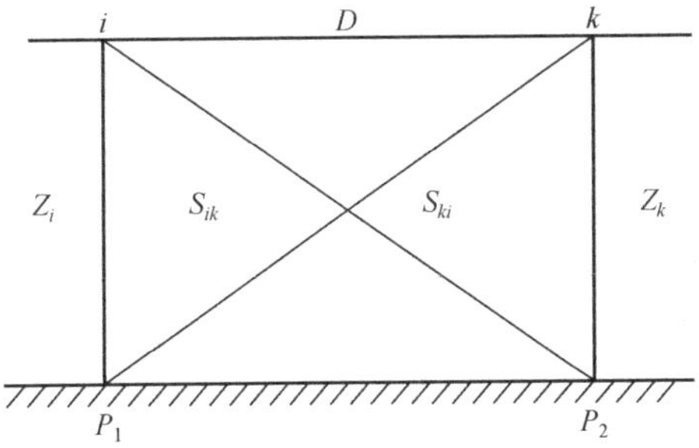

图 3-16　海底控制点间测量船航行测深关系图

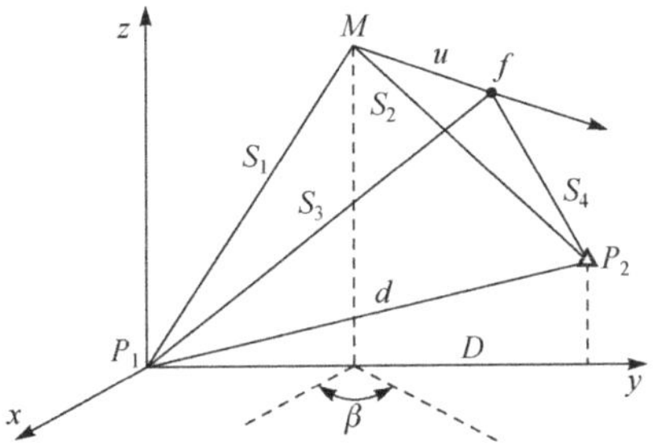

图 3-17　穿线法点位分布图

寻求 P_1 和 P_2 之间水平距离的唯一解，只要求出动点 f 至 P_1 和 P_2 之间的斜距 S_3 和 S_4 之和的极值就能得到，即求 $f(t)=S=S_3+S_4=\min$，求函数的极值，也就是 $f'(t)=0$，故我们以 μ 为变量对式(3-16)求导，并令其为零，即

$$\frac{\mathrm{d}S}{\mathrm{d}\mu}=\frac{1}{S_3}(\mu+y_M\sin\beta)+\frac{1}{S_4}[\mu\times(y_M-y_2)\sin\beta]=0\tag{3-18}$$

经变换整理后可得

$$A\mu_M{}^2+B\mu_M+C=0\tag{3-19}$$

其中，$A=(S_2^2-S_1^2)+y_2(2y_M-y_2)\sin^2\beta$；$B=2[y_M(S_2^2-S_1^2)+y_2S_1^2+y_My_2(y_M-y_2)\sin^2\beta]\sin\beta$；$C=[y_M^2(S_2^2-S_1^2)+y_2(2y_M-y_2)S_1^2]\sin^2\beta$。从上式可看出：①当 $\beta=0$ 时，即航线垂直于 D，则 $\mu_M=0$，即动点 f 与 M 点重叠；②当 P_1 和 P_2 位于同一高度，此时 M 点位于 P_1P_2 连线的中垂线上，且 $y_2=2y_M$，此时同样 $\mu_M=0$，而与 β 的大小无关。可见，M 点是使 $f(t)=\min$ 的最佳船位。而航线应按图 3-18 进行。

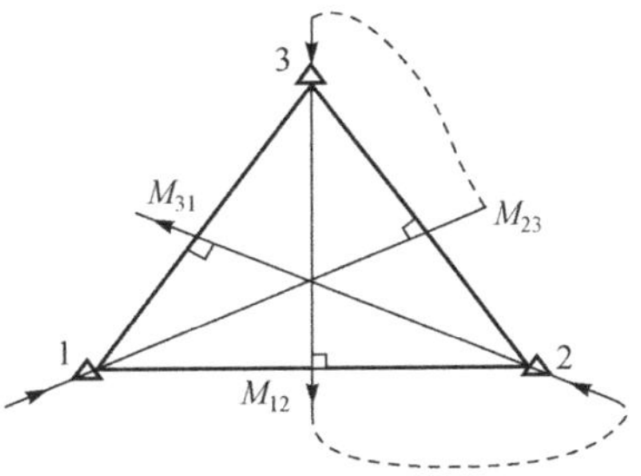

图 3-18　垂直穿线法航线

P_1 和 P_2 之间的水平距离 D 为

$$D=\sqrt{S_1^2-(z_M-z_1)^2}+\sqrt{S_2^2-(z_M-z_2)^2}\tag{3-20}$$

其空间距离为

$$d=\sqrt{D^2-(z_2-z_1)^2}\tag{3-21}$$

从理论上讲，这种穿线法，每个点只需测定一次即可满足要求，但事实上要保证航线绝对垂直于 P_1、P_2 的连线是非常困难的，这要做到 M 点在连线中点附近。此时，当然就存在一个小的 μ_M，对于较短的 μ_M 可用如下公式确定：

$$\mu_M=\frac{1}{2}\frac{y_M^2(S_2^2-S_1^2)+y_2(2y_M-y_2)S_1^2}{y_M(S_2^2-S_1^2)+y_2S_1^2+y_My_2(y_M-y_2)\sin\beta} \tag{3-22}$$

除以上介绍的垂直穿线法外，尚有航线平行控制点连线的平行穿线法。

随着现代GNSS高精度定位技术的发展，海底控制点之间的距离测量可以采用广域差分GNSS或非单点定位技术实现，即卫星测量方法可在确定各控制点深度的同时，实时地提取差分(信标)GNSS的位置；或提取GPS UTC时间，采用非差单点定位技术计算该时刻的位置。依据各控制点GNSS位置坐标，即可反算控制点间距离。所不同的是，前者可以实时进行，平面定位精度可以达到分米级；后者需要事后处理，平面定位精度可以达到厘米级。

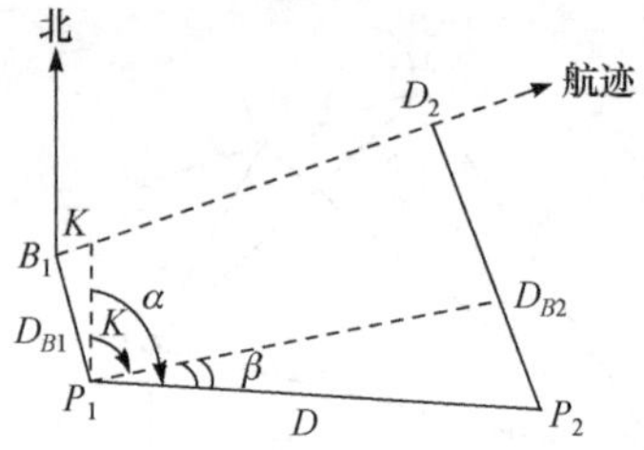

图 3-19 海底控制网方位的确定

(3) 海底控制点(网)方位的测定。确定所布设海底控制点(网)的方位，一般可采用下列方法，如图3-19所示。使船沿与声标连线P_1P_2不相交切线航行，航向K已知。在航行过程中不断地对P_1和P_2进行测距，当在某船位，如图中B_1和B_2处获得两声距的最小值，那么即可求出两声距在海面的投影D_{B1}和D_{B2}，又两声标间距离D为已知，则显然有

$$\beta=\arcsin\frac{D_{B2}-D_{B1}}{D} \tag{3-23}$$

于是两个声标连线的方位为

$$\alpha=K+\beta \tag{3-24}$$

以上介绍的海底控制点深度、相互间距离以及方位的测定方法并不是唯一的。事实上可以采取别的方法获得同样的结果，在此不再列举。

2) 海底控制点坐标的测定

(1) 单个海底控制点坐标的测定。下面介绍利用已知船位(通过卫星可以确定船的实时位置)测定单个海底控制点坐标的三种方法。

【两点交会法】 通过在两个已知船位上利用水下声学定位系统(如超短基线水下定位系统)分别测定船只到海底控制点间的斜距，来交会水下控制点，从而确定控制点的位置。如图3-20所示，B_1和B_2为坐标已知的两个船位，S_1和S_2为在B_1和B_2处对声标P的斜距，声标深度z也已知，于是可按前方交会的思想，利用下式解出声标户的坐标：

$$\left.\begin{aligned}(x-x_1)^2+(y-y_1)^2=S_1^2-z^2=m_1^2\\(x-x_2)^2+(y-y_2)^2=S_2^2-z^2=m_2^2\end{aligned}\right\} \tag{3-25}$$

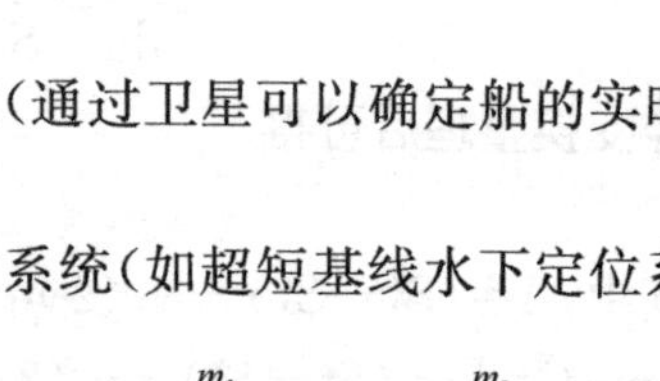

图 3-20 两点交会法

从式(3-25)的方程组中可解算出海底控制点的坐标。

海底控制点坐标的测定误差不仅依赖于斜距测定误差，还与其构成的几何形状有关。为了提高海底控制点测量精度，需进行多余观测和按最小二乘法处理获得海底控制点坐标的或然解。

【最近路径点测定法】 这种测定方法要求船只应始终沿海底控制点上方或附近的两条尽可能相互垂直的航线航行。如图3-21所示，图中B_1、B_2为最近路径点船位，K_1和K_2为相应船位处的方位角(航向)。

每次航行穿过B_1和B_2时，均可测得船到海底控制点的最小斜距，即可解算出海底控制

点 P 的坐标。计算 P 点的 x 和 y 的公式如下：

$$\left.\begin{aligned} y&=\frac{x_1-x_2+y_1\tan K_1-y_2\tan K_2}{\tan K_1-\tan K_2} \\ x&=x_1+y_1\tan K_1-y\tan K_2 \end{aligned}\right\} \tag{3-26}$$

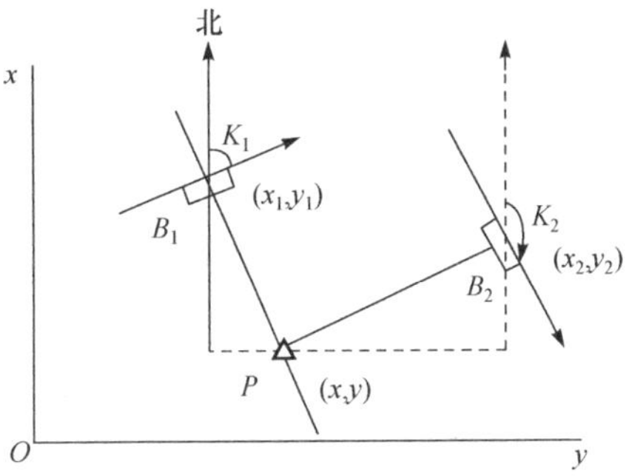

图 3-21　最近路径点测定法

【三点空间交会法】　若采用 GPS 测得三只船的坐标分别为 (x_i, y_i, z_i) $(i=1,2,3)$，这三只船到海底控制点的斜距分别为 S_1、S_2、S_3，则有

$$\left.\begin{aligned} (x-x_1)^2+(y-y_1)^2+(z-z_1)^2&=S_1^2 \\ (x-x_2)^2+(y-y_2)^2+(z-z_2)^2&=S_2^2 \\ (x-x_3)^2+(y-y_3)^2+(z-z_3)^2&=S_3^2 \end{aligned}\right\} \tag{3-27}$$

按上述三个方程可联合求得声标位置 (x, y, z)。由于定标工作已求得各控制点间的距离、深度和方位，因此，往往只需对独立海底控制网中的一个点，按上述任何一种方法测定坐标，而网中其他控制点的坐标也就能够通过计算解出。

(2) GNSS 海底控制点(网)坐标联测。该方法将海面 GNSS 定位与水下定位相结合，联合实现海底控制点的测定和位置计算。它是以测量船为中继站，利用一组 GNSS 卫星(已知控制点)测定船位，同时通过船上的水声仪器对海底控制点进行同步观测(测距)，这样的观测可以通过船的移动而进行多次，然后用最小二乘方法求解船和海底控制点在统一的坐标系统中的坐标最或然值，这种定位方法称为双三角锥法(图 3-22)。其中正三角锥采用 GPS 进行定位，而倒三角锥采用水下声学定位。

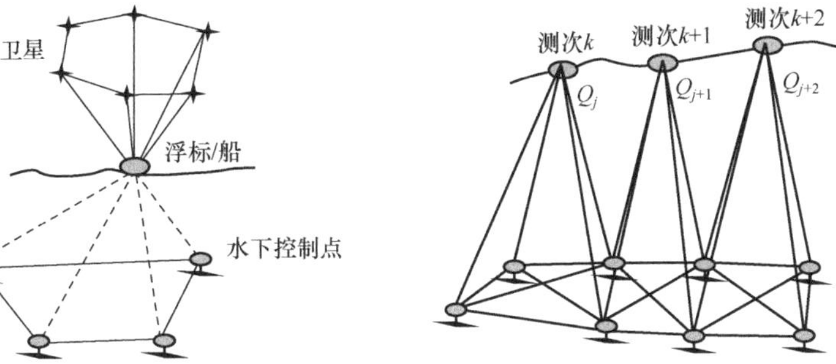

图 3-22　“双三角锥”水下 GNSS 定位

设有 m 个已知点 G_i，需要解算 R 个海底控制点 P_j 的坐标，已知船在 n 个位置 B_k 进行了观测，得到了已知点 G_i 和测量船 B_k 之间的距离观测值(或距离差观测值)共 $m\times n$ 个，得到了测量船 B_k 到海底控制点 P_j 的距离观测值共 $n\times R$ 个。根据这些观测值确定测量船和海底控制点的坐标。首先分别建立船位到 GNSS 卫星和海底控制点观测距离的误差方程式，n 个船位点的误差方程式如下：

$$\left.\begin{aligned} \boldsymbol{V}_1&=\boldsymbol{A}_1\boldsymbol{X}_1-\boldsymbol{L}_1 \\ \boldsymbol{V}_2&=\boldsymbol{A}_{12}\boldsymbol{X}_1+\boldsymbol{A}_2\boldsymbol{X}_2-\boldsymbol{L}_2 \end{aligned}\right\} \tag{3-28}$$

式中，$\boldsymbol{X}_1$ 为船位点未知数，$\boldsymbol{X}_2$ 为海底控制点未知数。

$$\boldsymbol{V}_1=\begin{bmatrix} v_1 \\ v_2 \\ \vdots \\ v_n \end{bmatrix}, \quad \boldsymbol{X}_1=\begin{bmatrix} x_1 \\ x_2 \\ \vdots \\ x_n \end{bmatrix}, \quad \boldsymbol{A}_1=\begin{bmatrix} a_1 & & & \boldsymbol{0} \\ & a_2 & & \\ & & \ddots & \\ \boldsymbol{0} & & & a_n \end{bmatrix}, \quad \boldsymbol{L}_1=\begin{bmatrix} l_1 \\ l_2 \\ \vdots \\ l_n \end{bmatrix} \tag{3-29}$$

然后,进行海洋大地网的平差解算。

3.3 海面卫星定位

卫星定位是通过空间卫星的瞬时位置确定地球表面点位置的方法,即利用在空间飞行的卫星不断向地面播发某种频率并加载了某些特殊定位信息的无线电信号来实现定位测量。卫星定位也称空间无线电定位,可以向全球用户提供连续、实时、高精度的三维位置、三维速度和时间信息。它相对定位精度优于 1m,测速精度优于 0.1m/s,计时精度优于 10μs,是目前海上定位的主要手段,如全球定位系统 GPS、我国的北斗定位系统以及欧洲的伽利略定位系统。

3.3.1 信标定位

信标定位技术是差分 GNSS 技术的一种,它是利用覆盖沿海的岸基无线电信标台(无线电指向标 Radio Beacon,简称 RBN),在其所发射的信号中加一个副载波调制,以发射差分修正信号,提供定位导航服务。目前,全球多数国家和地区建立并统一规定了频率,已达到全球通用。目前,我国沿海距离海岸线 300～500km(海上)和 200～300km(陆上),可以使用信标机取得高精度(1～3m)的定位结果。

1. 信标机配置

如图 3-23 所示,信标机主要包括 GPS 主机、天线、电源和软件部分。GPS 主机、电源可以放在海船驾驶舱内或采用直流船电供电。

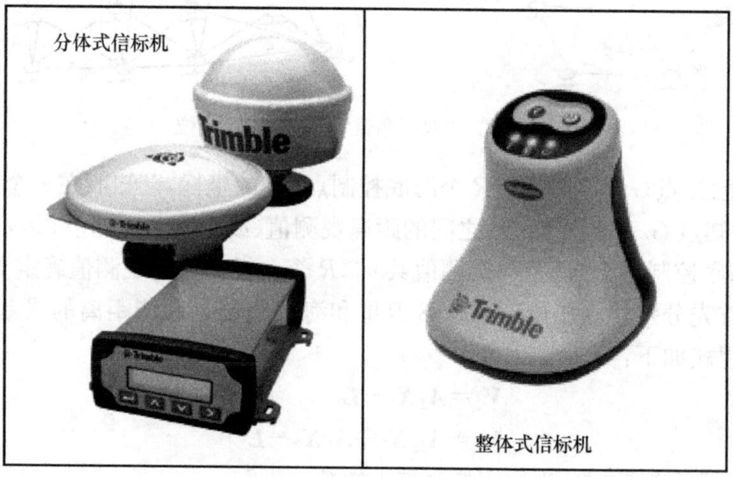

图 3-23 信标机配置

GPS 主机可连接船台计算机或数据采集控制器,测量控制软件可显示信标机工作信息等,如图 3-24 所示。

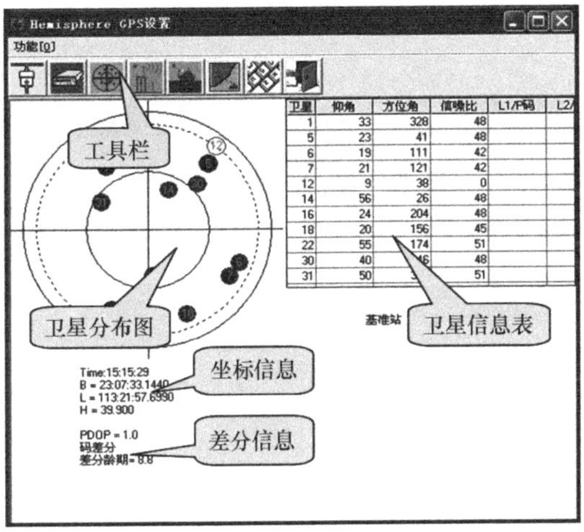

图 3-24　信标机测量控制软件

2. 信标定位系统设置

以中海达 K 系列信标机介绍信标机定位系统设置如下。

1) 信标机与海洋测量软件的连接

(1) 设置通信参数。如图 3-25 所示对话框设置通信参数。选择可使用默认。

(2) 设置 GPS 卫星接收参数。如图 3-26 所示对话框设置接收参数。

a. 差分方式:选择“信标台差分”。

b. 输出格式:可同时输出四种数据格式,默认使用(GPGGA)标准格式输出。

c. 卫星高度截止角限制:默认为 10 度。

d. 输出速率:默认 1Hz。

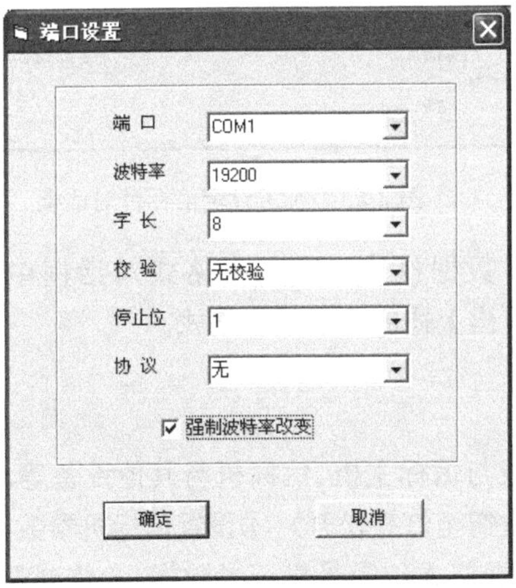

图 3-25　通信参数设置

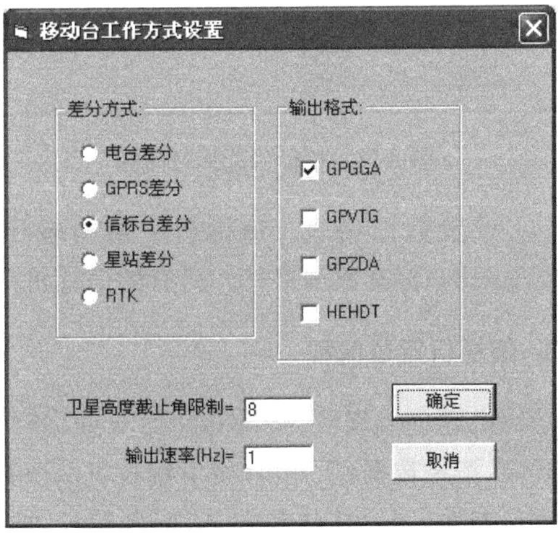

图 3-26　接收参数设置

(3) 设置信标台。信标台设置包括信标跟踪、搜索方式。如图 3-27 所示为信标跟踪对话框。

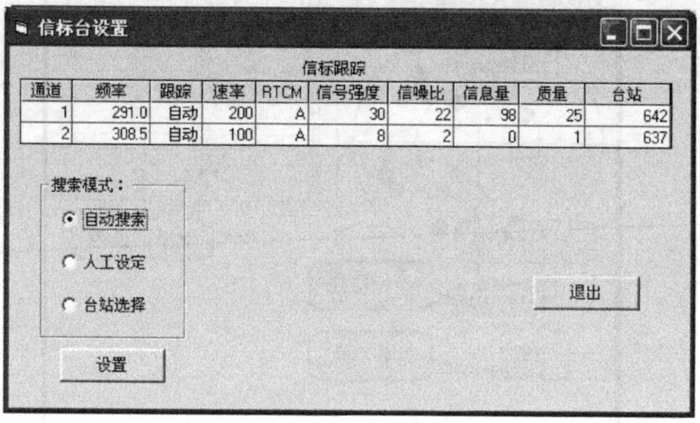

图 3-27　信标跟踪对话框

在信标跟踪对话框表格中会列出所收到信标信号的信标台信息。信标信噪比大于 12 才能收到稳定的差分信号。若出现“信标台设置”中信息显示为空，则点击“信标初始化”按钮，再重新连接即可。

搜索方式有三种可选。

a. “自动搜索”：自动搜索最近的信标台信号。

b. “台站选择”：人工选定信标台。如图 3-28 所示为信标台选择对话框。

c. “人工设定”：已知信标台的“频率”和“速率”，可手工输入，点击“设置”后，信标机对所设定的信标台进行搜索(图 3-29)。

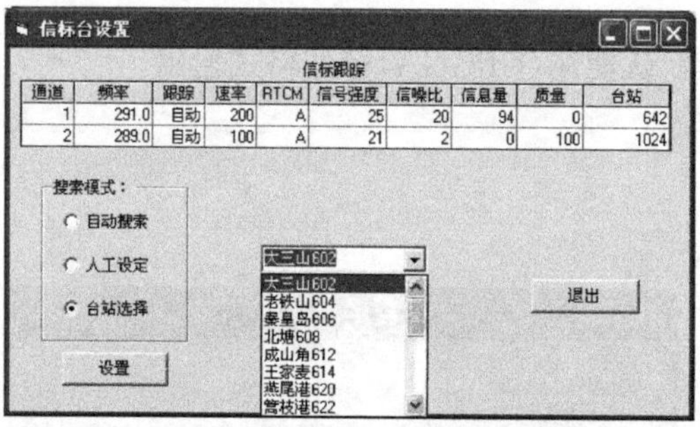

图 3-28　信标台选择对话框

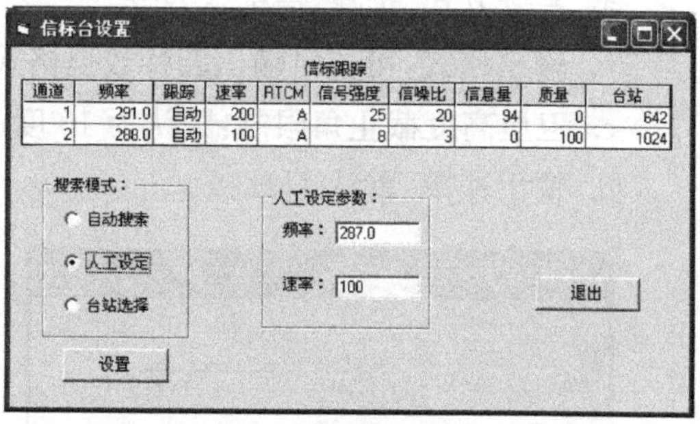

图 3-29　人工设定信标台对话框

(4) 设置数据格式。信标机一般可输出多种数据格式。在数据格式对话框中选择“NMEA-0183”标准数据格式。所有的信标机都可转出上述的标准数据格式。

3. 信标机定位流程

信标机定位流程：①架设 GNSS 天线，连接天线与信标主机、信标机与其他设备等；②量取天线高，记录数据；③开机(按下接收机电源开关按钮至灯亮松开)；④设置信标机参数(包括设备通信参数、卫星接收参数、信标台设置、输出数据格式)；⑤采集记录数据；⑥监测观测数据；⑦停止数据采集。

在海上进行信标机定位时，主要关心点位的二维大地坐标，定位点的高程变化不大，在一定的精度范围内通过专用图(如电子海图)求取可视为已知。这样采用高程已知的定位模型计算点位,可以提高计算的精度和速度。可用大地坐标代替大地直角坐标。目前,海洋卫星定位除普遍采用信标定位技术外,也可采用差分定位技术实现定位。

3.3.2　GNSS 相对定位

由于在 GNSS 绝对定位(或单点定位)中,定位精度将受到卫星轨道误差、钟差及信号传播误差等因素的影响,虽然其中一些系统性误差可以通过模型加以削弱,但改正后的残差仍是不可忽略的。GNSS 相对定位用两台或两台以上接收机分别安置在基线的两个端点,同步观测相同的 4 颗以上 GNSS 卫星,确定基线两个端点在协议坐标系中的相对位置,这种定位模式称为相对定位,如图 3-30 所示。由于两个观测站或多个观测站同步观测相同卫星具有较强的相关性,因此,将观测量之间进行不同线形组合,即按照测站、卫星、历元三种要素来求差,可以消除不同 GNSS 观测误差,这样可以大大提高定位精度。用相对定位方法测定基线的精度可达 10^{-7}～10^{-6},能实现毫米级高精度定位。目前,GNSS 相对定位广泛地应用于建立各级海洋测量控制网。

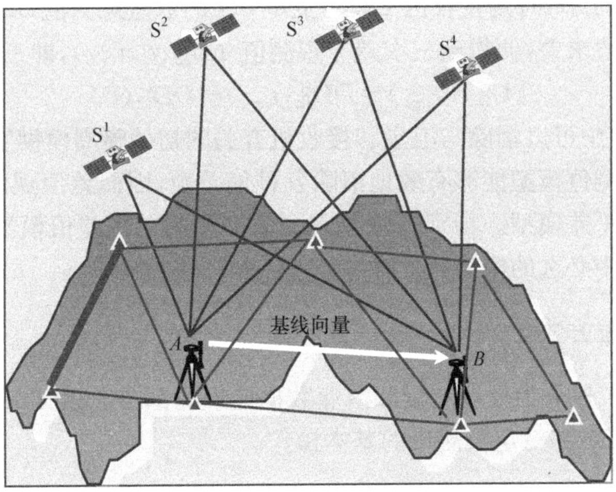

图 3-30　GNSS 相对定位

1. GNSS 相对定位原理特点

GNSS 载波相位观测值可以在卫星间求差,在接收机间求差,也可以在不同历元间求差,各种求差法都是观测值的线性组合。将观测值直接相减的过程称为求一次差。所获得的结果被当作虚拟观测值,称为载波相位观测值的一次差或单差。常用的求一次差是在接收机间求一次差。设测站 1 和测站 2 分别在 t_i 和 t_{i+1}时刻对卫星 k 和卫星 j 进行了载波相位观测,如图 3-31所示,t_i 时刻在测站 1 和测站 2,对 k 卫星的载波相位观测值为 $\Phi_1^k(t_i)$和 $\Phi_2^k(t_i)$,对 $\Phi_1^k(t_i)$和$\Phi_2^k(t_i)$求差,得到接收机间(站间)对 k 卫星的一次差观测值为

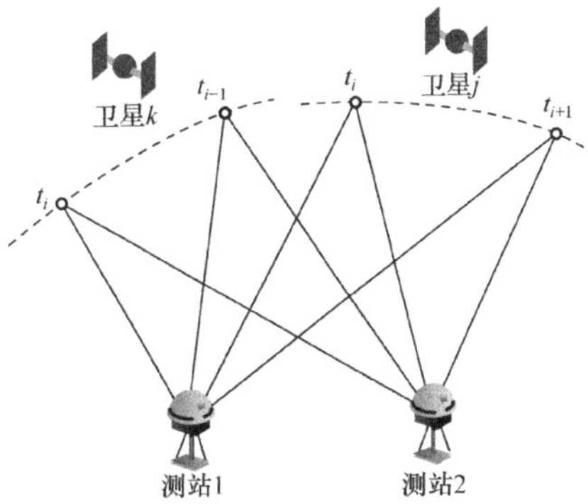

图 3-31　卫星间求差模型

$$SD_{12}^{k}(t_i)=\varphi_2^k(t_i)-\varphi_1^k(t_i) \tag{3-30}$$

同样，对 j 卫星，其 t_i 时刻站间一次差观测值为

$$SD_{12}^{j}(t_i)=\varphi_2^j(t_i)-\varphi_1^j(t_i) \tag{3-31}$$

对另一时刻 t_{i+1}，同样可以列出类似的差值观测值。显然，单差观测值中可以消除与卫星有关的载波相位及其钟差项。

对载波相位观测值的一次差观测值继续求差，所得的结果仍可以被当做虚拟观测值，称为载波相位观测值的二次差或双差。常用的求二次差是在接收机间求一次差后再在卫星间求二次差，称为星站二次差值。例如，对在 t_i 时刻 k、j 卫星观测值的站间单差观测值 $SD_{12}^{k}(t_i)$ 和 $SD_{12}^{j}(t_i)$ 求差，得到星站二次差分 $DD_{12}^{kj}(t_i)$，即双差观测值：

$$DD_{12}^{kj}(t_i)=SD_{12}^{kj}(t_i)-SD_{12}^{kj}(t_i) \tag{3-32}$$

同样在 t_{i+1} 时刻，对 k、j 卫星的站间单差观测值求差也可求得双差观测值。显然，双差观测值中可以消除与接收机有关的载波相位及其钟差项。

对二次差继续求差称为求三次差，所得结果称为载波相位观测值的三次差或三差。常用的求三次差是在接收机、卫星和历元之间求三次差。例如，将 t_i 时刻接收机 1、2 对卫星 k、j 的双差观测值 $DD_{12}^{kj}(t_i)$ 与 t_{i+1} 时刻接收机 1、2 对卫星 k、j 的双差观测值 $DD_{12}^{kj}(t_{i+1})$ 再求差，即对不同时刻的双差观测值求差，便得到三次差分观测值 $TD_{12}^{kj}(t_i,t_{i+1})$，即三差观测值：

$$TD_{12}^{kj}(t_i t_{i+1})=DD_{12}^{kj}(t_{i+1})-DD_{12}^{kj}(t_i) \tag{3-33}$$

显然，三差观测值中可以消除与卫星和接收机有关的初始整周模糊度项 N_0。

上述各种差值观测值模型能够有效地消除各种偏差项，因而差值观测值模型是 GNSS 测量应用中广泛采用的平差模型。特别是双差观测值即星站二次差值模型，更是大多数 GNSS 基线向量处理软件包中必选的模型。

2. GNSS 相对定位方法

GNSS 相对定位工作分为外业测量和内业数据处理两部分。以 Trimble 5700GNSS 接收机系统为例，说明 GNSS 相对定位测量的基本操作。

1) *GNSS 静态相对定位测量外业方法*

Trimble 5700GNSS 接收机控制面板及其接口如图 3-32 所示。接收机的前面板上有两个

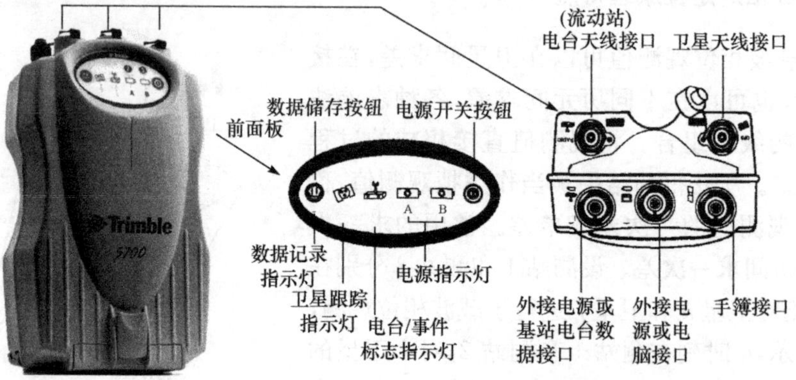

图 3-32　Trimble 5700GNSS 接收机

操作按钮：电源开关按钮和数据储存按钮。有五个 LED 指示灯：数据记录指示灯(黄色)、卫星跟踪指示灯(红色)、电台/事件标志指示灯(绿色)和两个电源指示灯 A,B(使用时显示绿色，不用时显示黄色)。

Trimble 5700GNSS 接收机使用过程：①架设脚架、基座、GNSS 天线，连接天线与主机，仪器对中整平；②量取天线高，记录数据；③开机(按下接收机电源开关按钮至灯亮松开)；④开始数据记录(按下数据存储按钮至灯亮松开)；⑤等待存储足够数据；⑥停止存储数据(按下数据存储按钮至灯灭松开)；⑦关闭电源(按下接收机电源开关按钮至灯灭松开)，收仪器。

2) GNSS 静态相对定位数据后处理

利用随机软件观测成果的处理高度自动化。以 Ashtech Solutions 软件为例，说明 GNSS 相对定位数据后处理的基本操作。

(1) GNSS 接收机数据导入计算机。将 GNSS 接收机与计算机连接，开机(按下接收机电源开关按钮至灯亮松开)；在计算机上运行 Ashtech Solutions 软件数据传输“Download”模块，显示初始的“数据传输”窗口。点击“连接”按钮，使 GNSS 接收机与计算机连接，显示“GNSS 接收机数据文件名列表”屏幕。然后，选中需要导出的数据文件，并指定存储文件路径和需要放入的目标文件夹。点击“传输”按钮，将接收机中指定的数据文件输入计算机。

(2) 新建工程项目。启动 Solutions 软件。输入工程名，选择保存文件夹及其他一些工程信息。此时可建立一个的新项目。新建工程项目需要选择坐标系统和设置解算参数。

【选择坐标系统】 单击“新工程”窗口的“坐标系统”模块，如图 3-33 所示。可由坐标系统类型列表框选择所需的坐标系统，如坐标系类型可选“Grid”(平面直角坐标系)或“Geodetic”(大地坐标系)，再由“标准坐标”列表框中选“1954 BeiJing Coordinate”(1954 年北京坐标系)。在投影带列表框中选择所需的投影带，如果选了“1954BeiJing Coordinate”，则投影在 Zone25～Zone46。高程系统栏选正常高，对中国用户可采用“EGM 96”大地水准面模型。

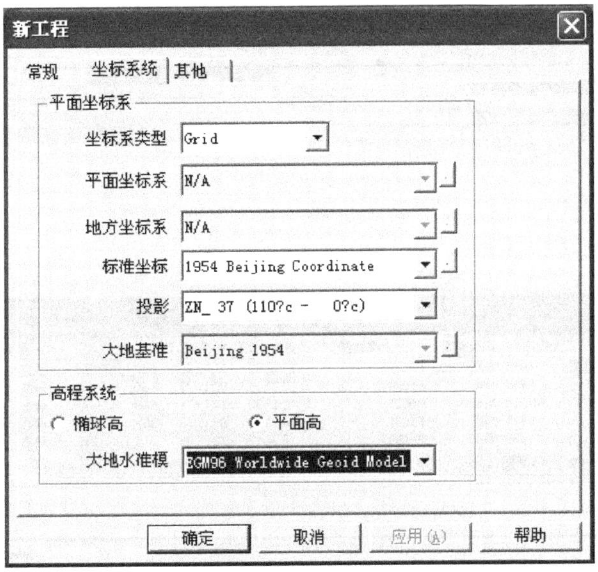

图 3-33　坐标系统选择

【解算参数设置】 单击“新工程”窗口的“常规”模块按窗口标注逐项填选，设置精度指标、时间系统等，如图 3-34 所示。

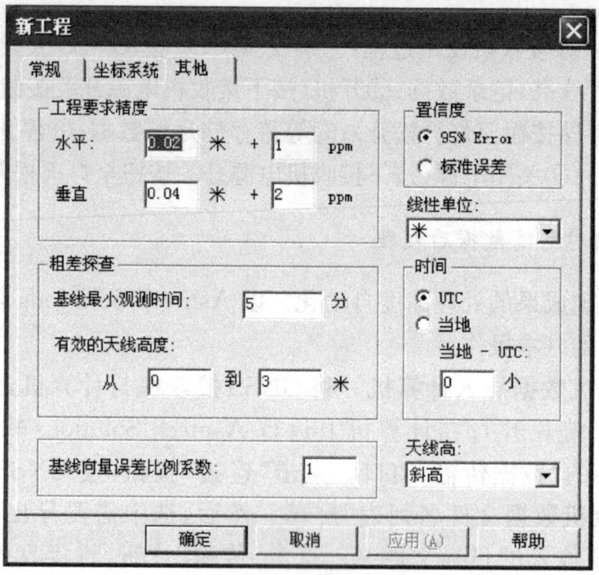

图 3-34　解算参数设置

(3) 基线解算。首先，给项目添加数据，检查各项信息正确性。在“添加文件”对话框中选“来自磁盘数据文件”按钮，选定欲添加的数据文件，单击“打开”按钮后，添加需要处理数据文件，显示“数据信息”和“工作簿”窗口，如图 3-35 所示。检查“工作簿”测站名、天线高度等各项信息正确后，单击“运行”菜单下“基线解算”来完成解算基线。随即打开“基线处理视图”、“工

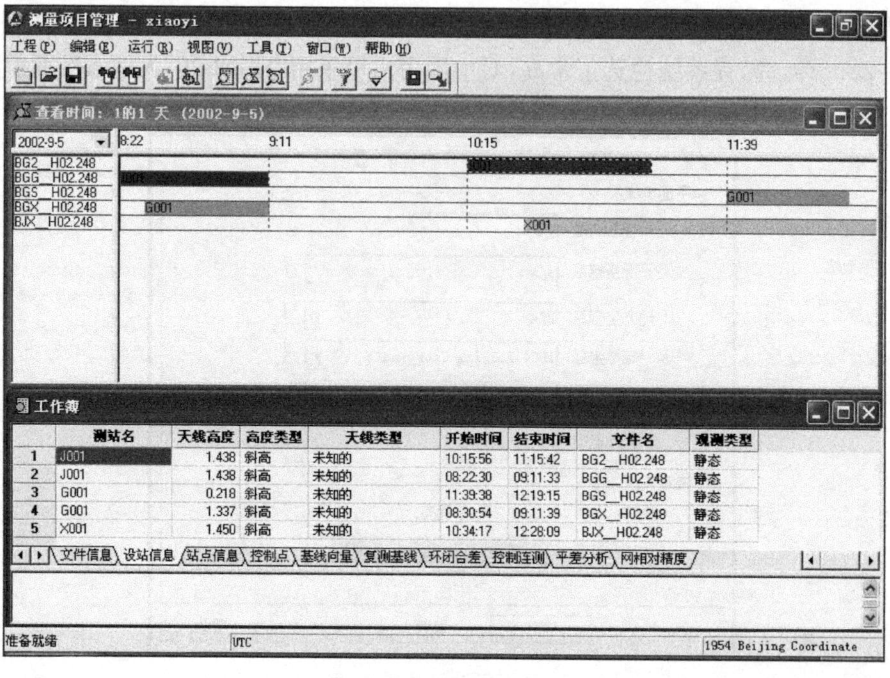

图 3-35　“数据信息”窗口

作簿”的“基线向量”卡片。查看基线解算质量及标准差。“基线处理视图”窗口中显示绿色基线即为解算合格基线，红色线即为不合格基线，如图 3-36 所示。另外，“基线向量”卡片中的“QA”栏为空白表示基线合格(其标准差在限差之内)，说明已求得固定双差解，若出现“失败 Failed”，则表示标准差大于限差，只求得浮动双差解。

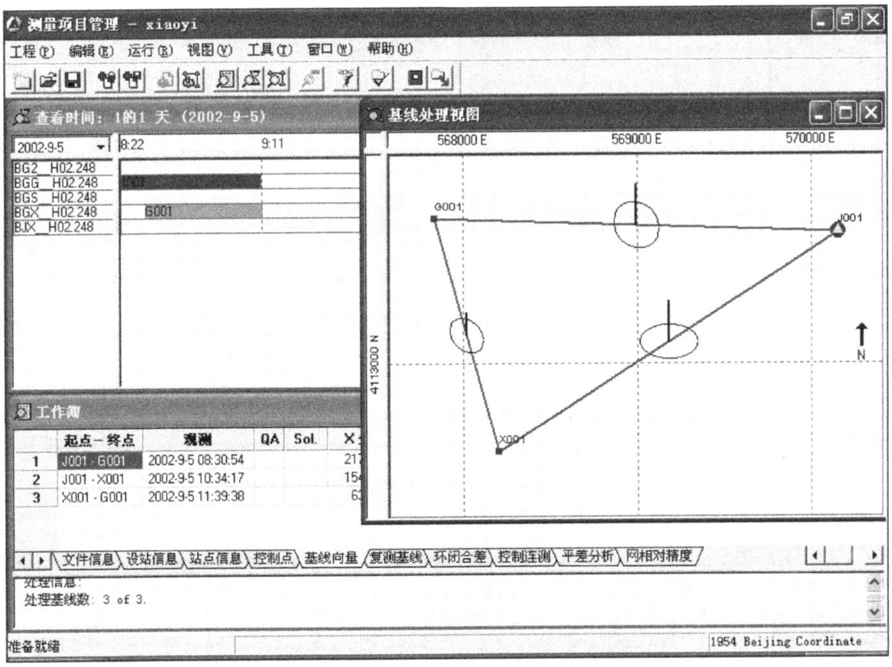

图 3-36　基线解算

(4) 平差计算。首先，配置已知约束控制点。打开“工作簿”的“控制点”卡片，单击“测站名”表格，选择两个或两个以上的控制点。如图 3-37 所示，选定 J001 和 G001 两个控制点并填入其坐标为已知坐标。检查“固定”栏添加相应各约束控制。

由菜单项“运行”下选择“平差处理”，进行约束平差计算。“工作簿”窗口自动切换到“平差分析”卡片，并显示出平差结果，如图 3-38 所示。单击“工作簿”中的“站点信息”卡片，查看经约束平差后的站点坐标。单击“工作簿”中的“网相对精度”卡片，查看经约束平差后的各种精度值。最后，可输出数据与生成工程项目报告(数据处理成果表)。

3.3.3　差分 GNSS 定位

差分 GNSS 定位测量技术，是以伪距、载波相位观测量为依据的实时动态测量技术(RealTime Kinematic，RTK)。在基准站上安置一台 GNSS 接收机，对所有可见 GNSS 卫星进行连续观测，并将其观测数据通过无线电传输设备实时发送给用户观测站。在用户站上，GNSS 接收机在接受卫星信号的同时，通过无线电接受设备，接收基准站传输的伪距、载波相位或位置修正值，直接改正移动站 GNSS 接收机观测值和位置坐标。然后，确定运动平台精确坐标。

差分 GNSS 定位根据其在系统构成的基准站个数可分为单基准站差分、多基准站的局部区域差分和广域差分。根据发送差分信息方式可分为伪距差分、载波相位差分及位置差分。

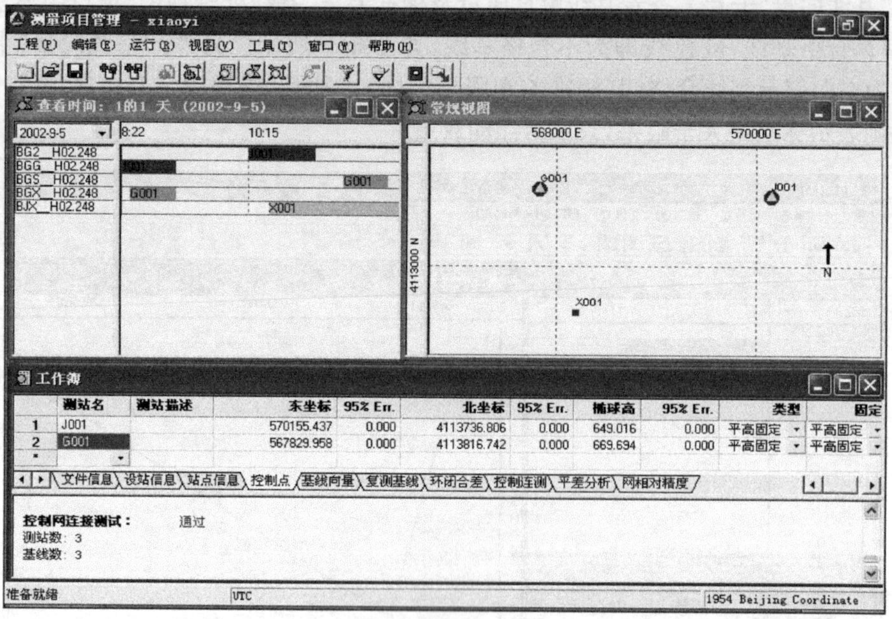

图 3-37　设置约束控制点

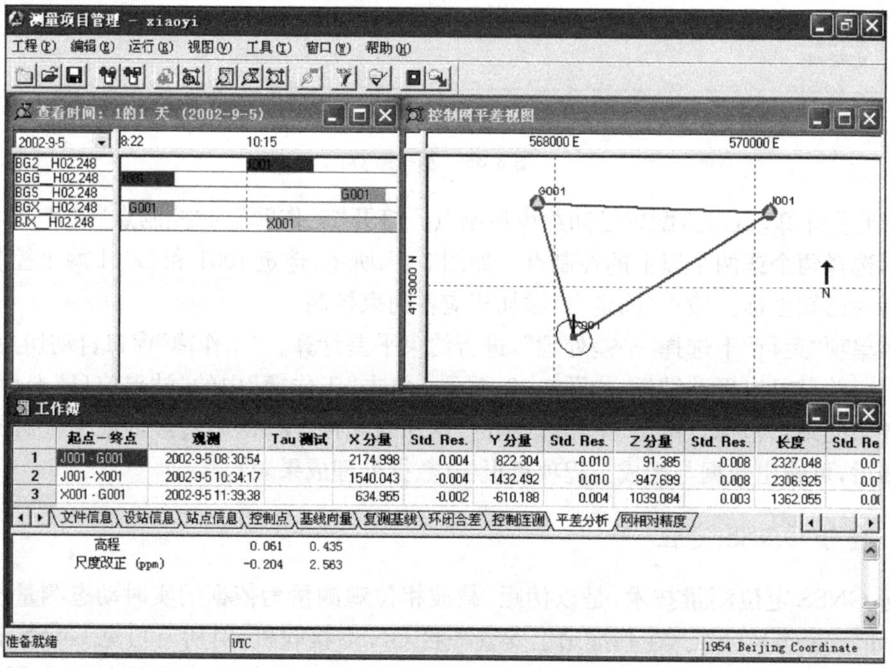

图 3-38　约束平差计算

1. 单基站差分定位

单基站伪距、载波相位差分定位原理：在基准站上，观测所有卫星，根据基准站已知坐标和各卫星的坐标，求出每颗卫星每一时刻到基准站的真实距离；再与测得的伪距、载波相位比较，得出伪距改正数，将其传输至用户接收机，提高定位精度。这种差分能得到米级到厘米级定位精度。

伪距差分利用基准站 T_0 的伪距改正数，传送给流动站用户 T_i，去修正流动站的伪距观测量，从而消除或减弱公共误差的影响，以求得比较精确的流动站位置坐标。

设基准站 T_0 的已知坐标为(X_0,Y_0,Z_0)。差分定位时，基准站的 GNSS 接收机，根据导航电文中的星历参数，计算其观测到的全部 GPS 卫星在协议地球坐标系中的坐标值(X^j,Y^j,Z^j)，从而由星、站的坐标值可以反求出每一观测时刻由基准站至 GNSS 卫星的真距离 ρ_0^j：

$$\rho_0^j=\sqrt{(X^j-X_0)^2+(Y^j-Y_0)^2+(Z^j-Z_0)^2} \tag{3-34}$$

另外，基准站上的 GNSS 接收机利用测码伪距法可以测量星站之间的伪距 ρ'^j_0，其中包含各种误差源的影响。由观测伪距和计算的真距离可以计算出伪距改正数：

$$\Delta\rho_0^j=\rho_0^j-\rho'^j_0 \tag{3-35}$$

同时可以求出伪距改正数的变化率为

$$\mathrm{d}\rho_0^j=\frac{\Delta\rho_0^j}{\Delta t} \tag{3-36}$$

通过基准站的数据链将 $\Delta\rho_0^j$ 和 $\mathrm{d}\rho_0^j$ 发送给流动站接收机，流动站接收机利用测码伪距法测量出流动站至卫星的伪距 ρ'^j_i，再加上数据链接收到的伪距改正数，便可以求出改正后的伪距：

$$\rho_i^j(t)=\rho'^j_i(t)+\Delta\rho_0^j(t)+\mathrm{d}\rho_0^j(t-t_0) \tag{3-37}$$

并按照下式计算流动站坐标$[X_i(t),Y_i(t),Z_i(t)]$：

$$\rho_i^j(t)=[(X^j(t)-X_i(t))^2+(Y^j(t)-Y_i(t))^2+(Z^j(t)-Z_i(t))^2]^{\frac{1}{2}}+c\delta t(t)+V_i \tag{3-38}$$

式中，$\delta t(t)$为流动站用户接收机钟相对于基准站接收机钟的钟差；V_i 为流动站用户接收机噪声。

伪距差分时，只需要基准站提供所有卫星的伪距改正数，而用户接收机观测任意 4 颗卫星，就可以完成定位。与位置差分相似，伪距差分能将两测站的公共误差抵消，但是，随着用户到基准站距离的增加，系统误差又将增大，这种误差用任何差分法都无法消除，因此伪距差分的基线长度也不宜过长。

单基站位置差分定位原理为在基准站上，观测所有卫星，根据基准站已知坐标和各卫星的坐标，求出每颗卫星每一时刻到基准站的真实距离。再与测得的伪距比较，得出伪距改正数，将其传输至用户接收机，提高定位精度。这种差分能得到米级定位精度。

假设用基准站 T_0 的位置改正数去修正流动站 T_i 的位置计算值，以求得比较精确的流动站位置坐标。由于相对定位中基准站 T_0 的坐标值预先采用大地测量、天文测量或 GNSS 静态定位等方法精密测定，可视为是已知的，设其精密坐标值为(X_0,Y_0,Z_0)。而在基准站上的 GNSS 接收机利用测码伪距绝对定位法测出的基准站坐标为(X,Y,Z)，该坐标测定值含有卫星轨道误差、卫星钟和接收机钟误差、大气延迟误差、多路径效应误差及其他误差，则可按照下式计算基准站的位置修正数：

$$\left.\begin{aligned}\Delta X&=X_0-X\\ \Delta Y&=Y_0-Y\\ \Delta Z&=Z_0-Z\end{aligned}\right\} \tag{3-39}$$

基准站采用数据链将这些改正数发送出去，而流动站用户接收机通过数据链实时接收这些改正数，并在解算时加入。设流动站 T_i 通过用户接收机利用自身观测的数据采用测码伪距绝对定位法测定出其位置坐标为(X'_i,Y'_i,Z'_i)，则可按照下式计算流动站 T_i 的较精确坐标(X_i,Y_i,Z_i)：

$$\left.\begin{aligned}X_i&=X'_i+\Delta X\\Y_i&=Y'_i+\Delta Y\\Z_i&=Z'_i+\Delta Z\end{aligned}\right\}\tag{3-40}$$

单基站GNSS差分定位的实施如图3-39所示，在船台定位的同时，在岸上基准点上设立同类型GPS接收机接收卫星信号，然后利用基准点上已知的观测值改正船台接收机的位置坐标，从而消除或削弱卫星误差、接收机误差和大气延迟等导致的误差，从而提高船台点位的精度。以Leica GPS1200 GNSS系统为例介绍单基站GNSS差分定位方法。

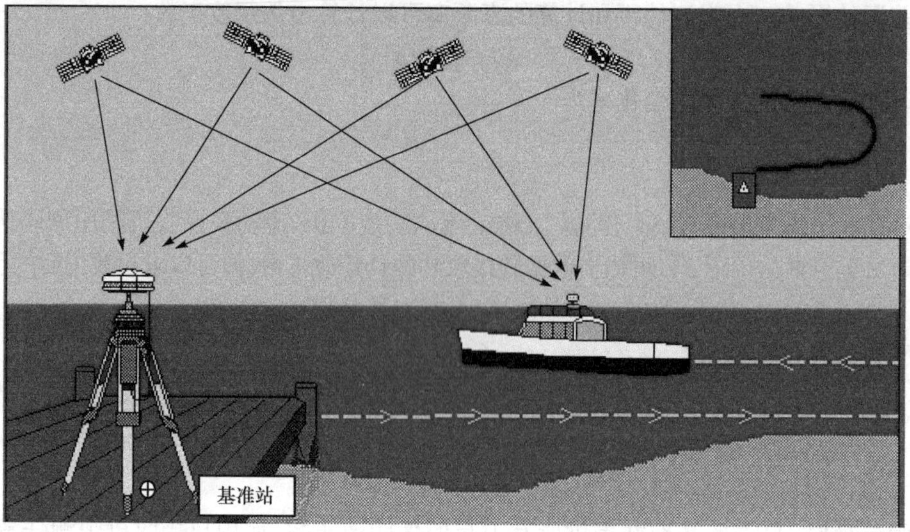

图3-39 单基站实时差分定位示意图

1）实时动态(RTK)基准站、移动站配置

基准站、移动站数据采集系统配置如图3-40所示，RTK数据采集系统主要由GPS接收机、天线、控制器(电子手簿)、数据发射接收电台等组成。

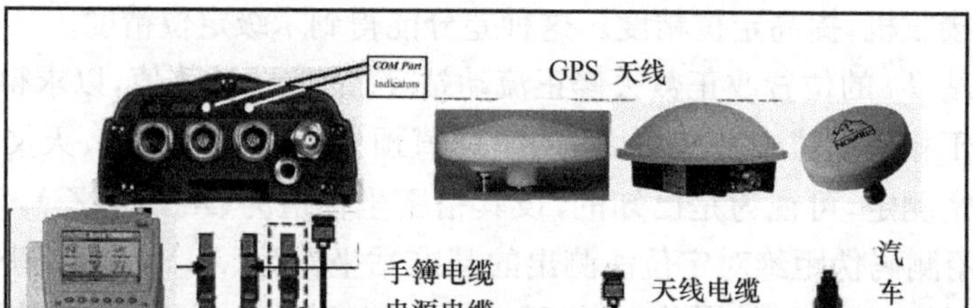

图3-40 RTK数据采集系统配置图

2）差分测量模式设置

（1）进入基准站、移动站接收机管理模块，选择配置管理。新建配置集文件，对实时模式进行编辑，如图 3-41 所示。

（2）给端口选择设备，选择数据链，如图 3-42 所示。

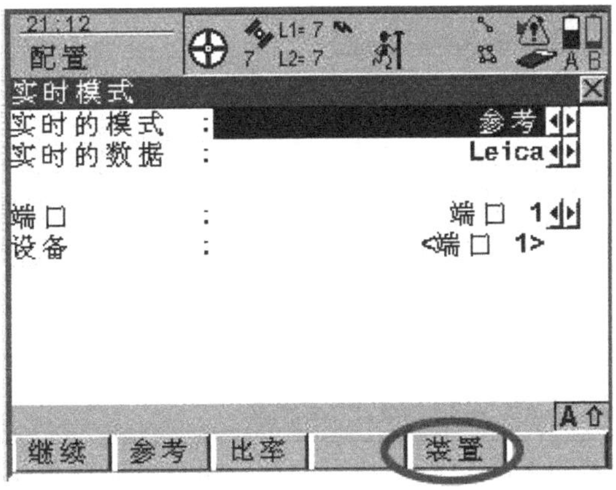

图 3-41　实时模式编辑

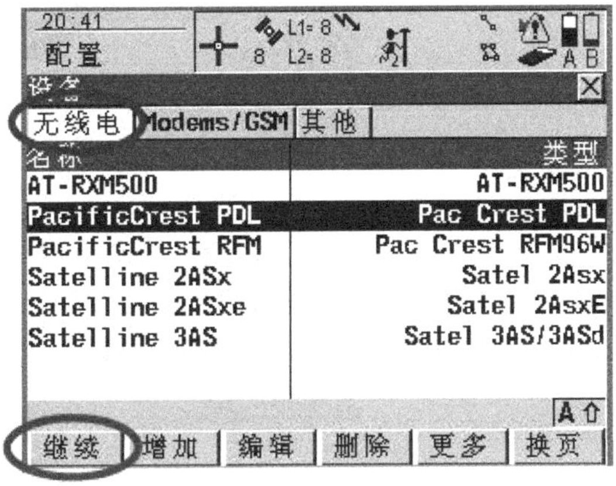

图 3-42　选择端口、数据链

3）设置基准站

（1）进入基准站接收机测量模块，选择建好的配置集和选择正确的坐标系（如 WGS84）、天线类型，如图 3-43 所示。

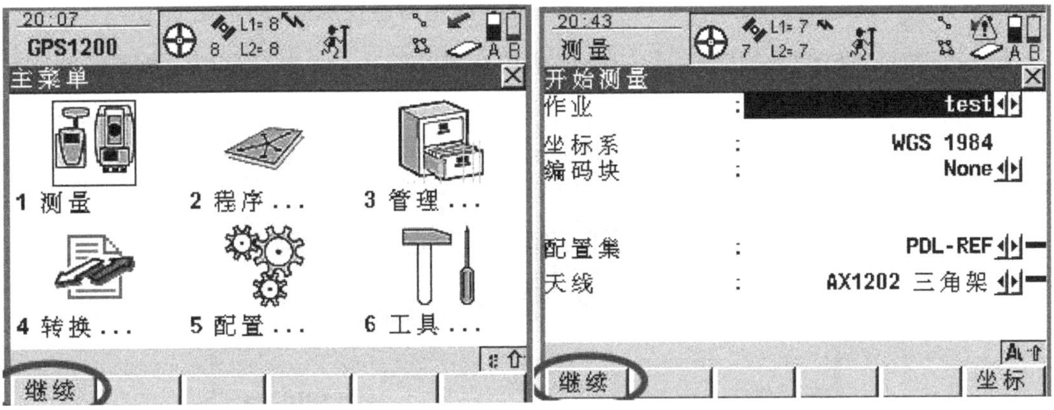

图 3-43　选择配置集和天线类型

（2）设置基准站位置坐标：当接收机作为基准站时，必须设置基准站位置坐标，以计算锁定的每一颗卫星的差分信息。然后通过数据链将差分信号传送给移动站 GPS 接收机。

（3）设置天线高：使用测高尺测量天线高后，在设置基准站模块天线高项直接键入天线高数值。

4）设置流动站及定位测量

（1）流动站接收机进入测量模块，选择建好的配置集和选择正确的坐标系（如 WGS84）、天线类型。

(2) 设置天线高和观测点号：设置对中杆天线高数值后，在开始测量模块“天线高”项直接键入天线高数值和待观测点的点号，如图 3-44 所示。

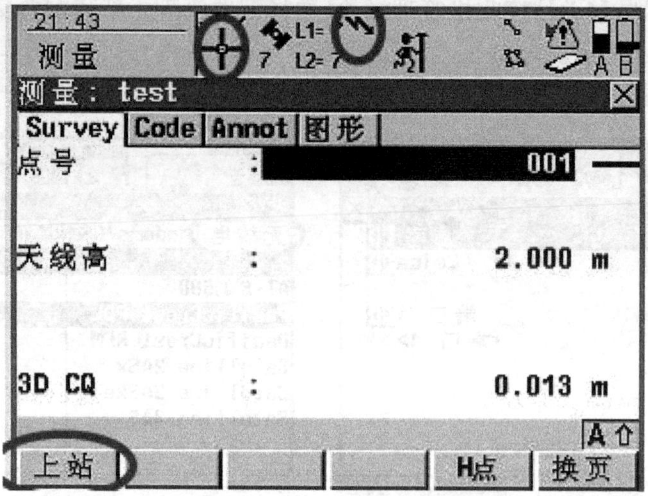

图 3-44　设置天线高和观测点号

(3) 数据采集。

a. 流动站设置好后，测量菜单进入动态数据定位窗口。屏幕上显示表示自主解(单点解)，如图 3-43 所示。

b. 初始化：接收基准站差分信息，在屏幕上显示流动站正接收从基准站发来的差分信息，显示信息为，通过浮点解，定位屏幕显示固定解定位状态，初始化成功。

c. 记录数据：使用“上站”键采集记录定位信息，RTK Posns 为采集历元数值。使用“保存”键存储测量的坐标，如图 3-45 所示。

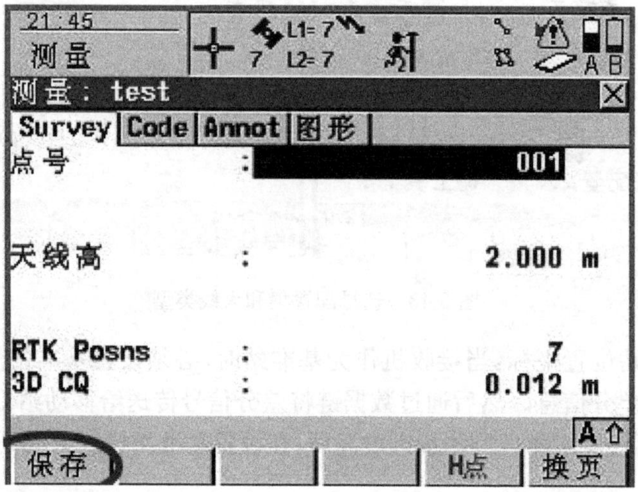

图 3-45　数据采集

2. 多基站网络差分定位

多基准站 RTK 技术也叫网络 RTK 技术，是对单基准站 RTK 技术的改进，实现了长距离

(70～100km)定位。多基准站连续运行卫星定位导航服务系统(Continuous Operation Reference Station,CORS)。CORS 由若干连续运行的 GNSS 基准站、数据处理控制中心、数据传输与播发系统和流动站(用户)组成。流动站接收 CORS 数据处理中心播发的差分改正数。网络 RTK 作业时,其作业流程一般有 5 个步骤:①开机锁定观测卫星,然后打开手簿,通过蓝牙协议(简称蓝牙)或连接线建立手簿与接收机间的通信。启动测量软件,建立新文件,设置网络 RTK 测量模式的参数。②利用手簿或者接收机上的通信模块,通过 GPRS 或 CDMA 方式拨号,连接到 Internet 网络。③使用网络 RTK 系统管理员提供的用户名和密码,通过 Internet 网络连接到提供网络 RTK 系统服务的 CORS 数据处理中心。④连接数据中心,获取源列表,等初始化完成、获得固定解后,开始测量采集数据。⑤外业完成后,将手簿或者接收机储存的测量数据下载到计算机进行后续数据预处理和图形处理。

使用不同品牌的接收机与手簿,其操作步骤略有不同,下面以 Trimble 公司的 5800 接收机和 TSC2 手簿为例,以某 CORS 进行网络 RTK 作业流程介绍。

1) 新建工程项目

打开 Trimble Surver Controller 软件,如图 3-46 所示。点击“文件”新建一个文件名,点击“新任务”,取一个任务名。

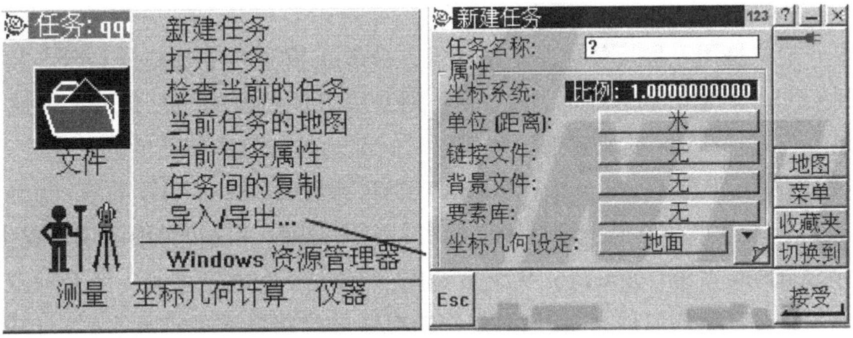

图 3-46　设置任务名和相关参数

2) 选择坐标系统

根据具体情况选择坐标系统。若知道参考站的参数时选择“键入参数”,若不知道选择“无投影/无基准”。

3) 选择测量模式

点击“配置”选择测量形式,在所列的测量形式中选择“VRS”虚拟参考站测量模式。

4) 配置流动站选项

配置流动站选项,如图 3-47 所示。测量类型选用“RTK”,播发格式为对应的 CORS VRS 网络所选用的数据发送方式(如 VRS[CMR]),点存储的方式为“位置矢量”。

5) 配置流动站无线电台

配置选择“流动站无线电”,选择“互联网连接”。点击拨号简表的右边小三角,名称可以任

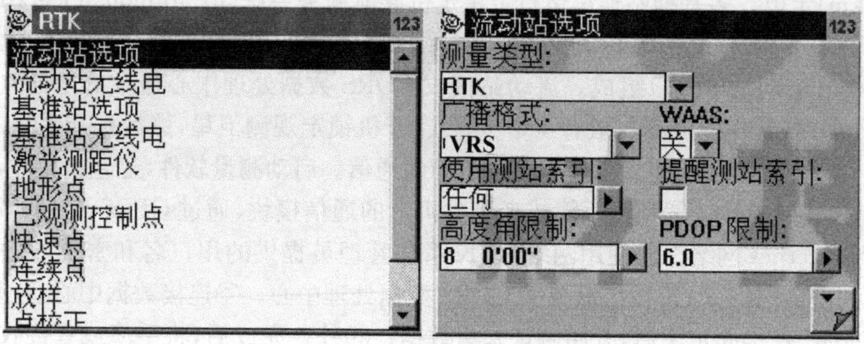

图 3-47　流动站基本设置

意取，使用连接就是在拨号上网时的名称。“APN”选项中，点击右边三角，选择“无”。翻页后显示 IP 地址、端口。

IP 地址就是提供服务的 CORS 对外提供的 IP 地址，IP 端口是提供服务的 CORS 给予用户的端口，NTRIP 用户名是某区域 CORS 给予的用户名，点击“2 或 3”，弹出 NTRIP 密码就是 CORS 给予的用户密码。点击“Enter”保存配置。

3. 星站差分定位

星站差分定位是用卫星代替地面基站播发差分改正信号的星基差分 GNSS 技术。所以，凡能接收到 GNSS 卫星信号的地区，也都能收到专用卫星播发的差分信号。因此，该系统在全球任何地点（75°S～75°N 的所有地区）、任何时间都能进行较高精度的连续实时定位。星基差分 GNSS 有五种：①StarFire 系统；②OmniSTAR 系统；③SeaSTAR 系统；④Skyfix 系统；⑤GDGPS系统。星基差分已能达到分米级的实时定位精度。目前，为中国用户提供实时定位服务的只有 StarFire 系统。StarFire 系统是美国 NavCom 公司建立的一个全球双频 GPS 差分定位系统。它在全球任何地点、任何时间都能提供分米级精度的连续实时定位服务。以下介绍 StarFire 系统实时差分定位服务。

1) StarFire 系统结构原理

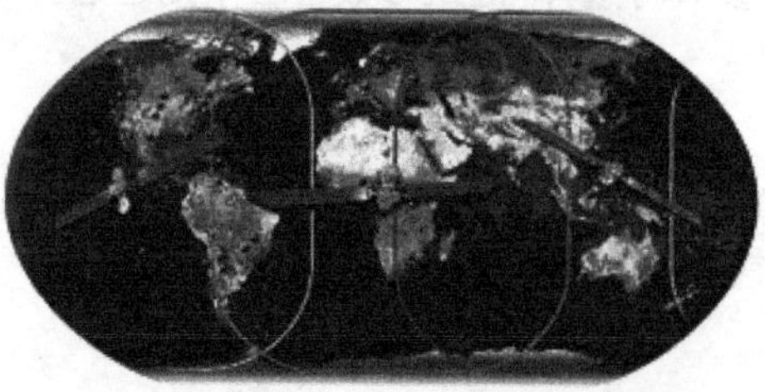

图 3-48　StarFire 系统全球 GPS 跟踪站及 INMARSAT 卫星

StarFire 系统包括五部分：参考站、数据处理中心、注入站、地球同步卫星（INMARSAT）和用户站（高精度双频接收机）。该系统采用多数据通信、两个独立的数据处理中心以及双卫星上传设备确保向全球用户提供连续、可靠的定位服务。StarFire 系统参考站网在全球共有 58 个 GPS 跟踪站，如图 3-48 所示。跟踪站的任务是连续跟踪、测量 GPS 卫星的伪距、载波相位等信息，并通过可靠的数据通信链路传送到位于美国加利福尼亚州和伊利诺伊州的两个数据处理中心。数据处理中心采用美国国家航空航天局（NASA）属下的喷气推进实验室（JPL）研制的实时修正算法和 GIPSY 软件，对跟踪站传来的双频观测数据进行处理，实时解算出 GPS 卫星的轨道(星历)误差改正和卫星钟差改正。将全部跟踪站坐标约束到 ITRF(国际地球参考框架)坐标系中。这些改正数据以多个备份的信息通过专用数据通信链路分发到注入站。注入站的任务是将数据处理中心发送来的差分改正数据及时通过双路卫星上传设备注入地球同步卫星(INMARSAT)的存储器。地球同步卫星采用国际海事卫星,任务是接收来自注入站的差分改正数据,并通过 L 波段向全球用户播发。用户站采用双频接收机接收机,它包含两个接收部分:一个是 GPS 接收机,另一个是 L 波段的通信接收器。GPS 接收机跟踪所有可见卫星以获得伪距、载波相位、星历等数据。而 L 波段的接收器则接收地球同步卫星播发的差分改正数据。当使用这些改正数据对用户接收机测量的伪距、相位以及星历等进行改正后,便可以获得分米级精度的实时定位成果。

2) StarFire 系统的特点

StarFire 系统是广域增强差分系统。它提供给用户的改正量是每颗 GPS 卫星的轨道(星历)误差改正量和卫星钟差改正量,而电离层(延迟)误差改正量是根据用户站接收机获得的双频观测数据计算的每颗观测卫星的改正量(双频电离层改正)。天顶对流层(延迟)误差改正量则是借助多余的观测卫星,用一个由时间和位置建立的多个国家和地区的大气模型(对流层延迟改正模型)来计算的改正量。这样做的目的是使用户站的定位误差不随用户站至参考站的距离增加而增大。也就是说,StarFire 系统的定位精度与用户站至参考站的距离(远近)无关。因此,StarFire 系统是一个在全球范围内定位精度均匀的系统。

近年来,随着国家海洋开发战略步伐的加快,如新能源海上风力发电,需要在远离海岸 50～100km 范围内满足海上风电场 1∶500～1∶2000 大比例尺地形测量微观选址、设计风机、塔基勘察钻孔放样以及风机建设后期的变形监测等海上定位测量。目前,对于无线通信条件较好的近海海上定位测量,95%以上使用海上信标(DGPS)差分定位技术,定位精度为 1～3m。对于厘米级高精度定位测量,越来越多的采用实时动态差分定位技术(RTK)及 CORS 网络 RTK 定位技术。但是,在远离海岸或无线通信条件较差的海上定位测量,采用 GNSS 单点定位技术只能提供 5～15m 的定位精度。而星站差分定位技术具有明显的技术优势,除了能保障星基差分信号通信外,还可提供厘米级定位精度。因此,StarFire 系统主要优势在于远离海岸的海洋调查与观测、海洋工程、航海导航、搜索营救等高精度要求的领域。

3) StarFire 系统定位模式

StarFire 系统主要推出二种差分定位模式:RTG、RTG/RTK 组合模式。

(1) RTG(Real Time Gipsy) 模式:只要求用户站使用 1 台 StarFire 系统双频接收机进行单机定位作业的一种实时差分定位服务模式。这种模式实时定位精度可达±10cm。这种模式主要用于远离海岸的高精度卫星定位。

(2) RTG/RTK 组合模式:利用 RTK 对 RTG 进行初始化,不仅可以克服 RTG 初始化时间过长的缺点,而且可以获得厘米级的实时定位精度。当 RTK 发生失锁或数据链通信中断时,可以利用 RTG 继续提供实时定位服务,而定位精度仍可达厘米级。当 RTK 恢复跟踪或数据链通信恢复后,则可以用 RTG 的定位结果作为起始点,进行整周模糊度的快速搜索和求解。这种模式要求用户站至少使用两台 RTG/RTK 组合式双频接收机才能进行实时定位。

这种模式主要用于距离海岸较近的高精度海洋工程精确定位与放样及剖面测量、线路测量等高精度要求的领域。

3.4 水下声学定位

3.4.1 水下声学定位原理

水下声学定位是在水底设置若干水下声标，首先利用一定的方法测定这些水下声标的相对位置，然后在测量确定船只相对陆上大地测量控制网位置的同时，确定船只相对水下声标的位置(图 3-49)。这样同步测量的处理结果，就可完成水下声标控制点相对陆上统一坐标系的联测工作。然后，当一个待定船位的测量船，通过发射设备向水中发射声脉冲询问信号时，水下声标接收该信号并发回应答信号(也可由水下声标主动发射信号)，应答信号被测量船接收并经计算机处理，可以得到测量船的定位结果。

水声定位系统通常有测距和测向两种定位方式。

(1) 测距定位方式：水声测距定位原理如图 3-50 所示。它由船台发射机通过安置于船底的换能器 M 向水下应答器 P(位置已知)发射声脉冲信号(询问信号)，应答器接收该信号后即发回一个应答声脉冲信号。船台接收机记录发射询问信号和接收应答信号的时间间隔，通过式(3-41)即可算出船至水下应答器之间的距离。

$$S=\frac{1}{2}Ct \tag{3-41}$$

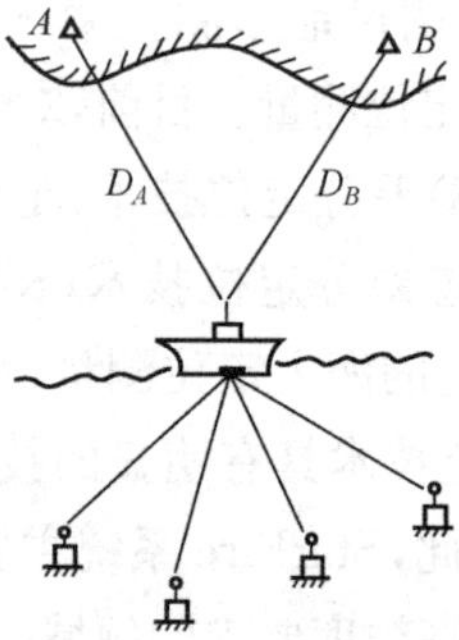

图 3-49　水下声学定位原理

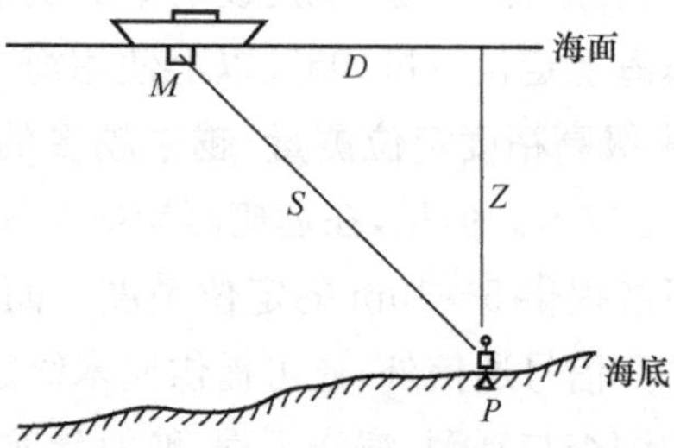

图 3-50　水声测距定位原理

由于应答器的深度 Z 已知，于是，船台至应答器之间的水平距离 D 可按下式求出：

$$D=\sqrt{S^2-Z^2} \tag{3-42}$$

当有两个水下应答器，则可获得两条距离，以双圆方式交会出船位。若对三个以上水下应答器进行测距，可采用最小二乘法求出船位的平差值。

(2) 测向定位方式：测向定位方式工作原理如图 3-51 所示，船台上除安置换能器以外，还在船的两侧各安置一个水听器，即 a 和 b，p 为水下应答器。设 PM 方向与水听器 a、b 连线的夹角为 θ，a、b 之间的距离为 d，且 $aM=bM=d/2$。

首先换能器 M 发射询问信号，水下应答器 P 接收后，发射应答信号，水听器 a、b 和换能器 M 均可接收到应答信号，由于 a、b 间距离与 P，M 间距离相比甚小，故可视发射和接收的信号方向相互平行。但由于 a、M、b 距 P 的距离并不相等，若以 M 为中心，显然 a 收到的信号相位比 M 的要超前，而 b 接收的信号相位比 M 的要滞后。设 Δt 和 $\Delta t'$ 分别为 a 和 b 相位超前和滞后的时延，由图 3-51 可知，a、b 接收信号的相位分别为

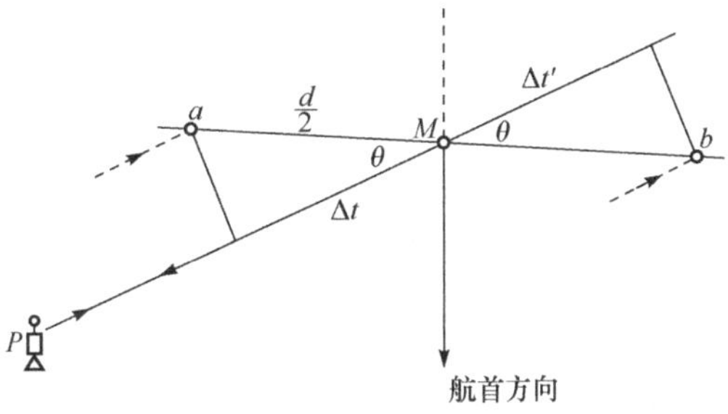

图 3-51　测向方向的工作原理

$$\left.\begin{aligned}\phi_a &= w\Delta t = -\frac{\pi d\cos\theta}{\lambda}\\ \phi_b &= w\Delta t' = \frac{\pi d\cos\theta}{\lambda}\end{aligned}\right\} \tag{3-43}$$

于是水听器 a 和 b 的相位差为

$$\Delta\phi = \phi_b - \phi_a = \frac{2\pi a\cos\theta}{\lambda} \tag{3-44}$$

显然当 $\theta=90°$ 时，a 和 b 的相位差为 0，这只有船首线在 P 的正上方才行。所以只要在航行中使水听器 a 和 b 接收到的信号相位差为 0，就能引导船至水下应答器的正上方。这种定位方式在海底控制点（网）的布设以及诸如钻井平台的复位等作业中经常用到。

3.4.2　水声定位系统

水声定位系统通常包括船台设备和水下设备。船台设备包括一台具有发射、接收和测距功能的控制、显示设备和置于船底或船后“拖鱼”内的换能器以及水听器阵。水下设备主要是声学应答器基阵。所谓基阵是固设于海底的位置已准确测定的一组应答器阵列。

下面分别介绍系统中的这些水声设备。

(1) 换能器：是一种声电转换器，能根据需要使声振荡和电振荡相互转换，为发射（或接收）信号服务，起着水声天线的作用。最常使用的是磁致伸缩换能器和电致伸缩换能器。磁致伸缩换能器的基本原理是当绕有线圈的镍棒（通电）在交变磁场作用下会产生形变或振动而产生声波，电能转变成声能；而磁化了的镍棒，在声波作用下产生振动，从而使棒内的磁场也相应变化而产生电振荡，声能转变为电能。

(2) 水听器：本身不发射声信号，只是接收声信号。通过换能器将接收的声信号转变成电信号，输入船台或岸台的接收机中。

(3) 应答器：既能接收声信号，而且还能发射不同于所接收声信号频率的应答信号，是水声定位系统的主要水下设备，它也能作为海底控制点的照准标志（即水声声标）。

水声定位系统可采取许多不同的工作方式进行工作，如直接工作方式、中继工作方式、长基线工作方式、拖鱼工作方式、短基线工作方式、超短基线工作方式和双短基线工作方式等。不同的水声定位系统可以具有其中一种或多种工作方式。这里仅简单介绍具有三种最基本工作方式的定位系统：长基线定位系统（LBS）、短基线定位系统（SBS）和超短基线系统（ESBS）。所谓长基线、短基线，通常用声基线的距离或激发的声学单元的距离来对声学定位系统进行分

类。在短基线定位系统的基础上，进一步缩短水听器阵列的距离，则形成超短基线定位系统。各水声定位系统声基线的长度见表 3-3。

表 3-3 水下声学定位系统

分类	声基线长度
超短基线 SSBL/USBL	<10cm
短基线 SBL	20～50m
长基线 LBL	100～6000m

1. 长基线声学定位系统

长基线系统包含两部分，一部分是安装在船只上或水下机器人上的收发器(transducer)；另一个部分是一系列已知位置的固定在海底上的声标或应答器，由这些应答器之间的距离构成基线。由于基线长度在百米到几千米之间，相对超短基线和短基线，该系统被称为长基线系统。长基线声学定位系统是通过测量收发器和应答器之间的距离，采用测量中的前方或后方交会对目标实施定位，所以系统与深度无关，也不必安装姿态和电罗经设备，如图 3-52 所示。实际工作时，它既可利用一个应答器进行定位，也可同时利用两个、三个或更多的应答器来进行测距定位。

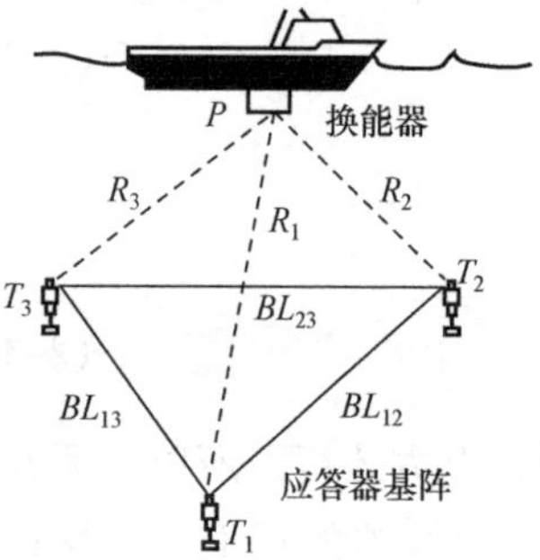

图 3-52 长基线测距定位方式

现以三个水下声标为例介绍该种定位方式的计算方法。设(x_i, y_i, z_i)为水下声标的平面坐标，(x_p, y_p, z_p)为测量船的平面坐标，S_i 为测量船至水下声标的斜距。其测量方程为

$$\left.\begin{aligned}S_1^2&=(x_p-x_1)^2+(y_p-y_1)^2+(z_p-z_1)^2\\S_2^2&=(x_p-x_2)^2+(y_p-y_2)^2+(z_p-z_2)^2\\S_3^2&=(x_p-x_3)^2+(y_p-y_3)^2+(z_p-z_3)^2\end{aligned}\right\}\tag{3-45}$$

设

$$n_i=x_i^2+y_i^2+z_i^2-S_i^2-2z_iz_p$$

则有

$$\left.\begin{aligned}x_p&=\frac{n_1(y_3-y_2)+n_2(y_1-y_3)+n_3(y_2-y_1)}{2[x_1(y_3-y_2)+x_2(y_1-y_3)+x_3(y_2-y_1)]}\\y_p&=\frac{n_1(x_3-x_2)+n_2(x_1-x_3)+n_3(x_2-x_1)}{2[y_1(x_3-x_2)+y_2(x_1-x_3)+y_3(x_2-x_1)]}\end{aligned}\right\}\tag{3-46}$$

长基线系统的优点是独立于水深值，由于存在较多的多余观测值，因而可以得到非常高的相对定位精度。此外，长基线定位系统的换能器非常小，实际作业中，易于安装和拆卸。长基线系统的缺点是系统过于复杂，操作烦琐。布设数量巨大的声基阵需要较长的布设和回收时间，并且需要对这些海底声基阵进行详细的校准测量。另外，长基线定位系统设备比较昂贵。

2. 短基线声学定位系统

该系统的水下部分仅需要一个水声声标或应答器，而船上部分是安置于船底部的一个水听器基阵。换能器之间的相互关系精确测定，并组成声基阵坐标系。基阵坐标系与船坐标系的相互关系由常规测量方法确定。短基线系统的测量方式是由一个换能器发射，所有换能器接收，得到一个斜距观测值和不同于这个观测值的多个斜距值。系统根据基阵相对船坐标系

的固定关系，结合外部传感器观测值，如 GPS、动态传感器单元 MRU、罗经 Gyro 提供的船位、姿态和船首向值，计算得到海底点的大地坐标。系统的工作方式是距离测量。

短基线工作原理如图 3-53 所示。图中 H_1、H_2 和 H_3 为水听器，O 为换能器(它也是船体空间直角坐标系的中心)，水听器呈正交布设，H_1 和 H_2 之间的基线长度为 bx，指向船首，即 X 轴方向。H_1 和 H_3 的基线长度为 by，平行于指向船右的 Y 轴，Z 轴指向海底。设声线与三个坐标轴之间的夹角分别为 θ_{mx}、θ_{my} 和 θ_{mz}，而 Δt_1 和 Δt_2 分别为 H_1 和 H_2 以及 H_2 和 H_3 接收的声信号的时间差。短基线定位的几何意义如图 3-54 所示。

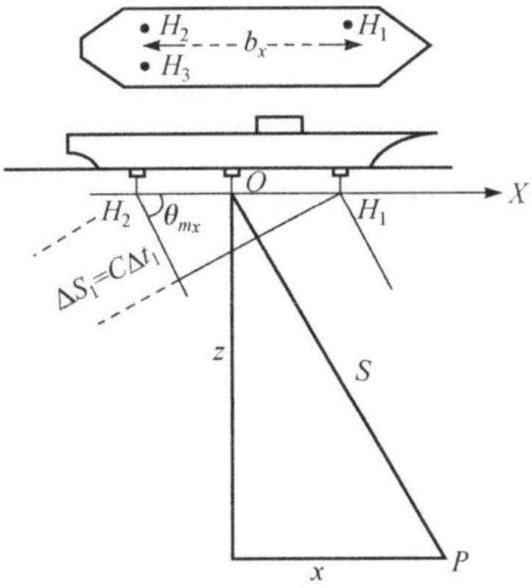

图 3-53　短基线的配置

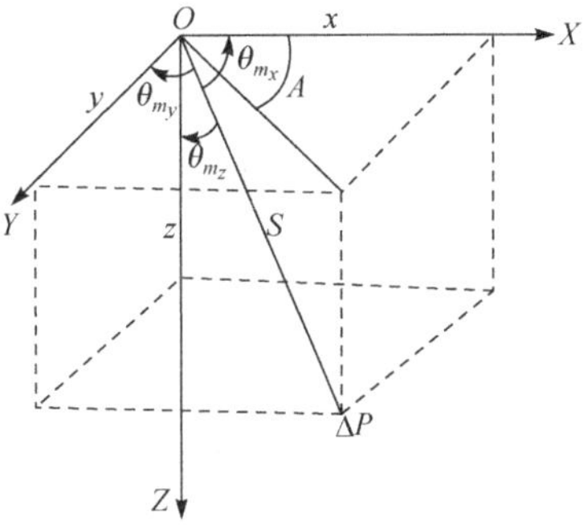

图 3-54　短基线的定位

短基线定位既可按测向方式定位，称为方位-方位法，又可按测向-测距的混合方式定位，称为方位-距离法。

1) 方位-方位法

$$x=\frac{\cos\theta_{mx}}{\cos\theta_{mz}}z,\quad y=\frac{\cos\theta_{my}}{\cos\theta_{my}}z \tag{3-47}$$

其中，

$$\left.\begin{aligned}\cos\theta_{mx}&=\frac{C\cdot\Delta t_1}{bx}=\frac{\lambda\Delta\phi_x}{2\pi b_x}\\ \cos\theta_{my}&=\frac{C\cdot\Delta t_2}{by}=\frac{\lambda\Delta\phi_y}{2\pi b_y}\\ \cos\theta_{mz}&=(1-\cos^2\theta_{mx}-\cos^2\theta_{my})^{\frac{1}{2}}\end{aligned}\right\} \tag{3-48}$$

式中，z 为水听器阵中心与水下应答器间的垂直距离；$\Delta\phi_x$ 和 $\Delta\phi_z$ 分别为 H_1 和 H_2、H_2 和 H_3 所接收的信号之间的相位差。

2) 方位-距离法

由图 3-54 可得

$$\left.\begin{aligned}x&=S\cdot\cos\theta_{mx}\\ y&=S\cdot\cos\theta_{my}\\ z&=S\cdot\cos\theta_{mz}\end{aligned}\right\} \tag{3-49}$$

短基线的优点是集成系统价格低廉、系统操作简单、换能器体积小,易于安装。短基线的缺点是深水测量要达到较高的精度,基线长度一般需要大于 40m;系统安装时,换能器需在船坞上严格校准。

3. 超短基线声学定位系统

超短基线安装在一个收发器中组成声基阵,声单元之间的相互位置精确测定组成声基阵坐标系。声基阵坐标系与船体坐标系之间的关系要在安装时精确测定,即需测定相对船体坐标系的位置偏差和声基阵的安装偏差角度(横摇角、纵摇角和水平旋转角)。系统通过测定声单元的相位差来确定换能器到目标的方位(垂直和水平角度)。换能器与目标的距离通过测定声波传播的时间,再用声速剖面修正波束线确定距离。以上参数的测定中,垂直角和距离的测定受声速的影响特别大,其中垂直角的测量尤为重要,直接影响定位精度。所以,建议多数超短基线定位系统在应答器中安装深度传感器,借以提高垂直角的测量精度。超短基线定位系统要确定目标的绝对位置,必须知道声基阵的位置、姿态以及船首向,这些参数可以由 GPS、运动传感器 MRU 和电罗经提供。系统的工作方式是距离和角度测量。

超短基线系统与短基线系统的区别仅在于船底的水听器阵,以彼此很短的距离(小于半个波长,仅几厘米),按直角等边三角形布设而装在一个很小的壳体内,以方位-距离法定位。

超短基线的优点是集成系统价格低廉、操作简便容易,因实施中只需一个换能器,安装方便,定位精度比较高。超短基线的缺点是系统安装后的校准需要非常准确,而这往往难以达到,测量目标的绝对位置精度依赖于外围设备(电罗经、姿态和深度)的精度。

目前我国已经研发了水下 DGPS 高精度定位系统用于水下定位,该设备首次利用全球定位技术(GPS)解决水下设备导航问题和水下设备实时三维定位问题。该设备的研制成功,将传统水下定位精度从十多米提升到了亚米级,使我国成为继美、法、德之后,世界上少数几个掌握水下高精度定位技术的国家之一。

该系统静态定位精度为厘米级,动态定位精度小于 2m,工作深度大于 100m,水声作用距离大于 2000m,可实现水下目标跟踪与导航功能;其浮标连续工作时间大于 6h,水下收发机连续工作大于 24h。可用于水下目标跟踪或动态定位,水下目标导航与精密授时、水下目标瞬时水深监测、水下工程测量控制和水下工程结构放样。

思考题和习题

1. 海洋定位测量相对陆地定位测量有哪些特点?如何提高海洋定位测量的精度?
2. 海洋定位测量常见坐标系有哪些?如何将 WGS-84 坐标系转化为 1954 北京坐标系?
3. 沿海无线电指向标差分全球定位系统(RBN/DGPS)由哪几部分组成?为什么接收信标差分信号能达到提高定位精度的目的?
4. 简述信标差分定位系统的构成及定位原理,并说明和 RTK 定位的区别和联系。
5. 简述近海全球导航卫星连续运行参考站网建立的目的和意义。
6. GNSS 常用的差分方法有哪些,请联系实际说明。

7. 水下控制点的坐标是如何测定的，请举例说明。

8. 什么是位置线？常见的位置线有哪些？

9. 试阐述长基线定位原理，并试说明和短基线定位的区别。

10. 利用长基线系统进行距离空间交会定位，3 个海底控制点空间直角坐标分别为 T1（35 902.563，27 961.019，23.120），T2（37 171.632，24 797.072，25.456），T3（43 459.139，29 358.478，19.329），观测边长分别为 $L1=7685.756$，$L2=8313.457$，$L3=5786.234$，试计算待定点 P 的坐标。

第4章 水深测量

4.1 概 述

水深测量是海底地形测量的基本工作。水深测量的方法和手段多种多样。在回声测深技术用于水深测量以前，主要用测深杆、测深绳等获取海域和水域的深度。在内陆和海洋浅水水域，采用测深杆和测深绳可以获得较准确的水深，但对深水区域，其测量精度和作业效率都很低，且劳动强度大。随着航海事业的发展，需测深的范围逐步向深海发展。为此，人们开始寻求测深的新方法。

早在19世纪初，科学家们就已测得海水中的平均声速为1500m/s。20世纪初，人们发明了用高频声波探测潜艇的方法。这种方法后来应用到海洋测深中，即现代的回声测深方法。回声测深就是由测深系统水面装置向水底发射声波，声波到达海底后反射回来被水面接收装置接收，通过测定声波发射和接收的时间间隔计算海水深度的方法。

20世纪60年代出现了海底地貌探测仪（又称侧扫声呐或旁侧声呐），它是向测量船航向一侧（或两侧）发射倾斜的声波波束，用来探测沿测量船航速一侧（或两侧）一定面积海域内的水下障碍物和水底地貌的水声设备。利用海底地貌仪探测水底，可以获得类似于航空摄影效果的水底表面声学图像，可以迅速地确定水下障碍物的概略位置与高度，为进一步精测提供依据。海底地貌探测仪的应用使水下地形测量的工作效率大大提高。由于工作原理上的固有缺点，海底地貌探测仪对水下地形的分辨率尚不理想。20世纪70年代又出现了多波束测深系统和条带式测深系统，它能一次给出与航线相垂直的平面内几十个海底被测点的水深值，或者一条一定宽度的全覆盖的水深条带。所以它能精确地、快速地测出沿航线一定宽度内水下目标的大小、形状和高低变化，从而较可靠地描绘出水下地貌的状态。

随着海洋开发工作的迅速发展，在回声测深仪的基础上，又陆续发展了双频测深仪、机载激光测深、浅地层剖面仪等，它们可提供沿航线水下底质层次的剖面线，形象地显示海底沉积物的厚度和岩石界面的深度，为海底工程提供依据。特别是多波束测深和机载激光测深系统的出现，完全改变了海洋地理环境测量的作业模式。与传统的单波束测深仪相比较，多波束测深系统具有测量范围大、速度快、精度高、记录数字化以及成图自动化等诸多优点，它把测深技术从原先的离散点线状扩展到面状，并进一步发展到立体测图和自动成图，从而使海底地形测量技术发展到一个较高的水平。近年来，高精度、智能化、多功能的组合式测深系统应运而生，配合高精度海上定位系统、自动化成图系统，从而实观测量自动化，使水下地形测量得到进一步发展。

4.2 回声测深原理

4.2.1 海水中电磁波特性与声波测深

通常情况下，人们借助电磁波（光波、声波）等能量形式传递信息。但对于海洋而言，各种能量形式在海水介质中的传输能力、损耗差异很大。以单位距离能量在海水介质中衰减程度

(即海水的吸收系数,单位 dB/m)为准,经实验得到能量形式频率与吸收系数的关系,如图 4-1 所示。

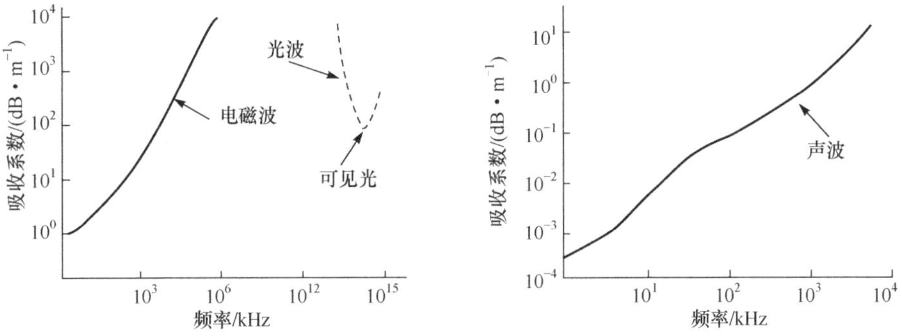

图 4-1 海水中电磁波、光波和声波的吸收系数

从图 4-1 中可以明确看出,随频率的增加电磁波能量在海水介质中衰减最快。光波虽相对海水介质有一定的穿透能力,但随着海水中混浊程度的增大,也极大地限制了其在水中的传播深度。声波在海水介质中吸收损失最小,能够传播到较远的距离。因此,声波在海洋信息传递中一枝独秀。人们从很早就不断地进行利用声波探测距离的试验,直至 20 世纪 20 年代,才真正获得高效率的声波测距仪器。正因为如此,水声技术在海道测量等方面得到广泛的应用,并且受到海道测量工作者的高度重视。到目前为止,利用声学探测海洋的方法和技术所积累的海洋地形等资料,已为探测海洋的海洋地形等资料提供了重要的依据。在当今海道测量工作中,利用声波在海水介质中传播的这一特性,发展了各种类型的海洋测深仪器,如单波束测深仪、四波束测深仪、多通道测深系统、侧扫声呐系统、多波束测深仪等。

4.2.2 声波传播特性

1. 声波特性

机械振动在弹性介质中传播形成机械波,声波是一种机械波,人耳能感觉到的声波频率范围为 20Hz～20kHz。频率范围小于 20Hz 称作次声波,频率范围大于 20kHz 称作超声波。

声波的传播具有四种特性:①声波不能在真空中传播;②气体、液体和固体的振动均能产生声波;③声波是纵波,传播方向与介质振动方向相同;④声波传播速度与介质的性质和状态有关。这些特点为声波在海洋水深测量中提供了依据和极好的条件。

2. 声波传播速度

声波在不同介质中的传播速度,取决于介质的弹性模量和密度。声波在各种介质中的传播速度不同,声波的传播速度可以用近似公式表示如下:

$$C=\sqrt{\frac{E}{\rho}} \tag{4-1}$$

式中,E 和 ρ 分别为介质的弹性模量和密度。

对于海水来讲,在 0℃时,$E=2.15\times10^9\mathrm{N/m^2}$,$\rho=1020\mathrm{kg/m^2}$,由此得 $C=1425\mathrm{m/s}$。在实际工作中,实测体积弹性模量是十分麻烦的,因而,在测求海水声速时,可用仪器直接测量或者用经验公式计算。用声速仪直接测量可以适时地获得当时当地的声速，有利于实施测量自动化，但需要专用仪器和设备。运用经验公式进行计算，首先必须获得影响水中声速的各种因素的数值，然后再运用声速与各因素之间的确切的函数表达式，即经验公式进行计算。目前在工程上应用较多的经验公式是

$$C=1449.2+4.6t-0.055t^2+0.00029t^3+(1.34-0.010t)(S-35)+0.168P \tag{4-2}$$

式中，t 为温度(℃)；S 为盐度(‰)；P 为静水压力(标准大气压)。

由公式(4-2)可知，声速随着水介质的温度、盐度及静水压力增加而增加。当海水温度在0℃、海水盐度在35‰附近时，海水温度每上升1℃，声速增加4.6m/s；盐度每变化1‰，声速变化1.34m/s；静压力增加一个大气压(相当水深增加10m)，声速增加0.168m/s。不难看出，对声速影响最大的是海水温度的变化。而海水的温度、盐度和静水压力又是随海区、深度、时间而变化，因此，在测定海底地形时，必须同时对声速进行测定。

4.2.3 回声测深原理

回声测深是利用声波在水中的传播特性测量水体深度的技术。声波在均匀介质中作匀速直线传播，在不同界面上产生反射，利用这一原理选择对水的穿透能力最佳，频率在1500Hz附近的超声波，在海面垂直向海底发射声信号，并记录从声波发射到信号由水底返回的时间间隔，通过模拟或直接计算测定水体的深度。如图4-2所示，安装在测量船下的发射机换能器，垂直向水下发射一定频率的声波脉冲，以声速 C 在水中传播到水底，经反射或散射返回后被接收机换能器所接收。设自发射脉冲声波的瞬时起至接收换能器收到水底回波时间为 t，换能器的吃水深度为 D，则水深 H 为

$$H=Z+D=\frac{1}{2}Ct+D \tag{4-3}$$

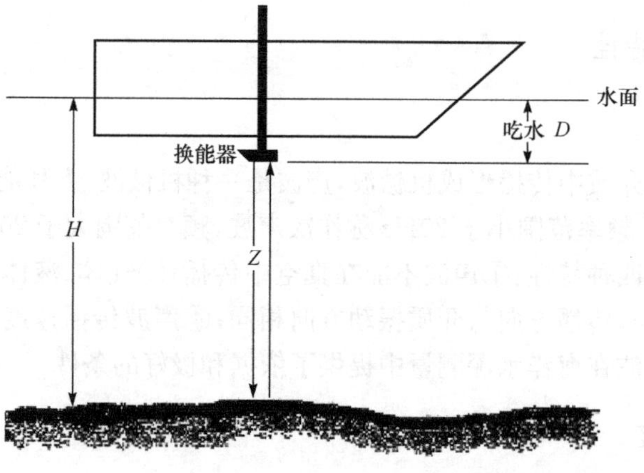

图4-2 回声测深原理图

4.3 单波束测深技术

4.3.1 回声测深仪

回声测深仪由发射机、接收机、发射换能器、接收换能器、显示设备和电源部分组成，如图4-3所示。

发射机在中央控制器的控制下周期性地产生一定频率、一定脉冲宽度、一定电功率的电振荡脉冲，由发射换能器按一定周期向海水中辐射。发射机一般由振荡电路、脉冲产生电路、功放电路组成。

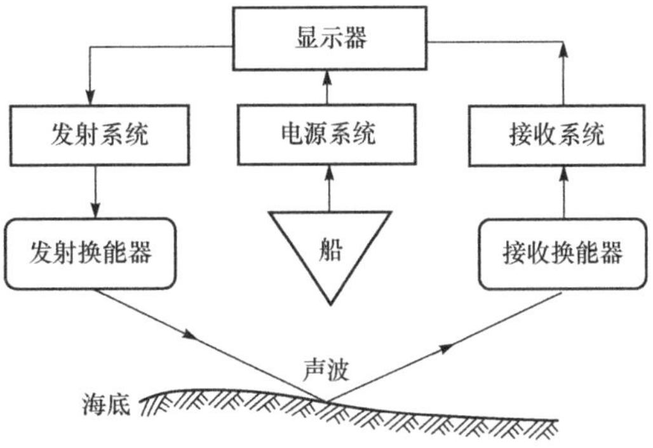

图 4-3 回声测深仪组成

接收机将换能器接收的微弱回波信号进行检测放大，经处理后送入显示设备。在接收机回路中采用了现代相关检测技术和归一化技术、回波信号自动鉴别电路、回波水深抗干扰电路启动增益电路、时控放大电路，使放大后的回波信号能满足各种显示设备的需要。

发射换能器是一个将电能转换成机械能，再由机械能通过弹性介质转换成声能的电—声转换装置。它将发射机每隔一定时间间隔送来的有一定脉冲宽度、一定振荡频率和一定功率的电振荡脉冲，转换成机械振动并推动水介质以一定的波束角向水中辐射声波脉冲。

接收换能器是一个将声能转换成电能的声—电转换装置。它可以将接收的声波回波信号转变为电信号，然后再送到接收机进行信号放大和处理。现在许多水声仪器都采用发射与接收合为一体的换能器。

为防止发射时产生的大功率电脉冲信号损坏接收机，通常在发射机、接收机和换能器之间设置一个自动转换电路。当发射时，将换能器与发射机接通供发射声波用；当接收时，将换能器与接收机接近，切断与发射机的联系供接收声波用。显示设备直观地显示所测得的水深值，目前常用的显示设备有指示器式、记录器式、数字显示式、数字打印等。显示设备的另一功能是产生周期性的同步控制信号，控制与协调整机的工作。电源部分主要为全套仪器提供所需要的各种电源。

自单波束回声测深仪发明以来，这一划时代的测量工具被广泛应用于海洋测量，获得大量的过去未知海域的资料。回声测深仪按照频率分为单频测深仪和双频测深仪。单频测深仪仅发射一个频率的超声波，以测量海面到海底表面之间的垂直距离，即水深。双频测深仪换能器垂直向水下发射高、低频声脉冲，由于低频声脉冲具有较强的穿透性，因而可以打到海底硬质层，获得深度 H_{lf}；高频声脉冲仅能打到海底沉积物表层，获得水深 H_{hf}，两个脉冲所得深度之差便是淤泥厚度 Δh。

$$\Delta h = H_{lf} - H_{hf} \tag{4-4}$$

根据换能器的发射声波的个数、声波发射方向以及换能器安置方式不同，测深仪分为单波束测深仪、四波束测深仪、多波束测深仪、侧扫声呐等类型。

4.3.2 单波束回声测深改正

1. 回声测深改正

单波束测深就是测深仪器在一个测深周期内仅发射一个声脉冲。安装在测量船下的发射机换能器，垂直向水下发射一定频率的声波脉冲，在水中传播到水底，经反射或散射返回，被接收机换能器所接收。记录声波发射到接收的时间间隔，根据声速值就可测得换能器底部到水底的深度。

单波束测深仪测得的水深值是换能器至水底的深度值。由于回声测深仪设计转速、声速与实际的转速、声速不同，以及换能器安装等原因，还需要对其进行改正。回声测深仪总改正数的求取方法主要有水文资料法和校对法。前者适用于水深大于20m的水深测量，后者适用于小于20m的水深测量。水文资料法改正包括吃水改正、转速改正及声速改正。

1）吃水改正 ΔHb

测深仪换能器有两种安装方式，一种是固定式安装，即将体积较大的换能器固定安装在船底；另一种是便携式安装，即将体积较小的换能器进行悬挂式安装。无论哪种换能器，都安装在水面下一定的距离，如图4-4所示。由水面至换能器底面的垂直距离称为换能器吃水改正数 ΔH_b。若 H 为水面至水底的深度，H_S 为换能器底面至水底的深度，则 ΔH_b 为

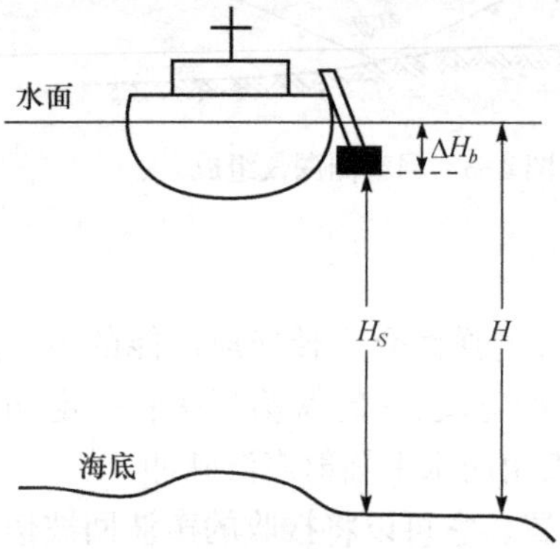

图4-4　换能器吃水改正

$$\Delta H_b = H - H_S \tag{4-5}$$

2）转速改正 ΔH_n

转速改正面是由于测深仪的实际转速 n_s 不等于设计转速 n_0 所造成的。记录器记录的水深是由记录针移动的速度与回波时间所决定的。当转速变化时，则记录的水深也将改变，从而产生转速误差。转速改正数 ΔH_n 为

$$\Delta H_n = H_S\left(\frac{n_0}{n_s} - 1\right) \tag{4-6}$$

3）声速改正 ΔH_c

声速改正是因为输入到测深中的声速 C_m 不等于实际声速 C_0 造成的测深误差。

$$\Delta H_c = H_S\left(\frac{C_0}{C_m} - 1\right) \tag{4-7}$$

综上所述，测深仪总改正数：

$$\Delta H = \Delta H_b + \Delta H_n + \Delta H_c \tag{4-8}$$

在式(4-8)三项改正中，声速改正数对总改正数影响最大。以上改正方法为水文资料法，一般用于大于20m水深的海区。

浅海区适宜用校对法求测深仪总改正数。校对法同声速比对法是用检查板、水听器等，置于换能器下方一定深度 H 处，与测深仪在当时当地的实测深度 H_p 作比较，其差值 ΔH 即为测深仪总改正数。当应用比对法设置声速进行水深测量时，测深值不需要施加声速改正。若要将海底点的瞬时水深归算为相对某一垂直基准的绝对高程或水深，则需要进行水位(潮汐)改正，即水深测量归算，将在下一节介绍。

2. 海水中声速测定

根据回声测深原理，理论深度 $H_m = \frac{1}{2}C_m t$ 中，C_m 指沿着测深水柱的声速。但实际测深仪测深 $H_p = \frac{1}{2}C_p t$ 中，C_p 采用的是测深仪设置的常数声速值。通常称 H_m 为真水深，H_p 为实测水深。因此，

$$H_m = H_p \frac{C_m}{C_p} \tag{4-9}$$

测深值必须进行改正，其改正数：

$$\Delta H = H_p \left(\frac{C_m - C_p}{C_p} \right) \tag{4-10}$$

海水声速是个非常重要的参数，它是精确测得准确水深的关键。测深精度与深度有关，试验证明要使测深精度达到1%，则声速测量误差不应超过0.25%，即为4m/s。为满足测深精度要求，必须精确测定声速值。水深测量中，声速的主要测量方法有以下三种。

1）深度比对法

深度比对法就是用检查板、金属杆、水听器等，置于换能器下方一定深度处（如5m、10m、15m、20m）实测其准确深度（一般带刻度缆绳），如图4-5所示。根据准确深度调整测深仪声速，使测深仪测得深度等于准确深度。这样就可获得较准确的声速值。

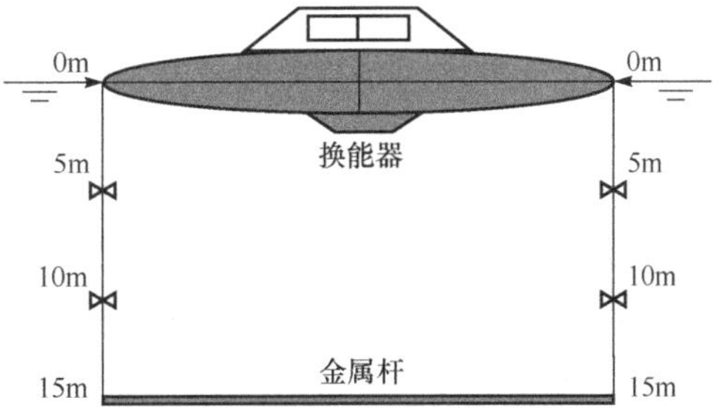

图4-5　深度对比法测声速示意图

当利用回声测深仪在浅海地区进行测量时，为了获得精度较高的测深值，需要经常用深度比对法测定声速。

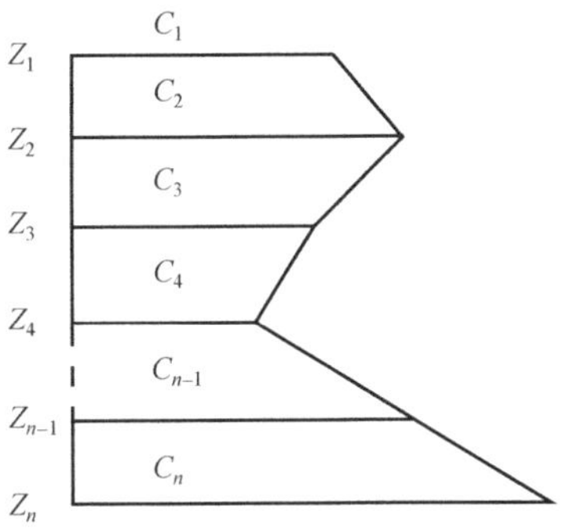

图4-6　声波速度计测速示意图

2）声波速度计直接测定

声波速度计是一种声学仪器，在已知长度的发射器和接收器之间测量短声脉冲传播的时间，计算声波的传播速度。声波速度计可直接测定水深任一点的声速值。

如图4-6所示，如果声波速度计分别放置在某测线的几个已知深度的点上（$Z_1, Z_2, \cdots, Z_n$），那么每点可以测得一个声速值，则水柱的平均声速就按分段测量法计算：

$$C_m = \frac{\sum \frac{1}{2}(C_i + C_{i+1})(Z_{i+1} - Z_i)}{Z_n - Z_1}$$

3）解析法

由于声速是温度、盐度和静水压力的函数，许多学者通过试验发表了不同的经验公式。我国一般采用以下经验公式

$$C_m = 1449.2 + 4.6T - 0.055T^2 + 0.00029T^3 + (1.34 - 0.01T)(S - 35) + 0.017D \tag{4-11}$$

实际工作中，一般根据温度的变化把水柱分成不同的水层，利用加权平均值进行计算。例如，一个160m的水柱，按温度变化分成3层，计算见表4-1，结果为C_m=1475m/s。

表 4-1　160m H_2O 声速加权平均值计算表

层次/m	水柱长度/m	温度/℃	盐度/‰	声速/(m/s)
0～10	10	18	30	1507.4
10～40	30	12	31	1489.0
40～160	120	6	33	1468.8
加权平均值	$\frac{(1507.4\times10)+(1489.0\times30)+(1468.8\times120)}{160}=1475\text{m/s}$			

4.3.3　测深数据归算

通常所指的水深是指海面到海底的垂直距离。但是在海洋测量中因为受潮汐、海流、风浪等多种因素的影响，海面处于动荡不定的状态，尤其是受潮汐的影响，海面随时在升降。高潮和低潮之差，小的差 1～2m，大的差 10～20m。因此，海洋测量外业测得的水深只是当时当地的瞬时深度。同一地点、不同时间测得的水深是不一样的。

水深测量归算是将测得的瞬时深度转化为一定深度基准面上稳定数据的过程，是海道测量测深数据处理的一项重要工作。水位改正的目的是尽可能消除测深数据中的海洋潮汐影响，将测深数据转化为以当地深度基准面为基准的水深数据。针对海道测量而言，在实际测量过程中不可能观测测区内每一点的潮汐变化。因此，水位观测过程中采用以点带面的水位改正方法，这在一定区域(验潮站有效范围)内符合潮汐变化规律。通过实际和理论已验证，在验潮站有效范围内，验潮站的水位变化可以代表此区域的潮汐变化且能满足测量精度要求。因此，在海道测量工作中反演出多种水位改正方法，如单站水位改正法、线性内插法、水位分带法、时差法等。当然，每一种方法都有其假设条件。所以，在具体实施海道测量时应根据实际情况选择合适的改正方法。

1. 单站水位改正法

当测区处于一个验潮站的有效范围内，可用该站的水位资料来进行水位改正。如图 4-7 所示，$\Delta Z_{水}$ 表示水位改正(从深度基准面起算的潮高)，$Z_{测}$ 表示测得的瞬时水深值，则图载水深 $Z_{图}$(从深度基准面起算的水深)为

$$Z_{图}=Z_{测}-\Delta Z_{水} \tag{4-12}$$

为了求得不同时刻的水位改正数，一般采用图解法和解析法。图解法就是绘制水位曲线图(以转换到深度基准面上的水位观测数据为节点连接而成的光滑曲线)，以横坐标表示时间，纵坐标表示水位改正数，如图 4-8 所示，可求得任意时刻的水位改正数。

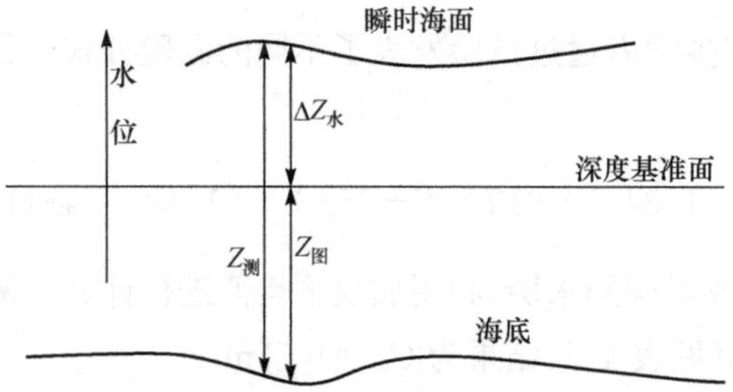

图 4-7　水位改正图解

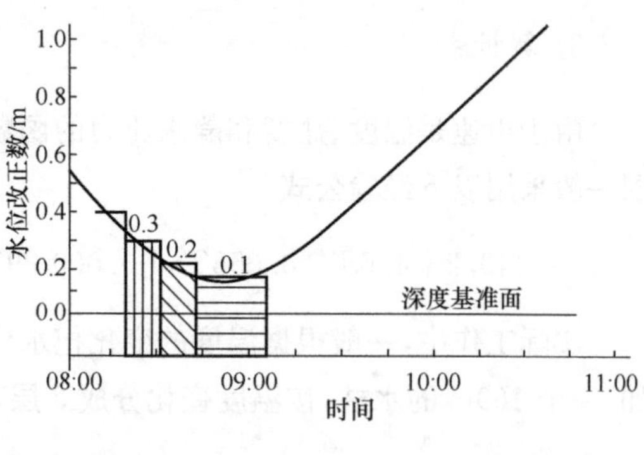

图 4-8　单站图解法水位改正示意图

解析法就是利用计算机以观测数据为采样点(结点)进行多项式内插来求得测量时间段内任意时刻的水位改正数的方法。常用的内插方法有抛物线插值、二次样条插值等。这里以回归内插法为例简要介绍。

回归内插水位改正的原理是指在时间间隔($\Delta t = t_2 - t_1$)内潮汐的变化遵循于一条规则曲线,该曲线可用多项式或样条函数来表达。即

$$Z(t) = b_0 + b_1 t + b_2 t^2 + b_3 t^3 + b_4 t^4 \tag{4-13}$$

当潮汐观测值多余 5 个时,利用最小二乘法可以求出式中的系数 b_0、b_1、b_2、b_3、b_4,对于某时刻 $t(t \in [t_1, t_2])$的潮汐值可通过上式拟合获得。在经过大量计算的基础上发现最小二乘拟合插值计算结果的方差较小且稳定,并且多项式的次数为 4,节点数七八个为最佳。

2. 线性内插法

如图 4-9 所示,当测区位于 A、B 两验潮站之间,且超出两站的有效控制范围时,对测区内各点的任意时刻水位改正方法一般为:一是在海区设计时增加验潮站的数量(由于此法耗费太多的人力、物力,不是在特别要求的情况下一般不用此法);二是在一定条件下,根据 A,B 两站的观测资料对控制不到的区域进行线性内插。

线性内插法的假设前提是两站之间的瞬时海面为直线形态。此法也同样适用三站的情形,如图 4-9所示。其基本数学模型为

两站水位改正数模:

$$Z_X = Z_A + \frac{D(Z_B - Z_A)}{S} \tag{4-14}$$

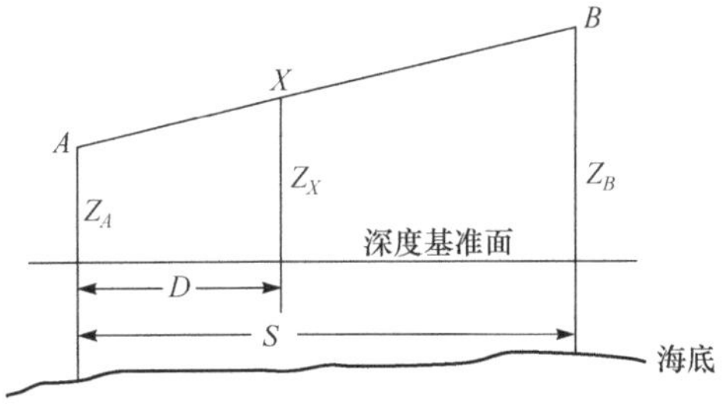

图 4-9　两战线性内插示意图

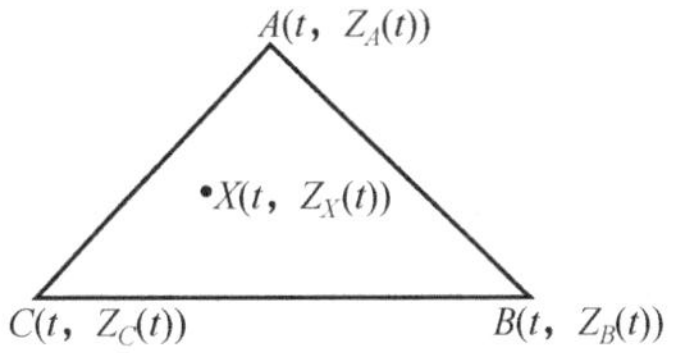

图 4-10　三站水位改正示意图

三站水位改正数模:

$$\begin{vmatrix} x - x_A & y - y_A & Z_X(t) - Z_A(t) \\ x_B - x_A & y_B - y_A & Z_B(t) - Z_A(t) \\ x_C - x_A & y_C - y_A & Z_C(t) - Z_A(t) \end{vmatrix} = 0 \tag{4-15}$$

式中,Z_i 为对应 i 点某时刻的水位值(换算到深度基准面上的值);(x_i, y_i)为对应 i 点的平面坐标。

3. 水位分带改正法(分带法)

水位分带改正法又分为两站水位分带改正、三站水位分带改正(又称三角分带)。

1) 两站水位分带改正法

如图 4-11 所示,水位分带的实质是由内插法求得 C、D 区的水位改正数,其与线性内插法不同。分带所依据的假设条件是:两站之间潮波传播均匀,潮高和潮时的变化与其距离成比例。确切地讲,是要求两站间的同相潮时和同潮潮高的变化与距离成比例。

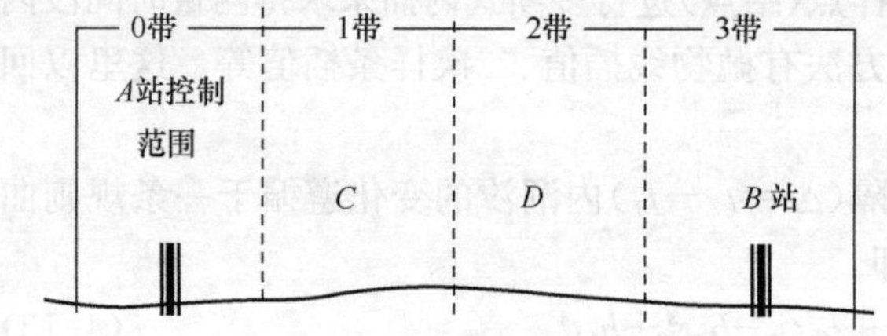

图 4-11　验潮站的控制区域

分带条件：①当测区有潮波图时，可以判断主要分潮的潮波传播是否均匀来确定分带与否。②若测区无潮波图时，可根据海区自然地理（海底地貌、海岸形状等）条件，以及潮流等因素加以分析。一般而言，潮波经过岛屿、海角等地区，变形较大，分带应特别注意。若没有把握，则应设立验潮站。

当然，实际潮波在沿岸区域很难达到真正传播均匀，只是相对而言。当两站距离较近，当地的地理条件对潮波自由传播影响不大时，可以认为潮波传播均匀。否则，应设站检验。

(1) 分带的基本原则：分带的界线方向与潮波传播方向垂直。

(2) 分带原理：具体分为几带由具体情况决定。两验潮站之间的水位分带数由下式确定

$$K=\frac{\Delta\zeta}{\delta z} \tag{4-16}$$

式中，K 为分带数；δz 为测深精度；$\Delta\zeta$ 为两验潮站深度基准面重叠时，同一时刻两验潮站间的最大水位差。

分带时，相临带的水位改正数最大差值不超过测深精度 δz。根据某时刻 A 或 B 站的水位数就可以推算出 C、D 带内某时刻的水位改正数。如图 4-11 所示，给出了 $K=3$ 时的情形。

2) 三站水位带改正法（又称三角分带法）

分带原则、条件、假设与两站水位分带改正法基本相同，其主要是为了加强潮波传播垂直方向的控制，需采用三站水位分带改正法。

如图 4-12 所示，其基本原理为：先进行两两站之间的水位分带，在计算分带时应注意使其闭合。这样在每一带的两端都有一条水位曲线控制（求法与前述相同）。如在第Ⅱ带，一端为 C 站的水位曲线，另一端为 A、B 边的第 2 带的水位曲线。若两端水位曲线同一时刻的 $\Delta\zeta$ 值大于测深精度 δz，则该带还需分区。图 4-12 中，分区数为 2，各区分别为 $Ⅱ_0$、$Ⅱ_1$ 和 $Ⅱ_2$；$Ⅱ_1$ 水位曲线就是由 C 站和 AB 边的第 2 带的水位曲线内插获得的。

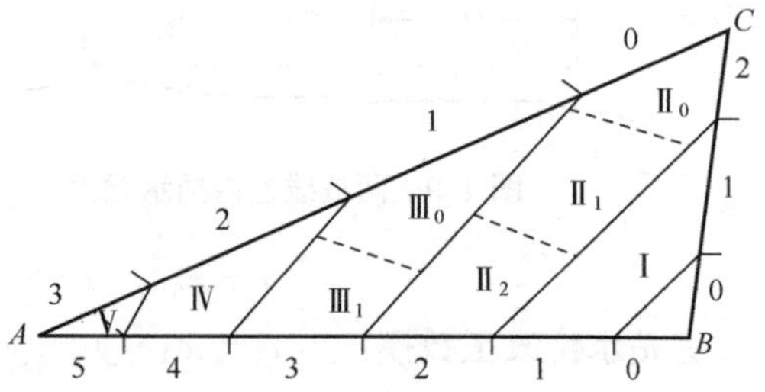

图 4-12　三站分带示意图

以上介绍的两站和三站分带水位改正法为水位分带的图解法。在实际应用过程中，可以根据基本原理利用计算机进行编程计算，关于这方面的内容不再赘述。另外，对于大范围测区，验潮站的数量可能多于 3 个，其水位改正方法则变成以两站、三站分带为基本水位改正单位，联结成改正网，再分带、分区进行任意时刻的水位改正。

4. 时差法

时差法水位改正是水位分带改正法的合理改进和补充。其所依赖的假设条件与水位分带改正法所依赖的假设条件相同：两验潮站之间的潮波传播均匀，潮高和潮时的变化与其距离成比例。

时差法是在上述假设的前提下，运用数字信号处理技术中互相关函数的变化特性，将两个验潮站 A、B 的水位视作信号，这样研究 A、B 站的水位曲线问题就转化为研究两信号的波形问题，通过对两信号波形的研究求得两信号之间的时差，进而求得两个验潮站的潮时差，以及待求点相对于验潮站的时差，并通过时间归化，最后求出待求点的水位改正值。

1）两个验潮站的潮时差求解

若 A、B 两站在时间段 $[N_1, N_2]$ 进行同步观测（水位采样），两站的水位采样值分别为与时间相关的序列 $X_1, X_2, X_3, \cdots, X_n$ 和 $Y_1, Y_2, Y_3, \cdots, Y_n$，依次作出两站的水位曲线。如图 4-13 所示。

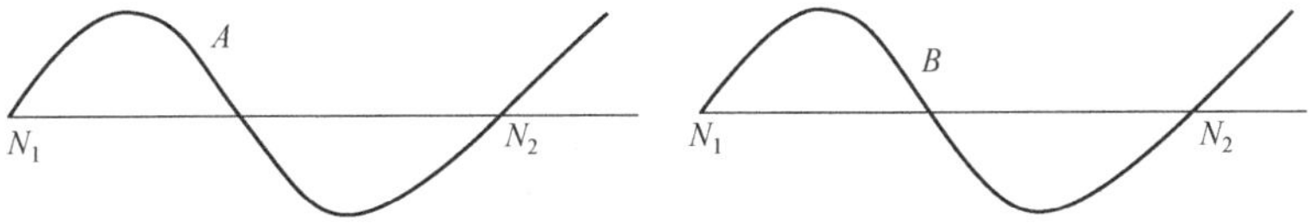

图 4-13 两验潮站的水位变化曲线

首先，在进行改正前，探讨两站水位曲线的相似程度。从离散数学原理可知，两曲线的相似程度是由一定采样值的相关系数决定。相关系数 R 公式为

$$\frac{Q}{\dfrac{1}{N_2 - N_1 + 1}\sum_{n=N_1}^{N_2} X_n^2} = 1 - R_{xy}^2(N_1, N_2) \tag{4-17}$$

$$R_{xy}^2(N_1, N_2) = \frac{\sum_{n=N_1}^{N_2} X_n Y_n}{\sqrt{\sum_{n=N_1}^{N_2} X_n^2 \sum_{n=N_1}^{N_2} Y_n^2}} \tag{4-18}$$

$|R|$ 接近 1 时，两曲线就越相似；$|R|$ 接近 0 时，两曲线就不相似。所以，R 的大小是 X_n 与 Y_n 相似程度的度量。一般进行数学计算时，对水位曲线离散化处理。

由于两验潮站之间存在或大或小的潮时差，要确定两验潮站水位曲线的相似性则还必须对其中一站的水位曲线进行延时处理，即研究在时移中 X_n 与 Y_n 的相似性。这里把 Y_n 延时 τ，使之变为 $Y_{n-\tau}$。

X_n 与 $Y_{n-\tau}$ 的相关系数为 $R_{xy}(\tau)$，是 τ 的函数，又称为 X_n 与 Y_n 的互相关函数。

$$R_{xy}(\tau) = \frac{\sum X_n Y_{n-\tau}}{\sqrt{\sum X_n^2 \sum Y_{n-\tau}^2}} \tag{4-19}$$

其次，针对不同的 τ，$R_{xy}(\tau)$ 也不同，当 τ 为某一个值 τ_0，$R_{xy}(\tau)$ 达到最大值，也说明 Y_n 延时时间 τ_0 后与 X_n 最相似。实际上 τ_0 就是两曲线的相似时差，也就是 A，B 两验潮站的潮时差。可以看出，τ_0 的求解过程是一个迭代计算过程。

同样对于三个验潮站的情形，如图 4-12 所示的 A，B，C 中，可以利用上述方法，求得它们彼此间的潮时差。若以 A 站为基准，则建立 $xy\tau$ 空间直角坐标系（x、y 为验潮站的坐标），有 $A(X_A, Y_A, 0)$，$B(X_B, Y_B, \tau_B)$，$C(X_C, Y_C, \tau_C)$。

根据方法的假设条件，三个验潮站中的任意一点 $P(X_P, Y_P, \tau_P)$ 必位于上述 A，B，C 三点组成的空间平面上，可以得到任意一点 P 的时间延时 τ_P 为

$$\tau_P=\frac{\{(X_P-X_A)[(Y_C-Y_A)\tau_B-(Y_B-Y_A)\tau_C]+(Y_P-Y_A)[(X_B-X_A)\tau_C-(X_C-X_A)\tau_B]\}}{(X_B-X_A)(Y_C-Y_A)-(Y_B-Y_A)(X_C-X_A)} \tag{4-20}$$

2）任意点水位改正数求解

由于上面求得的时间延时 τ_B,τ_C,τ_P 均以 A 点为基准，欲求待定点 P 的 t 时刻的改正数，则需将时间 t_B,t_C,t_P 改化为与待定点 P 为 t 时刻相对应的时间，转化公式为

$$\left.\begin{aligned}t_A&=t+\tau_P\\t_B&=t+\tau_P-\tau_B\\t_C&=t+\tau_P-\tau_C\end{aligned}\right\} \tag{4-21}$$

根据 t_A,t_B,t_C 可分别求出对应时刻 A,B,C 各站从深度基准面起算的水位值。计算时，对于定点站用预报值，对于沿岸站用水位插值。最后将各站水位值归算到深度基准面上的水位值 ζ_A,ζ_B,ζ_C。同样可建立 $xy\zeta$ 空间直角坐标系，三站坐标为 $A(X_A,Y_A,\zeta_A)$、$B(X_B,Y_B,\zeta_B)$，$C(X_C,Y_C,\zeta_C)$。

根据方法的假设条件，3 个验潮站中的任意一点 $P(X_P,Y_P,\zeta_P)$ 必位于上述 A,B,C 三点组成的空间平面上，可以得到任意 P 点 t 时刻的水位改正值 ζ_P 为

$$\begin{aligned}\zeta_P=\xi_A&+\frac{(X_P-X_A)[(Y_C-Y_A)(\zeta_B-\zeta_A)-(Y_B-Y_A)(\zeta_C-\zeta_A)]}{(X_B-X_A)(Y_C-Y_A)-(Y_B-Y_A)(X_C-X_A)}\\&+\frac{(Y_P-Y_A)[(X_B-X_A)(\zeta_C-\zeta_A)-(X_C-X_A)(\zeta_B-\zeta_A)]}{(X_B-X_A)(Y_C-Y_A)-(Y_B-Y_A)(X_C-X_A)}\end{aligned} \tag{4-22}$$

实际应用时可将此法编程进行计算，既方便、快速，精度又较高。

5. 参数法

参数法直接从潮汐水位曲线的整体变化入手，采用最小二乘拟合逼近技术，不仅求出两验潮站的潮时差，还求出了两验潮站的潮差比和基准面偏差，并将分带法的所有假设都体现在一组完整的数学模型公式之中。这组数学模型更逼真地体现了分带法，并且在理论假设概念上和计算技术方法上都做了改进，是一组完善的水位改正模型。

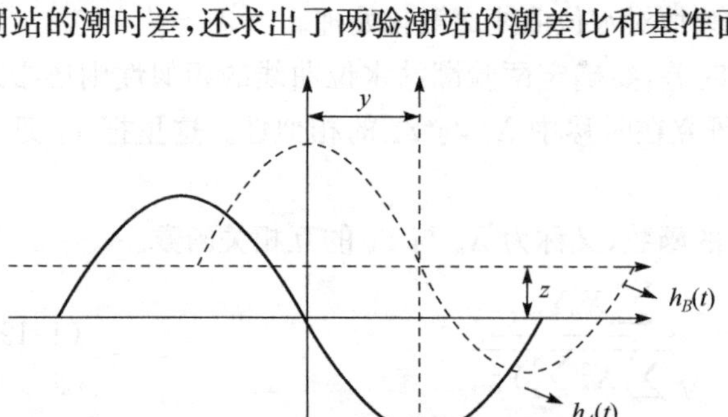

图 4-14　两水位曲线比较示意图

基本原理：令所取 A,B 两站的水位观测值为整点观测值 $h_A(i)$、$h_B(i)$，则同步观测 N 天，便有 $24\times N$ 个观测值。如图 4-14 所示，两组观测值可画成两条水位曲线，将两曲线移动，并适当放大或缩小，使两个水位曲线吻合。则建立的数学模型为

$$h_B=xh_A(t+y)+z \tag{4-23}$$

式中，x 为垂直比例系数，表示两站间的潮差比（潮高比）；y 为水平延迟系数，表示两站间的潮时差；z 为基准面偏差。

将上式改为计算的离散化格式：

$$h_B(i)=xh_A(i+y)+z \qquad (1\leqslant i\leqslant 24\times N) \tag{4-24}$$

式(4-24)中因 y 为非线性，故需给定初始值(x_0，y_0，z_0)进行线性化，并用 Δx、Δy、Δz 表示改正数，根据最小二乘原理：

$$\begin{pmatrix}\Delta x\\ \Delta y\\ \Delta z\end{pmatrix}=(\boldsymbol{F}^{\mathrm{T}}\boldsymbol{F})^{-1}\boldsymbol{F}^{\mathrm{T}}L \tag{4-25}$$

式中，$\boldsymbol{F}$ 为设计矩阵，第 i 行元素为 $\left(h_A(i+y),x\dfrac{\partial h_A(i+y)}{\partial y},1\right)(i=1,2,\cdots,24\times N)$；$\boldsymbol{L}$ 为闭合差矩阵，第 i 行元素为 $\boldsymbol{L}_i=h_B(i)-[xh_A(i+y)+z]\quad(i=1,2,\cdots,24\times N)$。

解出 Δx、Δy、Δz 后，可得关系值：

$$\begin{pmatrix}x\\ y\\ z\end{pmatrix}=\begin{pmatrix}x_0\\ y_0\\ z_0\end{pmatrix}+\begin{pmatrix}\Delta x\\ \Delta y\\ \Delta z\end{pmatrix} \tag{4-26}$$

这样可以通过计算程序同时计算出两验潮站的潮时差、潮差比和基准面偏差，此法求的结果快，非常适用于数据的自动化处理。

4.3.4 短期验潮站平均海面的确定

1. 平均海面

海水面是时刻变化着的，有相对平静的潮起潮落，也有汹涌澎湃的涌潮。平均海面也称"平均海水面"，是指某海域在一定时期内海水面的平均位置。通常由某验潮站相应期间内每小时的潮位观测记录数据计算求得。根据所取时间长度不同，可分为日平均海面、月平均海面、年平均海面和多年平均海面。日平均海面是用近于一天的资料来计算，一般利用25h的观测记录计算。计算方法有多种，最简单的是将一天观测值取简单的平均值，它可以去掉全回潮和半日潮的影响。月平均海面是一个月的日平均海面的平均值，它可以削弱半月潮和月潮的影响。年平均海面是月平均海面的平均值，可削弱月平均海面的季节变化。年平均海面变化较小，但因为产生引潮力的日、月等主要天体运动的影响，各年的年平均海面仍有差异，这种差异可以用多年平均海面来削弱，通常用月球升交运动周期(18.6年)的年数的多年平均海面。

平均海面是陆地高程和海域岛屿、明礁等高度的起算面，是建立高程系统的基础。由于各国选取的平均海水面不同，全球高程系统是不统一的。例如，我国以青岛验潮站多年观测水位的平均值作为基准，日本以东京灵岸岛验潮站多年观测水位的平均值作为基准，欧洲地区以阿姆斯特丹验潮站多年观测水位的平均值作为基准，而美国以波特兰验潮站多年观测水位的平均值作为基准。平均海水面的高度，每日、每月、每年都不一样。

不同时间测得的水深无法进行对比。为了在不同时间测得的不同地点的水深有一个可比性，必须确定一个统一的基准面，这就是海洋测量中的深度基准面。在无潮海(即潮汐很小的海，如波罗的海)，通常以平均海面作为深度基准面。但是，在有潮海，因为潮汐较大，如果用平均海面作深度基准面，高潮时此面被淹没，低潮时露出；低潮时实际水深小于海图上的水深，此时按海图上的水深航行，船就可能要触礁、搁浅，对航行很不安全。因此，我国以理论最低潮面作为海洋深度基准面。

2. 短期验潮站平均海面的确定

短期验潮站，是指根据局部水域水下测量的需要而临时设置的验潮站。根据长期验潮站的观测资料统计分析，采用一个月的验潮资料计算平均海面，将有 20～50cm 的误差。为此，可以假设视外界条件基本相同的海区，其平均海面的日变化、月变化和年变化规律基本上是一致的。这样，把邻近的长期验潮站的多年平均海面，通过一定方法联测到短期验潮站确定平均海面。

1）水准联测法

如图 4-15 所示，若通过水准测量求得 A、B 之间的高差为 Δh，那么临时验潮站多年平均海面在水准点 B 下的高度为

$$h_2=h_1+\Delta h \tag{4-27}$$

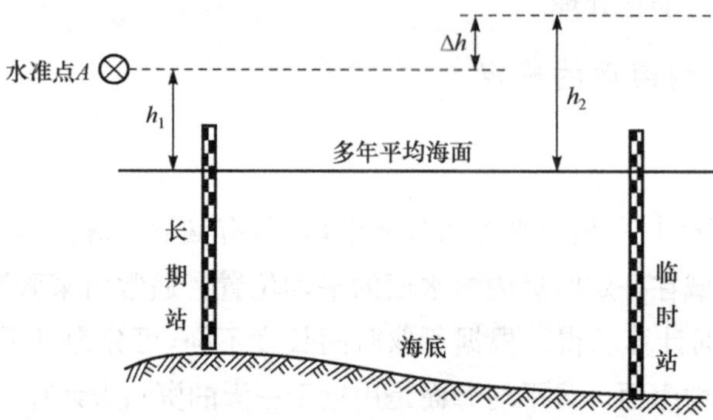

图 4-15　水准联测法示意图

2）同步改正法

同步改正方法是让长期验潮站和短期验潮站同步观测潮汐，求出短期平均海面在两站水位零点以上的高度，然后将长期验潮站多年平均海面转换为短期验潮站的多年平均海面，如图 4-16 所示。

已知长期验潮站的多年平均海面和同步观测求得短期平均海面之差 Δh 为

$$\Delta h=h_1-h_2 \tag{4-28}$$

如在同步观测期间（图 4-16），短期验潮站的短期平均海面在其验潮站零点的高度为 h_3，那么短期验潮站的多年平均海面在该验潮站零点上的高度为

$$h=h_3+\Delta h \tag{4-29}$$

若短期验潮站附近有两个或两个以上的长期验潮站，则可以采用同步观测资料取权中数的方法求得短期站的多年平均海面。

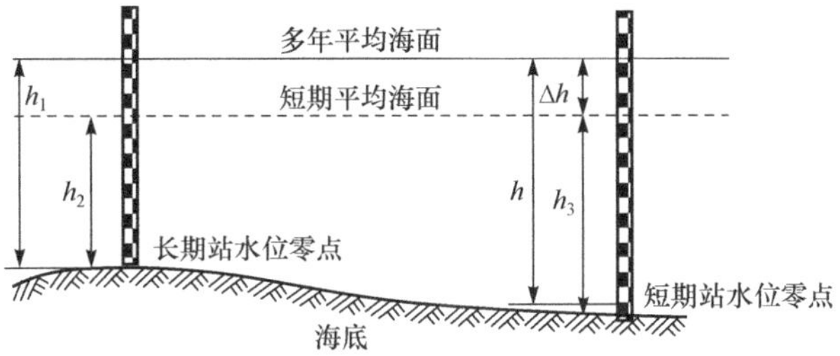

图 4-16　同步改正原理

4.4　多波束测深技术

单波束测深仪能够完成沿航迹线上的断面测量，其测深数据的分布特点是沿航迹线数据密集，而在测线间隔内没有数据。在单波束测深数据处理成图过程中，均采用数据格网化内插的方法来预估测线间数据空白区的水深情况。而数据格网化内插的方法存在着自身无法克服的缺陷：一是无法探测到尺度小于测线间隔的微地形，这就使得可能存在的海底障碍物不能被探测到，给航运等带来安全隐患；二是通过格网化内插不仅会增加假地形，而且也会使测线上已经探测到的小尺度微地形因内插平滑而受到歪曲、夸大，不能达到探测区域的全覆盖，这就使得可能存在的海底障碍物不能被探测到，给航运等带来安全隐患。为解决此问题，在港口与航道，通常要实施全覆盖扫测，以确保不遗漏水下潜点。

此外，单波束测深仪的波束角不能太小，否则会直接影响回波接收效果(特别是在海况差的情况下会丢失信号)；但宽波束角在对海底障碍物探测时会产生强烈的波束角效应，影响探测精度，降低海底目标的分辨率，因而无法对水下障碍物情况以及海底精细地貌进行精确探测；即使能够探测到单个孤立的水下目标，也会因自身条件的限制而花费大量的时间。随着人类开发海洋的需求，为了探测海底地貌精细状况并保证适当的海底覆盖率，促进了多波束测深技术和侧扫声呐的产生。

多波束测深是一种条带测深技术。多波束测深系统采用单一换能器(尽管目前商用多波束换能器常常采用收发分离模式)，能一次获取与航向垂直方向上几十个甚至几百个海底点的水深和水平位置数据值，所以它能够精确、快速地测出沿航线一定宽度内水下目标的大小、形状和高度变化，从而比较可靠地绘制出海底地貌的精细特征。

与单波束测深仪不同的是多波束测深系统具有测量范围大、测量效率和精度高等优点，把测深技术从原先的点、线测量扩展到海底面的测量，加入现代计算机技术可进一步达到立体测深和成图，极大地缩短了从探测到成图的作业时间。多波束测深系统为海道测量提供了新型、高效率高覆盖率的探测手段，深刻改变了海洋学科领域的调查研究方式及最终的成果质量。

4.4.1　多波束测深原理

1. 多波束测深空间几何模型

多波束测深是一种基于海底声波散射原理的主动式声呐条带测深技术。多波束测深采用发射、接收指向性正交的两组“T”结构换能器基阵获取一系列垂直航向分布的窄波束。图 4-17 所示为多波束海底声波散射测深模型。假设发射波束相对于地球重力线成 θ 角方向

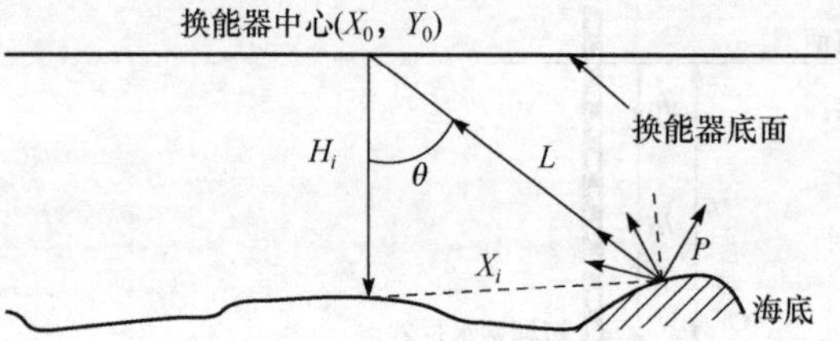

图 4-17 多波束海底声波散射测深模型

入射到海底,入射的声波信号将沿着各个方向散射,其中必有部分声波沿着入射方向反向反射回来。如果我们能接收并测量出这部分反向反射回波信号的时延 Δt,即可计算出反射回波信号的路径长度 L(声程)。

$$L=c\cdot\frac{\Delta t}{2} \tag{4-30}$$

式中,c 表示声速;Δt 表示主动声呐从信号发射到回波到达时刻的时间延迟量。

因此,多波束测量中各波束测深点的空间位置,在忽略声线弯曲的条件下的计算公式为

$$H_i=L_i\cdot\cos\theta_i=\frac{1}{2}C\cdot t_i\cdot\cos\theta_i$$

$$X_i=L_i\cdot\sin\theta_i=\frac{1}{2}C\cdot t_i\cdot\sin\theta_i \tag{4-31}$$

式中,C 为水中平均声速;θ_i 为第 i 个波束的入射角;L_i表示第 i 个波束路径长度;t_i 表示第 i 个波束从发射到接收声波信号之间的时间间隔;H_i 表示第 i 个波束探测得到的水深值;X_i 表示第 i 个波束距多波束换能器中心的水平距离。

如图 4-18 所示,以波束数为 16,波束角 2°×2°的单平面换能器多波束系统为例,探讨多波束系统的测深方法。系统声信号的发射和接收由方向垂直的发射阵和接收阵组成。发射阵平行测量船龙骨方向(船纵向)排列,并呈两侧对称向正下方发射 2°(沿船纵向)×44°(船正横)的扇形脉冲声波。接收阵沿船正横方向排列,但在束控方向上接收方式与发射方式相反,以 20°(沿船纵向)×2°(船正横)的 16 个接收波束角接收来自海底照射面积为 2°(沿船纵向)×20°(船正横)扇区的回波。接收指向性和发射指向性叠加后,形成沿测量船正横方向,两侧对称的 16 个 2°×2°波束。

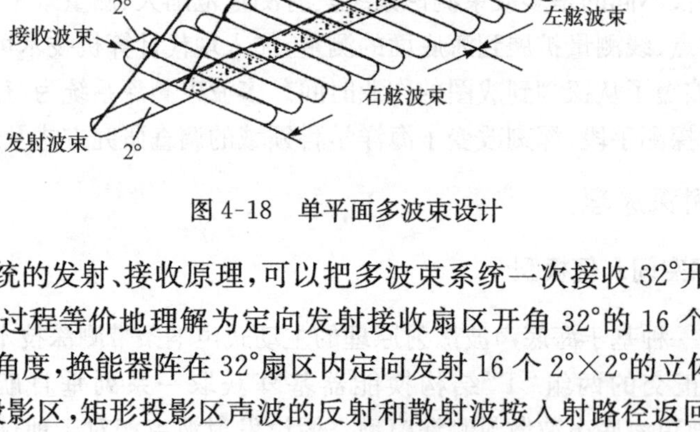

图 4-18 单平面多波束设计

根据多波束系统的发射、接收原理,可以把多波束系统一次接收 32°开角内的回波,获得 16 个定向窄波束的过程等价地理解为定向发射接收扇区开角 32°的 16 个 2°×2°的窄波束。但从发射和接收的角度,换能器阵在 32°扇区内定向发射 16 个 2°×2°的立体角投射海底,在海底形成 16 个矩形投影区,矩形投影区声波的反射和散射波按入射路径返回换能器并被接收、

记录;每一次发射和接收都会得到一系列的换能器下方的海底测深点。

将图 4-17 的俯视图绘成图 4-19,条带扫描方向与航向垂直。设船的航向角为 φ,并定义 X_i 在航向方向的左边时符号为负(－),在航行方向的右边时符号为正(＋),则被测点 $P(x,y)$ 的坐标为

$$\left.\begin{aligned} x&=X_i\cdot\cos\varphi+x_0=L\cdot\sin\theta\cdot\cos\varphi+x_0\\ y&=-X_i\cdot\sin\varphi+y_0=-L\cdot\sin\theta\cdot\sin\varphi+y_0\end{aligned}\right\}\tag{4-32}$$

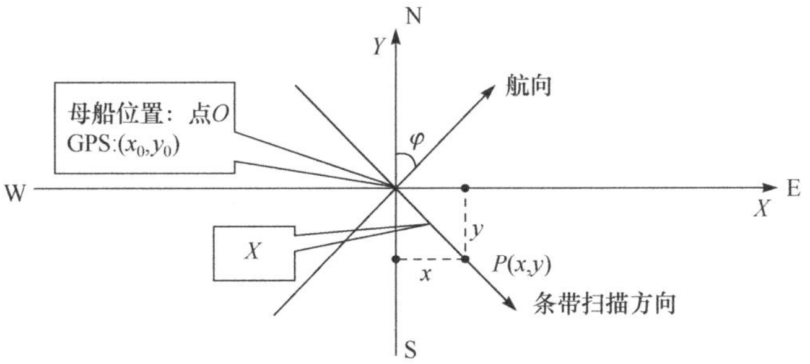

图 4-19 波束测深点的空间位置关系图

其中:(x_0,y_0)为母船位置的坐标,可以通过装在船上的 GPS 系统获得,航向角 φ 可以通过定向辅助设备(如电子罗经)测得。

由式(4-30)～式(4-32)可得

$$\left.\begin{aligned} x_\theta&=c\cdot\frac{\Delta t}{2}\cdot\sin\theta\cdot\cos\varphi+x_0+\tilde{x}(\delta P,\delta\Phi,\delta c,h,p,r)\\ y_\theta&=-c\cdot\frac{\Delta t}{2}\cdot\sin\theta\cdot\sin\varphi+y_0+\tilde{y}(\delta P,\delta\Phi,\delta c,h,p,r)\\ H_\theta&=c\cdot\frac{\Delta t}{2}\cdot\cos\varphi+\tilde{h}(\delta P,\delta\Phi,\delta c,h,p,r)\end{aligned}\right\}\tag{4-33}$$

式中,下标 θ 表示每一组$(x_\theta,y_\theta,H_\theta)$值分别与多波束系统的具体波束对应。这就是多波束条带测深系统的深度与位置测量原理公式。事实上,由于声线声速弯曲 δc、母船位置的定位误差 δP、母船航向的测量误差 $\delta\Phi$、母船的姿态,如横摇 r、纵摇 p 和升沉 h 等均会影响测量结果,作为实际应用的条带测量系统还必须同时考虑这些参量的正确有效修正与补偿。上式中的 $\tilde{x}(\delta c,\delta P,\delta\Phi,h,p,r)$、$\tilde{y}(\delta c,\delta P,\delta\Phi,h,p,r)$和 $\tilde{h}(\delta c,\delta P,\delta\Phi,h,p,r)$即为这些参量的综合修正函数,其复杂的函数形式与测量系统的许多具体结构及安装参数有关。

作为条带测深仪最重要的一项指标就是扫海宽度 W。W 取决于最边缘波束对应的实际水深 H 和最边缘波束所张开的角度 α。即

$$W=2H\tan\left(\frac{\alpha}{2}\right)\tag{4-34}$$

若设计 $\alpha=126.87°$,其间均匀分布着 48 个波束。因此,最大扫海宽度可以达到 4 倍海深,即

$$W\geqslant 4H\tag{4-35}$$

正是由于条带测深仪具有较大的扫海宽度,因此具有很高的扫海测量效率。

2. 多波束形成原理

发射声波的系统称为发射阵。最简单的发射阵发射单波束脉冲声波，一个单波束声波在水中发射后，其传播形式是球形等幅传播，所有方向上的声能相等，称为等方向性传播。发射阵也叫等方向性源。显然，这种声波没有方向性，不能区分来自不同方向同距离的目标，因此，测深时不能采用这种波束。

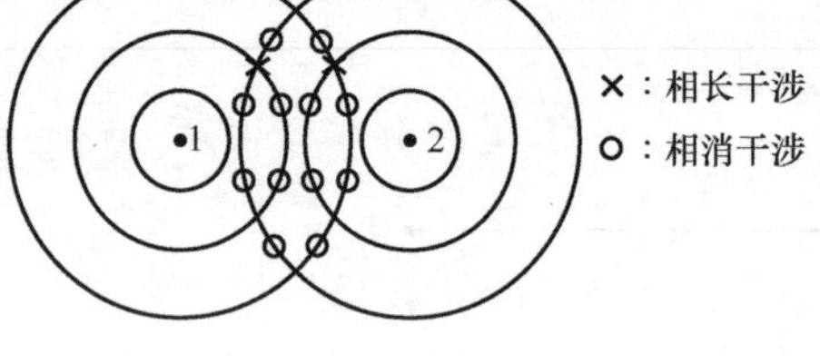

图 4-20　相长干涉和相消干涉形成

依据声学理论，两个相邻的发射器发射相同的等方向性的声信号，声波图将互相重叠和干涉，如图 4-20 所示。两个波峰或者两个波谷之间的叠加会增强波的能量，波峰与波谷的叠加正好互相抵消，能量为零。一般地，相长干涉发生在距离每个发射器相等的点或者整波长处，而相消干涉发生在相距发射器半波长或者整波长加半波长处。显然，水听器需要放置在相长干涉处。因此，可用设计相邻一定间距 d 的发射基阵，产生预定方向上的声波。

一个典型的声呐，基阵的 d(图 4-20 中 1 点、2 点的距离）是 $\lambda/2$(半波长），则相长和相消干涉发生时的点位处于最有利的角度（点位与基阵中心的连线与水平线的夹角），相长干涉 $\theta=0°$，$\theta=180°$，相消干涉 $\theta=90°$，$\theta=270°$。图 4-21 所示是两个发射器间距 $\lambda/2$ 时的波束指向性图，从图上可以清楚地看到能量的分布，不同的角度有不同的能量，这就是波束的指向性。如果一个发射阵的能量分布在狭窄的角度中，就称该系统指向性高。真正的发射阵由多个发射器组成，有直线阵和圆形阵等。

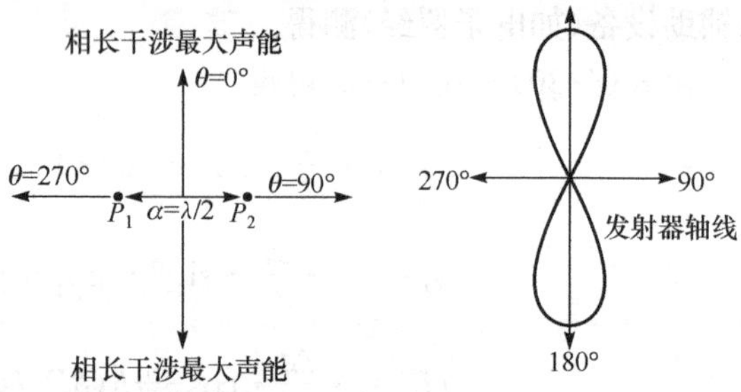

图 4-21　波束指向性图

能量最大的波束叫主瓣，侧边的一些小瓣是旁瓣，也是相长干涉的地方，引起了能量的泄漏。旁瓣还可能引起回波，对主瓣的回波产生干扰。旁瓣是不可避免的，可以通过加权的方法降低旁瓣的水平值，但是加权后旁瓣水平值降低了，波束却展宽了。主瓣的中心轴叫最大响应轴，主瓣半功率处（相对于主瓣能量的 -3dB）相对于发射基阵中心的角度就是波束角。发射器越多，基阵越长，则波束角越小，指向性就越高。设基阵的长度为 D，则波束角为

$$\theta=50.6\times\frac{\lambda}{D} \tag{4-36}$$

可以看出，减小波长或者增大基阵的长度都可以提高波束的指向性。但是，基阵的长度不可能无限增大，而波长越小，在水中衰减得越快，所以指向性不可能无限提高。直线阵列的输出响应和归一化后的指向性 $R(\theta)$ 为

$$R(\theta)=\sin\left(\frac{\pi D}{\lambda}\sin\theta\right)\Big/\left(\frac{\pi D}{\lambda}\sin\theta\right)=\mathrm{sinc}^2(Dv) \tag{4-37}$$

式中，λ 为波长，c 为声速，$v=\pi\cdot D\sin\dfrac{\theta}{\lambda}$。

3. 多波束几何特征

发射基阵与测量船纵向线平行,因此发射波束在船纵方向上窄,正横方向上宽,声信号被投射到测量船下方与纵向线垂直的一个狭长的区域。接收阵基阵与船纵向线垂直,因此接收波束在船纵方向上宽,正横方向上窄,正好与发射波束垂直相交。测深的各个"足迹"是依赖于发射和接收阵在海底照射区域的交叉来获得,形成多波束的波束投影区,称为波束脚印。多波束的波束脚印几何图形如图 4-22 所示。

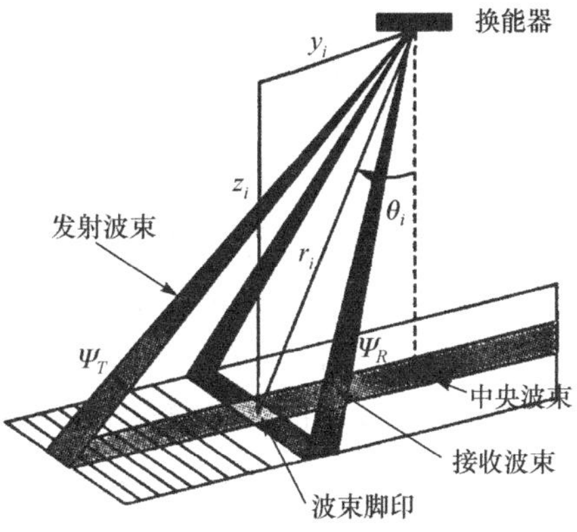

图 4-22 多波束的波束脚印构成

实际测量时,换能器的发射和接收是按照一定的模式进行的。通常,发射波束的宽度横向大于纵向,接收波束宽度纵向大于横向,如对于波束为 16,波束宽度为 2°×2°的多波束而言,其发射波束在横向为 44°,纵向为 2°;而对于每个接收波束,横向为 2°,纵向为 20°。将发射波束在海底的投影区同接收波束在海底的投影区相重叠,对于每个接收波束,在海底实际有效接收区是长宽均为 2°的矩形波束脚印。

4.4.2 多波束测深系统

1. 多波束测深系统组成

多波束系统是由多个子系统组成的综合系统,如图 4-23 所示,给出了一般多波束系统单元结构框图。对于不同的多波束系统,虽然单元组成不同,但大体上可将系统分为多波束声学

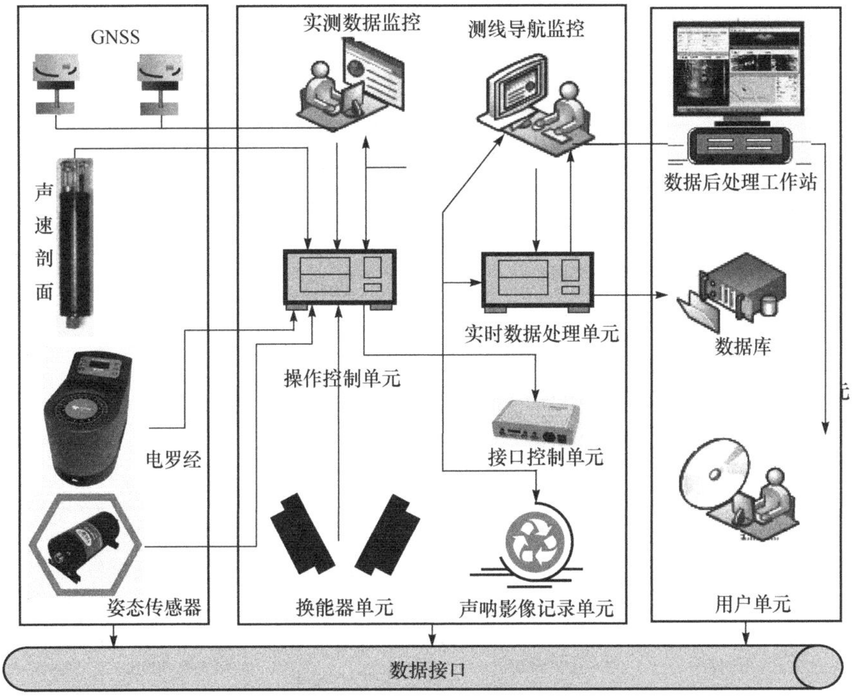

图 4-23 多波束系统单元结构框图

系统、多波束数据采集系统、数据处理系统和外围辅助传感器。其中,换能器为多波束的声学系统,负责波束的发射和接收;多波束数据采集系统完成波束的形成和将接收到的声波信号转换为数字信号,并反算其测量距离或记录其往返程时间;外围设备主要包括定位传感器(如GNSS)、姿态传感器(如姿态仪)、声速剖面仪(CDT)和电罗经,主要实现测量船瞬时位置、姿态、航向的测定以及海水中声速传播特性的测定;数据处理系统以工作站为代表,综合声波测量、定位、船姿、声速剖面和潮位等信息,计算波束脚印的坐标和深度,并绘制海底平面或三维图,用于海底的勘察和调查。

目前,随着微电子技术和数字信号处理技术的快速发展,多波束测深技术日臻完善,向着高精度、智能化、多功能的组合式测深系统方向发展。各种型号的浅水用和深水用多波束测深系统推陈出新,如法国 Krupp Atlas 公司的 Fanswepp 20 系统、丹麦 Reson 公司的 SeaBat 系统。世界上主要多波束测深系统的主要参数和技术指标见表 4-2。

表 4-2　世界上主要多波束测深系统的主要参数和技术指标

公司	型号	工作频率	波束数	波束宽度	测深范围	扇区开角	扫描宽度
L3 Communications Seabeam Instruments	Seabeam 1185	180kHz	126	1.5°×1.5°	1～300m	153°	8倍水深
	Seabeam 1055	50kHz	126	1.5°×1.5°	10～1 500m	153°	8倍水深
	Seabeam 2120	20kHz	151	1°×1°	50～8 000m	150°	随水深变化
	Seabeam 2122	12kHz	149	1°×1°	50～11 000m	150°	随水深变化
RESON	Seabat 7012	200/400kHz	256	1°×1°	1～500/200m	130°	6倍水深
	Seabat 7150	12/24kHz	855	1°×1°/0.5°×0.5°	50～15 000m	150°	8倍水深
	Seabat 8101	240kHz	101	1.5°×1.5°	3～300m	150°	7.4倍水深
	Seabat 8111	100kHz	101	1.5°×1.5°	3～700m	150°	3.5倍水深
	Seabat 8124	200kHz	40/80	3°×2.5°/1.5°×1.5°	1～400m	120°	3.5倍水深
	Seabat 8125	455kHz	240	0.5°×0.5°	1～120m	120°	5倍水深
	Seabat 8150	12/24kHz	可变	1°×1°/4°×4°	20～12 000m	150°	4倍水深
	Seabat 9001	455kHz	60	1.5°×1.5°	1～140m	90°	2～4倍水深
	Seabat 9003	455kHz	40	3°×1.5°	1～140m	120°	2～4倍水深
Submetrix	Submetrix 2000	58kHz	2000	2.0°	400m	300°	15倍水深
		117kHz		1.7°	200m		
		234kHz		1.0°	100m		
		468kHz		0.9°	75m		
Simrad AS	EM3000D	300kHz	254	1.5°×1.5°	0.5～250m	150°	10倍水深
	EM1002	95kHz	111	2°×2°	2～1 000m	150°	7.4倍水深
	EM950	95kHz	120	3.3°×2°	3～400m	150°	7.4倍水深
	EM710	70～100kHz	800 400 200 200	0.5°×1° 1°×1° 1°×2° 2°×2°	2～2 000m	140°	—

续表

公司	型号	工作频率	波束数	波束宽度	测深范围	扇区开角	扫描宽度
Simrad AS	EM300	30kHz	135	1°×1°～2°×4°	5～5 000m	150°	5倍水深
	EM120	12kHz	191	1°×1°～2°×4°	20～11 000m	150°	6倍水深
Atlas	Fansweep 20	100/200 kHz	1 440	1.2°×0.12°	1～600/300m	160°	12倍水深

2. 多波束发射、接收工作模式

多波束换能器基元的物理结构是压电陶瓷，其作用在于实现声能和电能之间的相互转化。换能器也正是利用这点实现波束的发射和接收。图4-24表明压电陶瓷的工作原理，波束发射时，压电陶瓷根据预先分配在两极上的高频振荡电压产生压力，并将该压力转换为高频振荡声波发送出去；当外界高频振荡波打击到压电陶瓷上时，压电陶瓷同样产生压力，并随着压力的变化，产生相应的高频振荡电压。因此，压电陶瓷表面的声波强度的变化反映了波束的发射和接收过程。

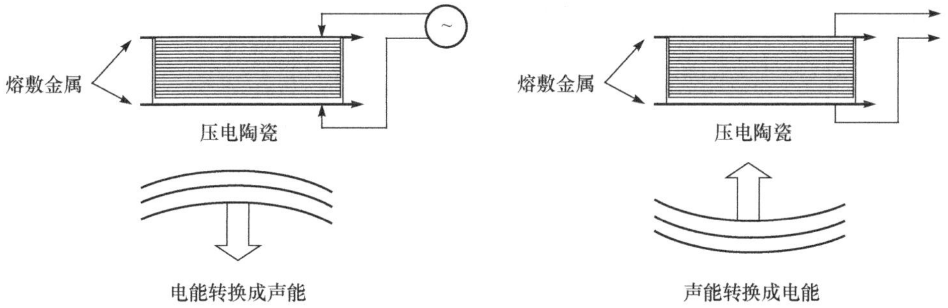

图4-24 压电陶瓷的声、电转换原理

1）多波束发射

多波束发射原理图如图4-25所示。多波束发射的不止一个波束，而是形成一个具有一定扇面开角的多波束，发射角由发射模式参数决定。船姿参数可通过船姿传感器和发射模式信号一起发送给信号处理器并计算出发射脉冲信号和波束数，并传送到多通道变换器，形成多个

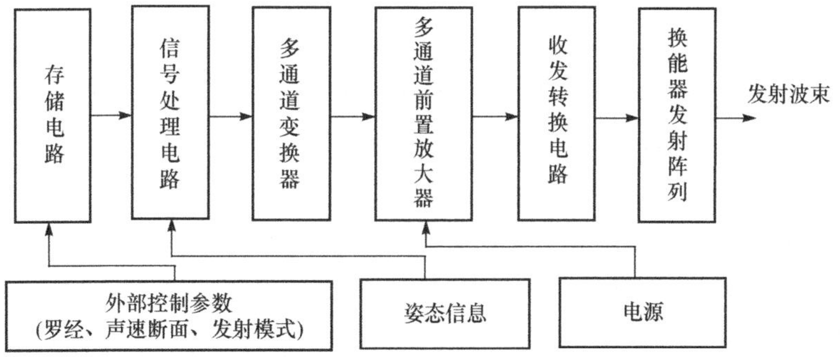

图4-25 多波束发射工作模式

波束发射信号,这些信号再经过前置放大器进行功率放大,分别形成多个发射声波脉冲信号。同时,前置放大器控制着收、发转换开关电路,这些声波脉冲信号再通过换能器阵列发送出去。

2) 多波束接收

由海底反射回来的到达压电陶瓷表面的返回波束打击压电陶瓷表面,产生高频振荡电压,由于电压比较弱,因而必须进行放大,担负这一工作的仍然是多通道前置放大器,该过程受控于(时间增益补偿 TVG)。放大后的模拟信号送到数据采集电路,为了保证采集信号的可靠性,需要采集数据两次,两次得到的相位相同或正交,该过程同波束形成及控制电路结合,完成最终的波束形成。由于声波在水中的传播路径不但取决于入射角,还受控于波束在水中传播的速度,因而必须利用多通道信号处理电路进行声线改正,获得波束在海底的投射点(波束脚印中心)在船体坐标系中的位置。波束接收原理如图 4-26 所示。

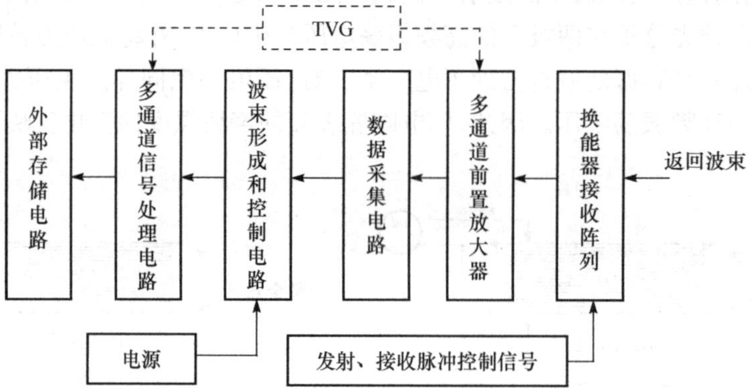

图 4-26 多波束接收工作模式

4.4.3 多波束测深数据处理

1. 数据处理任务与内容

多波束测量数据处理的主要目的是实现海量多波束海底测深数据及各种空间和属性数据的输入、处理、管理和可视化输出,为海图制图提供所需要的测量信息和依据。按功能模块进行划分,将多波束测深数据处理分为三个部分:①多波束数据预处理(条带数据处理);②条带间数据拼接;③声呐图像处理。其数据处理流程如图 4-27 所示。

预处理模块实现多波束原始数据的提取、编辑、剔除误差与滤波、深度解算、坐标转换等;条带间数据拼接模块则进行数据合并、水深可视化、水深数据网格化方面的工作;声呐图像处理主要是处理好水深数据,为用户提供海洋环境可视化产品,并根据图像的特点或存在的问题采取一定的措施,改善视觉效果,便于用户对图像的理解和分析,突出有用地形。其中,条带间数据拼接和声呐图像处理可以合称为数据后处理。

多波束测深系统的测量过程是建立在运动平台上的动态测量,由于受外部环境、仪器噪声和检测方法等因素的影响,或者多波束系统参数设置不合理,导致测量数据中有大量的异常数据和不合理的水深。这些异常数据会对由测深数据输出地形产生影响。因此,在条带数据中,必须依据导航定位参量、船体姿态参量、声速参量对实时采集的多波束资料进行数据统计编辑、修正去噪等处理,剔除假信息,保留真实信息,得到高精度的水深值。这是多波束测深数据

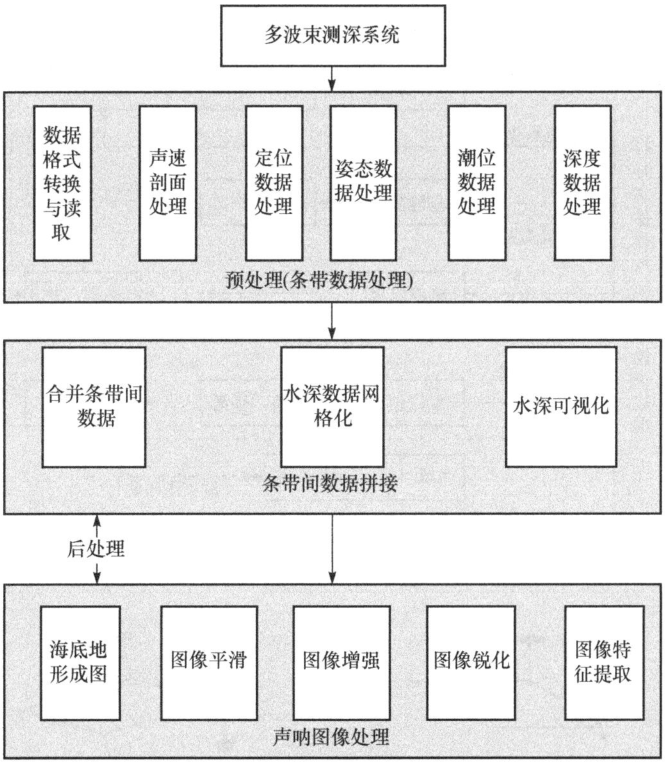

图 4-27 多波束测深数据处理流程图

处理的核心任务。本节重点介绍多波束测深预处理。

2. 多波束数据预处理

多波束数据预处理是对所有多波束测量数据以及声速剖面数据、定位数据、姿态数据、潮位数据进行初步的整理,包括数据格式转换与读取,剔除野值、插值、平滑、合并等,其目的是减小误差,提高数据的可信度,对提高后处理质量至关重要。多波束的最终测量成果需要在地理框架下表达。因此,波束在海底投射点的位置计算便成为多波束数据处理中的一个关键问题。为了更好地确定波束的空间关系和波束脚印的空间位置,在实际测量中,一般首先确定多波束船体参考坐标系,并根据船体坐标系和当地坐标系的关系,将波束脚印的船体坐标转化为地理坐标系的某一深度基准面下的平面坐标和水深,该过程即为波束脚印的归位。然后经过船体的姿态改正、潮位改正、吃水改正等处理可以获得实测海底点的三维坐标。利用这些散点的坐标,可以绘制海底水深图和构造海床 DEM。多波束测深数据预处理工作流程如图 4-28所示。

多波束数据预处理的关键技术是:①分析研究计算船体姿态变化对定位中心与基阵中心的影响,估计偏移值,获得基阵中心的精确地理坐标。②研究船姿变化对波束入射角度的影响,估计波束的实际入射角度。③对比分析基于层内常声速和常梯度的声线跟踪算法,计算波束脚印的水平位移和水深。④进行空间位置归位改正,从而得到波束脚印的地理坐标。

1) 姿态改正

如图 4-29 所示,船体的姿态对换能器的动吃水深度、基阵中心、波束到达角等均有着直接影响。当横摇或纵摇达到一定的程度，深度和平面位置的计算均会受到影响，因此必须考虑。

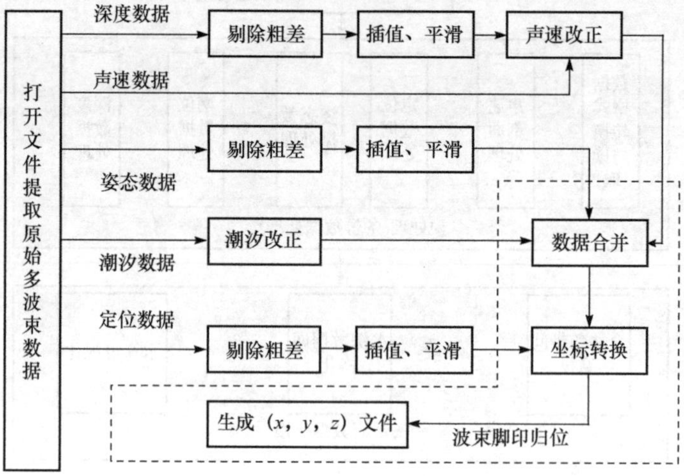

图 4-28　多波束数据预处理流程图

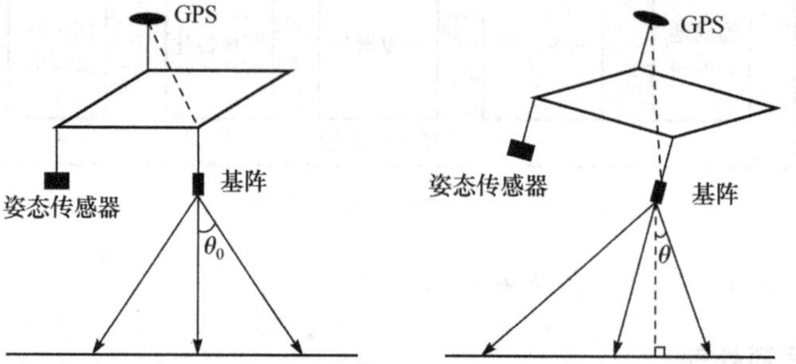

图 4-29　姿态变化时，多波束测深系统位置变化示意图

(1) 姿态变化对定位中心与基阵中心的偏移值改正。定位中心与基阵中心偏移值的改正姿态变化对定位中心与基阵中心的偏移值有影响。因此，计算过程中，必须对该偏移值进行补偿改正。假设在船体坐标系中，(Δx_0、Δy_0、Δz_0)为船体处于水平状态时，定位中心与基阵中心之间存在的偏移值。假设船体姿态变化时，大地坐标系中定位中心与基阵中心之间存在的偏移值(Δx_T、Δy_T、Δz_T)。经过推导可得

$$\left.\begin{aligned}\Delta x_T &= \Delta x_0 \cos h \cos r + \Delta y_0 (\sin h \cos p + \cos h \sin r \sin p) \\ &\quad + \Delta z_0 (-\sin h \sin p + \cos h \sin r \cos p) \\ \Delta y_T &= -\Delta x_0 \sin h \cos r + \Delta y_0 (\cos h \cos p - \sin h \sin r \sin p) \\ &\quad + \Delta z_0 (-\cos h \sin p - \sin h \sin r \cos p) \\ \Delta z_T &= -\Delta x_0 \sin r + \Delta y_0 \cos r \sin p + \Delta z_0 \cos r \cos p\end{aligned}\right\} \tag{4-38}$$

式中，r 为测量船横摇角；p 为纵摇角；h 为艏向角度。

假设在大地坐标系中，X_0、Y_0 为定位中心的位置，则经过推导可以得到基阵中心坐标的计算公式为

$$\left.\begin{aligned}X_1 &= X_0 + \Delta x_T \\ Y_1 &= Y_0 + \Delta y_T\end{aligned}\right\} \tag{4-39}$$

(2) 姿态变化对基阵发射波束角度的偏移值改正。基阵发射波束角度在深度计算中起着

很重要的作用。测量船的姿态变化会对波束的入射角度产生影响。波束入射角度的影响因素主要有横摇角度和纵摇角度，如图 4-30 所示。

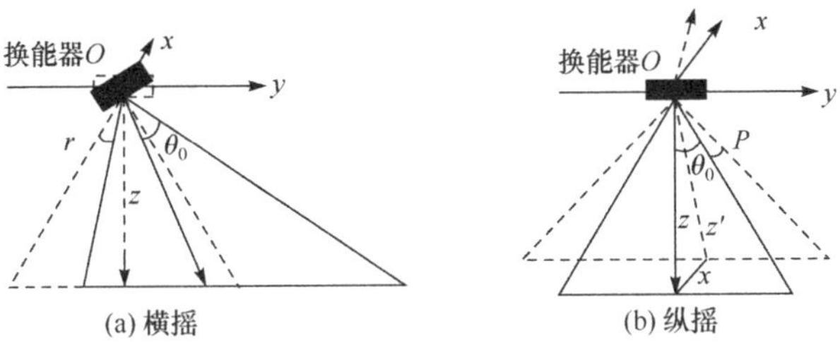

图 4-30 姿态变化示意图

假设测量船处于水平状态时，在船体坐标系下，波束入射角度是 θ_0，假设在这个波束传播路径上的一个点相对于基阵的偏移值是$(0,\tan\theta_0,-1)$，可以得到改正后的波束入射角度为

$$\theta=\arccos(-\sin r\sin\theta_0-\cos r\cos p\cos\theta_0) \tag{4-40}$$

式中，r 为测量船横摇角；p 为纵摇角；θ_0 波束入射角度。

从式(4-37)可以看出：横摇值对波束入射角度影响较大，必须考虑。纵摇值较小时，可以不考虑，但当纵摇值达到一定程度时，波束脚印的深度和平面位置均会受到影响，必须考虑。

2) 声线跟踪

海水中的声速随着温度、盐度和深度而不同，而这些参数又随不同时间和地点而变化。因此，海洋中的声速结构是十分复杂的。声波在海洋中传播声线是弯曲的，其弯曲的程度与声速分布有关。如果采用近似的恒定声速，即将声线看成是一条直线，必然对测深结果产生影响。根据声速在海水中传播时的声线变化特征，即波束入射角、往返程时间和声速剖面进行精确跟踪，可获得波束脚印的实际位置。为此，将计算波束投射点在船体坐标系下的平面位置和水深称作声线跟踪算法。

通过声线跟踪得到波束投射点在船体坐标下坐标的计算过程称为声线弯曲改正。在声线弯曲改正中，声速剖面扮演着十分重要的作用，为了计算方便，对声速剖面作如下假设。

(1) 声速剖面是精确的，无代表性误差。声速剖面反映的是测量海域海水中声速的传播特性，因而在每次测量前后需对声速剖面进行测定。遇到水域变化复杂的情况，需要加密声速剖面采样站和减小站内声速断面采样的层间隔，全面、真实地反映测区内海水中的声速变化特性。

(2) 声速在波束传播的垂面内发生变化，不存在侧向变化。对于不满足该要求的水团，需要加密声速剖面采样站和减小采样层的深度间隔。

(3) 声速在海水中的传播特性遵循 Snell 法则。

Snell 法则：

$$\frac{\sin\theta_0}{C_0}=\frac{\sin\theta_1}{C_1}=\cdots=\frac{\sin\theta_n}{C_n}=p \tag{4-41}$$

式中，C_i 和 θ_i 分别为 i 层内声速和入射角。

声线传播过程中会发生折射，若经历的水中有$(N+1)$个不同的水层，则产生 N 次折射，波束的实际传播路径为一条曲线。声线跟踪算法采用层追加的方法，就是将声速剖面内的相邻两个声速点划分为一层，该层内的声速变化可以看成常声速或常梯度。对于常声速的声线

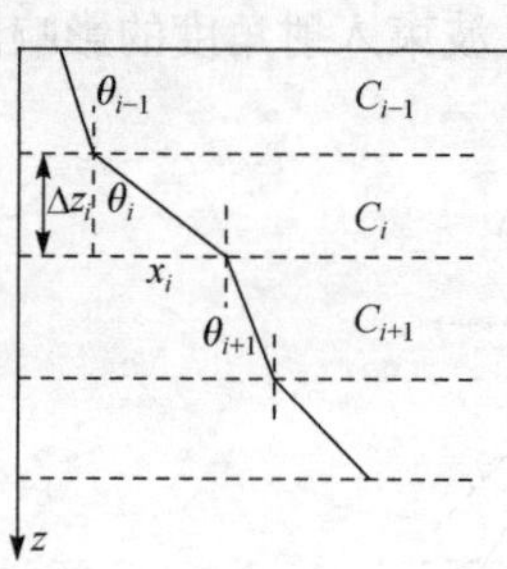

图 4-31　常声速声线跟踪示意图

跟踪算法，在第 i 个水层，声速发生变化，声线传播轨迹都是一条折线，如图 4-31所示。

假设发射的波束需经历 N 个水层，声速在每个水层内是以常声速方式进行变化的，声线传播轨迹是一条折线。每层的声速传播时间和水平位移可以根据三角形的特性计算得到。设层的厚度是 Δz_i（$\Delta z_i = z_{i+1} - z_i$），根据 Snell 定律计算出波束在该层的入射角度 θ_i，由于波束在该层中的传播轨迹是一条直线，根据三角形的特性，则波束在第 i 层的声线传播距离 r_i、水平位移 x_i 和传播时间 t_i 分别为

$$\left.\begin{aligned} r_i &= \frac{\Delta z_i}{\cos\theta_i} \\ x_i &= \Delta z_i \tan\theta_i \\ t_i &= \frac{\Delta z_i}{c_i \cos\theta_i} \end{aligned}\right\} \tag{4-42}$$

波束脚印船体坐标的计算需要用到三个参量，即垂直参考面下的波束到达角、传播时间和声速剖面。设多波束换能器在船体坐标系下的坐标为（x_0, y_0, z_0），则根据水层内常声速变化假设，采用常声速（零梯度）层追加思想，给出波束在海底投射点-波束脚印的船体坐标（x, y, z）为

$$\left.\begin{aligned} z &= z_0 + \sum_{i=1}^{N} C_i \cos\theta_i \Delta t_i \\ y &= y_0 + \sum_{i=1}^{N} C_i \sin\theta_i \Delta t_i \\ x &= 0 \end{aligned}\right\} \tag{4-43}$$

式中，θ_i 为波束在 i 层表层处的入射角；C_i 和 Δt_i 为波束在 i 层内的声速和传播时间。

3）波束脚印的空间归位

波束脚印的空间归位是指船体坐标系 VFS 原点位于换能器中心，x 轴指向船首（航向），z 轴垂直向下，y 轴指向侧向，与 x 轴、z 轴构成右手正交坐标系，如图 4-32 所示。当地坐标系原点为换能器中心，x 轴指向地北子午线，y 轴同 x 轴垂直指向东，z 轴、x 轴与 y 轴构成右手正交坐标系。

（1）深度方向上的归位计算。深度方向上的归位是指波束投射点高程的计算。根据船体坐标系原点与某一已知高程基准面之间的关系，将船体坐标系下的水深转化为高程。

船体吃水对多波束测深系统在垂直方向的结果有影响。吃水是换能器基阵中心低于平均水平面的深度 D_s，它是实时变化的。基阵中心和姿态传感器中心的坐标偏移值受到船体姿态的影响。假设（x'、y'、z'）是在船体坐标系中的基阵中心和姿态传感器之间的坐标偏移值。船体姿态变化时，产生的附加升沉值是船体水平状态时的基阵中心深度值与船体运动时的基阵中心深度值的差值，则附加升沉值是

$$H_i = x' \sin r - y' \cos r \sin p + z'(1 - \cos r \cos p) \tag{4-44}$$

式中，r 为测量船横摇角；p 为纵摇角。

升沉 H_m 是实时的换能器基阵中心的吃水值，它由船体的运动而产生，可通过姿态传感器确定。因此，基阵中心的升沉值是

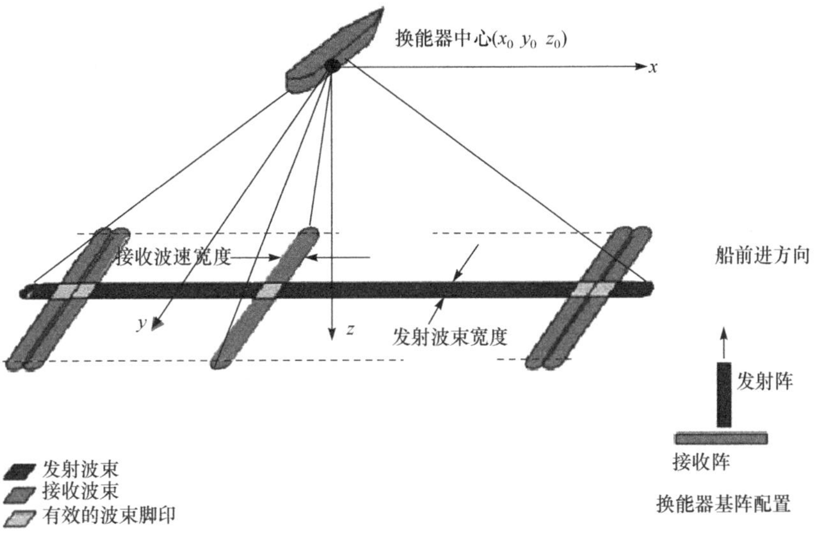

图 4-32 多波束测深系统船体坐标系

$$H_0 = H_m + H_i \tag{4-45}$$

测点的实际深度(若定义大地坐标系中 Z 轴向上为正)的计算公式是

$$Z = -H - D_s + H_0 \tag{4-46}$$

式中,H_0 是声基阵中心的升沉;D_s 是吃水;H 是声线跟踪算法得到的深度,即声线传播经过水层的高度的总和。

若潮位 h_{tide} 是根据某一深度基准面或者高程基准面确定的,则波束在海底投射点的高程为

$$H_g = h_{\text{tide}} - (H + D_s + H_m + H_i) \tag{4-47}$$

当测区处于验潮站的有效作用距离范围内时,潮位 h_{tide} 的变化可以通过潮位观测获得,否则需通过潮位模型或其他方法获得。由于潮位是相对某一深度或高程基准面确定,因而经过潮汐改正后,即实现了相对水深向绝对高程的转换。

(2) 水平位置上的归位计算。水平位置上的归位是指波束投射点地理坐标的计算。根据航向、船位和姿态参数计算船体坐标系和地理坐标系之间的转换关系,并将船体坐标系下的波束投射点坐标转化为地理坐标。

如图 4-33 所示,假设船体坐标系下,波束脚印的水平位移是 X。基阵中心与波束脚印之间的偏移主要受艏向值和纵摇值的影响,那么在大地坐标系下,波束脚印相对于基阵的偏移计算公式为

$$\left.\begin{aligned} \Delta x_L &= X\cos h + |Z|\tan\theta\sin h \\ \Delta y_L &= -X\sin h + |Z|\tan\theta\cos h \end{aligned}\right\} \tag{4-48}$$

式中,θ 为波束入射角度;h 为艏向角度;Z 为大地坐标系中实际深度。

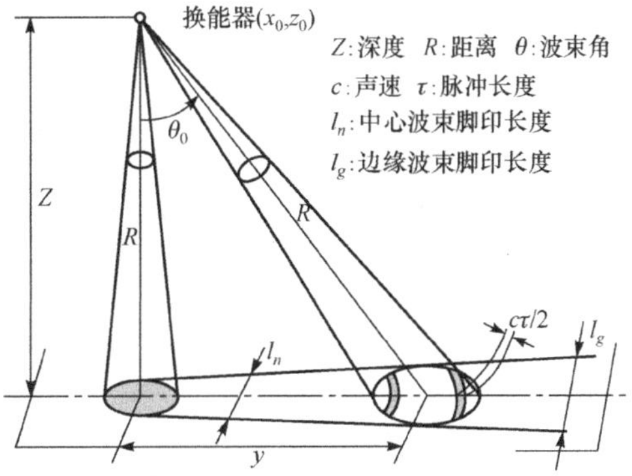

图 4-33 单个波束信号接收

在大地坐标系中,(X_0、Y_0)为定位中心位置。根据之前计算得出的在大地坐标系中定位中心

与基阵中心之间存在的偏移值(Δx_T、Δy_T、Δz_T),那么波束脚印的平面位置是

$$\left.\begin{aligned} X&=X_0+\Delta x_T+\Delta x_L \\ Y&=Y_0+\Delta y_T+\Delta y_L \end{aligned}\right\} \tag{4-49}$$

经上述处理后,计算出波束脚印的平面位置和深度值,即可完成波束脚印空间坐标的归位计算,可得到实测的海底点的三维坐标。利用这些散点的三维坐标,可以绘制海底水深图和构造海床 DEM。

3. 条带间数据拼接

通过预处理的多波束条带数据是按测量船走航路线形成的条带水深数据,不能直接进行海底地形分析和成图。为了形成一个全测量水域多波束水深数据的应用,需要进行条带数据的拼接、网格化和可视化等处理。通过数据的合并、特征提取、融合处理等步骤,最终形成整体水域的成果图。

1) 条带数据拼接

选择所需的地理坐标系统,将测区各个条带的水深数据和定位测量信息按照先后顺序以及位置关系,进行数据空间重采样。形成测区完整的离散水深数据集文件(如同 DEM 数据格式),如图 4-34 所示。

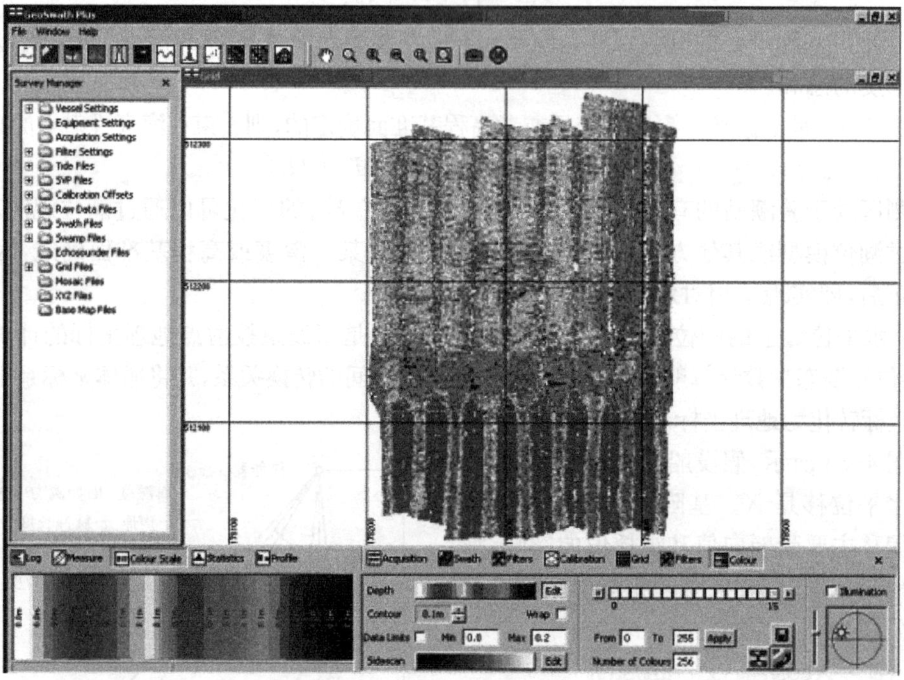

图 4-34 某测区条带数据拼接

2) 数据网格化

利用多波束测深系统所得到的数据量很大,如果直接进行海底地形分析和成图,不仅占用计算机资源,而且在实现上带来一系列困难。如果对原始多波束数据进行网格化处理,压缩数据

量，依据成图比例尺设定网格大小，不仅加快成图过程，而且在不影响成图精度的前提下，提高了成图的质量。因此多波束数据的网格化处理目的不同于一般数据的网格化插值。通常人们所说的网格化插值，都是希望通过插值加密数据点，使粗糙稀疏的原始数据成为新的分辨率提高，而精度尽可能少降低的网格数据。而多波束数据的网格化处理包含了一种数据压缩的思想。

在多波束测深系统中，常用的插值方法有距离加权内插法、克里金法、样条内插法，还有高斯加权平均内插法、中值内插法、极小值内插法和极大值内插法。中值内插法、极小值内插法和极大值内插法分别将网格点周围一个网格间距内的中值、极小值、极大值作为所计算的网格值。高斯加权平均内插法的权函数为

$$W(\gamma)=A\exp\left\{-\left(\frac{r}{a}\right)^2\right\} \tag{4-50}$$

式中，r 是网格点和搜索点的距离；A 是归一化因子，保证所有权重之和为 1；a 是权重降为最大权重 1/e 的距离，通常取搜索范围半径的 1/2。

对于已编辑的多波束数据，高斯分布加权平均法或距离幂次反比加权法得出的网格值精度高，运算速度也较快。而中值内插法，只要搜索范围内有足够的数据，就对误差数据不敏感，适用于未编辑的多波束数据。但计算每一个点都要读入搜索范围内的全部数据，占用内存大，运行时间较长。

网格插值的精度：

$$\left.\begin{aligned}\sigma^2_{\underset{c}{\text{surf}}}&=\left(\frac{2}{3}\sigma_{\text{nod}}\right)^2+\left[\frac{\sqrt{5}}{\sqrt{48k}}(d\cdot\tan\alpha)\right]^2\\ \sigma^2_{\underset{r}{\text{surf}}}&=\left(\frac{2}{3}\sigma_{\text{nod}}\right)^2+\left[\frac{\sqrt{5}}{\sqrt{48k}}(d\cdot\tan\alpha)\cdot(1+p(r))\right]^2\end{aligned}\right\} \tag{4-51}$$

式中，$\sigma^2_{\underset{c}{\text{surf}}}$和$\sigma^2_{\underset{r}{\text{surf}}}$分别为添加特征点数据的网格与一般网格数据建立的精度；σ_{nod}为网格结点的量测误差；k 为 4；d 为网格间距；α 为平均地面坡度；$p(\gamma)$为含特征点的网格比例。

4. 多波束数据处理系统

不同的多波束数据处理软件处理的过程可能存在差异，但基本的流程是相似的。通常包括如下两大主要结构模块。

(1) 测线或条带数据处理模块。一个集成的多波束系统除了多波束本身提供的波束角、时间、水深、反向散射强度、相对位置等数据外，还有辅助设备，如定位系统、船姿运动传感器、罗经和声速剖面仪等提供的数据。此外，还有一些独立记录的数据，如潮汐数据、船的吃水变化等。这个模块主要包括对条带内的各种测量数据的编辑、滤波、融合、声线跟踪、波束归位处理等，以及条带内测量数据格式转换。该部分软件处理模块，大部分是由多波束厂家提供，并且与实时数据采集模块集成(图 4-35)。在测量过程中实现设备参数设置、工作状态控制并完成数据采集、存储和实时显示监控。

工作参数设置与监控窗口，在测量过程中实现各种工作参数设置与控制命令，并将这些参数及命令实时发送到底层的硬件，以控制设备的工作，如图 4-36 所示。

工作参数监控窗口显示与多波束测深系统工作相关的现场参数信息，如图 4-37 所示。主要包括工作模式、当前测量的测线号、波束模式、同步周期、发射功率、脉冲宽度、参考声速等多个工作参数。

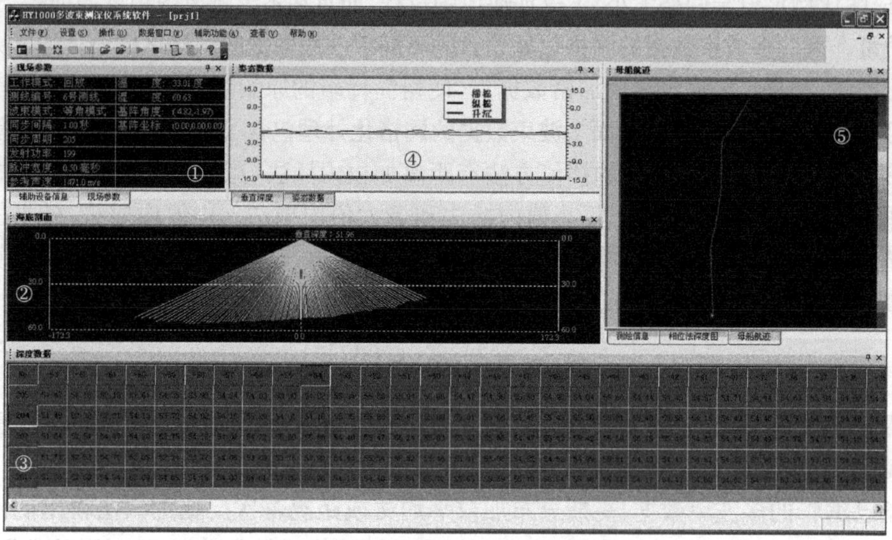

图 4-35　多波束测深系统软件主界面

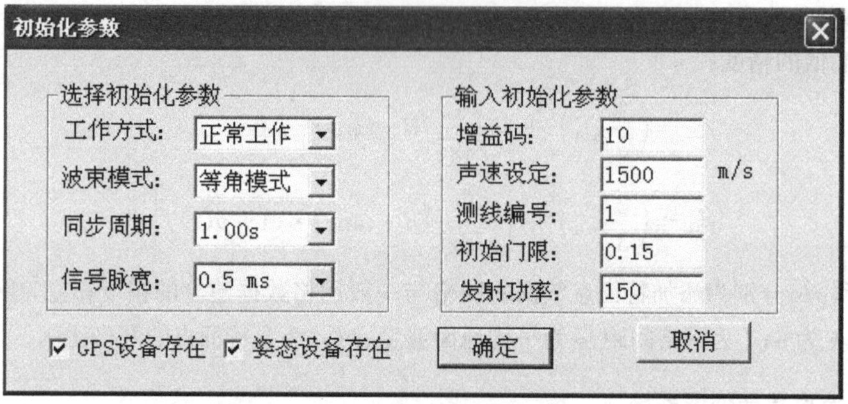

图 4-36　初始化参数对话框

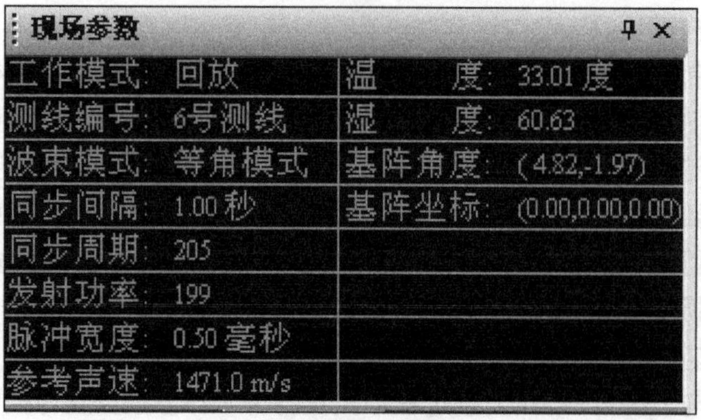

图 4-37　现场参数窗口

海底剖面窗口，以波束射线（也称瀑布图）的形式实时显示每个测量周期测量得到的海底剖面。如图 4-38 所示，每条射线代表了某个波束方向上的声波传播的路程。“扇形”的中心表示声基阵所处的位置,射线的终点表示该波束方向上的海底位置。所有波束射线的终点构成了本次测量覆盖范围内的海底剖面。

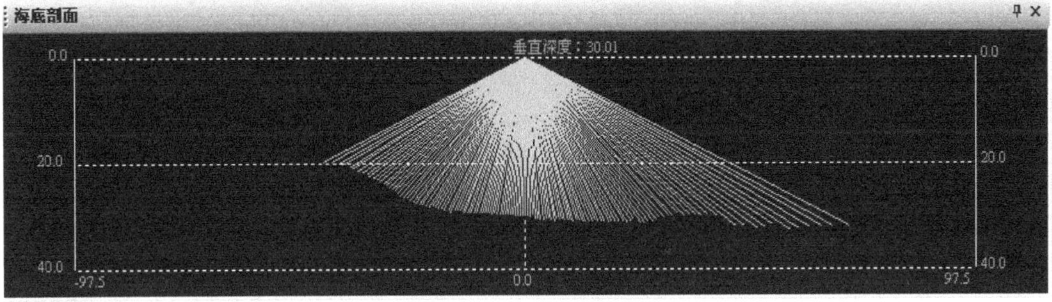

图 4-38　海底剖面窗口

深度数据窗口,采用表格的方式来实时显示采集的深度数据。如图 4-39 所示,每一行为一个同步周期的数据。对每一行数据,最左侧一格为同步周期号,向右的 127 个数据格依次为－63 号～＋63 号共 127 个波束方向的深度数据。第一行显示当前周期的数据,向下依次为历史数据,共显示最新的 5 个同步周期的数据,随着同步周期的增加向下滚动。

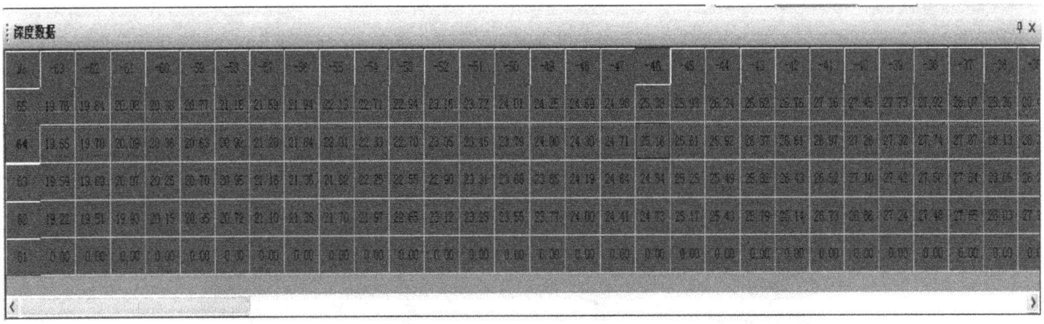

图 4-39　深度数据窗口

垂直深度窗口,实时显示测深数据中中央波束采集的深度值,即垂直深度值。如图 4-40 所示,窗口的最右侧对应于最新垂直深度,向左依次为历史数据,随着同步周期的增加依次向左移动。

母船航迹窗口,实时显示测区、测线和测量船的运动轨迹。如图 4-41 所示,将规划好的测区和测线信息显示在母船航迹窗口中,同时将接收到的 GPS 经度和纬度数据转化成高斯平面坐标后以航迹的方式显示到母船航迹窗口中。窗口初始显示整个测区范围,以测区中心为窗口中心,经放大和平移后以合适的视窗显示当前测量船的轨迹。当测量船运动出窗口显示范围时,自动将视图中心移动到当前测量船的位置,实现对测量船跟踪和导航的功能。

(2) 条带数据的拼接和融合。为了形成一个全测量水域多波束测量水深数据,处理模块将各个条带的测量信息按照测量条带的先后顺序以及位置关系,通过数据的合并、特征提取、声呐图像融合处理等步骤,最终形成整体水域的应用成果图。目前,一般多波束系统的生产厂家都要向用户推荐自己研制或者第三方开发的数据处理软件或制图软件。例如,Simrad 公司多波束后处理软件 Neptune 和 CARIS 公司海道测量软件 HIPS/SIPS。多波束后处理软件可

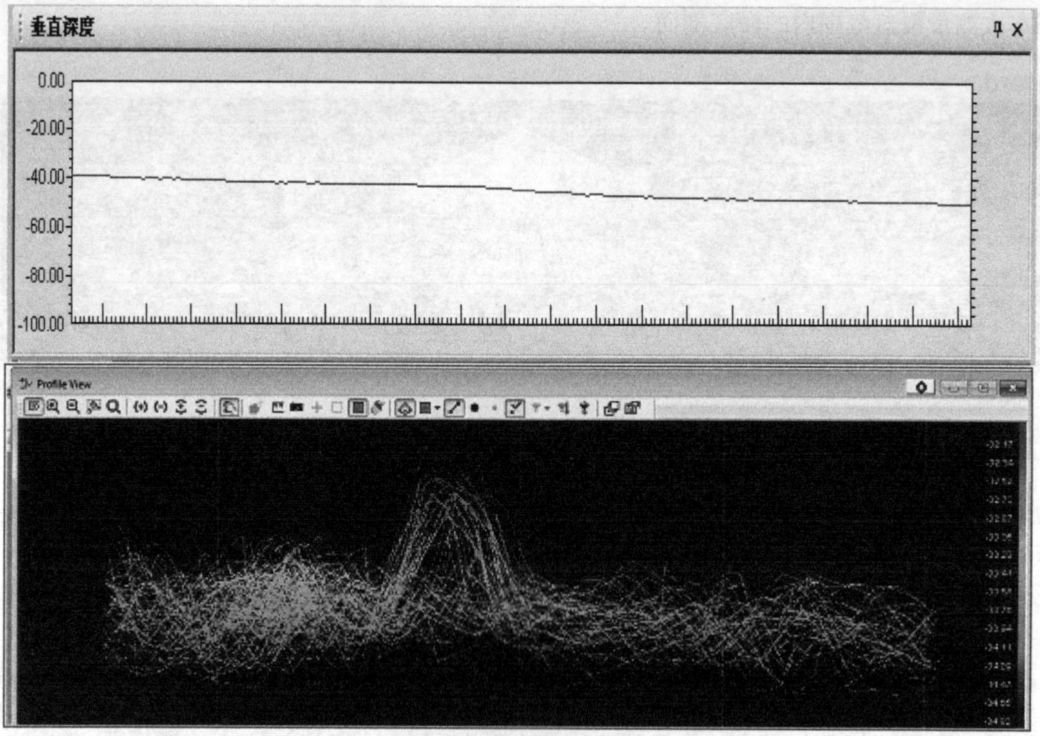

图 4-40　垂直深度窗口

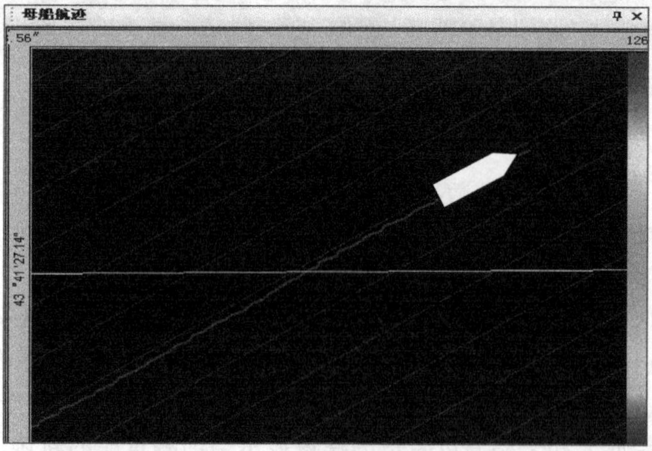

图 4-41　母船航迹窗口

提供海底等深线图、海底剖面图、海底地形图、三维海底地形图、海底数字高程模型(DEM)等成果,如图 4-42～图 4-45 所示。

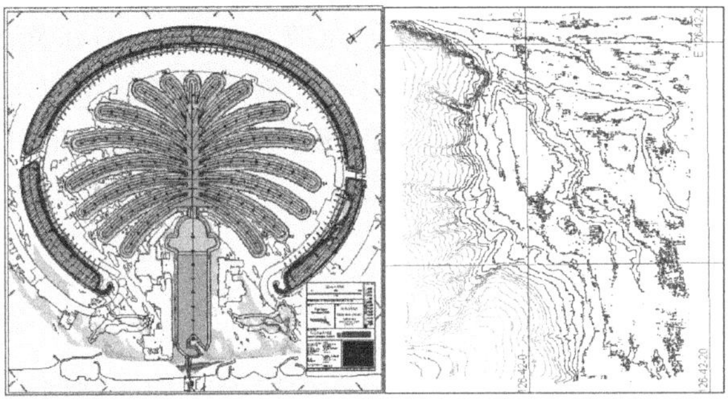

图 4-42 海底等深线图

图 4-43 海底地形图

图 4-44 三维海底地形图

图 4-45 海底数字高程模型(DEM)

4.5 机载激光测深技术

机载激光海洋测深技术是一项近二三十年发展起来的较先进的海洋测深技术。其具有覆盖面广、测点密度高、测量周期短、所需人员少、低消耗、易管理、高机动性、实施船只无法到达海域的水深测量等特点，在沿岸浅水测图工作中已经得到成功的应用，正日益受到海道测量界的重视。

1968年美国的纽约州叙拉古(Syacause)大学研究中心的G. D. Hichman首先创立激光脉冲测量的理论。此后利用高能量脉冲——红外光、绿光进行海水深度的探测技术逐步展开，世界海洋大国像美国、澳大利亚、加拿大、苏联、瑞典等相继对机载激光机进行了研制。1971年美国海军海洋局首先完成了光脉冲机载深度探测(HALS)实验。20世纪80年代后期一些国家也先后研制出机载海洋测深样机，并在不同水深、水质和不同环境条件下进行了大量的试验研究，研制出数十种机载激光测深系统。国外近期研制的机载激光测评系统有瑞典的Flash、Hank Eve系统，美国的Aol系统、Abs系统，、Noyda系统、Owl系统、Shoals系统，澳大利亚的Wrelads系统、Lads系统，加拿大的Larse 500系统，俄罗斯的Chaike系统、Makrel-Ⅱ系统、Gol系统等。

4.5.1 机载激光测深原理

激光作为一种新型的海洋探测光源，具有单色性高、方向性强、相干性好、强度大等特点。利用绿光或蓝绿光易穿透海水，而红外光不易穿透海水的特点，用光激射器、光接收机、微机控制、采集、显示、存储及辅助设备组成机载激光海洋测深系统。如图4-46所示，在飞机平台上

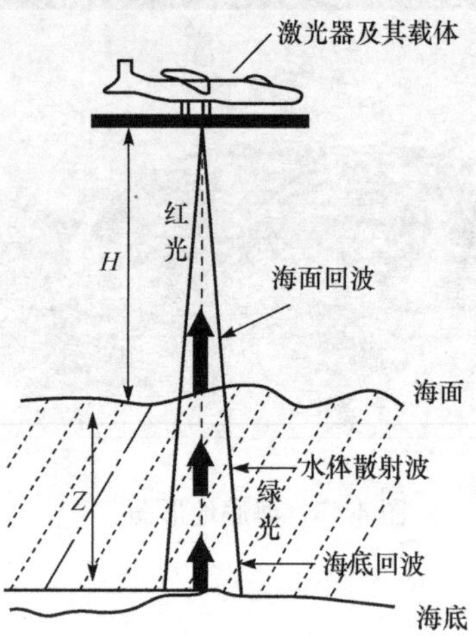

图 4-46 机载激光测深原理图

安装光激射器向海面发射两种不同波长的激光，一种为波长 1064nm 的脉冲红外光，另一种为波长 532nm 的绿光。红外光被海面完全反射和散射，而绿光则能够透射至海水中，到达海底后被反射回来。这样，两束反射光被接收的时间差等于激光从海面到海底的传播时间的两倍。考虑海水折射率后，激光测深的公式为

$$H=\frac{1}{2}C\cdot\frac{\Delta t}{n} \tag{4-52}$$

式中，C 为光速；n 为海水折射率；Δt 为所接收的海面回波与海底回波时间间隔(所接收的红外光与绿光的时间差)。

不同的机载激光测深系统所发射的红外激光和绿光的波长稍不相同，如澳大利亚的 LADSⅡ型系统的红外波长为 1064nm，绿光为 532nm，美国的 HALS 系统则相应为 1060nm。在 520～535nm 的绿光波段，海水对这一波段的光吸收最弱，因此，这一波段被称为“海洋光学窗口”。

但是，海表面的波浪、潮汐、水体中悬浮物的类型数量、底质的反射散射特性、入射角和强度、光接收机的时间分辨率、飞机的姿态特征等因素及它们的相互作用直接影响最大测量水深和测深精度。因此，研究激光在海水中的传播特性和激光在不同底质中的反射和散射特性，研究海水表面因素的影响，消除动态因素影响等，是保证系统有足够的测量精度和最大测量水深的关键技术难题。机载激光测深系统目前测深能力在 50m 左右，其测深精度在 0.3m 左右。

4.5.2 机载激光测深系统

机载激光测深系统又叫机载激光雷达。机载激光测深系统是一种集激光测距技术、卫星定位技术、惯性导航技术、计算机数字信号处理技术和图形处理技术等多种高新技术于一体的新型机载集成型遥感信息获取与处理系统。激光本身具有非常精确的距离测量能力，其测深精确度可达分米级。

1. 机载激光测深系统组成

机载激光测深系统一般由六大部分组成，如图 4-47 所示。

图 4-47 激光测深系统组成

(1) 激光扫描系统(DSSS)。系统通常由激光发射器、回波探测器、光导管、记录器、电源部分、稳定平台装置几个部分组成,如图 4-48 所示。激光发射器使用两组激光光束,发射以每秒脉冲数为 168 次 N_d 和 YAG 激光脉冲。形成的光束通过镜面发射以脉冲方式垂直于飞行器向下发射。红外光束向海面垂直发射,获取离海面的高度;绿光脉冲以垂直于飞行航向,通过扫描镜获取航线下 268m 宽的海面扫描线,从而获得一定间隔的海水深度。接收装置捕捉发射信号经反射及散射后的回波能量,并且将它们转换成电压,再由专门的设备测量出时间间隔,它与所测海水深度成正比例。飞行器飞行过程中所测得的深度数据,以信号形式进入记录装置,相邻测点之间的距离由脉冲信号的频率来确定。从而得到激光深度测量和飞机对平均海表面的飞行高度信息。

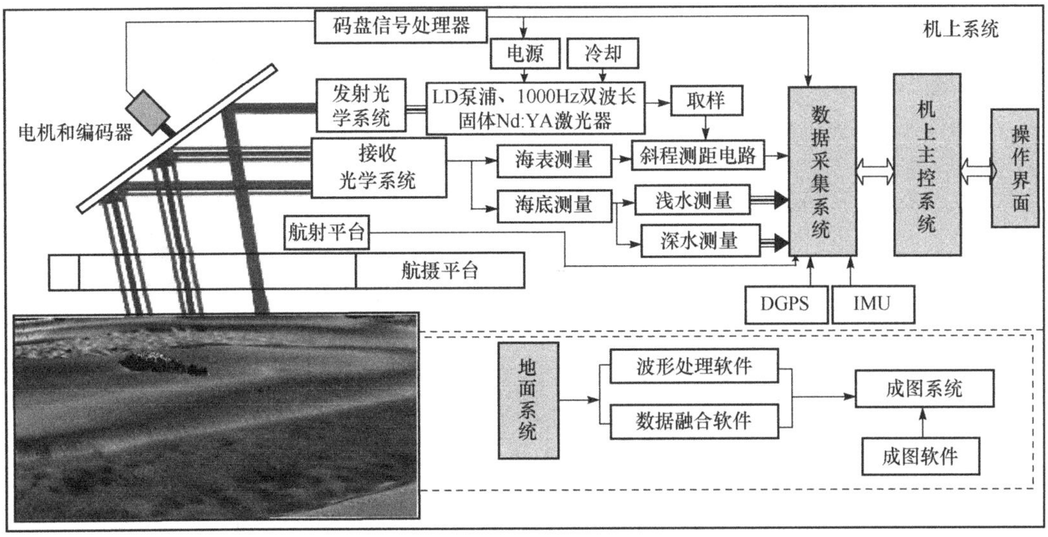

图 4-48 机载扫描激光测距系统主要组成

(2) 导航定位系统(NSS)。多采用 GPS+INS 组合定位系统。飞机定位和辅助传感器子系统的功能是从 GPS 和惯性导航系统中采集信息,提供目标空间地理识别信息和激光扫描系统姿态。GPS 提供水平位置(经纬度),惯性导航系统提供飞机的高度、摇摆、倾斜、航向和垂直加速度等信息,实现飞机驾驶员从机场到测量地点以及沿每条计划测线飞行的航行指导。

(3) 控制-监视系统(CNSS)。系统由计算机、显示器等一系列硬件和相应的软件构成。用于系统操作员在控制台对系统进行实时控制和监视。提供激光扫描系统采集操作控制、航行指导系统和测深系统整体工作状态监控等功能。

(4) 数据采集处理系统(DPSS)。用来处理、记录位置和水深数据,也处理、记录系统操作所需的其他数据。系统由微机、显示器、记录器等一系列硬件和相应的软件构成。提供数据采集操作、机上深度数据预处理和数据存储等功能。数据采集功能可以从各个子系统获取数据,在各个子系统间管理这些数据流,并将这些数据记录在记录器上。操作界面提供用于处理机载系统的各种数据、元素等功能模块。机上深度数据处理功能计算和实时显示初步的测量水深,为作业人员提供一种在调查期间对数据进行质量核验的手段。系统整体监控功能使整个机载系统经常处于被监控和检查状态。

(5) 地面处理分析系统(GPSS)。由于激光测深获取的数据量十分庞大,机上计算机不可能进行实时计算。因而必须有地面处理系统对机上的实时记录进行处理。其处理内容包括:

①对所记录的红绿光束进行波形识别，进行滤波和内插处理。②计算该海区的混浊度和最大测深能力。③计算各个点的深度并进行各项改正。④获得每个点的位置(X、Y)和深度 Z，并进行可靠性评估。

(6) 飞行器与辅助设备。装载激光扫描仪器等系统的飞机及辅助设备也是这个系统中不可缺少的部分。飞机可以是直升机，也可以是固定机翼飞机。

2. 机载激光测深系统工作模式

机载激光扫描的作业流程主要包含计划制定、外业数据采集和内业数据处理三个步骤。具体的激光扫描流程如图 4-49 所示。在具体的内外业工作开展以前，应当首先制定详细的工作计划，做好相应的准备工作，主要包括：测区资料搜集；设备准备；根据扫描的区域确定飞机的航行路线；根据精度要求，确定飞机的飞行高度和速度；根据测区的情况，确定地面 GPS 基站的位置等。

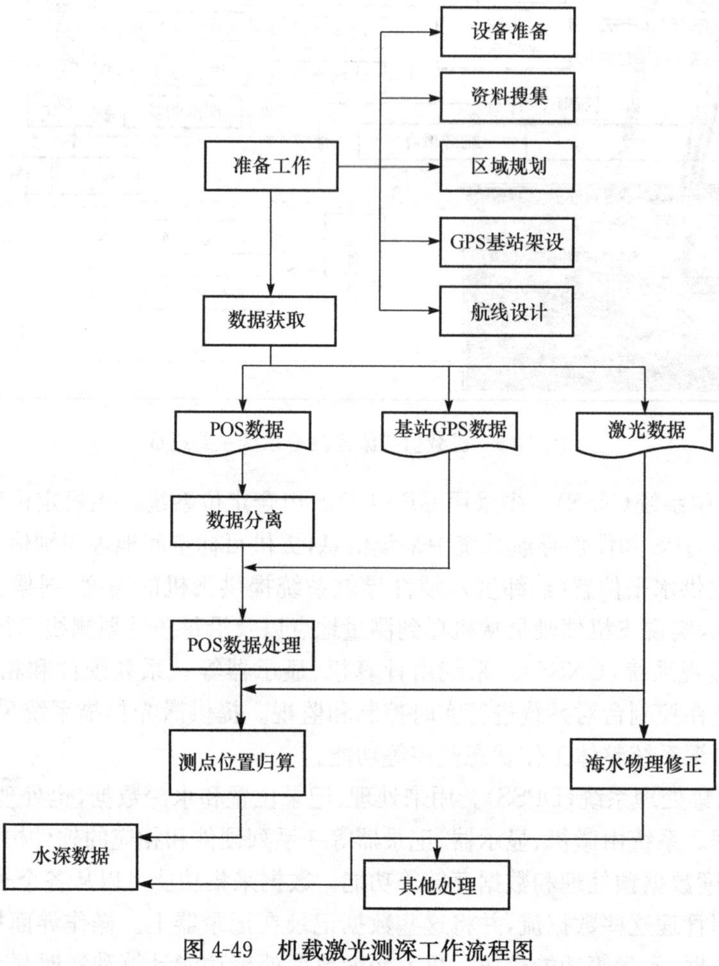

图 4-49　机载激光测深工作流程图

在正式进行航空摄影作业前，需要制订详细周密的航空摄影方案，具体包括：建立 GPS 基准站、飞行区域资料准备、地面控制、相机检校飞行、飞行参数设置、航线规划等。

4.5.3　机载激光测深数据处理

在飞机上安装一陀螺稳定平台，其上装有激光器及其相配套的扫描设备。在计算机统一控制下，激光器按照一定的频率，通过激光扫描装置，呈一定的角度，同时向海面发射两种波长的激光，其中一种为波长 1064nm 的红外光，另一种为波长 532nm 的蓝绿光。同时飞机上 GPS 接收机测定激光发射点的空间坐标和飞机的姿态(姿态参数为航向角 κ，俯仰角 φ，侧滚角 ω)，如图 4-50 所示。其中的红外光垂直向下，经海面反射；而蓝绿光则呈一定的角度投射到海水中，向海底传播，经海底反射，激光束对航向两侧一定带宽的海域进行直线扫描，以实现对海底的全覆盖测量。这样，通过两束光的往返时间差，并进行必要的折射改正、位置归算，就可确定水深点的空间位置。

地面数据处理系统软件对机载系统获取的大量原始数据进行后处理。它的主要功能是：将存储在记录器上的实测数据转换，并存入关系数据库；对原始的水深数据和水平位置数据进行质量控制检查；计算每个测量点的(X,Y,Z)坐标。机载激光测深的测点位置归算与载体姿态有着密切的联系，位置归算包括动态偏心改正、动态位置归算以及动态时延改正，它们都是载体姿态对测量成果影响的直接反映。

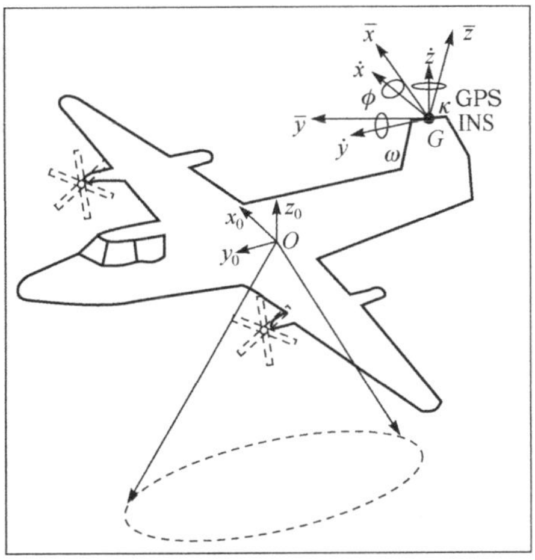

图 4-50　机载测深中心与定位装置关系图

1. 动态偏心改正

由于测深设备中心(激光器中心)与定位设备天线中心在安装时不可能一致，各种测量设备中心普遍存在比较大的偏心，因此测量时测得 GNSS 点的位置必须经过偏心改正归算到海底点的位置。如图 4-50 所示，设测深设备中心在载体坐标系中的坐标为(x_0, y_0, z_0)，即测深设备中心到定位设备中心的偏心改正量为 $\Delta\dot{x}_{at}=-\dot{x}_0$，$\Delta\dot{y}_{at}=-\dot{y}_0$，$\Delta\dot{z}_{at}=-\dot{z}_0$。如前所述，由于载体在航行中受各种干扰因素的影响，难免产生横摇、纵摇及船首晃动。因此，尽管测深中心与定位中心的偏移量在载体坐标系中是固定不变的，但在当地水平坐标系中，两中心的偏移量将随载体的姿态变化而变化。载体坐标系与地平直角坐标系的原点一致，坐标轴之间的夹角就是飞机姿态参数(ω,φ,κ)。由大地测量学基础理论得知，利用坐标旋转矩阵，可将测深中心与定位中心在当地水平坐标系中的偏移量表示为

$$\begin{bmatrix}\Delta\bar{x}\\ \Delta\bar{y}\\ \Delta\bar{z}\end{bmatrix}_{at}=R_1^{-1}\begin{bmatrix}\Delta\dot{x}\\ \Delta\dot{y}\\ \Delta\dot{z}\end{bmatrix}_{at} \tag{4-53}$$

并推导得出机载激光测深过程中测深中心与定位中心不一致引起的动态偏心改正公式：

$$\left.\begin{aligned}\Delta\bar{x}_{at}&=-\dot{x}_0(\cos\kappa\cos\omega-\sin\kappa\sin\phi\sin\omega)-\dot{y}_0(\sin\kappa\cos\omega-\cos\kappa\sin\phi\sin\omega)-\dot{z}_0\cos\phi\sin\omega\\ \Delta\bar{y}_{at}&=\dot{x}_0\sin\kappa\cos\phi-\dot{y}_0\cos\kappa\cos\phi+\dot{z}_0\sin\phi\\ \Delta\bar{z}_{at}&=\Delta t\cdot V(\sin\kappa\sin\omega-\cos\kappa\sin\phi\cos\omega)-\dot{y}_0(\sin\kappa\sin\omega+\cos\kappa\sin\phi\cos\omega)-\dot{z}_0\cos\phi\cos\omega\end{aligned}\right\} \tag{4-54}$$

2. 动态位置归算

由于机载激光测深是在动态的环境下进行的，载体受风、流等因素的影响难免产生横摇、纵摇及晃动等运动，因此势必影响激光束的扫描以及激光在海面点和海底点的位置，其改正量将随测量载体航向变化和摇摆幅度大小而改变。此外，由于机载平台向下发射的激光脉冲穿越大气和海水的界面时发生海面折射现象，使得激光束不再以直线方向传播，因此在分析蓝绿激光在海底测深点的位置时，必须首先研究海面测深点的位置，然后根据光的折射原理计算海底测深点的位置。

1）海面测点位置归算

针对目前大部分机载激光测深系统使用的是圆锥扫描测量方式，如图 4-51 所示，激光测深海面测点位置可以按如下步骤计算：

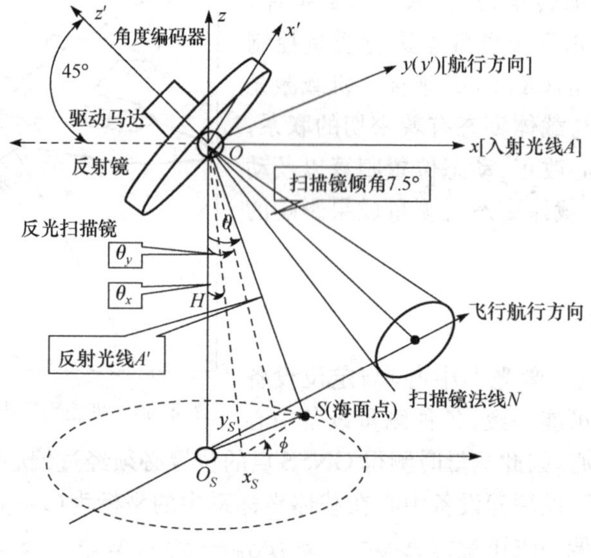

图 4-51　激光测深海面测点位置计算原理图

(1) 以陀螺平台为参考建立一个地平直角坐标系 $O\text{-}xyz$；

(2) 求反射镜法线方向矢量 $\boldsymbol{F}=\begin{bmatrix}\boldsymbol{F}_x\\ \boldsymbol{F}_y\\ \boldsymbol{F}_z\end{bmatrix}$；

(3) 求反射光线在 xz、yz 平面投影线与 z 轴的夹角(θ_x,θ_y)和扫描角 θ：

$$\left.\begin{aligned}\theta_x(\phi)&=2\tan^{-1}\left[\frac{\boldsymbol{F}_x}{|\boldsymbol{F}_z|}\right]-90^\circ\\ \theta_y(\phi)&=2\tan^{-1}\left[\frac{\boldsymbol{F}_y}{|\boldsymbol{F}_z|}\right]\\ \theta(\phi)&=\tan^{-1}\left[\frac{\sqrt{\boldsymbol{F}_x{}^2+\boldsymbol{F}_y{}^2}}{|\boldsymbol{F}_z|}\right]\end{aligned}\right\}\tag{4-55}$$

(4) 求海平面的激光入射点坐标。激光发射中心 O 至海面的垂直距离 H 是由红外激光直接测定的。如果考虑到飞机的航行，设飞机航速为 V(m/s)，激光器的重复频率为 R。则激

光束海面落点 S 的 $O\text{-}xyz$ 坐标公式为

$$\left.\begin{aligned} x_S(i) &= H\cdot\tan(\theta_x) \\ y_S(i) &= H\cdot\tan(\theta_y)+\frac{iV}{R} \\ z_S(i) &= -H \end{aligned}\right\}\tag{4-56}$$

2）海底测点位置归算

激光海底点的位置除了与激光海面点有关外，还与激光入射角、水体深度、海水折射率等有关。如图 4-52 所示，假设海面为理想平面，θ 为激光入射角（扫描角），θ' 为激光折射角，S 为激光海面点，F 为实际测深点，水深为 D，红外光往返时间为 t^{IR}，蓝绿光的路程和往返时间 t^{BG} 又分为两部分，水上部分的路程 r_1 和时间 t_1^{BG} 与水下部分的路程 r_2 和时间 t_2^{BG}。

因为飞机航高由红外光测定，即

$$H=\frac{c}{2n^{\mathrm{IR}}}\cdot t^{\mathrm{IR}}\tag{4-57}$$

其中，c 为真空光速；n^{IR} 为红外光的大气折射率。

由此可以导出激光照射海面点通过大气-海面折射后对应海底点（测深点）在陀螺平台坐标系中的坐标为

$$\left.\begin{aligned} x_F &= (r_1\sin\theta+r_2\sin\theta')\cos\Psi \\ y_F &= (r_1\sin\theta+r_2\sin\theta')\sin\Psi \\ z_F &= -(H+r_2\cos\theta') \end{aligned}\right\}\tag{4-58}$$

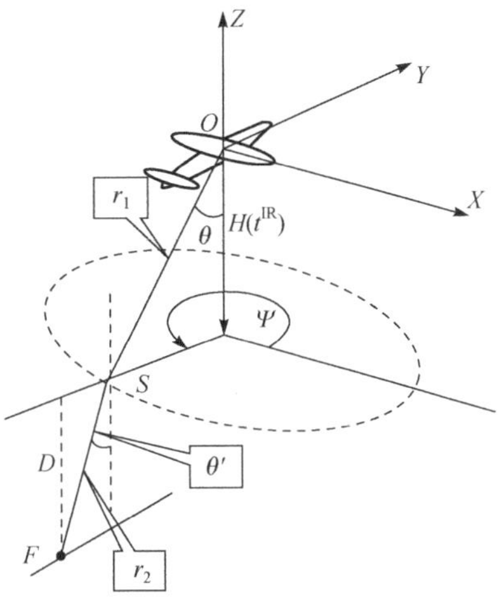

图 4-52　激光海底点与海面点位置关系

式中，$\Psi=\tan^{-1}\left(\dfrac{y_S}{x_S}\right)$，为激光发射点 O 的海面投影点 O_S 与激光海面点连线相对于海面角度起始方向的夹角。

由于激光扫描测深装置安装在陀螺平台上，如果已知激光发射中心 O 在地平直角坐标系中的坐标为 $(\bar{x}_0,\bar{y}_0,\bar{z}_0)$，则可通过陀螺平台坐标系与地平直角坐标系转换公式将由式(4-58)求取的测点在陀螺平台坐标 (x_F,y_F,z_F)，变换为动态形式的地平直角坐标 $(\bar{x}_F,\bar{y}_F,\bar{z}_F)$。

3. 动态时延改正

时间延迟是指海洋定位设备与测深数据采集不同步引起的时差。目前海洋定位设备的数据更新率一般在零点几秒到一二秒之间，机载激光测深的重复频率则达到每秒几百次，由此可见，海洋测量普遍存在着不同程度的时延效应，这种效应对高精度条带式测量成果的影响是不容忽视的。

设由于定位系统和测深系统的数据采集率不一致引起的时间延迟量为 Δt，又设在 Δt 时间段内，载体的航向 A 和航速 V 均保持不变，则由时间延迟引起的位置偏差在载体坐标系中可表示为

$$\begin{bmatrix}\Delta\dot{x}\\ \Delta\dot{y}\\ \Delta\dot{z}\end{bmatrix}_{\Delta t}=\begin{bmatrix}0\\ \Delta t\cdot V\\ 0\end{bmatrix}\tag{4-59}$$

由此得到在地平直角坐标系中的动态时延改正计算式：

$$\left.\begin{aligned}\Delta\bar{x}_{\Delta t}&=\Delta t\cdot V(\sin\kappa\cos\omega-\cos\kappa\sin\phi\sin\omega)\\\Delta\bar{y}_{\Delta t}&=\Delta t\cdot V\cos\kappa\sin\phi\\\Delta\bar{z}_{\Delta t}&=\Delta t\cdot V(\sin\kappa\sin\omega-\cos\kappa\sin\phi\cos\omega)\end{aligned}\right\}\tag{4-60}$$

机载激光测深具有速度快、覆盖率高、灵活性强等优点，因此在某些领域大有可为。机载激光测深可作常规海道测量之用，这也是研制机载激光测深系统的始动力。机载激光测深具有快速实施大面积测量的优点，被海洋大国广泛应用于沿岸大陆架海底地形测量之中，如澳大利亚用来对其 $2.10\times10^6\text{km}^2$ 的大陆架测量，使用情况表明测量成果良好可靠；加拿大用其 ARSEN-500 测量北极海域，克服了天气恶劣、海况复杂等困难，效益明显；其他各国的海试表明，机载激光测深是测深技术的一次革命，虽然它不能替代回声测深，但其潜力不可低估。除了常规的海底地形测量之外，机载激光测深的覆盖率高决定了它还能提高探测航行障碍物的探测率。同时，机载激光测深还能提高发现水下运动目标（如潜艇）的概率。对无深度信息的登陆场，机载激光测深可迅速、安全地获取信息，从而提高快速反应部队的作战能力。机载激光还可用来测量海区的混浊度、温度和盐度。在海洋工程中机载激光测深可以测定港口的淤积等。

4.6 水深测量精度

为了满足不同目的的实际要求，国际海道测量组织（IHO）确定了新的测量标准。不再依照传统的单波束测量模式确定探测方式和探测精度，而是依据探测海区的精度要求、海底覆盖率不同划分定义了四种测量等级。

一级测量：一级海道测量只适用于海道测量部门明确规定的重要海区，在这些海区，船舶只能以最小吃水净深航行，并且其海底特征可能对船只航行有危险，如对重要海峡、港口、码头、锚地和海底浅层结构的详细探测。一级测量要求必须把所有误差源降到最小限度，一级测量的测线间距要小，并要求使用侧扫声呐、换能器阵列组成高分辨率多波束回声测深仪达到100%的海底覆盖率。测量时必须保证测深仪器能分辨出大于 1m^3 的物体，在可能遇到危险障碍物的海区或狭窄海区，必须使用测扫声呐和多波束回声测深仪。

二级测量：二级测量适用于其他港口、入口航道、一般的沿岸和内陆航道。在这些海区，船只的吃水距海底有较大的净深，或海底的地质特征对船只航行的危险较小（如松散的淤泥和沙底质）。二级测量应限于水深小于 100m 的海区使用。虽然它对海底覆盖的要求不同于一级测量那么严格，但对海底特征对船只有潜在危害的区域仍要求 100%全覆盖。在覆盖区域，测深仪器必须保证能分辨出 20m 水深内大于 2m^3 的物体，或水深超过 20m 时，大于 10%水深体积的物体。

三级测量：三级测量适用于水深浅于 200m 且不被一、二级测量覆盖的海区。在这些海区内，普通的水深测量方式就能充分保证海底的障碍物不会危及船只航行。在各种海事活动中，当采用高等级的海道测量不大合适时，就要采用三级测量。

四级测量：四级海道测量适用于水深超过 200m 且不被一、二、三级海道测量所覆盖的其他所有海区。

根据以上标准，IHO 确定了新的海道测量最低精度指标，见表 4-3。

表 4-3 新海道测量最低标准

等级	一级	二级	三级	四级
典型海区举例	重要航道、锚地、最小净深的港口	航道、推荐航道、港口及港口入口（水深小于 100m）	一、二级测量中未规定的沿岸海区或水深小于 200m 的区域	一、二、三级测量中未规定的非沿岸海区
水平精度（置信度 95%）	±2m	±5m	±20m	±150m
改正后的水深精度（置信度 95%）	a=0.25m b=0.0075	a=0.25m b=0.013	a=1.0m b=0.023	同三级测量
覆盖率	100%	≤100%	不适用	不适用
测深精度模型（置信度 95%）	不适用，要求 100%的覆盖率	a=0.25m b=0.0075	a=0.25m b=0.0075	a=0.25m b=0.0075
最大测线间隔	不适用，要求 100%的覆盖率	2～3 倍平均深度	3～4 倍平均深度；若 4 倍平均深度小于 200m 时为 200m	4 倍平均深度

表中列出相应的 a、b 值带入下面公式，可计算测深精度。

$$\pm\sqrt{a^2+(b\cdot d)^2} \tag{4-61}$$

式中，a 为深度误差常数，即所有常量误差之和；b 为深度相关误差系数；$b\cdot d$ 为深度相关误差，即所有深度相关误差之和；d 为深度。

水深精度应理解为改正后水深的精度。在确定水深精度时，需对各误差源进行定量表示。由于水深测量的特点是测量深度数据缺少多余观测值，因而水深精度主要取决于对影响水深值的系统误差和可能的随机误差的估计精度。对影响探测水深值的所有可能误差的综合估计是提高水深精度的关键，所以要考虑所有误差源综合影响以得到总传播误差。总传播误差由所有对测深有影响的因素所造成的测深误差组成，其中包括：①与声信号传播路径（包括声速剖面）有关的声速误差；②测深与定位仪器自身的系统误差；③潮汐测量和模型误差；④船只航向与船摇误差；⑤由于换能器安装不正确引起的定位误差；⑥船只运动传感器的精度引起的误差，如纵横摇的精度、动态吃水误差；⑦数据处理误差等。这些误差都会影响探测水深的精度，应当采用统计的方法，对所有已知的误差进行考虑，以确定水深精度。经统计确定的总传播误差（置信度为 95%）旨在用于描述水深精度。由于上述误差可以分为误差常数和水深相关误差，表中给出了经过专家论证的误差常数 a 和水深相关误差 b 值，利用所给的公式来计算各级测量的水深允许误差，其置信度为 95%，依次作为约束各级测量的测量数据精度的限差。

为了解释所有的误差源，必须对误差大小进行估计，国际海道测量组织在 S-44 测量标准中给出了其估计形式：

$$\sigma_{\text{rpd}}(2\text{drms})=\pm\sqrt{\sigma_n^2+(\sigma_d\tan\theta)^2+(d\sigma_r)^2+(d\sigma_p)^2+[d\tan(\theta)\sigma_g]^2+\left[\frac{\sqrt{5}d\tan(\theta)}{2v}\right]^2(\sigma_v)^2} \tag{4-62}$$

式中，2drms 是径向位置误差（置信度为 95%），是下列误差平方和根的 2 倍，定位系统引起的误差 σ_n、水深测量误差 σ_d、横摇误差 σ_r、纵摇误差 σ_p、航向（陀螺罗经）误差 σ_g 和声速误差（波束角分量）σ_v；d 是换能器的水深；v 是平均声速；θ 是从最下方起算的波束角。

上面讨论的是根据多波束系统获取的数据误差源及其估计公式，而对于其他测深仪器测深误差的估计，则可以根据不同仪器的实施探测情况，对一些误差进行取舍。例如，单波束测深一般情况下可以不考虑 σ_r、σ_p、σ_g 等误差的影响，但对于倾斜的海底必须进行海底倾斜改正。又如测量船的动态吃水影响误差，上式并没有估计，对于大多数高精度探测而言，由于不同船速下动态吃水影响不同，因此还必须估计到测量船动态吃水误差。

总之，提高海洋测深精度的方法，一方面是尽可能利用高精度仪器监测并减弱测量中的各种误差，另一方面就是利用上述误差模型进行误差估计。

我国《海道测量规范》中以回声测深仪为例，给出了水深测量极限误差（置信度为 95%）的规定（表 4-4），同时《海道测量规范》也对主检查线水深比对及图幅拼接比对的限差作了规定。在进行系统误差检验及粗差检验后，由重合点水深（两点相距图上 1.0mm 以内）所列出的主检测深点不符值限差见表 4-5，规定超限的点数不得超过参加比对总数的 15%。

表 4-4　主检查线水深比对及图幅拼接比对的限差规定

测深范围 Z/m	极限误差 2σ/m
$0<Z\leqslant 20$	±0.3
$20<Z\leqslant 30$	±0.4
$30<Z\leqslant 50$	±0.5
$50<Z\leqslant 100$	±1.0
$Z>100$	$\pm Z\times 2\%$

表 4-5　删除系统误差和粗差后，主检不符值限差

测深范围 Z/m	极限误差 2σ/m
$0<Z\leqslant 20$	±0.5
$20<Z\leqslant 30$	±0.6
$30<Z\leqslant 50$	±0.7
$50<Z\leqslant 100$	±1.5
$Z>100$	$\pm Z\times 3\%$

思考题和习题

1. 说明单波束回声测深仪的工作原理和基本组成。
2. 声波在海水中的传播速度与哪些因素有关？声速的测定方法有哪些？
3. 试简述机载激光测深系统的工作原理。
4. 什么是多波束测深系统？其主要特点和优点有哪些？
5. 水深测量的等级及精度是如何确定的？
6. 单波束水深测量值应经过哪些改正，试说明各项改正的含义。
7. 深度基准面是如何确定的？深度基准面的确定原则是什么？
8. 什么是水位改正？为什么要进行水位改正？请说明单验潮站水位改正的原理及方法。

第 5 章　海底地形测量

海底地形测量是为海上活动提供重要的海底地物和地貌资料的基本测量，是陆地地形测量向海域的延伸。海底地物主要是指礁石、沉船、海底障碍物及人工构筑物等天然或人工形成的各种固定物体。海底地貌是指高低起伏的海底形状，包括浅滩和深沟等。海底地形测量的特点是测量内容多，精度要求高，显示内容详细。测量的内容包括水下工程建筑、航道、沉积层厚度、沉船等人为障碍物、海洋生物分布区界和水文要素等，通常要对海域进行全覆盖测量，确保详细测定测图比例尺所显示的各种地物地貌，是为海上活动提供重要资料的海域基本测量。通过海洋地形测量获得的数据可绘制海域水深图、编绘海底地形图和航海图。

按照区域可分为海岸带、大陆架和大洋三种海底地形测量。海底地形测量方法主要有回声测深仪测量、多波束测深系统测量和激光测深系统测量。回声测深仪测量是利用水声换能器垂直向水下发射声波并接收水底回波，根据其回波时间来确定被测点的水深。当测量船在水上航行时，船上的测深仪可测得一条连续的水深线（即地形断面），通过水深的变化，可以了解水下地形的情况。利用回声测深仪进行水下地形测量，也称常规水下测量，属于“点”状测量。多波束测深系统测量能一次给出与航线相垂直的平面内几百个甚至数千个测深点的水深值，或者一条一定宽度的全覆盖的水深条带。所以它能精确地、快速地测出沿航线一定宽度内水下目标的大小、形状和高低变化，属于“面”测量（条带）。激光测深系统是一种具有广阔发展前途的测量手段，激光光束比一般水下光源能发射至更远的距离，其发射的方向性也大大优于声呐装置所发射的声束。激光光束的高分辨率能获得海底传真图像，从而可以详细调查海底地貌与海底底质。

5.1　海底地形测量

5.1.1　海底地形测量前的准备工作

1. 测深水域确定

在进行海底地形测量前，需确定要测量水域的范围。通常应用陆地控制点采用常规陆地测量方法，测取需测深海域和海滩外围的范围，也可以先测定海岸及沿海地形图。这样，就可以圈定测深线布设的范围和设计测量方法，也可以实现海洋地形和陆地地形的拼接。

2. 测深线的布设

测深线又称计划线，是测量仪器及测量仪器载体的计划探测路线。由于海底地形的不可见性，其测量不能像在陆地上一样选择地形特征点进行测绘，因此只能用测深线法或散点法均匀地布设测点。

测深线可以分主测深线、补充测深线和检查测深线。主测深线是测深线的主体，它担负着探明整个测区海底地形的任务；补充测深线起着弥补主测深线的作用；检查测深线是检查以上测深线的水深测量质量，以保证水深测量的精度。

1) 测深线的间隔

测深密度是指同一测深线上水深点之间所取的间隔，它对反映海底地形有极其密切的关系，一般而言，密度越大海底地形显示得越完善、越准确。测深线的间隔是主要根据对所测海区的需求、海区的水深、底质、地貌起伏的状况以及测深仪器的覆盖范围而定。国内外具体处理方法一般有两种，一种是规定图上主测深线的间隔为 10mm 的情况下，根据上述原则确定海区的测图比例尺；另一种是根据上述原则先确定实地上主测深线的间隔，再取其图上相应的间隔，如 6mm、8mm、10mm，最后确定测图比例尺。我国采用前者，规定港地以及一些面积较小但较重要的岛屿周围，以 1∶5000 比例尺施测；港湾、锚地、狭窄水道、岛屿附近及其他有较大军事价值的海区，以 1∶10 000 比例尺施测；开阔的港湾、地貌较复杂的沿岸海区及多岛屿海区，以 1∶25 000 比例尺施测。

我国的《海道测量规范》对不同海区情况下的测线间隔给出了详细的要求。一般情况下，主测线间隔为图上 10mm。对于需要详细勘测的重要海区和海底地貌比较复杂的海区，主测深线间隔应适当缩小或放大比例尺施测。螺旋形主测线间隔一般为图上 25mm，辐射形主测深线间隔最大为图上 10mm，最小为图上 25mm。在一些复杂海区和使用者特殊的要求下，有时还要布设密于测深线间隔的测深线，即加密测深线。加密测深线的间隔一般为主测深线间隔的二分之一或四分之一。布设加密测深线的目的在于详细探测狭窄航道、码头附近和复杂海区的地形地貌以及障碍物。

2) 测深线的布设方向

测深线方向是测深线布设所要考虑的另一个重要因素，测深线方向选取的优劣会直接影响测量仪器的探测质量。选择测深线布设方向的基本原则如下：

(1) 有利于完善地显示海底地貌。近岸海区海底地貌的基本形态是陆地地貌的延伸，加上受波浪、河流、沉积物等的影响，一般垂直海岸方向的坡度大、地貌变化复杂；而平行海岸方向的坡度小、地貌变化简单。因此，应选择坡度大的方向布设测深线。在平直开阔的海岸，测深线方向应垂直等深线或海岸的总方向。

(2) 有利于发现航行障碍物。平直开阔的海岸，测深线垂直海岸总方向，减小波束角效应，有利于发现水下沙洲、浅滩等航行障碍物；在小岛、山嘴、礁石附近等深线往往平行于小岛、山嘴的轮廓线，该区布设辐射状的测深线为宜；锯齿形海岸，一般取与海岸总方向约成 45°的方向布设测深线。

(3) 有利于工作。在海底平坦的海区，可根据工作上的方便选择测深线的方向，以利于船艇锚泊与比对、减少航渡时间。此外，在可能的条件下测深线不要过短，也不要经常变换测深线的方向。

常用的测深线可采用以下三种方向布置。

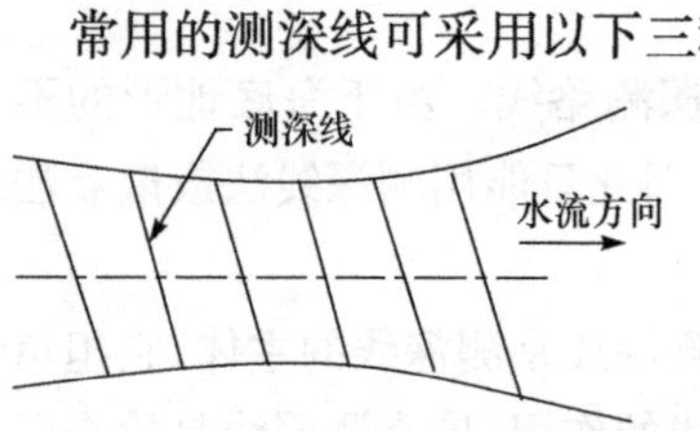

图 5-1　测深线与水流轴线成 45°方向

(1) 测深线垂直于水流方向。使测深线正好通过地貌变化比较剧烈和有代表性的地方，有利于全面如实地反映测区的海底地形，这是最常用的方法。

(2) 测深线与水流轴线成 45°。如图 5-1 所示，通常用于狭窄海道和可能存在礁石、水下沙洲或其他障碍物地区的水深测量。由于斜距大于平距，因而它比垂直于水流轴线的测深线容纳的水深点更多，有利于反映狭窄海道的地形。

(3) 测深线成辐射线方向。如图 5-2 所示，大多用于岛屿的延伸部分或孤立的岛屿周围的水域。辐射线方向布设使测深线间距内密外疏，不仅有利于暗礁、浅滩的发现，而且近岛部分水深点较密，也有利于选择适宜的靠船及登陆点。

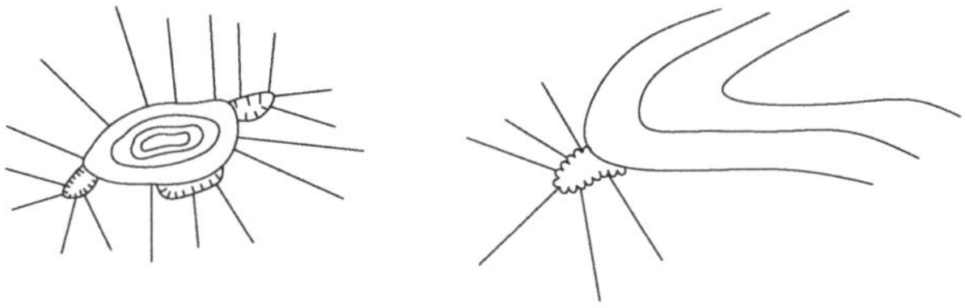

图 5-2　辐射线方向

补充测深线主要用于局部重要海域的加密测深和对礁石、沙嘴、沉船等的探测。在重要航道上布设补充测深线有两种方法：①在主测深线之间局部加密，如图 5-3(a)所示，即补充测深线方向与主测深线方向一致，间距则根据需要而定；②和航道方向一致布设 3～5 条补充测深线，如图 5-3(b)所示，中间一条测深线应和航道中心线重合，两侧的测深线则根据航道宽度均匀平行布设。

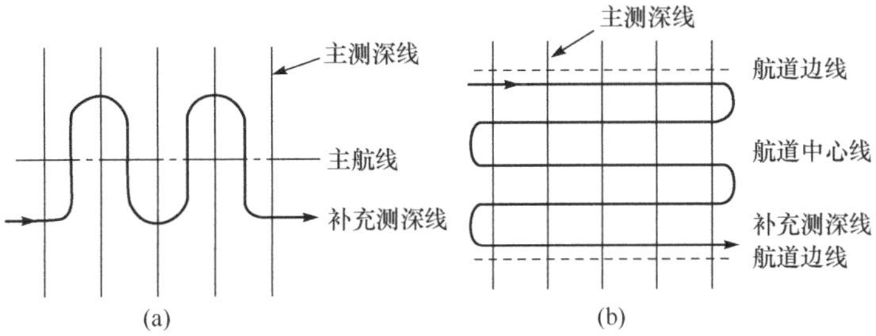

图 5-3　补充测深线布置

在海底地形测量之前需要设计和布设测线。测线是测量仪器及其载体的探测路线，分为计划测线和实际测线。一般情况下的海上测量是在定位仪器的引导下，测量仪器及其载体按照计划测线实施测量。有别于陆地测量，海底地形测量测线一般布设为直线。海上测线又称测深线，测深线分为主测深线和检查线两大类。主测深线是计划实施测量的主要测量路线，检查线主要是对主测深线的测量成果质量进行检测而布设的测线。确定测线布设的主要考虑因素是测线间隔和测线方向。

3. 导标放样

为了使测量船能沿着所设计好的测深线方向航行，通常在岸上沿测深线方向设立两个导标(一般用两个不同颜色的大旗)以指示测量船航行。布设导标时，可借助岸边的控制点用极坐标或用罗盘仪测定导标位置。

5.1.2　海底地形测量野外工作

海底地形测量野外工作主要包括海底地形点三维数据的采集和水位观测。如果测量中采用 RTK 无验潮方法，则无需进行水位观测。

1. 海底地形点的数据采集

测深船定位方法和水深测量技术在前面的章节已有介绍。海底地形测量时，测深船以均匀的速度行驶在测深线上，并按照规定的间距或时间间隔进行水深测量和确定地形点的平面位置。其中地形点的平面坐标通过测深船的定位获得，水深数据通过测深仪测深获得。出测前应对测深仪进行检验和校正。

1）停泊稳定性试验

(1) 回声测深仪试验。试验场必须选择在水深大于 5m 的海底平坦处，连续开机时间不得少于 8h。试验中，每隔 15min 比对一次水深，水深比对限差应在 0.4m 以内，并测定一次电压、转速和记录旋钮(增益旋钮)位置。模拟记录应连续、清晰、可靠。对于非固定安装的测深仪，可在仪器房内利用模拟器进行 8h 的稳定性试验。

(2) 多波束测深仪试验。选择水深大于 20m 的海底平坦区，连续开机 8h 以上；比对中央波束的水深限差应小于±0.3m。

2）航行试验

当测深仪换能器安装后或变换位置时都应进行航行试验。试验时，选择水深变化较大海区，检验测深仪在不同深度和不同航速下工作是否正常。

3）测深仪改正数测定

使用测深仪时，应测定仪器的总改正数。总改正数包括以下各项改正数的代数和；仪器转速改磁、声速改正数、吃水改正数(静态和动态吃水改正数的代数和)以及换能器基线改正数。

用校对法直接求测深仪总改正数适用于 0～20m 水深，可用水听器或检查板对测深仪进行校正，校对仪器时，测深仪器应处于正常工作状态，海况平静，船只处于漂泊和平稳状态下进行，改正数求法如下。

(1) 用检查板或金属绳水铊时：

$$\Delta Z_T = Z_V - Z_S \tag{5-1}$$

式中，ΔZ_T 为测深仪的总改正数(m)；Z_V 为水听器或检查板的深度读数(m)；Z_S 为深仪测得的深度读数(m)。

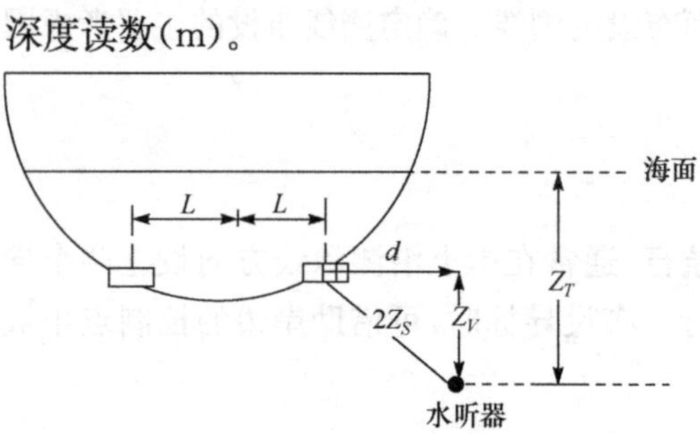

图 5-4　船底换能器与水听器的关系

(2) 用水听器时：

a. 当换能器在船底时，如图 5-4 所示，设基线长的一半为 L，水听器与测深仪发射换能器存在一个水平距离 d 时，则

$$\Delta Z_T = Z_V - [(2Z_S)^2 + L^2 - d^2]^{\frac{1}{2}} \tag{5-2}$$

式中，L 为基线长的一半(m)；d 为水听器与控制器之间的水平距离(m)。

当 $L=d$ 时，$Z_S=0$；$L<d$ 时，$Z_S<0$，反之为正。

b. 当换能器是舷挂式时：

$$\Delta Z_T = Z_V - [(2Z_S)^2 - d^2]^{\frac{1}{2}} \tag{5-3}$$

2. 水位控制

由于海水面是不断变化的，所以在测量水深的同时，必须进行潮汐测量。水位观测的目的是为确定深度基准面与航行基准面提供依据以及为水深测量提供水位改正值。

1）验潮站设置

水位控制是以确定海区深度基准为目的，在一定数量的地点上布设验潮站，对某区域的水位变化进行监控的过程。按观测时间的长短，验潮站分为长期验潮站、短期验潮站、临时验潮站和海上定点验潮站。长期验潮站是测区水位控制的基础，主要用于计算平均海面，一般应有2年以上连续观测；短期验潮站用于补充长期验潮站的不足，与长期验潮站共同推算确定测区的深度基准面，一般应有30天以上连续观测的水位资料。临时验潮站在水深测量时设置，至少应与长期站或短期站在大潮期间同步观测水位3天，主要用于深度测量时进行水位改正；海上定点验潮站，至少在大潮期间（良好日期）与相关长期站或短期站同步观测一次或三次24h或连续观测15天水位资料，用于推算平均海面、深度基准面以及预报瞬时水位，进行深度测量时的水位改正，并且在验潮站上是等间隔的连续观测。

验潮站的主要作用是监测海面变化的状况，通过对海面变化数据的观测为海道测量提供测量基准和任意时刻某测区的潮汐水位改正值。因此，验潮站布设的密度应能控制全区的潮汐变化。相邻验潮站之间的距离应满足最大潮高差不大于1m、最大潮时差不大于2h，潮汐性质基本相同。特殊地区（如河口、湾顶、水道口等）应注意增补验潮站。验潮站站址应设立在能反映测区内大部分海区潮汐变化规律的地方。

2）观测时间

为计算深度基准面提供水文资料的水位观测，必须昼夜连续观测30天以上。水深测量时，水位观测应与测量水深同时进行，水位观测的时间间隔，视测区水位变化大小而定，当水位日变化量<10cm时，每次测深前、后各观测一次，取平均值作为测深时的工作水位。在常驻潮汐影响的水域，一般每隔10～30min观测一次水位。测深时的工作水位，根据测深记录纸上记载的时间内插求得。另外当测区有显著的水面升降时，应分段设立水尺进行水位观测。

一次24h水位观测良好日期的选择，半日潮海区一般选择在大潮日期，最好能满足下列条件。

a. 大潮日期 D_2：

$$D_2 = d_2 + \tau_2 \tag{5-4}$$

式中，d_2 为朔或望日期；τ_2 为半日潮龄。

b. 两个日潮相角之差：

$$(d+g)_{O_1} - (d+g)_{K_1} \approx 0^\circ(360^\circ) \tag{5-5}$$

式中，g 为分潮迟角；d 为天文变量。

日潮海区，一般选择在回归潮日期，最好能满足下列条件。

a. 回归潮日期 D_1：

$$D_1=d_1+\tau_1 \tag{5-6}$$

式中，d_1 为月球赤纬最大日期；τ_1 为日潮龄。

b. 两个半日潮相角之差：

$$(d+g)_{M_2}-(d+g)_{S_{21}}\approx 0°(360°) \tag{5-7}$$

式中，g 为分潮迟角；d 为天文变量。

可依据《潮汐表》直接查取最大潮差日期。

3）水位观测

所采用的仪器一般是在满足精度要求的前提下，根据实际情况择优选择。目前比较常用的仪器有水尺、自记验潮仪、声学验潮仪、压力式验潮仪、高精度 GPS 定位仪等。沿岸验潮站采用自记验潮仪、便携式验潮仪、水尺，其观测误差不得大于 2cm；定点验潮站可采用水位计或回声测深仪。水位计观测误差应不大于 5cm。用回声测深仪进行观测，站位处水深不得超过 50m，观测误差不得大于水深的 1%。

4）水准联测

验潮站还应该与国家高程网相连，一是用于确定验潮站高程在国家水准网中的定位问题；二是用于水位观测过程中检验验潮站上的观测仪器零点变化情况。所以，必须严格地进行联测（传递到观测所需要确定的标志点上）和明确的记录，并进行埋石或做明显的标记。

在水位站附近，一般都布设有一个或若干个水准点作为水位站的水尺零点高程的引测和定期检校的基准。水尺零点高程的引测，视其精度一般可按四等水准或图根水准联测。在水位观测中，如遇水尺将要干出或被淹没、破坏时，应立即增添新水尺或尽快修复。应经常检查水尺零点是否移动，特别是大风浪后更应留心，同时注意水尺资料不要相互混淆。

3. 定位测量

定位测量多采用卫星定位。在测深仪器测量工作中，定位中心与测深中心应尽量保持一致，对大于 1∶10 000 比例尺测图，二者水平距离最大不得超过 2m，对小于 1∶10 000 比例尺测图，二者水平距离不得超过 5m，否则应将定位中心归算到测深中心。测深与定位时间应保持同步。

出测前要求在两个已知点上各进行不少于 8h 的比对试验，采样间隔不大于 3min。卫星仰角限值应≥10°。测量过程中，平坦海域定位点间隔不能大于图上 4cm，复杂海域定位点间隔不能大于图上 3cm。

5.1.3 数据处理

1. 数据处理主要内容及流程

海底地形测量的外业工作结束后，应及时地进行观测成果的内业整理，将水深数据转绘成海底地形图，勾绘等深线。其主要工作步骤如下：

(1) 将同一天观测的位置和水深数据汇总，然后逐点核对，对于遗漏的测点或记录不全的测点应及时组织补测。

(2) 整理检查验潮资料，详细准确地绘制项目相关图表(如验潮站地形图、水尺零点与验潮站零点高程高度关系断面图)，且在略图上应标明水准点位置及与两个以上显著固定物标的方位距离。

(3) 整理检查测深与定位资料，包括测深手簿的填写与整理、测深仪记录纸的填写和注记、定位手簿的整理与各种改正数计算。

(4) 根据水位测量成果进行水深改正(包括仪器改正、声速改正、动态吃水改正和水位改正)，并计算各测点的高程。

(5) 水深数据转换与编辑，将修正好水深数据进行格式转换，导入成图系统；在成图系统中编辑各控制点、各测点的位置和水深，并注记相应的高程。为使图面清晰易读，需要合理地取舍深度点。

(6) 根据各测点的高程，绘制海底等深线，并注记礁石、特殊深度、浅滩、岸边石坡等航行障碍物的属性信息，编辑其相应的位置、形状、颜色等符号化图形要素，提供完整的海底地形信息。

(7) 图廓的清绘与整饰，提供规范的海底地形图。

目前，海底地形成图都采用数字化成图的方法。

2. 水位改正

在海底地形测量中，测点的高程等于工作时的水位减去水深。同一瞬间的水面是起伏不平的，严格地讲，每个测点的高程应该用测量该点时的工作水位计算。但在实际工作中，只能在有效控制范围内，采用有关观测站的水位资料进行水位改正，其误差不超过测深精度；如超过有效控制的范围，则要用相邻两个水位站的观测资料内插得到的工作水位进行水位改正。

当相邻验潮站的控制范围互相重叠时，则各站范围内的瞬时水深，应以其实测水位资料分别改正。当相邻两验潮站的控制范围互不重叠时，两验潮站间的瞬时水深，可采取直线分带法或时差法进行水位改正，采用上述方法时均要求两站间的潮时和潮高的变化与其距离成比例，分带时带的界线基本上应与潮波传播方向垂直，如图 5-5 所示。只有在狭窄航道，且潮波传播方向与两站连线基本平行时，方可利用两个验潮站的水位进行两站间的水位改正，否则应采用三个验潮站的水位进行瞬时水位改正。两个验潮站之间的分带数，应按下式计算：

$$K=\frac{2\Delta h}{\sigma} \tag{5-8}$$

式中，K 为分带数；Δh 为两验潮站深度基准面重叠时，由水位曲线图上量得的或统计比较计算得到的同一瞬时两验潮站间的最大水位差(m)；σ 为测深精度(m)。

根据水位改正需要，可以在毫米方格纸上或计算机上绘制水位综合曲线、测深仪改正数 ΔZ_T 曲线。绘制水位综合曲线时，应将两验潮站的深度基准面重叠，纵坐标表示潮高，横坐标表示潮时。绘制水位改正数 ΔZ_T 曲线时，纵坐标表示改正数，横坐标表示深度，如图 5-6 所示。

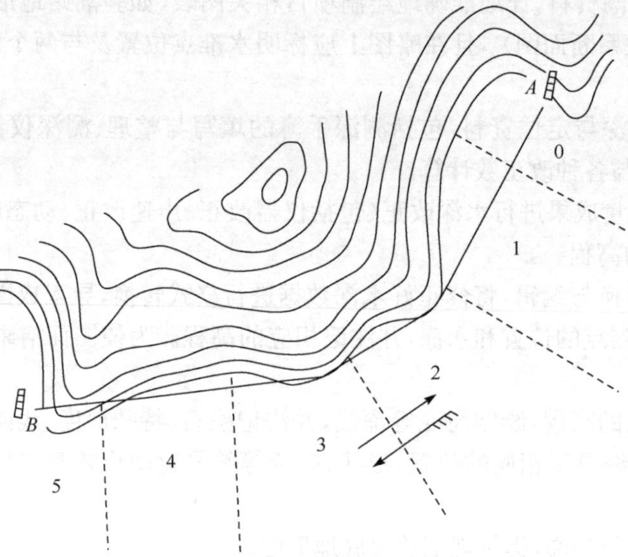

图 5-5　分带界线与潮波传播方向垂直示意图

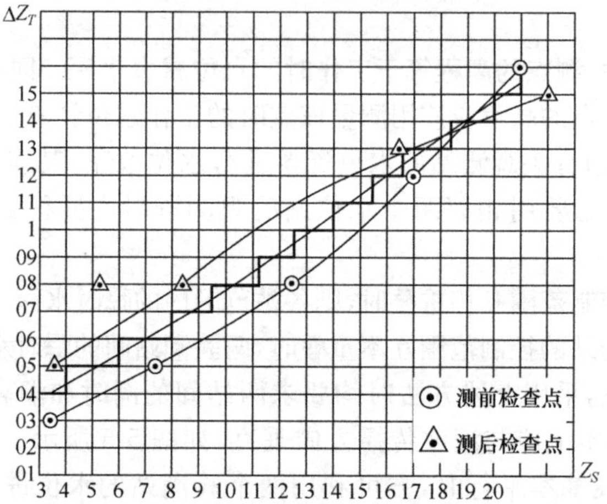

图 5-6　水位改正数 ΔZ_T 曲线

5.2　航行障碍物测定

使用多波束测深系统和侧扫声呐系统，可以全覆盖调查港口航道和工程海区的海底微地貌情况，以及影响工程海区的海底微地貌的微地貌起伏形状特征或范围及变化因素；探测工程海区的海底礁石、沉船等障碍物的高度或水深及其大小和范围。第四章介绍了多波束测深系统工作原理、组成及其数据处理理论基础，以下重点讨论侧扫声呐技术侧扫工程海区的海底微地貌起伏的水下地形测量的实施方法、相关的数据处理理论和海底地形图的绘制和表达方法。

5.2.1　侧扫声呐技术

侧扫声呐系统又称海底地貌仪或旁侧声呐。目前，侧扫声呐系统特别在海底障碍物的探测和识别方面达到了一个较高的水平，被广泛地应用于港口、航道测量、复杂海区的海底地貌探测中，以探测测线之间的障碍物，成为当前海底调查的一种重要的探测工具。

1. 侧扫声呐探测原理

侧扫声呐系统是基于回声探测原理进行水下目标探测。通过系统的换能器基阵以一定的倾斜角度、发射频率，向海底发射具有指向性的宽垂直波束角和窄水平波束角的脉冲超声波，如图 5-7 所示，声波传播至海底或海底目标后发生反射和散射，又经过换能器的接收基阵接收海底的反射和散射波，再经过水上仪器的处理用显示装置显示、记录器储存和对图像分析。显然，声波从发射到接收的时间间隔 Δt，取决于声波往返传播路径的远近。设声波在海水中的传播速度为 C(m/s)，声波传播的单程距离为 S(m)，则

$$\Delta t=\frac{2S}{C} \tag{5-9}$$

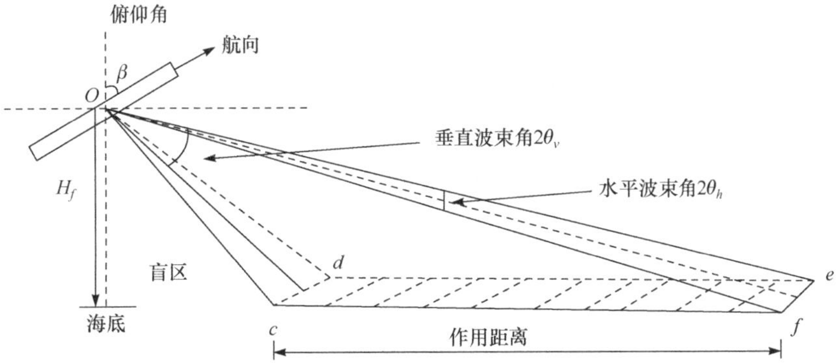

图 5-7　侧扫声呐系统探测声波原理

当声波传播距离越远时，换能器接收到的声波回波的时间 Δt 就越长。由于海底的凸凹不平使得海底或海底目标有的地方被声波照射，有的地方没有被声波照射，反映到记录纸上就是有的地方为黑色，有的地方为白色(目标阴影)，类似照相机的摄影照片底版，也就反映出海底的地貌状况。

如图 5-8 所示，测量船通过拖曳电缆，将侧扫声呐换能器基阵(即拖鱼)，拖曳在离船尾一定距离和一定深度上进行测量的情形。由于换能器收到海底各点回波的时间有先后之分，故记录器在将一次声波脉冲发射过程中的各点回波记录时，是按先后次序依次通过记录针运行的距离刻画在记录纸上，为一条断续的横线(有回波为黑色线段，无回波为白色线段或相反，有的仪器采用彩色打印，用色度表示，原理基本相同)；或通过模数转换电路以数字形式在显示器上显示、记录。换能器按一定的发射频率发射声波并接收，则得到一系列的回波。侧扫声呐根据海底目标反射的回波的强弱、次数、时间间隔换算到仪器，记录针在记录纸画线的长短、黑度变化，多次发射接收形成侧扫声呐声图，从图中可反映海底的地貌状况(海底地物形状、高度、相对位置关系)。根据侧扫声呐声图判断海底的地貌状况关系，目前大都是通过软件人工进行的，国内外还没有一个完美的海底地形及障碍物识别和判断软件，因为侧扫声呐声图判读不单

单是仪器本身性能的问题，还与测量人员的工作经验的多少、声图质量的好坏以及探测海底的历史资料等因素密切相关。因此，判读问题是侧扫声呐探测的一个关键技术。

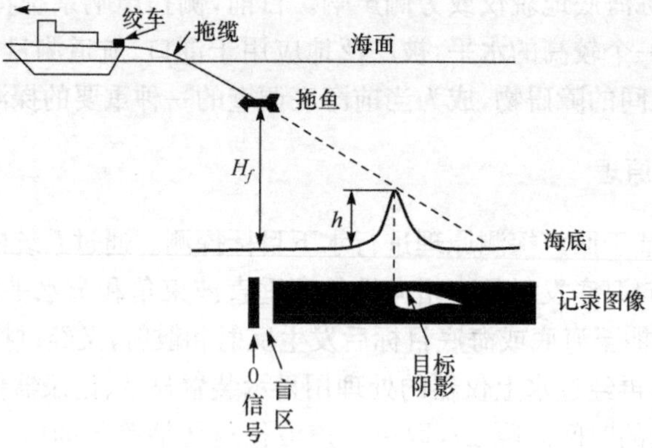

图 5-8　侧扫声呐探测工作原理

针对不同距离上不同目标的声波回波的强弱不一，且回波信号的强弱除与海底地貌的起伏、海底底质的性质等有关外，还与传播路径的远近有关。在海底平坦处，回波信号的强度随着距离的增大而迅速减弱。为使记录纸上记录信号的黑度变化，反映地貌的起伏，就必须消除回波记录黑度随距离衰减的现象，仪器还附加对信号的时间增益和自动增益控制电路补偿，使得在相同底质但基本平坦的海底上，各处反向散射回波被接收机接收后，在记录纸上记录成一样的黑度；反过来讲，如果记录纸上是一条黑度相同的直线，则表示此段为平坦的海底。如果海底地貌起伏变化，则会引起回波强弱变化，在记录纸上则以浓淡不同的黑度表示出来。有的仪器还增加了匹配滤波数字信号技术(Chirp 技术)和图像处理技术，以增强信号的抗干扰、滤波和视觉效果，便于海底地形的识别和判定。

为获取良好的图像记录，测船航速一般保持在 4～6 节为佳。按工作海域的水深，选择适当的量程和拖鱼高度，一般要求拖鱼距海底的高度为所选择斜距量程的 10%～15%。附加准确的拖鱼姿态监测装置、计时系统、图像处理和滤波系统以及水下定位系统还可对海底信息做比较准确地描述、记录、储存。

2. 侧扫声呐系统

侧扫声呐系统主要由船载子系统、拖鱼子系统以及拖曳系统三部分组成。

(1) 船载子系统(又称水上机)包括声呐工作站、3 通道数字信号处理器 DSP、拖鱼接口箱、彩色显示器、键盘、轨迹球、光盘机、磁带机、热敏打印记录器、喷墨彩色图形打印机等。软件包括侧扫声呐目标/特征测量分析软件、侧扫声呐滤波软件、波束角和掠射角改正软件、侧扫声呐数字镶嵌软件包等，如图 5-9 所示。

(2) 拖鱼子系统按探测换能器的配置分为单侧和双侧两种。单侧侧扫声呐仪探测沿测量船航迹某一侧海域的地貌；双侧侧扫声呐能够探测沿测量船航迹两侧海域的地貌。海底测绘用的双侧扫声呐，把两个换能器装在称为“鱼”形或流线型的拖曳体内，为了获得最佳效果，拖曳体离海底的深度是可调的。

拖鱼内左右两侧各有一个长条形换能器基阵，每个基阵均由双排等间隔排列的喇叭形振子组成，还包括多路调制解调器和数据采集电路等。另外某些拖鱼内可以附加浅地层剖面仪

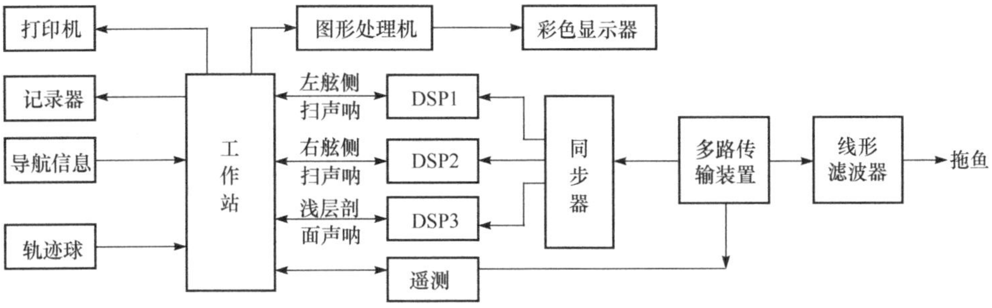

图 5-9　船载子系统

换能器、压力补偿水听器等设备，其系统结构框图如图 5-10 所示。

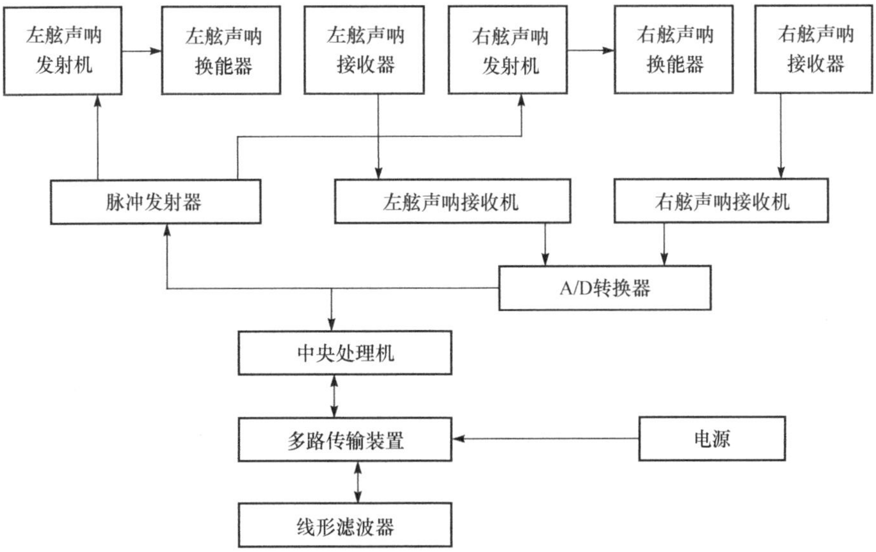

图 5-10　拖鱼子系统结构框图

(3) 拖曳系统主要由同轴甲板电缆、轻便甲板电缆、铠装拖曳电缆、绞车等组成。侧扫声呐拖鱼的安装方式一般包括拖曳式、测量船舷悬臂式和船首上方固定安装方式 3 种。拖曳式测量远离工作船(母船)，可大大降低干扰噪声；工作稳定，不受船摇摆俯仰影响；获得了良好的传播条件；增加了空化阀。

3. 侧扫声呐图像处理

侧扫声呐是一种利用声波回波强度图像探测海底地貌起伏变化或水下障碍物的技术，而不是用于测量距离或深度的声呐。侧扫声呐的水平波束宽度很窄(1°～2°)，垂直波束宽度很宽(40°左右)。

1) 声呐图像特点

如图 5-11 所示，海底有一障碍物(如暗礁、沉船等)。从 a 至 b 这一段海底基本是平坦的，由于接收机时间增益控制电路的补偿作用，a 至 b 线的黑度是均匀的。而隆起物正面 b 至 c 段海底，由于声波的掠射角增大，反向散射回波强，记录 bc 段的黑度就加深了。过了 c 点以后，

由于 Oc 和 Od 的斜距有一个突变，因而就有一段时间内没有回波信号，直到 d 点为止，cd 段就没有记录。再向前，de 段又是平坦海底。回波记录与 ab 段又一致了。这样，每一次声波发射的回波，记录的图形为一条横线。随着测量船向前航行，记录图形也在均匀外扩，显然，在记录图形上就形成了由一条条横线构成的反映海底地貌起伏的平面图形。海底隆起物反映在记录图形上是左黑右白的图形，黑的部分是隆起物朝向测量船方向的正面，而白的部分是该隆起物背后的阴影。

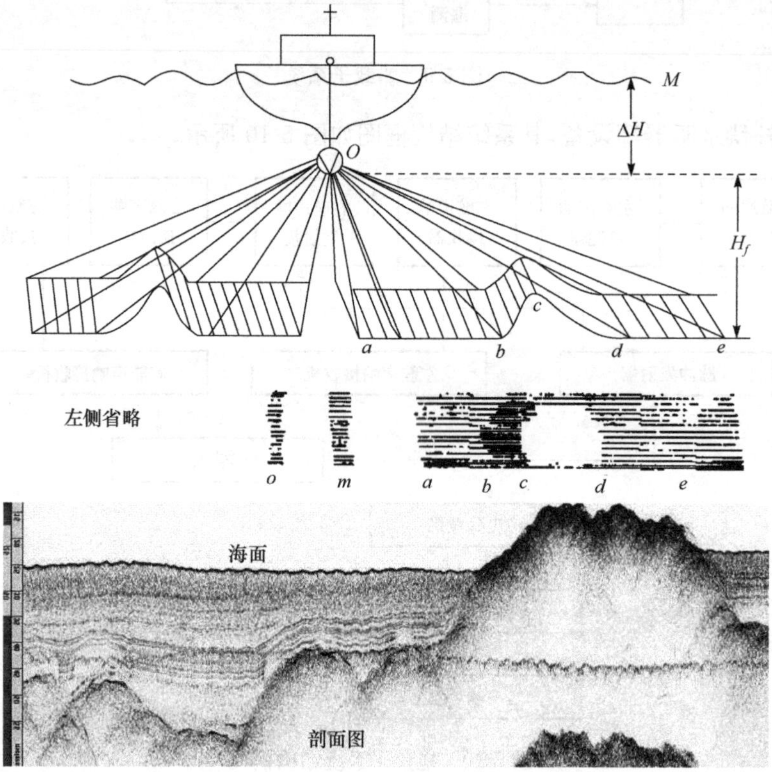

图 5-11　声呐回波与海底障碍物的关系

对于海底凹陷部位(如沟或坑)，没有回波，反映在记录图上为白色；而朝向换能器的一侧，反向散射回波变强，反映在记录图上为黑色。海底凹陷部位的地貌声图是先白后黑，白色“影子”的长短在一定条件下反映出凹陷部位的深浅程度。

2) 声呐数据处理

回波强度反映的是波束与其海底投射点的相互作用产生的声能的变化。对于回波强度测量，探测的是一个回向散射强度的时序观测量。扫测系统每完成一次测量，便在扇面与海底的交线上形成一组回波强度时序观测量，经过多次测量，可获得测区内不同位置的回波强度。因此，测区声呐图像的获得需要进行图上目标位置和高度的确定，通过完成声线改正和图像镶嵌(Mosak)三项工作后才能获得。

(1) 回波强度采样位置的确定。扫测系统每一次测量，形成一个断面，断面内的回波强度采样具有时序性，为了绘制声呐图像，声强必须从时间序列转化为横向距离序列。一种确定振幅位置比较有效的方法是波束振幅投影法，利用这种方法形成海底声呐图像，如图 5-12 所示。

振幅轨迹为图中 W 形的声波信号，确定的投影面为相邻测深点 k 和 $k+1$ 确定的直线，其坡度 α 根据相邻测深点的深度和距离差确定。设波束的入射角为 ϕ，在角$(\phi-\alpha)$不是很小的情况下，则波束的横向距离为

$$d=d_0+(i-i_0)\Delta r\frac{\cos\alpha}{\sin(\phi-\alpha)} \tag{5-10}$$

式中，d_0 为波束中心的横向距离；i 为声强采样序号；i_0 为对应的波束中心声强采样序号；Δr 为斜距方向距离采样的间隔；α 为坡度。

如果海底地形起伏变化不大，式(5-10)可以获得准确的回波强度采样位置；反之，粗糙的海底地形将会导致坡度 α 异常大，这时投影到图 5-12 中 f-g 线上的振幅对应位置与投影到 f'-g'(实际投影面)线上的位置出现偏差，实际上，该偏差非常小，对于投影距离的计算精度影响甚微。

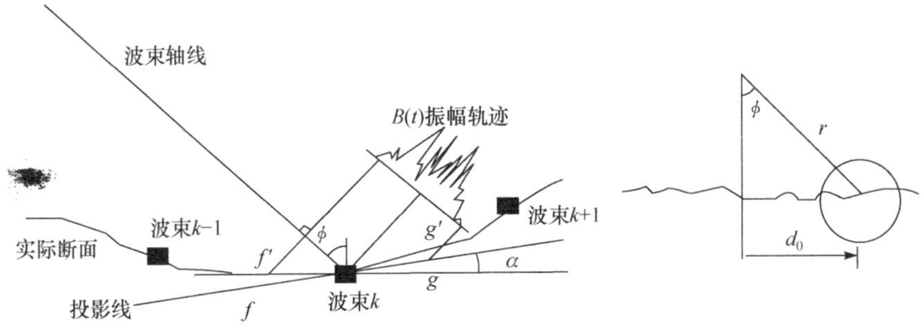

图 5-12　回波强度位置确定

利用声呐图像除可以判断目标和海底地貌特征外，声呐图像还可用于计算目标的形状、尺寸和深度等几何参数。图 5-13 中，d_F 为铅鱼深度；H_F 为铅鱼距海底的高度；d_T 为目标靶的深度；H_T 为目标靶的高度；R_T 为目标靶的量程；R_S 为影子的距离延伸；S_T 为目标靶的水平距离；d_V 为垂直深度。根据这些参数，则目标的

$$\text{垂直深度：}\quad d_V=d_P+H_F \tag{5-11}$$

$$\text{目标高度：}\quad H_T=H_F\frac{R_S}{R_T+R_S} \tag{5-12}$$

$$\text{目标深度：}\quad d_T=d_F+H_F\frac{R_S}{R_T+R_S} \tag{5-13}$$

$$\text{目标靶的水平距离：}\quad S_T=R_T\left[1-\left(\frac{H_S}{R_T+R_S}\right)^2\right]^{\frac{1}{2}} \tag{5-14}$$

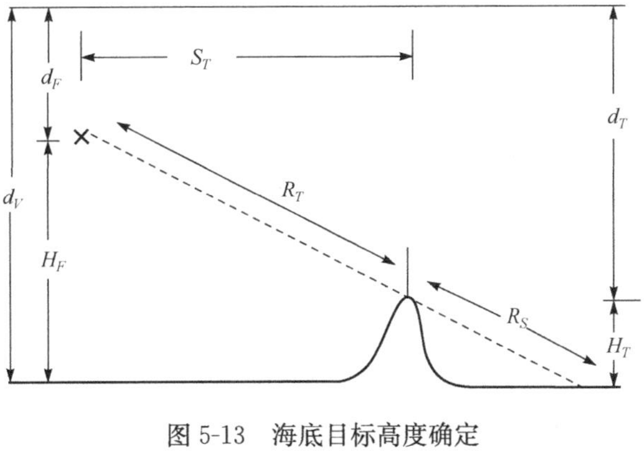

图 5-13　海底目标高度确定

上述参数是在理想情况下，通过几何关系获得的各计算项模型。需要指出的是，由于传统侧扫声呐在定位和定姿方面存在缺陷，通过上述模型很难准确计算实际的深度、高度和距离。只有附加声学定位系统（如长程超短基线系统）为拖鱼定位，并在拖鱼体内安装姿态传感器，为拖鱼确定准确的位置和姿态，对声呐图像数据进行严格的处理，利用上述模型才能获得很好的计算结果。现代高精度测深侧扫声呐拖鱼上安装了这些设备，因而可实现高精度测深以及为目标准确定位。

(2) 声线改正及图像生成。声呐图上失真和干扰的因素可分为几何形状、周围环境和仪器 3 个方面。几何形状的失真是由于声波的倾斜、拖鱼高度变化和海底倾斜坡面引起声图横向比例尺变化、纵向记录比例尺不同、指引拖鱼的左右摇摆、前后颠簸和偏转等以及换能器水平开角大或副瓣大引起的双曲变形，并导致声图的横向和纵向比例尺不等，产生声图变形，从而引起声图中的目标变形；有的因素直接影响目标图像变形，如水平开角影响目标距离变形。

在测定回波强度的同时，也获得了波束的往返程时间和到达角，利用声线弯曲改正，很容易获得波束的横向水平距离和深度。扇面内波束在海底的投射点，定义了一条经过每一波束穿透区中心的断面线。对穿透区声强的详尽描述包括波束模式的前后宽度、相邻波束投射点区以及连续 ping(发射一次声波称为 1ping)间的关系，同时还要监控每 ping 发射时的船体运动状态，从而保证波束投射点区之间的重合度以及 ping 间的无间隙。将每 ping 所形成的断面线按照船速和 ping 发射的时间序列紧密地排列起来，形成扫测系统原始声呐图像。

(3) 回波强度数据的内插。断面上回波强度数据投影点之间的距离不是一个常数，而是随深度的变化而变化，粗差的剔除也会引起回波强度数据空缺。为了得到等间距的声强分布，就需要根据波束投射点的位置对声强进行内插。考虑回波强度数据在断面上的分布特点，采用简单的线性内插便可获得高精度的内插回波强度值。回波强度数据的内插还表现在图像形成以后。因船速和航向的变化，ping 扇面间的间距大小不一，采样点间距较小时问题比较容易解决，空隙较大时，则需根据周围回波强度数据内插。

(4) 图像数据镶嵌。条带的回波强度数据按照一定的原则拼接起来，并对其进行抽样和量化来形成镶嵌图。具体步骤如下：

a. ping 与 ping 之间的拼接：因为仪器操作、海洋环境等因素的作用，测量船姿态引起换能器姿态做瞬时变化，从而导致测量断面不完全与设计航线正交，因此，为了形成图像，就必须按照船位，在地理框架下实现测量断面的拼接。ping 间回波强度数据拼接之前需首先对回波强度数据进行预处理，获得每个回波强度采样所对应的地理坐标。至此，对于每一个采样，实际上已经获得了它的三个参量，即平面位置 (x,y) 和回波强度，这样，在地理框架下条带内 ping 与 ping 之间声强数据的拼接就变得十分容易。

b. 条带图像数据间的拼接：条带声呐图像间的拼接要解决两个问题，一是几何位置的统一，二是回波强度值的统一。几何位置的统一实际上是为了实现条带重叠区重合采样点位置的对应。对于相邻条带而言，每个声呐采样点均能获得其坐标，且两个条带的坐标系统统一。因此，制作镶嵌图的过程中，首先把每一条测线的记录按照航迹图所标的测线位置和方向顺次展开排列。考虑到拖鱼至调查船定位天线之间存在着一定的水平距离，所以，把各张声呐图像沿各自的航迹方向向后偏移相应比例的距离，使声呐图像中反映的各种海底特征体基本回归到其实际位置上。拖鱼距离的变化也是图像偏移所要考虑的因素。要根据声呐记录中显示的特征把相邻测线图像的相同部分叠置对接,大致确定各张图像的偏移位置。把调查区内所有的声呐图像依序相拼接,可以制成大面积的声呐镶嵌图。

(5) 测区格网化及数据的选取(抽样)。为了便于计算机图像处理,就须对测区进行栅格化。这种格网化处理不同于一般意义上的格网化,每个小的格网代表一个回波采样,该格网即为图像的像素。由于回波强度测量值均具有位置信息,因而,格网化可在地理框架下进行。

回波强度采样的不均匀性可能导致格网内出现没有、一个或多个回波强度数据的情况。为了真实反映海底底质的特征,对于没有回波强度数据的格网和存在多个回波强度数据的格网,在灰度量化时,最终回波强度可根据接近均值原则或变化渐进性原则确定。

(6) 回波强度生产向灰度级图像。实际上是将回波强度同描述图像的灰度级对应起来,实现回波强度向灰度级的量化。对于一个测区而言,若海底地貌特征和底质类型变化复杂,回波强度分布于整个变化范围,则回波强度 GB_S 可量化为灰度 G 为

$$\left.\begin{aligned}&G=126+GB_S(128\sim126\text{dB})\text{对应灰度范围}(255\sim0)\\&G=128-GB_S(128\sim126\text{dB})\text{对应灰度范围}(0\sim255)\end{aligned}\right\}\tag{5-15}$$

式中,G 为灰度级;GB_S 为回波声强。

灰度量化后,便形成了声呐图像。图像中每个像素对应着两组表达参量,一组为图像表达参量,即像素的位置(x,y),以及与之对应的灰度 $f(i,j)$;另一组为地理参量,即像素中心对应的地理坐标(x,y)和声强 B_S。

3) 声呐图像判读

侧扫声呐是目前常用的海底目标,如沉船、水雷、管线等的探测工具,由于水下环境的复杂性和不可知性,海底目标的自动探测和识别显得越加重要。侧扫声呐发射出去的声波,被海底物质或水中物体反射,水中物体或目标会挡住部分声波使其不能到达海底,因此在海底形成声影区。声呐回波信号的强度、尺寸、形状,声影的尺寸以及目标的相对位置等都可以作为海底目标探测识别的重要特征。

声呐图像判读利用高分辨侧扫声呐图像,使用现有的信号处理及数值分析方法,根据目标的特点提取有效特征,然后结合线性或非线性的识别方法进行目标识别和分类,如边缘检测法和图像分割法等目标提取的方法。为了能从声图上繁杂的图像中判读出目标图像及地貌图像,必须对各类声信号的图像进行分类,依次建立相关特征,以及各自的图像特征,为判读所需的目标图像和地貌图像提供必要的特征指标。声图图像可分成四类,即目标图像、海底地貌图像、水体图像和干扰图像。

目标图像包括沉船、鱼雷、礁石、海底管线、鱼群及海水中各种碍航物和建筑物的图像。根据各类目标在海底的状况,又可以进一步分类,沉船图像可分为整体沉船图像、断裂沉船图像,如图 5-14 所示;礁石图像可分为孤立礁石图像、礁石群图像;鱼群图像可分为水面鱼群图像、水中鱼群图像、水底鱼群图像。如图 5-15 所示,海底地貌图像包括海底起伏形态图像、海底底质类型图像、海底起伏和底质混合图像。海底起伏形态图像,如沙波、沙洲、沟槽、沙砾脊、沙丘、凹洼等形态;海底底质图像,如漂砾、沙带、岩石等。水体图像包括水体散射、温度阶层、尾流、海面反射等水体运动形成的图像。

干扰图像包括换能器基阵横向、纵向和艄向产生摇摆的干扰图像,海底和水体等的混响干扰图像,各种电子仪器及交流电源产生噪声的干扰图像。

图 5-14　沉船图像分类

图 5-15　海底地貌图像分类

声呐图像是海底目标、海底地貌、水体和干扰等多种反射声波的接收信号特征的记录，这些特征称为判读特征，也称判读标志。因为判读声图图像的处理过程是由人眼完成的，所以从声图图像中判读目标或地貌图像的特征应符合视觉的特征。根据人眼的机理特点，结合声图的特点，进行可见声图图像判读。声呐图像具有如下六种判读特征。

(1) 形状特征。形状特征是指某类图像外部轮廓在声图上表现出的形状。目标和地貌的实际形状不同，其在声图上的图像形状也不同。因此，图像形状在一定程度上反映出目标的性质及地貌类型，所以形状特征是判读目标和地貌的重要依据之一，并应结合声图各类变形来判读图像形状特征。

(2) 大小特征。大小特征是指在声图上的尺寸。根据声图纵横比例尺能明确给出目标或地貌大小的概念。因此，判读图像之前应弄清声图比例尺变化情况。

(3) 色调和颜色特征。色调特征是对黑白声图而言，彩色特征是对伪彩色声图而言。色调特征是指声图上所表示的灰阶由深到浅的灰度。在声图中，人眼可以感受到 8 个层次灰阶的灰度变化。

(4) 阴影特征。阴影特征是指目标和地貌高出海底面阻挡声波照射的地段，在声图上表示为无灰度的小区域。阴影长度反映目标和地貌隆起高度，是测量隆起高度的依据。

(5) 纹形特征。纹形特征是指声图上强灰度的灰阶形成的各种形态特征，如鱼群的椭圆形态，燕尾形态；沙波的波状形态；浅层气体的条带状，椭圆状。纹形特征在声图反映呈多种形状，如点状、线状、环状、条带状、棚状等形态。

(6) 相关体特征。相关体特征是指伴随某类图像同时出现的无固定纹形特征的相关图像，如沉船图像周围必然伴随有堆积和沟槽图像。

在充分理解声图的结构、分类和特征的基础上，建立各类典型声图的判读特征。反复识别熟悉各类典型声图的判读特征，使各类典型声图图像所包含的判读特征及其数量和排列组合特征，能够在大脑中具有深刻的印象。具备了判读声图基本技能，并结合一般知识，在判图过程中逐步深化。在判读声图图像时，还应特别注意参阅作业过程的详尽记录，以声图的 3 个区域进行判读目标和地貌图像，过滤非目标图像，筛选出所需的目标图像。一般可采用以下四种方法进行判读声图图像。

(1) 直接判读法:利用判读特征,直接对一张声图图像判读目标和地貌。

(2) 对比判读法:把粗扫测与扫测的声图进行对照比较来判读声图中的目标和地貌。

(3) 邻比判读法:把两扫测的重叠带的图像相拼,对照比较判读目标和地貌。

(4) 逻辑推理判读法:根据扫测区的水体情况、潮流和气象等动力因素、海底底质分布状况、海区特点及海底地貌、海事资料,并结合扫测记录,来判读声图的目标和地貌图像。

5.2.2　航行障碍物探测

航行障碍物探测是海道测量工作的重要内容之一。为了保证船只的航行安全以及海洋工程的需要,对危及船只航行安全的障碍物,如礁石、沉船、浅地等,均应准确测定其分布、性质、大小、准确位置等内容,并即时上报。

1. 障碍物探测方法

航行障碍物探测的主要方法除了侧扫声呐探测、多波束探测等外,还有磁力探测。同时,AUV/ROV(水下机器人)所承载的扫测设备也逐步成为高精度水下探测的一个非常有效的手段。具体实施仍然要按照《海道测量规范》进行。各种障碍物位置,必须至少有一个多余观测,其位移不得大于5m,取中数作为其位置。明礁及干出礁的高度(高程)应登礁测定,干出礁的干出高度也可观测适淹时间测定,同时测定其范围。

探测工作的一般程序如下:①走访海区海事等部门收集资料,按照年代和区域进行分类。②以给定探测目标的概位为中心划出 2km×2km 的区域先用侧扫声呐进行扫测。③若侧扫声呐探测到目标,根据声呐图像量出目标的位置、大小和高度,再用多波束在侧扫声呐探明的目标周围测量水深,测出最浅点水深并绘制一定比例尺的水深图,水深测量期间设置临时验潮站用于水位改正。④综合分析多波束水深数据和侧扫声呐图像,并用多波束最浅点修正目标位置坐标。⑤若侧扫声呐扫测未发现目标,则扩大扫测范围至 4km×4km,发现目标后用多波束进行水深测量,若仍然没有发现可用磁力仪进行探测,磁力数据有异常,说明有沉船等金属类目标已淤于泥下。若磁力数据无磁异,说明目标未在给定区域或已清除。

特殊深度按水深变化率分为三级:弱级 10%～20%,中级 20%～30%,强级 30%以上。对特殊深度及浅地的探测,应在已测资料的基础上,首先进行搜索探测(即以特殊深度为中心,布设三四条相互交叉或平行的测深线),以大体探明其延伸范围及判断更浅水深的走向,如发现有更浅水深,应继续探测,以确定最浅水深和位置。暗礁,指中级以上且深度小于 20m 的孤立礁石,必须进行加密或放大比例尺探测。凡由旧图转绘的暗礁,当新测的最浅水深与旧图注记水深值差 2 倍测深精度时,应进一步探测或扫测。

对特殊水深探测的详尽程度,一般不应机械地按其等级强弱确定而应根据其所处海区地貌情况及重要性来确定,如对航行有影响的地段或处于平坦地段的特殊水深,即使弱级水深也应详测;对于航行无影响或地貌复杂海区,一般应对中、强级特殊水深予以详细探测。对水下障碍物进行加密探测时,加密线的间距一般为图上 0.25～0.5cm,加密线方向应视具体情况而定,必要时可进行放大测图比例尺探测。

对已有可靠资料或经调查已知其概位的水下障碍物,可请熟悉情况的人员协助探测,或对用扫测方法探测得到的最浅深度及位置,再适当进行加密探测范围。对能够探测到的航行障碍物尽可能详细探明其性质、特征,特别对新探测的海底地物,若条件允许,还应进一步采用潜水员摸浅、浅地层剖面、侧扫声呐以及水下摄影测量设备实施探测。

2. 磁力探测

1）*磁力仪工作原理*

海洋磁力仪按工作原理分为质子旋进磁力仪和光泵磁力仪，光泵磁力仪利用氦、汞、氮、氢、铷、铯等元素，在特定条件下，能发生磁共振动吸收现象（或叫光泵吸收），而发生这种现象时电磁场频率与样品所在地的外磁场强度成比例关系，只要能准确测定这个频率，便可计算出外磁场（地磁场）强度。磁性物体周围产生磁场，磁异常大小与磁性物体质量有关。磁力仪就是通过测量磁异常大小判定周围是否存在磁性物体以及磁性物体的大小、位置、埋深。磁力仪进行障碍物探测就是对指定海区的磁异常进行探测，其特点是：能准确探测铁磁物质引起的磁异常，且不受空气、水、泥沙等介质影响。在海道测量中，可用于扫测沉船等铁质航行障碍物，探测海底管道和电缆等。在军事上可用于探测沉底水雷、未爆炸弹和潜艇，是目前海底探雷的首选仪器。

2）*磁力仪探测测线间隔估算*

磁力仪探测水雷、未爆炸弹等铁磁性目标与侧扫声呐和多波束不同，它的探测能力与磁性物物体大小、探头距离有关，下面对磁力仪探测能力进行估算，以决定测线间隔。

在海上要探测到泥下水雷、未爆炸弹这些小型磁性物体，仪器必须具备下列条件：①能连续、快速测量地磁场及微小变化；②可在较大梯度环境下正常工作；③灵敏度高，一般在采样间隔 0.5s 时达到 0.1nT；④装有压力传感器和深针，以便控制探头的入水深度和记录探测距离海底的高度，必要时安装升降翼。

如图 5-16 所示，给出探测宽度、有效探测距离及探头离海底高度三者关系。磁场与磁矩关系公式为

$$OD=R\cdot\sqrt[3]{\frac{T_1}{T_2}} \tag{5-16}$$

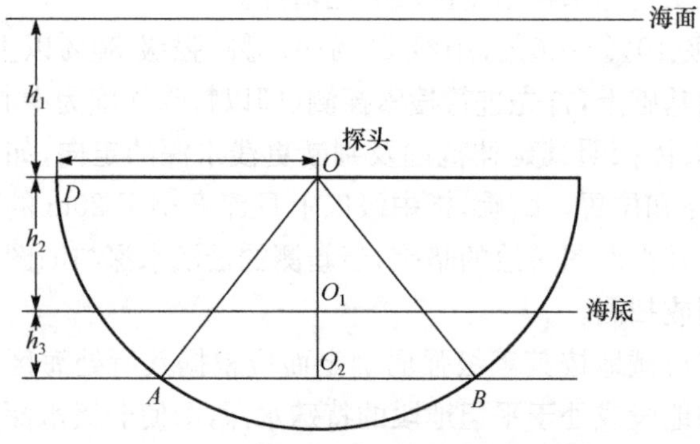

图 5-16　探测能力和测线间隔示意图

式中，OD 为探测斜距；T_1 为欲探测目标在 R(m)时的实测磁异常值；T_2 为目标可靠检测值。

测线间隔应小于探测宽度。O 点是光泵探头，测量时，以 O 点为中心，以 OD 为半径的一球面均为探测范围，OD 为探测斜距；h_1 为拖体入水深度；h_2 为拖体离海底高度；h_3 为目标可能埋深；AB 为探测宽度。

$$AB=2\cdot\sqrt{OD^2-(h_2+h_3)^2} \tag{5-17}$$

在南海某工程中以 200kg 左右的铁磁性小目标为模型，当 $R=10\text{m}$ 时，$T_1=10\text{nT}$。将上述数值代入(5-16)式，计算得出 $OD=21.5\text{m}$。假设小目标可能埋深为 3m，探头定深 5m，即 $h_2=5\text{m}$，$h_3=3\text{m}$。将数值代入公式(5-17)，计算得出 $AB=20\text{m}$，即测线最大有效布设间隔为 20m 时能探测到约 200kg 的铁磁性小目标。

在海上作业时，因潮流、定位精度和船只操纵偏航等因素的影响，实际航迹间隔与布设有一定的差别。为了确保目标不遗漏，增大探测重叠面，一般测线间隔设置为10m，使有效探测宽度重叠为200%。10m间隔，拖体定深5m对测区进行磁异常探测，对异常点分别使用特征点法和切线法估计场源的深度、埋深、等效重量。探测结果经计算处理后，确定目标位置和埋深。如图5-17所示为目标点磁异常图。

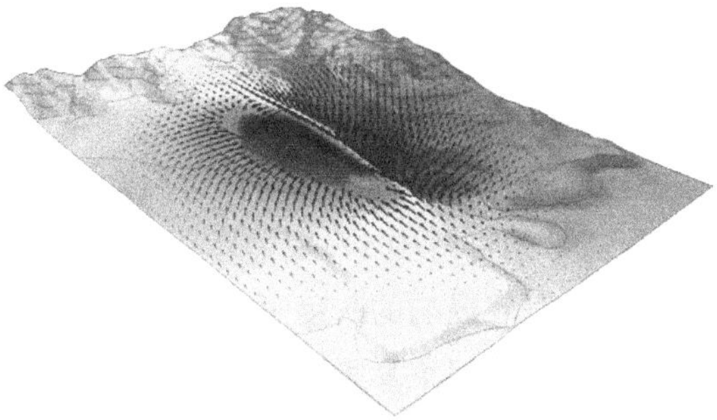

图 5-17　南海某工程目标点磁异常图

3）技术要求

高精度磁测必须首先排除运载体自身干扰，对于海上作业，最佳方式是采用拖曳式作业，这样船磁影响可以减至最小。现场作业时，运载体采用木船，船上无大型铁磁物质，拖缆放至离船尾部3倍船长以上，这样船磁的影响可以忽略。在测区附近或同纬度设置磁力日变站，测量时同步观测，用于磁日变校正计算。

5.3　扫海测量

扫海也是海道测量的内容之一。扫海的目的是进一步查明海区航行障碍物的情况，并确定船只安全航行的深度。海底地形一般来说要比陆地地形平坦一些，但是也存在浅滩、礁石等特殊地貌和沉船、沉雷、钻井遗留下来的钢管等物。这些障碍物在浅海尤其多，而且对船舶航行危险性特别大。但目前水深测量只是沿测线测取水深数据，测线间的这些障碍物很容易被遗漏，所以在多障碍物的航道区域，通常需要进行扫海测量。

目前，扫海测量的装备有侧扫声呐、多波束测深系统和海洋磁力仪等。侧扫声呐一般由船拖着走，可探测出障碍物的概略位置。为测定其准确位置、最浅深度、性质和延伸范围，需进一步用测深仪加密探测或潜水员探摸。但使用多波束测深系统可测得准确的资料，使用海洋磁力仪可以对铁质障碍物进行有效定位。例如，海底金属管线探测，如图5-18所示。

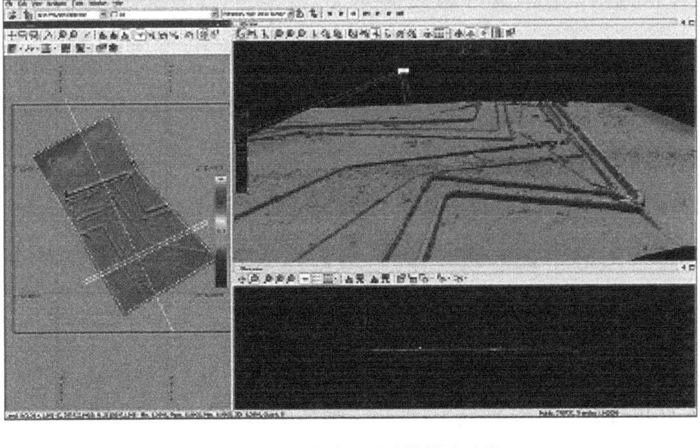

图 5-18　海底金属管线探测

5.3.1 扫海测量前的准备工作

扫海测量之前,全面了解工程需要。调查搜集工程海区的水深、海底地形及特征、海底障碍物情况、海流的流速和流向、风向和风速、水温层变化情况。扫海测量必须布置合适的测网,保证声呐资料100%覆盖整个预定的调查区。侧扫声呐需要在工程海区进行调试,使声呐图像的海底混响的灰度适当。设计侧扫声呐的分辨率与检测率应根据需要侧扫海底目标的大小及侧扫重复频率,综合考虑作用距离、脉冲宽度、工作频率、测量船速、拖鱼入水深度等因素。

5.3.2 测线设计

侧扫的测线方向应平行于工程海区的海流方向。测线只能设计成直线。测线间隔应根据有效作用距离、定位精度、重叠带宽度和导航仪精度等因素确定。传感器定位误差不大于±5m,并使误差椭圆的长轴与测线方向平行。

粗探测根据测线间隔和长度对工程海区全覆盖侧扫海底。粗探测的相邻测线间隔采用2倍有效作用距离侧扫海底微地貌。

精探测根据粗探测发现的可疑海底微地貌或海底障碍物的位置、高度、形状和走向;根据调查资料的海底微地貌或海底障碍物的位置、高度,分别应有三个以上不同取向进行侧扫,确定海底微地貌或海底障碍物的位置、高度(或水深)、形状、范围。精探测的相邻测线间隔采用有效作用距离的外缘相互重叠一定宽度的重叠带,侧扫海底微地貌和海底障碍物。

5.3.3 重叠带宽度的确定

设测量船的定位中误差为E_0;测量船的偏航系统性误差为E_1;在测量船测量拖鱼位置的定位中误差为m_1;定位点记入中误差为m_2;侧扫盲区宽度为ρ_0(m);拖鱼距离测量船的水平距离为X_0。

侧扫有效作用距离与测区边界重叠带宽度S_0的计算公式为

$$S_0=K\sqrt{E_0^2+m_1^2+m_2^2}+E_1 \tag{5-18}$$

相邻测线间侧扫有效作用距离外缘重叠带宽度S_1的计算公式为

$$S_1=K\sqrt{E_0^2+m_1^2+m_2^2}+E_1 \tag{5-19}$$

侧扫声呐近场图像模糊不清或测量船船速超过6节,水深10～40m,近场应有盲区覆盖带。盲区覆盖重叠带宽度S_2的计算公式为

$$S_2=K\sqrt{E_0^2+m_1^2+m_2^2}+E_1+\rho_0 \tag{5-20}$$

拖曳声呐换能器的测量船驶入、驶出测区边界重叠带宽度S_r、S_c的计算公式为

$$\left.\begin{aligned}S_r&=K\sqrt{E_0^2+m_1^2+m_2^2}\\S_c&=K\sqrt{E_0^2+m_1^2+m_2^2}+X_0\end{aligned}\right\} \tag{5-21}$$

上述各式中K的取值范围根据定位精度、操作水平、导航自动化程度及覆盖或然率等诸因素的要求,考虑覆盖最佳条件选择确定。

5.3.4　侧扫作业

侧扫作业是在测前严格的仪器参数测试和技术设计基础上进行的，侧扫时不要随意变动技术设计确定的数据，仅当水深变化时，可以及时调整侧扫声呐的拖鱼入水深度。侧扫过程中，检查测量船速，保持在技术设计船速以内。声呐图像的海底混响的灰度在侧扫过程中不得随意变动，仅当水深变化较大且灰度不适当时，可以微调仪器，使声图的海底混响灰度恢复到原来程度。若使用多波束测深仪需要在工程海区进行动态稳定性调试。

测量船转向后应与转向前测线或航迹线之间的距离大于有效作用距离。使用侧扫声呐侧扫，拖鱼电缆长度大于测区水深时，测量船换测线转向应使用小舵角大旋回圈。所换测线应与转向前测线之间距离大于有效作用距离。保持测量船航向稳定，定位点之间不得使用大舵角修正航向，风流压角小于等于 3。测量船在测区外向测区上线，应该在测区外 1cm(图上)处即保持测量船的航向和航速稳定。

在海上调查时，声呐的单侧扫描量程必须大于 1/2 测线间距。例如，测线间距为 400m，声呐的单侧扫描量程选择为 250m(或更宽)档，则相邻测线之间存在一个 100m 宽的资料重叠带。此外，要想理想地完成海上作业，还有赖于先进、可靠的导航技术辅助，如图 5-19 所示。

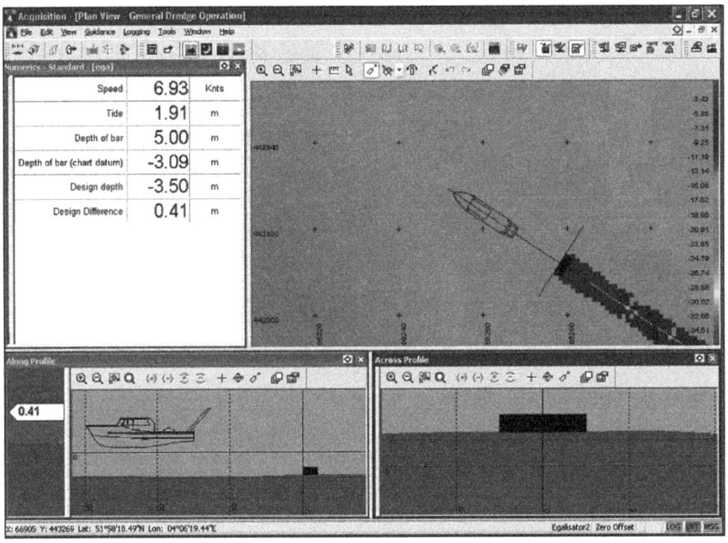

图 5-19　PDS2000 扫海测量导航软件

侧扫过程中应注意过往船只、海中各类障碍物以及拖鱼入水深度和拖鱼电力情况。侧扫操作人员应适时在记录纸上注记线号、点号、时间、航速、航向、转向、侧扫距离、拖鱼入水深度、长度、侧扫重复频率和脉宽、仪器状态、海况及现场情况。

以 GeoSwath 相干多波束系统对某海底进行高密度、高精度侧扫为例，介绍一种相干多波束测深新技术。它采用多组阵和广角发射接收，并形成条幅式高密度测深数据，相干多波束系统的波束数较多(5000 束以上)，具有较大的覆盖率(10～20 倍水深)。在浅水区，相干多波束系统的性能指标明显优于声波反射-散射多波束系统。由于相干多波束的数据点密度大，因此可以利用其海底声学散射强度数据来生成高分辨率的扫测地貌图。由英国 GeoAcoustics 公司生产的 GeoSwath 相干声呐多波束系统如图 5-20 所示。

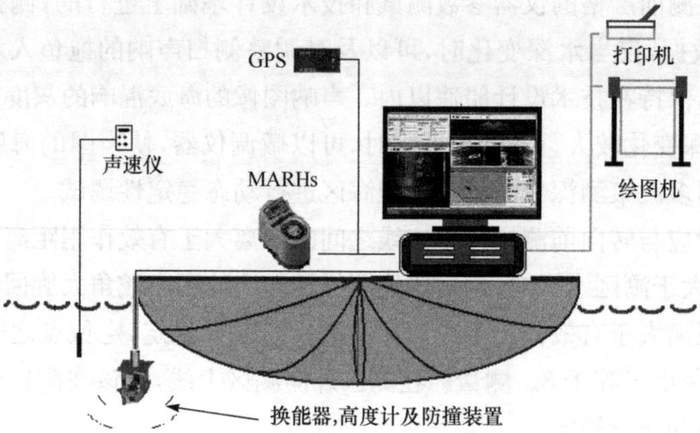

图 5-20 GeoSwath 相干声呐多波束系统

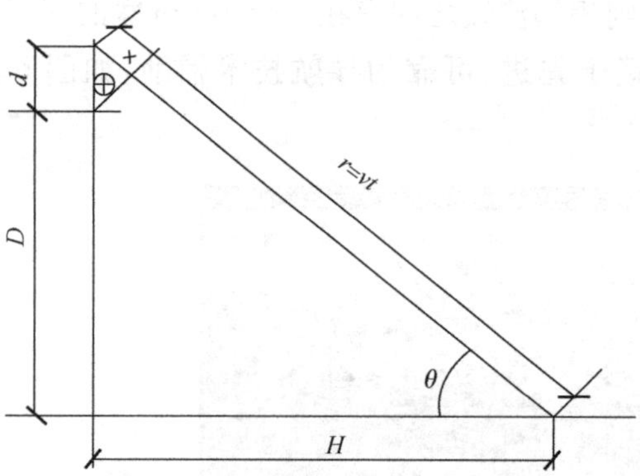

图 5-21 换能器与海底一点的关系

系统从左右两个换能器轮流发射声波。声波遇海底后反射,连续的发射及反射信号又被换能器接收。回波经过换能器的底声板的时间不同,回波的相位差就被测量记录下来。这就是利用相位差来测量回波角,进而对海底进行点位和深度测量的相干仪测量原理。相干测量的过程中,回波到达换能器时,其相位被测量。换能器由一个发射板和至少两个接收板组成。发射波束的水平角很小,垂直角很宽。假定脉冲长度很小,海底的一点被声波作用,换能器与海底(假设海底平坦)一点的关系如图 5-21,其中的各参量的意义如下。

设波的相位差为 ϕ,波长为 λ ,则有

$$\frac{X}{\lambda}=\frac{\phi}{2\pi} \tag{5-22}$$

因 $X=d\sin\theta$,所以

$$\phi=\frac{2\pi d}{\lambda}\sin\theta \tag{5-23}$$

从而测量的回波角为

$$\theta=\arcsin\left(\frac{\phi\lambda}{2\pi d}\right) \tag{5-24}$$

由式(5-24)可知,对于给定的接收声极间距 d,可由测量的 ϕ 计算出 θ。

$$r=vt \tag{5-25}$$

$$D+d=r\sin\theta \tag{5-26}$$

若 d 忽略不计,

$$D=r\sin\theta \tag{5-27}$$

则

$$H=r\sin\theta \tag{5-28}$$

式中，v为声波速度；t为声波传播时间。

通过对返回信号的采集记录，测量垂直于航线的一条剖面的深度分布值，一系列的发射脉冲得到一系列的测量剖面，构成一个测量覆盖区带，一系列的这种边部重叠的区带覆盖构成一幅海底地貌图。换能器发射间隔在400～100ms调节。例如，对于200ms的发射间隔，300m的覆盖宽度，每次发射对反射声波信号进行40 000组位样值及相应的振幅、时间采样测量，然后经过滤波处理得到大约2000个回波角和距离值。

数据采集时，将测量剖面沿剖面方向以一定的长度(7.12m)划分为若干方块，通过样值取舍，记录各方块上的一个深度值。数据取舍是通过地形连续性对比，滤除不合理读数，得出相应的深度和距离结果。这样就保证高密度、可靠的测量结果。从很大程度上避免了多波束测量系统出现的远距离换能器因波束发散、覆盖面积大而测量数据分辨力下降的弊端。测量剖面的疏密程度则由测量船航行速度和发射间隔共同决定，如以200ms的间隔发射，航速为4节，则2条剖面间的距离约为0.4m。实时的处理显示及数据存储在发射间隔完成。2条相邻航线测量结果以一定比例重叠。这一重叠的另一功效就是在数据处理阶段进行测量结果的对比校正。图5-22为水深地形与声呐地貌同步采集，它精确实现了水深数据与声呐图像的融合，为海底三维一体化的建模提供数据源。

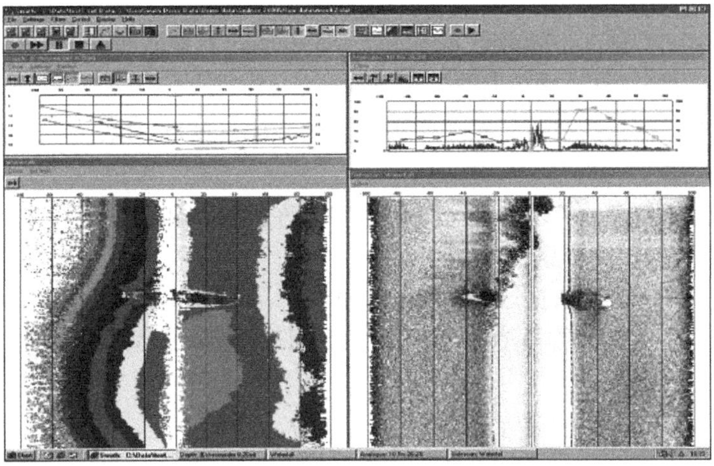

图5-22　水深地形与声呐地貌同步采集

思考题和习题

1. 单波束测深计划线的布设方向和密度是如何确定的？
2. 请说明侧扫声呐系统的工作原理和系统构成。
3. 简述海底地形测量数据处理主要内容及流程。
4. 扫海测量重叠带宽度是如何确定的？其主要考虑在哪些方面？

第6章 海图绘制

6.1 海图数学基础

海图是地图学中的一个学科门类,海图是以海洋为描绘对象的地图总称。随着人类对海洋认识的逐渐加深,海图的品种越来越多,内容越来越丰富,表示方法和编制手段的科学技术水平越来越高。随着海洋世纪的到来,海图在航海、海洋调查、海洋开发和利用中的作用也越来越大。

6.1.1 海图的功能及特点

1. 海图的功能

海图主要服务于航海、渔业、海洋工程、国际交往、国防事业、海图历史研究等。海图的基本功能表现为以下四方面。

(1) 海图是海洋区域的空间模型。这就使海图在表现海洋的效果上,具备直观易读性、信息丰富性、真实性和地理适应性以及具有可量测性。

(2) 海图是海洋信息的载体。海图作为信息的载体,可以纸质图形、数字海图形式表达、储存和传输空间信息。

(3) 海图是海洋信息的传输工具。海洋空间的许多物体和现象,都可以在海图上表达出来,人们可以通过海图得到信息。

(4) 海图是海洋分析的依据。由于海图本身就是一个海洋空间模型,而且,还可利用海图图形建立海洋空间的其他多维模型,因而使海洋制图现象空间模型更具体化。

2. 海图的特点

海图的特点主要表现为以下三方面。

(1) 海图的描绘对象是海洋及其毗邻的陆地区域地形图,主要内容为岸、滩和海底地貌,海底基岩和海洋沉积物,海藻、海草等动植物,水文要素,沉船、灯标、水中管线、钻井或采油平台等经济要素,以及在实地看不见的各种航道、界线。海洋中没有陆地上的居民地、道路网、河流、湖泊、沼泽、植被等。陆地上的许多地物,在海洋中也没有或不多见。海洋中数量众多的航海图的内容也明显区别于陆地地图,其六大要素为海岸,海底地貌,航行障碍物,助航标志,水文及各种界线。

(2) 海图的表示方法更具有与陆地地形图不同的特点。主要表现为:多选用墨卡托投影编制,以利于航船等角航行时进行海图作业;没有固定的比例尺系列;深度起算面不是平均海面,而选用有利于航海的特定深度基准面;分幅主要沿海岸线或航线划分,邻幅间存在叠幅;为适应分幅的特点,航海图有自己特有的编号系统;海图与陆地地图制图综合的具体原则因内容差异甚大和用途不同而有所区别;有自己的符号系统;更需要及时、不间断地进行更新,保持其现势性,以确保船舶航行安全。

(3) 海洋地形测量的常规方法则是利用船艇进行海洋水深测量;海洋地形测量主要采用声学仪器和航空航天遥感。

6.1.2 海图的内容及分类

1. 海图的主要内容

海图的内容可以划分成数学要素、图形要素和辅助要素三大类。

1) 数学要素

数学要素是建立海图空间模型的数学基础，是海图内容中非常重要的要素，包括海图投影及与之有关的坐标系统、基准面、比例尺及大地控制网。海图投影的实质是地球椭球面及其在平面上的图形坐标的解析关系式。制图时，须首先按海图的用途选择投影，再利用投影关系式计算坐标网，并展绘到平面上，多数海图以经纬网作为坐标网。在海图上，垂直基准面包括高程基准面和深度基准面。基准面是建立海图三维空间模型的重要数学基础之一。它和坐标网一起，使海图图形要素不仅能确定平面位置，而且还可确定空间位置。通常将比例尺定义为图形上线段长度与实地上相应线段长度之比。其实，确切地说，是图上线段与实地上相应线段在椭球面上之水平投影的长度之比。在一般海图上均需标明所用基准面和比例尺，但在某些不需进行量测的海图上，有时也不标示基准面和比例尺。大地控制网主要用于将地球自然表面上的地理要素转移到椭球面上，并使其在海图上对于坐标网位置正确。所以，大地控制网是测图过程中所必需的，通常也表示在海图上，但在较小比例尺的海底地形图、航海图和多数专题海图上不予表示。与海图数学要素有关的内容还有图廓(内图廓线及坐标分度线划)、方位等，图幅内的图形配置也属海图的数学要素。

2) 图形要素

海图图形要素是采用专门规定的海图符号系统和注记来表达的。不论制图者还是用图者，不仅要具有认识客观实际的基本能力，即海洋地理知识，还应具有认识作为传输工具的制图语言——海图符号系统的能力。海图图形要素分为海域要素和陆地要素两类。

海岸是海陆分界线。是任何海图上的重要海域要素。在大比例尺航海图上，海岸分成岸线和海岸性质两部分表示。岸线是指大潮高潮面或略最高高潮面时的水陆分界线，海岸性质是指海岸阶坡的组成物质及其高度、坡度和宽度等。在航海图上的海域要素，主要有干出滩、海底地貌、航行障碍物、助航标志、水文要素。此外，还有航道、锚地、海底管线(油管、电缆等)、水中界线(港界、锚地界、禁区及其他区界)、境界线等。而海底地形图或专题海图上的海域要素更具全面性和完备性，航海图上的要素一般均要表示，而且比航海图表示得更详细，如海底地貌的表示，要表示出航海图上不表示的小块地貌和微地貌形态。此外，还应表示海水温度、盐度、密度、海底地质构造、水底沉积物、海藻和海草等动植物、运输和通信等内容。

海图上陆地要素的种类与地形图基本一致。航海图上除土壤植被一般不表示外，其他要素均要表示，而港口、航行目标等与航行有关的要素则比地形图更为突出详细，其他专题海图陆地要素表示得更为简略一些。

3) 辅助要素

辅助要素是帮助读者读图和用图的要素，虽只能起辅助和补充作用，但也是很必要的。例如，各种海图上图廓外的接图表、图例、图名、出版单位、出版时间等，又如航海图中的对景图、潮信表、潮流表、单位换算表、内插尺、图廓上的对数尺等。

2. 海图的分类

海图是着重表示海洋区域自然要素和社会经济要素的地图，海图用途广泛，供航海、军事、经济建设和科学研究使用。海图的内容和形式各不相同，不仅数学要素、图形要素和辅助要素种类的选择，图形要素和辅助要素的详细程度不同，而且某些内容的制图综合原则和表示方法也有差异。这是由各幅海图的用途、比例尺、海洋地理景观及其测量调查详细程度不同所致。影响海图内容的主要要素有用途、比例尺、海洋地理景观以及测量详细程度的影响。因此，海图按不同的标志可分成很多类，首先，海图按内容和用途可分成通用海图、专题海图和航海图三大类，如图 6-1 所示。

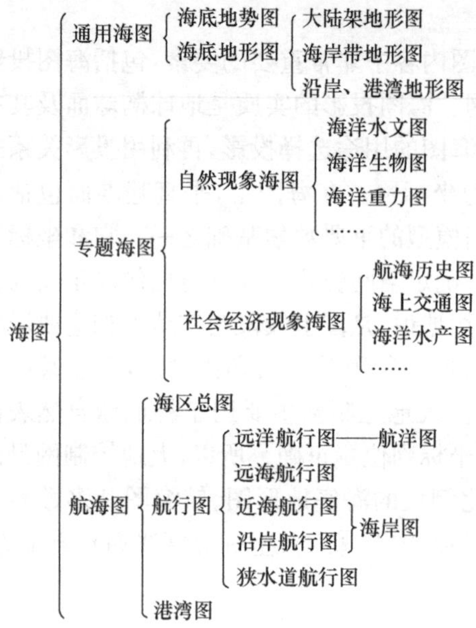

图 6-1　海图基本种类

(1) 通用海图。全面表示海洋区域(包括毗邻陆地)空间各种自然现象和社会经济现象及其相互联系和发展的海图。普通海图可广泛应用于经济建设、国防建设、文化教育事业和科学研究之中。按用途、内容及比例尺可分为海底地势图和海底地形图两种。①海底地势图：海底地势图是用等深线表示海底起伏状况且详细表示海底底质、礁石、海底管线等人工地物和其他基本地理要素的海图。供政府、军事、科研等机关全面了解海区情况，制订计划等用，常以单幅或数幅图拼接在一起，或以挂图的形式，较概略地表示某一海区的海洋地理环境特点，其比例尺一般小于 1∶100 万。②海底地形图：供各部门研究、开发海洋用，也可作为其他海图的基础底图。它详细地表示海洋区域各种内容要素，常以系列化形式出版，按比例尺成套，有时与各种专用海图一起成套、成册出版。它还可分为大陆架地形图、海岸带地形图和沿岸、港湾地形图。

(2) 专题海图。突出表示某专题要素，或为某种用途选择某些专题要素而制作的海图。一般与地图分类相适应，也分成自然现象海图和社会经济现象海图两种。自然现象海图通常还可按自然要素的学科体系进行再分类，如海洋水文图、海洋气象图、海洋生物图、海洋地质图和海洋地球物理图等。社会经济现象海图可按社会学科或经济产业部门进行再分类，如历史图、助航标志交通图、渔业用图等。在专题图上，除了表示专题要素之外，还有一些起底图作用的基础要素，如海岸线、岛屿等，这是基础要素但不是主题要素。

(3) 航海图。直接用于航海定位、保证航行安全的海图。航海图属专用性质的海图，可归入专用海图之中。世界各国最早的海图都是为航海服务的，历史上的海图就是航海图。直至 19 世纪中期，才出现了多种多样的海图。然而迄今为止，在数量上航海图仍占多数，而且由于历史的原因，现今的航海图内容丰富，除航海以外其他部门也能使用，在一定程度上具有普通海图的性质。故世界各国在海图分类中，均将航海图单独列为一大类。航海图按用途、内容和比例尺还可分为海区总图、航行图、港湾图三种。

a. 海区总图。包括世界海洋总图、大洋总图和海区总图。供研究海区特点、制定航行计划、选择航线等使用，比例尺一般小于 1∶100 万，只显示海岸线、海港、岛屿、主要航行标志和航行障碍物，以及海底地貌等要素。

b. 航行图。供海上航行使用，比例尺一般为 1：5 万～1：300 万，较详细显示海底地貌、航行标志、航行障碍物及与航行有关的其他要素，主要供航行使用。

c. 港湾图。包括港口图、港区图、港池图、航道图、狭水道图。供进出港湾、选择驻抛锚地、研究港湾地形、进行港湾建设、进行港口管理等使用，比例尺一般大于 1：5 万，详细表示港湾、水道、锚地、助航标志、航行障碍物及港口设施等要素。

海图还可以按使用形式分为纸质海图和电子海图两种。纸质海图是海图的传统形式，其用途越来越广泛。由于它既可以绘画又可以印刷，既便于保存又便于使用，既利于直接阅读又利于图上作业，所以其经久发展而不衰。然而，纸质海图也有它许多难以克服的缺点，如纸质海图是一种固定的产品，纸质海图的纸张大小必须有一定的规格，不利用海图的库存、改正和运输等。电子海图是随着计算机辅助制图发展起来的，以数字形式储存于某种媒体中的数字海图。从广义上讲，计算机辅助制图过程中数字化了的海图数据或各种数字式制图资料，用于屏幕显示的海图数据以及直接提供用户使用的各种海洋信息数据，都可称为数字海图。海图自动制图过程中形成的数字海图和用于屏幕显示的数字海图是一种储存形式，是纸质海图和屏幕显示海图的过渡形式，而不是用户使用的形式。从广义上讲，屏幕海图即电子海图本身也是数字海图。因为屏幕上显示的海图图形，是以存储在某种介质中的海图数字化后的数据作为基础的。没有这些数据支持，就不可能形成屏幕图形。

电子海图的主要优点是利用电子航海图可以实现航海的自动化；可使航迹较好地附合于计划航线上，节约航程，减少航行事故；减少恶劣天气航行时与其他动态目标碰撞的可能性。电子海图还可用于政府部门的建设规划和实施、海关缉私、防灾救灾、环境保护等许多方面。

6.1.3　海图比例尺

1. 比例尺表示方法

图上一段直线的长度与地面相应线段的实地水平长度之比，称为该图的比例尺。比例尺的表示方法分为数字比例尺和图示比例尺两种。

1）数字比例尺

数字比例尺是用分子为 1，分母为整数的分数表示。设图上一段直线长度为 s，相应实地的水平长度为 D，则该图比例尺为

$$\frac{s}{D}=\frac{1}{M} \tag{6-1}$$

式中，M 为比例尺分母，M 越小，分数值越大，则比例尺越大。

数字比例尺可以写成 1：500、1：2000、1：10 万等。

2）图示比例尺

直线比例尺是最常用的图示比例尺。如 1：500 的直线比例尺，取 2cm 为基本单位，每个基本单位所代表的实地长度为 10m。图示比例尺标注在图纸下方，便于用分规直接在图上量取直线段的水平距离，且可以抵消图纸的伸缩影响。1：80 000 及更大比例尺海图，图廓间一般绘出直线比例尺。

2. 海图比例尺

海图比例尺指海图上某方向微分线段长度与实地投影到地球椭球面上相应线段长度之比。用数学式表达为

$$\frac{ds}{L}=\frac{1}{M} \tag{6-2}$$

式中，M 为海图比例尺分母；ds 为图上某一微分线段的长度；L 为实地上相应线段在地球椭球面上垂直投影所得的水平线段的长度。

尽管海图比例尺随线段的位置和方向而变化，但在海图上一般仍只注一个比例尺。这个比例尺只在图上某些部位（点或线）上是正确的，如墨卡托投影的基准纬线上、高斯-克吕格投影的中央经线上、日晷投影的投影中心（切点）上。这一比例尺称为主比例尺，其余部位的比例尺均大于或小于主比例尺，被称为局部比例尺。

3. 海图比例尺分类

海底地形图的基本比例尺为 1∶5 万、1∶25 万、1∶100 万。根据需要也可制作其他非基本比例尺地形图。

航海图根据不同的分类采用不同的比例尺。航海总图比例尺一般为 1∶300 万或更小，以完整显示某个海区的范围及其地理特点和航行特点为原则，必要时总图的比例尺可大于 1∶300 万。航行图比例尺一般为 1∶10 万～1∶299 万，其中远洋航行图为 1∶100 万～1∶299 万，近海航行图为 1∶20 万～1∶99 万，沿岸航行图为 1∶10 万～1∶19 万。港湾图的比例尺一般大于 1∶10 万，可视港湾、狭水道的具体情况灵活确定，如航道和港池图常采用 1∶5000 比例尺。

6.1.4　海图投影

地图数学投影就是将地球椭球面上元素（包括坐标，方位和距离）按一定的数学法则投影到平面上的工作。其实质是建立地球椭球面上点的地理坐标（φ,λ）与其平面坐标（X,Y）之间的对应函数关系。地图投影的理论完全适用于海图投影。在海图的投影、比例尺、坐标系统、高程系统（基准面）、制图网及分幅编号等数学基础上最重要、也是最复杂的问题是海图投影的问题。

1. 海图投影选择

海图由于其特殊用途和使用要求，不同类型海图需采用某些特定的投影。

1）航海图的投影选择

航海图主要用于航行准备阶段标绘计划航线，在航行中确定船位并进行航迹解算。在现代航海中，尽管导航手段已比较先进，但是为了航行安全，航迹绘算工作仍然十分重要。船舶航行时通常保持分段等角航行。若各段等角航线在航海图上的表象为直线，则航迹绘算十分便利，反之，则非常复杂。因此，航海图的投影必须是等角的，而且等角航线在投影图上应是直线。相反，船舶在海上航行中经常定位，对海图投影的其他变形要求不是很高。墨卡托投影（等角正圆柱投影）具有这种性质，而且还具有经纬网形状简单、制图作业十分方便等优点。国际海道测量组织要求航海图采用墨卡托投影。成套航海图采用统一基准纬线 30°，不连续的

单幅图取本图中纬为基准纬线，单位取至度和分。

1∶2万及更大比例尺的航海图，必要时可采用高斯-克吕格投影，由于大比例尺的港湾图、江河图上详细表示的港区地形各要素，不仅要供船舶进出港航行和驻泊用，还要供有关部门研究和实施港湾建设用，这就要求图上要有较高的量测精度。因而，长期以来，我国编制大比例尺航海图不采用墨卡托投影。

平面图也有其优点。它把地球椭球面上小块面积看成平面，把经纬线看做平行而各自间隔相等的直线，经纬线相互垂直。它的经纬网的构成、绘制和计算都很简单。在接近赤道的低纬度地区，各种变形均很小，用于编制大比例尺航海图是很理想的。但这种投影既不是等角投影，也不是等面积投影，高纬度地区变形很大，所以在大比例尺航海图中不被采用。

2）通用海图的投影选择

通用海图包括海底地势图（海区形势图）和海底地形图。这两类图比例尺不同，包含的地理区域不同，用途也不同，其投影的选择也必然会有差异。

（1）海底地势图，此类图一般比例尺较小，包含的地理区域较大。目的是了解区域的形势，其用图特点是与在海上的活动有关。因此，为了海底方便与航海图资料转绘和对照，地势图与航海图采用统一的投影，绝大多数采用墨卡托投影。

（2）海底地形图，此类图比例尺相对较大，最小比例尺一般不小于1∶100万，最大比例尺常大于1∶1万，主要用于科学研究、海洋工程建设和其他海洋开发利用事业，要求有较高的量测精度。这类图可供选择的投影较多，一般考虑选择与航海图统一的墨卡托投影，或与陆地地形图协调一致的高斯-克吕格投影。

3）专题海图的投影选择

专题海图的内容很广泛，如海底地貌图、海底地质构造图、海洋重力异常图、海洋磁力图、海洋生物图、海洋水文气候图等，表示方法也很多。综合各国经验，与航海有关的各种专题海图，即航海参考图，应采用墨卡托投影编制。各种非航海用的专题海图，如只作为参考用，对限制投影变形没有特定要求时，也应尽可能采用墨卡托投影。成套出版的系列图若同范围内不同图幅表示各种自然要素，如地貌、地质构造、重力异常、磁力等，则应考虑其主要用途和是否要求有较高的量测精度，选择统一投影。

2. 墨卡托投影

海图中最常用的投影是墨卡托投影，因此，下面详细介绍墨卡托投影的有关知识。

墨卡托投影是等角正圆柱投影，如图6-2所示。具有如下特点：

（1）经线是相互平行的直线，而且相同度数间隔的经线之间的距离也相等。

（2）纬线也是平行的直线，相同度数的间隔随纬度的增大向两极逐渐伸长（渐长），至极地为无穷大。

（3）经线与纬线成正交（相助垂直）。

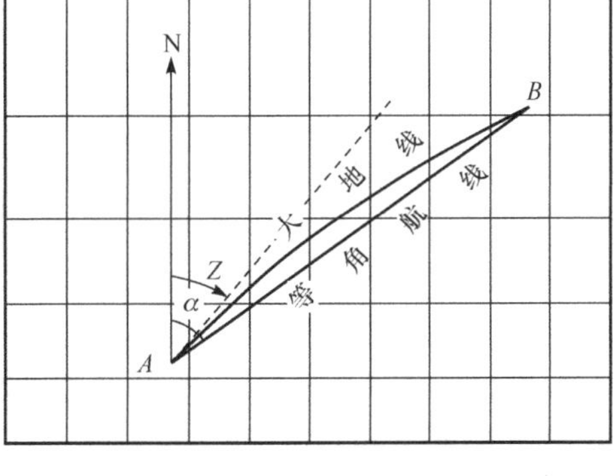

图6-2 墨卡托投影特性图

(4) 投影面上同一点的两方向线(大地线或大圆弧)的切线的夹角与实地一致。当比例尺较大时,方向线近似于直线。

(5) 等角航线在投影平面上是一条直线,而大地线(椭球面上两点间最短距离)或大圆(把椭球体视为球体时)在投影平面上是一条凸向极地的曲线。

墨卡托投影是等角投影,没有角度变形,但存在长度变形。根据变形理论可知,等角投影中某点的投影长度比(u)在各个方向上都是相等的,因此,墨卡托投影的长度变形与方向无关,而与其点的位置有关。又据投影变形理论可知,长度变形 v 是投影长度比与 1 之差,即

$$v=u-1=\frac{\cos\varphi_0}{\cos\varphi}-1 \tag{6-3}$$

式中,φ 为投影平面上的某纬度;φ_0 为基准纬度;v 为某纬度上的长度变形;u 为某纬度上的长度比。

由式(6-3)知,当 $\varphi=\varphi_0$ 时,$v=0$,即在基准纬线上无长度变形;当 $\varphi>\varphi_0$ 时,$v>0$,即纬度高于基准纬度时,长度变形为正向变形,纬度越高,变形越大,至极点($\varphi=90°$)时为无穷大;当 $\varphi<\varphi_0$ 时,$v<0$,即纬度低于基准纬度时,长度变形为负向变形;至赤道($\varphi=0°$)为最大负向变形;当 $\varphi=0°$时,即基准纬度在赤道上时,只有正向变形。

墨卡托投影存在面积变形。根据变形理论,当视地球为球体时,面积变形(v_p)为

$$v_p=\frac{\cos^2\varphi_0}{\cos^2\varphi}-1 \tag{6-4}$$

墨卡托投影的面积变形规律与长度变形一样,离基准纬线越远,面积变形越大。

正圆柱面相交于椭球或球体的平行圈称为基准纬线,基准纬线的纬度叫基准纬度。按圆柱面与椭球面相交时的位置不同,可分为切圆柱和割圆柱两种情况。在割圆柱时,基准纬圈就是对称于赤道的两个平行圈,其半径就是圆柱的半径,所以基准纬线上没有投影变形,投影面上的距离与实地一致,切圆柱是割圆柱的一个特例。由于受纬度渐长性质的影响,除基准纬度处以外,都有长度变形,且离基准纬度越远,变形越大。以赤道为基准纬线(切圆柱)时,纬度 60°处某一段距离在投影图上的长度是赤道上长度的两倍。如果把基准纬线移至纬度 45°处,则纬度 60°处的变形只有 40%左右。基准纬线移至纬度 60°处,当然 60°处也就没有变形了。所以基准纬度的选择,对投影变形影响很大。在海图实际作业中,多数采用割圆柱投影。如图 6-3所示,左边为切圆柱,赤道 φ 为基准纬线,向两极变形显著增大;右边为割圆柱,割于南北纬 30°处。向赤道、向两极均有变形,但变形要小得多。所以,为了减小变形,当制作单幅航海图时,常以本图中纬(小比例尺图一般取至整度,大中比例尺图一般取至整分)作为基准纬线,当制作同比例尺成套航海图时,如果制图范围不大,常取制图区域内的中央纬度作为基准纬度;如果范围较大,则应视制图区域的地理位置而定,若跨赤道两侧,或在低纬度地区,也可以整个区域的中央纬度作为基准纬度。在其他地区,可将整个区域再分成若干分区,在每个分区内选择一个基准纬度,或者均采用本图中纬为基准纬度。

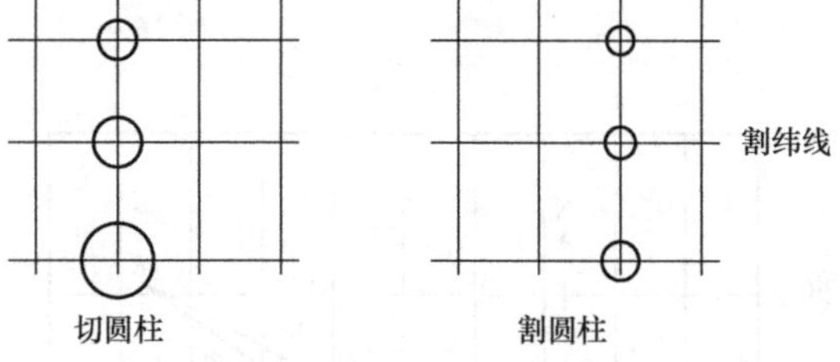

图 6-3 切圆柱与割圆柱投影变形的比较

对应比例尺的墨卡托投影海图制作时，只有确定基准纬度之后才能进行图廓范围和制图网的计算。图上经差每单位长度和纬差间每单位长度都是根据基准纬线上的长度来计算的。基准纬线上经差每分之长在某比例尺海图上的长度，称为制图单位 e_0，以 cm 计算：

$$e_0=\frac{P_0}{C_0} \tag{6-5}$$

式中，P_0 为基准纬线上经差每分之长，单位为 cm；C_0 为主比例尺（即基准纬线上比例尺）的分母。投影计算公式是把椭球（或球）面上的地理坐标值，换算成投影平面上的直角坐标的公式。一般以 x 代表纵坐标，y 代表横坐标。墨卡托投影海图上以 cm 为单位的（x，y）坐标为

$$\left.\begin{aligned}x&=D\\y&=\lambda\end{aligned}\right\} \tag{6-6}$$

式中，D 为渐长纬度值；λ 为经度。

该式是一般的墨卡托投影公式，所求得的平面直角坐标值（x、y）都以“分”为单位；这个坐标系的原点是零子午线与赤道的交点，即纵坐标 x 从赤道起算，横坐标 y 自零子午线起算，所以此公式不适宜于实际应用。为了便于作业，应把坐标原点平移到图幅的左下图廓点上，使纵坐标 x 自南图廓起算，横坐标 y 自西图廓起算。同时还应把以“分”为单位的坐标值换算为以 cm 为单位的图上坐标值，即乘以制图单位 e_0，所以墨卡托投影的实用公式为

$$\left.\begin{aligned}x&=(D-D_1)e_0\\y&=(\lambda-\lambda_1)e_0\end{aligned}\right\} \tag{6-7}$$

式中，D 为某一点的渐长纬度值，单位为分；λ 为其一点的经度，单位为分；D_1 为南图廓的渐长纬度值，单位为分；λ_1 为西图廓的经度，单位为分；e_0 为制图单位，单位为 cm。

6.2 海图分幅与编号

海图分幅与编号不仅仅是一幅海图区别于其他海图的一个代号，科学的海图编号是每个数字或字母都代表一定的意义，使之有利于管理和使用。由于各类海图分幅方法很不一致，其编号方法也很不相同。各个国家的海图编号方法也有很大的区别，即使一个国家，不同时期的海图编号也有不同的方法。

6.2.1 航行图的分幅和编号

1. 航行图的分幅

在各类海图的分幅中，航海图的分幅最富有特点，概括起来归纳为：大比例尺航海图一般只在沿岸海区制作，离岸越远，所制作的航海图比例尺越小，只有小比例尺海区总图才铺满整个海区，每一幅航海图几乎都包含有海岸线，一般都使用墨卡托投影，同比例尺系列航海图的相邻图幅之间有一重叠部分，图幅规格比较灵活，比例尺既有系统性，又有灵活性。

航行图一般采用自由分幅的方法，根据需要确定图幅的具体范围。分幅的基本原则是在保证航行安全和方便使用的前提下，尽可能减少图幅的数量。分幅的具体要求是：

(1) 总图要保持制图区域的相对完整，航行图要保持航线的相对完整，图幅内要有比较充分的航行区域和足够的航行目标，并尽量避免在复杂航行区域拼接邻图，港湾图应相对完整地表示出港口、海湾、海区或锚地区域，出口要有较充分的水域。

(2) 海岸线应尽可能保持连续,图内海域面积比例适当,一般情况下,陆地面积不宜大于图幅总面积的三分之一。

(3) 同比例尺航行图在全国范围可不连续。

(4) 同比例尺成套航行图相邻图幅之间的叠幅宽度一般保持在 100～150mm 为宜,但在广阔平坦的外海区域可窄于 100mm,甚至边接边。

(5) 内图廓线尽可能位于图廓细分线上。

(6) 图幅尽量设计成横幅,必要时可设计成直幅图。

(7) 图幅形式以整幅图为主,根据具体情况可制作主附图、拼接图及诸分图。

(8) 对航海具有重要意义的助航标志和显著物标等,无法表示在内图廓线内时,可破图廓表示或绘在图廓外方,如在图廓外方仍无法表示时,可根据需要标绘图外目标方位引示线。

2. 航行图的编号

世界海洋总图与大洋总图采用两位数字编号,海区总图和航行图分别采用三位数字和五位数字编号。海图编号及比例尺区如表 6-1 所示。

表 6-1　海图图号及比例尺区间

海图种类	图 号	比例尺区间
世界总图、大洋总图	××	小于 1∶1000 万
海区总图	×××	1∶300 万～1∶1000 万
远洋航行图	×0000～×0×××	1∶100 万～1∶299 万
近海航行图	××000～××0××	1∶50 万～1∶99 万
	×××00～×××0×	1∶20 万～1∶49 万
沿岸航行图	××××0	1∶10 万～1∶19 万
海湾图	×××××	大于 1∶10 万

世界海洋分为九个大区,每个大区视情况划分为 5～9 个二级区,围绕大陆顺时针方向编号,如图 6-4 所示。中国海区为"1",下分 8 个二级区:①渤海及黄海北部;②黄海中部及南部;③东海北部;④东海南部;⑤南海北部沿岸至琼州海峡西口;⑥海南岛沿岸及北部湾;⑦西沙、中沙群岛海域;⑧南沙群岛海域。如图 6-5 所示。

比例尺小于 1∶1000 万的世界总图及大洋总图用两位数字编号,按地理顺序编排。1∶300万～1∶1000 万海区总图用三位数字编号,首位数字代表海图所在大区号,后两位数字为出版序号或地理顺号。比例尺大于 1∶300 万的航行图、港湾图用五位数字分区编号。

第一位数字代表海图所在大区区号。

第二位数字的意义:

a. "0"(×0×××)用于该大区内 1∶100 万～1∶299 万的航行图(后三位为大区内的地理顺号);

b. "1"～"9" 代表比例尺大于 1∶100 万的航行图、港湾图所在的二级区区号。

第三、四、五位数字为顺号,但:

a. 第三位为 0(××0××)的图号,用于二级区内的 1∶50 万～1∶99 万的航行图,如 11000、12000 或 11001、12002。

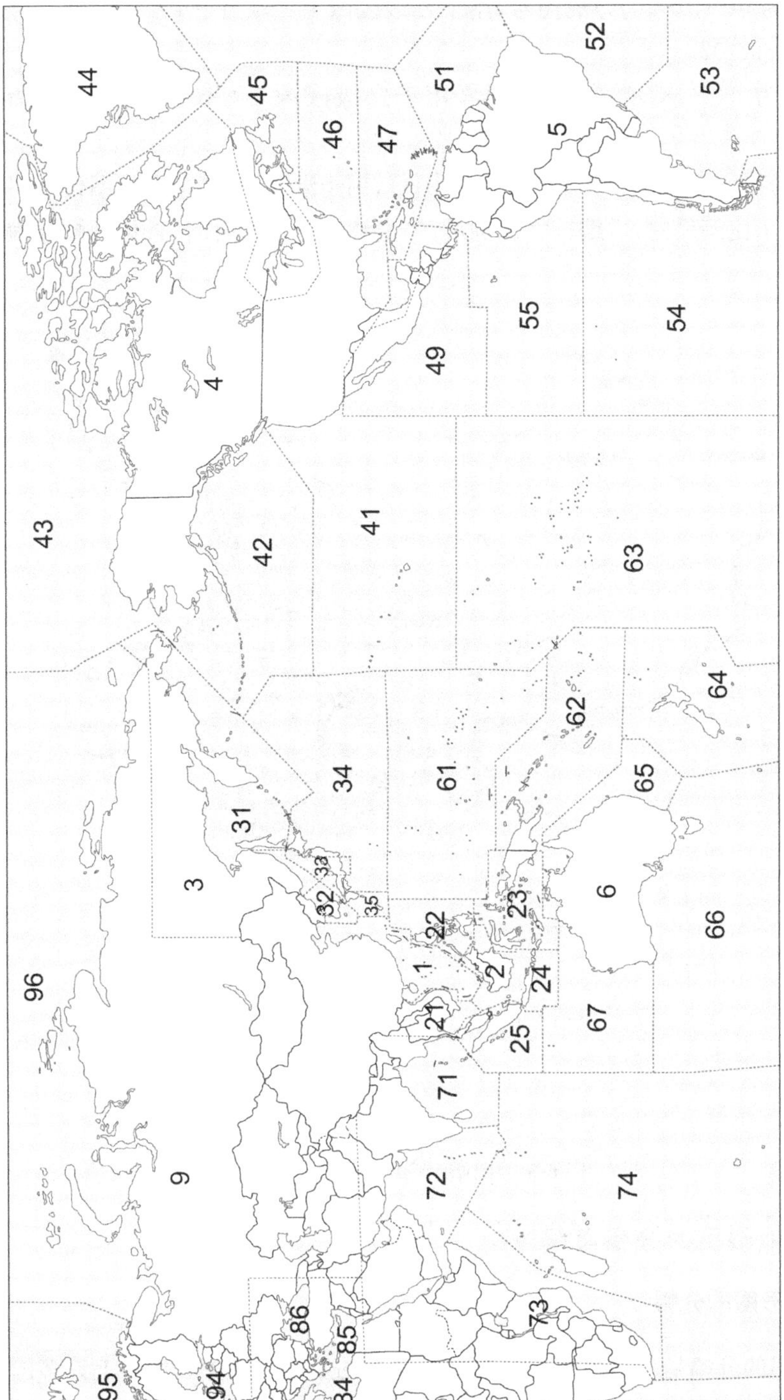

图6-4 世界海洋分区编号示意图

b. 第四位为 0(×××0×)的图号,用于二级区内 1∶20 万～1∶49 万航行图,如 12100、12200 或 12101、12102。

c. 第五位为 0(××××0)的图号,用于二级区内 1∶10 万～1∶19 万航行图,如 34510、34520。

d. 五位数字中均不带 0(×××××)的图号,用于港湾图,当某港湾图位于另一港湾图范围内时,先编较小比例尺的,后编较大比例尺,当港湾图互不套合时,按地理顺号编排。

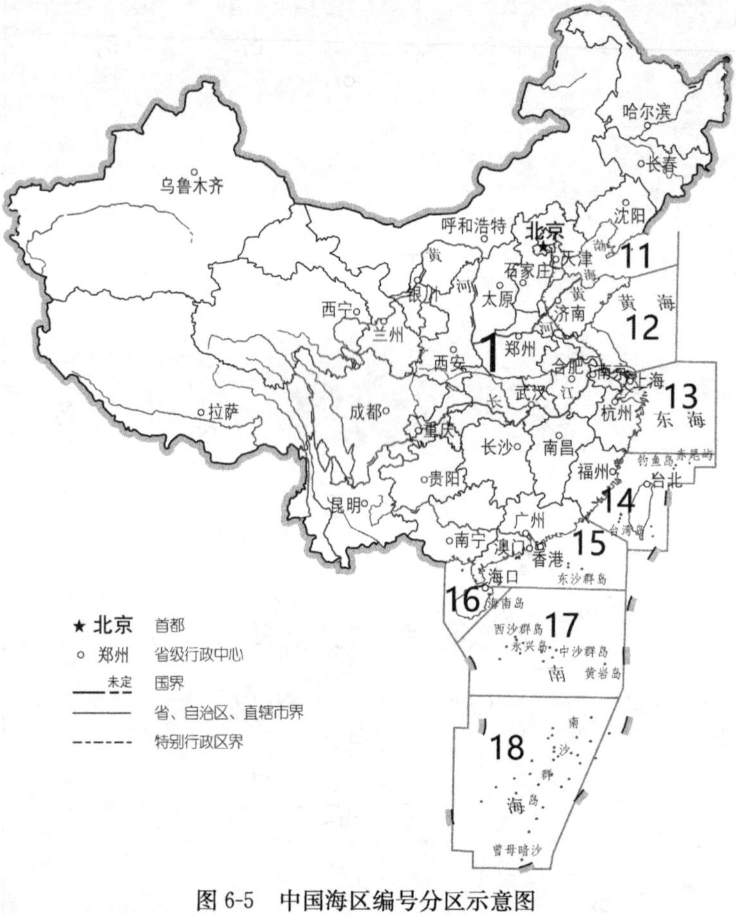

图 6-5　中国海区编号分区示意图

6.2.2　海底地形图的分幅与编号

1. 海底地形图的分幅

海底地形图的分幅是陆地地形图分幅在海洋中的延伸。我国和世界上许多国家都按世界地图组织确定的国际百万分之一的分幅原则对陆地地形图进行分幅。海底地形图以基本比例尺 1∶100 万图为基础,采用经纬线分幅。

(1) 1∶100 万图的分幅从 0°经线起,向东以经差 10°的间隔分为 36 列,从赤道起至北纬、南纬 60°止,以纬差 6°的间隔,各分为 10 行,每幅图的范围是经差 10°、纬差 6°。

(2) 1∶25 万图的分幅,将每幅 1∶100 万图等分为 4 行 4 列共 16 幅 1∶25 万图。每幅图的范围是经差 2°30′、纬差 1°30′。

(3) 1∶25万图等分为5行5列共25幅1∶5万图。每幅图的范围是经差30′、纬差18′。

基本比例尺图的经纬差见表6-2。

表6-2 基本比例尺图的经纬差

比例尺		1∶1 000 000	1∶250 000	1∶50 000
图幅范围	经差	10°	2°30′	30′
	纬差	6°	1°30′	18′
行列数量关系	行数	1	4	20
	列数	1	4	20
图幅数量关系		1	16	400
			1	25
				1

(4) 非基本比例尺图的分幅，根据制图区域大小和图幅的比例尺确定，原则上一套图中各图幅应按相同的经差和纬差分幅。

2. 海底地形图的编号

海底地形图的编号采用行列编号法及数字码编号法，以阿拉伯数字前跟英文字母B(Bathymetric chart)进行编号，若制图区域位于南半球时，则在编号后加注S(South latitudes)。

(1) 1∶100万图采用行列编号法编号。从0°经线起，自西向东每10°为一列，全球分为36列，依次用数字01,02,03,…,36表示其相应的列号；从赤道起，至南北纬60°，每6°为一行，各分为10行，依次用数字01,02,03,…,10表示其相应行号，由经线和纬线围成的每一小格为一幅1∶100万图，它们的编号由该图所在列号和行号组合而成，如黄海南部所在的1∶100万图的编号为B1306，如图6-6所示。

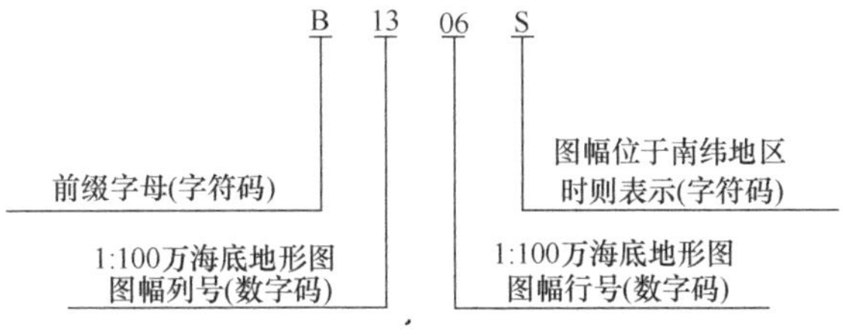

图6-6 黄海南部1∶100万图编号

(2) 1∶25万图采用6位数编号，前4位数字为该图所在1∶100万图的编号，后两位数字为自然序数。自然序数的确定方法为：自1∶100万图内左上角每一幅1∶25万图起，从左至右，从上到下依次为01,02,03,…,16，如图6-7所示，黄海南部所在1∶25万图中的第05幅编号为B130605。

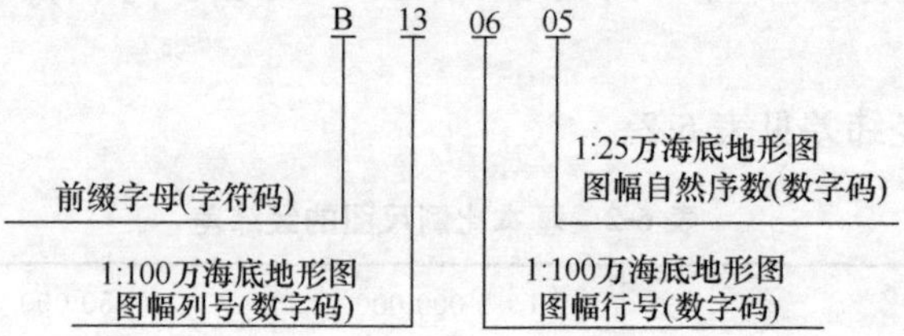

图 6-7　黄海南部 1∶25 万图第 05 幅编号

(3) 1∶5 万图采用 8 位数字编号，前 6 位数字为该图所在 1∶25 万图的编号，后两位为自然序数。自然序数的编号方法为：自 1∶25 万图内左上角第一幅 1∶5 万图起，自左至右，从上到下依次为 01，02，03，…，25。如图 6-8 所示，晕线的图幅图号为 B13060501。

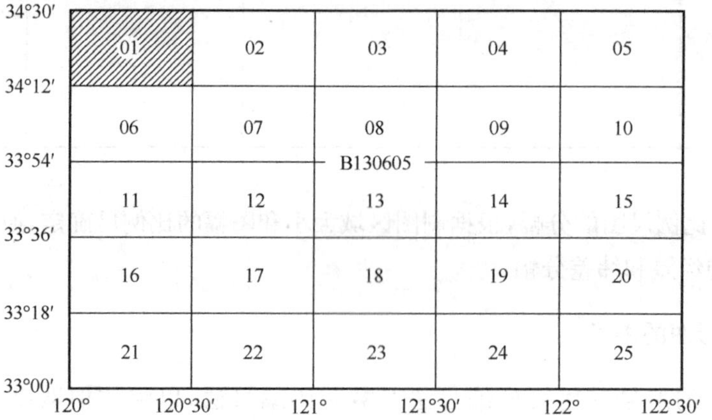

图 6-8　黄海南部某 1∶5 万图分幅图编号图

如图 6-9 所示，黄海南部所在 1∶5 万图中的第 01 幅编号为 B13060501。

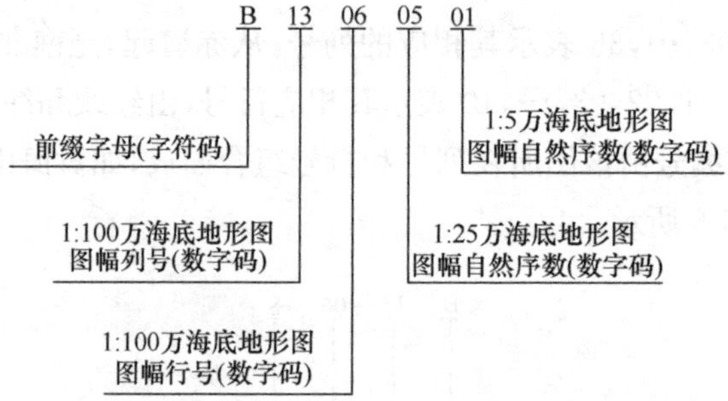

图 6-9　黄海南部 1∶5 万图第 01 幅编号

B0500201	B0500202	B0500203
B0500204	B0500205	B0500206

图 6-10　非基本比例尺 1∶50 万图的编号

(4) 非基本比例尺图的编号根据图幅的比例尺和出版序数等用 7 位数编号，前 3 位为图幅比例尺分母除以 1 万所得商的整数部分，商的整数部分不足 3 位数的，前面用“0”补足 3 位，如 1∶50 万图的编号前三位数为“050”，比例尺小于 1∶999 万的图，编号的前三位数为“000”，比例尺大于 1∶1 万的图，编号的前三位均为 001，第四、五位数为该图的出版先后序数。第六、七位数为图幅在该套图中的自然序数。假定其出版序数为02,1∶50万图的编号,如图6-10所示。

假定其出版序数为04,1∶1万及更大比例尺图的编号,如图6-11所示。

B0010401	B0010402	B0010403
B0010404	B0010405	B0010406
B0010407	B0010408	B0010409

图6-11　1∶1万及更大比例尺图的编号

6.2.3　海图图名

基本比例尺海底地形图,图名以海区名称统一命名,如“东海海底地形图”;非基本比例尺海底地形图,以所表示的地理区域名称命名,如“珠江口海底地形图”。

航海图图名应确切表明图幅的范围或包括的主要航线,图幅的命名规则如下:

(1) 总图以海洋区域名称命名,如“渤海及黄海北部”。

(2) 航行图一般用图内较重要的海域地名作起讫名来命名,如“汕头港至碣石湾”。邻接图最好用叠幅处的地名作图名,使图名相互衔接,如“烟台港至石岛港”、“石岛港至乳山口”。当航行图包括的地理单元相对完整时,也可以区域命名,如“长江口附近”。

(3) 港湾图一般以其表示的港湾、锚地、水道、岛屿等命名,如“秦皇岛港”、“石城列岛”。当港湾图表示的是一狭长区域时,也可采用两个地名作为起讫点来命名,如“吴淞口至高桥港”。

6.3　海图符号及要素表示

每幅海图均应配置图名、编号、比例尺、投影说明、资料使用截止时间、出版机关等标题内容。

6.3.1　海图符号的特点及分类

1. 海图符号的特点

海图把海域及沿海陆地的各种信息依靠海图符号表达给人们,海图符号是海图作为信息传递工具所不可缺少的媒介。它具有如下特点:

(1) 能对客观事物进行不同程度的抽象、概括和简化,能满足各个方面的不同要求,在比例缩小的情况下,仍能反映区域的基本面貌,同时保持清晰易读。

(2) 海图符号赋予海图极大的表现能力,它既能表示具体的事物,如航标、沉船等,也能表示抽象的事物,如海区界线等;既能表示现实上存在的事物,如石油平台,又能表示历史上有过的事物及未来将出现的事物,如古河道、设计中的码头等;既能表示事物的外形,如海岸线性质,又能表示事物的内部性质,如海水的盐度等。

(3) 海图符号还能提高海图的应用效果。它能在平面上建立或再现客观现象的空间模型,并为无法表示的现象设计想象的模型。

2. 海图符号的分类

海图所表示的事物是复杂多样的,代表这些事物的符号也各不相同。根据海图符号的特点及其表示的海图要素的特点等,可对海图符号进行分类。

1) 按分布范围区分

(1) 点状符号,即单个符号。点状符号按其图形特点又可分为:几何图形,如用五星形表示的灯桩符号等;文字、数字符号,如水深、底质等;象形符号,如灯船、锚地符号等。

(2) 线状符号,即表示各种事物的单个线性记号。一般线性符号是用来表示线状或带状延伸的事物,如河流;但有的线状符号则是用来表示某种要素的界线(或不同事物的分界线),如国界、港界等。线性符号可以是实线、单线、双线、虚线或点线等。

(3) 面状符号,即在图面上表示延伸范围的符号。它指示具有某种共同特征的区域,如以符号表示的泥滩、沙滩、树木滩、丛草滩等。

2) 按符号的尺寸与海图比例尺的关系区分

(1) 依比例尺符号,即图上符号面积符合实地面积,面状符号一般是依比例尺符号。

(2) 半依比例尺符号,呈线状分布的事物,当比例尺缩小时,其长度能依比例表示,宽度在图上无法依比例表示而夸大了,称半依比例尺符号,如公路符号。

(3) 不依比例尺符号,也称超比例尺符号,用于表示有重要意义而图上面积小至无法依比例表示的事物,一般是点状符号,如灯桩、烟囱等符号。

3) 按符号的形状与事物的关系区分

(1) 正形符号是事物垂直投影的图形,其轮廓形状与实物一致或相似,如双线表示的河流。

(2) 象征符号是将事物经抽象与形象化了的图形,如独立树的符号等。

海图符号的外形虽然只有点状、线状和面状三类,但海图上的符号却可以各有特色,这主要是改变各种具体符号的色相、亮度、尺寸、形状、密度和方向等所取得的效果。色相是重要而复杂的视觉感受,是表示和区别不同颜色的主要依据;亮度又称光度或明度,是指色彩的明暗程度,即物体的色彩在观察者视觉中的反应程度;尺寸可以表达为,当符号具有不同的维(直径、面积、宽度和长度等)时,就是尺寸不同,同样的符号,通常用尺寸较大的表示重要的要素;形状是一种图形特征,一般有规则图形(如小比例尺图上表示居民地的圆)、不规则区域的轮廓(如岛屿岸线)或线状地物的曲线(如河流)三种;密度就是当一个符号由合成标记排列组成时(如网点与晕线),它们的间距密度是各不相同的,其规则的排列常以每厘米线数表示;方向适用于方向性排列延伸的单个标记或平行线符号,它们是相对于某一参考格网而说的,参考格网可以是图廓线或经纬线等。

世界各国航海图的生产都对海图符号有统一的规定,这种规定即为《海图图式》,它包含了绘制航海图的全部符号和缩写,也是绘制其他海图的基本符号。我国颁布了《中国海图图式》国家标准,实行分类编号,共 22 大类,如图 6-12 所示为第九类港口中港口设施图式符号样例。

9 港口

编号	符号	名称
9.2	港口设施	
9.2.1		突堤
9.2.2		顺岸码头
9.2.3	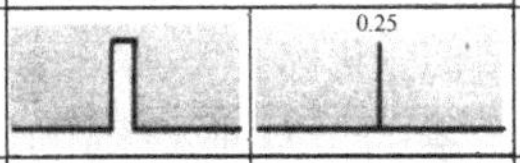	突堤式码头
9.2.4	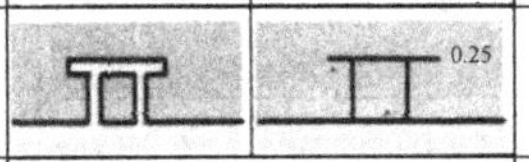	引桥式码头
9.2.5	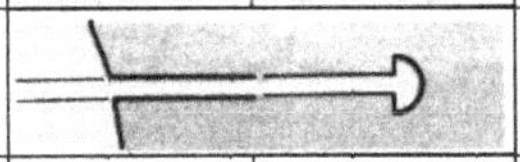	栈桥式码头
9.2.6	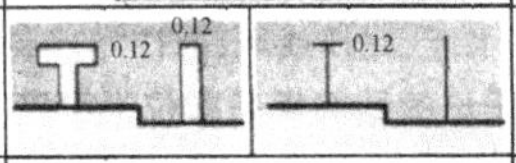	浮码头
9.2.7	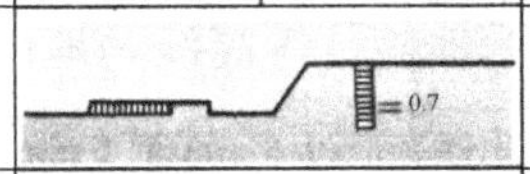	道头
9.2.8	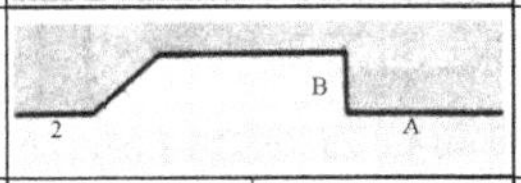	泊位编号
9.2.9	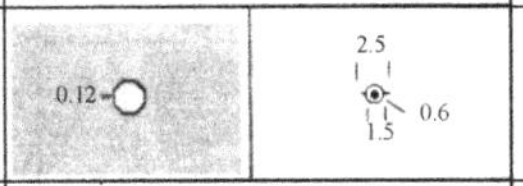	系船柱
9.2.10		罗经校正系船柱
9.2.11	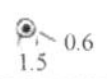	其他桩柱
9.2.12	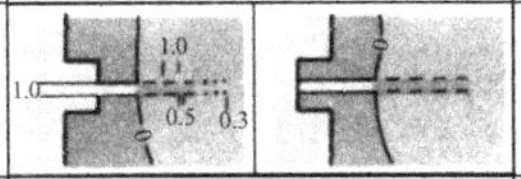	船台、滑道
9.2.13	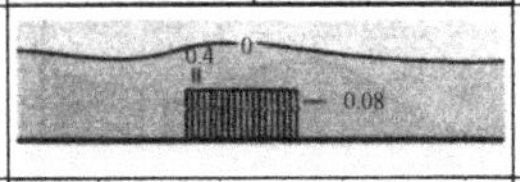	船架
9.2.14	船坞	
	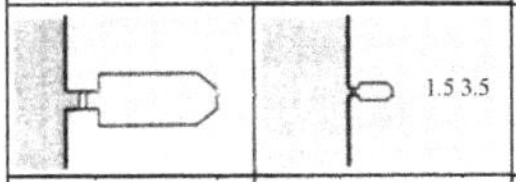	干船坞
	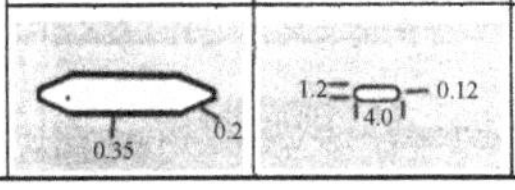	浮船坞

图 6-12　《中国海图图式》港口设施图式符号

6.3.2　海底地貌表示方法

海底地貌表示法是海图上表示海底表面起伏情况及形状特征的方法。常用的方法有符号法、深度注记法、等深线法、明暗等深线法、分层设色法、晕渲法等。不同类型的海图根据其用途的不同，对海底地貌的表示有不同要求，可采用不同的表示方法，也可以几种方法配合使用。

1. 符号法

海图上用不同形状、颜色和大小表示物体或现象的位置、性质和分布范围的方法，是海图内容要素的主要表示方法。一般以符号的形式、结构和颜色表示制图对象的质量特征，而以符号大小表示制图对象数量上的差异，还可用结构符号表示制图对象各组成部分所占的比例。符号设计和选择影响制图综合和内容的表示。

2. 深度注记法

海洋的深度注记与陆地的高程注记相类似，也称为水深。航海图上用它表示海底地貌是与测深的详细程度及航海图的具体用途相联系的。从航海图的用途来说，用水深显示海底地貌有三个主要优越性，第一是深度注记正确反映了测点的深度，根据深度变化情况可以概略地判别海底的起伏情况，航海人员根据海图上的水深可以选择航道、锚地等；第二是海图比较清晰，便于航海人员在图上作业；第三是绘制简便。

3. 等深线法

测量工作中常用等高线或等深线来表示地貌。等高线是地面上高程相同的相邻各点所连接而成的闭合曲线。等深线是深度基准面下深度相同的相邻各点所连接而成的闭合曲线。水面静止的池塘的水边线，实际上就是一条闭合的等高线。如图 6-13 所示，设有一座位于平静湖水中的小山丘，山顶被湖水淹没时的水面高程为 80m，然后水位下降 5m 露出山头，此时水面与山坡就有一条交线，而且是闭合曲线，曲线上各点的高程是相等的，这就是高程为 75m 的等高线，随后水位又下降 5m，山坡与水面又有一条交线，这就是高程为 70m 的等高线。以此类推，水位每降落 5m，水面就与地表面相交留下一条等高线，从而得到一组相邻高差为 5m 的等高线。设想把这组实地上的等高线沿铅垂线方向投影到水平面 H 上，并按规定的比例尺缩绘到图纸上，就得到用等高线表示该山丘地貌的等高线图。

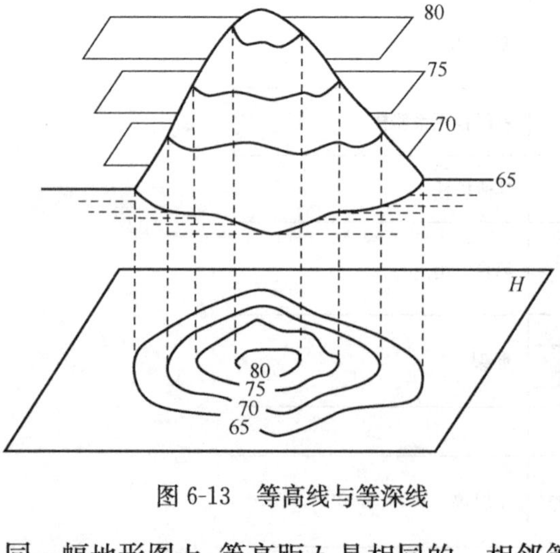

图 6-13　等高线与等深线

相邻等高线之间的高差称为等高距，常以 h 表示。如图 6-13 中所示的等高距为 5m。在同一幅地形图上，等高距 h 是相同的。相邻等高线之间的水平距离称为等高线平距，常以 d 表示。h 与 d 的比值就是地面坡度 i，即

$$i=\frac{h}{d \cdot M} \tag{6-8}$$

式中，M 为比例尺分母；坡度 i 一般以百分率表示，向上为正、向下为负。因为同一张地形图内等高距 h 是相同的，所以地面坡度与等高线平距 d 的大小有关。由公式可知，等高线平距越小，地面坡度就越大；平距越大，则坡度越小；平距相等，则坡度相同。因此，可以根据地形图上等高线的疏、密来判定地面坡度的缓、陡。

用等高线表示地貌，等高距越小，显示地貌就越详细；等高距越大，显示地貌就越简略。但

是，当等高距过小时，图上的等高线过于密集，将会影响图面的清晰程度。因此，在测绘地形图时，基本等高距的大小是根据测图比例尺与测区地形情况来确定的(表 6-3)。

表 6-3　地形图的基本等高距 *h*　　(单位:m)

比例尺	地形类别			
	平地	丘陵	山地	高山
1∶500	0.5	0.5	0.5 或 1.0	1.0
1∶1000	0.5	0.5 或 1.0	1.0	1.0 或 2.0
1∶2000	0.5 或 1.0	1.0	2.0	2.0

等高线分为首曲线和计曲线两大类。在同一幅图上，按规定的基本等高距描绘的等高线称为首曲线，也称基本等高线。凡是高程能被 5 倍基本等高距整除的等高线，称为计曲线。为了读图方便，计曲线要加粗描绘和注记高程数值。

等高线的特性(图 6-14)为：①同一条等高线上各点的高程相等。②等高线是闭合曲线，如果不在本幅图内闭合，则必在图外闭合。③除在悬崖和绝壁处外，等高线不能相交也不能重合。④等高线的平距小，表示坡度陡，平距大表示坡度缓，平距相同表示坡度相同。⑤等高线与山脊线、山谷线都正交。

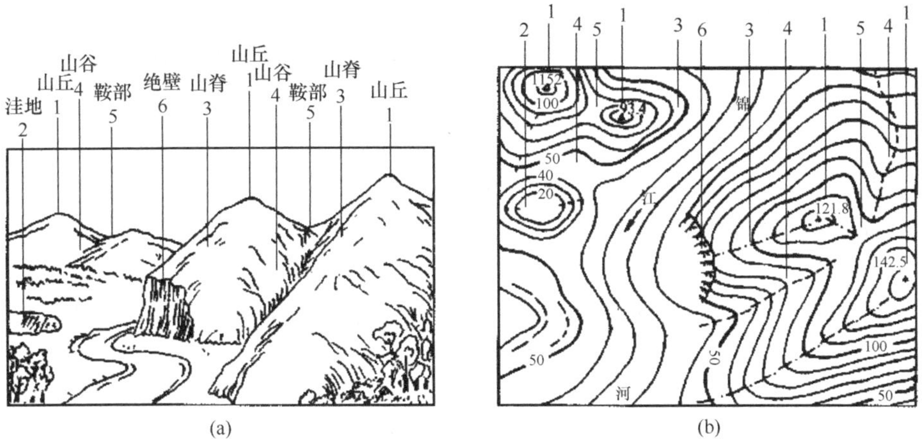

图 6-14　综合地貌及其等高线表示

等深线法是表示海底地貌的一种方法，是目前表示海底地形图最基本、最精确的方法。它以等深线的形式及组合情况反映海底表面形状的特征。在大、中、小比例尺海底地形图上，等深线的间距一般都有具体要求。标准等深线间隔为图上 1cm 时，对于 1∶2.5 万、1∶10 万、1∶25万比例尺图上分别代表 250m、1000m、2500m。

海图上还以不同粗细程度和不同深浅色调的等深线表示海底地貌，也称为明暗等深线法，可增加等深线表示海底地貌的立体效应。一般假设西北方向来光，等深线的受光面为白色或浅色调，背光面为深色调，并根据斜坡所对光线的方向改变等深线的粗细。

4. 分层设色法

分层设色法也称色层法，是在不同的深度层和高度层用不同的色相、色调进行普染，以显示地面起伏形态的方法。用分层设色法表示海底地貌时一般用蓝色,其设色原则是深度越大,色调越暗。表示海底地貌的分层设色法常与等深线、晕渲法配合使用,表示海洋专题要素的等值线也可分层设色,如图 6-15 所示就是分层设色海底地貌图。

5. 晕渲法

晕渲法是用浓淡不同的色调来显示陆地和海底的起伏形态,立体效果比较好;其缺点是在图上不能进行深度的量算,且绘制和印刷均有较高的技术要求。近十年来,随着晕渲技术设备的革新及印刷工艺的改进,这种表示方法有较大的发展。如图 6-16 所示就是用晕渲法表示的海底地貌图。

图 6-15 分层设色海底地貌图

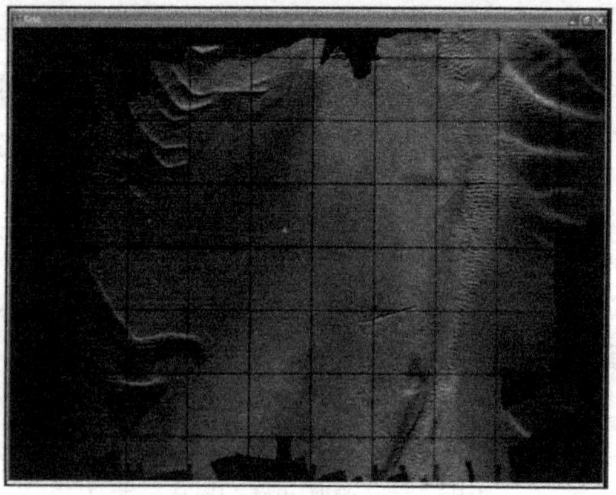

图 6-16 海底地貌图(晕渲法)

绘制晕渲时通常假设光源在两个固定方向上:西北方仰角 45°处和正上方。由于光源位置不同,决定地表(包括海底)起伏的阴影分布规律和浓淡色调不同,因而有斜照晕渲、直照晕渲和综合光照晕渲。

斜照晕渲是假设光源位于西北仰角 45°,由于光的斜照,地貌各部位可分迎光面(阳坡)、背光面(阴坡)和平地三部分;每一点的明暗又因其坡度和坡向有所不同。这种方法表示海底地貌,浓淡对比明显,反差大,因而立体感最强。

直照晕渲是假设光源垂直照于海底,海底表面的明暗程度随坡度不同而改变,平地最明亮。用这种方法表示海底地貌,坡度对比明显,缺点是立体效果较差。

6.3.3 专题要素表示方法

专题海图上表示的专题要素方法主要有个体符号法、线状符号法、质底法、等值线法、范围法、点值法、定点图表法、分区统计图表法、分级统计图法、动线法等。在一幅海图上,可联合几种方法表示。

1. 独立符号法

独立符号法一般用于点状分布的现象。这种方法是采用不同形状、颜色和尺寸(大小)的符号,表示现象的数量和质量特征。通常以符号的形状和颜色表示现象的质量特征,尺寸表示其数量特征,但符号在图上所占面积不代表物体依比例尺的实际面积。

独立符号在图上的配置有两种情况:一种是定位配置,即符号的位置代表物体或现象的实际位置，如航标分布图上的灯塔、浮标等符号，均是按实际位置配置的，故这种定位配置的独立符号称为定位符号或定点符号，如图 6-17 所示。另一种是某一区域内示意性的配置，表示该区域内有该符号所代表的物体或现象存在，而不代表这类物体或现象的精确位置，如渔业图上用符号表示的有关海区捕获的鱼类、贝类。

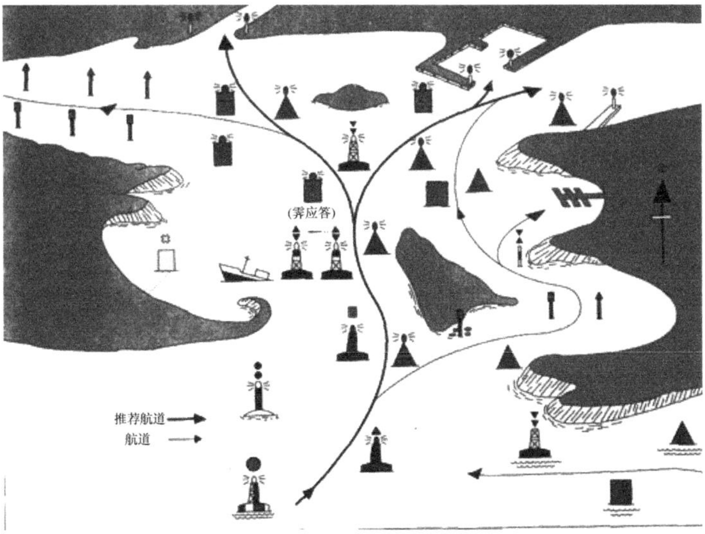

图 6-17 独立符号法航标分布图

2. 线状符号法

线状符号法用于表示线状或带状延伸分布的要素，它也是表示普通地理要素同样使用的一种表示方法。在表示专题要素时，一般以符号的不同形状、结构和颜色来表示现象的质量特征，而以符号的宽度、长度表示其数量差异。海岸类型、海底地质构造线、潮汐类型等专题要素，通常用线状符号法表示。

如图 6-18 所示，表示专题要素的线状符号，其位置的绘法有三种情况：一是严格定位的，这时线状符号绘在专题要素的中心线上，如地质构造线；二是不严格定位，如图 6-18 中所示航海线，只是起讫点的位置是准确的，途经位置是示意性的；三是线状符号的一边按实际位置描绘，另一边向外扩展，形成一定宽度的色带，如潮汐性质的表示。

3. 质底法

质底法是一种布满于制图区域现象的表示方法。通常以不同颜色或晕线、花纹等区分制图区域内现象为质量差别。采用此方法时，首先按专题要素的某种指标将整个制图区域进行分类或分区，制成图例；再在图上绘出各现象的分布区域，然后把同类现象或属于同一区域的现象按图例绘成同一颜色或同一花纹。图上每一个界线范围内所表示的专题现象只能属于某一类型或某一区划，而不能同时属于两个类型或区划。在专题海图上常用这种方法表示海底地貌类型、底质分布等要素。图 6-19 是以质底法表示的质底沉积类型图。

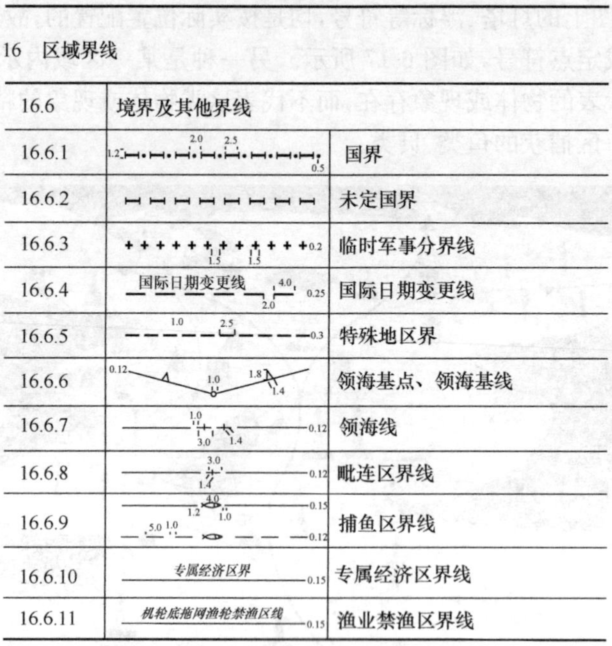

图 6-18 《中国海图图式》(GB12319—1998)线状符号法表示界线类型

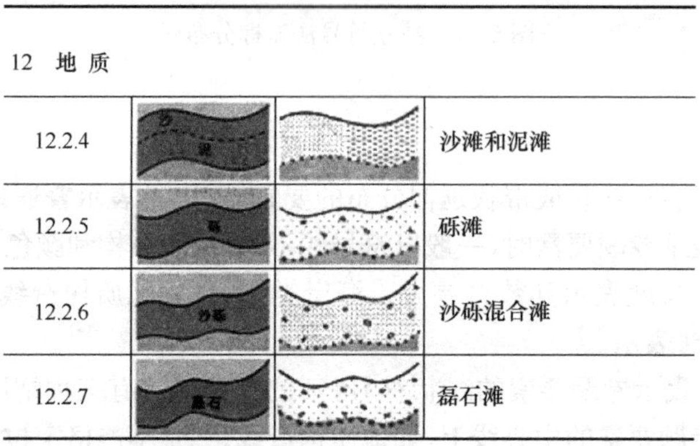

图 6-19 《中国海图图式》(GB12319—1998)质底法表示海底沉积类型

4. 等值线法

等值线法也称等量线法。用定量线状符号描述物体或现象的一种方法。通常用来显示制图区域内连续分布且均匀渐变的现象,并能表明这种现象在图上任意位置的数值或强度。在专题制图中表示各种现象的等值线都有其相应的专业技术名称,如等水温就是等值线。等值线的间隔通常为一常数,根据其疏密可确定其制图现象数量的变化程度和趋势。除等值线法标注外,线间还有分层设色。

5. 范围法

范围法是间断状成片分布的现象的表示方法,一般用不同颜色轮廓线表示现象在制图区域一定范围内的分布状况。

6. 定点图表法

定点图表法又称定位统计图法，是用定位于制图区域内某些地点或均匀配置于区域内的一些相同类型的统计图表，表示制图区域周期性现象的数量特征或变化的方法。专题海图上通常用此法表示气温、降水、风、浪等要素的有关特征。记录某种现象数量指标随时间变化的统计图，常按直角坐标绘成分布曲线或直方图，如图 6-20 所示。

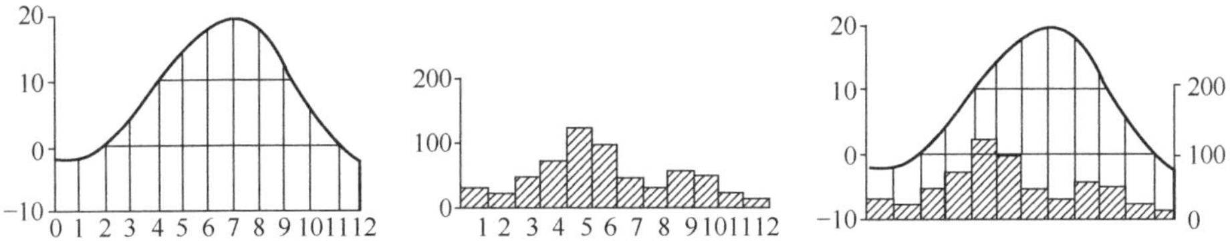

(a) 气温年变化曲线 (b) 降水量直方图 (c) 两者的结合表示

图 6-20 定点图样例

定点统计图也可是采用分区统计图或分级统计图。分区统计图是把该制图区域分成若干区划单位，按其相应的统计数据，绘制不同形式的统计图表，以表示各区划单位内现象的总和及其变化。一般利用图形符号的大小表示现象的数量差异，并可在图形内划分几部分表示其内部结构。分级统计图法又称分级比值法，此法是按各区划的统计资料，根据现象的相对指标(密度、强度或发展水平等)进行分级，并依据级别的高低在图上相应区划内分别填绘深浅不同的颜色或疏密不同的晕线，以表示现象在各区划单位间的数量差异。

7. 动线法

动线法是表示各种自然现象和社会经济现象运动的方位、路线及其特征的方法。如图 6-21所示，海洋专题图上常用这种方法表示水体流动、交通运输等现象。一般用箭形符号表示运动方向，而以不同形状、不同颜色的线条区分现象的质量特征(种类)；还可以线条的长度或宽度来表示现象的数量差异。

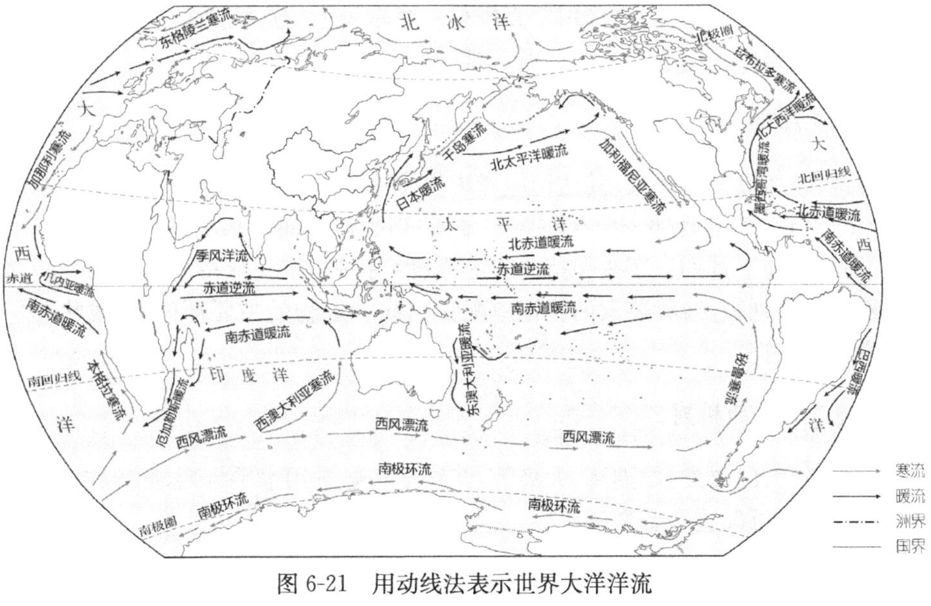

图 6-21 用动线法表示世界大洋洋流

6.3.4 注记

海图注记系指海图上的各种文字和数字，其主要功能是沟通制图工作者和用图者，实现信息传输。海图注记进一步充实了海图的内容，能补充海图符号的不足，以帮助用图者正确理解海图内容。海图注记以文字和数字来表达。

1. 文字注记

文字注记可分地名注记、专门地物注记、说明注记及其他注记。地名注记包括国名、居民地名称、山脉名称、江河名称、海域名称、岛屿名称、礁石名称、岬角名称等。专门地物注记，如航标名称、沉船名称等。说明注记是进一步说明某些要素的性质特征，如在区界线上注记的“内港港界”等，有的则是有关航行的资料，用简短的文字记载于图上。其他注记包括标题的有关说明，资料采用情况说明及出版时间、机构等有关注记。我国海图注记的字体多用宋体，字级的大小按照不同的级数而异。

2. 数字注记

数字注记则主要包括图廓的经纬度注记、各种高度的注记及各种编号注记等。海图上有时还有罗马拼音注记及其他外文注记等。

海图上注记位置是否恰当，往往影响海图的使用及其外观，海图注记排列的方法应考虑所注要素的定位特点，对绝大多数注记来说不外乎以下四种情况：点状要素注记、线状要素注记、面状要素注记、其他注记(包括标题及图例注记等)。对它们的排列方法要求如下：

1）点状要素注记的排列

所以应该重视注记位置的选择，采用适当的排列方法。海图上注记排列要指示明确，不使读者产生疑问和误解；文字符号符合从左至右或从上而下的阅读习惯；注记不出现倒置(字头向下)的现象；注记间隔适中，同组注记字的间隔应相等。

一般情况下采用水平排列，不采用垂直排列。海岸线上的点状要素注记应配置在海域，配置在海域的陆上要素的注记有时可采用弧形排列。

2）线状要素注记的排列

江河、航道、航线等线状要素，其注记应考虑要素线状延伸的方向。当延伸方向与水平方向交角小于45°时，一般沿延伸方向从左向右排列；当延伸方向与水平方向交角大于45°时，一般沿延伸方向从上向下排列。字头保持北向的称雁行排列，字头保持与地物轴线同向的称屈曲排列(也称弯曲排列)。线状要素的注记应配置在线状地物的主要部位，当线状符号延伸较长时，可分段重复注记。

3）面状要素注记的排列

海图上面积较大的要素，如港湾、大岛等，其注记一般采用水平排列，配置在面状要素范围内。当面积较小时，可配置在要素旁。

4）其他注记的排列与配置

航海图上的标题及其他说明注记等排列与配置方法有统一的规定，其他海图的标题、图例的注记等排列和配置应与海图总体设计相协调。

6.4 等深线的绘制

绘制等深线的目的在于了解海底地貌的形状，分析水下探测的完善性。同时，也可以发现特殊深度和分析测深线布设是否合理，从而确定是否需要补测和加密探测等。因此，绘制等深线时，要仔细、全面和尽可能地反映出海底地貌的变化情况。等深线的间隔，可参照表 6-4 所列的间隔勾绘等深线。当海底坡度不大，勾绘出的等深线不能很好地显示水下地貌，可适当加绘一些补充等深线，以利于发现问题；当坡度较大时，等深线可适当稀一些(图 6-22)。

表 6-4 等深线间隔参照表

深度/m	等深线间隔/m	深度/m	等深线间隔/m
0～5	0.2	100～200	20.0
5～40	5.0	200～500	50.0
40～100	10.0	500 以上	100.0

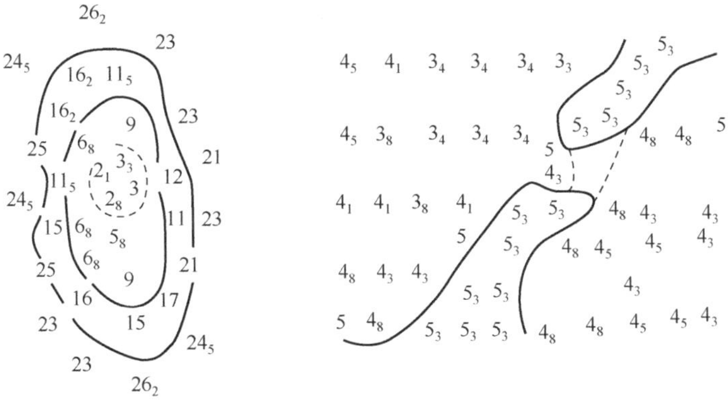

图 6-22 等深线绘制示意图

海底地形图的表现形式一般可分为二维等深线图和三维海底地形立体图，绘制等深线图和海底地形立体图是数字地面模型(Digital Terrain Models，DTM)数据文件的一个具体应用，也是对 DTM 数据文件正确性、合理性的一个检验。这里需要说明的是等深线图虽不是海底地形图，但是主要差别仅高程起算面不同，二者绘制方法基本上是一致的。

自动绘制等深图常用方法主要有两种，一是三角形法，二是网格法。以下主要介绍网格法绘制等深线的方法。网格法绘制等深线主要流程分为在网格边上求出等值点，追踪等值点和连接并光滑等值点连线。

6.4.1 网格的划分和等值点的计算

通常测深范围是一个矩形域，把这个矩形域划分为 $i\times j$ 个格网。其中，横向 $i=1,2,\cdots,m$；纵向 $j=1,2,\cdots,n$。为方便起见，定义网格为正方形，且边长为 C_N，如图 6-23 所示。各点

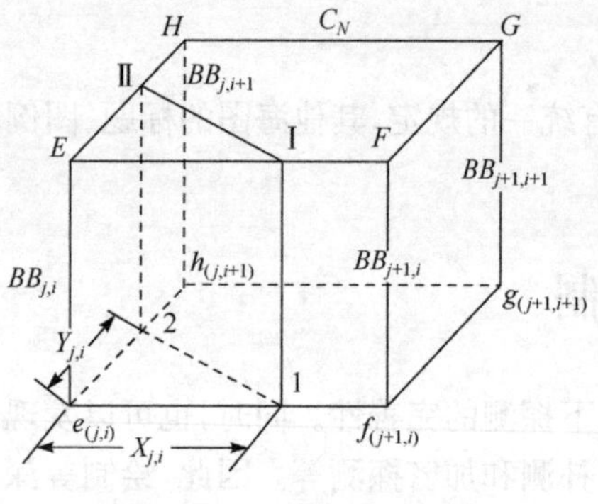

图 6-23 网格内插等值点

的高程存在数组 BB 中，即 $BB_{j,i}=|Ee|$；$BB_{j+1,i}=|Ff|$；$BB_{j+1,i+1}=|Gg|$；$BB_{j,i+1}=|Hh|$。图中的Ⅰ、Ⅱ线为空间等值线，1、2 线为Ⅰ、Ⅱ线在平面上的投影等值线。二者的距离称为等值线的高程值，用 W 表示，则有 $W=|\mathrm{I}_1|=|\mathrm{II}_2|$。网格 $efgh$ 上是否有等值点，取决于空间四边形 $EFGH$ 是否与高程为形的水平面相交，即若下列判断式成立，说明网格横边 ef 上有等值点，如等值点 1。

$$(BB_{j,i}-W)(BB_{j+1,i}-W)<0 \tag{6-9}$$

同理，如下式成立，则说明网格纵边上有等值点，如等值点 2。

$$(BB_{j,i}-W)(BB_{j,i+1}-W)<0 \tag{6-10}$$

下面我们求等值点的位置。设 $x_{j,i}$ 表示等值点 1 至 e 的距离，则 $x_{j,i}$ 为

$$x_{j,i}=\frac{W-BB_{j,i}}{BB_{j+1,i}-BB_{j,i}}C_N \tag{6-11}$$

同样，设 $y_{j,i}$ 表示等值点 2 至 e 的距离，则 $y_{j,i}$ 为

$$y_{j,i}=\frac{W-BB_{j,i}}{BB_{j,i+1}-BB_{j,i}}C_N \tag{6-12}$$

取 $C_N=1$，为单位长度，则上两式可改写为

$$\left.\begin{aligned}x_{j,i}&=\frac{W-BB_{j,i}}{BB_{j+1,i}-BB_{j,i}}\\ y_{j,i}&=\frac{W-BB_{j,i}}{BB_{j,i+1}-BB_{j,i}}\end{aligned}\right\} \tag{6-13}$$

在绘图时，等值点 1、2 都要以绘图坐标表示为

$$\left.\begin{aligned}x_D&=(j-1+Sx_{j,i})C_N\\ y_D&=[i-1+(1-S)y_{j,i}]C_N\end{aligned}\right\} \tag{6-14}$$

式中，$S=0$ 表示计算纵边上的等值点；$S=1$ 表示计算横边上的等值点。

6.4.2 等值点的追踪

计算出全部等值点后，必须有规则、有秩序地将它们逐点连接成等值线，这就是等值点的追踪。等值点的追踪需要确定等值线进入网格时的大致走向，确定等值线进入网格后从哪一条边出去，网格点即为等值点的处理。

6.4.3 等值线的搜索

等值线有的是开放的，有的是封闭的，因此，应有一个完整的、合理的搜索方法。搜索等值线的关键是如何找到线头，找到线头后按等值点的追踪方法找到线尾。对闭合曲线而言，任何一点都可作线头，线尾也是同一点，等深线的搜索路径如图 6-24 所示，所得追踪海底地形等深线如图 6-25 所示。

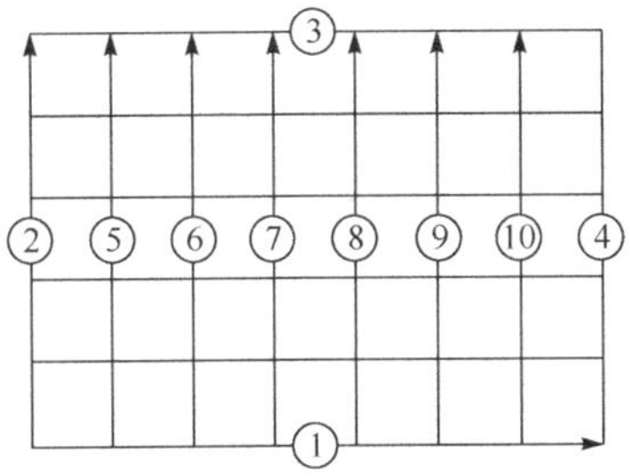

图 6-24　等深线的搜索路径

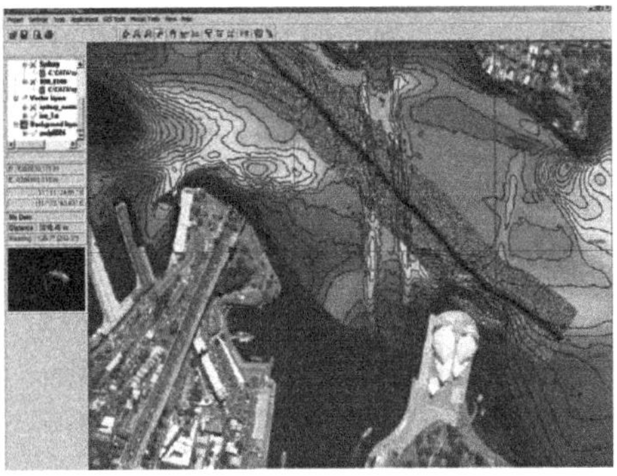

图 6-25　海底地形等深线图

6.5　自动绘制海底地形立体图

海底地形立体图是指海底地形立体透视图。透视立体图具有符合视觉印象、空间立体感强、形象逼真等优点。因此，对于常规条件下不能看见的海底地形，如能绘制海底地形立体图，对于狭窄水道的航行、港口航道疏浚的检查、海洋工程的设计与施工和满足潜艇水下活动都有一定的帮助。绘制海底地形立体图，通常采用透视变换原理的连续断面法来绘制。其基本思想是先进行坐标的透视变换，即完成三维空间坐标到二维平面坐标系统的线性变换。然后是消去隐藏线，即处理由于前面物体遮挡而无需画出的图形。

6.5.1　透视变换原理

在三维空间内，用一个行向量(x,y,z)表示空间点的坐标。对于一个三维空间的立体图形，可以用一个点集来表示，而每个对应了一个行向量。

这些向量集合组成如下的$n\times 3$矩阵的形式：

$$\begin{bmatrix} x_1 & y_1 & z_1 \\ x_2 & y_2 & z_2 \\ \vdots & \vdots & \vdots \\ x_n & y_n & z_n \end{bmatrix} \tag{6-15}$$

这样便建立了一个空间图形的数学模型。

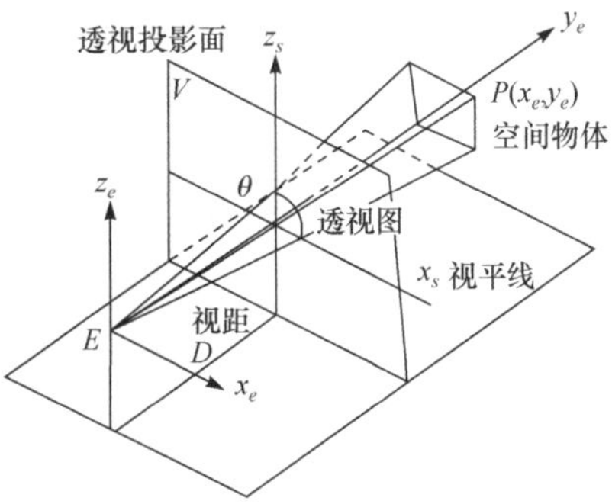

图 6-26　透视图坐标系

在计算机绘图中，对立体图形进行各种变换，是通过与之对应的矩阵运算来实现的。为了进行透视变换，先建立如图 6-26 所示的透视图坐标系。对于起伏不平的地形，可以使用一组间隔很小且相等的平行斜截面来切割它，从而出现一组剖面图。这组剖面图如果符合透视原则，而且进行消去隐藏线的处理，则它的整体外形就构成了描述地形起伏的立体图。按照透视原理，地物距观察者按远小近大的规律变化，这种变化随视角大小、观察的位置和物体放置地点的不同而不同。透视投影，是将投影面置于投影中心与投影对象之间，用中心投影法把一个物体投影到二维投影面上而产生图形。为了能从不同角度、方向观察海底地形，首先使物体绕z轴逆时针方

向旋转 θ_z 角，再绕 x 轴逆时针方向旋转 θ_x 角，最后向 V 面(物体坐标的 xoz 面)作透视投影，即可得到物体的透视图。其过程可用矩阵关系式表示为

$$\boldsymbol{T}_{\text{立体透视}} = \boldsymbol{T}_z \cdot \boldsymbol{T}_x \cdot \boldsymbol{T}_p \tag{6-16}$$

式中，$\boldsymbol{T}_z$ 为物体旋转 θ_z 角的旋转矩阵；$\boldsymbol{T}_x$ 为物体旋转 θ_x 入角的旋转矩阵；$\boldsymbol{T}_p$ 为透视投影变换矩阵。这三个矩阵分别表示如下：

$$\boldsymbol{T}_z = \begin{bmatrix} \cos\theta_z & \sin\theta_z & 0 & 0 \\ -\sin\theta_z & \cos\theta_z & 0 & 0 \\ 0 & 0 & 1 & 0 \\ 0 & 0 & 0 & 1 \end{bmatrix} \tag{6-17}$$

$$\boldsymbol{T}_x = \begin{bmatrix} 1 & 0 & 0 & 0 \\ 0 & \cos\theta_x & \sin\theta_x & 0 \\ 0 & -\sin\theta_x & \cos\theta_x & 0 \\ 0 & 0 & 0 & 1 \end{bmatrix} \tag{6-18}$$

$$\boldsymbol{T}_p = \begin{bmatrix} 1 & 0 & 0 & 0 \\ 0 & 0 & 0 & q \\ 0 & 0 & 1 & 0 \\ L & M & N & 1 \end{bmatrix} \tag{6-19}$$

6.5.2 隐藏线的处理

绘制立体图时，如果前面的透视剖面线的高程 Z 坐标值大于其后面出现的剖面线某些部分的 Z 坐标值，后面的剖面线上的那些部分就要被遮盖，这就是隐藏线。在绘制立体图时，要防止隐藏线被画出来。

可以将立体地形看做是一个自由曲面，由一系列的原始数据点构成，形成了 DTM 的数据文件。在此基础上，根据精度要求，内插足够密度的插值点，这些插值点连同原始数据点，形成新的 DTM 格网型数据文件。将相邻的四个数据点连接成四边形，结果就形成一个曲面，对这个曲面实现平面立体的消影算法，即能得到消除了隐藏线的网状曲面立体图。这里，精度要求越高，则网眼应越小，相应网格数目越多。如图 6-27 所示为海床立体地形图绘制。

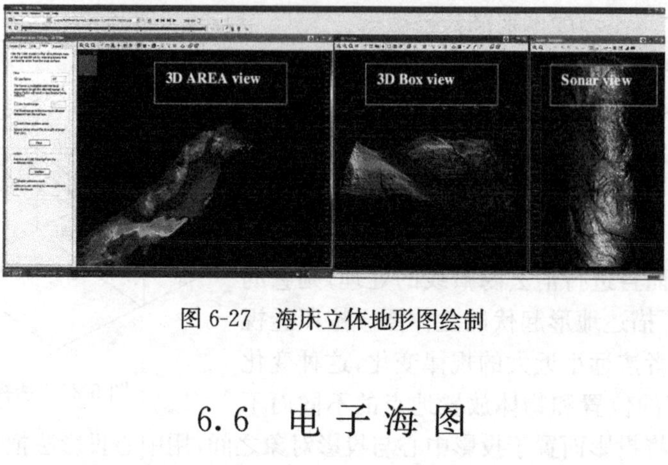

图 6-27　海床立体地形图绘制

6.6 电 子 海 图

自 20 世纪 80 年代开始，随着电子计算机技术和航海技术的发展，产生了以数字形式表示

的，描写海域地理信息和航海信息的电子海图以及各种电子海图应用系统。它们的出现，引起了海道测量领域和航海领域的一场技术革命，使海图的研究、生产和使用跨入了一个新纪元，使航海自动化迈上了一个新的台阶。经过多年的发展，电子海图技术不断成熟和完善。电子海图及其应用系统对于提高船舶航行安全、减轻船员工作量的作用也越来越明显。

6.6.1 电子海图基本概念

电子海图是一个总的概念名词，可分为两个部分。一部分是电子海图数据，另一部分是各种基于电子海图数据的应用系统。从广义角度上来讲，电子海图这个概念是对所有有关电子海图的生产或应用、软件或硬件的技术泛称，即包含了所有涉及电子海图数据、基于电子海图数据的应用系统的内容，从狭义角度上来讲，电子海图就是指电子海图数据。电子海图数据是指描写海域地理信息和航海信息的数字化产品，是数字海图的一种。数字海图的类型有矢量电子海图、栅格电子海图、影像图等。电子海图应用系统是指接收并显示电子海图数据，同时提供一定功能的软件或设备(包括软件和硬件)。电子海图应用系统的种类繁多，主要有电子海图显示及信息系统(Electronic Chart Display and Information System，ECDIS)和电子海图系统(Electronic Chart System，ECS)。

6.6.2 电子海图数据

电子海图数据是指描写海域地理信息和航海信息的数字化产品，是数字海图的一种。其内容以海域要素为主，详细表示海底地形(水深)、航行障碍物、助航标志、港口设施、潮流、海流等要素；陆地着重表示沿海的航行目标和主要地貌、地物。电子海图数据一般由各个国家权威的官方海道测量机构出版发行。这些机构还负责根据航行要素的变化情况及时对已出版的电子海图数据进行补充和改正，以保持电子海图数据的现势性。电子海图数据就是上文从狭义角度上来讲的电子海图，可分为栅格电子海图和矢量电子海图两大类，具体分类体系如图6-28所示。

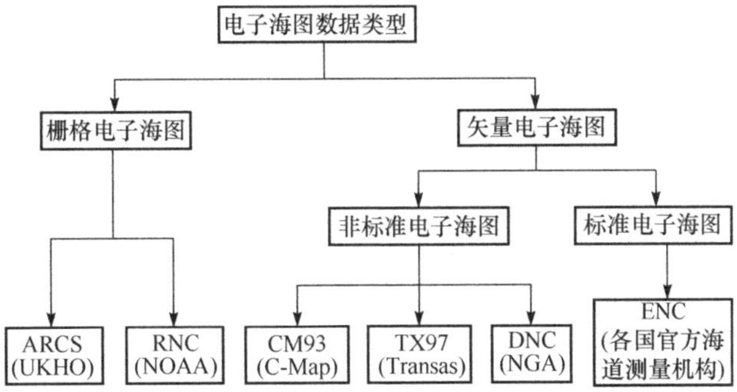

图6-28 电子海图分类体系图

1. 栅格电子海图

栅格电子海图是指以栅格形式(也就是通常所说的图像方式)表示的数字海图。国际标准的栅格电子海图被称为“Raster Navigational Chart(RNC)”，须符合IHO《栅格航海图产品规范》(S-61)的要求。栅格电子海图是纸质海图的翻版。通常由纸质海图数据直接生成栅格数据得到。因此具有制作工艺简单、成本低的优点。在栅格电子海图中,海域中的要素是通过一个个像素点的排列反映出来的,只有当其被显示出来时,使用者才能够通过眼睛识别出每个要素,而在数据文件中像素与像素之间并没有任何的关联。因此,在实际使用时,基于栅格电子海图的应用系统只是将海图显示在屏幕上,而不能实现一些智能化的功能。由于栅格电子海图天生所具有的缺陷,因此在当前电子海图数据领域并不具有主导地位,在电子海图应用时也只是起辅助作用。目前世界上主要的栅格电子海图产品有英国海道测量局(United Kingdom Hydrographic Office,UKHO)生产的 ARCS 和美国国家海洋及大气管理局(National Oceanic and Atmospheric Administration,NOAA)生产的 RNC。

2. 矢量电子海图

矢量电子海图是指以矢量形式(也就是通常所说的图形方式)表示的数字海图。在矢量电子海图中,通过点、线、面等几何图元的形式描述出海域中要素的位置信息,同时每个几何图元又具有一定的特征属性,以此来反映出海域的真实状况。矢量电子海图具有存储量小、显示速度快、精度高的优点。此外,由于矢量电子海图的特点,电子海图应用系统在使用矢量电子海图时,既可以人工查询到每个要素的属性,也可以由系统根据要素的属性自动实现某些智能化的功能。例如,当船舶靠近危险物时可以自动报警。正是由于矢量电子海图在航海智能化方面具有众多优点,因此在实际应用时,矢量电子海图占主导地位,也代表了当前和未来电子海图数据的发展方向。按照标准化程度的不同,矢量电子海图又可分为标准电子海图和非标准电子海图。

1) 标准电子海图

标准电子海图就是指符合 IHO 相关标准的电子海图。目前,国际海道测量组织(IHO)关于电子海图数据的标准是《电子海图显示及信息系统海图内容与显示规范》(S-52)和《数字海道测量数据传输标准》(S-57),我们把基于 S-57 标准的电子海图数据产品称为电子海图(Electronic Navigational Chart,ENC)。在 S-57 标准中规定,只有由各国官方海道测量机构制作并发行的符合 S-57 标准的电子海图才是 ENC,ENC 需采用专业技术和专业软件制作。由于 ENC 符合国际标准又是由各国官方海道测量机构制作,因此是标准化程度最高、最具有权威性的电子海图数据类型。它具有以下特点和优势。

(1) ENC 必须由各个国家官方海道测量机构制作并发布。IHO 为各国的 ENC 生产机构分配有全球唯一的机构代码。例如,中国的代码是"CN"。

(2) ENC 的特征物标编码、几何图形制作,有 S-57 标准作为依据,有效地保证了数据从生产者传递到使用者的过程中的正确性。

(3) ENC 具有标准的数据封装形式,保证了数据在不同操作系统的计算机之间传输的正确性。

(4) ENC 在显示时,有《电子海图显示及信息系统海图内容与显示规范》(S-52)标准作为其显示依据,保证了数据显示的一致性。由于 ENC 所具有的这些特点,保证了电子海图数据与电子海图应用系统之间的有效衔接,可以使电子海图数据与应用系统分离开来,也就是说任何一个国家制作的 ENC 都能够在任何一个电子海图应用系统中有效使用。因此,ENC 是当前电子海图数据领域中最主要的力量,也代表了电子海图数据当前和未来的发展方向。国际海道测量组织(IHO)S-52 电子海图标准数据如图 6-29 所示。

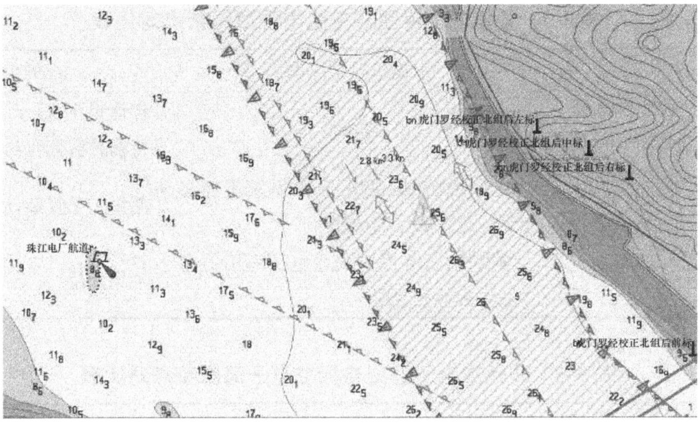

图 6-29 S-52 电子海图标准数据

2）非标准电子海图

非标准电子海图就是指不符合 IHO 相关标准的电子海图。由于标准电子海图必须由官方海道测量机构制作并发行。因此，世界上几个从事电子海图数据研究的知名公司各自开发了本公司的电子海图格式，这些电子海图就属于非标准电子海图。非标准电子海图主要有 C-Map 公司的 CM93 格式和 Transas 公司的 TX97 格式。这些非标准的电子海图也是采用专业技术和专业软件制作而成。由于其生产不受国家限制，因此，这两家公司的产品均覆盖全球海域。CM93 和 TX97 都属于专用数据格式，其格式没有对用户公开，为了便于电子海图应用系统的使用，两家公司均开发了显示电子海图数据的软件开发包供应用系统的开发商使用。因此，目前有一部分电子海图的应用系统支持 CM93 或 TX97 格式的电子海图。非标准电子海图由于不受国家限制，所以生产的非标准电子海图产品覆盖海域范围广，并且由于是同一家公司制作，在数据一致性方面也不存在问题。所以，在某些领域，非标准电子海图有一定的市场。但是，非标准电子海图也存在着明显的缺陷，主要有：①由于不是官方海道测量机构制作的，数据的权威性不能得到保证。②由于不直接从事测量作业，没有第一手资料，数据的现势性不能得到保证。③虽然也得到了一些应用系统的支持，但与标准电子海图相比，通用性较差。由于以上缺陷的存在，可能会对用户带来安全方面的隐患，这对于电子海图来说无疑是致命的。因此，非标准电子海图不能代表电子海图数据的发展方向，也是用户在使用时需引起注意的。

除以上两类由公司生产的非标准电子海图数据以外，还有一类就是由美国国家地理空间情报局生产的数字航海图（Digital Nautical Chart，DNC），也属于非标准电子海图。但 DNC 与 CM93、TX97 不同的是其生产部门 NGA 属于美国官方的海道测量机构，但美国的 ENC 主要由另一家海道测量机构——美国国家海洋及大气管理局生产，所以 NGA 负责生产其自行开发的 DNC 数据，产品也覆盖了全球海域，在北约军事舰艇等特定领域使用。DNC 不如 CM93、TX97 应用广泛，但由于美国在世界海道测量界具有重要的影响，因此 DNC 也得到了多个电子海图应用系统的支持。

3. 不同电子海图数据类型对比

前面介绍了不同类型电子海图的定义和特点，将栅格电子海图与矢量电子海图数据对比见表 6-5，标准电子海图与非标准电子海图数据对比见表 6-6。

表 6-5 栅格电子海图与矢量电子海图特点对比表

比较内容	栅格电子海图	矢量电子海图
优点	制作工艺简单,成本低	存储量小,显示速度快,精度高,能支持多种智能化功能
缺点	是纸质海图的翻版,应用系统不能实现一些智能化的功能	制作工艺复杂,成本高
作用和地位	辅助地位,在没有矢量电子海图的海域作为补充使用	主导地位

表 6-6 非标准电子海图与标准电子海图特点对比表

比较内容	非标准电子海图	标准电子海图
优点	覆盖海域范围广	权威性、现势性强;几乎所有电子海图应用系统均支持
缺点	权威性、现势性不强,通用性较差	世界各国发展不平衡,还没做到全球覆盖
作用和地位	目前在一些领域有一定市场,但不能代表电子海图的发展方向	代表电子海图当前和未来的发展方向

4. 电子海图数据库

电子海图数据库(Electronic Chart Database,ECDB)是电子海图应用系统的基础,它对电子海图应用系统功能和性能的影响是至关重要的。在设计 ECDB 时,首先要确定是基于矢量数据还是基于光栅数据。在基于矢量的系统中,数值组表示点的坐标以及确定这些点的意义的信息;在基于光栅的系统中,图形仅由包含在 VRAM 中的信息组成。

1) 电子海图数据库结构

标准的电子海图(ENC)是按规定的坐标系、要求的投影方式、标准的数据格式和通用的编码从 ENCDB 产生并存储在光盘等介质上的一个 ENCDB 的子集。ENC 通常以图幅单元来划分,每个图幅单元形成两类数据文件来表达海图上要素的信息:一类是空间数据,它表示事物或现象分布在什么位置;另一类是属性数据,它说明事物和现象是什么。

空间数据一般包括空间位置数据和拓扑数据两项:空间位置数据是指在某一坐标系下被标识的地理实体的坐标数据;地理实体根据空间分布的特点,分为点状、线状和面状三种类型,它们在电子海图上分别用点、线、面来表示。例如,海上灯标、陆上孤立建筑物等地理实体,在海图上以点状要素形式表示;铁路、海岸线等以线状要素形式表示;海上禁航区、陆上湖泊等,则以面状要素形式表示。特别要注意的是,ECDB 使用的比例尺直接影响着现实世界中一些地理实体在图上的表现形式。例如,港口城市在大比例尺图上是用面状来表示的,而在较小比例尺的图上,可能以点状来表示。

在不同的比例尺下,面状和点状可表示同一地理实体,故同一种地理实体可能出现的不同表现形式,应分别给出不同的类型编码。

属性数据是对图上要素的分类、分级、质量和数量待征做进一步描述的非图形信息,它可以是数字型、逻辑型或字符型的信息。从逻辑上看,属性数据与空间数据是紧密相连不可分割的。属性数据一般分为定性数据和定量数据两种：定性描述地理事物或现象类型（如岸线、干出滩、底质等）的数据，名称（如城市名、河流名、山川名等）数据等属于定性数据的范畴；定量描述地理事物或现象的数量、等级、度量等（如道路等级、道路、河流长度、通航区面积、水深、船的载重量等）都属于定量数据的范畴。

2) 数据文件结构及要素编码

一幅海图应由两个数据文件组成：一为海图要素的空间数据文件，其文件名后缀为 .DAT；另一为属性数据文件，其文件名后缀为 .ATR。为了便于对海图信息能按类型、层次、编码、属性进行检索，每幅海图要素的空间数据文件由下列三部分组成，即头区、索引区和数据区（图 6-30）。属性文件由四部分组成，即系统头区、属性定义区、索引区和数据区。由属性定义表定义属性结构，由要素的序号将地图要素的空间数据和属性数据联系起来。

海图空间数据文件的结构，如图 6-30 所示，由系统头区、索引区和数据区三部分组成，即这三部分的关系是很密切的。例如，要读取一幅海图内有关要素的步骤是先读取头区信息，再自序号中读取索引，判断是否是所要的要素，若是，则再按此序号找实体数据。也就是读取一个要素的步骤是先按序号找到索引，再按索引找到数据，如图 6-31 所示。

图 6-30　海图空间数据文件结构

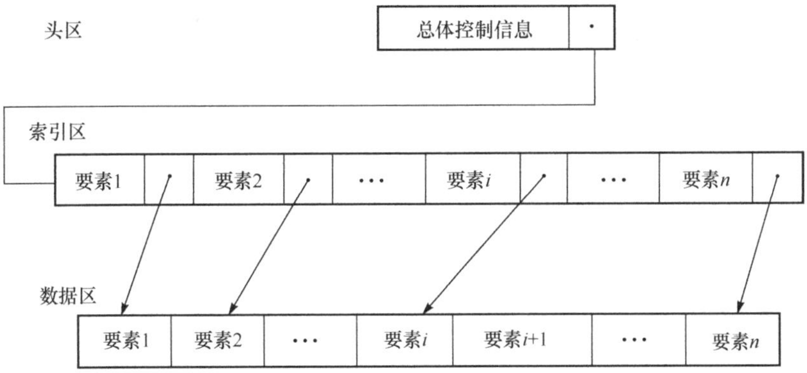

图 6-31　查找图形要素的步骤

下面以空间数据文件为例说明它的结构。

【头区】　每个空间数据文件的头部是系统头区，它是海图文件的总体控制信息，包含下列信息：图号、图名、投影方式、大地坐标系、索引区首地址、数据区首地址、数据区末地址、基准纬线或中央经线、属性标志等。

【索引区】　索引区为检索数据所用，由系统头区中索引区首地址开始。它指出了该幅海图所有要素的检索数据。每种要素可与一条或一条以上的索引相对应，而每种要素的索引条数由其数量所决定。例如，某幅海图有 30 个危险明礁（要素），每个危险明礁对应一条索引，则有 30 条索引。要素可以分成几大类，如二维点（x，y）、三维点（x，y，z）、二维续（x_1，y_1，x_2，y_2）、文本（汉字或 ASCII 码）、多边形、边界、节点等。每条索引基本上都含有要素在海图文件上按顺序存储的编号、要素按几何形态划分的种类、要素按重要性划分的层次、要素按地理信息所进行的编码等。因此，每条索引含有序号、类型、层次、编码、对应实体数据地址……其含义如下。

a. 序号：要素在海图文件中按顺序存储的编号，由 1 开始编排。

b. 类型：要素按几何形态划分的种类，如二维点、三维点、二维线、文本、多边形、边界、节点等。

c. 层次：要素按重要性划分的类别，如分在第一层的可以有海岸线、危险明礁、危险沉船、危险线、灯塔、浮标、助航物……分在第二层的可以有等深线、公路、海草……总之，要素该如何分层，可参照国际标准，也可按实际需要而定。从理论上说，海图是可以分成任意多层的，其实现方法也很简单。

d. 编码：要素按地理信息进行的编码，这种编码是以适应计算机和数据库技术的应用和数据管理为目标、符合海图使用为依据进行设计的，它既要反映要素的属性，又要反映要素间的相互关系。不同比例尺海图上的要素编码要统一，以便于数据的分析和交换。

e. 地址：对应实体数据地址，指出存放要素各种数据的地址。

【数据区】 空间数据文件中的数据区，其范围由头区中的数据区首地址开始到数据区末地址结束。每个要素所占用的数据区由索引文件中对应实体数据地址指出，并由索引文件中有关项指出要素的大小。数据区存放要素的几何信息、拓扑信息和文本字符串。但有些类型的要素，如二维点、三维点、节点在数据区中不存放点的坐标，因为在索引区中已指出了它的坐标值。

要素的分类和编码是建立数据库的基础。电子海图的要素编码是仅编码至要素分类，而将属性另建一数据库以备查询时使用。具体方法是：先分门别类将要素分成几大类，如测量控制点类、自然地理要素类、人工地物类、陆地方位物类、岸线和港口类、水深和等深线及干出滩类、助航设备类、碍航物类、航道类、水文类、磁要素类等，每一类给予固定的数字，每一类内按照不同性质或不同用途再进行细分。例如，助航设备类又可分为灯塔灯桩类、灯浮标和浮标类、大型浮标类、方位标类、立标类、雷达与无线电类、系泊装置类、雾号类等，每一小类也给予一个固定位的数字，在每一小类下，具体的海图要素由于几何特征不同，可能表现为点、线、面，则可按顺序规定点状、线状、面状要素的范围，这规定的范围称为识别码，用这种方法编码的结构大致为具体的编码表可查阅《电子海图技术规范》标准。

3) ENC 的单元结构

为了便于 ENC 及其改正数据的处理，必须将每一种比例尺级别的海图所覆盖的地理区域划分成单元(Cell)。每一个单元数据在交换介质上都必须包含在物理上独立，并且有唯一标示的文件中。此文件称为数据集文件 单元所包含的地理区域范围由 ENC 的制作者确定，但需要保证数据集文件的大不要超过 IHO 5-57 规定的单元划分原则(如 5MB)。

ENC 单元文件名的命名规则如下：

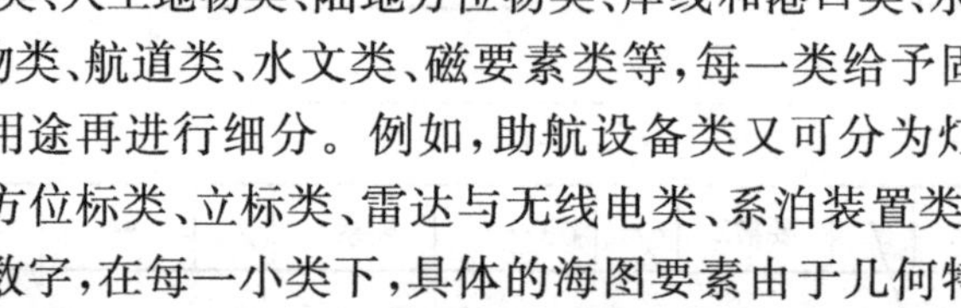

6.6.3 电子海图应用系统

电子海图应用系统是指接收并显示标准的电子海图，同时提供航海、港航智能化管理等一定功能的硬件和软件集成系统，国际海道测量组织颁布了规范标准的电子海图应用系统(Electronic Chart Display and Information System，ECDIS)。

电子海图应用系统的种类繁多。例如,电子海图显示及信息系统、船舶交通管理系统(Vessel Traffic System,VTS)。所有的电子海图应用系统都以电子海图数据为基础,有一些应用系统还可接收其他航海设备(如 GPS、AIS、雷达等)的信息。电子海图数据和各种电子海图应用系统一起为航海人员提供一个航海信息平台,让使用者能够非常直观、方便地了解到所处海域的各种信息,从而有效地利用这些信息保障船舶航行安全或者实现海事管理功能。电子海图应用系统由于自动化水平高,因而引起了一场航海界和测绘界的技术革命。

电子海图作为智能化航海的信息基础,为了保证航行于世界各国的船舶使用统一格式的电子海图,IHO、IMO 和 IEC 等国际组织制定了一系列电子海图相关技术标准,从而有效保证了电子海图数据以及电子海图显示和应用方面的一致性。正是这种一致性使得电子海图数据和电子海图应用系统可以分离,即可由不同的机构生产制作。随着信息化的发展,电子海图的这种一致性也惠及到其他应用领域,众多港航方面的管理系统也均采用这种模式,使用标准的电子海图数据作为基础。因此,当前电子海图应用系统已不仅仅是那些应用于航海的设备,也包括各类海事管理、海洋渔业作业、海洋环境保护等应用系统。如图 6-32 所示为电子海图应用系统航海应用模型。

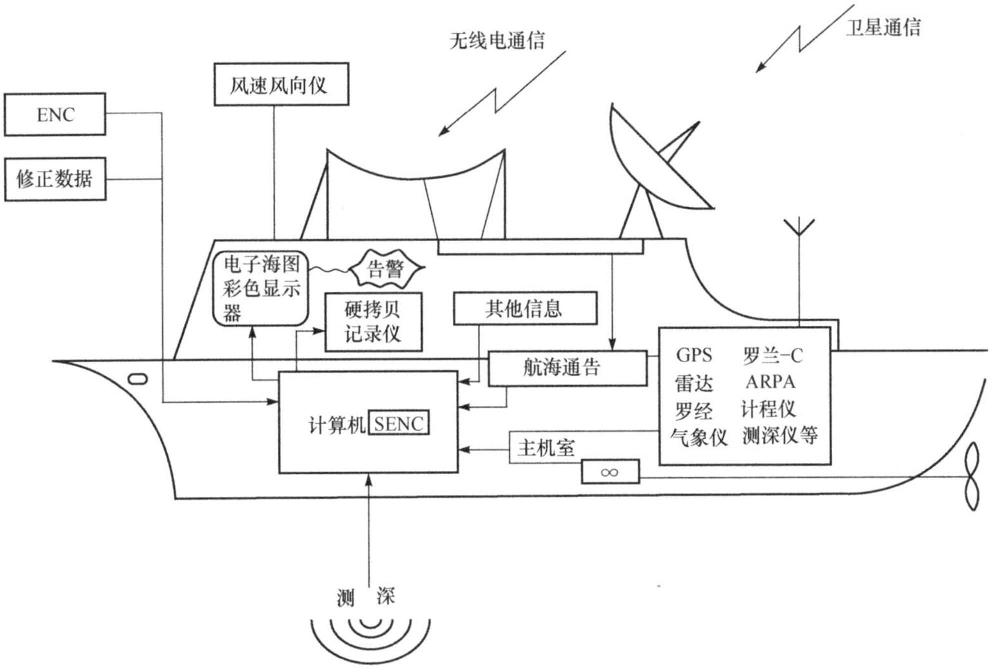

图 6-32 电子海图应用系统航海应用模型

1. 主要功能和特点

由上可知电子海图是以数字形式表示的、描写海域地理信息和航海信息的海图,它可存储于光盘、电子盘、磁盘等媒介中。但这种图无法直接使用,需要通过计算机把媒介中存储的数据读进去,通过软件进行处理,然后由彩色显示器把海图完整地显示出来,这就是电子海图应用系统的雏形。电子海图应用系统最初是作为综合导航系统的显示终端出现的,它的功能比较简单,除了显示海图外,还可画上航线等。随高科技发展,电子海图应用系统是在计算机控制下，把海图信息、船位信息、雷达信息、船舶动态参数集中处理，以图文和视听综合表现航海情况的船用自动化系统。它由海图数据库、控制处理显示设备及接口、外部传感器和专用软件组成。其基本功能是为航海人员显示海区情况、提供航海资料、辅助航海人员拟定计划航线、标结实时航迹、监测航行情况，它在海图显示上等效于纸质海图。简单地说，它是由电子海图显示装置和系统电子航海图两大部分组成的。电子海图应用系统有如下主要功能：

【定位】 接收 GNSS 或 DGPS 数据，结合其他传感器数据进行滤波处理，得出最佳船位。

【海图作业】 可完成在纸质海图上的全部作业，如拟定计划航线、标绘航迹、图上量算、导航计算等，并能对图上要素定时进行检查以防触礁和搁浅。

【航路监测】 检查当前位置与预定位置的匹配情况，给出修正方案，使船舶按预定航线航行。

【综合显示】 显示内容有海图、航迹、雷达目标以及各种导航数据、避碰最佳方案、各种汉字提示等。显示方式可分多层、多窗口、多比例尺等。

【雷达信息叠加处理】 实时接收雷达的二次信息，并与海图信息叠加后显示，起到避碰和定位作用。

【传感器处理】 可处理定位仪、测深仪、气象仪、罗经、计程仪等多种航海设备的信息以及风、流、潮汐等资料。

【记录和回放】 能记录保存所有的导航信息和船舶处理参数以及有关海图显示、航迹、人-机对话的信息。一旦发生事故，可将这些数据置现在屏幕上，以供有关人员分析。

【告警】 当船舶航行偏离计划航线、驶入有特殊情况的海域、发现危险目标以及系统发生故障时，能够以语言、图形、文字等形式告警。

【海图修改】 根据航海通告或无线电联网数据，更新电子海图数据，而不破坏原始数据。ENC 的基础数据和更新数据通过应用系统提供的标准电子海图数据的导入和更新功能，导入到应用系统中，与用户添加的其他数据结合后形成适合应用系统使用的系统电子海图。

电子海图应用系统的出现和发展是航海科技发展的一个里程碑，它不仅功能强，而且具有许多使用纸质海图无法比拟的特点。

(1) 自动化程度高。它可与组合导航系统、避碰系统、通信系统相结合，形成一个新型的综合系统，其功能远远超过纸质海图所具有的功能，如计划航线的制定、航路监视、自动完成海图作业、自动记录数据等，极大地提高了自动化程度。

(2) 改善和保障航海的安全性。它不仅能精确地显示船位，也能显示计划航线和实时航迹以及周围环境的水文地理特征，并可按预定航线搜索潜在的危险因素，特别是能把雷达信息叠加到海图上，从而使航海人员能迅速判断并做出避免碰撞的决策。如果配上航海专家系统，不仅能减轻航海人员的负担，还能使航海的安全导航和精确导航有可靠的技术保障。

(3) 极大地减轻航海人员的压力和工作负担。由于能自动完成海图标绘和航海作业等功能，航海人员只需把注意力放在避碰和对自动告警的处理上，因而极大地减少了由于人为错误判断而造成的事故损失。

(4) 大大扩展海图显示的范围。它不仅能显示纸质海图的全部信息，也可以显示航行告警提示、人机对话内容，还可以显示海图的附加资料、航海手册、航路指南等信息。

(5) 可任意选择海图显示的区域。用户可以任意选择显示的海区，而且可以任意移动和漫游，可以放大和缩小等。

(6) 可以选择海图显示的内容。电子海图可分层、分级显示，用户可选择显示的层次，也可决定是否要与雷达信息叠加。

(7) 提高海图显示的识别性。它可通过彩色的动态图形，提高显示的识别性，利用闪烁等显示特性，提高目标显示的识别性。

(8) 海图容易修改。它可以通过计算机编制的程序来进行修改，简单易行。

如图 6-33 为洋山深水港区电子海图昼夜变化的标准配色模式。

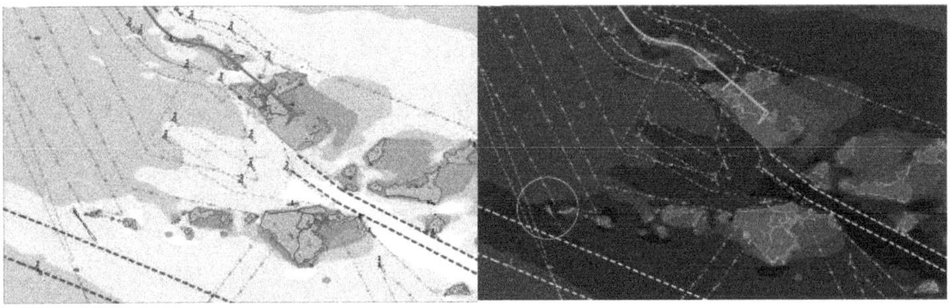

(a) 白昼白底　　(b) 夜晚滤光

图 6-33　电子海图昼夜变化的标准配色模式

2. 硬件的基本框架结构

目前，世界上航行的船舶多种多样。因此，电子海图应用系统的单一模式就满足不了多方面的需求，因而要求电子海图应用系统的软、硬件结构必须是模块化的，用户可根据需要选择合适的模块。按国际海事组织 IMO 的要求，系统硬件的基本框架应有下列四部分。

(1) 中央处理装置。主要是指计算机工作站主机及有关的高性能处理器，它是系统的核心。在电子海图应用系统中，它要执行多个任务。例如，组合导航任务；海图显示与海图作业任务；航行监视任务；航海咨询任务；航海记录与回放任务；航海数据的接收与发送任务等。

(2) 高分辨率显示器及图形加速卡。显示器主要用于显示海图、显示航行要素及有关的图形和数据，要求高分辨率彩色显示器。根据需要，可以单屏显示或多屏显示。图形加速卡可发挥其强大的图形处理功能，提高和加速图形处理和显示的能力。由于图形加速卡上有微处理器，故可与主机并行工作。

(3) ENC 载体。它是存储在光盘等媒介上的 ENCDB 的子集，由权威的海道测量部门制作和发行，供用户使用。ENC 用户可采用适当的方法，依据发布的航海通告更新某些数据。

(4) 中央处理装置与导航设备的接口。中央处理装置与导航设备和雷达的连接都需要通过特定的接口，它是系统对外联系的通道。它要采集导航设备，如 GNSS、DGPS、平台罗经、计程仪、测深仪、气象仪以及雷达的信息，并要进行预处理，还要发送各种信息到相关的模块部件上去。

一个典型的电子海图应用系统的硬件构成框图如图 6-34 所示。

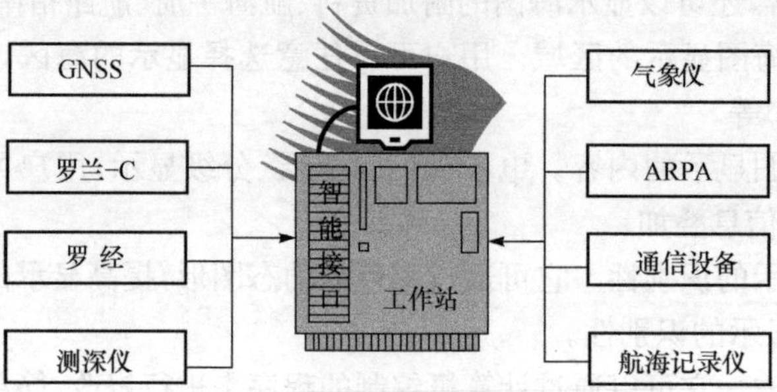

图 6-34 电子海图应用系统硬件构成框图

3. 软件的框架结构

电子海图应用系统是由多学科新技术综合集成在多个模块的信息系统，电子海图应用系统软件是核心。要求软件设计时，必须遵循下列三项基本原则。

(1) 采用层次化、模块化的结构。

(2) 中断服务程序要尽量简短。

(3) 操作使用要简单、方便、可靠。

电子海图应用系统由于装备的船舶不同，可以有多种组合方式和服务对象。软件模块基本框架结构如图 6-35 所示。

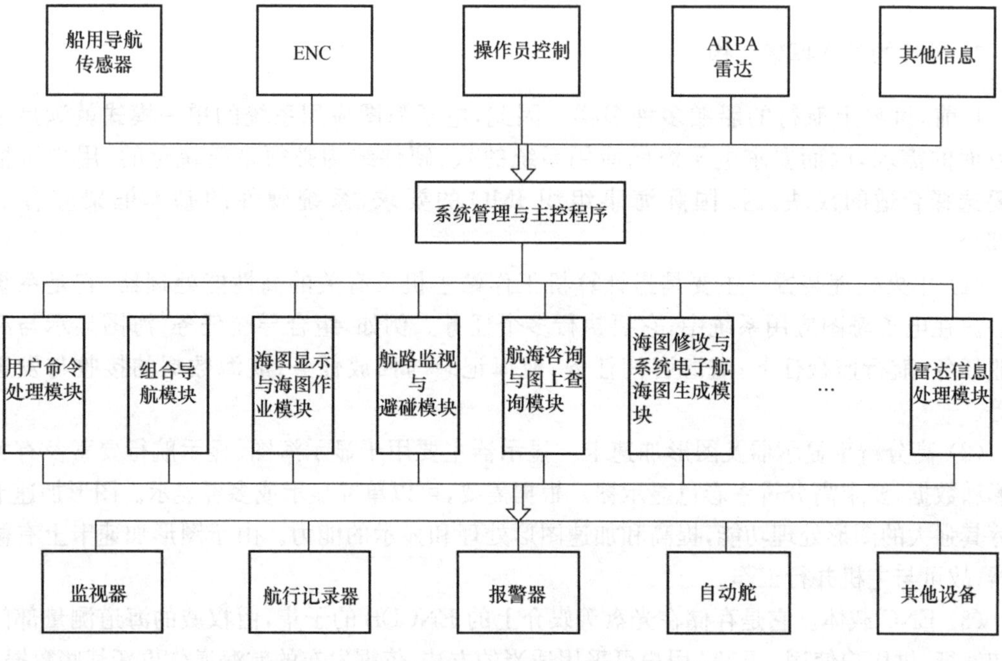

图 6-35 ECDIS 软件模块基本框架结构图

4. 系统算法模型

1) 航向和航程计算

设航向 C 和航程 S，根据起始点(φ_1,λ_1)和到达点(φ_2,λ_2)位置，则：

$$\left.\begin{aligned}&\mathrm{tg}C=\frac{(\lambda_2-\lambda_1)\cos\frac{\varphi_1+\varphi_2}{2}}{\varphi_2-\varphi_1}\\&S=(\varphi_2-\varphi_1)\sec C(0^\circ\sim 90^\circ)\text{或}\\&\quad(\lambda_2-\lambda_1)\cos\frac{\varphi_1+\varphi_2}{2}\csc C(90^\circ\sim 270^\circ)\end{aligned}\right\}\tag{6-20}$$

2) 风中航行的修正

$$H=J_f-f\tag{6-21}$$

式中，H 为修正后的真航向；J_f 为风中航迹向；f 为压差角。

其中，压差角 f 为

$$f=k\left(\frac{\omega}{v_E}\right)^{1.4}(\sin x+0.15\sin 2x)\tag{6-22}$$

式中，v_E 为主机航速(km)；ω 为视风风速(m/s)；x 为视风舷角；k 为风压差系数，根据船舶大小而异，对某一艘船舶，k 是常数。

风压差角及风中航行的修正如图 6-36 所示。

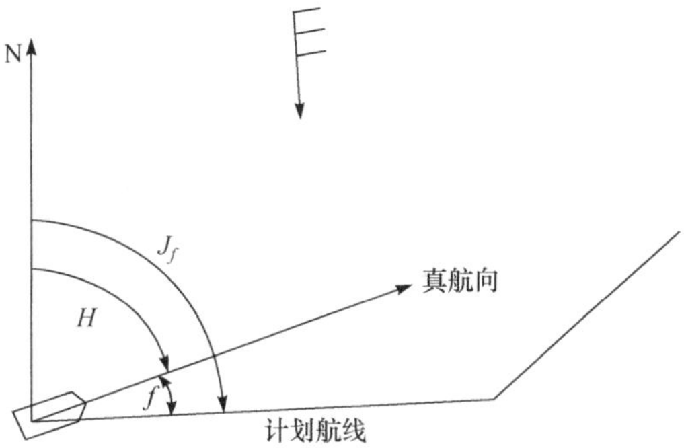

图 6-36 风压差角及风中航行的修正

航迹向 J_f 为

航迹向＝真航向＋流压差角 l[水流来自左航为(＋)/水流来自右舷为(－)]

流压差角 l 为

$$\left.\begin{aligned}&\tan l=\frac{m\sin q}{1+m\cos q}\\&\sin l=m\sin p\\&k=(1+2m\cos q+m^2)^{\frac{1}{2}}\end{aligned}\right\}\tag{6-23}$$

式中，l 为流压差角；m 为流速(v)与计程仪所示速度(v_j)之比；q 为真航向(H_Z)与流向的夹角；p 为航迹向(J_f)与流向的夹角；k 为实际航速(V_m)与计程仪所示速度(v_j)的比。

流压角的示意图如图 6-37 所示。

3) 碰撞危险度计算

$$U=\alpha\cdot U_{AD}(\mathrm{DCPA})+\beta\cdot U_{AT}(\mathrm{TCPA})\tag{6-24}$$

式中，U 为碰撞危险度；U_{AD} 为与两船距离相关的碰撞危险度；U_{AT} 为与两船会通时间相关的碰

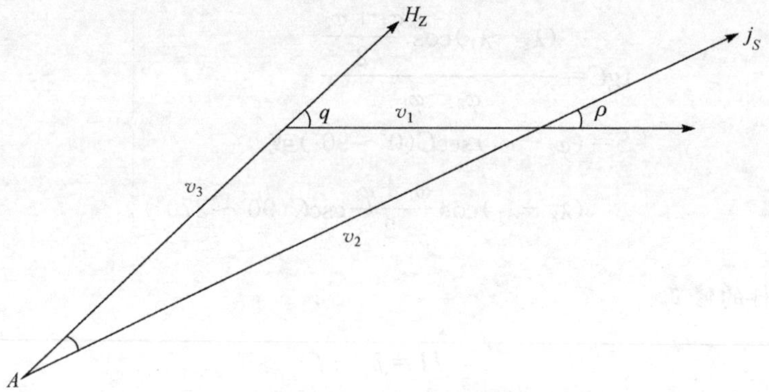

图 6-37 流压角示意图

撞危险度。

α,β 为两个加权系数。$\alpha>\beta$，且 $\alpha+\beta=1$：

$$U_{AD}(\text{DCPA})=\begin{cases}1 & \text{DCPA}\leqslant D_1\\ \dfrac{1}{2}-\dfrac{1}{2}\sin\left[\dfrac{x}{D_2-D_1}\text{DCPA}-\dfrac{D_2-D_1}{2}\right] & D_1<\text{DCPA}<D_2\\ 0 & \text{DCPA}\geqslant D_2\end{cases}\tag{6-25}$$

$$U_{AT}(\text{TCPA})=\begin{cases}1 & \text{TCPA}\leqslant t_1\\ \dfrac{t_2-\text{TCAP}}{t_2-t_1} & t_1<\text{TCPA}<t_2\\ 0 & \text{TCPA}\geqslant t_2\end{cases}\tag{6-26}$$

式中，D_1 为两船安全驶过的最小距离；D_2 为安全会遇范围（$D_2=K\cdot D_1, K>1$）；$\text{DCPA}=D\sin Q_{X_W}$ 为当两船会通时，两船间的最近距离；$\text{TCPA}=D\dfrac{\cos Q_{X_W}}{v_{X_W}}$ 为当两船会遇开始时，他船到达会遇最近点的时间，$Q_{X_W}=F-C_{X_W}$ 为相对舷角（C_{X_W} 为相对航向，F 为目标方位角）。

4）距离和长度的计算

（1）大比例尺海图。在大比例尺海图上，若已知两点坐标 $A(x_1, y_1)$，$B(x_2, y_2)$，则其长度可按距离公式计算

$$S=\sqrt{(x_2-x_1)^2+(y_2-y_1)^2}\tag{6-27}$$

（2）小比例尺海图。若已知两点的经纬度 $A(\varphi_1,\lambda_1)$ 和 $B(\varphi_2,\lambda_2)$，则其长度可按球面航程公式计算

$$\cos D=\sin\varphi_1\sin\varphi_2+\cos\varphi_1\cos\varphi_2\cos\Delta\lambda\tag{6-28}$$

式中，D 为航程（rad）； $\Delta\lambda=\lambda_2-\lambda_1$。

按椭球计算，大地距离精确公式为

$$S=aD+\frac{a\alpha}{4}\left[\frac{(3\sin D-D)(\sin\varphi_1+\sin\varphi_2)^2}{1+\cos D}-\frac{(3\sin D+D)(\sin\varphi_1-\sin\varphi_2)^2}{1-\cos D}\right]\tag{6-29}$$

式中，S 为大地距离（m）；a 为地球长半径（m）；α 为地球扁率；D 为以弧度为单位按式（5-8）计算的球面距离；φ_1、φ_2 为始、末两点的纬度；λ_1、λ_2 为始、末两点的经差。

5. 电子海图应用系统典型应用

随着信息化的发展，电子海图及其应用系统的应用领域几乎涉及所有以海洋甚至是内河

活动空间的各种行业，包括：智能航海、海事与港航管理、海洋渔业作业、海上工程建设、海洋军事、海洋环境调查与保护等。

1) 海事及港航管理

在海事管理业务中的海事巡逻、通航管理、搜救指挥、VTS 管理、重要水道的电视监控、水上/水下施工管理、航标管理、危管防污等业务工作中，都需要以海图和其他的相关信息为基础，以显示和查阅各管理点的空间信息、背景信息和动态信息。

海事地理信息系统(maritime GIS，MGIS)是电子海图应用系统在海事管理中的具体应用系统之一。它以所有通航水域及其相关区域范围内的自然、人文信息为对象，将海图要素、船舶、船员、助航设施等海事管理相关的信息关联到空间坐标，对这些信息的空间分布、空间移动的规律进行分析，以辅助海事管理的日常事务处理和综合决策。海事地理信息系统体系结构如图 6-38 所示。

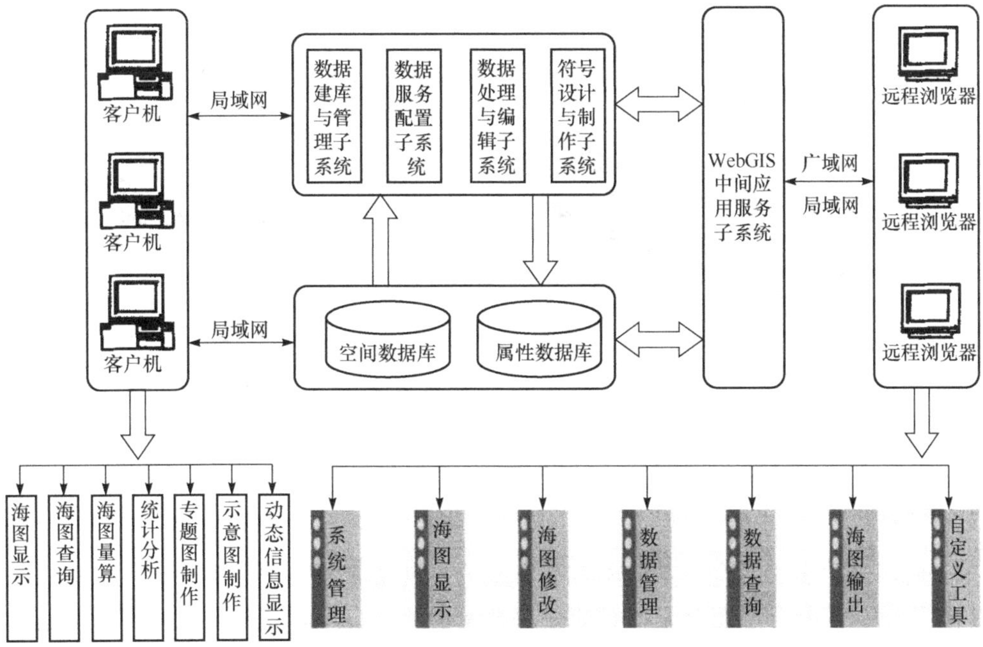

图 6-38　海事地理信息系统体系结构

MGIS 以通用 GIS 为基础平台，具有完整的 GIS 基本功能，为海图显示设计符合《中国海图图式》的海图符号，保持海图的视觉效果，为海事管理综合应用设计专用模块。采用分布式数据库结构，将航标、测绘、海事管理等不同专业的数据资源整合到统一的空间数据库，在建立统一管理规则的基础上，通过数据库管理系统，形成由不同电子海图数据和相关子库组成的完整数据库。系统中的海图数据库包括三种类型的数据：一是全国海区的示意图；二是每个海区的港口示意图；三是多种比例尺的海图数据。海图数据包括元数据信息、图幅信息以及各种尺度的图形数据和相应的属性数据。在海图数据入库时相关的元数据和图幅信息由系统提供相应的界面进行输入和修改。海图数据包括与比例尺相关和与比例尺无关的两种数据，这两种数据在入库和数据存储上是不同的。与比例尺有关的数据需要随图幅入库；与比例尺无关的数据(包括航标、港口边线、航道线、锚地界线等)和图幅没有关系，可在数据库中建立相应单独的表,所有的数据可直接放入表中。为海事领域的信息化构建了一个公共平台,各海事部门可在其基础上针对自己不同的应用需求,高效、迅速地开发出相关应用系统,以拓展功能;将以港口为单位,进行数字港口基础空间信息框架建设,建立港口基础空间数据库、海事管理方面的搜救专题数据库和其他所需要的数据库;以先进的空间分析技术扩展一期功能,完成在宽带网络环境下以三维 GIS 丰富的表现形式进行直观的虚拟环境分析与表现等。

船舶交通管理(服务)系统(Vessel Traffic Services,VTS),是集雷达、通信、导航、计算机数据处理和电子海图显示于一体的高技术系统,如图 6-39 所示。它具有信息服务、助航、船舶交通组织、联合行动支援等功能。它对于保障港口航行船舶的安全,维护航道船舶航行秩序,降低船舶事故发生概率具有重要意义和作用。系统除电子海图显示功能外,主要还具有监控和指挥功能。通过雷达扫描得到港口、航道中船舶的动态,并标示在电子海图上,供管理人员进行船舶交通管理,以保障港口和航道内船舶的航行安全和航道的通畅。

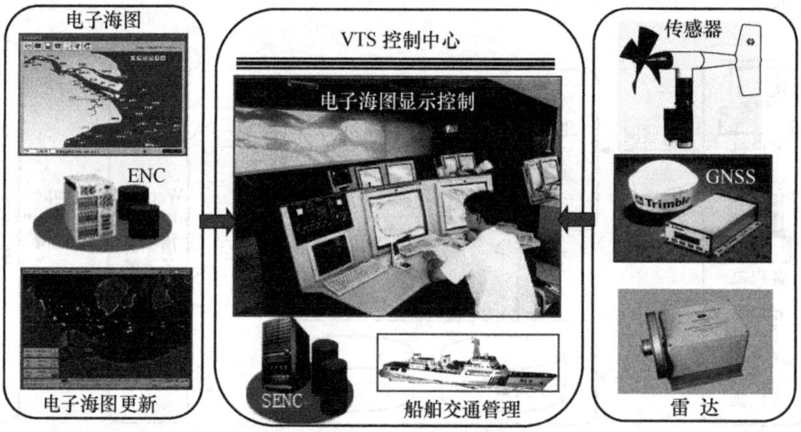

图 6-39 船舶交通管理(服务)系统

2) 智能航海

电子海图最主要的用途是智能航海,使航海自动化迈上了一个新的台阶。电子海图信息与雷达数字信息的融合可充分发挥智能航海技术优势。自动雷达标绘仪(ARPA)是接有雷达、罗经、计程仪的计算机装置。雷达提供跟踪目标的同步信号,罗经和计程仪提供本船的航向和速度,计算机解算,确定目标的实时方位、距离,并自动跟踪目标,完成导航和避碰等功能。在装备 ARPA 的船舶上,电子海图应用系统可通过智能接口板直接利用 ARPA 的数字信息。ARPA 信息与图形加速卡上 VRAM 的海图信息同时送到 D/A 转换器上,处理后即叠加在一起显示。电子海图信息与雷达信息融合,使 ARPA 具有下列特性。

(1) 具有船舶绝对运动和相对运动显示模式,正北向上和航向向上显示方式。

(2) 自动捕捉、跟踪物标。具有物标矢量尾迹,以确定物标位置及航向,迅速判断物标。

(3) 自动计算显示小于 CPA 或 DCPA(到达最近点距离)/TCPA(到达最近点时间)的目标,自动显示潜在碰撞点。

(4) 数字化显示 DCPA/TCPA、航向/航程距离/方位、自船矢量/时间、自船速度/航向、指定物标超过船首距离/超过船首时间等。

(5) 可进行航行模拟操作,以判断自船在相应环境及物标条件下的最佳航向和速度。

(6) 消除自动漂移,计算自船风流压向和风流压速及真航向和真速度。

(7) 船舶自检预警,并告知故障部位。

目前,解决电子海图和雷达图像叠加的最佳硬件方案是采用高速的图形加速卡和视频转换卡。图形加速卡和雷达视频转换卡可直接插在计算机的总线上,既可在主机控制下工作,也可脱离主机自主地工作,它的基本结构如图6-40所示。

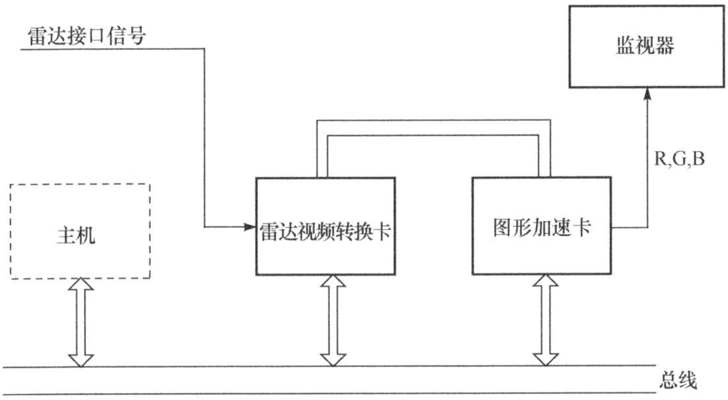

图6-40 电子海图与雷达图像叠加显示硬件结构

支持智能航海的电子海图查询如图6-41所示。

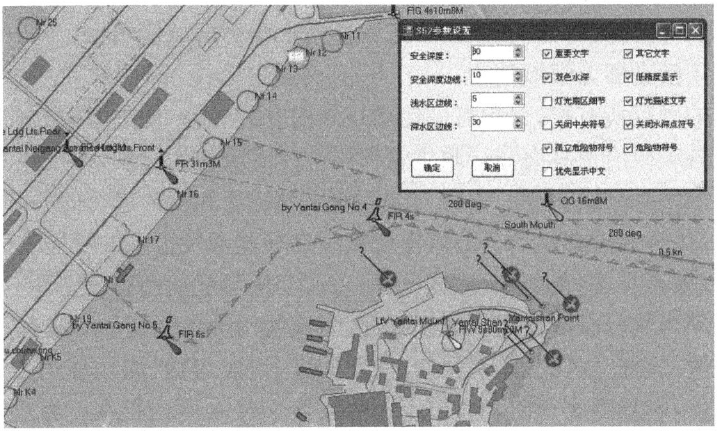

图6-41 智能航海电子海图查询参数设置

思考题和习题

1. 海图具有哪些功能?是如何分类的?

2. 海图一般采用墨卡托投影,请问墨卡托投影有什么特点?

3. 简述航行图的分幅和编号方法?若某地位于东经121°30′、北纬30°10′,试求该点所在1∶50万海底地形图的编号?

4. 等深线是如何定义的?等深线具有哪些特点?

5. 根据等深线能确定海底点的黄海高程吗?请说明理由。

6. 电子海图按照数据是如何分类的?其应用主要表现在哪些方面?

第7章 海籍调查与测量

7.1 概　　述

依据《联合国海洋法公约》，沿海国对主权管辖下陆地领土及其内水以外邻接的一带海域行使主权。《中华人民共和国海域使用管理法》规定，海域是指中华人民共和国内水、领海的水面、水体、海床和底土。内水是指中华人民共和国领海基线向大陆一侧至海岸线的海域。具体来说，海域是一个客观存在的立体空间，包含两层含义：①在垂直方向上，它不仅仅指水面，还包括水面以下的水体、海床和底土；②在水平方向上，海域包括我国的内水和领海，海域所有权属国家，具有明确的法律界限范围。

"海域使用"是一个特定含义的法律概念，是指在中华人民共和国内水、领海持续使用特定海域三个月以上的排他性用海活动。这一定义概括了海域使用的四个特征：一是使用的海域是特定的，利用海域的任何一个部分，如水面、水体、海床、底土，都构成海域使用。二是固定使用海域，而非游动性使用，如航行等就不属于海域使用；三是持续使用海域，且时间在三个月以上；四是使用主体具有排他性，即某一特定范围内的海域，只能给某一海域使用人使用。换言之，某一特定范围内的海域，只能授予某一海域使用人享有海域使用权。同时具有上述四项特征的海洋开发利用活动即为海域使用。

为维护海域的国家所有权，保护海域使用权人的合法权益，促进海域的合理开发和可持续利用。国家通过各级政府及其海洋行政主管部门开展海域使用管理，即按照依法、统一、全面、科学的原则和要求，对海域的分配、占有、开发、使用等过程和行为进行的一系列决策、组织、协调、控制和监督等综合性措施活动。海域使用管理是项技术性很强的管理工作，包括开展海域使用论证、海域权属调查、海籍测量、海域分等定级、信息系统和动态监测等工作。

海籍是指国家为实行海域使用权登记制度、海域使用统计制度和海域有偿使用制度，记载各项日用海的位置、界址、权属、面积、用途、使用期限、海域等级、海域使用金征收标准等基本情况的簿册和图件，它是国家行使"物权"管理的法律文件和历史档案。海籍管理是使海域使用管理的主要工作。海籍调查则是海域使用管理的基础工作，通过调查与勘测工作获取并描述宗海的位置、界址、形状、权属、面积、用途和用海方式等有关信息，建立海籍数据库。海籍调查提供的相关确权数据和图件便具有法律效力。作为《海域使用权证》颁发基础资料，为维护海域国家所有权和海域使用权不受侵占提供法律依据。另外，海籍调查成果还将为海域使用论证、协调用海关系、实施海洋功能区划、制定海域规划和建立海域管理信息系统提供基础资料。

根据《中华人民共和国海域使用管理法》有关规定，维护国家海域所有权和海域使用权人的合法权益，国家海洋局制定的《海域使用权登记办法》(国海发[2006]28号)中明确规定海域使用权登记必须提供宗海界址图等海籍调查资料。为了贯彻实施国家海域使用管理法律法规，2002年国家海洋局制定了《海籍调查规程》(国海管字[2002]222号)。2008年国家海洋局加强海域使用管理，进一步完善海籍管理制度，编制了《海域使用分类体系》和《海籍调查规范》(以下简称《规范》)。《规范》规定了海籍调查的基本内容与要求，适用于我国内海和领海范围内的海籍调查作业。

海籍调查主要技术术语见表 7-1。

表 7-1　海籍调查主要技术术语

术语	定义
宗海	指被权属界址线所封闭的同类型用海单元
宗海内部单元	指宗海内部按用海方式划分的海域
界址点	指用于界定宗海及其内部单元范围和界线的拐点
界址线	指由界址点连接而成的线
标志点	指具有明显标志并可通过对其坐标的测量推算界址点坐标的点
标志线	指由标志点连接而成的线
海域使用分类	指按照一定的原则，划分海域使用类型并界定其用海方式
用海方式	指根据海域使用特征及对海域自然属性的影响程度划分的海域使用方式
有效岸线	指通过填海造地活动形成的能被认定为海岸线的海陆分界线
填海造地	指筑堤围割海域填成土地，并形成有效岸线的用海方式
非透水构筑物用海	指采用非透水方式构筑不形成围填海事实或有效岸线的码头、突堤、引堤、防波堤、路基等构筑物的用海方式
透水构筑物用海	指采用透水方式构筑码头、海面栈桥、高脚屋、人工鱼礁等构筑物的用海方式
围海	指通过筑堤或其他手段，以全部或部分闭合形式围割海域进行海洋开发活动的用海方式
开放式用海	指不进行填海造地、围海或设置构筑物，直接利用海域进行开发活动的用海方式

海籍调查分初始海籍调查和变更海籍调查。初始海籍调查在海域使用申请批准前进行，变更海籍调查在海域使用权变更申请批准前进行。海籍调查的基本单元是宗海。同一权属项目用海中的填海造地用海应独立分宗。海籍调查的内容包括权属核查、宗海界址界定、海籍测量、面积量算，以及宗海图和海籍图绘制等。海籍调查的成果包括海籍测量数据、海籍调查报告(含宗海图)和海籍图。

海籍测量(或海域使用测量)的基本内容包括使用海域界址点测量、海域使用核查测量、面积量算、海域使用现状图绘制等基本内容，在改变海岸原有形态的项目中还应修测海岸线。目前海籍测量遵行相关技术文件有《中国海图图式》(GB12319—1998)，国家海洋局制定的《海域使用测量管理办法》、《海域使用面积测量规范》、《海域使用测量资质等级标准》等部门规章。

7.2　海域使用分类

海域使用分类以海域用途为主要依据。根据海域用途的差异，国家海洋局编制了海域使用的分类体系，海域使用分为 9 个一级类，25 个二级类。2008 年 7 月 1 日起执行新的《海域使用分类体系》(国海管字[2008]273 号)，该体系规定了海域使用的分类原则、类型和用海方式。适用于海域使用权取得、登记、发证、海域使用金征缴、海域使用执法监察以及海籍调查、统计分析、海域使用论证、海域评估、海域管理信息系统建设等工作对海域使用类型和用海方式的界定。

7.2.1 分类原则

(1) 依据海域用途。以海域用途为主要分类依据，遵循对海域使用类型的一般认识，并与海洋功能区划、海洋及相关产业等的分类相协调。

(2) 考虑海域使用分类管理需要。体现海域使用管理法律法规在海域使用审批、海域使用期限确定、海域使用金征缴和减免等方面对海域使用的分类管理要求，明确界定法律法规提及的海域使用类型和用海方式。

(3) 区分用海方式。区分海域使用的具体用海方式，反映用海活动特征及其对海域自然属性的影响程度，体现海域使用管理工作特点。

(4) 保持项目用海完整性。在海域使用类型划分上保持项目用海的完整性，反映其总体特征，方便海域使用行政管理及相关工作。

7.2.2 海域使用类型及编码

海域使用类型采用两级分类体系，共分为 9 个一级类和 30 个二级类。采用阿拉伯数字编码，第一位数字表示一级类，第二位数字表示二级类。海域使用类型名称和编码见表 7-2。

表 7-2 海域使用类型名称和编码

一级类		二级类	
编码	名称	编码	名称
1	渔业用海	11	渔业基础设施用海
		12	围海养殖用海
		13	开放式养殖用海
		14	人工鱼礁用海
2	工业用海	21	盐业用海
		22	固体矿产开采用海
		23	油气开采用海
		24	船舶工业用海
		25	电力工业用海
		26	海水综合利用用海
		27	其他工业用海
3	交通运输用海	31	港口用海
		32	航道用海
		33	锚地用海
		34	路桥用海
4	旅游娱乐用海	41	旅游基础设施用海
		42	浴场用海
		43	游乐场用海
5	海底工程用海	51	电缆管道用海
		52	海底隧道用海
		53	海底场馆用海

续表

一级类		二级类	
编码	名称	编码	名称
6	排污倾倒用海	61	污水达标排放用海
		62	倾倒区用海
7	造地工程用海	71	城镇建设填海造地用海
		72	农业填海造地用海
		73	废弃物处置填海造地用海
8	特殊用海	81	科研教学用海
		82	军事用海
		83	海洋保护区用海
		84	海岸防护工程用海
9	其他用海	—	—

海域使用类型名称的解释如下。

1. 渔业用海

渔业用海指为开发利用渔业资源、开展海洋渔业生产所使用的海域。

(1) 渔业基础设施用海。指用于渔船停靠、进行装卸作业和避风,以及用以繁殖重要苗种的海域,包括渔业码头、引桥、堤坝、渔港港池(含开敞式码头前沿船舶靠泊和回旋水域)、渔港航道、附属的仓储地、重要苗种繁殖场所及陆上海水养殖场延伸入海的取排水口等所使用的海域。其中:

a. 填成土地后用于建设顺岸渔业码头、渔港仓储设施和重要苗种繁殖场所等的海域,用海方式为建设填海造地。

b. 采用非透水方式构筑的不形成围填海事实或有效岸线的渔业码头、堤坝等所使用的海域,用海方式为非透水构筑物。

c. 采用透水方式构筑的渔业码头、引桥等所使用的海域,用海方式为透水构筑物。

d. 陆上海水养殖场延伸入海的取排水口等所使用的海域,用海方式为取、排水口。

e. 有防浪设施圈围的渔港港池、开敞式渔业码头的港池(船舶靠泊和回旋水域)等所使用的海域,用海方式为港池、蓄水等。

f. 渔港航道等所使用的海域,用海方式为专用航道、锚地及其他开放式。

(2) 围海养殖用海。指筑堤围割海域进行封闭或半封闭式养殖生产的海域,用海方式为围海养殖。

(3) 开放式养殖用海。指无须筑堤围割海域,在开敞条件下进行养殖生产所使用的海域,包括筏式养殖、网箱养殖及无人工设施的人工投苗或自然增殖生产等所使用的海域,用海方式为开放式养殖。

(4) 人工鱼礁用海。指通过构筑人工鱼礁进行增养殖生产的海域,用海方式为透水构筑物。

2. 工业用海

工业用海指开展工业生产所使用的海域。

(1) 盐业用海。指用于盐业生产的海域,包括盐田、盐田取排水口、蓄水池、盐业码头、引桥及港池(船舶靠泊和回旋水域)等所使用的海域。其中:

a. 采用非透水方式构筑的不形成围填海事实或有效岸线的盐业码头等所使用的海域,用海方式为非透水构筑物。

b. 采用透水方式构筑的盐业码头、引桥等所使用的海域,用海方式为透水构筑物。

c. 盐业生产用取排水口所使用的海域,用海方式为取、排水口。

d. 盐田、盐业生产用蓄水池等所使用的海域,用海方式为盐业。

e. 盐业码头的港池(船舶靠泊和回旋水域)所使用的海域,用海方式为港池、蓄水等。

(2) 固体矿产开采用海。指开采海砂及其他固体矿产资源所使用的海域,包括海上以及通过陆地挖至海底进行固体矿产开采所使用的海域,用海方式为海砂等矿产开采。

(3) 油气开采用海。指开采油气资源所使用的海域,包括石油平台、油气开采用栈桥、浮式储油装置、输油管道、油气开采用人工岛及其连陆或连岛道路等所使用的海域。其中:

a. 石油平台及浮式生产储油装置(含立管和系泊系统)等所使用的海域,用海方式为平台式油气开采。

b. 油气开采用栈桥所使用的海域,用海方式为透水构筑物。

c. 输油管道所使用的海域,用海方式为海底电缆管道。

d. 油气开采用人工岛所使用的海域,用海方式为人工岛式油气开采。

e. 油气开采用人工岛的连陆或连岛道路(含涵洞式)等所使用的海域,用海方式为非透水构筑物。

(4) 船舶工业用海。指船舶(含渔船)制造、修理、拆解等所使用的海域,包括船厂的厂区、码头、引桥、平台、船坞、滑道、堤坝、港池(含开敞式码头前沿船舶靠泊和回旋水域,船坞、滑道等的前沿水域)及其他设施等所使用的海域。其中:

a. 填成土地后用于建设船舶工业厂区等的海域,用海方式为建设填海造地。

b. 采用非透水方式构筑的不形成围填海事实或有效岸线的船厂码头、堤坝等所使用的海域,用海方式为非透水构筑物。

c. 采用透水方式构筑的船厂码头、引桥、平台、船坞及滑道等所使用的海域,用海方式为透水构筑物。

d. 有防浪设施圈围的船厂港池、开敞式船厂码头的港池(船舶靠泊和回旋水域)、船坞、滑道等的前沿水域等所使用的海域,用海方式为港池、蓄水等。

(5) 电力工业用海。指电力生产所使用的海域,包括电厂、核电站、风电场、潮汐及波浪发电站等的厂区、码头、引桥、平台、港池(含开敞式码头前沿船舶靠泊和回旋水域)、堤坝、风机座墩和塔架、水下发电设施、取排水口、蓄水池、沉淀池及温排水区等所使用的海域。其中:

a. 填成土地后用于建设电力工业厂区等的海域,用海方式为建设填海造地。

b. 采用非透水方式构筑的不形成围填海事实或有效岸线的电厂(站)专用码头、堤坝等所使用的海域,用海方式为非透水构筑物。

c. 采用透水方式构筑的电厂(站)专用码头、引桥、平台、风机座墩和塔架、水下发电设施及潜堤等所使用的海域,用海方式为透水构筑物。

d. 电厂(站)取排水口所使用的海域,用海方式为取、排水口。

e. 蓄水池、沉淀池、有防浪设施圈围的电厂(站)港池、开敞式电厂(站)专用码头的港池(船舶靠泊和回旋水域)等所使用的海域,用海方式为港池、蓄水等。

f. 温排水区用海,用海方式为专用航道、锚地及其他开放式。

(6) 海水综合利用用海。指开展海水淡化和海水化学资源综合利用等所使用的海域。包括海水淡化厂、制碱厂及其他海水综合利用工厂的厂区、取排水口、蓄水池及沉淀池等所使用的海域。其中:

a. 填成土地后用于建设海水综合利用工业厂区等的海域,用海方式为建设填海造地。

b. 海水综合利用取排水口等所使用的海域,用海方式为取、排水口。

c. 蓄水池、沉淀池等所使用的海域,用海方式为港池、蓄水等。

(7) 其他工业用海。指上述工业用海以外的工业用海,包括水产品加工厂、化工厂、钢铁厂等的厂区、企业专用码头、引桥、平台、港池(含开敞式码头前沿船舶靠泊和回旋水域)、堤坝、取排水口、蓄水池及沉淀池等所使用的海域。其中:

a. 填成土地后用于建设上述工业厂区等的海域,用海方式为建设填海造地。

b. 采用非透水方式构筑的不形成围填海事实或有效岸线的企业专用码头、堤坝等所使用的海域,用海方式为非透水构筑物。

c. 采用透水方式构筑的企业专用码头、引桥、平台及潜堤等所使用的海域,用海方式为透水构筑物。

d. 取排水口所使用的海域,用海方式为取、排水口。

e. 蓄水池、沉淀池、有防浪设施圈围的企业专用港池、开敞式企业专用码头的港池(船舶靠泊和回旋水域)等所使用的海域,用海方式为港池、蓄水等。

3. 交通运输用海

交通运输用海指为满足港口、航运、路桥等交通需要所使用的海域。

(1) 港口用海。指供船舶停靠、进行装卸作业、避风和调动等所使用的海域,包括港口码头(含开敞式的货运和客运码头)、引桥、平台、港池(含开敞式码头前沿船舶靠泊和回旋水域)、堤坝及堆场等所使用的海域。其中:

a. 填成土地后用于建设堆场、顺岸码头、大型突堤码头及其他港口设施等的海域,用海方式为建设填海造地。

b. 采用非透水方式构筑的不形成围填海事实或有效岸线的码头、堤坝等所使用的海域,用海方式为非透水构筑物。

c. 采用透水方式构筑的码头、引桥、平台及潜堤等所使用的海域,用海方式为透水构筑物。

d. 有防浪设施圈围的港池、开敞式码头的港池(船舶靠泊和回旋水域)等所使用的海域,用海方式为港池、蓄水等。

(2) 航道用海。指交通部门划定的供船只航行使用的海域(含灯桩、立标及浮式航标灯等海上航行标志所使用的海域),不包括渔港航道所使用的海域,用海方式为专用航道、锚地及其他开放式。

(3) 锚地用海。指船舶候潮、待泊、联检、避风及进行水上过驳作业等所使用的海域,用海方式为专用航道、锚地及其他开放式。

(4) 路桥用海。指连陆、连岛等路桥工程所使用的海域,包括跨海桥梁、跨海和顺岸道路等其附属设施所使用的海域,不包括油气开采用连陆、连岛道路和栈桥等所使用的海域。其中:

a. 填成土地后用于建设顺岸道路及其附属设施等的海域,用海方式为建设填海造地。

b. 采用非透水方式构筑的不形成围填海事实或有效岸线的跨海道路(含涵洞式)及其附属设施所使用的海域,用海方式为非透水构筑物。

c. 跨海桥梁及其附属设施所使用的海域,用海方式为跨海桥梁、海底隧道等。

4. 旅游娱乐用海

旅游娱乐用海指开发利用滨海和海上旅游资源,开展海上娱乐活动所使用的海域。

(1) 旅游基础设施用海。指旅游区内为满足游人旅行、游览和开展娱乐活动需要而建设的配套工程设施所使用的海域,包括旅游码头、游艇码头、引桥、港池(含开敞式码头前沿船舶靠泊和回旋水域)、堤坝、游乐设施、景观建筑、旅游平台、高脚屋、旅游用人工岛及宾馆饭店等所使用的海域。其中:

a. 填成土地后用于旅游开发和建设宾馆、饭店等的海域,用海方式为建设填海造地。

b. 采用非透水方式构筑的不形成围填海事实或有效岸线的旅游码头、游艇码头、堤坝、游乐设施、景观建筑及旅游用人工岛等所使用的海域,用海方式为非透水构筑物。

c. 采用透水方式构筑的旅游码头、游艇码头、引桥、游乐设施、景观建筑、旅游平台、高脚屋、潜堤以及游艇停泊水域等所使用的海域,用海方式为透水构筑物。

d. 有防浪设施圈围的旅游专用港池、开敞式旅游码头的港池(船舶靠泊和回旋水域)等所使用的海域,用海方式为港池、蓄水等。

(2) 浴场用海。指专供游人游泳、嬉水的海域,用海方式为浴场。

(3) 游乐场用海。指开展游艇、帆板、冲浪、潜水、水下观光及垂钓等海上娱乐活动所使用的海域,用海方式为游乐场。

5. 海底工程用海

海底工程用海指建设海底工程设施所使用的海域。

(1) 电缆管道用海。指埋(架)设海底通讯光(电)缆、电力电缆、深海排污管道、输水管道及输送其他物质的管状设施等所使用的海域,不包括油气开采输油管道所使用的海域,用海方式为海底电缆管道。

(2) 海底隧道用海。指建设海底隧道及其附属设施所使用的海域,包括隧道主体及其海底附属设施,以及通风竖井等非透水设施所使用的海域。其中:

a. 隧道主体及其海底附属设施所使用的海域,用海方式为跨海桥梁、海底隧道等。

b. 通风竖井等非透水设施所使用的海域,用海方式为非透水构筑物。

(3) 海底场馆用海。指建设海底水族馆、海底仓库及储罐等及其附属设施所使用的海域,用海方式为跨海桥梁、海底隧道等。

6. 排污倾倒用海

排污倾倒用海指用来排放污水和倾倒废弃物的海域。

(1) 污水达标排放用海。指受纳指定达标污水的海域,用海方式为污水达标排放。

(2) 倾倒区用海。指倾倒区所占用的海域,用海方式为倾倒。

7. 造地工程用海

造地工程用海指为满足城镇建设、农业生产和废弃物处置需要,通过筑堤围割海域并最终填成土地,形成有效岸线的海域。

(1) 城镇建设填海造地用海。指通过筑堤围割海域,填成土地后用于城镇(含工业园区)建设的海域,用海方式为建设填海造地。

(2) 农业填海造地用海。指通过筑堤围割海域,填成土地后用于农、林、牧业生产的海域,用海方式为农业填海造地。

(3) 废弃物处置填海造地用海。指通过筑堤围割海域,用于处置工业废渣、城市建筑垃圾、生活垃圾及疏浚物等废弃物,并最终形成土地的海域,用海方式为废弃物处置填海造地。

8. 特殊用海

特殊用海指用于科研教学、军事、自然保护区及海岸防护工程等用途的海域。

(1) 科研教学用海。指专门用于科学研究、试验及教学活动的海域,用海方式参照一级类1～7确定。

(2) 军事用海。指建设军事设施和开展军事活动所使用的海域,用海方式参照一级类1～7确定。

(3) 海洋保护区用海。指各类涉海保护区所使用的海域,用海方式为专用航道、锚地及其他开放式。

(4) 海岸防护工程用海。指为防范海浪、沿岸流的侵蚀及台风、气旋和寒潮大风等自然灾害的侵袭,建造海岸防护工程所使用的海域,用海方式为非透水构筑物。

9. 其他用海

其他用海指上述用海类型以外的用海,用海方式参照一级类1～7确定。

7.2.3 用海方式及编码

用海方式采用两级层次体系,共分为5种一级方式和20种二级方式。采用阿拉伯数字编码,第一位数字表示一级方式,第二位数字表示二级方式,用海方式名称和编码见表7-3。

表7-3 用海方式名称和编码

一级方式		二级方式	
编码	名称	编码	名称
1	填海造地	11	建设填海造地
		12	农业填海造地
		13	废弃物处置填海造地
2	构筑物	21	非透水构筑物
		22	跨海桥梁、海底隧道等
		23	透水构筑物

续表

一级方式		二级方式	
编码	名称	编码	名称
3	围海	31	港池、蓄水等
		32	盐业
		33	围海养殖
4	开放式	41	开放式养殖
		42	浴场
		43	游乐场
		44	专用航道、锚地及其他开放式
5	其他方式	51	人工岛式油气开采
		52	平台式油气开采
		53	海底电缆管道
		54	海砂等矿产开采
		55	取、排水口
		56	污水达标排放
		57	倾倒

7.3 权属调查

7.3.1 调查工作程序

海籍调查工作一般按图7-1所示的工作流程开展。

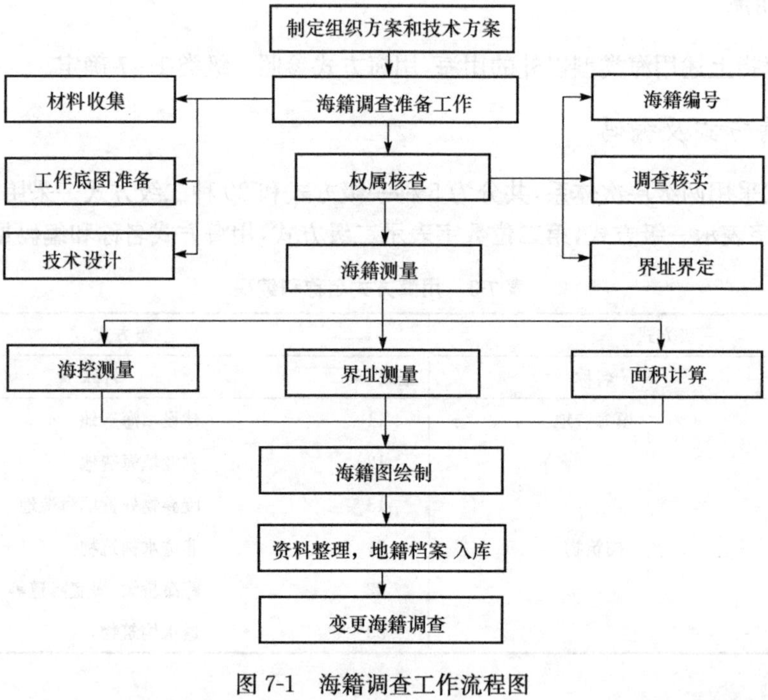

图7-1 海籍调查工作流程图

7.3.2　海籍调查准备工作

海籍调查的前期工作主要是准备调查材料及相关技术资料并进行技术设计。

(1) 确定工作底图。选用海军航保部门出版的海图、国家测绘部门绘制的地形图作为海籍调查的工底图。工作底图的比例尺可选为1∶5000～1∶50 000,近岸海域、开发敏感区域和有争议海域宜采用1∶5000或更大比例尺。

(2) 准备资料。主要包括经过初审的海域使用申报材料、现有的海籍资料、控制点资料;已有的大比例尺地形图、海图、航摄资料和高分辨率遥感资料;海域使用现状调查资料;其他有关资料等。

(3) 技术设计。根据申请用海项目和用海区域的具体情况,设计调查方法,制定调查计划、海籍测量技术方案。

7.3.3　宗海界址的界定

1. 宗海界址界定的基本原则

(1) 尊重用海事实原则。根据用海事实,针对海域使用的排他性及安全用海需要,参照本规范所列宗海界址界定的一般流程和基本方法,界定宗海界址。

(2) 用海范围适度原则。宗海界址界定应有利于维护国家的海域所有权,有利于海洋经济可持续发展,应确保国家海域的合理利用,防止海域空间资源的浪费。

(3) 节约岸线原则。宗海界址界定应有利于岸线和近岸水域的节约利用。在界定宗海范围时应将实际无需占用的岸线和近岸水域排除在外。

(4) 避免权属争议原则。宗海界址界定应保障海域使用权人的正常生产活动,避免毗连宗海之间的相互穿插和干扰,避免将宗海范围界定至公共使用的海域内,避免海域使用权属争议。

(5) 方便行政管理原则。宗海界址界定应有利于海域使用行政管理,在保证满足实际用海需要和无权属争议的前提下,对过于复杂和琐碎的界址线应进行适当的归整处理。

2. 宗海界址界定的一般流程

(1) 宗海分析。根据本宗海的使用现状资料或最终设计方案、相邻宗海的权属与界址资料以及所在海域的基础地理资料,按照有关规定,确定宗海界址界定的事实依据。对于界线模糊且不能提供确切设计方案的开放式用海,按相关设计标准的要求确定其界址的界定依据。

(2) 用海类型与方式确定。按照海域使用分类相关规定,确定宗海的海域使用一级和二级类型,判定宗海内部存在的用海方式。

(3) 宗海内部单元划分。在宗海内部,按不同用海方式的用海范围划分内部单元。用海方式相同但范围不相接的海域应划分为不同的内部单元。内部单元界线按照规范中对于各方式用海范围界定方法和各类型宗海界址界定方法的要求界定。

(4) 宗海平面界址界定。综合宗海内部各单元所占的范围,以全部用海的最外围界线确定宗海的平面界址。

(5) 宗海垂向范围界定。遇特殊需要时,应根据项目用海占用水面、水体、海床和底土的实际情况,界定宗海的垂向使用范围。

3. 各方式用海范围界定方法

(1) 填海造地用海。岸边以填海造地前的海岸线为界,水中以围堰、堤坝基床或回填物倾埋水下的外缘线为界。

(2) 构筑物用海。

a. 非透水构筑物用海。岸边以海岸线为界,水中以非透水构筑物及其防护设施的水下外缘线为界。

b. 透水构筑物用海。安全防护要求较低的透水构筑物用海以构筑物及其防护设施垂直投影的外缘线为界。其他透水构筑物用海在透水构筑物及其防护设施垂直投影的外缘线基础上,根据安全防护要求的程度,外扩不小于10m保护距离为界。

(3) 围海用海。岸边以围海前的海岸线为界,水中以围堰、堤坝基床外侧的水下边缘线及口门连线为界。

(4) 开放式用海。以实际设计、使用或主管部门批准的范围为界。

(5) 其他方式用海。根据用海特征,参照(1)～(4)的方法界定。

(6) 特殊情况处理。

a. 相邻开放式用海的分割。当本宗海界定的开放式用海与相邻宗海的开放式用海范围相重叠时,对重叠部分的海域,应在双方协商基础上,依据间距、用海面积等因素进行比例分割。

b. 公共海域的退让处理。当本宗海界定的开放式用海范围覆盖公用航道、锚地等公共使用的海域时,用海界线应收缩至公共使用的海域边界。

c. 用海方式重叠范围的处理。当几种用海方式的用海范围发生重叠时,重叠部分应归入现行海域使用金征收标准较高的用海方式的用海范围。

d. 超范围用海需求的处理。当某种用海方式的用海需求超出本规范一般方法界定的用海范围时,可在充分论证并确认其必要性和合理性的基础上,适当扩大该用海方式的用海范围。

4. 各类型宗海界址界定方法

在《海籍调查规范》中对海域使用分类体系中的每一个二级类型宗海界址界定方法进行了详细说明,在此以典型用海为例说明如下。

1) 渔业用海

渔业用海中围海养殖和开放式养殖用海类型宗海界址界定如图 7-2、图 7-3 所示。

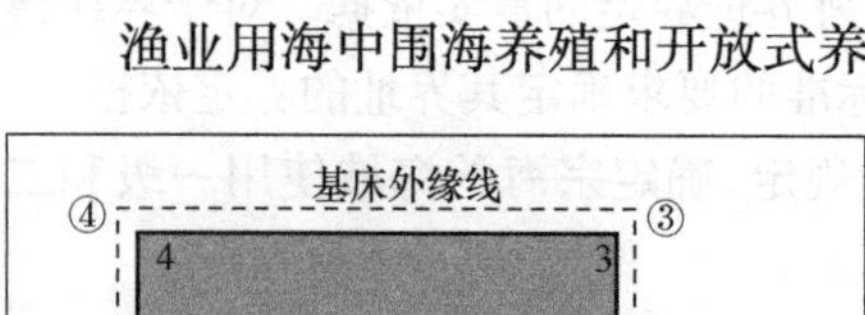

说明

折线①—1—2—②—③—④—①围成的区域为本宗海的范围,属建设、农业、废弃物处置填海造地或盐业、围海养殖

折线①—1—2—②为原来的海岸线;折线 2—3—4—1 为围堰、堤坝的坡顶线;折线②—③—④—①为围堰、堤坝基床或回填物倾埋水下的外缘线

图 7-2　围海养殖用海宗海界址界定

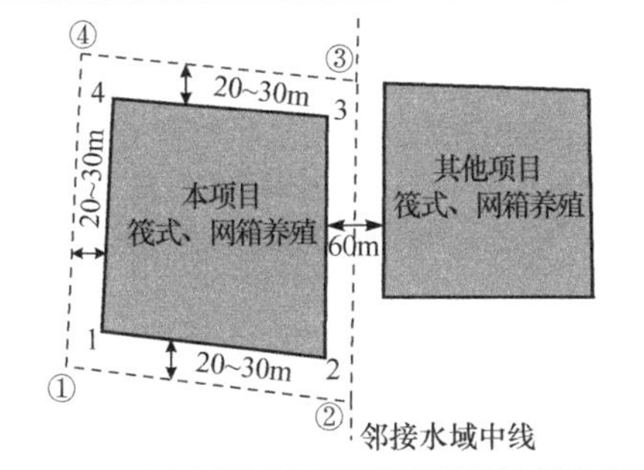

说明

折线①—②—③—④—①围成的区域为本宗海的范围，属开放式养殖用海，用途为筏式或网箱养殖

折线 1—2—3—4—1 为筏脚(架)、桩脚(架)最外缘的连线；折线①—②—③—④—①为筏脚(架)、桩脚(架)外缘连线外扩 20～30m 的边线；线段③—②为本项目与相邻项目之间的水域中线

图 7-3　开放式养殖用海宗海界址界定

2）工业用海

(1) 取水口用海。

a. 沿岸取排水口。岸边以海岸线为界，水中以取排水头部外缘线外扩 30～80m 的矩形范围为界，如图 7-4 所示。

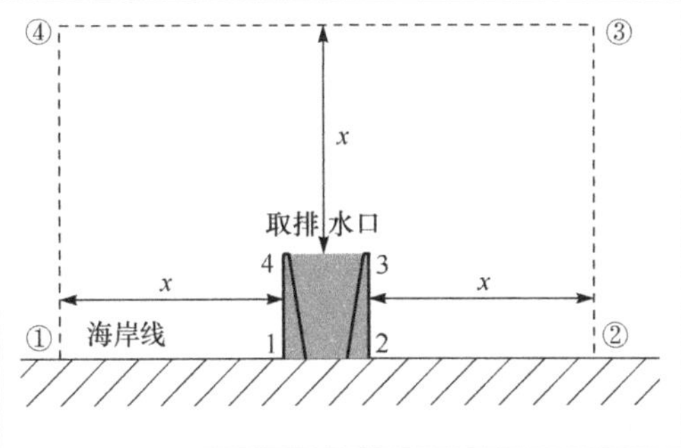

说明

折线①—1—2—②—③—④—①围成的区域为本宗海的范围，一般的取排水用海，属取、排水口用海，用途为养殖或工业取排水口；专门用于污水达标排放的排水口，属污水达标排放用海，用途为污水达标排水口

折线①—1—2—②为海岸线；折线 2—3—4—1 为取排水设施的外缘线；折线②—③—④—①为取排水设施外缘线外扩 x 距离形成的矩形边，养殖、盐田取排水口取 $x=30$m，其他取排水口取 $x=80$m

图 7-4　沿岸取排水口用海宗海界址界定

b. 离岸取排水口。内边界以排水口相连的输水管道为界，水中界线与沿岸取排水口相同，如图 7-5 所示。

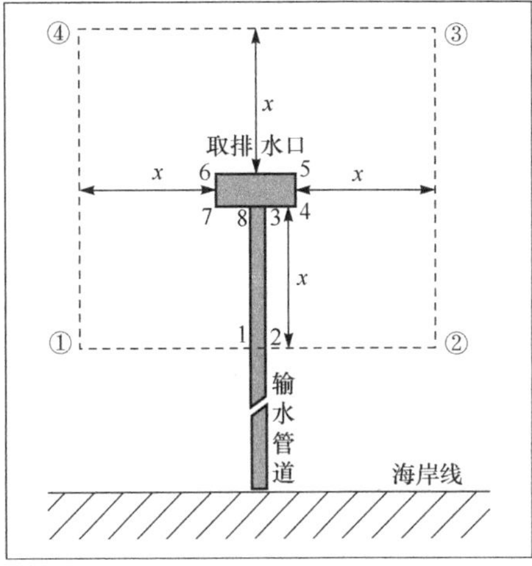

说明

折线①—1—2—②—③—④—①围成的区域为本宗海的范围，属透水构筑物用海，用途为养殖或工业取排水口。此范围内的与取排水口相连的输水管道用海归入本宗海，其他部分输水管道应分为另一宗海

折线 3—4—5—6—7—8—3 为取排水设施(头部)的外缘线；折线 1—2—3—8—1 为本宗海范围内的与取排水口相连的输水管道；折线①—1—2—②—③—④—①为取排水设施外缘线外扩 x 距离的矩形边，养殖、盐田取排水口取 $x=30$m，其他取排水口取 $x=80$m

图 7-5　离岸取排水口用海宗海界址界定

(2) 油气开采用海。

a. 人工岛油气开采及其连陆或连岛道路用海界址界定，如图 7-6 所示。

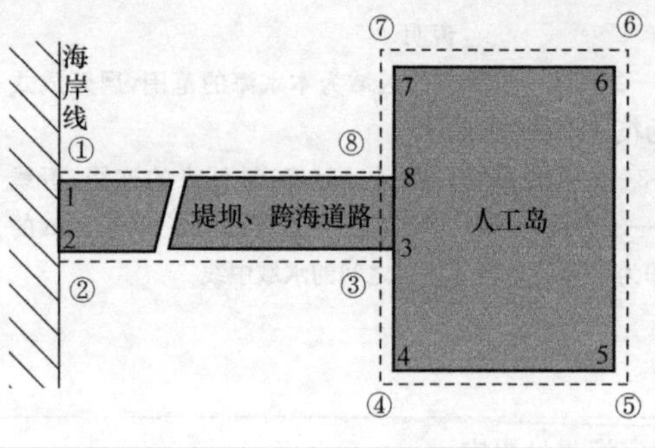

说明

折线①—1—2—②—③—④—⑤—⑥—⑦—⑧—①围成的区域为本宗海的范围。其中折线①—1—2—②—③—⑧—①围成的区域属非透水构筑物用海，用途为连陆道路或堤坝；折线③—④—⑤—⑥—⑦—⑧—③围成的区域属人工岛式油气开采用海，用途为人工岛

折线①—1—2—②为海岸线；折线 2—3—4—5—6—7—8—1 为人工岛及其连陆道路或堤坝的护坡坡顶线；折线②—③—④—⑤—⑥—⑦—⑧—①为人工岛及其连陆道路或堤坝的水下外缘线

图 7-6　人工岛油气开采用海宗海界址界定

b. 综合生产平台、井口平台油气开采用海界址界定，以平台外缘线向四周平行外扩 50m 距离为界，如图 7-7 所示。

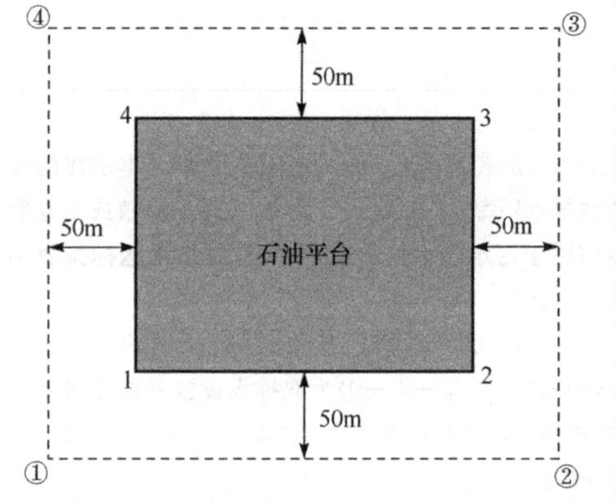

说明

折线①—②—③—④—①围成的区域为本宗海的范围，属平台式油气开采用海，用途为石油平台

折线 1—2—3—4—1 为平台的外缘线；折线①—②—③—④—①为平台外缘线向四周平行外扩 50m 形成的边线

图 7-7　油气平台式开采宗海界址界定

(3) 船舶工业用海。

a. 船坞用海，以海岸线及船坞外缘线为界，如图 7-8、图 7-9 中的船坞部分所示。

b. 港池(坞门前沿水域)用海。坞门宽度小于 1 倍设计船长时的港池用海，坞门两侧以船坞中心线平行外扩 0.5 倍设计船长距离为界，坞门前方以坞门前沿起外扩 1.5 倍设计船长距离为界，如图 7-8 中的港池部分所示；坞门宽度大于或等于 1 倍设计船长时的港池用海，坞门两侧以与坞门两端相齐的船坞中心线的平行线为界，坞门前方以坞门前沿起外扩 1.5 倍设计船长距离为界，如图 7-9 中的港池部分所示。

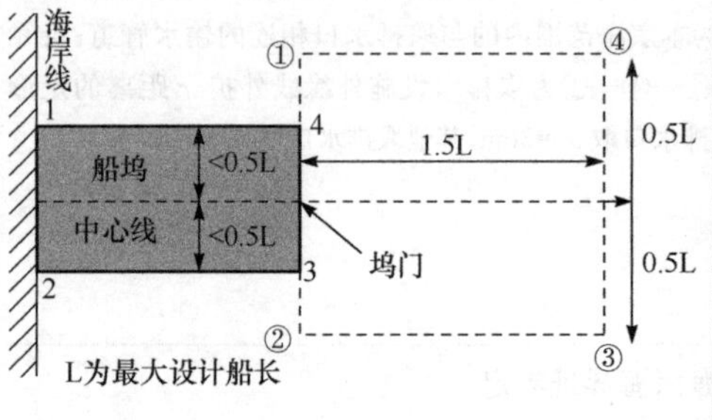

说明

折线 1—2—3—②—③—④—①—4—1 围成的区域为本宗海的范围。其中折线 1—2—3—4—1 围成的区域属透水构筑物用海，用途为船坞；折线①—4—3—②—③—④—①围成的区域属港池、蓄水等用海，用途为港池

线段 1—2 为海岸线；折线 2—3—4—1 为船坞外缘线，线段 4—3 为坞门；线段①—4 和 3—②为坞门 4—3 的延长线；线段①—④和②—③为船坞中心线的平行线，与船坞中心线相距 0.5 倍设计船长；线段④—③为坞门 4—3 的平行线，与坞门相距 1.5 倍设计船长

图 7-8　坞门宽度<1 倍设计船长的船坞、港池用海界址界定

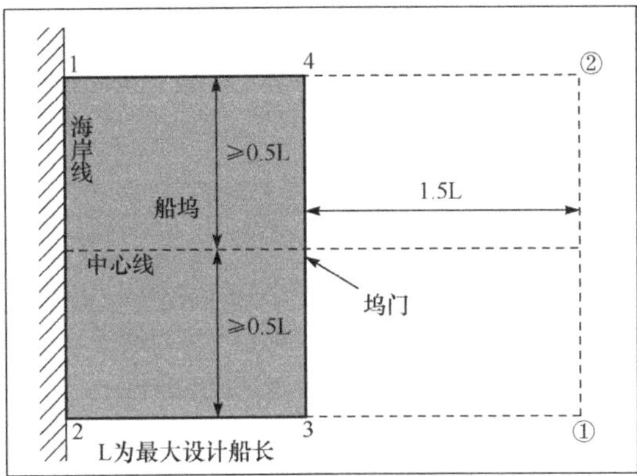

说明

折线 1—2—3—①—②—4—1 围成的区域为本宗海的范围。其中折线 1—2—3—4—1 围成的区域属透水构筑物用海，用途为船坞；折线 3—①—②—4—3 围成的区域属港池、蓄水等用海，用途为港池

线段 1—2 为海岸线；折线 2—3—4—1 为船坞外缘线，线段 4—3 为坞门；线段 4—②和 3—①为船坞中心线的平行线，与船坞两端相齐；线段②—①为坞门 4—3 的平行线，与坞门相距 1.5 倍设计船长

图 7-9　坞门宽度≥1 倍设计船长的船坞、港池用海界址界定

3）交通运输用海

(1) 港口码头用海。码头界址以透水或非透水方式构筑的外缘线为界。

(2) 港池用海。

a. 有防浪设施圈围的港池用海。外侧以围堰、堤坝基床的外缘线及口门连线为界，内侧以海岸线及构筑物用海界线为界，如图 7-10 所示。

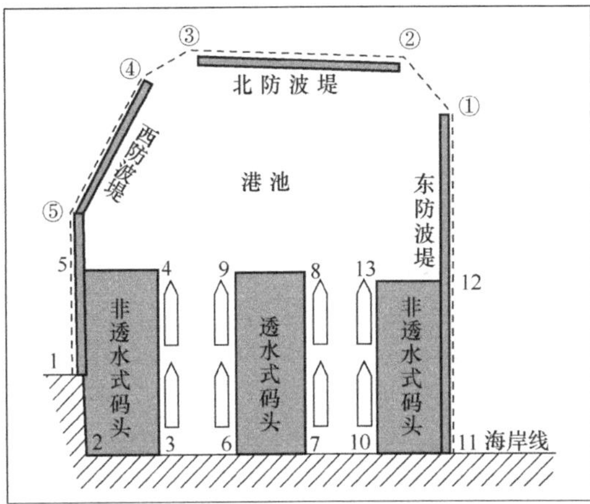

说明

折线 1—2—3—6—7—10—11—12—①—②—③—④—⑤—5—1 围成的区域为本宗海的范围。其中折线 1—2—3—4—5—1 和 10—11—12—13—10 围成的区域属非透水构筑物用海，折线 6—7—8—9—6 围成的区域属透水构筑物用海，用途均为码头；折线 5—4—3—6—9—8—7—10—13—12—①—②—③—④—⑤—5 围成的区域属港池、蓄水等用海，用途为港池

折线 1—2—3—6—7—10—11 为海岸线；折线 3—4—5—1、7—8—9—6 和 11—12—13—10 为码头的外缘线；折线 12—①—②—③—④—⑤—5 为防波堤的水下护坡坡脚线和口门连线

图 7-10　有防浪设施圈围的码头港池用海界址界定

b. 开敞式顺岸码头港池(船舶靠泊和回旋水域) 用海。以码头前沿线起垂直向外不少于 2 倍设计船长且包含船舶回旋水域的范围为界(水域空间不足时视情况收缩)，如图 7-11 所示。

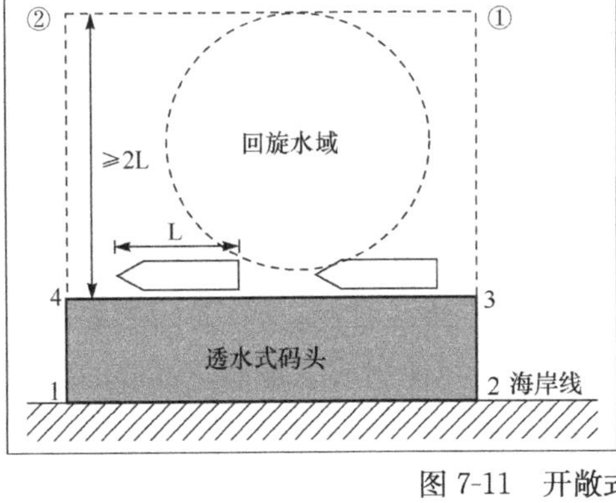

说明

折线 1—2—3—①—②—4—1 围成的区域为本宗海的范围。其中折线 1—2—3—4—1 围成的区域属透水构筑物用海，用途为码头；折线 4—3—①—②—4 围成的区域属港池、蓄水等用海，用途为港池

线段 1—2 为海岸线；折线 2—3—4—1 为码头外缘线；线段②—4 和①—3 为码头前沿线 4—3 的垂线，并与码头两端相齐；线段②—①为码头前沿线 4—3 的平行线，与 4—3 相距 2 倍设计船长或与回旋水域的外缘相切(以两者中距码头前沿线较远者为准)

图 7-11　开敞式顺岸码头港池用海界址界定

c. 开敞式突堤码头港池(船舶靠泊和回旋水域) 用海。两侧均设有泊位和回旋水域,以码头两侧线起垂直向外不少于 2 倍设计船长且包含船舶回旋水域的范围为界(水域空间不足时视情况收缩),如图 7-12 所示。

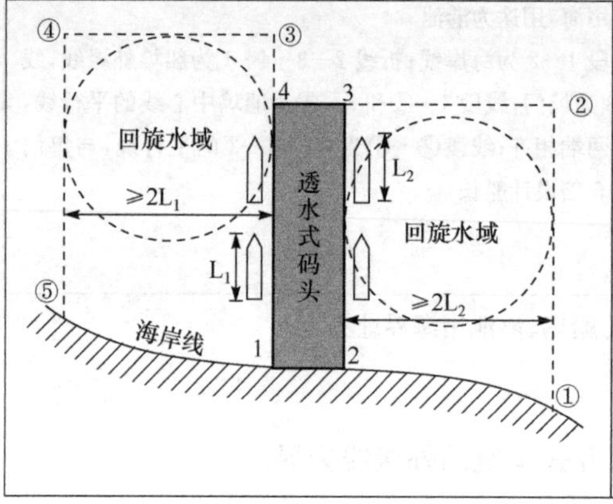

说明

折线⑤—1—2—①—②—3—4—③—④—⑤围成的区域为本宗海的范围。其中折线 1—2—3—4—1 围成的区域属透水构筑物用海,用途为码头;折线⑤—1—4—③—④—⑤和 2—①—②—3—2 围成的区域属港池、蓄水等用海,用途为港池

折线⑤—1—2—①为海岸线;折线 2—3—4—1 为码头外缘线;线段③—4 为 4—1 的延长线;线段④—③为 4—1 的垂线,与对应回旋水域外缘相切;线段 3—②为 3—2 的垂线,与码头前端相齐;线段④—⑤和②—①分别为对应码头前沿线 4—1 和 3—2 的平行线,分别与 4—1 和 3—2 相距 2 倍设计船长或与回旋水域的外缘相切(以两者中距码头前沿线较远者为准)

图 7-12　开敞式突提码头港池用海界址界定

4) 旅游娱乐用海

(1) 游艇码头用海。

a. 以非透水方式构筑的游艇码头用海,按游艇码头和游艇停泊水域分别界定。非透水式游艇码头以码头外缘线为界;游艇停泊水域以设泊位的码头前沿线、码头开敞端外扩 3 倍设计船长距离为界(水域空间不足时视情况收缩)。

b. 以透水方式构筑的游艇码头用海,游艇码头和游艇停泊水域作为一个用海整体界定,以设泊位的码头前沿线、码头开敞端外扩 3 倍设计船长和码头其他部分外缘线外扩 10m 距离为界(水域空间不足时视情况收缩),如图 7-13 所示。

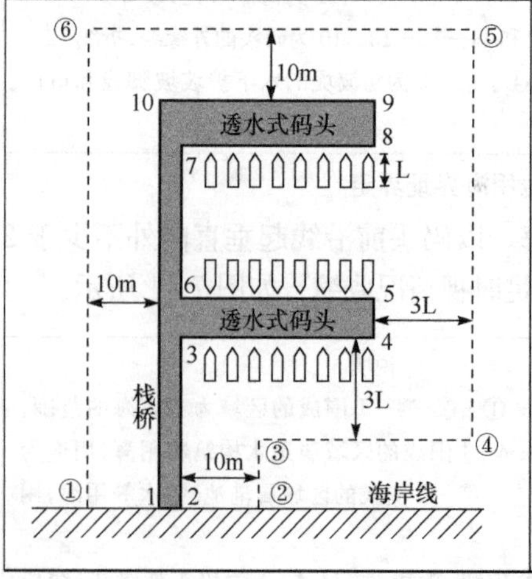

说明

折线①1—2—②—③—④—⑤—⑥—①围成的区域为本宗海的范围,属透水构筑物用海,用途为游艇码头

折线 ①—1—2—② 为海岸线;折线 2—3—4—5—6—7—8—9—10—1 为游艇码头与栈桥的外缘线;线段③—④和⑤—④分别为设置泊位的码头前沿线及码头开敞端外扩 3 倍设计船长形成的边线;线段③—②和折线⑤—⑥—①为码头,栈桥边缘线外扩 10m 的边线

图 7-13　游艇码头用海界址界定

(2) 浴场用海。如图 7-14 所示,设置有防鲨安全网的海水浴场,以海岸线及防鲨安全网外缘外扩 20～30m 距离为界;无防鲨安全网的海水浴场,以实际使用或主管部门批准的范围为界。

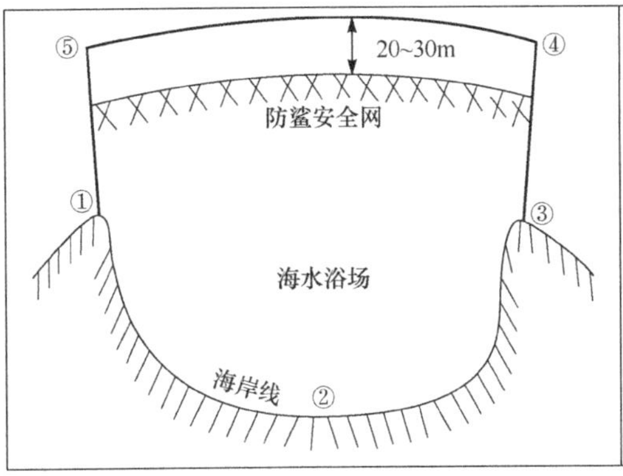

说明

折线①—②—③—④—⑤—①围成的区域为本宗海的范围，属浴场用海，用途为浴场

折线①—②—③为海岸线；线段⑤—①和④—③为防鲨网两侧缆绳的延长线；线段⑤—④为防鲨网外缘线外扩 20～30m 的边线

图 7-14　浴场用海界址界定

5）海底工程用海

（1）电缆管道用海。占用海床和底土空间铺设的电缆管道以电缆管道外缘线向两侧外扩 10m 距离为界，如图 7-15 所示。

（2）海底隧道用海。①通风竖井等海底之上的设施用海，以通风竖井及其防护设施的水下外缘线为界。②隧道主体及其海底附属设施用海，以隧道主体及其海底附属设施的外缘线向两侧外扩 10m 距离为界，如图 7-15 所示。

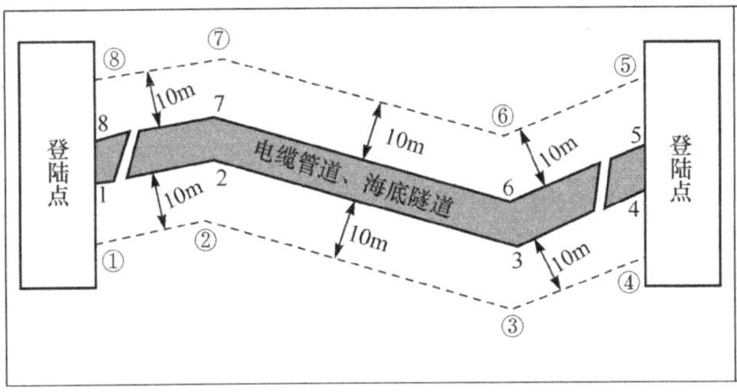

说明

折线①—②—③—④—4—5—⑤—⑥—⑦—⑧—8—1—①围成的区域为本宗海的范围。其中电缆管道属海底电缆管道用海，用途为海底电缆管道；海底隧道属跨海桥梁、海底隧道等用海，用途为海底隧道

折线 1—2—3—4 和 5—6—7—8 为电缆管道或海底隧道及其防护设施的外缘连线；折线①—②—③—④和⑤—⑥—⑦—⑧为电缆管道或海底隧道及其防护设施的外缘连线向两侧平行外扩 10m 的边线

图 7-15　电缆管道和海底隧道用海界址界定

（3）海底场馆用海。邻接海岸线占用海床和底土空间构筑的海底场馆、仓储设施等，以海底场馆外缘线平行外扩 10m 距离为界，如图 7-16 所示。

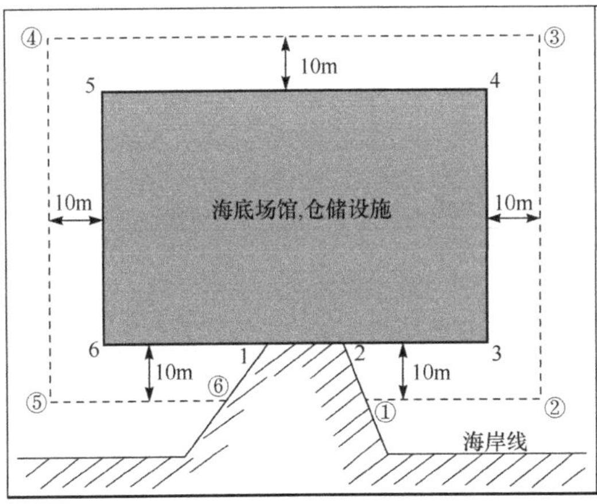

说明

折线 1—2—①—②—③—④—⑤—⑥1 围成的区域为本宗海的范围，属跨海桥梁、海底隧道等用海，用途为海底场馆或海底仓储等

折线⑥—1—2—①为海岸线，折线 2—3—4—5—6—1 为海底场馆或仓储设施的外缘线，折线①—②—③—④—⑤—⑥为海底场馆或仓储设施的外缘线外扩 10m 形成的边线

图 7-16　海底场馆用海界址界定

7.3.4 权属核查

权属核查是对本宗海海域使用权的归属进行调查核实的工作,包括调查本宗海的申请人或使用权人、用海类型、坐落位置,以及与相邻宗海的位置与界址关系等。界址点、线的核查是对本宗海及毗邻宗海的界址点和界址线的核实与确认。

(1) 制定海籍编号。调查前对宗海给以海籍预编号,通过调查正式确定海籍编号。

(2) 指界通知。以当面送达或邮送海籍调查通知书的方式,书面通知海域使用申请人和相关海域使用权人按时到场指界。

(3) 现场调查核实。核实相邻宗海的海域使用权人、海籍编号和实际用途等。本宗海的申请人和相邻宗海业主就相关的界址点、线在现场共同完成指界核实。核查结束后,将核查结果记录在《海籍调查表》中"海籍调查基本信息表"的相关栏目内,海籍调查基本信息表样式见表 7-4。

表 7-4　海籍调查基本信息表

<table>
<tr><td rowspan="4">申请人</td><td colspan="2">单位/个人</td><td colspan="3"></td><td>联系电话</td><td colspan="2"></td></tr>
<tr><td colspan="2">地址</td><td colspan="3">连云港市连云区×××投资有限公司</td><td>邮编</td><td colspan="2"></td></tr>
<tr><td colspan="2">法定代表人</td><td></td><td>身份证号</td><td colspan="4"></td></tr>
<tr><td colspan="2">联系/代理人</td><td></td><td>身份证号</td><td colspan="4"></td></tr>
<tr><td rowspan="4">项目用海</td><td colspan="3">项目名称</td><td colspan="5">10kV 鸽岛线路工程</td></tr>
<tr><td rowspan="2">用海类型</td><td colspan="2">一级类</td><td colspan="5">海底工程用海</td></tr>
<tr><td colspan="2">二级类</td><td colspan="5">电缆管道用海</td></tr>
<tr><td colspan="3">用海设施/构筑物</td><td colspan="5">海底电缆管道</td></tr>
<tr><td rowspan="7">海籍测量</td><td colspan="2">宗海面积</td><td>1.28hm²</td><td colspan="5" rowspan="7">宗海位置(文字说明)
起点位于西大堤南侧 800m 左右的岸边,终点位于鸽岛西侧,宗海位于起点和终点之间的 10m 范围海域</td></tr>
<tr><td rowspan="5">用海方式</td><td>海底电缆管道</td><td>1.28hm²</td></tr>
<tr><td></td><td>hm²</td></tr>
<tr><td></td><td>hm²</td></tr>
<tr><td></td><td>hm²</td></tr>
<tr><td></td><td></td></tr>
<tr><td colspan="2">使用岸线</td><td>m</td></tr>
<tr><td rowspan="2">权属核查</td><td>相邻用海</td><td colspan="2">东</td><td colspan="2">西</td><td colspan="2">南</td><td>北</td></tr>
<tr><td>使用人(签字)</td><td colspan="2"></td><td colspan="2"></td><td colspan="2"></td><td></td></tr>
<tr><td rowspan="3">记事</td><td colspan="8">权属核查记事:
核查人(签名)　　日期</td></tr>
<tr><td colspan="8">海籍测量记事:
测绘人(签名)　　日期</td></tr>
<tr><td colspan="8">海籍调查结果审核意见:
审核人(签名)　　日期</td></tr>
<tr><td>备注</td><td colspan="8"></td></tr>
</table>

调查单位(章):

(4) 宗海界址的认定。界址线的走向应由涉界用海双方及所属海域使用管理部门三方共同确定,然后委托海域测量资质单位进行实地测绘。

(5) 宗海(使用海域)界址的界定。确定海域使用位置及测算海域使用面积都必须首先明确界址线的位置和走向。海域使用界址线是依据不同海域使用项目性质,以实际占用海域的位置为基础划定的海域使用的范围界线,一般是实际的用海外缘线外延 50m。

(6) 绘制调查结果图。依据调查核查结果在现场绘出宗海位置图和宗海图。

7.3.5 变更调查

凡涉及界址调整的海域使用权变更,都应根据申请变更登记内容到实地进行权属核查和海籍测量,称为变更海籍调查。调查内容和方法与初始海籍调查一致。

7.4 海籍测量

7.4.1 测绘基准与精度要求

海籍测量时的测绘基准包括 WGS-84 世界大地坐标系和 1985 国家高程基准。一般采用高斯-克吕格投影,以宗海中心相近的 0.5°整数倍经线为中央经线。东西向跨度较大(经度差大于 3°)的海底管线等用海可采用墨卡托投影。

对于控制点精度要求:海籍测量平面控制点的定位误差不应超过±0.05m。界址点精度要求:①位于人工海岸、构筑物及其他固定标志物上的宗海界址点或标志点,其测量精度应优于 0.1m。②其他宗海界址点或标志点测量精度应满足表 7-5 的规定。

表 7-5　宗海界址点测量精度要求

序号	所测海域离岸距离/km	测量误差/m
1	20 以内	≤±1
2	20～50	≤±3
3	50 以外	≤±5

7.4.2 测量内容与方法

海籍测量主要内容包括平面控制测量、界址点测量或推算。海籍测量的对象是界址点及其他用于推算界址点坐标的标志点。常用测量仪器主要有全站仪、DGPS。测量前准备包括 DGPS 接收机的检查和比对。施测包括测量组织者、潮间带测量和海上测量。

1. 平面控制测量

国家大地网(点)及各等级的海控点、GPS 网点、导线点均可作为海籍测量的平面控制基础。根据已有控制点的分布、作业区的地理情况及仪器设备条件,可选用海控点、GPS 网点、导线点和加密引测控制点。

根据待测海域的范围及可选平面控制点的分布情况,设计平面控制网,实施外业测量。平面控制测量的解算结果应能为界址测量提供坐标修正参数。

2. 界址点测量

界址点是宗海(海域使用)权属界限的拐点,测定了界址点,宗海的位置、形状、面积、权属界线也就确定了。界址点的坐标是计算宗海(海域使用)面积、编绘海域使用图件的基础,另外海域使用界址点一般缺少地物标志，利用界址点坐标可以准确找到界址位置。

1）测量方法

界址点测量的一般采用GNSS定位法、解析交会法和极坐标定位法进行施测。根据实测数据，采用解析法解算出实测标志点或界址点的点位坐标。

(1) GNSS定位法主要采用信标GPS和差分DGPS测量方法。这是目前海域使用测量的主要方法，测量简便快捷、易于实施，尤其适用于海上测量。信标GPS方法的缺点是在远离信标台站或缺少平面控制点的区域精度不高（一般精度为1～5m）。所以必须采取一定的控制措施以保证达到必要的精度。

(2) 解析交会法和极坐标定位法。根据测区平面控制，采用全站仪测边、测角，计算界址点坐标。这种方法测量得到的界址点坐标精度较高，但测量过程复杂，工作量大，海上测量难以实施。一般用于精度要求较高的沿岸海域使用项目。

(3) 测算法。对于一些无法直接测量界址点的宗海，或已有明确的界址点坐标和相对位置关系的宗海，可根据相关资料，如工程设计图、主管部门审批的范围等，灵活运用各种几何公式，推算获得界址点坐标。

同时，应注意在测量过程中把握用海项目与周边用海项目或敏感区的位置关系；除测量界址点外对项目用海范围内的有地理意义特殊地物，如明礁等也应测定点位。

2）测量工作方案

在现场施测前，应实地勘查待测海域，综合考虑用海规模、布局、用海方式、特点、宗海界定原则和周边海域实际情况等，为每一宗海制定界址点和标志点制订测量工作方案。

对于能够直接测量界址点的宗海，应采用界址点作为实际测量点；对于无法直接测量界址点的宗海，应采用与界址点有明确位置关系的标志点作为实际测量点。实际测量点的布设应能有效反映宗海形状和范围。

3）控制点比测

采用信标差分测量，在一个小区域（40km范围内）必须采用固定差改正的方法消除由于坐标系统和台站改正数引起的系统误差，这样才能保证1～3m的测量精确度。固定差改正通过控制点比测的方法完成。

国家规定海域使用项目测量应统一采用WGS-84坐标系统，所以，进行界址点测量之前首先应在测区周围40km范围内找到1～3个具有WGS-84坐标的平面控制点。在控制点上进行1h左右的定点测量，把得到的测量值与已知值比对，得到的差值作为固定差改正输入控制软件。

4）界址点测量

完成控制点比测工作后即可进行界址点测量。若采用信标差分测量，GPS接收机可手持步行或放在船、汽车、摩托车、自行车等载体上。根据经验当GPS放在载体上进行移动测量时，载体的移动速度应控制在60km/h以下，以保证测量精度。数据的采样间隔可根据实际情况采用等时或等距自动采集，也可采用手动采集。一般来说如果测线比较平直对拐点位置要求不高的测量通常采用自动采集数据方式，绝大部分的用海项目的测量是以手动采集数据方式为主。测量过程中应保证 GPS 接受不少于 4 个卫星数目，并应时刻注意信标机接受状态，使其差分信号利用率 MTP 大于 60%，信噪比 SNR 大于 5，否则应将不合格的数据从序列中剔除，以免影响测量精度。

根据工作方案进行现场测量，在现场填写《海籍调查表》中的“海籍现场测量记录表”，绘制测量示意图，保存测量数据。海籍现场测量记录表见表 7-6。

表 7-6　海籍现场测量记录表

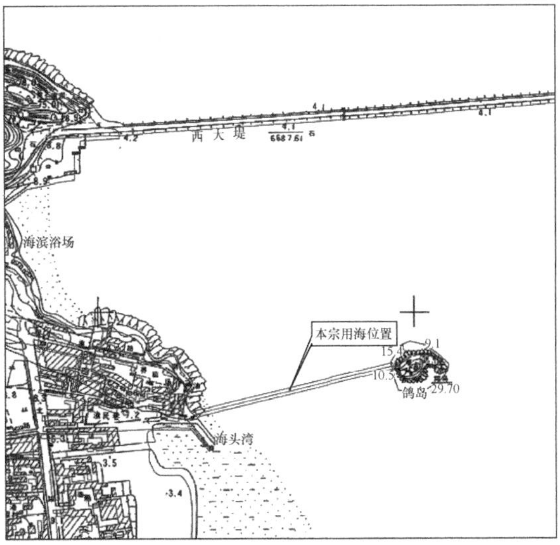

项目名称	10kV 鸽岛线路工程		
测量单元	标志点编号及坐标		用海设施/构筑物
1-3-4-2-1	1:34°45′21.41″　119°22′14.49″ 2:34°45′26.32″　119°22′38.94″ 3:34°45′21.10″　119°22′14.62″ 4:34°45′26.00″　119°22′39.03″		海底电缆管道
1-2-5-6-1	1:34°45′21.41″　119°22′14.49″ 2:34°45′26.32″　119°22′38.94″ 3:34°45′26.63″　119°22′38.85″ 4:34°45′21.72″　119°22′14.37″		海底电缆管道
测量单位	连云港市海域使用保护动态管理中心	坐标系	WGS-84
测绘人		测量日期	

界址点编号采用阿拉伯数字，从 1 开始，连续顺编。经过测量或推算获得的界址点坐标填入《海籍调查表》中的“界址点坐标记录表”，记录表内容应包括所有用于界定本宗海及各内部单元范围的界址点。界址点坐标记录表见表 7-7。

表 7-7 界址点坐标记录表

项目名称		10kV 鸽岛线路工程			坐标系	WGS-84	
投影方式		高斯-克吕格投影			中央经线	120°	
界址点		大地坐标(°′″)		平面坐标(m)		获取方式(√)	
序号	编号	纬度	经度	x(纵向)	y(横向)	实测	推算
1	1	34°45′21.41″	119°22′14.49″			√	
2	2	34°45′26.32″	119°22′38.94″			√	
3	3	34°45′21.10″	119°22′14.62″			√	
4	4	34°45′26.00″	119°22′39.03″			√	
5	5	34°45′26.63″	119°22′38.85″			√	
6	6	34°45′21.72″	119°22′14.37″			√	
7							
8							
9							
10							
11							
12							
13							
14							
15							
16							
17							
18							
19							
20							
21							
22							
23							
24							
25							

测绘人：________ 审核人：________ 测量日期：________

现场需要即时将宗海及各内部单元的界址点连接成界址线。即将宗海及各内部单元的界址点，按逆时针方向进行顺序连线，形成闭合的界址线。界址线以“×-×-…-×-×”方式表示，“×”代表界址点编号，首尾界址点编号应相同。宗海及各内部单元的界址线填入《海籍调查表》中的“宗海及内部单元记录表”中，宗海及内部单元记录表见表 7-8。

表 7-8　宗海及内部单元记录表

宗海界址线： 1-3-4-2-5-6-1			宗海总面积： 1.28　hm^2	
用海方式	内部单元(按用途)	内部单元界址线	用海面积(hm^2)	
			内部单元面积	合计
海底电缆管道	海底电缆	1-3-4-2-1	0.64	1.28
	海底电缆	1-2-5-6-1	0.64	

测绘人：________　审核人：________

3. 海籍测量记录

海籍现场测量需要填写海籍测量属性记录表。海籍现场测量记录表用于记录实测界址点或标志点的编号、坐标测量数据、位置分布及其与构筑物、用海设施和相邻宗海的相对位置关系。海籍现场测量记录表是推算宗海界址点、绘制宗海图和海籍图的主要依据。

海籍现场测量记录表包括海籍要素和相邻四至权属关系示意图等内容。

1) 海籍要素记录内容

a. 项目名称。

b. 测量单元及对应的实测点编号、坐标，对应的用海设施和构筑物。

c. 坐标系。

d. 测量单位、测绘人、测量日期。

2) 现场测量权属关系示意图内容和绘制要求

(1) 权属关系示意图内容。①测量单元，实测点及其编号、连线。实测点的编号应以逆时针为序。②海岸线，明显标志物，实测点与标志物的相对距离。③相邻宗海图斑、界址线、界址点及项目名称(含业主姓名或单位名称)。④本宗海用海现状或方案，已有或拟建用海设施和构筑物，本宗海与相邻宗海的位置关系。⑤必要的文字注记。⑥指北针。

(2) 现场测量示意图的图幅。现场测量示意图的图幅应与海籍现场测量记录表中预留的图框大小相当。当测量单元较多、内容较复杂时，可用更大幅面图纸绘制后粘贴于预留的图框,但需在图中注明坐标系、测量单位,并由测绘人签署姓名和测量日期。

(3) 现场测量示意图的绘制要求。现场测量示意图应在现场绘制。涉及实测点位置、编号和坐标等的原始记录不得涂改,同一项内容划改不得超过两次,全图不得超过两处,划改处应加盖划改人员印章或签字。注记过密的部位可移位放大绘制。

海籍现场测量记录表样式见表 7-6。

4. 内业数据处理

GPS 测量数据处理都是通过软件完成的,一般的海上测量定位应用软件都适用于信标差分测量,测量仪器一般配置数据处理软件。常用的软件有 HyPack、中海达海洋测量软件、南方海上测量软件等。

这些软件的主要功能基本相同,主要有基本参数设置、测量、数据解算和制图四大模块。参数设置模块包括:图幅设置、定位设备参数设置、定位方式设置、固定差值改正等;测量功能主要是定位信息的实时采集,包括控制显示信号强度、定位精度、实时坐标等;数据解算功能主要是点位坐标计算;制图功能主要是宗海图和海籍图编辑和绘制。一般海籍测量内业数据处理流程如下。

1) 数据标准化处理

应根据现场测量数据的格式及数据处理软件的要求,完成对数据的标准化处理,形成统一格式和参照系的测量数据。

2) 数据修正

利用平面控制解算的坐标修正参数,对坐标测量结果进行统一修正。

3) 坐标投影转换

根据面积计算、宗海图和海籍图绘制的相关要求,对实测坐标进行投影转换。

4) 界址点推算

根据实测界址点和标志点坐标,依据界址点与标志点的位置关系,推算其他界址点的坐标。

5) 宗海面积计算

根据宗海界址点坐标,采用解析法推算界址线所界定的宗海面积。

6) 宗海图和海籍图绘制

根据宗海界址点坐标,采用专业绘图软件模块绘制宗海图和海籍图。

7.4.3 面积计算

海域使用测量面积计算是指对宗海及各内部单元的面积解算。面积计算主要分为两种方法:在参考椭球面上的面积计算和投影到平面上坐标解析法的面积计算。

1. 参考椭球面上面积计算

椭球面上梯形面积计算方法如下:设梯形面积的纬度差为 dB,经度差为 dL,则椭球面上微分梯形面积 dF 为

$$dF = M \cdot N\cos B \cdot dBdL \tag{7-1}$$

式中，M 为子午圈曲率半径；N 为卯酉圈曲率半径。

$$\left.\begin{aligned} M&=\frac{a(1-e^2)}{(1-e^2\sin^2 B)^{\frac{3}{2}}} \\ N&=\frac{a}{\sqrt{1-e^2\sin^2 B}} \end{aligned}\right\} \tag{7-2}$$

式中，a 为地球椭球长径；e 为偏心率；B 为纬度；L 为经度。

如图 7-17 所示，对式(7-1)取定积分得

$$F=\int_{L_1}^{L_2}\int_{B_1}^{B_2} M\cdot N\cos B\cdot \mathrm{d}B\mathrm{d}L=\frac{b^2}{2}(L_2-L_1)\left[\frac{\sin B}{(1-e^2\sin^2 B)}+\frac{1}{2e}\ln\frac{1+e\sin B}{1-e\sin B}\right]_{B_1}^{B_2} \tag{7-3}$$

对于椭球面上的任意多边形可分割成若干梯形小块，每个梯形小块用式(7-3)计算出面积后求和即为椭球面上任意多边形的面积，即

$$S=\sum_{i=1}^{n}F_i \tag{7-4}$$

其面积计算精度主要取决于测点精度和密度。由于该计算方法和计算过程比较复杂，实际应用中通常先依据其计算方法编制软件，在计算机上将测得的大地坐标输入后，直接求得海域使用面积。

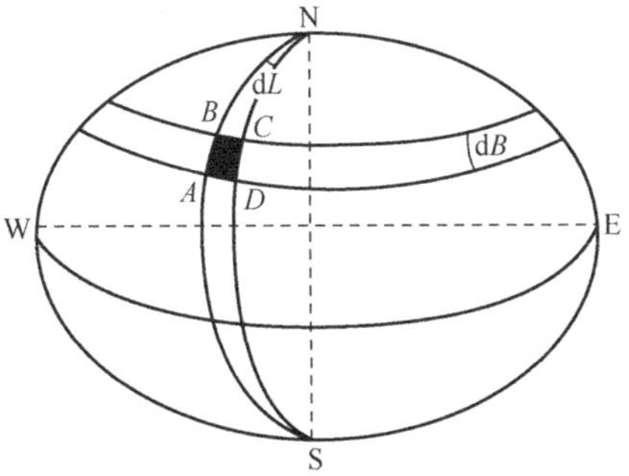

图 7-17　椭球面上微分梯形面积

2. 坐标解析法面积计算

将测得的用海界址点大地坐标，按高斯投影转换成平面坐标，对于有 n 个界址点的宗海内部单元，根据界址点的平面直角坐标 x_i，y_i(i 为界址点序号)，用坐标解析法，通过计算机处理系统计算面积 S：

$$S=\frac{1}{2}[x_1(y_2-y_n)+x_2(y_3-y_1)+\cdots+x_{n-1}(y_n-y_{n-2})+x_n(y_1-y_{n-1})] \tag{7-5}$$

或者

$$S=\frac{1}{2}[y_1(x_2-x_n)+y_2(x_3-x_1)+\cdots+y_{n-1}(x_n-x_{n-2})+y_n(x_1-x_{n-1})] \tag{7-6}$$

式中，x_n，y_n 为第 n 点的界址点坐标。

面积计算单位为平方米，结果取整数。转换为公顷时，保留 4 位小数。

计算得到的宗海及各内部单元面积填入《海籍调查表》中的“宗海及内部单元记录表”中。

7.5　宗海图和海籍图绘制

海籍测量结束后，应依据“海籍现场测量记录表”、“界址点坐标记录表”和“宗海及内部单元记录表”等绘制宗海图，修订海籍图。

应选用专门地图出版社出版的地形图、海图作为绘制宗海图和海籍图的工作底图，也可用精度适当的遥感影像地图作为绘制海籍图的工作底图。

7.5.1　宗海图绘制

宗海图是海籍测量的最终成果之一，也是海域使用权证书和宗海档案的主要附图。宗海图精确记载宗海位置、界址点、界址线及与相邻宗海关系是申明海域使用权属的重要依据。

1. 宗海图的内容与要求

宗海图包括宗海位置图和宗海界址图。宗海位置图用于反映宗海的地理位置;宗海界址图用于清晰反映宗海的形状及界址点分布。

1) 宗海位置图

(1) 地理底图,应反映毗邻陆域与海域要素(岸线、地名、等深线、明显标志物等)。选择地形图、海图等的栅格图像作为底图时,应对底图作适当的淡化处理。

(2) 本宗海范围或位置;以箭头指引,突出标示一个或一个以上界址点的坐标。

(3) 图名、坐标系、比例尺、投影与参数、绘制日期,测量单位(加盖测量资质单位印章),以及测量人、绘图人、审核人的签名等。

(4) 图廓及经纬度标记。

2) 宗海界址图

(1) 毗邻陆域与海域要素(海岸线、地名、明显标志物等),用海方案或已有用海设施、构筑物。

(2) 本宗海及各内部单元的图斑、界址线、界址点及其编号,界址点编号以逆时针为序。

(3) 相邻宗海图斑、界址线、界址点及项目名称(含业主姓名或单位名称)。

(4) 图廓及经纬度标记。

(5) 界址点编号及坐标列表。界址点个数较多,列表空间不足时,可加附页列表填写剩余界址点编号及坐标,并加注承接说明,在附页上签署测量人、绘图人和审核人的姓名,注明测量单位(加盖测量资质单位印章)。

(6) 宗海内部单元、界址线与面积列表。宗海内部单元按具体用途填写,并与"宗海及内部单元记录表"中的内部单元名称一致。表格行数应根据宗海内部单元的实际个数确定。

(7) 图名、坐标系、比例尺、投影参数、指北针、绘制日期,测量单位(加盖测量资质单位印章),以及测量人、绘图人、审核人的签名。

对于填海造地和构筑物用海方式的宗海图,应根据设定的图例,以对应的颜色或填充方式表示其图斑。对于海底管线及跨海桥梁、道路等长宽尺度相差悬殊的用海类型宗海图,可根据实际情况,采用局部不等比例方式移位绘制,以清楚反映界址点分布为宜。

2. 宗海图绘制方法

宗海位置图的比例尺以能清晰反映宗海地理位置为宜。宗海界址图的比例尺可设定为1∶5000或更大,以能清晰反映宗海的形状及界址点分布为宜。

宗海位置图和宗海界址图各自单独成图,一般采用A4幅面,宗海过大或过小时,可适当调整图幅。以全部界址点的解析坐标为基础,通过计算机制图系统进行绘制。

宗海位置图是海域使用权属管理的基本资料,重点要直观表达项目用海与周边产业及海域功能区的位置关系。宗海位置图应以最新的地形图、遥感图或海图作为底图,底图的地形、地物要素取舍以能反映海域使用的相对位置为原则。突出表示海域使用界线,增加海洋功能区划、海域使用现状、海域使用规划等信息。

对于处在项目规划阶段的海域使用项目,也应利用规划方案图等资料,按界址线界定的原则,绘制宗海位置图。并把海域使用界址线转绘到地形图或海域使用现状图上,以了解规划海域的实地位置。必要时应到实地利用信标差分GPS找出界址点位,可更准确地把握海域实际位置,如图7-18所示。

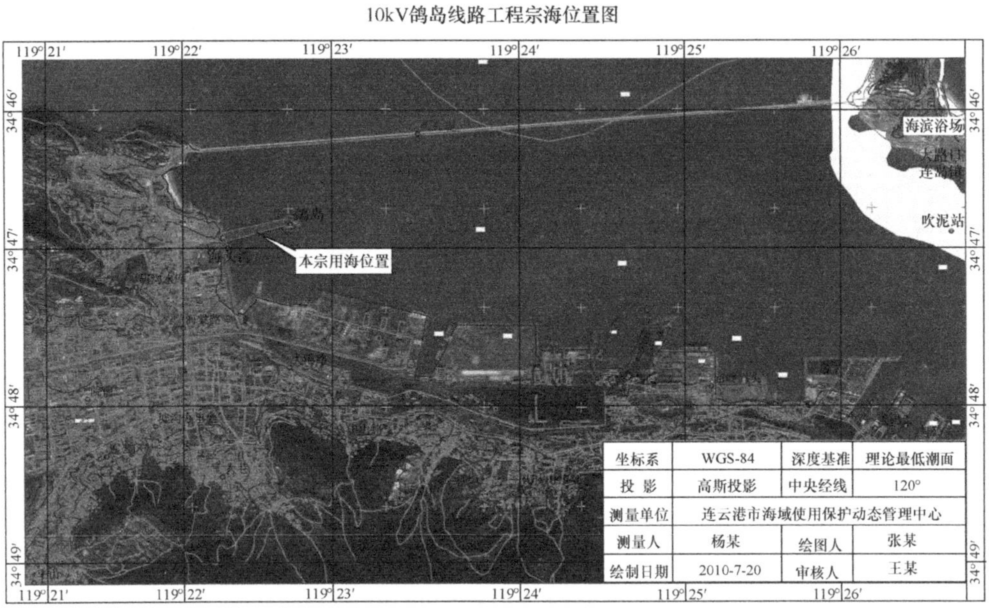

图 7-18　宗海位置图

宗海界址图突出表示海域使用界址点、界址线，以及界址点坐标、宗海面积等用海基本要素，宗海界址图样式如图 7-19 所示。

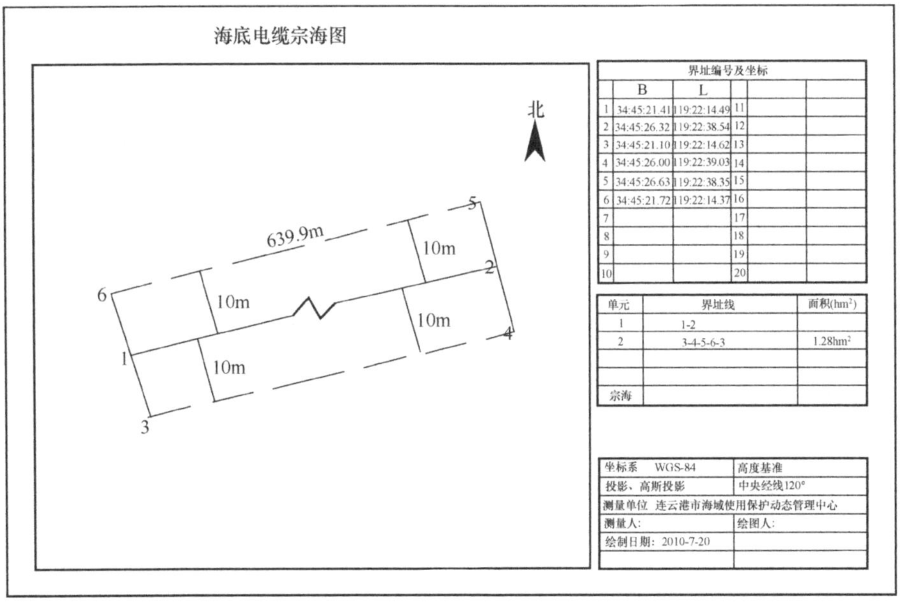

图 7-19　宗海界址图样式

7.5.2　海籍图绘制

海籍图是所在辖区海域使用管理的重要基础资料，反映所辖海域内的宗海分布情况。海籍图主要内容包括：已明确的行政界线；水深渲染、毗邻陆域要素（岸线、地名等）、明显标志物；各宗海界址点及界址线、登记编号、项目名称；海籍测量平面控制点；比例尺及必要的图饰等。海籍图整饰样式如图 7-20 所示。

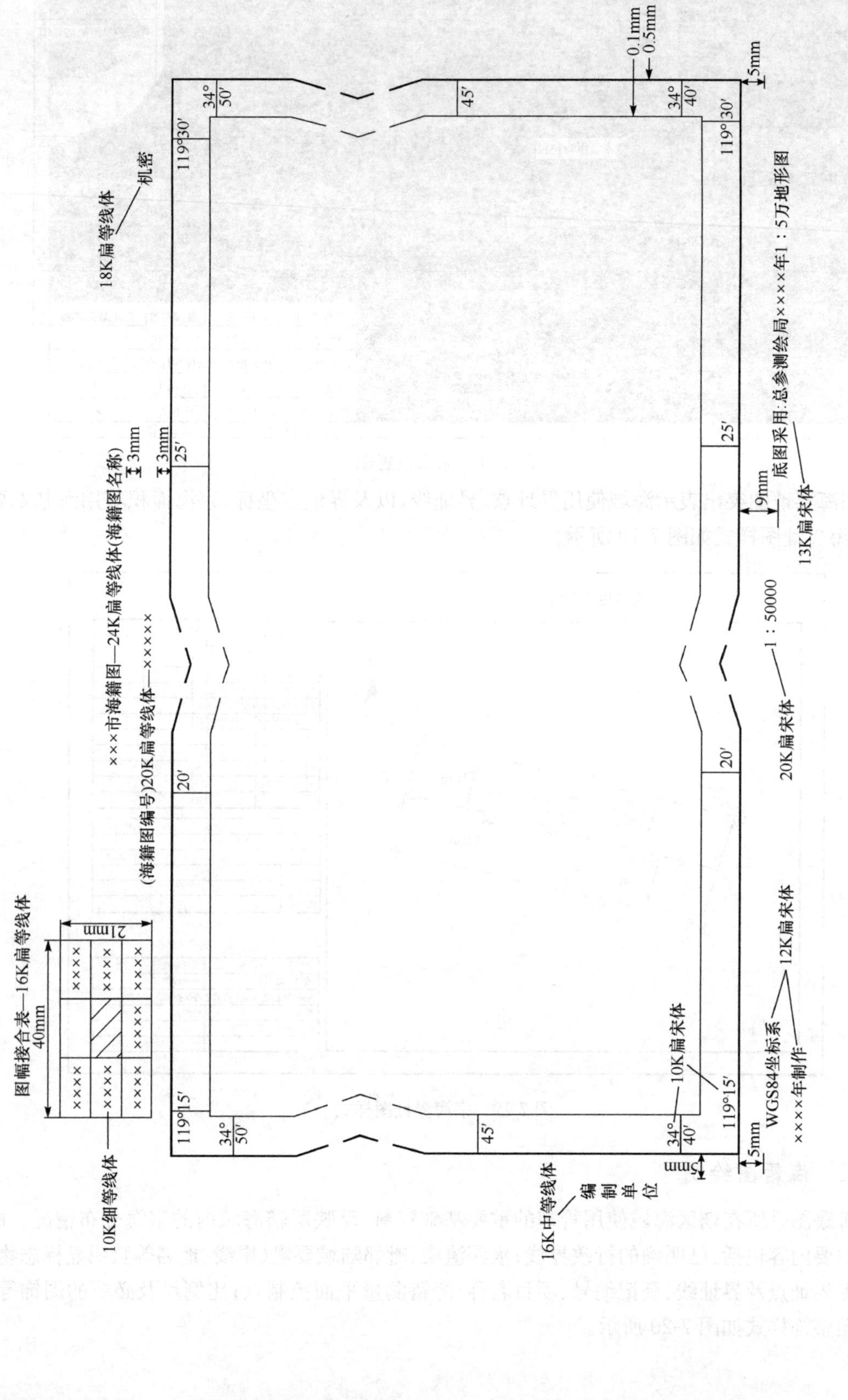

图7-20　海籍图整饰样式

海籍图比例尺应与所采用的工作底图保持一致。海籍图采用分幅图形式，并采用图幅接合表表示。海籍图分幅可与工作底图的分幅一致，也可根据当地海域实际情况采用自由分幅形式。海籍图编号采用行政区域代码与两位数字编号的组合。规定行政区域代码和两位数字编号按照自岸向海、自西向东或自北向南的顺序编排。

依据宗海图的界址点数据绘制海籍图。海籍图的绘制可根据当地技术条件采用传统制图方式或计算机辅助制图。

7.6　海籍调查报告编写

海籍调查报告是海籍调查完成后提交的主要成果之一，是追溯海域使用权属和海籍测量问题，解决权属纠纷等的权威历史资料。

海籍调查报告的内容如下：

(1) 项目简介；

(2) 测量单位简介及资质证明；

(3) 测量方案，包括测量方法、测量仪器型号及精度等；

(4) 坐标系、投影方式；

(5) 平面控制测量及精度；

(6) 面积计算方法与结果；

(7) 海籍调查表(含宗海位置图与界址图)；

海籍调查成果应由海洋行政主管部门组织检查与验收，并按规定存档。

思考题和习题

1. 什么是海籍、宗海、界址点、标志点？
2. 海籍调查的目的和内容是什么？
3. 海域使用分类的原则？目前海域使用类型体系是如何划分的？用海方式体系是如何划分的？
4. 界址点与标志点的概念，区别及联系？
5. 宗海界址界定的基本原则是什么？
6. 海籍测量主要内容和对象是什么？
7. 宗海图的作用是什么？
8. 宗海及宗海内部单元的概念及宗海图包含的相关信息？
9. 什么是海籍图？海籍图主要内容包括哪些？
10. 某石化项目配套 5000t 级石油化工码头工程。其项目新建 5000t 级石油化工品泊位 1 个，主要水工建筑物为码头泊位，用海面积 2.1024hm^2(其中码头用海 1.2824hm^2，码头停泊水域用海 0.8200hm^2)。泊位设计年通过能力为 74 万 t，年吞吐量为 70 万 t。码头泊位长度 200m，前沿设计顶高程＋5.5m，基槽挖泥总量为 11 万 m^3，基床抛石量 8.3 万 m^3。码头两侧护岸长度 104m，护堤心石抛填 11.1 万 m^3，面块石抛填量 2.6 万 m^3。停泊水域设计底高程－10m，拟建码头处海域底标高为－13.7m。请按照《海域使用分类》和《海籍调查规范》对项目用海类型和方式的界定，分析本项目各类用海的范围及面积。

第 8 章　港口与航道工程测量

所谓港口与航道工程是指港口设施(码头、船坞、防波堤)和航道的新建、改建、维护、修复等工程。在工程建设前、施工过程中和建成后都要进行测量工作。港口工程的结构形式很多,常用的有重力式建筑物、透空式建筑物和浮式结构物。重力式建筑物适用于海岸带及近岸浅海水域,如海提、护岸、码头、防波堤、人工岛等,以土、石、混凝土等材料筑成斜坡式、直墙式或混成式的结构。透空式建筑物适用于软土地基的浅海,也可用于水深较大的水域,如高桩码头、岛式码头、浅海海上平台等。其中海上平台以钢材、钢筋混凝土等建成,可以是固定式的,也可以是活动式的。浮式结构物主要适用于水深较大的大陆架海域,如钻井船、浮船式平台、半潜式平台等,可以用作石油和天然气勘探开采平台、浮式储油库和炼油厂、浮式电站、浮式飞机场、浮式海水淡化装置等。

8.1　海港工程建设中的测量工作

8.1.1　海港工程概述

海港主要指依托海岸的港口,海港一般分为内港(港池)和外港,内港一般由码头、防波堤、锚地、助航标志、航道、码头腹地以及附属建筑物组成;外港一般由锚地、测速场、消磁场等组成。港口码头按其任务使命分为停泊码头、装卸码头、油码头、舾装码头和洞库码头;按平面轮廓分为顺岸式码头、突堤式码头、扩岸式码头;按断面形状分为治理式码头、斜坡式码头、浮式码头、半直立式码头和半斜坡式码头;按结构形式分为中立式码头、板桩式码头、高桩式码头和混合式码头。

海港工程测量指沿海海港新建、改建、维护水陆交通枢纽所建设的各种工程设施测量。主要包括码头、防波堤、港池、航道和陆上装卸、储存、运输设施等设施及其水上导航设施等工程测量。对沿海港口工程而言,主要依托海岸向海洋拓展,其不但拥有陆上建设部分,还有海上建设部分,这也就增加了港口工程测量作业的复杂性和独特性。海港工程的主要特点如下:

(1) 海上水下作业。港口工程是以水下、海上作为主要工程现场,如填海、混凝土沉箱和航道等工程。水下需要潜水作业。如港口工程施工中,需要潜水进行水下检查、探摸、指挥等。

(2) 工程船舶作业。由于港口工程是以海上作业为主,因此,施工设备是以工程船舶为主,采用多种船只,如打桩船、钻探船、挖泥船、测量船、潜水船、起重船、运输船等。

(3) 预制装配作业。在海上建造结构物,容易受到气象、海洋水文情况的影响,水下浇筑混凝土困难,因此,混凝土结构多采用在岸上预制,候潮装配的建筑方法作业。利用吊放、打入的方法在施工现场装配成一体。大多采用在岸上预制混凝土沉箱。

(4) 动态环境作业。海上作业环境受波浪、潮汐、潮流、泥沙及沉积等影响,工程船舶作业平台受其影响始终处于摆动状态。无论在设计还是施工以及保证工程质量方面,都要估计到其影响。如抗浪、防波、耐腐蚀、安全施工等,在施工中,乘落潮的机会浇筑混凝土,反之乘涨潮的机会把吃水较大的沉箱拖运到施工现场。潮流流速大时，影响挖泥船进行疏浚作业。也正因为如此，沿海港口工程设计和施工需要不失时机地动态测量，提供各种各样的关于陆地和海洋的信息资料。

了解港口工程的特点，可以更好地为设计、施工人员提供可靠、准确的测量资料，有利于港口工程的顺利实施。港口工程测量虽然是一项基础性工作，但贯穿于整个港口工程建设的全过程，包括测前勘察设计、施工、监测、竣工验收。

8.1.2　海港工程勘测设计测量

海港工程建设与其他工程建设一样，需要经过勘测规划与可行性研究、设计、施工等各个阶段。海港工程施工的测量工作也必须遵循“先整体后局部，先控制后碎部”的原则进行。因此，港口工程施工测量通常包括：施工控制网的建立(包括专用施工控制网)、标定和测放建构筑物的轴线、细部放样工作及竣工后的变形监测。海港的位置大部分选定在河口或海湾内。为了进行海港工程的总体规划，平面布置和技术设计，通常需要各种比例尺的海岸带地形图和水下地形图。由表 8-1 可知，规划、可行性研究需要测图比例尺为 1∶1000～1∶25 000 的海湾地形图；初步设计需要测图比例尺为 1∶2000～1∶20 000 的海岸带地形图；施工图设计需要测图比例尺为 1∶1000～1∶5000 的海岸带地形图。除此之外，还需要气象、海洋水文和地质方面的资料。工程设计人员综合利用上述资料，进行港口位置的选定和方案比较，对码头、船坞、防波堤、仓库、铁路枢纽等以及其他一些附属建筑物进行总体布置，并且进一步精确地确定建筑物的位置和尺寸。

表 8-1　测图比例尺

测量类别	项目	测图比例尺
港口工程测量	规划、可行性研究	1∶1 000～1∶25 000
	初步设计	1∶2 000～1∶20 000
疏浚工程测量	航道	1∶500 ～1∶2 000
	港池	1∶1 000～1∶2 000
	泊位	1∶500 ～1∶1 000
	吹填区	1∶500 ～1∶2 000
航道图测量	沿海	1∶5 000～1∶50 000
航道整治工程测量	初步设计	1∶1 000～1∶10 000
	施工图设计	1∶500～1∶5 000

海港工程设计用图一般都是在施工前一定时间内实测海岸带地形和水下地形图，有时在规划和可行性设计时也参考已有的海图。海岸带地形图需测绘港口及其周围的局部地形图。海岸带地形图和水下地形图测量应严格按照各类测量规范进行，必须保证测图的成果质量。具体的测量范围和测图比例尺应由设计和施工单位与测量单位共同研究确定。表 8-2 给出了总体规划、平面布置和技术设计中水下地形测图比例尺与测深线、测深点间距和等高距的关系。海岸带地形和水下地形测量能够真实定量地反映沿岸陆地地形和海底地形的状况，这对于建造港口设施和海岸防护设施来说，具有十分重要的意义。

表 8-2 测图比例尺与测深线、测深点间距和等高距的关系

测图比例尺	测深线间距/m	测深点间距/m	等高距/m
1∶10 000	200～250	60～100	1
1∶5 000	80～130	40～80	1
1∶2 000	20～50	15～20	1
1∶1 000	15～25	12～15	0.5

1. 海港工程控制网测量

为了保证测图和以后施工的需要，需在设计港口区域布设一定密度的测图平面控制网和水准网。港口工程勘测控制网的建网方法多采用光电测距导线和 GPS 定位技术建立各种类型的控制网。这是由于港口工程通常都是沿岸附近布置成狭长的形状，既能满足港口工程建设的需求，又具有布设方便、灵活、工作量小等优越性。

近些年来，GPS 控制网已取代了常规的测量方法。这主要是由于 GPS 定位技术的高效率、高精度和全天候作业模式以及观测和数据处理的高度自动化。从应用范围来看，GPS 控制网可分为两大类：一类是国家或区域性的高精度的 GPS 控制网。这类 GPS 网中相邻点的距离通常是从数百公里至数千公里。其主要任务是作为高精度三维国家大地测量控制网，用于求定国家大地坐标系与全球大地坐标系的转换参数，为地学和空间科学研究工作服务；对 GPS 网进行重复观测，用于研究区域性的板块运动、地壳变形规律，或用于地震监测和区域性的沉降监测。另一类是局部性的 GPS 控制网，包括港口控制网或其他工程控制网。一般来说，这类 GPS 网中相邻点间的距离为几公里至几十公里，其主要任务是直接为工程建设服务。此外，我国的部分大城市和省正在筹建区域性的综合 GPS 服务网，即建立服务于大地测量、地壳形变监测、地理信息系统、气象、交通智能化管理、电离层变化监测和城市信息化管理的基础设施等多用途 GPS 网。随着 GPS 的 RTK 定位技术的使用和逐步走向成熟，采用 RTK 定位技术的 GPS 定位系统在 20km 范围内可实时获得具有平面精度1～2cm 和高程精度 3～4cm 待定点的三维坐标。GPS 不仅可以进行控制测量，而且可以直接用于海岸带地形和水下地形野外数据采集和施工放样。这些应用不仅会给 GPS 应用带来更广阔的前景，同时也会改变 GPS 控制网建立的一些传统方法和理论。

尽管 GPS 测量具有精度高、速度快等优越性，但要想得到可靠的观测结果，必须根据控制网的目的和有关规程和规范的要求，进行 GPS 控制网的优化设计，观测前对要使用的 GPS 接收机进行严格的检验，观测中按设计要求精心施测，数据处理时，要选用可靠数据处理软件，并对观测数据进行严格的检验。

GPS 控制网的设计是建立 GPS 控制网的一个重要环节，因此设计方案既要满足控制网的精度要求和可靠性要求，又要在经济上达到尽量节省的目的；所选的 GPS 点既要便于施测，又要利于永久保存。GPS 控制网的设计的一般原则包括以下九个方面。

1) *充分考虑建立 GPS 控制网的目的性*

对于工程建设的 GPS 控制网，应该既考虑勘测设计阶段的需要，又考虑施工放样等阶段的需要。对于海港 GPS 控制网，既要考虑近期建设和规划的需要，又要考虑远期发展的需要，还可以根据具体情况扩展 GPS 控制网的功能。例如，因为 GPS 测量具有高精度和不要求通视的优点，有的海港已经考虑将海港 GPS 控制网建成为兼有监测三维变形功能的控制网。这样既可以为海港建设提供发现隐患、预防灾害的极有价值的信息，又可以充分发挥 GPS 网和测绘工作在海港建设中的作用。

2）采用分级布网的方案

适当地分级布设 GPS 控制网，不仅有利于根据测区的近期需要和远期发展分阶段进行布设，而且可以使全网的结构呈长短边相结合的形式。这与全网均由短边构成的全面网相比，既可减少网的边缘处误差的积累，也便于 GPS 的数据处理和成果检核分阶段进行。分级布网是建立常规测量控制网的基本方法，因为 GPS 测量有许多优越性，所以并不要求 GPS 控制网按常规控制网分很多等级布设。为提高 GPS 控制网的可靠性，各级 GPS 控制网必须布设成由独立的 GPS 基线向量边（简称为 GPS 边）构成的闭合图形网，以便进行闭合差检核。闭合图形可以是三边形、四边形或多边形，也可以包含一些附合路线，GPS 控制网中不允许存在支线。

由于 GPS 的 RTK 定位技术的广泛应用，可以使用 RTK 定位技术进行最后一级控制网和控制网加密的施测方法。该方法尤其适用于控制点容易被破坏的海港建设工程。

3）GPS 测量的精度标准

GPS 测量的精度标准通常用网中相邻点之间的距离中误差来表示，其形式为

$$\sigma = \pm\sqrt{a^2 + (b \cdot d)^2} \tag{8-1}$$

式中，σ 为距离中误差（mm）；a 为固定误差（mm）；b 为比例误差系数（10^{-6}）；d 为相邻点的距离（km）。

《全球定位系统（GPS）测量规范》（CH-2001-92）将 GPS 的测量精度分为 A～E 五等（见表 8-3）。其中 A、B 两级一般为国家 GPS 控制网的标准。我国的国家 GPS 控制网就是按照这一精度标准设计的，其中 A 级网 29 个点、B 级网有数百个点。表 8-3 中的 C、D、E 三级 GPS 网规定可用于海港 GPS 工程控制网敷设。

表 8-3　GPS 控制网各等级精度规定

项目	等级				
	A	B	C	D	E
固定误差 a/mm	≤5	≤8	≤10	≤10	≤10
比例误差系数 $b/10^{-6}$	≤0.1	≤1	≤5	≤10	≤20
相邻点最小距离/km	100	15	5	2	1
相邻点最大距离/km	2000	250	40	15	10
相邻点平均距离/km	300	70	10～15	5～10	2～5

在 GPS 网的技术设计中，应该根据测区的大小和 GPS 控制网的用途来确定控制网的等级和精度标准。

4）坐标系统和起算数据

GPS 测量经基线解算得到的是 GPS 基线向量，其属于 WGS-84 坐标系的三维坐标差，而实用上需要得到属于国家坐标系或工程独立坐标系的坐标。因此，在 GPS 控制网的技术设计

中，必须说明 GPS 控制网的成果所采用的坐标系统和起算数据，也就是说明 GPS 控制网所采用的基准。GPS 控制网的基准与常规控制网的基准类似，包括位置基准、方位基准和尺度基准。

GPS 控制网的坐标系统应尽量与测区过去采用的坐标系统一致，当测区有国家坐标系的地面控制点成果时，应该考虑充分利用国家坐标系的资料，应将新的 GPS 控制网与已有的控制点进行联测，联测控制点一般不应少于 3 个。但要避免新建的高精度 GPS 控制网受精度较低的成果资料影响。

如果采用的是工程独立坐标系，一般应了解以下五个参数：①所采用的参考椭球体，一般是以国家坐标系的参考椭球为基础的；②坐标系的中央子午线的经度值；③纵、横坐标的加常数；④坐标系的投影面高程及测区平均高程异常值；⑤起算点坐标。

实际工作中，有时难以找到说明以上参数的资料，此时，也可以通过分析计算的方法进行处理。GPS 控制网的位置基准，通常都是由给定的起算点坐标确定的。方位基准可以通过给定起算方位角值确定，也可以由 GPS 基线向量的方位代替。尺度基准可以由地面的电磁波测边确定，也可以由两个以上的起算点之间的距离确定，还可以由 GPS 基线向量的距离确定。

5) GPS 点的高程

GPS 测量得到的是大地高，大地高是以 WGS-84 参考椭球面为基准的，而实际需要的是正高，正高是以大地水准面为基准的。水准测量计算的高程，因大地水准面起算的正高无法精确算出，常代之以似大地水准面起算的正常高。将 GPS 测得的大地高差转换为正常高差的方法有多种，目前常用的方法有地球重力模型法、地形改正法和拟合法。理论分析和试验表明，按拟合法求定两点高程异常差 $\Delta\xi$ 在大地水准面平缓地区其精度可达厘米级。为了实现高差的拟合，应使一定数量的 GPS 点与水准点重合，或者对部分 GPS 点联测水准。联测水准的 GPS 点，应均匀分布在控制网的四周及中间，这样可以提高高程的拟合精度。为便于水准联测和 GPS 观测，提高 GPS 作业效率，联测 GPS 点一般应设在交通比较方便的地方。

6) GPS 点的选取原则

由于 GPS 观测站之间不要求相互通视，所以选点工作较常规测量要简便得多。因为 GPS 点点位的选择，对 GPS 观测工作的顺利进行并得到可靠的成果有重要影响，所以，应根据测量任务的目的和测区范围、精度和密度的要求等，充分收集和了解测区的地理情况及原有控制点的分布和保存情况，恰当地选定 GPS 点的点位。在选定 GPS 点点位时应遵循以下原则：①定位周围便于安置天线和 GPS 接收机。视野开阔，视场内周围障碍物的高度角一般应小于 15°。②定位应远离大功率无线电发射源（如电视台、微波站及微波通道等）及高压电线，以免周围磁场对 GPS 信号的干扰。③为减弱多路径效应的影响，定位周围不应有对电磁波发射强烈的物体。④定位选择在交通方便的地方，以提高作业效率。⑤选点时，应考虑便于用其他测量手段联测和扩展。⑥点位应选择在地面基础坚固的地方，以便于保存。

为了长期地保存点位，GPS 控制点一般应设置具有中心标志的标石，精确标志点位。GPS 点的标石和标志必须稳定、坚固。对于监测工程构筑物变形的 GPS 监测网的点位，更应该建造便于保存的标志，尽量选择在基岩质海岸带上。为提高 GPS 测量精度，可以建造带有强制对中的观测墩。

7) GPS控制网的图形设计

GPS控制网的图形设计是GPS控制网设计中一项非常重要的工作。良好的图形设计，既可以保证GPS控制网的精度和可靠性，又可以提高工作效率和节省经费。

在GPS控制网的图形设计中，要保证GPS观测成果的可靠性，有效地发现观测结果中的粗差，必须将GPS控制网中的独立边构成一定的几何图形。这些几何图形是由数条GPS独立边构成的非同步多边形(称为非同步闭合环)，如三边形、四边形、五边形等。但如果要保证GPS控制网的精度，GPS控制网的闭合环中的边数应限制在一定数目内。这个数目一般根据GPS控制网精度要求和应用的目的性来确定。当对GPS控制网精度要求较高时，建议GPS控制网闭合环中的边数不超过4～5条，要求精度较低时，闭合环中的边数也不应超过6～7条。

8) GPS控制网的观测

各级GPS控制网作业应符合表8-4的要求。

表8-4 各级GPS控制网作业指标

等级	C	D	E
卫星高度角/(°)	≥15	≥15	≥15
卫星个数	≥4	≥4	≥4
时段长度/min	≥90	≥60	≥40
采样间隔/s	15～60	15～60	15～60
GDOP	≤6	≤6	≤8

在GPS观测作业前，根据测区中心的概略经纬度及高程和较新的星历进行预报，根据预报即可选择最有利的观测时间，提高作业效率。再根据作业的接收机的台数、交通车辆、GPS网形和星历预报编制观测计划和调度指令，来安排GPS观测。依据实际作业的进展情况对观测计划和调度指令进行必要的调整，观测计划和调度指令是顺利高效完成GPS观测的重要保证。

按调度指令各组人员需按时到达指定地点并做好仪器安置和开机的准备工作。对GPS天线进行严格对中和整平，天线定向标志应指向正北以减小天线相位偏差的影响，量取天线高时可从三个方向准确量取，当其互差满足设计要求时取平均值作为天线高。在仪器开始观测前应做好一切准备工作，包括在观测中能随时监视到屏幕而无须碰动其他任何连线和设备，否则常常会由于碰动连线而引起电源及各通讯接口接触不良、信号中断。在观测过程中经常会发生这种情况，因此建议观测过程中不要碰动仪器及连线等各种设备。观测过程中，认真逐项填写GPS观测手簿，并应时刻注意接收机的工作状态，包括GDOP值、信噪比、接收信号的类型和数量、存储容量、电池余量，发现异常及时处理。观测过程中应防止其他物体碰动天线或阻挡信号。外业手簿应编号，并且必须在野外观测现场按作业顺序完成记录，不允许事后补记或追记。

9) GPS控制网的数据处理

GPS控制网的数据处理一般分为三个阶段，一是基线解算；二是闭合差检验；三是网平差解算。下面对各阶段应注意的问题作简要介绍和分析。

GPS 控制网的基线解算一般使用购买仪器时的商用软件来完成,也可以选用国内比较成熟的软件来完成。在进行基线解算时,网中一般应有一已知 WGS-84 坐标的控制点。高精度的 WGS-84 的已知坐标有利于基线的精密解算。

基线解算后可获得有关解算质量的指标,不同的软件采用的指标有所不同。一般选用基线解的中误差作为主要指标,也有的软件采用次小方差与最小方差之比值作为评定标准。但无论采用何种软件,解算结果都必须符合软件本身所给定的参考指标。该指标是基线解算质量的首要的和最初的参考指标,只有满足要求的基线才能进入后面的闭合差检验,禁止使用不合格要求的基线结果。

对于不符合参考指标的结果可以改变一些相应的参数重新进行计算,如卫星高度角的变化、观测时间段的选择、参考卫星的选择、某些卫星的删除,以及电离层、对流层模型选择等都会对计算结果产生影响,这些参数的合理确定有待于对解算结果的准确分析及实践中经验的不断积累。对于未成功解算的基线应进行分析并根据其对网形的需要与否决定是否重测。

GPS 网闭合差分为同步环和异步环闭合差。同步环就是由同步观测的基线构成的闭合环。目前一般对同步环限差的规定如下:

$$W_X = W_Y = W_Z \leqslant \frac{\sqrt{n}}{5}\sigma \tag{8-2}$$

$$W = \sqrt{W_X^2 + W_Y^2 + W_Z^2} \leqslant \frac{\sqrt{3n}}{5}\sigma \tag{8-3}$$

$$\sigma = \pm\sqrt{a^2 + (b \cdot d)^2} \tag{8-4}$$

式中,n 为闭合环边数;σ 为相应等级规定精度;a 值、b 值见表 8-3;d 为平均边长(km)。

由于同步观测是两台或两台以上的 GPS 接收机同时对同一组卫星进行观测,同步解算的基线其误差具有一定的相关性,其闭合差限差较严,但在实际工作中经常会发现解算结果不能满足限差要求。实际上同步观测的基线其同步时间常会有所差异,而导致基线结果不能满足要求,因此在实际观测的同步环中,如果各同步点的同步观测时间有较大的差异,这时对同步环闭合差应放宽要求。

由独立观测基线组成的闭合环称为异步环,N 台仪器同步观测可得 $N-1$ 条独立基线。非同步观测 n 边异步环闭合差应符合以下规定:

$$W_X = W_Y = W_Z \leqslant 3\sqrt{n\sigma} \tag{8-5}$$

异步环闭合差的大小是评价观测成果质量的重要标准。如果 W_X(或 W_Y,W_Z)超过限差规定,应及时分析原因,必要时对其中的部分结果进行重测。

当所有基线和它们所构成的闭合环均满足限差要求后,就可以准备进行网平差了。但在进行网平差前应对已知点所处的坐标系的定义有明确的了解,包括坐标系统原点的中央子午线经度、坐标加常数、投影面的高程,在获得这些信息后便可以进行平差解算。

2. 水下地形测量

水下地形测量通常采用断面法布线走航测量,测深断面和测深点的间距见表 8-2。常用的测深平面定位方法有 GPS 定位、交会法、极坐标法等,其平面定位精度一般规定为图上 ±1.5mm。水深测量主要是应用测深杆、测深锤、回声测深仪等方法。测深精度与水的深度有关,一般情况下水深小于 10m 测深精度为 0.15m,10～20m 为 0.20m,大于 20m 时为水深的 1%。

另外,海港工程设计除需要海岸带地形图和水下地形图以外,还需要设计前一定时间内的海洋水文观测资料,包括有波浪、潮流、潮汐、海底底质和地质、海洋生物、海洋化学、海平面变化、泥沙运动等资料。

波浪观测成果对于确定港口和海岸结构物的总体布置是必需的资料,判明港口和海岸的淤积、冲刷处理以及制定施工计划等都需要波浪观测数据。波浪资料包括波高、周期、波向、“百年一遇”极值波高等。

潮流观测成果对于设计港口设施,研究港口、航道和海岸泥沙运动以及制定航道疏浚设计等工作是必需的资料。潮流资料包括设计区域内流场分布状况,尤其注意湍流、旋涡的大小和位置;验流一般采用单点连续观测、多点同步连续观测和大面流路观测,观测次数以 3 次以上为宜,一次观测尽量在大潮日进行,两次观测分别在大小潮日进行,每次潮流观测的时间不应少于 25h。

潮汐观测资料是码头设计、施工必需的,也是提高码头的使用和安全效率、减少工程造价必不可少的。潮汐观测资料包括潮汐的类型、潮汐的性质、风暴潮、“百年一遇”或“五十年一遇”的极值水位等。建立长期验潮站(观测至少 1 年的水位数据),用于为港口工程设计提供设计高(低)水位、校核高(低)水位即乘高(低)潮作业水位。

对海底底质和地质资料的调查,可以推算港池与航道回淤、海岸侵蚀、港口建筑物基础状况。海底物质受到波浪和潮流的作用之后,会产生移动,必须考虑海岸泥沙运动。为了使得码头沉箱固定且满足要求的沉降,必须考虑海底地层的承受压力状况等,否则会产生严重的后果。海底底质和地质资料包括海底地质(海底地质结构、海底土壤特性、侵蚀引起的海底变形和冲淤物)、大地结构(区域断裂、地震等)以及受潮流、海浪的影响状况,海底的分层情况和地层性质等,采用钻探取样、海底底质取样、浅地层剖面等获取设计区域的海底底质和地质资料。另外,还需要设计区域的气象方面的资料。工程设计人员综合地利用上述资料,进行港口位置的选定和方案比较,对码头、船坞、防波堤、仓库、铁路枢纽等以及其他一些附属建筑物进行总体布置,并且进一步精确地确定建筑物的位置和尺寸。

上述测量工作是使用不同的仪器、不同的作业方法进行的,但测量成果必须满足相应规范所规定的作业规程和精度指标。

8.2　港口工程施工测量

港口工程主要是指港区交通枢纽、堆场、仓库、码头等建筑物和辅助设施。港口工程施工测量是按图纸上的设计要求(如建筑物的尺寸、控制数据、标高等),将其放样在地面上的一种测量方法。包括施工控制网的建立、施工基线的测设、放样时位置和高程测定、大型工程建筑施工过程中和竣工后进行的变形观测。本节主要介绍两种常见的码头结构形式:高桩板梁式和重力式码头施工测量,施工大部分是水中作业。高桩码头要用打桩船打桩,重力式码头须用挖泥船挖掘水下基槽,并且利用抛填船只、车辆运载沙石料、沉箱到指定地点填筑基床,还要有潜水员配合和指挥检查水下施工情况。

8.2.1　施工控制网布设

为了满足施工测量的需要，需在设计港口区域根据工程的特点布设一定密度的施工控制网点和水准网。施工控制网主要是在原有控制网的基础上加密施工控制网。由于港口工程中，有些设计建筑物位于水域内或近岸海淤区，它们的施工控制就不可能像陆地上那样布设，考虑到它们的特殊性，港口工程施工控制网的建网方法多采用施工基线、光电测距导线的形式和GPS定位技术建立各种类型的控制网。这是由于港口工程通常都是沿岸附近布置成狭长的形状，利用施工基线或光电测距导线的方法作为控制，既能满足港口工程建设的需求，又具有布设方便、灵活、工作量小等优越性。

根据现场地形情况以及港口(码头)延伸至水域的情况，港口工程的施工基线一般布设成3种形式：两条相互垂直的基线、两条任意夹角的基线以及单条基线。

1. 两条相互垂直的基线

在有利的地形条件下，应尽量布设两条相互垂直的基线。平行于码头前沿线的基线称正面基线；垂直于码头前沿的基线称侧面基线或平台基线。

如图8-1所示，已知平面控制点 I_1、I_2、I_3 的坐标及码头前沿线两端点 A、B 的设计坐标。布设施工基线时，计算设计正面基线上基西、基东两点坐标。再根据基西、基东两施工基线控制点坐标，反算放样元素 α_1、β_1、α_2、β_2 及 D_1、D_2、D_3、D_4。在实地用极坐标法或前方交会法定出基西、基东两点的平面位置，并可测定基西—基东的距离进行检核。放样数据可利用下列公式计算：

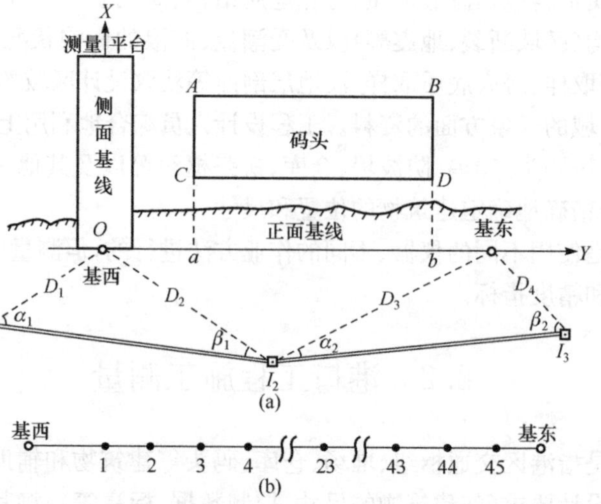

图8-1　正、侧面施工基线布设图

设图中已知平面控制点 I_1、I_2、I_3 坐标为 (x_{I_1}, y_{I_1})、(x_{I_2}, y_{I_2})、(x_{I_3}, y_{I_3})。码头前沿线上两端点 A、B 的设计坐标为 (x_A, y_A)、(x_B, y_B)，正面基线距前沿两端点 A、B 的垂直距离为 S。则有设计轴线与过 A、B 两端点的垂足线交点 a、b 坐标为

$$\left.\begin{aligned} x_a &= x_A + \gamma(y_A - y_B) \\ y_a &= y_A + \gamma(x_A - x_B) \end{aligned}\right\} \tag{8-6}$$

式中，延长系数为

$$\gamma=\frac{S}{\sqrt{(x_A-x_B)^2+(y_A-y_B)^2}} \tag{8-7}$$

根据设计轴线上 a、b 坐标，在设计图上定出 a——基西、b——基东的长度 S_{aW}、S_{bE}。可计算出待敷设基线点坐标：

$$\left.\begin{aligned}x_W&=x_a+\gamma(x_a-x_b)\\y_W&=Y_a+\gamma(y_a-y_b)\\x_E&=x_b+\gamma(x_b-x_a)\\y_E&=y_b+\gamma(y_b-y_a)\end{aligned}\right\} \tag{8-8}$$

式中，延长系数为

$$\left.\begin{aligned}\gamma_W&=\frac{S_{aW}}{\sqrt{(x_a-x_b)^2+(y_a-y_b)^2}}\\x_E&=x_b+\gamma(x_b-x_a)\\y_E&=y_b+\gamma(y_b-y_a)\\\gamma_E&=\frac{S_{bE}}{\sqrt{(x_b-x_a)^2+(y_b-y_a)^2}}\end{aligned}\right\} \tag{8-9}$$

最后，再根据已知平面控制点 I_1、I_2、I_3 坐标即可计算出设计轴线两端点基西、基东的放样数据。

$$\left.\begin{aligned}\alpha_1&=\arctan\frac{y_{I_2}-y_{I_1}}{x_{I_2}-x_{I_1}}-\arctan\frac{y_W-y_{I_1}}{x_W-x_{I_1}}\\\alpha_2&=\arctan\frac{y_{I_3}-y_{I_2}}{x_{I_3}-x_{I_2}}-\arctan\frac{y_E-y_{I_2}}{x_E-x_{I_2}}\\\beta_1&=\arctan\frac{y_W-y_{I_2}}{x_W-x_{I_2}}-\arctan\frac{y_{I_1}-y_{I_2}}{x_{I_1}-x_{I_2}}\\\beta_2&=\arctan\frac{y_E-y_{I_2}}{x_E-x_{I_2}}-\arctan\frac{y_{I_3}-y_{I_2}}{x_{I_3}-x_{I_2}}\end{aligned}\right\} \tag{8-10}$$

$$\left.\begin{aligned}D_1&=\sqrt{(x_W-x_{I_1})^2+(y_W-y_{I_1})^2}\\D_2&=\sqrt{(x_W-x_{I_2})^2+(y_W-y_{I_2})^2}\\D_3&=\sqrt{(x_E-x_{I_2})^2+(y_E-y_{I_2})^2}\\D_4&=\sqrt{(x_E-x_{I_3})^2+(y_E-y_{I_3})^2}\end{aligned}\right\} \tag{8-11}$$

正面基线定出后，一般在其延长线方向上对准某一固定建筑物设置一明显标志以供定向。同时在基线上，根据设计图上的桩位尺寸定出各桩排工作控制点，如图 8-1(b)所示。然后再将全站仪架在基西，照准基东，检查各点，要求各桩排工作控制点偏离方向线不得超过规定的限差(如$\pm 1'$)。各桩排工作控制点的距离可用全站仪测设，误差值也应小于规定的要求(如 1/2000)。最后，在基西点垂直于正面基线的方向上测设侧面基线，按和正面基线相同的方法测设各桩排工作控制点。

2. 两条任意夹角的基线

当建设远离海岸码头时，可采用如图 8-2 所示的两条任意夹角的基线。首先，通过实地踏

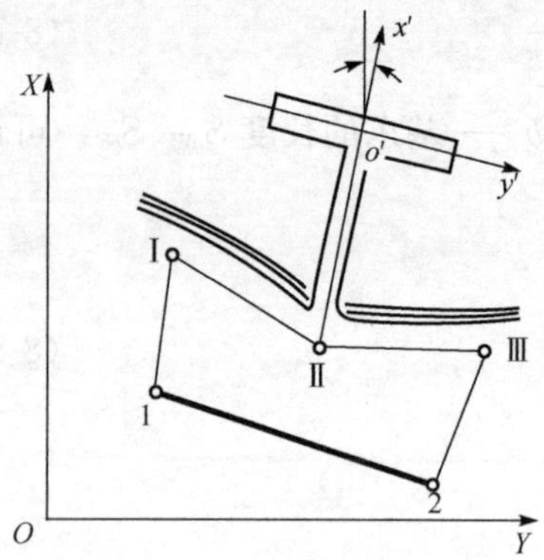

图 8-2 任意夹角的施工基线

勘选点埋石后，在设计图纸上确定布设基线点的位置。Ⅰ、Ⅱ、Ⅲ设为实地选定的一组沿岸基线端点，1、2 为已知控制点。根据施工现场情况，可将选定的基线点和已知点组成闭合导线、附合导线或 GPS 进行联测，算出各基线端点的坐标并进行检核。

布设施工基线时，为便于放样，一般采用施工坐标系较为方便。以码头相互垂直的两条轴线为坐标轴的施工坐标系 $x'o'y'$，其原点 o' 的测量坐标（Xo'、Yo'）及直线 $o'x'$ 的方位角 α 设计时已给定，则可以按坐标转换公式计算各基线点的施工坐标。为了便于计算放样数据，使各基线点及各桩点的坐标避免出现负值，可将施工坐标轴平移适当的距离，使设计图上各点的坐标都为正值。

8.2.2 高桩板梁式码头工程施工测量

港口由水域和陆域两部分组成，其陆域部分包括码头、货场、仓库、铁路、公路及其他辅助设施。码头是停靠船舶、上下旅客及装卸货物的场所，码头的前沿线是指港口水域和陆域的交接线。

高桩板梁式码头是一种重要的码头结构形式。如图 8-3 所示为高桩板梁式码头的剖面图，主要由靠船构件、面板、吊车梁、纵梁、横梁、平台横梁、直桩及斜桩等组成。

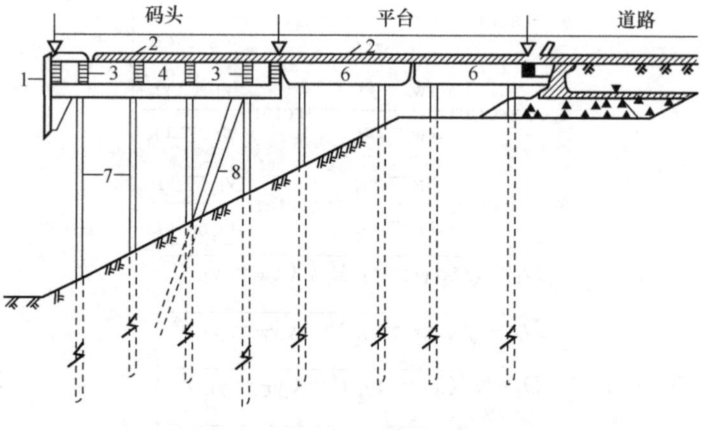

图 8-3 高桩板梁式码头剖面图

1. 靠船构件；2. 面板；3. 吊车梁；4. 纵梁；5. 横梁；6. 平台横梁；7. 直桩；8. 斜柱

1. 码头桩位类型

在修建高桩板梁式码头时，一般利用桩基础来支撑上部结构，使码头上部荷载通过桩传递到密实的下卧层中，或利用桩与土壤之间的摩擦力将建筑物的荷载传到桩周围的土壤里。因此，水上桩基础定位是高桩板梁式码头施工测量的主要工作。

高桩板梁式码头施工测量主要是桩位的施工定位，根据不同用途和它承受荷载的情况，一般布设成直桩或斜桩，桩形有方形断面桩和圆形断面桩。目前，在码头等港口工程中用得最广的是方形钢筋混凝土桩和圆形钢桩。方形直桩通常用桩的中心线作为定位标志。

2. 桩位施工测量基本原理

1）直桩定位测量

方形直桩通常采用桩的中心线作为定位标志。如图 8-4 所示，已知正方形直桩中心点 M 的设计坐标（X_M、Y_M），桩宽 b，可用桩面中心点 P 为定位点，也可用左右棱角 L、R 作为定位点。

$$\left.\begin{aligned} Y_L &= Y_M - \frac{b}{2} \\ Y_P &= Y_M \\ Y_R &= Y_M + \frac{b}{2} \end{aligned}\right\} \tag{8-12}$$

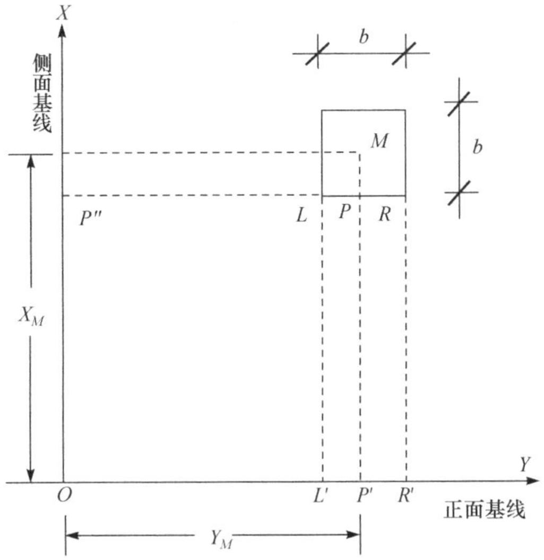

图 8-4　直桩定位标志

港口工程中有时使用圆柱桩，主要有钢管桩、钢筋混凝土桩等。由于圆形桩吊入龙口时会发生旋转，定位时就不能用桩的中心线作为定位标志，一般采用切线与圆桩的切点作为定位标志。

如图 8-5 所示，先根据桩中心的设计坐标反算其切点数据。用正、侧面基线切线与圆桩的切点坐标为

$$\left.\begin{aligned} X_A &= X_P - \frac{\phi}{2} \qquad & X_B &= X_P \\ Y_A &= Y_P \qquad & Y_B &= Y_P - \frac{\phi}{2} \end{aligned}\right\} \tag{8-13}$$

在施工区域大、桩位远离岸线的情况下，不能确定正、侧面基线时，可布设任意夹角 γ 的施工基线。圆形直桩的切点坐标为

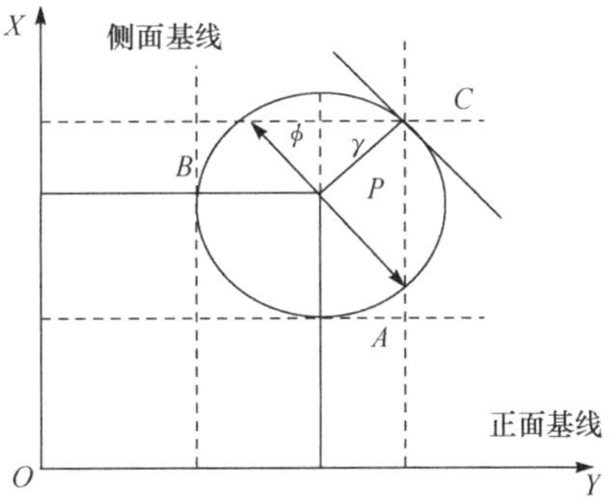

图 8-5　圆桩定位标志

$$\left.\begin{aligned} X_C &= X_P \pm \frac{\phi}{2}\cos\gamma \\ Y_C &= Y_P \pm \frac{\phi}{2}\sin\gamma \end{aligned}\right\} \tag{8-14}$$

2）斜桩定位测量

斜桩定位时，定位标志点的计算应考虑斜桩的倾斜度及平面扭角两个因素。所谓斜桩的倾斜度是指倾斜桩在垂直方向线上的投影与在水平方向上的投影的比值。如图 8-6 所示，一般用 $n:1$ 表示，也可用 $\tan 1/n$ 表示。打桩时，可以通过打桩船上打桩架的俯与仰，使桩处于设计的倾斜位置。

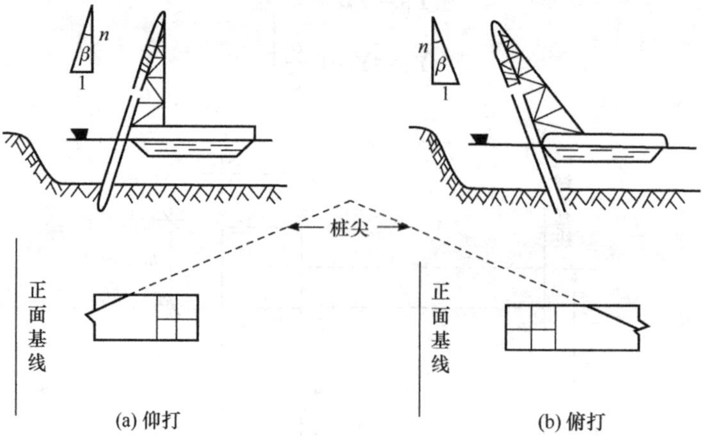

图 8-6　斜桩仰打与俯打

斜桩的平面扭角是指斜桩中心轴线的水平投影与桩排方向间的夹角，常用 φ 表示，也可用 $m:1$ 表示，m 为斜桩在桩排方向上的水平投影，而在正面基线方向上的投影为 1，即 $\tan\varphi = 1/m$。在桩位位计算时，以桩排中心线方向为零，顺时针方向旋转的角度为右扭转角，逆时针方向旋转的角度为左扭转角。右扭转时 φ 取正值，如图 8-7(a)表示；左扭转时 φ 取负值，如图 8-7(b)所示。

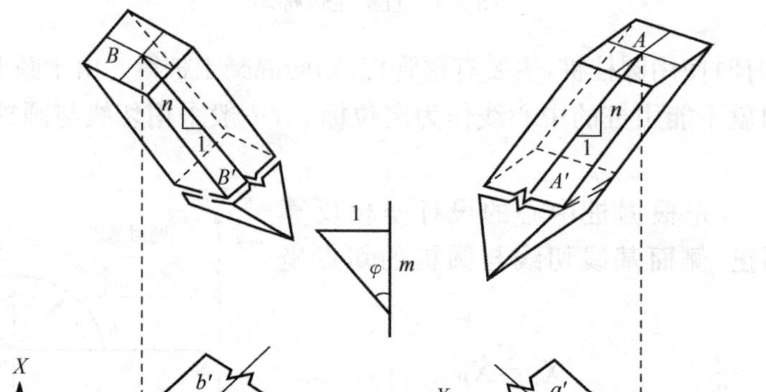

图 8-7　斜桩平面定位

由于斜桩在不同标高时，其桩中心位置在平面上的投影不在同一点上，而设计人员提供的桩的设计中心坐标是指桩在设计标高上的中心坐标。因此，定位标志点的计算参数一般应该是设计标高上桩的倾斜度、水平扭角等数据。

3. GPS 海上打桩定位原理

随着 GPS 定位技术的广泛应用，基于 GPS-RTK 实时载波相位差分定位技术成功地应用于海上桩位定位测量中。解决在远离陆地（甚至几十公里）的情况下进行海上打桩定位测量的视线问题，天气和白昼等多因素的影响。同时也能提高工作效率，降低工作强度。实现打桩定位测量自动化、智能化。

1）基本工作原理

GPS 接收机是不能对桩身进行直接定位的。目前，常用的方法是首先由岸上 GPS 基准站和安装在船体上的 GPS 仪器对船体进行 RTK 实时定位。然后，再以船体作为已知参照物，再依据桩架与 GPS 天线位置的固定几何关系，从而达到由 GPS 对桩身的控制目的。因此，GPS 打桩船系统在船体中后部两侧适当位置安装 3 台 GPS 接收天线，GPS 接收系统以 RTK 方式工作，实时测量三个接收天线的大地坐标，目的是在控制船体的同时检测船体横摇、纵倾角、桩架倾角及桩体、替打与桩架的相对位置。根据坐标转换数学模型以及接收天线、桩架及替打之间的几何关系，通过软件系统进行处理，计算出桩体坐标、方位角、桩顶标高、贯入度等参数。打桩系统组成如图 8-8 所示。

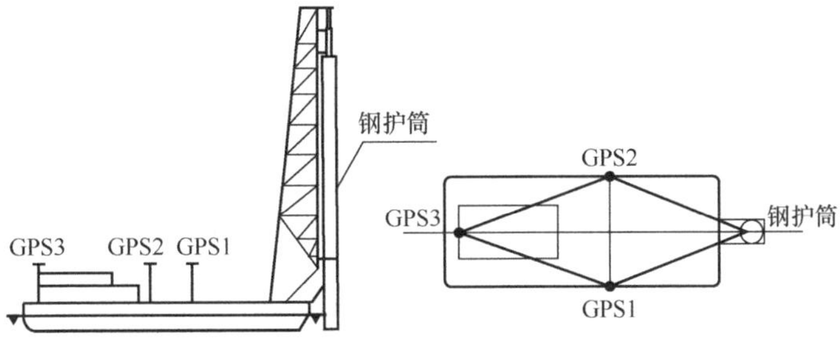

图 8-8　GPS 打桩船系统原理示意图

“打桩系统”对船体的控制采用 3 台 GPS 仪器，目的之一是在控制船体的同时，控制船的姿态，即船体纵、横摇摆的倾斜量。在数学模型中，对因船体姿态的变化所引起的定位计算误差加以改正，以进一步提高对桩的定位精度。另一个目的是增加 GPS 坐标的多余观测量，通过 3 台 GPS 天线位置的相对固定关系，有效地检查和校核 GPS 观测数据的正确性。

“打桩系统”对桩顶标高的测定是采用高程比较法来实现的，即在打桩架下龙口的开孔窗中间置一水平横丝，水平横丝的实时高程由 GPS 实时高来推算，观测人员通过安装在水平横丝后侧的摄像机观测桩身刻划线的读数，并输入到计算机中，由计算机根据 GPS 接收机收到的数据计算出桩顶的实际高度，从而实现在打桩过程中对桩顶标高实时、连续和动态的监测。

2) GPS 海上打桩定位的数学模型

【建立船体坐标系】 打桩定位的结果是要测定桩身的位置和方位，由于不能将 GPS 天线直接安装在桩身上，因此为实现对桩身的定位和定向一般在打桩船上安装三台 GPS（RTK）接收机（流动站）或安装两台 GPS(RTK) 接收机(流动站）和一台倾斜仪以确定船体的位置和姿态，进而可以确定船体上桩的位置和方向，从而实现对桩的定位和定向。

在打桩船甲板面基本水平且桩架基本垂直的状态下，选定过某点的水平面为船体高程基准面，船体纵轴线定义在船体高程基准面内且应与船体对称，另外，船的纵轴线应过替打中心。因此在仪器安放时首先确定 GPS 仪器天线的安装位置。其中的两台 GPS 仪器天线位置在船体高程基准面上的水平投影应尽可能与船的纵轴线对称，两天线在船体高程基准面上水平投影连线的中点 O 应位于船体的纵轴线上。O 点定义为船体三维坐标系的原点，在船体高程基准面上 O 点至替打中心(纵轴线）定义为船体三维坐标系的 X 轴正向，在船体高程基准面内 X 轴正向右转 90°为 Y 轴正向，Z 轴垂直向上，构成左手坐标系统，即船体三维坐标系统，如图 8-9 所示。

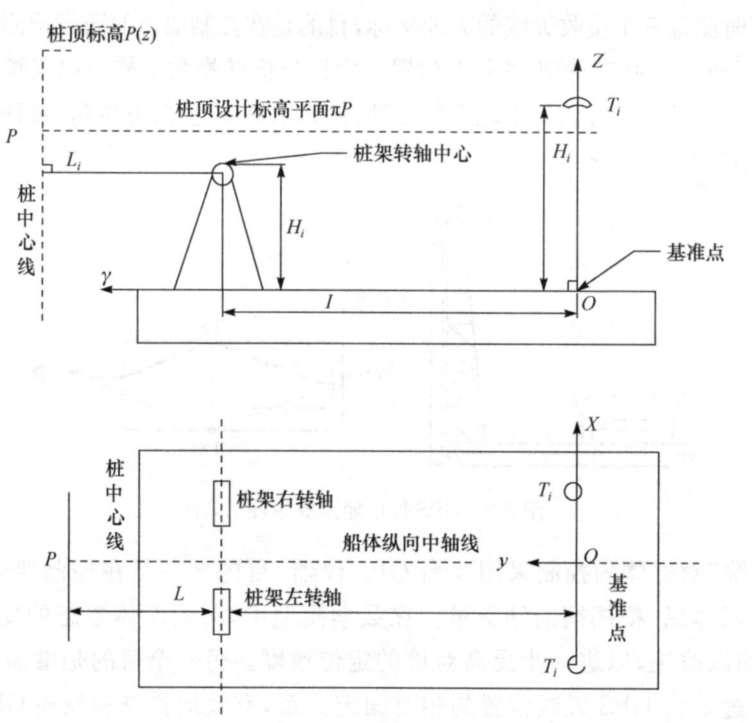

图 8-9 船体坐标系统的建立

【船体坐标系统转换】 如图 8-10 所示，坐标系统 $O\text{-}XYZ$ 对应的是三维船体坐标系统，假设船体的纵倾和横倾分别为 α 和 β，它们均为微小量，即假设船的倾斜在一定范围内，首先绕 X 轴顺时针旋转 β 角，得到坐标系 $O\text{-}XY''Z'$，该坐标系绕 Y'' 轴逆时针旋转 α 得到过三维船体坐标系原点且位于水平面的坐标系统 $O\text{-}X''Y''Z''$，称该坐标系统为瞬时船体水平坐标系统，该坐标系统中的平面坐标与工程坐标系统存在平移、旋转的关系。

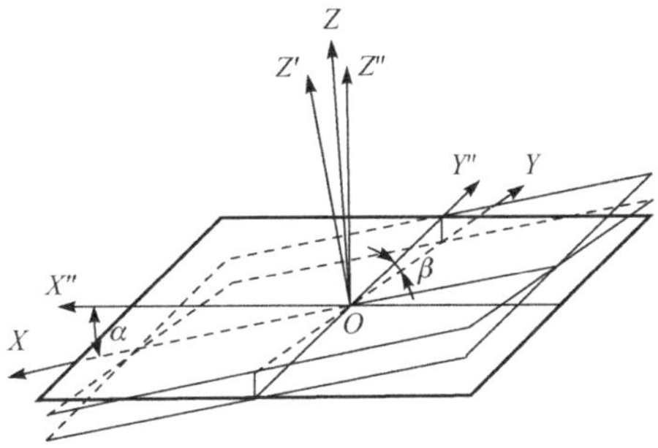

图 8-10　三维船体坐标系统与瞬时船体水平坐标系统间的转换

三维坐标系统之间的旋转矩阵分别为

$$\boldsymbol{R}_{x(\alpha)}=\begin{pmatrix}1 & 0 & 0\\ 0 & \cos\alpha & -\sin\alpha\\ 0 & \sin\alpha & \cos\alpha\end{pmatrix} \tag{8-15}$$

$$\boldsymbol{R}_{y(\alpha)}=\begin{pmatrix}\cos\alpha & 0 & \sin\alpha\\ 0 & 1 & 0\\ -\sin\alpha & 0 & \cos\alpha\end{pmatrix} \tag{8-16}$$

$$\boldsymbol{R}_{z(\alpha)}=\begin{pmatrix}\cos\alpha & -\sin\alpha & 0\\ \sin\alpha & \cos\alpha & 0\\ 0 & 0 & 1\end{pmatrix} \tag{8-17}$$

旋转角为从各个旋转轴的正向看,逆时针旋转角为正,顺时针为负。由三维船体坐标系统 $O\text{-}XYZ$ 转换到瞬时船体水平坐标系统 $O\text{-}X''Y''Z''$ 的转换矩阵为

$$\boldsymbol{R}=\boldsymbol{R}x(-\beta)\boldsymbol{R}y(\alpha) \tag{8-18}$$

工程坐标系统 xoy 与瞬时船体水平坐标系统 $O\text{-}X''Y''Z''$ 之间的坐标变换一般采用相似变换法,实质是使一个坐标系下的坐标进行平移、旋转和尺度因子改正,变换到新的坐标系下,两坐标系中网的形状保持不变,设点 P 的瞬时船体水平坐标为(X_P,Y_P),将其转到工程坐标系统的坐标(x_P, y_P)的变换方程为

$$\begin{pmatrix}x_P\\ y_P\end{pmatrix}=\begin{pmatrix}x_0\\ y_0\end{pmatrix}+K\begin{pmatrix}\cos\gamma & -\sin\gamma\\ \sin\gamma & \cos\gamma\end{pmatrix}\begin{pmatrix}X_P\\ Y_P\end{pmatrix} \tag{8-19}$$

式中,γ 为 X 轴逆时针旋转到 x 轴的角度;X_0,Y_0 表示平移量;k 为尺度因子。该 4 个转换参数由 3 个 GPS 点的两套坐标通过平差计算的方法获得。

【GPS 确定船体倾斜】　若定位系统中采用倾斜仪,则船体的倾斜量可由倾斜器直接测得。船体倾斜也可由 3 台 GPS 仪器的观测成果,即利用 3 台 GPS 接收机的实时的高程观测值差值与它们在船体高程差值的变化计算出来,其计算的公式见式(8-20)。

设 GPS1、GPS2、GPS3 在船体坐标系中的坐标分别为(X_1,Y_1,H_1),(X_2,Y_2,H_2),(X_3,Y_3,H_3),H_1,H_2,H_3 分别表示 GPS1 ,GPS2 ,GPS3 实时测定的高程。当船体倾斜的时候,假设纵倾为 α,横倾为 β。纵横倾均用弧度表示,而且它们均为微小量。则

$$\left.\begin{array}{ll}X_{13}=X_1-X_3 & Y_{13}=Y_1-Y_3\\ X_{23}=X_2-X_3 & Y_{23}=Y_2-Y_3\end{array}\right\} \tag{8-20}$$

当船体倾斜时 GPS1、GPS3 之间的高程变化为 $X_{13}\alpha+Y_{13}\beta$。根据观测高程可以求得

GPS1、GPS3 之间的高程变化为$(h_1-h_3)-(H_1-H_3)$，从而有关系式

$$X_{13}\alpha+Y_{13}\beta=(h_1-h_3)-(H_1-H_3) \tag{8-21}$$

同理可得另一关系式

$$X_{23}\alpha+Y_{23}\beta=(h_2-h_3)-(H_2-H_3) \tag{8-22}$$

由上述两式可以解得

$$\left.\begin{aligned}\alpha&=\frac{[(h_2-h_3)-(H_2-H_3)]Y_{13}-[(h_1-h_3)-(H_1-H_3)]Y_{23}}{X_{23}Y_{13}-X_{13}Y_{23}}\\\beta&=\frac{[(h_2-h_3)-(H_2-H_3)]X_{13}-[(h_1-h_3)-(H_1-H_3)]X_{23}}{X_{13}Y_{23}-X_{23}Y_{13}}\end{aligned}\right\} \tag{8-23}$$

【设计高程面桩中心三维船体坐标的计算】 采用不同的定位模式，其设计面桩中心的船体三维坐标的计算也不同，定位的模式可以概略分为粗略定位模式和精密定位模式。

(1) 粗略定位模式：该模式的特点是认为桩的位置与船体是固定不动的，粗略定位模式定位时采用的设备也有所不同，有的采用 3 台 GPS 接收机来测定船体的位置和姿态，也可以采用 2 台 GPS 接收机和 1 台双轴数字倾斜仪测定船体的位置和姿态，也可采用 3 台 GPS 接收机加 1 个双轴数字倾斜仪，这样数据间有一定的相互校核，有利于避免错误和提高观测的精度。

在粗略定位模式下，由于假设了桩的位置与船体是固定不动的，因此可以首先计算其桩中心位置的船体三维坐标。如图 8-11 所示，XOZ 属于船体坐标系统，旋转支架的旋转轴中心的船体坐标设为(X_R, O, H_R)，设船体的纵倾为 α，桩的倾斜为 γ，支架旋转中心距抱桩器中心的距离为(X_Z-X_R)，X_Z 为在船体直桩状态下的桩中船固坐标，X_Z，X_R，H_R 在设备坐标测定时同时测定，桩身中心与 OX 轴交点在船体坐标系的 X 坐标为

$$X=X_R+\frac{X_Z-X_R}{\sin(\gamma-\alpha)}+\frac{H_R}{\tan(\gamma-\alpha)} \tag{8-24}$$

该点在工程坐标系中的高程为

$$h=h_0-X\cdot\tan\alpha$$

式中，h_0 为船体坐标系原点的高程，根据任一 GPS 天线在船体坐标系中的高程、实时测量获得的高程以及船体的纵横倾斜可以计算出船体坐标系原点 O 的高程 h_0。

$$h_0=h_i-X_{i\alpha}-Y_{i\beta}-H_i \tag{8-25}$$

计算时可采用几台仪器同时计算并取平均值作为计算结果。设计高程面上的桩中心三维船体坐标为

$$\left.\begin{aligned}X_D&=X-\frac{h_D-h}{\sin\gamma}\cos(\gamma-\alpha)\\Y_D&=0, H_D=\frac{h_D-h}{\sin\gamma}\sin(\gamma-\alpha)\end{aligned}\right\} \tag{8-26}$$

(2) 精密定位模式：该模式的特点是认为在打桩过程中桩的位置与船体有相对的移动，因此是在粗略定位模式的基础上(一般) 再布设 2 台免棱镜测距仪测定其移动量，以测定在打桩过程中桩中心位置的变化。如图 8-12 所示，测距仪安装在旋转支架上的某个与桩架垂直的平面内(图中的测距面)，这样测距仪与桩架是固连的，它随着桩架的转动而转动。以旋转支架中心轴与 XOZ 平面的交点 o 为原点建立桩架三维坐标系统 $o\text{-}rst$，or 垂直于桩架，os 在与桩架垂直的平面内并与 or 垂直，ot 垂直向上。

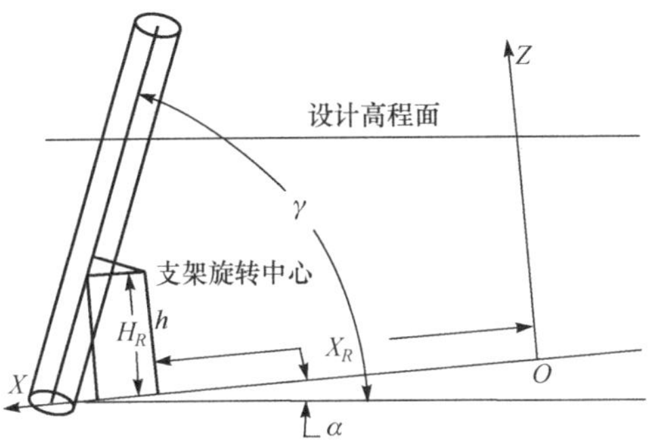

图 8-11　设计高程面桩中心的船体三维坐标

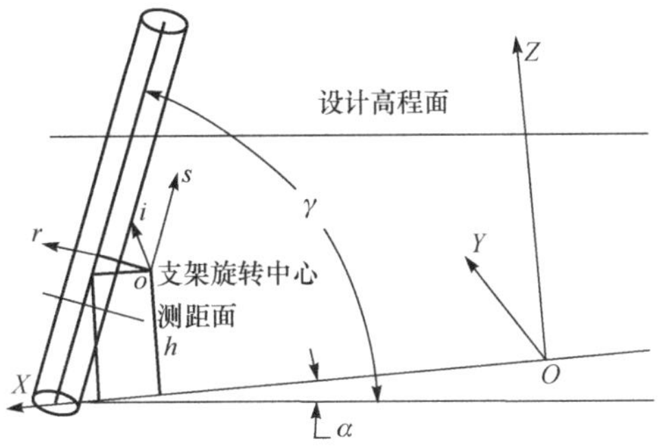

图 8-12　桩架与船体三维坐标系统

图 8-13 为测距平面在 *ros* 平面上的投影，D_1，D_2 为 2 台测距仪的位置，虚线圆为理想状态下桩的位置，实线圆为桩的实际位置，在 *o-rst* 坐标系下测距仪的坐标以及其视线的方位已在设备坐标测定时测定，利用测距仪测得的距离便可计算出 *o-rst* 坐标系下桩体表面上左右 p_1，p_2 两个点的坐标，再根据桩的半径利用测边交会推算中心点 *c* 的坐标（*rc*，*sc*，*tc*），其中 *tc* 在设备坐标测定时计算出来。

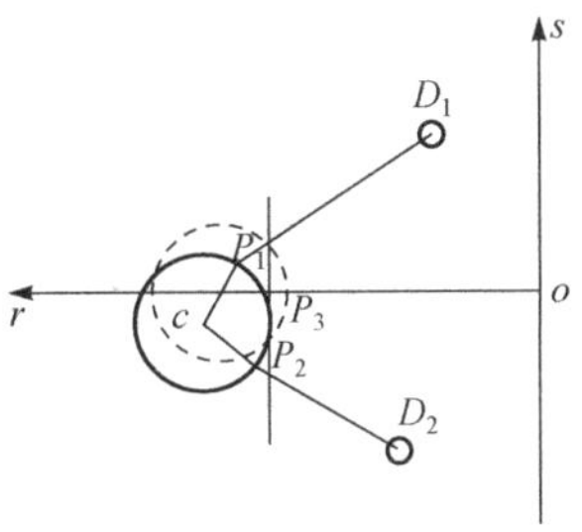

图 8-13　测距面内桩中心桩架三维坐标的测定

桩架三维坐标需要转换到船体坐标，转换计算如下：

$$\begin{pmatrix} X_c \\ Y_c \\ Z_c \end{pmatrix} = \begin{pmatrix} X_0 \\ Y_0 \\ Z_0 \end{pmatrix} + \begin{pmatrix} \gamma_c \\ s_c \\ t_c \end{pmatrix} R_S(\gamma-\alpha) \tag{8-27}$$

式中

$$R_s(\gamma-\alpha)=\begin{pmatrix} \cos(\gamma-\alpha) & 0 & \sin(\gamma-\alpha) \\ 0 & 1 & 0 \\ -\sin(\gamma-\alpha) & 0 & \cos(\gamma-\alpha) \end{pmatrix}$$

在计算过程中需要用到支架旋转中心的船体坐标，设计高程面上桩中心的船体坐标的计算与粗略定位模式类同。

4. GPS 海上打桩定位系统

如图 8-14 所示，系统主要包括 GPS 实时定位、倾斜仪姿态监控、测距仪抱桩改正、声控传感器桩锤与贯入监控、无线传输设备和打桩定位系统软件等。

1) GPS 实时定位

GPS 实时定位系统一般由 1 台基准站和 3 台流动站组成。基准站架设在岸已知控制点上，利用数据链电台实时地发射 GPS 差分数据。3 台移动站则安装在打桩船前方的旋转平台上，同时在旋转平台上安装一个四向倾斜仪，利用移动站 GPS 实时解算得到的三维坐标，结合倾斜仪实时测得的倾斜参数构成一个三维空间立体模型。在安装时考虑到 GPS 本身的误差，必须结合打桩船的实际情况，GPS 流动站间的安装距离越大，则立体模型构成越好。

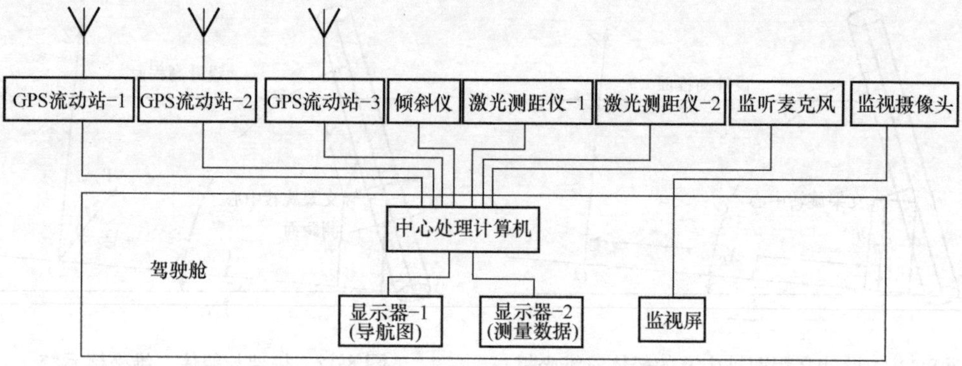

图 8-14　GPS 打桩船系统结构图

2）倾斜仪姿态监控

倾斜仪姿态监控包括旋转平台(船身)姿态监控和桩架姿态监控。其中一个安装在旋转平台上,打桩船由于受到水流波浪的冲击会产生幅度不等的摇摆现象,就需要利用电子倾斜仪实时监测旋转平台平面的纵横摇摆数据,结合 GPS 实时得到的三维坐标对旋转平台的三维坐标模型进行实时计算改正,得到旋转平台任一点的实时三维坐标;同时,在桩架的伸缩支架上安装一个倾斜仪和激光测距仪,用于测量伸缩支架的倾斜角度和伸缩长度,得到伸缩支架和竖直桩架结合点传递后的坐标;根据不同的施工需要有直桩、仰桩和俯桩之分,为了实时得到精确的桩架俯仰数据,还需在竖直桩架上安装一个倾斜仪,用于测量桩架的横摇和纵倾,经过实时测得的桩架倾斜改正,便可得到桩架上任一点的三维坐标。

3）测距仪抱桩改正

在得到桩架的实时定位后,需测得桩架与桩的实时相对位置。在定桩和下桩过程中,因受仰桩、俯桩和抱桩装置精密度的影响,桩与打桩船之间的相对位置是实时变化的,虽然很小(一般几厘米),但对于要求高精度的打桩定位,必须采用安装两个激光测距仪的方式对其进行实时的抱桩误差改正。通过测距仪测得的高精度距离值结合桩的俯仰、倾斜参数实时改正桩心距,从而实现高精度的实时桩位监控。

4）声控传感器桩锤与贯入监控

水上打桩都需要提供贯入度资料,其中最主要的是桩锤数、标高控制和单位锤击下沉量。采用声控传感器记录桩锤数,通过灵敏度调整和软件设置可以实时记录和显示。桩的标高控制通过摄像机实时监控。目前大多数打桩船主要采用摄像机监控方式,实现起来比较简单。根据相对定位的原理,以桩架某一点为基准参考点,通过摄像镜头观测其与桩身刻度的相对差值来得到桩的标高。

5）无线传输设备

由于将多项设备安装在打桩船的旋转平台及桩架上,考虑到操作空间的可行性和方便性,把电脑、显示器等监控设备安装在船的后驾驶舱内。如果所有设备的数据传输都通过电缆连接,对旋转平台的电缆安装有一定的难度,如果只是悬于旋转平台的外围,很容易导致损坏。

因此,必须采用无线传输设备进行数据的传送。

6) 打桩定位系统软件

打桩定位系统软件主要用于实现各个硬件部分的数据整合、解算和定位资料的记录、输出。打桩船上所有的 GPS、测距仪、声控传感器等都由一个集成控制器与计算机连接在一起,通过系统软件实行打桩的实时监控。

7) 桩位实时动态姿态监控

双显示器计算机 1 台。安装在操作舱内,采用专用导航软件,接收、传输、处理及记录 GPS 数据、测斜仪数据、激光测距仪数据、记录锤击数等。一台显示器用于测量人员监测各项设备运行情况并显示各类参数,包括各 GPS 流动站工作状态,桩位设计坐标,桩位实时动态坐标;另一台显示器显示船体及桩位图形给船体操作员,向目标位置导航,引导操作员移动船位。

现场视频监视器 1 套。监视摄像头安装在船头位置,连接操作舱内监视器,用于监测现场桩体运动情况。

8.2.3 重力式码头施工测量

重力式码头结构主要由墙身、基床、墙后抛石棱体、上部结构等组成,按形式可分为方块码头、沉箱码头、扶壁码头等。如图 8-15 所示为混凝土方块重力式码头,重力式码头主要依靠码头结构本身和其上填料的重量来维持其稳定性。因此,需要有良好的地基支撑。

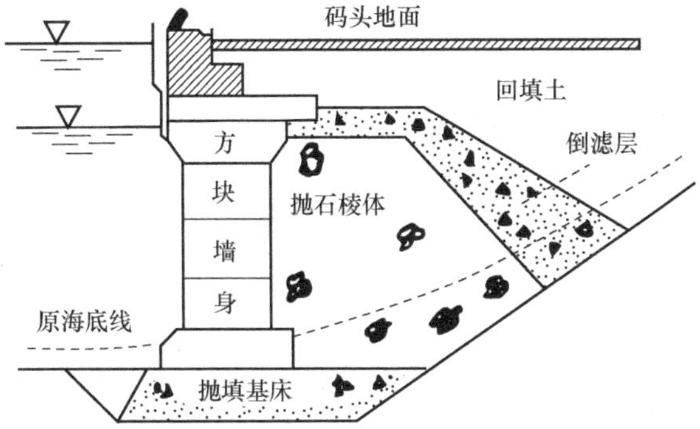

图 8-15 方块重力式码头

重力式码头施工测量的主要内容有:施工基线测设、基槽开挖和基床抛填导标测量、基床整平测量和预制件或模具安装测量。

1. 施工基线测设

为了控制基槽开挖、基槽横断面测设和预制件的安装测量,一般沿码头基槽设计中心线方向布设正面基线 AC,在垂直于基槽设计中心线方向布设侧面基线 AB。如图 8-16 所示,A、B、C 三点为基线点,可采用施工坐标系。

2. 基槽开挖测量

开挖基槽一般由挖泥船进行,测量工作的主要任务是:设置挖泥导标以控制开挖的宽度和

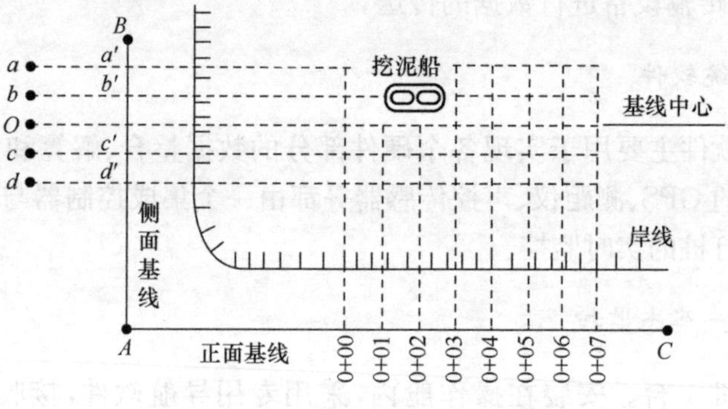

图 8-16　基槽施工基线布置图

方向，进行挖泥前后的横断面测量以检查开挖是否合乎设计要求。

1）导标测设

如图 8-17 基槽开挖断面图所示，设 ab 为基槽的底宽，$a'b'$为基槽开挖宽度。为了控制基槽开挖的宽度和中心线方向，可沿侧面基线 AB 按设计尺寸设置纵向导标。同时，检查开挖深度，要用测深船沿断面方向测深，为了控制基槽横断面测量方向，沿正面基线 AC 按横断面设计尺寸设置横向导标，横向导标设计为活动导标。

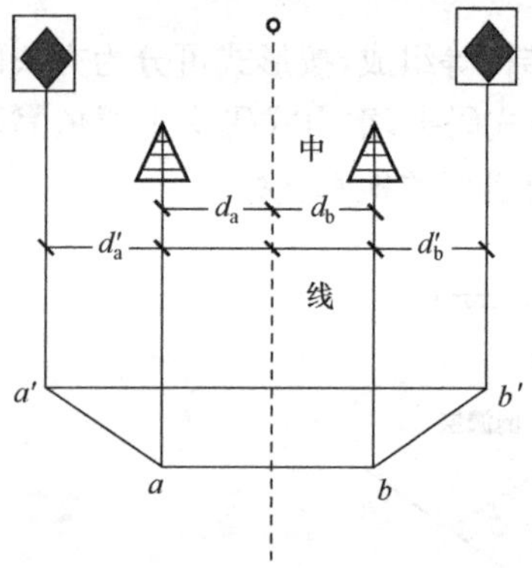

图 8-17　基槽开挖导标测设

设置纵向方向导标时，先在侧面基线定出断面中心点 O，并向两侧各量底宽的 1/2，得 a、b 两点，同时再量出开挖宽度的 1/2 得 a'、b'两点，a、b 点上设置一对三角形标志，以控制底宽方向，在 a'、b'点上设置一对长方形标志，以控制边线方向。设置不同形状的方向标是为使挖泥船对标不致发生混乱。如果码头两端延伸均为水域时，则需架设水上的方向标志。

2）基槽横断面测量

在正面基线上，布设横断面控制桩，每隔 5～10m 设置一桩并用里程进行编号，以控制基槽纵向开挖区间及掌握开挖断面的标准。挖泥船沿纵向，由码头前沿、自右方到左方，在一定宽度的范围内挖泥，挖完一条后，向岸边移动一定宽度再挖第二条，按此继续进行。为此，需要在每一断面方向上设立一对活动导标，测深船可沿断面方向测深。测设横断面桩，施测挖泥前后的断面，检查基槽开挖是否合乎设计要求。

3. 基床抛填测量

基槽开挖完成后，根据设计的要求进行填砂和抛石，这时的测量工作是按设计尺寸为抛填设置导标，进行水深测量检查抛填情况以及为基床平整进行高程放样工作。

1）导标测设

导标测设必须满足为水上基床抛填设置方向标。如图 8-18 所示为抛填砂石的设计断面图，铺砂抛石的宽度尺寸注在图上。为了控制水上抛填施工范围和方向，需要在侧面基线上按图示尺寸设置各种控制桩。为了防止混乱，采用不同形式的方向标以示区别，如用一对菱形标 4 控制抛砂的宽度，用一对圆形标 3 控制抛石的宽度，用一对倒三角形标 2 控制精平宽度，用一对方形标 1 控制细平和极细平的宽度。

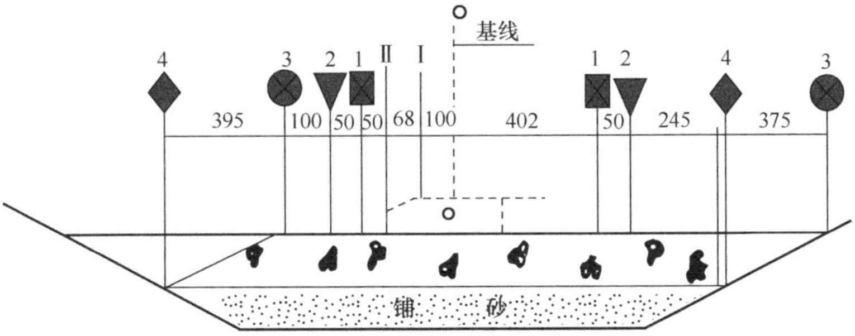

图 8-18　基床抛填导标测设

施测时，首先在基线 AB 上测设各边线的控制桩 1、2、3、4，然后在各桩垂直于基线 AB 的方向上设置一对方向标，一般基线上的控制桩可兼作一个方向标，如图 8-19 所示 1-1′、2-2′、3-3′、4-4′基床抛填方向标。

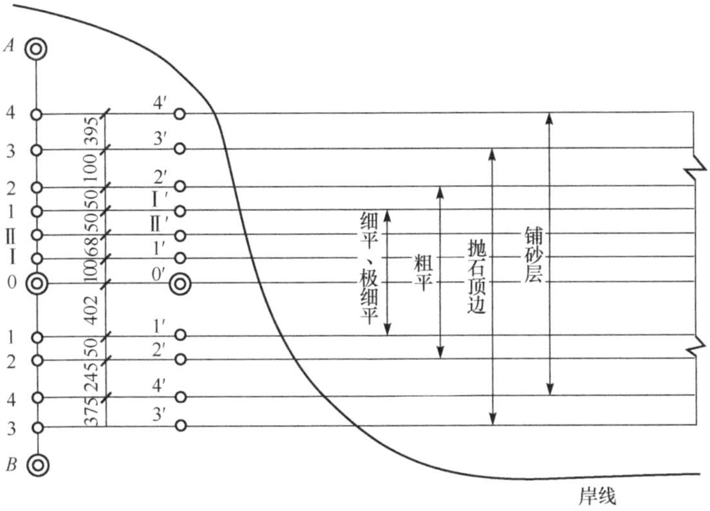

图 8-19　基床抛填导标测设

2) 基床整平测量

根据设计要求，基床施工的顺序是先铺砂后抛石，然后采用整平钢轨和刮尺对基床表面进行整平。基床整平测量工作按精度要求可分为粗平、细平、极细平 3 级，具体精度要求如表 8-5 所示。

表 8-5　基床整平精度要求

分级	精度	要求
粗平	±20cm	测尺、测绳
细平	±5cm	水准测量
极细平	±3cm	水准测量

基床整平测量方法如图 8-20 所示。首先测设整平钢轨的位置和标高。根据细平和极细平的设计宽度，在 AB 基线上测定 P_1、P_2 点，其间距为细平和极细平的宽度。在 P_1、P_2 点上架设全站仪，垂直于侧面基线的方向先测设 P_1'、P_2' 点。其次，在测量船上沿 P_1—P_1'、P_2—P_2' 方向悬挂大锤球，当锤球线与十字丝竖丝重合时，水下锤球尖所指的位置就是整平钢轨的位置，即将地面上两方向线投影到水下。与此同时，用水准仪配合金属管尺测定轨顶标高，不断调整钢轨至设计基床整平位置和标高处。

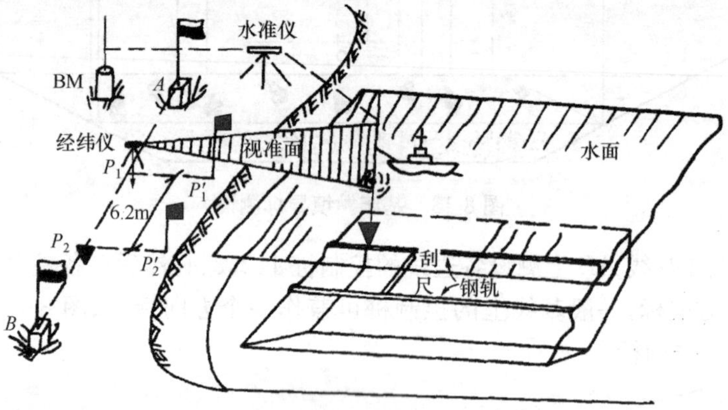

图 8-20 基床整平测量

钢轨的平面位置和标高放样以后，施工船在方向标引导下抛填砂石或细石子，由潜水员在水下沿钢轨顶面推动刮尺，使基床平整。

小型基床整平测量也可以采用一金属管尺沿方向标每米一个点测其标高，以达到整平目的。

4. 方块构件安装测量

方块构件安装测量是确保码头前沿线和码头横断线安装在设计位置上。方块构件安装的测量工作主要包括：水下安装基准线测设和构件安装测量。

1）水下安装基准线测设

方块构件安装测量首先需要在水下底层方块外缘 5～10cm 处测设一条安装基准线，作为水下测量员进行水下安装测量的依据，一般采用吊垂法测设安装基准线。如图 8-21 所示，在侧面基线上由基床底线向外 5cm 处设置点 F，置全站仪并测出其垂直基线方向 FF'，并在测量船上吊大垂球。指挥测量船沿基线方向行驶，使船上所挂垂线与望远镜十字丝竖丝重合，此时锤尖即为基床基准线 1 点位置。为了在水下固定基准线，需要在基床中沿拟测设基准线方向埋入几个混凝土小方块，其中央浇注小木块。由水下测量员沿锤球尖端处钉一小钉即为基准线标志，依次沿基线方向测设得基床基准线点 2、3、4 等，每点相距 15～20cm。最后，沿 1、4 点拉紧尼龙线成一直线，检查中间点是否在一直线上。

2）构件安装测量

根据水下基准线与底层方块前沿线的距离预制直角靠尺，如图 8-22 所示，安装时由两名水下测量员各携带靠尺，在船上起重机配合下，将底层方块安装在设计要求的位置上。

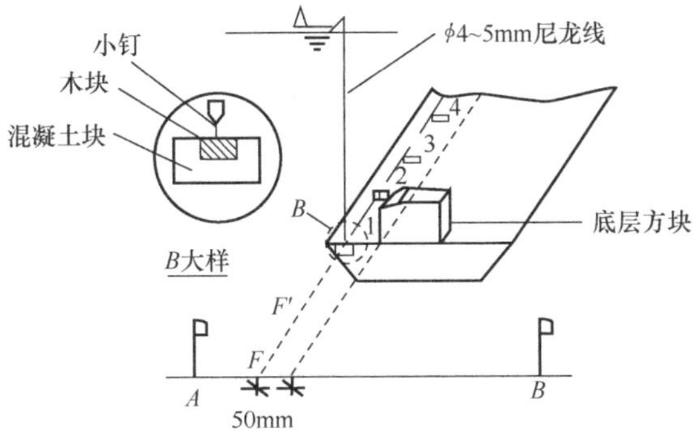

图 8-21　吊垂法安装基准线

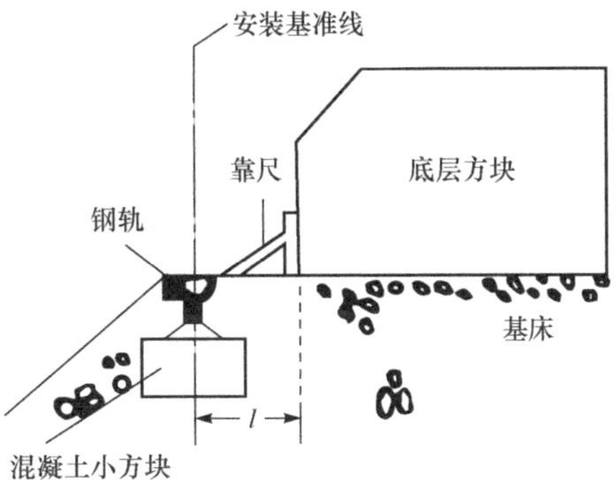

图 8-22　构件安装测量

在底层方块安装好的基础上，逐层向上安装、一般每层都检查安装误差，对不符合要求的应进行调整。必须考虑由于基床倒坡引起码头后倾的一个数值，这个数值可根据倒坡坡度及安装高度计算。检查方法除采用靠尺外，还可以多波束系统精细地测量基床上方块安装的平面位置和高程，准实时地绘制出基床上方方块安装位置图。同时，利用侧扫声呐系统可以探测各层方块安装的相对分布和形状等。

5. 墙后抛填放样测量

方块墙体安装 2～3 层方块后，开始进行墙后抛填工作，测量放样工作和基床抛填一样，在岸上或水区布置抛填导标和控制抛填棱体各层间的标高。必要时用水准仪或全站仪进行断面测量并绘制断面大样图，检查坡度和分层标高是否满足要求。

6. 码头立模放样测量

重力式码头的上部结构一般为现浇，测量人员需要按设计尺寸和标高，测设出必要的结构轮廓点和线，为立模板提供依据。放样根据结构设计轮廓点，在正面基线 AC 上测定一组放样点，其间距为 50～100m。在放样点上架设全站仪，采用直角坐标法或极坐标法放样。打桩画线标定出立模点和线。

8.3　港口工程营运测量

8.3.1　水工建构筑物变形监测

港口工程建构筑物在施工期间或竣工营运之后，由于沿岸边坡开挖或打桩以及爆破震动等建设因素，港口动荷载等营运因素，海流或波浪冲刷、边坡地质灾害和地震等自然因素影响。会引起岸坡和建筑物发生变形，如滑移、沉降、倾斜、裂缝等。为了保证建筑物的安全，必须进行港口程建构筑物变形观测工作，通过观测，可以监视变形的量变，掌握变形的规律，进行质变预警，以便提出防治措施，并为今后的设计积累资料。由于变形的原因比较复杂，因此，变形观测项目和方法以及观测方案的布置，应根据具体情况由设计、科研、施工和地质等方面的技术人员与测量工作者共同商定。港口工程建筑物形变观测主要包括水平位移观测和垂直位移观测。

1. 水平位移观测

码头等建构筑物水平位移观测基本采用方向线法、交会法和 GPS 相对定位法。

1）方向线法

如图 8-23 所示，在建构筑物水平位移的垂直方向布设水平位移方向线，沿方向线埋设位移观测点，并设立水平位移观测活动觇牌。将全站仪（或经纬仪）架设在方向线两端的任一基准点上，用另一基准点定向。然后观测活动觇牌标志，以设置方向线时的首次观测值为准，与以后每次观测值相比较，求得偏离值为

$$\Delta_{往}=M_0-P \tag{8-28}$$

$$\Delta_{返}=P'-M_0 \tag{8-29}$$

式中，P 为往测时一测回中两次读数平均值；P' 为返测时一测回中两次读数平均值；M_0 为设置方向线时首次观测值（活动觇牌）零位值。

图 8-23　方向线法示意图

定期观测这些点偏离方向线的距离，计算出各点在不同时期测得的偏离值之差，求得其水平位移值，绘制水平位移过程曲线。

【基准点及方向线布置】 根据码头所在地区的地形条件布置方向线，方向线的两端基点Ⅰ、Ⅱ布设在码头的左右两侧岸坡上，有时受地形限制可将两个基准点设于码头的同一侧或者将另一基准点设在垂线上，但尽可能使两基准点间的距离更远些，如图 8-24 所示为常见的四种方向线布设形式。

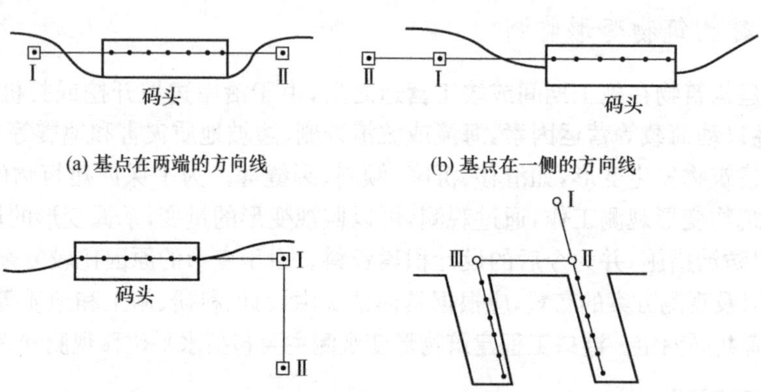

(a) 基点在两端的方向线　(b) 基点在一侧的方向线

(c) 方向线与基点连线垂直　(d) 突堤式码头的方向线

图 8-24　方向线布设示意图

基准点应设在稳固的基础上，同时应能够与其他控制点联测。为了减少仪器与觇牌的对中误差(通常应小于 0.1mm)，基准点上宜设置带有强制对中装置的观测墩。

位移观测点应沿着方向线埋设，点位的数量应符合监测要求。一般埋设在码头伸缩缝的两端且与混凝土面齐平。若使用活动觇牌作为观测标志，需在其顶部埋设带有强制对中装置的铜质圆形底盘，如图 8-25 所示。为了便于精确瞄准，通常觇牌的图案涂成黑、白或红、白两组颜色。这种图案的觇牌照准精度高，观测距离远，且适合各种望远镜内十字丝的形状和宽度，如图 8-26 所示。

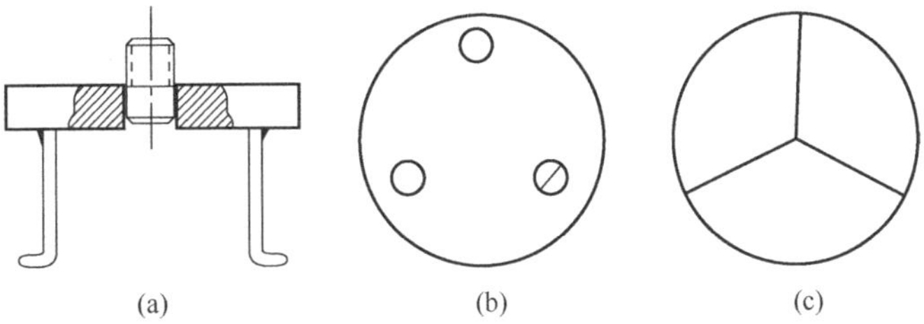

图 8-25　强制对中装置圆形底盘

【观测方法】　利用活动觇牌测定位移的方法步骤如下。

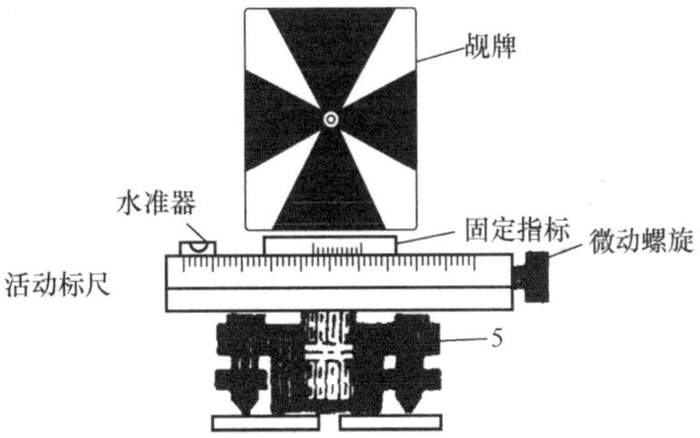

图 8-26　活动觇牌

第一步是在一个基准点上安置全站仪(或经纬仪)，在另一基准点上安置固定觇牌。并按测回进行方向观测，严格照准固定觇牌中心，固定盘左(或盘右)基准方向线。

第二步是在方向线上各观测点依次安置活动觇牌。以全站仪(或经纬仪)盘左基准方向线进行上半个测回观测。

a. 第一次读数，由观测员指挥观测点 i 处的操作人员旋动活动觇牌上的微动螺旋，使得觇牌上的中心线与望远镜竖丝代表方向线的重合，读取活动觇牌上的读数 a_1。

b. 第二次读数，进一步按第一次读数方向旋动活动觇牌，使其发生一个微小的移动，然后反方向导入活动觇牌使其与方向线严格重合，读取第二次读数 a_2。

上半测回观测位移数：

$$a=\frac{a_1+a_2}{2} \tag{8-30}$$

第三步是将方向线上各观测点安置活动觇牌，以全站仪(或经纬仪)盘右基准方向线观测活动觇牌。同上半测回观测步骤进行第一读数 b_1、第二次读数 b_2。

下半测回观测位移数：

$$b=\frac{b_1+b_2}{2} \tag{8-31}$$

完成下半测回的观测工作。

第四步是计算各观测点上一个测回方向线偏离值：

$$p_i=\frac{a_i+b_i}{2} \tag{8-32}$$

以上是半个测回的观测步骤，以经纬仪盘左、盘右各进行半个测回观测，且分别向固定觇牌定向，完成一个测回的观测工作。

第五步是第二个测回方向线偏离值观测，应重新整平仪器并定向，其余步骤与上述相同。对于每个位移观测点都要进行往返各两个测回的观测。返测时，仪器与固定觇牌需要互换位置。

第六步是采用每期各测回方向线偏离值平均值计算水平位移值。即

$$\Delta_i^j=\frac{\Delta_{i往}^j+\Delta_{i返}^j}{2} \tag{8-33}$$

式中，$\Delta_{i往}^j$为各测回方向线上位移观测点 i 第 j 期往测偏离值的平均值；$\Delta_{i返}^j$为各测回方向线上位移观测点 i 第 j 期返测偏离值的平均值；Δ_i^j为各测回方向线上位移观测点 i 第 j 期往、返测偏离值的平均值。

第七步是绘制水平位移过程曲线。以第 j 期水平位移值 Δ 为横坐标，深度方向上观测点 i 为横坐标。可展绘各观测点的水平位移值，进而绘制第 j 期观测点水平位移曲线，如图 8-27 所示。

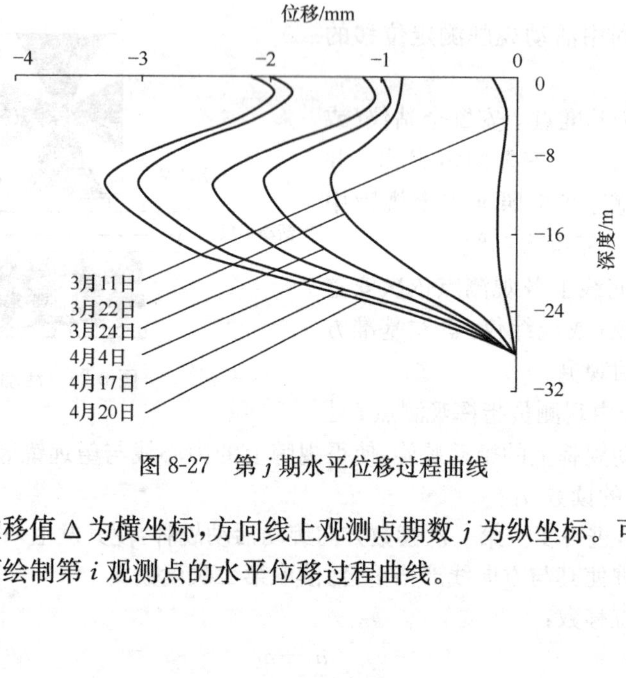

图 8-27　第 j 期水平位移过程曲线

同理，以水平位移值 Δ 为横坐标，方向线上观测点期数 j 为纵坐标。可展绘观测点 i 各期的水平位移值，进而绘制第 i 观测点的水平位移过程曲线。

2) 前方交会法

当码头离岸较远，用方向线法有困难时，可在码头周围建筑物顶上或在便于交会的地方设置基点进行前方交会测定观测点的位移。如图 8-28 所示，基点Ⅰ、Ⅱ可设置观测墩，位移观测点上预埋设强制对中螺杆，作业时将观测标志安装上，作业完后可取下。观测时应尽可能选择较远的稳固的目标作为定向基点，基点之间的距离一般要求不小于交会边长。前方交会常采用全站仪(或经纬仪)以全圆方向测回法进行观测。

目前，随着高精度全站仪尤其是全自动全站仪(也称测量机器人)的发展，码头的边角交会水平形变观测可实现自动化。测量机器人(Measurement Robot)或测地机器人(Geol-bot)是一种能代替测量人员进行自动搜索、跟踪、辨识和精确照准目标，并获取角度、距离、三维坐标以及影像等信息的智能型电子全站仪。如图 8-29 所示，它是在全站仪基础上集成

图 8-28 前方交会法

步进马达、CCD影像传感器构成的视频成像系统，并配置智能化的控制及应用软件发展而形成的。

图 8-29 TCA2003 测量机器人(Measurement Robot)

使用测量机器人时，只需望远镜粗略瞄准目标，测量机器人具有 ATR 自动照准功能。有经验的测量员甚至不用瞄准目标就可测点，从而消除了人工照准误差带来的影响，在有雾的天气，肉眼无法看到目标，而测量机器人的红外光对云雾有一定的穿透作用，使用时启动自动目标识别功能 ATR 即可搜索到目标，而自动观测仪器配合配套的应用软件会毫无差错地工作。系统在软件的驱动下可以自动地按照用户的要求完成外业观测、作业管理、限差设置、测站设置、初始观测、后视定向、水平角、垂直角自动测量、测回差检查、距离自动测量、观测数据自动记录、文件操作、数据处理以及成果输出等功能。

前方交会法观测点的位移值根据观测值的变化直接计算。通常利用未知数的展开式：

$$
\begin{aligned}
-\delta_x &= [pal]Q_{11} + [pbl]Q_{12} \\
-\delta_y &= [pal]Q_{21} + [pbl]Q_{22}
\end{aligned}
\tag{8-34}
$$

设

$$\left.\begin{aligned}\alpha_1&=p_1a_1Q_{11}+p_1b_1Q_{12}\\\alpha_2&=p_2a_2Q_{11}+p_2b_2Q_{12}\\&\cdots\\\alpha_n&=p_na_nQ_{11}+p_nb_nQ_{12}\end{aligned}\right\}\tag{8-35}$$

$$\left.\begin{aligned}\beta_1&=p_1a_1Q_{21}+p_1b_1Q_{22}\\\beta_2&=p_2a_2Q_{21}+p_2b_2Q_{22}\\&\cdots\\\beta_n&=p_na_nQ_{21}+p_nb_nQ_{22}\end{aligned}\right\}\tag{8-36}$$

这时，式(8-34)可改写成

$$-\delta_x=[\alpha l]-\delta_y=[\beta l]\tag{8-37}$$

式中，α_i、β_i 为影响系数，可事先计算好；l_i 为两观测周期方向观测值之差。每次观测之后，利用式(8-37)很容易求得观测点的位移值。

2. 垂直位移(沉降)观测

沉降观测主要是检测码头在垂直方向上的移动情况，这对码头的营运与安全十分重要。测定码头及其建筑物的沉降，一般是依靠一组稳定性好的高等级高程基点进行的。高程基点可以利用附近的国家Ⅰ等、Ⅱ等水准点，但高程基点也必须经过稳定性检验，不能认为国家高程点就一定是稳定、可靠的，即在高程基准点附近设置一组校核点，以检查基准点本身是否变动。

高程基点一般选取离码头较远的地方，不方便实际检测码头的需要，因此，要在码头附近适当的地方设立沉降观测工作基点。工作基点的高程应定期由高程基点检核。同时码头上也要设立一系列的沉降观测点作为观测之用。为了分析码头沉降变形情况，一般要求在垂直码头前沿线的方向上成对地埋设沉降观测点，或与水平位移观测点用同一个标志。

码头沉降观测的主要方法是几何水准测量。高程基点与工作基点之间、工作基点与沉降观测点之间严格按水准测量规范进行。观测时基准点应以国家Ⅰ等或Ⅱ等水准测量的精度往返观测。沉降观测点高程的测定是按固定的水准路线，固定的测站以Ⅱ等或Ⅲ等水准测量的精度往返观测，各沉降观测点不同时间的高程之间的高差为各点的沉降量。

随着GNSS定位技术的发展，GNSS定位技术进行精密工程测量和大地测量，平差后控制点的平面位置精度为1～2mm，高程精度为2～3mm。完全可以用于监测码头以及附属建筑物水平和沉降。利用GPS定位技术进行变形监测，是一种先进的高科技监测手段。其三维高精度定位技术不要求相互通视，速度快，作业灵活方便，精度高，所以与传统的测量方法相比，将显著地提高作业效率，降低劳动强度和观测费用。观测时间与水平位移观测相配合。

高精度全站仪尤其是全自动全站仪(也称测量机器人)的发展，码头的垂直和水平位移测量可以采用全站仪(或测量机器人)一次完成。其中水平形变观测仍采用前面的边角交会的方法，而垂直方向监测则采用三角高程方法获得各监测点的高程。采用测量机器人进行码头形变和沉降测量中，用于沉降监测和形变监测的照准标表合二为一，利用视线上大气折光情况基本相同的条件进行高程传递或加入大气折光改正，以消除大气折光影响，提高精度。一次监测完成后，可直接获得各个点的三维坐标。与首次观测数据进行比较，可以直接获得水平方向的形变以及垂直方向的沉降变化，如图 8-30 所示。

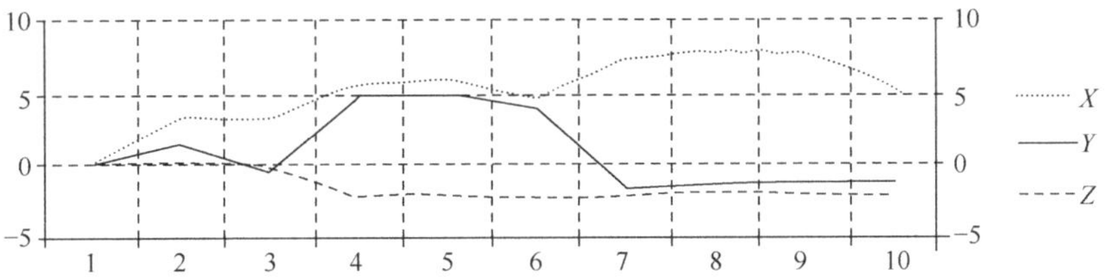

图 8-30　某码头监测点的三维变化

8.3.2　海港泥沙回淤及航道测量

泥沙回淤促使海港的水域部分（码头前沿、港池、航道）水深变浅，严重威胁着船只进出的安全以及海港的经济效益。因此，除建港时必须考虑当地水系的泥沙回淤状况外，已建港必须对海港回淤状况进行调查和分析，掌握回淤规律，采取相应的整治措施。港池、航道整治应以提高和稳定航道尺度，改善通航水流条件，扩大通航能力，满足船舶、船队安全航行的需要为目的。

港口泥沙回淤主要是海岸泥沙运动的结果。而泥沙运动则是在水动力条件制约下，遵循所在海底地貌系统自然演变规律而进行，但港口以及防波堤的建立、河口携带泥沙量的变化等因素也可能改变了以前的港口泥沙回淤规律。而且还有其他的因素也影响着泥沙运动，不同的地方影响因素也各异，需要不断地深入调查和研究。

1. 海港泥沙回淤类型

海港淤积尽管特点千差万别，有航道口门淤堵，有整个航道变浅，有港池淤积，有码头前沿淤积，也有此淤彼冲、时冲时淤，但均取决于港口水动力环境和泥沙沉积地貌总体演变规律。所以，海港泥沙回淤类型的划分，比较适宜的方法是依据海岸动力地貌分类原则进行，并相应的确立符合自然规律的整治原则。

根据我国港口地貌类型分析，海港泥沙回淤大致分为四大类型：潮汐汊道型、海湾凹岸浅滩型、水道边坡型和河口型。在各大类中，根据泥沙来源和水动力条件特点，又可划分出若干亚类型。通过分类分析，归纳各大淤积类型的海港特点，可找出各海港泥沙运动及沉积规律见表 8-6。

表 8-6　港口地貌类型

类型	名称	特征	备注
第一类	潮汐汊道型	内侧有一定面积的纳潮水域（含干出滩）和狭窄口门的海港。纳潮水域的海水在涨落潮时通过潮汐汊道与外海交换。由于通过汊道时，水流变窄，流速增大，常常冲刷。汊道形成深槽，保持航道的水深条件	潮汐汊道主要指潮流进出海湾、泻湖或河口的通道
第二类	海湾凹岸浅滩型	泥沙运动主要表现为在潮流和风浪作用下，向湾顶集中，使位于浅水区的码头前沿水深变浅	

续表

类型	名称	特征	备注
第三类	水道边坡型	泥沙回淤作用主要发生在码头所处的水道边坡位置上，码头水域的狭长地带，水深变浅	在岛与陆或岛与岛之间的水道岸边修建的码头
第四类	河口型	河流携沙泄洪和潮汐汊道的潮流系统相叠加淤积海港，泥沙运动复杂	

2. 海港泥沙回淤调查

为了能因地制宜地采取科学的具有长久效益的整治海港泥沙回淤措施。需要了解泥沙来源与数量、沉积量与沉积速率、沉积机制等，进行海港区及其附近的海岸动力地貌和地质的调查研究。定性地查明泥沙来源、运动途径和沉积地，判断海港区的动力地貌类型。同时，进行水动力调查及流场（泥沙含沙量场）研究，并预测泥沙的未来趋势。

任何泥沙搬运，均受制于水动力条件。一般而言，海岸的泥沙运动，粗颗粒物质以波浪为动力，且呈悬移质或跃移质运动方式；细颗粒物质以潮流为动力，且呈悬移质运动方式。以潮流为动力的泥沙运移量，可通过测定水的流速、断面面积及含沙量求得；以波浪为动力的泥沙运移量，通过年波浪统计估算。通过建立水动力方程，分析流场物质的运动，并做定量分析与估计。

目前最有效测定和计算淤积海港的泥沙沉积量与沉积速率的方法是依据一定间隔时期内前后两次水深测量资料的对比分析。如果沉积作用较快，而又缺少以往的水深测量资料，可用在研究前期和后期进行的水深测量或断面水深测量资料来计算。

另外，在一些较稳定的地区（无人工干扰的沉积区），可采用沉积速率测定法，判定沉积速率的变化趋势。对当地渔民的咨询，也有助于了解冲淤总体趋势和大致量级。泥沙进入港区沉积，其淤积过程受制于流场特点及泥沙自身的运动特点，为此需通过调查全面掌握港区的地形、底质、地貌、地质、水文、气象。

在泥沙运移中，对含沙量的平面和垂直分布状况的了解非常重要。研究表明，悬移质泥沙沉底之后，先形成可流动的混水层，慢慢脱水压实成底。因此，如能稍微增加底流速（大于启动流速），即可破坏泥沙的沉积作用。这为进行扰动冲淤（减淤）时机提供了确切资料。

调查海底地层结构状况，主要是收集建港时各种海底钻探资料。在研究中多采用港区的浅地层剖面测量和海底钻探相结合的方法。

3. 海港泥沙回淤测量

1）海底地形测量

对海岸线及构成同一海岸地貌类型系统的港口有关的水域，均需进行详细的海底地形测量。作为港口动力地貌和地质的调查研究，可采用 1∶5000 水深图，为了能与疏浚工作相结合，可采用 1∶1000 水深图。用于泥沙回淤研究的港口测量必须详测出滩。有的地方设固定断面，定期观测。具体测量水深图的比例尺可参见表 8-1 以及实际工作需要。水深测量同时进行底质取样。

为调查海港水域在不同时期的冲淤情况，比较有效而可靠的方法，依然是重复对港区进行海底地形测量。根据重复水深测量图勾绘冲淤等值线，来表示水下地形的冲淤变化以及在该图上进行计算有关冲淤数据。它不但定性地从全貌上反映港区的冲淤情况，而且能定量计算得到各种海洋工程所需的基本参数，如港口疏浚工程规划设计中的重要数据(基本参数之一)。

【重复水深测量的时间间隔的确定】　海港泥沙淤积量和淤积速率是决定重复水深测量的主要因素和依据。泥沙淤积量和平均淤积速率计算公式为

$$\Delta S=\iint_R \Delta h \cdot \mathrm{d}R \tag{8-38}$$

$$\Delta V=\frac{\Delta S}{T} \cdot R \tag{8-39}$$

式中，ΔS 为在 R 面积内，前后两次水深测量期间的泥沙淤积总量(cm^3)；ΔV 为 R 面积内平均淤积速率(m/a)；Δh 为前后两次水深测量期间，各处水深变化量；T 为前后两次水深测量的时间间隔。重复水深测量的关键是确定前后两次水深测量时间间隔，合理的时间间隔可以减少测量的费用，并能反映出泥沙淤积速率的变化趋势，否则会增加不必要的测量费用或不能正确估计泥沙的淤积变化，还可能妨碍港口的使用。在初步确定前后两次重复水深测量时间间隔时，一般可分为两种情况。大面积较均匀的泥沙淤积港，首先应尽可能地收集较长时间间隔内所有水深测量资料，大致计算出淤积速率，然后按式(8-40)找出较合理的时间间隔或判断已有水深测量资料应用时的可信程度。

$$T \geqslant 5\left|\frac{\pm 2\delta}{\Delta V}\right| \tag{8-40}$$

式中，ΔV 为平均淤积速率(cm/a)；δ 为水深测量允许误差(水深 10m 以内，δ 应小于±10cm)。例如，某港在 1961～1988 年水深变化的平均数为 380cm，即 $\Delta V \approx 14\mathrm{cm/a}$，则 T 应大于或等于 7 年才是可信的。另外，并非 T 越大越好。因为在研究泥沙淤积速率时，不但需知道某时间段内的平均淤积速率，而且应了解其变化趋势。所以，在大致确定较为可信的 T 值后，应尽可能地收集相隔为了时间段的多次前后水深测量资料。

淤积速率大并具有季节性变化的港区。在计算此类港点的泥沙淤积速率和淤积量时，不但需要考虑 T 值，而且还要注意水深变化较剧烈，且主要发生在 7～9 月的台风季节。在每年 10 月与翌年 6 月的两次水深测量资料对比中，未发现水深明显变化；而同年的 6 月与 10 月的两次水深测量资料的对比，却发现水深明显淤浅。其原因主要在于东南风季节时的风浪输沙作用力是水深明显淤浅的主要因素。这样，在计算泥沙淤积速率时，应以同年 6～9 月的资料为准。同时，每年的疏浚工作的最佳季节，应在 9 月末至 10 月初实施为佳，这样浚深后的有效期较长。因此，该类泥沙回淤的港区，重复水深测量实施时，必须特别注意泥沙回淤的季节性。

【水深测量定位精度的确定】　在实施水深测量时，因水深点的定位误差，可使前后两次水深测量的深度均与实际水深有所差异。研究港口泥沙回淤时，应该选用定位精度较高的定位手段，如差分 GPS 等，否则测量资料缺乏可比性，影响资料分析的质量。港池、航道(纵方向)水下地形坡度一般不大于 1/60，若以 3m 的定位误差计算，可引起的水深误差为±5cm，则两次水深测量由定位误差造成的水深误差为±10cm。因此，对于精确的淤积速率与淤积量的计算，要求采用相同比例尺、定位精度相同的水深测量的资料。

【疏浚前后的水深测量】　疏浚前进行水深检查的目的是调查淤积情况，并为疏浚工程提供必要的参数，使疏浚达到最合理的深度，以便进行合理的疏浚投资。

$$\text{疏浚深度}=\text{合理疏浚周期}\times\text{沉积速率}+\text{原有水深} \tag{8-41}$$

疏浚工程竣工后质量的检查手段,则采用断面水深测量进行抽样检验。竣工测量虽然带有随机性,每条断面所覆盖的面积只有所代表水域的4%～5%,但是,由于竣工前的每次检查测量,测深线的实际位置也带有随机性,因此在疏浚中检查或扫浅阶段的加密水深测量、施工船自测及竣工测量中,测深线的随机分布综合形成了大概率抽样检验成果。因而,尽管不采用全覆盖扫测进行验收,施工单位仍能承担确保工程质量及安全可靠的责任。

疏浚工程竣工测量不同于一般海道测量,其所测水域海底均为人工地貌,起伏变化没有规律性。所以,现行《疏浚工程测量技术规范》规定:"定位点间的水深,按等距离摘取,其等距误差不得超过图上1mm"。"挖槽内凡浅于设计深度的浅点或上偏差点均不得遗漏,应如实插入","已开挖区必须在回波线的上沿摘取水深"。竣工图上的水深度为所测点、线对应的实际水深,并应能真实反映水底起伏情况,使图上水深的概括误差为最小。

单波束测深仪器,特别是船底式单波束测深仪,水深的摘取完全可满足规范要求,这种仪器是在测深断面上量取水深,能真实地描绘测点对应海底的起伏变化,而不是一个小范围内的代表水深。其水深概括误差只包括水深点在断面上向上的平面位置误差(图上1mm)的影响,其所引起的深度误差是偶然性的。

对港池、航道而言,按新的国际海道测量规范S-44所规定,其应该是属于重要海区,对其进行测量最低要求是100%的覆盖,并满足一定的定位和水深精度。多波束测深已经成为重要的国际认可的基本测量手段,其意义远不仅是全覆盖测量,而且体现在高效率、高质量的测量成果。相信其在海港淤积分析和疏浚工作中将发挥更大的效益。

【重复水深测量的水深点对比】 在计算淤积速率和淤积量时,采用不同时期水深图进行水深点对比。但是,在两幅水深图上,测深线的布设和水深点的选取,不可能完全相同,在水深图上,完全能重合的水深点较少见,往往存在一定的偏离。为了避免人为的取值误差,一般采用内插对比法。

高精度的扫海测量(如多波束测量)可以建立更为精确、细致的海底地形数学模型;利用计算机将前后两次水深测量资料进行统计分析,可获得任一点位上的两水深差值以及更为准确的海底淤积情况的资料。特别要注意的是,不同时期所测得的水深资料,采用的基准面必须一致。

【绘制冲淤等值图】 绘制冲淤等值图的基本步骤如下。

第一步:分别在两张1∶1万比例尺的航道水深图上,每隔100m画出一断面线,在断面线上每隔100m定出一个断面点,按照图上的等深线及水深点(必要时可进行内插),可算出每个断面点的高程,应填入水深比较表。

第二步:根据同一个断面点上的两个高程,可计算出某个断面点的冲淤深度Δh,即

$$\Delta h_i = h_{i_1} - h_{i_2} \tag{8-42}$$

式中,h_{i_1},h_{i_2}分别为前后两次i点的水深;Δh_i"+"为淤;"−"为冲。

第三步:根据各点的冲淤深度,用勾绘等深线的方法,勾绘等冲淤线,绘制冲淤等值线图。从而可以直观地看出整个港区的冲淤情况。

当前,随着计算机技术以及高精度海底地形测量仪器的发展,计算机的成图技术和定位测深数字化技术的应用,可以很方便地将外业搜集的高采样率的资料转化为海底数字地形,通过最新获得的两次海底数字地形利用计算机可以快速而准确地获得海底冲淤状况信息。

【合理疏浚与疏浚前后的水深检查】 利用海上挖掘设备开挖水下土石方,以疏通航道或河道,浚深港池和锚地水域等,称为疏浚。鉴于各港口的水深条件、沉积速率、所需深度及地理

位置的不同，一次疏浚量与疏浚周期及疏浚手段也是不同的。加上疏浚深度以及年最佳实施全港疏浚总量等因素，合理地规划疏浚量、疏浚水域是一项比较复杂而重要的工作。

$$\text{疏浚周期}=(\text{疏浚达到的最合理深度}-\text{水域最小使用深度})/\Delta V_{max} \tag{8-43}$$

式中，沉积速率应以最大速率计；航行条件以最浅处为标准。

2）水文测量

主要测定港区潮汐、潮流、波浪、流路、含沙量等状况。在进行潮流与含沙量测量时，水文断面布设尤为重要，其基本原则是能反映泥沙的来向和测定来沙量，如在潮汐汊道型淤积海港，则必须在口门布设水文断面以及对进出沙状况测定。

思考题和习题

1. 港口与航道工程施工测量主要包括哪些内容？
2. 码头施工基线布设有哪两种形式？试述其布设过程。
3. 试述直桩定位的实施过程。
4. 分析说明斜桩定位的施工测量方法。
5. 船坞工程由哪几部分组成？
6. 试述港口建筑物变形的成因和安全监测目的。
7. 港口岸坡工程监测的方法主要有哪些方法？

第 9 章　海洋工程测量

9.1　海洋工程概述

随着科学技术的迅速发展以及人类生存空间发展的需要,人们越来越重视利用技术手段对海洋的矿物资源、生物资源、水资源和空间资源进行勘探、开采、利用。海洋以其战略上的重要地位和经济上的巨大潜力成为人类未来生存发展的希望所在。

海洋工程是应用海洋基础科学和有关技术学科开发利用海洋所形成的一门新兴的综合技术科学,也指开发利用海洋的各种建筑物或其他工程设施和技术措施。海洋工程可分为海岸工程、近海工程和深海工程。主要包括海岸防护工程、围海工程、海港工程、河口治理工程、海上疏浚工程、沿海渔业工程、环境保护工程等。

海洋环境复杂多变,海洋工程常要承受台风(飓风)、波浪、潮汐、海流、冰凌等的强烈作用,在浅海水域还要受复杂地形,以及岸滩演变、泥沙运移的影响。温度、地震、辐射、电磁、腐蚀、生物附着等海洋环境因素,也对某些海洋工程有影响。因此,进行建筑物和结构物的外力分析时考虑各种动力因素的随机特性,在结构计算中考虑动态问题,在基础设计中考虑周期性的荷载作用和土壤的不定性,在材料选择上考虑经济耐用等,都是十分必要的。海洋工程耗资巨大,事故后果严重,对其安全程度严格论证和检验是必不可少的。

因此,海洋工程的建设离不开海洋工程测量这一基础性的工作,如海底油气田的开采、海底采矿工程、海底管线和电缆铺设工程、海底打捞工程、海工建构筑物等需要在水下进行定位测量,必须依赖潜水器的配合,采用声学测量系统等特殊的仪器设备。水下工程测量主要包括油气钻探开采、海底探矿工程,海底管线、电缆铺设工程,海底废积物调查,海底打捞工程测量以及海洋物理测量等。

有别于陆地工程测量,海洋工程测量不但利用了陆地工程测量的大部分理论、方法和手段,而且也融会了海道测量的许多内容,属于为海上特殊工程建设需要而进行的专项测量,综合性极强,仅因其为海洋工程的特殊服务而单独命名。海洋工程测量为海洋工程服务的项目众多。

9.2　海底电缆与管线工程测量

海底电缆敷设前,需对敷设线路进行海洋调查和测量,提供水温、底质、潮汐、潮流、海底地形、水深、登陆点地形等资料。这些资料是计算电缆数据和电缆铺设时的依据,也为今后电缆的使用维护提供参考。主要工作包括线路水深测量、登陆点地形测量、海底表层地质取样、海底地层探测以及水温测量和潮流测量等。

9.2.1　线路水深测量

如图 9-1 所示,在线路起点到终点的测量范围内,一般布设 3 条测深线,其间隔为图上 10mm,定位误差为图上 3mm,密度为图上 5mm。以 1 : 10 万为例,那么测深线间隔为

1000m，定位误差为 300m，点位密度为 500m。测图比例尺一般为 1∶5 万～1∶20 万，对于复杂的海区，有时也采用 1∶2.5 万的比例尺。测量完成以后绘制海底断面图，如图 9-2 所示。

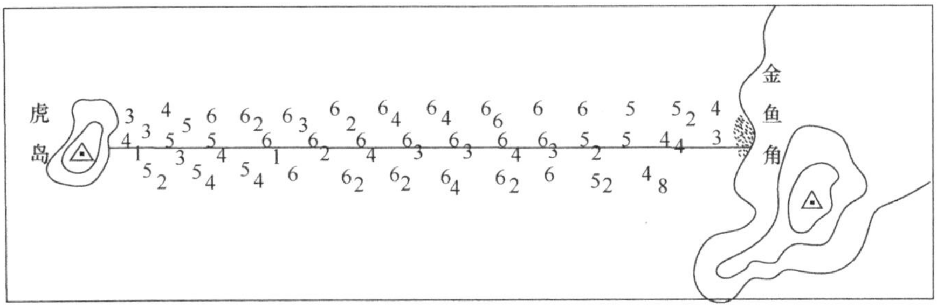

图 9-1　线路水深图

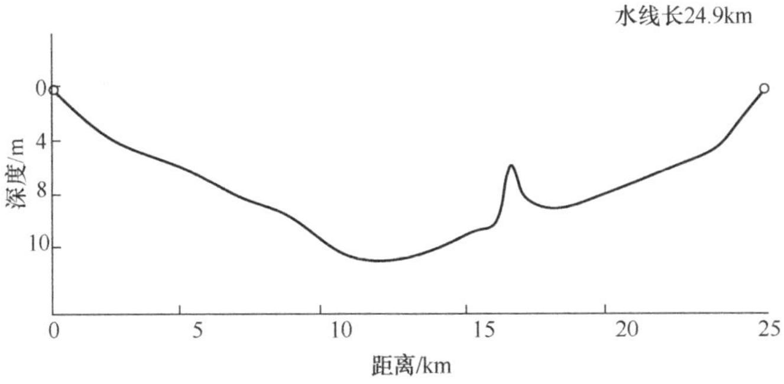

图 9-2　线路海底断面图

勘察船水深测量导航定位方法主要有微波测距定位法、GPS 定位法、水声定位方法等。GPS 动态定位，可用实时单点定位和差分定位两种。实时单点定位只适用于无法进行差分定位的远海区小于(或等于)1∶10 万比例尺的勘察；差分定位适用于所有比例尺的勘察。水声定位系统有长基线、短基线、超短基线水声定位系统。长基线水声定位系统适用于局部域测量定位。短基线水声定位系统适用于距水中目标上方很近时的测量定位。超短基线水声定位系统一般用于建立海洋联测点的导航测量定位和水下换能器(如侧扫声呐拖鱼)的定位。用于水下地球物理换能器定位时，水下声标按装在换能器中，结合调查船的定位信息，进行换能器的三维定位。根据定位资料编制走航式探测航迹图和定点式调查作业位置图，可合编或分开编；用计算辅助制图，也可人工记入工作图版绘制。

走航式探测航迹与设计测线偏离距不得大于测线间距的 20%。大于该数值时，导航人员应及时通知安排重新测量；遇船只或水中障碍物，为保证勘察船只安全，应避让。绕过障碍物后，再导航至原设计测线工作；定位点的图上间距不大于 1cm。勘察船只定位仪器的照准中心或天线中心与探测定位中心应尽量重合，二者水平距离不得超过图面上 1mm，否则应进行点位偏心改正。

定点式调查导航定位应满足，测量仪器到达海底时，记录定位数据。实际调查站位与设计站位的偏离在成果图上不大于 2cm。导航人员尽可能将取样仪器操作的船舷调置在上风位一侧。

水深测量准确度以主测线与检测线相交点水深测量值的差值来衡量，其均方根差在水深小于 20m 时应不大于 0.2m，在水深大于(或等于)20m 时应不大于实际水深的 1%。使用多波束测深系统进行全覆盖水深测量时，根据水深和仪器性能，选择合理的测线间距，保证相邻测线间有不少10%的重复覆盖。

9.2.2 管线登陆点水深及地形测量

其测图比例尺一般为1∶2000，测图范围为登陆点附近500m，岸上部分为图上5～10cm，平坦地区略宽一些。水上测至5m水深，一般离岸不超过500m。如果控制点稀少可用独立坐标系统，独立坐标系的高程可以从当地平均海面起算。控制点误差不应大于0.5m。根据登陆水深图及地形测量测图绘制登陆断面图，计算登陆点涉水深度和登陆时间。

9.2.3 管线表层地质取样

使用采泥器进行取样，分析表层地质情况。在水深＜50m，布设3条测线，间隔为图上10mm，测线上点位密度为3km/点；在水深为50～100m，布设3条测线，间隔为图上10mm，测线上点位密度为5km/点；在水深为100～200m，布设2条测线，间隔为图上10mm，测线点位密度为10km/点；在水深＞200m布设2条测线，间隔为图上10mm，测线上点位密度为20km/点。取样完成后，分析绘制测线地层剖面图，如图9-3所示。

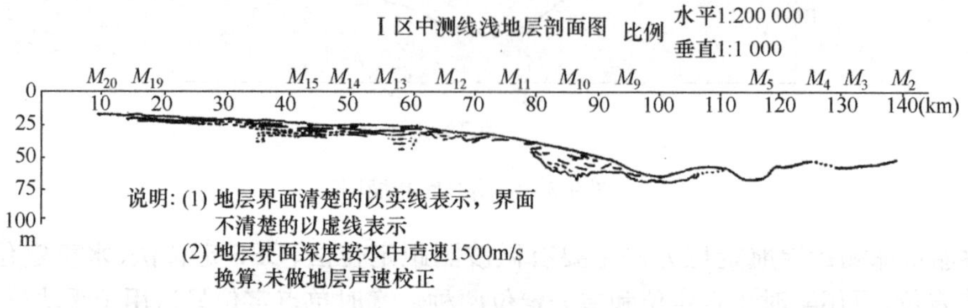

图9-3 测线地层剖面图

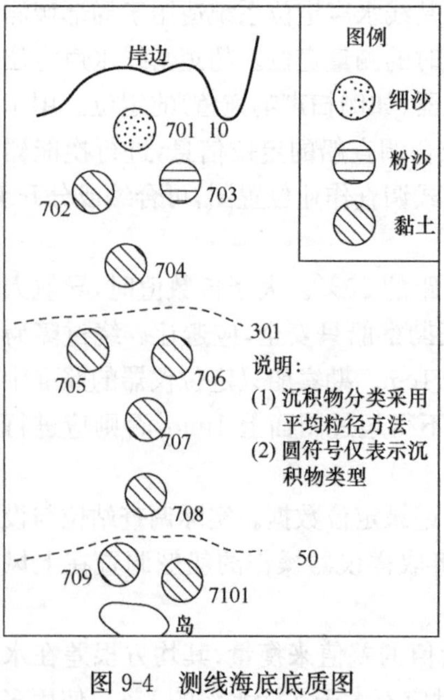

图9-4 测线海底底质图

9.2.4 管线海底地层探测

采用海底地层剖面仪进行探测。在水深＜50m布设3条测线，间隔为图上10mm，测线上点位密度为3km/点；在水深为50～100m，布设3条测线，间隔为图上10mm，测线上点位密度为5km/点；在水深为100～200m，布设2条测线，间隔为图上10mm，测线上点位密度为10km/点；在水深＞200m布设2条测线，间隔为图上10mm，测线上点位密度为20km/点。地层探测完成后分析绘制测线海底底质图，如图9-4所示。

9.2.5 水文调查

测量线路表层和地层水温1条，可与底质采样同进行，点位与采样点一致，填写水温报表和绘制水年变化曲线。海上水温测量一般使用颠倒温度计，测量底层和表层的水温度。在水深<50m，布设 3 条测线，间隔为图上 10mm，测线上点位密度为 3km/点；在水深为 50～100m，布设 3 条测线，间隔为图上 10mm，测线上点位密度为 5km/点；在水深为 100～200m，布设 2 条测线，间隔为图上 10mm，测线上点位密度为 10km/点；在水深>200m，布设 2 条测线，间隔为图上 10mm，测线上点位密度为 20km/点。测量完成后，绘制测线水温报表。

潮流测量一般采用海流计，测量 3 层(上、中、下)流速，验流地点选在线路上流速较大的地方、登陆点附近和线路转折点处。验流地点应选在线路上流速最大的地方和登陆点附近和转折处。测量上、中、底层最大流速、流向，填写验流报告，一般在登陆点附近设立验潮站。在大潮期间，同步 3 天，求得验潮站平均海面，深度基准面以及分潮的调和常数，填写潮汐成果表。

9.2.6　施工导航与施工后测量

在海底管线铺设过程中，需要实时监测挖沟船和管线铺设船的位置，保证铺设管线在计划线上。目前一般采用差分 GPS 定位系统和电罗经对挖沟船和管线铺设船进行实时导航，有时短距离采用水声定位系统，并随时确定布设管线的位置，指挥各锚的抛下位置，有利于随时调整管线铺设船的位置，保证在设计路由上，并每日填写航海日志和绘制布设船航迹线图，如图 9-5 所示。

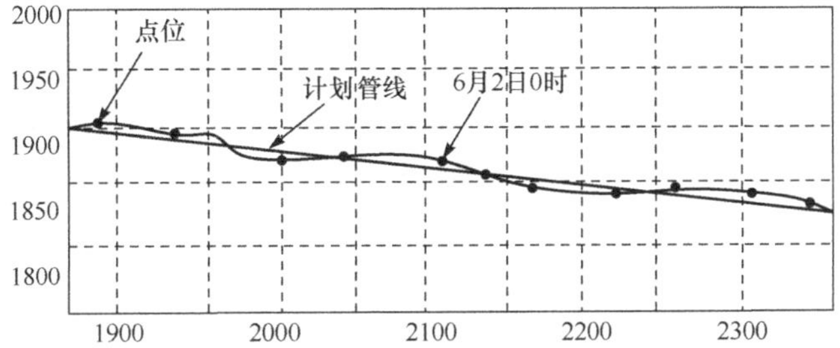

图 9-5　布设船航迹线图

施工后还需要再次进行线路水深测量，确保管线布设正确，以备以后的检修工作。有的还要求进行扫海测量，提供扫海测量图，比例尺一般较大。

9.3　航 标 测 量

航标(Aids to Navigation)，即助航标志，是为各种水上活动提供安全信息而设置的视觉、音响和无线电助航设施或系统。根据国际航标协会制定的《助航指南》，航标具有四项功能，即定位功能、危险警告功能、确认功能和指示交通功能。定位功能就是能确定船舶所在的位置；危险警告功能就是能标示航道中的危险物和碍航物；确认功能就是能确认船舶相对航标的距离和方位；指示交通就是能指示船舶遵循某些交通规则，如指示船舶分道通航制、指示深水航道和装载危险货物船舶的航道等。航标指示交通的功能，除能帮助船舶安全航行外，还具有防止污染、保护环境的作用。

现代航标学是一门综合性学科，涉及的知识很广。它涉及光学、声学、水道测量学、建筑与构造、电子技术、自动化技术、计算机技术、航海技术和无线电导航等多学科知识。因为航标的综合性强，涉及的知识面广，所以航标的种类繁多，有多种分类方法。航标按配布的水域分类，有海区航标和内河航标。按配布位置的可靠性分类，有固定航标和浮动航标。比较常用的分类方法是按航标工作原理进行分类。按工作原理分类，有视觉航标、音响航标和无线电航标。其中，视觉航标包括灯塔、灯桩、立标、灯浮标、浮标、灯船、系碇设备和导标；音响航标包括气雾号、电雾号和雾情探测器；无线电航标包括雷达反射器、雷达指向标、雷达应答器、无线电指向标、罗兰 A、罗兰 C、全球导航卫星系统、全球定位系统、差分全球定位系统、船舶交通服务和船舶自动识别系统等。船舶交通服务和船舶自动识别系统利用无线电技术和数字技术，实现了船岸一体的相连互通，在水上行驶的船舶，随时可以从系统中获取岸上发送的安全信息，以减少船舶碰撞和搁浅的危险并保护海洋环境。

航标是船舶安全、经济航行的重要助航导航设施，是海上主通道和港口主枢纽的安全支持、保障系统的重要组成部分，也是保障水上运输畅通的重要手段，对我国水上交通运输、海洋开发、渔业捕捞、国防建设和维护国家主权具有重要的意义。

9.3.1　视觉航标测量

沿海主要港口航道航标根据各港航道水深、宽度、通航密度等情况合理布局，适当浮标密度应达到航行船舶白天从上一座浮标可看到下一座浮标，夜间可看到下两座浮标灯光的要求。

1) 航标灵敏度计算方法

目视航标它可以是以一前一后两座标志组成一条直线，称直线导标，人们平常提到的导标实即此种直线导标或以一前两后三座标志组成，标示出一个扇形的可航水域，称三角导标或开口导标或以一座灯标的一个光弧或两种和两种以上有色光弧，同样标示出扇形的可航水域或禁航水域，称光弧导标。它们各有特点，这里介绍直线导标。直线导标可用于港口的进口处，引导船舶进出港。也可设于狭窄水道、或礁区的通道，以引导船舶安全通过。可以用直线导标标示航道或危险区的边界，保障船舶在安全水域中活动还可用几组导标的导线交会出特定的锚泊点、转向点等。总之使船舶沿导标所标出的航线便利航行和得到安全，是直线导标的主要作用。测速标直线导标的灵敏度是设计计算的重要参数。

一般计算按下列顺序进行：①用最新测量的较大比例尺海图或水道测量图，确定航道上存在危险的断面，量取这一断面上的安全航宽 2m，画出拟设导标的轴线。②在导标轴线上适当位置设定前标位置，沿导线量得前标至危险断面之间的距离 D。③根据地理视距的要求及标位附近有碍通视的地形地物，设定前标的高度 h。④在导线上假定一个从前标至后标的距离 d，并在计算过程中调整它至最合适的数值。⑤从表 9-1 选取导标灵敏度 K，通常以 1.5～2.5 为基本要求，即导标灵敏度属于“好”的一档。但可视设标水域的适航条件和费用预算多寡而选取其他值。⑥按式(9-1)求取前后标高度之差 h_d。

$$h_d=\frac{2m\cdot d}{D\cdot K} \tag{9-1}$$

前标高度 h 已假定，故后标高度 H 为

$$H=h+h_d \tag{9-2}$$

按式(9-3)求导标垂直角 α，它不应小于 4.5′。

$$\alpha=\frac{h_d}{(D+d)\times 0.291\times 10^{-3}} \tag{9-3}$$

从式(9-3)可看出，也可假定导标垂直角 α 为 4.5′，再求前后标高度之差 h_d，并将垂直角

化为弧度，式(9-1)可写成

$$h_d=\alpha\times(D+d)\times0.291\times10^{-3} \tag{9-4}$$

由式(9-5)再验导标灵敏度 K 是否恰当：

$$K=\frac{2m\cdot d}{D\cdot h_d} \tag{9-5}$$

表 9-1　导标灵敏度 K 值

K 值	导标灵敏度	设计依据
小于 0.8	不合格	不能使用，重新设计
0.8～1.0	差	改进设计，提高灵敏度
1.0～1.5	较好	可用，宜进一步提高其灵敏度
1.5～2.5	好	如增加很少开支，可酌情提高其灵敏度
2.5～3.5	很好	效果好，可不应考虑再提高其灵敏度

如图 9-6 所示，从海图上量得一狭航道中最危险断面上的安全宽度，即水道的安全航宽为 100m，设计前标至最危险断面处的距离，即引导距离 $D=2500$m；假定前标与后标之间距离为 $d=200$m，前标设计水面的高度为 10m。观察前后标顶的夹角。即垂直角 α 不应小于 4.5′。

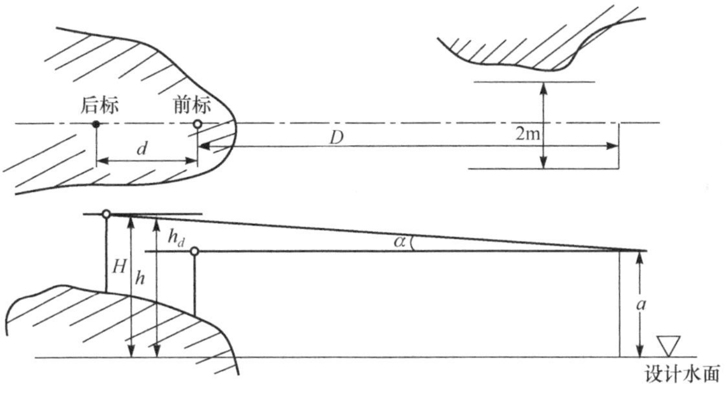

图 9-6　某航标灵敏度计算

用式(9-4)求前后标高差：

$$h_d=4.5\times(2500+200)\times0.291\times10^{-3}=3.5(\text{m})$$

则后标距设计水面的高度为

$$H=10+3.5=13.5(\text{m})$$

航标灵敏度 K 为

$$K\approx\frac{100\times200}{2500\times3.5}=2.3$$

查表 9-1 属于“好”的灵敏度，这项设计是可行的。

2) 航标测定

航标测定是保障效能和航线安全的重要工作。对于一个航海者来说，需要精确地知道从船只到某一确定的点或线的距离，如危险的障碍或航道的界限。距离可以看做是两个绝对位置的位差，由两个位置的绝对精度决定。因此，航标位置精确度是设计航道航标的一个主要因素。船只的位置精确度取决于船的行宽，吃水，龙骨净空和航道的水深测量。一般来说，定位精确度应该跟导航精确度要求相辅相成。然而，会有一个极限，由于船只跟水路情况的一些属性限制，提高位置精确度却不能再提高导航精确度。事实上，航标的位置是相当于海图的。绝对准确性的概念一般源自海图和 GNSS，所以海图的精度测量得很高，来自 GNSS 的信息精度也很高，船舶在整个航程中位置信息的准确性取决于航标位置精度。沿海港口有视觉航标、雷达物标或其他设备直接显示相关的点或线，也可直接地判断出距离，这叫做相对精度。当航标被准确定位时，它们可以提供很好的相对准确性，这样使航海者能应用这些航标沿水路安全地航行。两种精确性都可以应用于实际导航，保证船只依据航标，在航道的正确的航线上航行。

特别是直接来自视觉和雷达航标的位置，没有海图或现代雷达屏幕上的连续航迹，是要受到相对精确度的限制的，它不会恒定保持在航迹上。准确性的概念在这里是保持预期的航迹并且定位船舶沿着航迹运动的能力。航标间距对航海的准确性和对风险消减的作用影响更大。

按照国际海道测量规范要求：用于航行目的的人工构筑物（如立标、灯塔、导标、导标灯等）的高度测定精度至少须达到±30cm，并须以固定高程基准面为参考面。在沿海水域孤岛施工中，一般高程控制点都在陆地，可用 GPS 侧向拟合延伸法，将高程引接到孤岛或水中构筑物上。根据国内目前 GPS 测高的应用情况，本条规定的指标是可以到达的。使用上述高精度的定位仪器所能达到的平面和高程精度在±10cm。导标定位工程由于其要求精度高，涉及的专业内容多，高精度做好导标定位工作也不是件简单的工程。

根据航标服务质量管理体系要求，首先按照航标勘察设计方案测设航标位置。航标位置测设可采用全球卫星定位技术，岸基航标一般应用高精度的差分定位技术，可达到厘米级精度。多数无线电导航系统依据精确的国家大地基准，提供非常好的绝对精度。海岛礁和海域航标可采用海上无线电指向标系统（信标）定位；还可使用 OmniSTAR GPS 增强定位技术，OmniSTAR 是由 Fugro 公司开发和运营的一套可以覆盖全球的高精度 GPS 增强系统。在通过卫星提供增强的 GPS 数据方面 OmniSTAR 为世界市场的领先者，该系统通过分布在世界各地的 70 个地面参考站来测定 GPS 系统的误差，由分别位于美国、欧洲和澳大利亚的 3 个控制中心站对各参考站的数据进行分析和处理，并将经分析确认后的差分改正数据通过同步卫星广播给用户，实现高精度的实时定位。OmniSTAR 提供测量、定位、环境和包括陆地和近海的卫星服务在陆地上新的应用方面，OmniSTAR 服务可以满足精密定位系统的需求。OmniSTAR 提供了空前的实时的 DGPS 定位服务。它能够改善 GPS 接收机的精度提高约 100 倍。OmniSTAR 系统比部分市场上其他竞争的系统能提供更大地理覆盖。目前，在 OmniSTAR 信号覆盖范围内可最高实现单机 10cm(Circular Error Probable，CEP)的实时定位精度。

大型航标船抛设施工时，指派小型航标船配合联测定位，调整校对航标位置。使得航标质量得到有效控制和可靠保障，发挥航标效能。航标建设完成后及时开展技术测定，确保航标各项技术参数的正确，保证航标效能正常。根据海区航标效能验收相关管理规定，定期开展航标效能技术测定工作。事故多发点航标全部加装 AIS 终端，实时监控航标工作状态，海上浮动航标位置最大移动范围应控制在 3～5m，保障施工船舶和过往船舶的安全。

3）导标测定

导标是由前后两个立标或灯桩组成的一对叠标，经过精确测量定点建立。导标最易观测，在其作用距离内只要看到两标重叠，就是船舶正好位于导标线上。导标用于引导船舶进出港口，通过狭窄航道，进入锚地以及转向、避险、测速、校正罗经等。导标定位的方法主要有全站仪定位法和 GPS 定位方法，根据导标测量周围地形地貌特点，采用不同的定位设备或组合使用，准确计算出导标的真方位。相比较全站仪等常规的定位方法，GPS-RTK 技术有更多的优点，结合连云港的导标定位，介绍 RTK 技术在导标定位中的应用。

连云港设计导标两组共四个导标，如图 9-7 所示。利用旗台山、油码头的北京 54 坐标和 56 黄海高程值来测定各导标的坐标和灯高高程（平均大潮高潮面至灯光中心的高度），高程中心是航标发光中心。

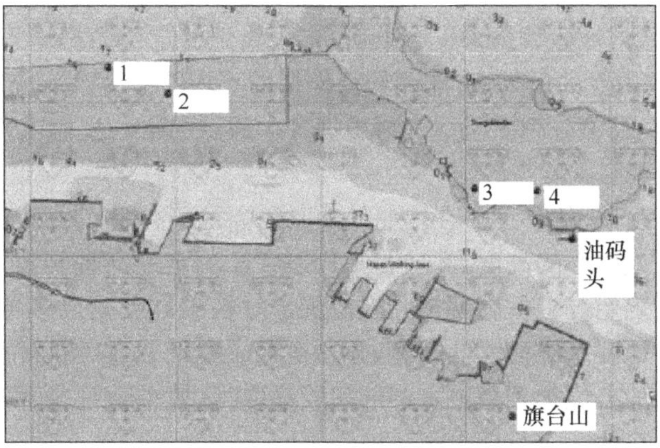

图 9-7 连云港导标设计分布图

第一步：测量仪器比对。测量仪器工前比对是测量工程的常规工作。在外业测量实施前，一定要先对仪器进行比对校验，确定仪器的精度符合要求后才可使用。通过仪器的比对不仅能查出仪器的性能状态，还能发现以下两种情况。①已知控制点是否可疑：在已知控制点上架设 RTK GPS 基准站有时会发现移动站上的 GPS 在另已知点上没法解算出来，各项仪器设置经检查都准确无误，那就怀疑架设基准站上的控制点有问题，需核实。②所设转换参数是否准确：GPS 比测时发现所测坐标与已知坐标相差，需经查坐标转化用的参数。

测量定位前，首先要对仪器进行检查校验。本次测量定位使用 Trimble 4700 高精度 GPS 定位仪，实时载波相位差分 GPS-RTK 技术。仪器的技术指标为：水平精度±2cm+2ppm；垂直精度±5cm+2ppm。将设备在已知点上进行 0.5～1.0h 的比对，求出静态比对定位中误差及仪器稳定性中误差计算结果均小于±0.5m，符合规定，因此，此套仪器可用于本次测量定位。进入测区后，先要对旗台山已知控制点的坐标进行比对检查，由于本次工程要求的坐标系统和提供的已知点的坐标均为北京 54 坐标系，因此要在 GPS 接收机键入连云港当地的七参数再开始进行比对。经过 0.5h 的比对，测量坐标与所提供的控制点坐标确认无误，可将旗台山已知控制点可作为首级控制点使用。

第二步：基准站选择设置。RTK-GPS 差分作用距离一般不超过 13km，这是由基准站的无线电台的发射功率和RTK-GPS高程基准面两个因素共同决定的。流动站离基准站的距离越近测量精度也就越高。因此,我们根据提供的已知点的位置与定位点的位置进行比较各点位置如图9-7所示(其中1、2、3、4为四个导标的位置)可以看出油码头离4个导标的距离更近,因此将油码头作为基准站可以提高测量定位的精度。于是我们将旗台山已知点作为基准站安置仪器,将流动站接收机安置在油码头的已知点上进行0.5h的观测,与已知的油码头的坐标进行比较,比对无误后将油码头作为基准站,要定位的导标作为流动站开始作业。

第三步:导标流动站作业。导标灯芯位置较高,测量员需爬到导标顶端的作业平台上安置仪器,接收机天线安放在灯桩的正中心,天线的中心到灯光的中心距离作为仪器高输入手簿中。等仪器稳定且有五颗以上的卫星锁定后开始进行测量,基准站和流动站同时观测1h以上,采样频率为15s,在结束测量前需确认采样点超过240个,否则需要继续观测直到达到规定的要求。依照此作业程序依次对其余三个导标作为流动站进行定位。

第四步:坐标计算。外业数据采集结束后,将采集到的定位数据输入到Trimble Geomatics Office软件中进行内业的后处理,取测量点坐标的平均值作为该点成果。同时还要将成果点的北京54坐标转换成WGS-84坐标。再根据各定位点的平均坐标求算出前后导标的距离、坐标方位角。

第五步:正确确定灯桩的高度。在内业处理时需要注意灯高的高程并非大地高而是当地平均大潮高潮面至灯光中心的高度,需要将GPS-RTK测定的高程转换成以平均大潮高潮面为基准的高程。正确确定灯桩的高度按照规范规定灯桩的高度是以多年平均高潮面起算的,而实际测得的是某一深度基准面上的高度,必须换算成多年平均高潮面的高度,多年平均高潮面与某一深度基准面的差值须到当地水利部门收集取得,此差值还须通过同步验潮根据距离梯推到实际导标的所在地。

第六步:真方位角计算。导标的真正功能是引导航道中船舶正常进港提供服务的,通过前后两组导标间的连线获得的是坐标方位角,而航海用途中的航向是指测量学上的真方位角,坐标方位角必须加上子午线收敛角才是真方位角。在计算时如测区离中央经线越远,子午线收敛角的值越大,导标计算成果表中必须包括真方位角的计算。

在导标定位中,GPS-RTK技术的优势较为明显,相比全站仪的定位,GPS-RTK受天气和气候的影响较小,且测站间无需通视,减少了大量的工作量。同时还可以实时的输出测站点的三维坐标、三维速度和时间信息等技术参数,这一点是其他常规测量仪器所无法实现的。实施像导标定位等常规的几何水准测量有困难的工程,RTK高程测量无疑还是一种有效的测量手段。

9.3.2 虚拟航标构建

1. 虚拟航标定义

根据国际航标协会定义,虚拟航标是指物理上不存在,由经授权的助航服务提供部门发布的能在导航系统中显示的数字信息物标。并对物标注解为一个或一组物标,无论何种类型或格式,计算机作为单一物标计算或处理以告知用户虚拟航标特性。虚拟航标可用于告知航海人员航行危险物、安全航路、谨慎驾驶水域和规避水域。虚拟航标可用于标识能用图形表示的线、区域、位置及其他形式。根据设置意图,虚拟航标承载的信息,包括地理位置,可以固化也可以随时(动态)变更。

虚拟航标(又称为数字航标)是基于计算机技术、全球定位系统(GNSS)、电子海图显示系统(Electronic Chart Display and Information System,ECDIS)、自动识别系统(Automatic Identification System,AIS)、船载航行数据记录仪(Voyage Data Recorder,VDR)及无线电导航系统(Radio Navigation,RNAV)等现代高技术而产生和发展起来的一门新兴航标应用技术。随着电子海图的推广和普及应用,航海人员从原来按照纸海图上的标识,依靠目视观察航标行船到运用电子海图操纵自动导航系统行船。其间各类助航标志都将在电子海图上清晰地标识出来。如果某一航区内的助航标志已经纳入了 AIS 的管理中,那么在该区域中的航标(浮标和固定标志)都会按照每 3min 1 次的速率送出最新的航标标志数据。这些航标数据会实时动态地被船载 AIS 设备接收到,并在电子海图上显示出来,即电子海图上将会显示航行区域内每个航标的实际位置及当前工作状态等信息。当中心处理系统(如 VTS 控制中心),对每个航标设施的信号经处理后以广播方式发射出去时,船载 AIS 设备同样会接收到航标信息数据,也同样会自动标绘在电子海图上。这些来自于 VTS 中心广播的航标信息数据完全等同于实际航标发出的航标信息数据,在电子海图上反映出来的效果是完全一致的。如果不考虑驾引人员直接观察到实际航标设施的灯光、目标等所产生的心理影响,对 AIS 船载设备来说,其接收到的并显示在电子海图上的航标实时信息,究竟是来自于 VTS 中心的航标信息数据,还是真的从实际航标标志上送出的信息并不重要。既然如此,那么从理论上来说,在 AIS 覆盖区域内可以不再需要设置具体的航标设备,或至少在那些固定的标志上,如大型灯塔、引导标、雷康标志等,只要配备一台 AIS 应答器,即可达到与实际物化的助航设施相一致的效果。由这个虚拟系统构成的助航标志系统即为虚拟的航标系统,如图 9-8 所示。

图 9-8　船载 AIS 虚拟航标系统

2. AIS 虚拟航标主要功能

(1) 能三维显示辖区环境和所设航标的视景图像,可模拟白天、夜晚、能见度不良或不同级别风浪等复杂海况下的航标及其与周围海域环境的综合效果,并提供可设定到任何地方、从任何角度、多种运动方式(如定向定速、设计航线、自由航行等)航行模式,如图 9-9 所示。

(2) 显示辖区的电子海图,可显示助航标志和 AIS 目标船舶。

黄浦江(模拟白天)　　长江口(模拟夜景)　　洋山深水港(模拟风浪)

图 9-9　虚拟航标三维显示功能

(3) 航标规划设计。通过在二维电子海图上模拟设置虚拟航道和助航标志，在三维视景中进行航行效果演示，模拟主要航道航标规划布设的效果，为航标效能评估分析提供相关数据，如图 9-10 所示。

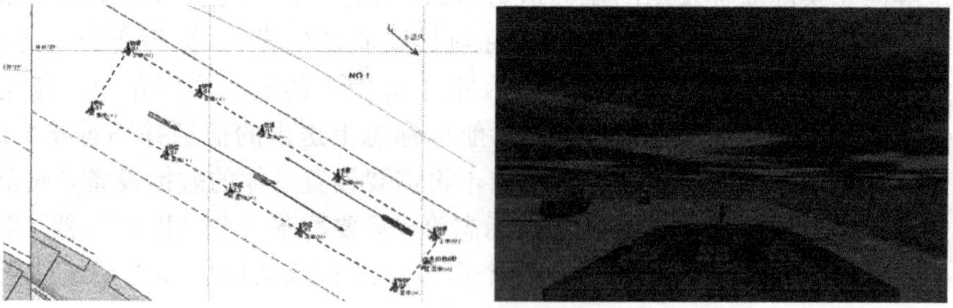

图 9-10　航标规划设计功能

(4) 航标模型库管理，并提供航标模型编辑功能，以使航标模型符合实际的类型、尺寸、外观等要求。提供多种方法在三维系统中设置助航标志，并可以对航标的灯质特性进行编辑，如根据助航标志坐标设置；根据起始点和设标间距自动设置；用鼠标在三维海图上任意设置等。

(5) 接入航标遥测遥控和船舶 AIS 数据，虚拟仿真航道船舶通航状况。结合船舶 AIS 航迹的航路标识功能，为航标配布设计提供依据，如图 9-11 所示。具备船舶碰撞事故过程模拟回放，为交通事故处理提供决策依据。

3. 航标空间数据和属性数据更新维护

图 9-11　虚拟仿真航道船舶通航状况

航标空间数据在投放助航标志时，可利用 CORS 进行 DGPS 测量助航标志，建立海区航标动态空间数据库。在助航标志上设计安装航标遥测遥控系统，实时遥测遥报航标漂移位置信息。根据航标遥测遥控系统的航标空间数据和属性数据，建立三维航标模型状态与航标遥测遥控动态数据的实时关联，提供助航标志的特征数据和遥测数据查询和报警功能，通过助航标志三维模拟系统，可以直观、形象、全面地把周围景观、所有航标设施情况等真实地表现出来。

9.4　海底废堆积物测量

海底废堆积物是指人类有意识有目的地利用海洋环境容量和迁移能力处置的废弃物。海洋倾废活动利用船舶、航空器、平台或其他载运工具向海洋处置废弃物和其他有害物质，包括弃置船舶、航空器、平台及其辅助设施和其他浮动工具的行为。海洋倾废管理是海洋管理部门的重要职责，防止、控制和减少由于倾倒废弃物和其他物质造成海洋环境的污染损害。我国作为一个海洋国家，1985 年加入了旨在控制海洋倾废的全球性国际公约——《1972 年伦敦公约》。由《中华人民共和国海洋倾废管理条例》、《中华人民共和国海洋倾废管理条例实施办法》和《倾倒区管理暂行规定》等法律、法规构成我国实施海洋倾废管理的一套较完备的法律体系。海底废堆积物测量是对废弃物倾倒区进行专门监测，是海洋环境管理的重要组成部分。

海洋倾倒区监测主要有三种：常规监测、重点倾倒活动的跟踪监测和专项监测。倾倒区常规监测是指倾倒区启用后的例行监测，主要对以下内容进行监测：①水深监测和地形监测；②海洋水文动力参数监测；③水质监测；④生物监测，重点为底栖生物监测；⑤生物残毒和污染物的生物效应监测。

重点倾倒活动的跟踪监测的监测指标，能反映出倾倒物在倾倒区的扩散范围，反映出倾倒活动对周边生态环境的扰动范围和影响程度。专项监测是在倾倒活动进行或常规监测中发现异常情况，如倾倒区环境发生异常变化，倾倒区附近渔业捕捞产量和品种急剧下降，海水增养殖业发生严重病害时所进行的专项监测或采取监控手段的监测。

海洋倾倒区监测各监测指标的监测按照《海洋调查规范》(GB16723)和《海洋监测规范》(GB17378) 所规定的相应的方法执行。海洋倾倒区监测的评价根据现场监测、调查和观察资料，结合历史资料，通过数据分析和处理，对监测的倾倒区作出以下评价：①倾倒区和倾倒区周边环境倾倒物的堆积情况；②倾倒区中心的水深变化及趋势预测；③倾倒物在倾倒区的沉降速率；④倾倒物在倾倒区的扩散范围；⑤倾倒区底栖环境地球化学特性时空变化的程度和趋势；⑥倾倒活动对倾倒区和周边海域海洋生态环境的影响程度评估。某海洋倾倒区选址规划重要监测指标见表 9-2。

表 9-2　某海洋倾倒区选址规划重要监测指标

评估要素	A 区	B 区	大亚湾倾倒区
地理位置、离岸距离	大鹏湾外，7km	大鹏湾外，14.9km	大亚湾保护区外，距其他南部核心 7km
功能区划	规划为倾倒区(军事训练区边缘)	大鹏湾、大亚湾港口、工业旅游、渔业资源保护多功能区(军事训练区中部)	规划为倾倒区
水深	24m	26m	256～276m
海底地形	平缓向 SSE 倾斜坡度 1∶2000	平缓向 SSE 倾斜坡度 1∶2000	平缓向 SSE 倾斜坡度 1∶1800
水质环境	相似，基本能满足一类标准	相似，基本能满足一类标准	相似，基本能满足一类标准
沉积物环境	相似，沉积物满足一类标准	相似，沉积物满足一类标准	相似，沉积物满足一类标准

续表

评估要素	A区	B区	大亚湾倾倒区
生物环境	属正常	与A区大致相似，但贝类重金属超标	与A区大致相似，但贝类重金属超标
对环境敏感目标影响	夏季小潮期，对大亚湾自然保护区和大鹏区幼鱼虾保护区受水体增量悬沙轻度影响	无影响	夏季小潮期，对大亚湾自然保护区受水体增量悬沙轻度影响
海航环境及海上交通安全	毗邻锚地，受水体增量悬沙及海床浮泥增厚轻度影响	比A区海域更广阔，海浪较大	与B区相似
对捕捞等干扰程度	倾倒时无法捕捞	倾倒时无法捕捞，毗邻珠江口担杆大星针渔场，影响渔场水体	倾倒时无法捕捞
海洋动力学特征	相似，季节变化明显	相似，季节变化明显	相似，季节变化明显
历史倾倒情况	过去10年间曾在A区倾倒过总量约为100万m^3	无	近年约倾倒了1000万m^3，近期全部将接纳1000万m^3
历史监测资料	1998年和2002年监测	1998年和2002年监测	有近三年资料
监视的可行性	可以	难度大些	与B区相似，难度大些
监测的可行性	可以	难度大些	与B区相似，难度大些
经济性(以运费评估)	优	是A区的1.3倍	费用大，将近A区的1.7倍

海洋开发区域的海底废积物调查测量工作包括以下五个方面。

(1) 废积物位置确定。依据海洋倾倒区选划审批位置设计调查测量路线，调查测量海上平台等工程废积物可先用磁力测量方法确定废平台的位置。即使平台被拆掉或油井口被封，用磁力测量方法仍能发现很大的磁力异常。废平台(井口)大概位置确定后，再进行2～5km范围的旁侧声呐测量。

(2) 导航定位。近海可采用海上无线电指向标系统(信标)定位；离岸较远还可使用Omni STAR GPS增强定位技术或GNSS导航定位。为了满足水下潜器调查测量确定水下准确位置需求，需要在调查场地边界附近建立局部水下导航系统。例如，建立3个应答器，组成一个阵列，构成水下局部导航定位网。

(3) 扫海测量。为了实现对海底废积物全面准确的调查，可采用多波束系统和侧扫声呐系统对海底进行全覆盖式测量。两类设备的应用，对实现海底废积物的认识起着十分重要的作用。

多波束系统既可获得高密度、高精度的测点位置信息，又可获得海底图像信息，但由于分辨率的限制，一般情况下，成像质量较差，在对海底的定性分析方面还存在不足。而侧扫声呐则以成像为主，可获得高分辨率的海底影像，可根据图像的明暗程度反演海底地质组成，并在此基础上，进行地质分类和定性分析，但却难以利用概略的位置信息进行精确的量化分析。由此可见，二者具有很强的互补性，多波束数字信息与侧扫声呐图像信息的融合，对于海底进行定性、定量分析和全面、详尽解释，则是一件十分现实和有意义的事情。目前，以有相关研究成果，如图 9-12 所示，将清晰的图像信息和精确的数字信息引入海洋海底废积物调查已成为必然。

(4) 潜水测量。近年来，水下摄像机也已广泛应用于对海洋倾废区的监测。在海底废积物堆积复杂的海区，还应在所调查中心位置的 200～500m 范围内用潜水设备进行直观测量。潜水设备(如 ROV)沿着预先定好的格网线(如 20m×20m)测量，一旦发现废积物，用水下电视摄像机、水下数码相机采集调查倾废区水下图像信息，并进行记录。在测量过程中，海底的电视摄像机的输出显示在海面上测量船甲板监视器上，直观明了。在调查测量过程中，潜水装置的位置不断地用水下声学导航系统确定，废积物的位置画在场地图上，如图 9-13 所示。如果废积物是在该范围的边界上，那么测线还需向外延伸。

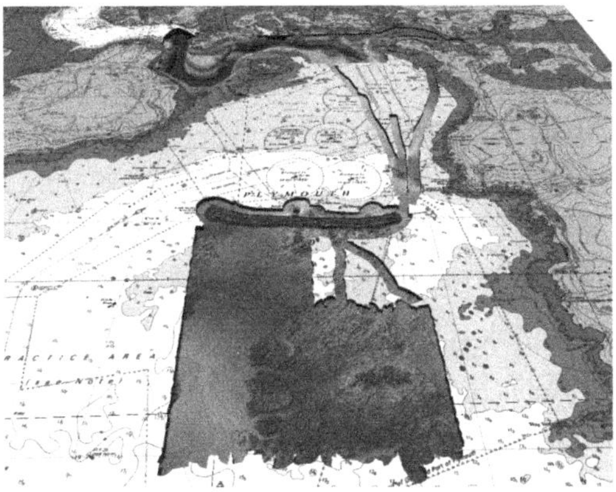

图 9-12　某海区多波束数字信息与侧扫声呐图像信息融合

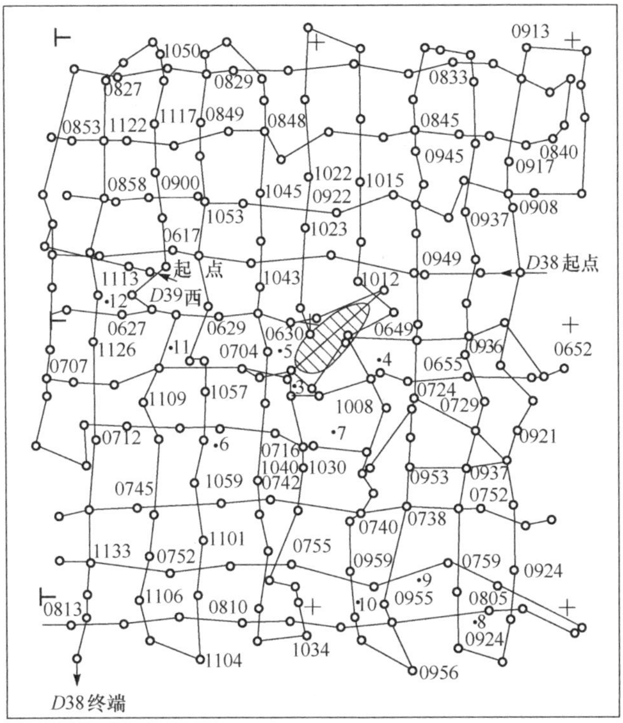

图 9-13　海底废积物调查航迹图

同时，通过水下摄像机可以直观地了解倾倒物对海底生态的影响情况。利用水下数码相机可以长时间定时记录下鱼类等海洋生物在倾废区的活动情况；利用拖曳式水质仪可以对倾废区水体进行多层次大面积快速监测，并且所有监测数据和位置参数一起进入计算机进行同化处理。这样就改变了过去的定点监测分析效率低下和数值模拟缺乏现场实际检验的状况，实现了对倾废区环境的大面积连续监测和监测数据的实时处理。

(5) 数据处理。水下电视调查结果覆盖在多波束与旁侧声呐测量的海底调查测量上图，并在计算机画面上将底质表面与含有各种有机物的浮泥层用不同的颜色表示出来，可以快速大面积调查疏浚物在水下扩散与在海底堆积和迁移情况。根据以往的本底情况和对其他时段监测数据的分析研究，将可以更能准确地掌握倾废区的环境变化情况和今后倾废区内倾倒物的迁移与堆积趋势，以此来确定哪些废积物需要清除。

对于海底管道，测量范围是管线两边各 50m 的范围，但是当旁侧声呐发现废积物在这个范围之外也需要直接检查。例如，一家石油公司在测量 400km 海底管线时，先用旁侧声呐初步鉴别可能的废积物地点，在管沟看不清的地方，管道位置用磁力计确定。从声呐图上选择一些地点进行潜水直观检查，必要时加上电视摄像和静态摄影。在调查和打捞的过程中，精密定位是很重要的，用 GNSS 或无线电定位系统确定海面上船只的位置，用短基线声学定位系统测量潜水装置相对于海面上船只的位置。

9.5 海洋资源开发勘探测量

9.5.1 海洋资源开发概况

海洋资源开发是指海洋水产养殖、海洋油气开发、海底采矿、海水淡化、海洋能开发、海洋旅游资源开发，海洋生物、化学、药物资源开发等。海洋油气开发这是一个迅速发展的产业，其产值已占世界海洋经济的 60%。特别是当前的海上油气开发已经向深海延伸，更需要高新技术作为支撑：①油气勘探技术；②深水海面采油技术；③水下作业技术。我国海洋油气产业 10 年中约增长 18 倍，2010 年熔盛重工建造的亚洲第一艘 3000m 深水铺管起重船“海洋石油 201”顺利出坞，也标志着我国即将进入海洋油气时代。

海底采矿大洋底散布着丰富的多金属结核，其中，太平洋的储量约 1.7 万亿 t，锰、镍、铜、钴的储量分别为陆地的 52 倍、83 倍、9 倍、359 倍。而且使大洋采矿成为一种产业，业界专家认为至少还需要 20 年，其发展潜力可见一斑。

海水淡化海水占地球上水量总体的 97.2%。随着经济发展和人口增加，世界缺少淡水的压力越来越大，而通过淡化海水取得淡水是人类的一个自然选择。

海洋能开发海水运动和温度、盐度的差异分布，蕴蓄着巨大的能量，温度差、盐度差、潮汐、海流均可被利用来发电。如今，潮汐能的开发已经达到了工业应用水平，而海流、盐度差等作为能源利用，由于技术问题仍未达到实用化、商业化水平。

海洋资源开发勘探测量技术是开发和利用海洋资源的核心技术，在整个海洋技术系统中具有重要的支撑作用。海洋资源开发对勘探测量技术有高度的依赖性。辽阔的海洋和丰富的海洋资源，无疑为海洋勘探测量技术发挥作用提供了一个大舞台。当前，海洋开发活动在深度和广度上的不断拓展。海洋资源开发技术发展迅猛，各种配套技术和装备呈日新月异变化态势，极大地推动了海洋开发。

9.5.2 海上钻井测量

海洋石油钻探和生产所需的平台，主要分为钻井平台和生产平台。钻井平台上设有钻井设备，生产平台上设有采油设备。按功能又可分为钻井平台、生产平台、储油平台、生活平台、近海平台等。无论哪一种平台为了保证平台的正常运作都必须保持平台的稳定，实际上也就是保持平台位置的稳定性问题，这属于测量的范畴。本节以钻井平台为例，介绍钻井平台的定位以及拖航。

1. 海洋平台定位

海洋平台是在海洋上进行作业的场所。钻井平台一般分为升降式钻井平台、固定式钻井平台、半潜式钻井平台(张力式平台)等，如图 9-14 所示。

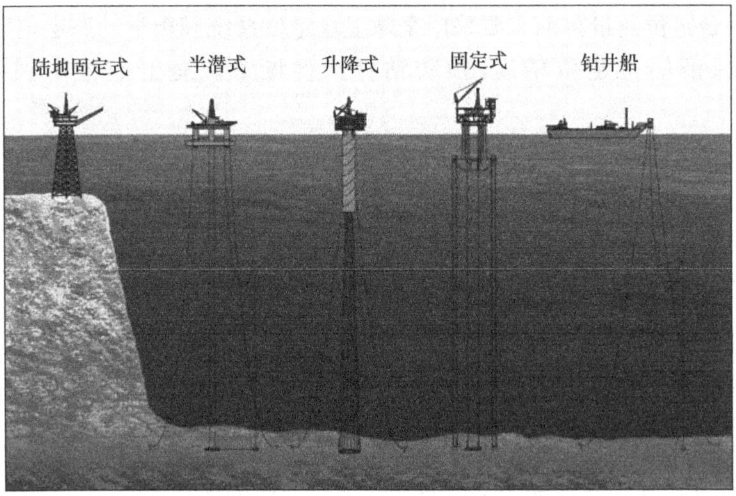

图 9-14　钻井平台分类

随着海洋开发的海域从大陆架向深海拓展，油气田开采的钻井平台位置也逐渐向深海推移。诸如固定式钻井平台已不可能完成深水钻井作业，主要采用半潜式或钻井船作业。在海面上由于风、浪、涌、海流、潮汐等外来因素的作用会产生钻井船或钻井平台的漂浮运动。假若钻井船或平台活动范围超出了钻杆所能承受的折弯强度，钻杆就会折断，如图 9-15 所示。为了实现安全钻井作业，预防钻杆产生断裂，必须严格控制钻井船和平台的活动范围。表 9-3 列举了不同水深时，钻井船安全作业所允许的活动半径。

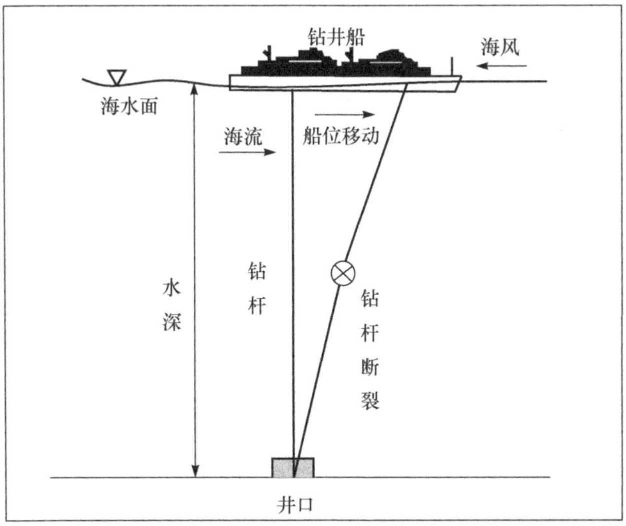

图 9-15　钻井船和平台位移对钻井影响

表 9-3　钻井船允许的活动半径

水深 h/m	允许的活动半径
<500	2%h
500～1500	4%h
>1500	6%h

海上钻井平台定位测量目前主要采用全球卫星定位系统和声学动态定位系统。通过船位自动调整系统保证船位定位精度，预防钻杆产生断裂。海上定位中误差不得大于图上 1.0mm。

1) 全球定位系统定位测量

全球定位系统定位测量多应用于钻井平台进入或迁移井位工程中。目前，钻井平台井位迁移有许多定位工作使用 DGPS 定位技术，特别是像我国局域差分 GPS 网站的建立，其定位精度完全可以满足我国海域的石油钻井需要，而且定位效率高、费用低。海上勘察建立导航定位平面与高程控制网，作为测区定位的起算点，同时也测定导航定位系统岸台(包括 GPS 基准台)的位置。

全球定位系统钻井平台定位工作过程以迁移井位为例说明如下。设计钻井平台迁移航线，GNSS 导航将平台从旧井孔转移到新井孔附近。将接近新井孔时，平台被拖到预备进入井孔定位点的适宜位置处。离新井孔 5～10n mile 时，平台移动速度一般采用 2km 左右。此时，先能获取若干次良好的卫星定位(或无线电定位)，因为平台尚处于声学定位系统有效作用范围之外，需通过上述手段引导平台逐渐接近新井孔定位点。

现在，GNSS 定位也开始运用在锚泊定位系统和动力定位系统两种系统的定位工作，使之定位更为准确、方便，能够极大地降低高造价的水声系统。

2) 声学动态定位系统定位

典型的声学定位系统，就是在水底设置几个固定的海底应答器，预先测定其准确位置，作为控制基准；实际测量过程中，测量船船台发射设备向水中发射超声脉冲询问信号，由海底应答器接收并发回应答信号(或由应答器主动发射信号)，再由船台接收、处理并显示实测定位数据。

声学定位系统一般以换能器之间的布阵间距长短分为短基线系统和长基线系统。共同点都是通过应答方式测出与海底应答器的应答距离后，由计算机求出相对于海底参考基准的定位坐标。该系统的定位原理在第三章海洋定位测量中论述，不再赘述。钻井平台定位，一般采用 4 个应答器组成水底应答器阵列，布置成方形。边长为 1n mile 左右，平台设计位置约居图形中央。目前，大多数水底应答器的有效工作范围为 2n mile。因此，上述布设方案能接收到离定点 1～1.5n mile 的各应答器的应答信号。

钻井平台定位工作过程以迁移井位为例，平台移动过程中抛第一只锚最为关键。一般情况下，计划抛锚点应在到达定位点之前 0.5n mile 左右的地方(当然要视水深等条件而定)。如果抛锚时平台定位误差达百米以上，则以后要校正这个定位误差将浪费时间。在这种情况下，就显示出声学定位系统的独特作用了。如果声学系统的水底应答器阵位置坐标，经过了严密的平差计算，则平台在进入定位点以前的最后 1n mile 的移动过程中，能够用它准确地确定位置，那么，抛错第一只锚的可能性将大大减小。

第一只锚抛下以后，对平台产生一定的制动作用。随着平台移动速度的减缓，陆续再抛其他的锚，抛锚数量为七八个。平台进入声学系统范围内后，借助于收、放锚链逐渐移入新井孔，通过声学系统实时监控平台移动，在定位的同时记录点位信息。

为了控制钻探船舶和移动式钻井平台的稳定性，使之始终保持在所希望的方位与位置上，有两条途径解决此问题。

(1) 锚泊定位系统，亦称伸张式锚泊系统，其作用是使海洋工程(包括钻井平台、钻井船等)的水平漂移保持在井中心线周围一定范围内，以成功地进行钻井作业。锚泊定位系统都呈辐射状分布。它适用于水深 900m 以上，如果超过 1200m，从经济上来看就不合适了。

(2) 动力定位系统，它是利用钻井船或钻井平台上的动力，使其在风、浪、流等外力作用下，保持其要求的水平面内的位置与方向的一种主动式水声定位系统，如长基线定位系统、短基线定位系统等。动力定位系统是一个自动调节系统，如图 9-16 所示。其基本原理是利用电子传感元件或水声传感元件等组成的位置检测系统，将在外部扰动力的作用下浮体的水平漂移量与方位偏差量及时检测出来，经过控制系统中的信号处理器的处理，自动输入电子计算机。通过计算，发出推力指令，使推力系统发出相应的推力，以抵抗外部扰动力，使浮体回复到原来的位置上。其在海面上船位坐标(x,y)由声学定位系统提供，钻井船的航向 φ 由罗经给出，而由位置传感器测得的船位数据(x,y,φ)和设定船位坐标(x_0,y_0,φ_0)一起输入电子计算机，加到调整系统的比较元件中去，进行比较后，得到调整(即偏移量)信号 $\Delta x,\Delta y,\Delta\varphi$，输入到电子计算机。而计算机根据被调整的对象负载特性，计算出执行元件施加给它的垂直推力，水平推力和转矩。在执行元件的控制下，钻井船自动地调整到原来的位置(x_0,y_0,φ_0)，直至偏移量满足平台要求，钻井船就处于动态稳定平衡状态，当系统检测到偏移量的变化时，系统再次进入新的调节过程。

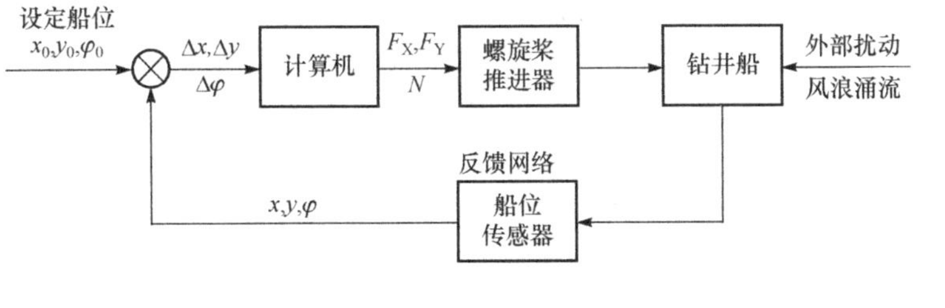

图 9-16　动态动力定位系统

上述两种稳定系统一个共同的特点是要借助钻井船或钻井平台上的动力调节控制，前者是利用自身动力带动锚泊定位系统，后者是利用自身的推动力。但关键的问题是钻井船或钻井平台实时位置的精确确定。

2. 海上拖航

海洋钻井装置或被拖船舶为实现其作业需要而重新移位所采取的操作过程称为拖航。拖航是海洋工程中经常性的作业内容。拖航时，会遇到各种各样的危险情况，如何确保被拖对象的安全，降低拖航距离，准确到达预定位置，已引起普遍的关注。拖航大致可分两类，即现场移位与远洋拖航。

1）现场移位

在12h的航程内把一个海洋钻井装置移到一个可以自存的位置或一个受到保护的位置，这种拖航通常称为现场移位。在拖航过程中必须要采用导航系统进行导航。导航系统的任务就是通过直接或间接测定船位坐标，从而引导船舶按预定的航线航行，现场移位可采用无线电导航、卫星导航、多普勒声呐导航等方法实施。

在这种拖航中，海洋钻井装置准备“就位”或“离位”时，可能会发生危险情况。对于升降式平台，当桩腿向上或向下移动时，其浮动特性会发生变化，桩腿也会对海底产生冲击影响。对于半潜式平台式钻井船必须考虑海况对起锚、下锚和不对称锚产生的影响。也必须考虑锚泊的布置方式与操作步骤。

2）远洋拖航

把一个海洋钻井装置或一个被拖船舶从一个地点移动到另一个地点，航程超过12h，这种拖航通常称为远洋拖航。在这种情况下，导航系统有推算导航、无线电导航、惯性导航和卫星导航等。

推算导航系统以罗经和船用计程仪为基本设备。因其设备极为简单，在现代导航系统中仍占有重要地位，但因其积累误差随时间而不断增加，所以，它不宜在连续导航时使用。多普勒导航声呐可有效地弥补非声学计程仪的不足。两者均作为辅助导航手段。

鉴于在拖航过程中的复杂性和危险性，全球卫星定位系统的实时三维定位，不但解决拖航的导航精度问题，还可以对海洋钻井装置的姿态进行监控，是目前拖航最方便、可靠的导航定位方法。

3. 钻头重入井口

在海上勘探和开采海底油气资源时，钻头准确地重入井口也是经常遇到的技术难关，虽然声学定位系统可使钻井船船位精确地保持在数米以内，但对钻头重入井口而言，这样的定位精度仍然不够。为了保证钻头等工具准确地沿着井口锥体滑入初钻完毕的井口，通常要求井口和钻头之间的定位精度在几十厘米以内。目前，钻头重入井口主要借助于声学方法，有时为保证重入的可靠性也与水下电视等其他观测手段联合使用。

1）短基线与超短基线井口重入系统

钻头重入井口施工，需要在井口上方设置直径数米的锥口朝上的喇叭形锥体，当钻头落入锥体后借助锥体导向滑入井口，锥体下口定位对钻头重入井口起关键作用。如图9-17所示，通常在锥体口上设置声学应答器作为井口定位标志，同样在归位钻头上设置声学应答器构成短基线井口重入测量系统。系统利用时间差工作方式进行井口定位，甲板计算机得到钻井船船位相对于井口的坐标值，在系统显示器的指示下实现钻头重入井口归位工作。

所谓超短基线重入井口系统实际上就是声学定位系统测位功能的进一步扩展。如果在钻头上也同样放置一个声应答器，那么钻井船询问发射系统将同时向钻头声应答器发出询问。收到询问脉冲后，井口声应答器和钻头声应答器分别以各自的频率向钻井船转发应答脉冲。应答脉冲被船装短基线基阵中 H_1、H_2、H_3 水听器收到后，加到各自的通道放大器进行放大、

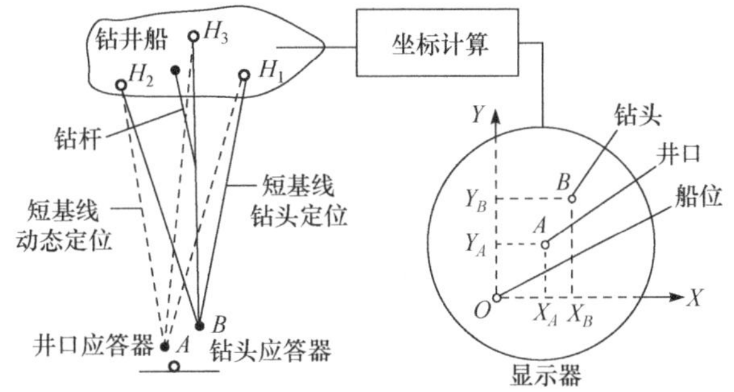

图 9-17　短基线井口重入测量系统

滤波处理，并测出相应的应答时间差。计算机根据输入的时间差求出钻井船相对于井口的位置坐标。即设声脉冲信号到达水听器 H_1、H_2 时存在行程差 Δr，也就是使水听器 H_1、H_2 收到的海底声脉冲信号在时间上存在时间差 Δt_{12}，则它们与声信标方位角 θ 之间有如下关系，如图 9-18 所示。

$$\left.\begin{aligned}\Delta r &= c \cdot \Delta t_{12} \\ \theta &= \arcsin \frac{\Delta r}{L_{12}}\end{aligned}\right\} \tag{9-6}$$

式中，L_{12} 为水听器 H_1，H_2 之间的距离；c 为声速，则可求出坐标：

$$\left.\begin{aligned}x &\approx \frac{c \cdot \Delta t_{12}}{L_{12}} h \\ y &\approx \frac{c \cdot \Delta t_{13}}{L_{13}} h\end{aligned}\right\} \tag{9-7}$$

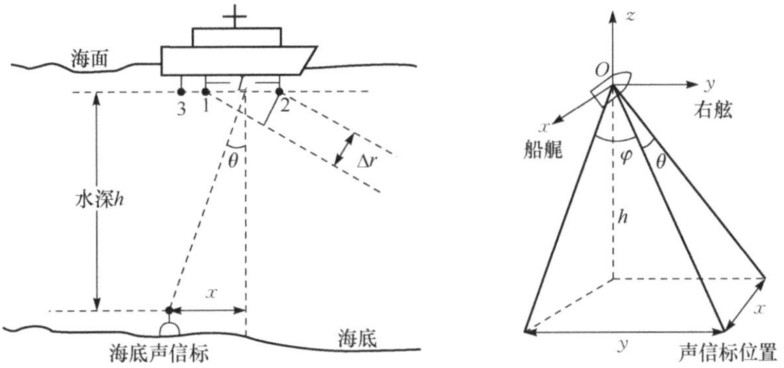

图 9-18　短基线方位测量原理

同理可以得到钻井船相对于钻头的位置坐标：

$$\left.\begin{aligned}x' &\approx \frac{c \cdot \Delta t'_{12}}{L_{12}} h' \\ y' &\approx \frac{c \cdot \Delta t'_{13}}{L_{13}} h'\end{aligned}\right\} \tag{9-8}$$

式中，$\Delta t'_{12}$ 为钻头应答器应答脉冲到达水听器 H_1、H_2 的时间差；$\Delta t'_{13}$ 为钻头应答器应答脉冲到达水听器 H_1、H_3 的时间差；h' 为钻杆入水长度。

根据计算的坐标，调节钻头和钻井船的位置，直至实现井口重入。实际工作中，当重入井口时的钻头与井口位置十分接近，短基线定位精度不能满足要求，一般采用高精度的超短基线系统来测量相应的相位差，然后计算钻井船相对于井口的位置坐标。

2）声呐井口重入系统

利用声呐设备引导钻头重入井口时，无需在井口设置声应答器或声信标。作为声呐探测和定位的目标，是事先均布于锥形井口的小尺寸强反射能力声反射体。重入声呐实质上是一个具有搜索、定位井口目标和测定钻头离海底高度的声呐系统。它是将搜索、定位和测深功能的3种换能器均装于金属转轴上，测深换能器辐射面向下测深，搜索换能器的波束斜向海底搜索海底范围，定位换能器则朝水平方向辐射声脉冲，整个声呐系统用电缆从钻管内吊放到钻杆头部。当转轴旋转时，波束所照射的空间如图9-19所示。在钻头部分除了上述换能器外，还装有接收、发射电路以及控制换能器旋转的机构，声呐系统由船上通过电缆供给电源。声呐的发射和换能器的旋转搜索是由船上发出控制信号通过电缆传输到钻头部分的，这样可使船上显示部分能同步地工作。探测到的井口反射体回波经放大、滤波等处理后，用同一电缆将其传输到船铲由平面位置显示器将回波所处的距离和方位显示出来。根据回波的距离和方位数据，即可发出操纵指令，对钻井船实施机动。

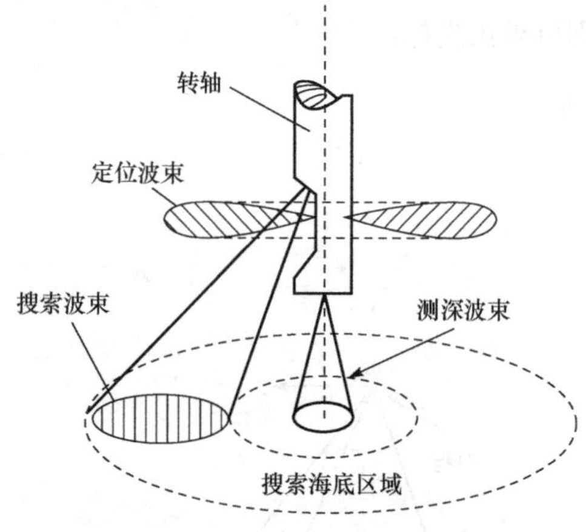

图9-19　声呐重入系统

向井口靠拢的结果，反映到显示器上就是井口反射体回波标志向钻头位置靠近。当钻头与井口的距离接近到定位声呐的作用区域时，即可将搜索状态转换到定位状态。为了保证对目标的角度和距离分辨率，定位声呐换能器波束角要小（波束角$<2°$），脉冲宽度要很窄，也只有这样才能提高井口反射体回波在显示器上的清晰度。将监视器荧光屏中心显示为预定井口位置，当反射体目标的回波标志在监视器荧光屏上以中心为对称的回波记录，这说明钻头已抵进口上方。在此同时，测深声呐不断地提供钻头离井口的高度信息。倘若钻头十分接近井口上方时，即可迅速下钻，从而达到重入井口的目的。另外，为减少搜索时间，提高工作效率，可充分利用高精度GPS定位技术进行导航定位。若井口定位精度高，则利用高精度GPS定位加水下摄像机实现井口的重入也是可能的。

9.5.3　海上石油生产平台测量

1. 平台安装测量

如图9-20所示，海上生产平台往往是石油、天然气开采的工作场地，需要海上施工安装。平台的安装依赖于非常复杂的测量和水下声学定位设备平台。首先将平台基底拖航至安装位置，依靠水下声学定位设备安装在海底。当中间部分靠近基底部分时，再放几根定位杆，定位杆的端部逐渐变细，因此容许一定量的不对准误差。定位杆定位后，工作人员就下放中间部分，直到与基底部分空隙只有1m左右为止。然后潜水员到水下测量核准后，再下放剩余的部分。顶上部分的安装过程类似于中间部分。

图 9-20　海上石油生产平台

精密的安装过程要求有先进的测量设备。如图 9-21 所示为位于墨西哥湾的 Cognac 生产平台安装声学定位系统。声学系统包括两台 RS-7/T 声学处理机、一台小型计算机、各种计算机控制显示单元以及系统中各单元之间的接口设备。RS-7/T 系统利用了安置在海底的声学应答器和驳船下的水下听声器，而海底的应答器相对于已安装好的基底部分的精确位置预先确定。在每一个平台部件的底部横向构件上都安置水下听声器用于测量到海底应答器或基底部分上的应答器的距离，使定位杆和定位孔间的偏离可以计算出以便重新定位。

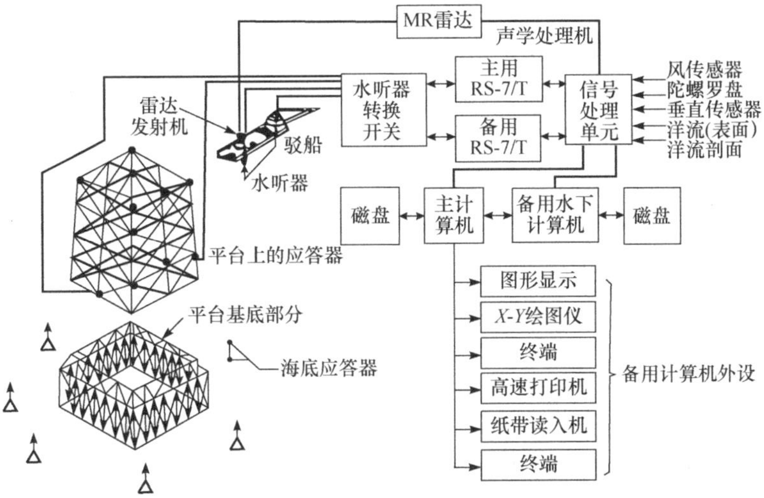

图 9-21　Cognac 生产平台安装测量系统

在下放平台中间部分的过程中，RS-7/T 提供了倾斜和深度的信息。用平台上的水下听声器确定平台相对于海底应答器的位置，计算出位置偏离。平台上每一根定位杆上都装有两台水下电视摄像机，当位置偏差在摄像机的视野范围内，就可用它们来完成最后平台安装定位。大大提高了平台安装定位的精度，最后计算的误差小于 0.3m。

2. 平台修理测量

水下结构物常由于某种原因损伤需要修理和加固，事先必须进行各种测量工作。然而由于各种条件限制，前面所介绍的精密测量技术有时是不适合的，而水下摄影测量就显示出一定的优越性。

水下摄影测量是利用水下摄影设备对水底目标或局部地形进行的测量工作，目的是确定水下摄影目标的形状、大小、位置和性质或局部地形的起伏状态。根据摄影设备不同有三种。

(1) 运用光源直接拍摄水下目标影像。摄影工作在潜水器上进行，设备有摄影机，用来提供摄影机位置、深度、姿态、曝光时间间隔的传感器和导航设备等。如用两架摄影机并用水声定位系统定位时可获得精确的成果。

(2) 利用光源照射下对水下目标进行电视扫描。设备有电视系统和摄影系统。水下部分由 3 个接收孔和信息传递器组成，采用立体摄影方法，拍摄屏幕上的海底地形或目标。

(3) 声全息摄影系统，由超声波发射器、水声接收器和电视显示器等组成。在完全不存在光学可视度的情况下，可获得声学图像，经处理可在电视屏幕上显示声全息图。这种方法发展快，主要用于水下大比例尺测图、海底工程测量和沉船打捞等。

除特别需要对很小海底区域实施摄影测量，水下摄影测量主要是对水下电缆、管道、水下建筑结构、考古以及海底地物等进行详细探测工作。水下摄影测量主要利用水下摄影摄像设备、水下声学定位系统、水下栅网和框架进行测量的。采用不同的测量手段获取现场的大型照片拼接图，或按立体摄影测量制图方法获得的海底轮廓线以及图片的位置信息。将一系列垂直拍摄(或接近垂直拍摄)的照片或影像，依次拼接成整张的图片。为了达到较高的精确度，每一照片都与邻近照片有一定的重合，并进行必要的校正。在标准的摄影测量中，一般一张照片中有约 60%前向重合和 30%的侧向重合，因此必须保证照片或影像拼接图及立体摄影测量图都能够正确地重合。

水下摄影摄像设备和水下声学定位系统的配置是针对需要水下摄影设备是移动状态，由水下摄影或摄像设备摄制照片或影像，由水下声学定位系统测定相应照片或影像的位置。水下摄影摄像设备和水下栅网或框架的配置主要是用于静止水下摄影或摄像，水下栅网或框架按一定要求固定设置在海底或水下建筑物上，作为水平控制；水下摄影摄像设备固定于海底上一定高度或框架上进行摄影摄像。最后根据栅网进行拼图，获得整个区域的拼接图。另外，现代计算机技术的发展，特别是图像处理技术，使得海底照片和影响的拼接已经变得非常方便，水下摄影测量将会更多地用于平台修理工水下程测量、水下目标探测以及军事应用。

3. 海洋勘探平台沉陷监测

石油平台作为重要的海洋生产实施，由于条件恶劣、基地多为软基地地层，平台在安装和运行初期必将有大范围的沉降，即使经过长期沉降处于稳定期，也会有不均匀沉降和位移产生。在海上，由于石油和天然气的开采，还有可能引起海底地壳的沉降，从而引起勘探平台的下沉。对其进行实时在线高精度形变监测，维系其正常的安全生产有着重要的意义。

根据我国北海油田的经验，一般的沉降速度可达 10～15cm/年。因此，随时监测海上勘探平台的水平和垂直位移情况，对于保障安全生产极为重要。海上平台沉陷位移监测采用卫星大地测量方法，如图 9-22 所示，陆上平面与高程控制测量，建立 GNSS 控制网，并测定导航定位基准岸台位置，利用差分 GNSS 高精度相对定位法对海上平台进行监测，进行定期地重复观测。重复观测周期的长短视相对定位的精度和平台可能的沉降量而定(如每月一次或每半年一次)。由于平台位移监测的精度要求很高,所以在实际工作中,要注意削弱多路径效应等系统性误差的影响,同时在数据处理中,要设法减弱卫星轨道误差的影响。形成立体监测网,监测石油平台的形变变化,对其发展趋势做出预测预报,对比评价不同条件下的监测数据,进一步预测石油平台变形的趋势,指导场地规划建设。及时反应石油平台的安全情况,为主管部门提供可靠的处置依据。

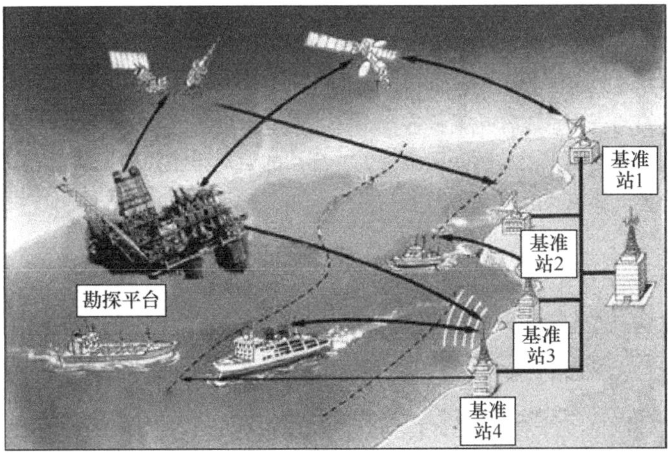

图 9-22　海上勘探平台沉陷监测

海上勘探平台监测系统是一个集结构分析计算、计算机技术、通信技术、网络技术、传感器技术等高新技术于一体的综合系统工程。本监测系统的作用是成为一个功能强大并能真正长期用于结构损伤和状态评估,满足位移监测的需要,同时又具经济效益的结构健康安全监控系统,系统监测拓扑图 9-23 所示。

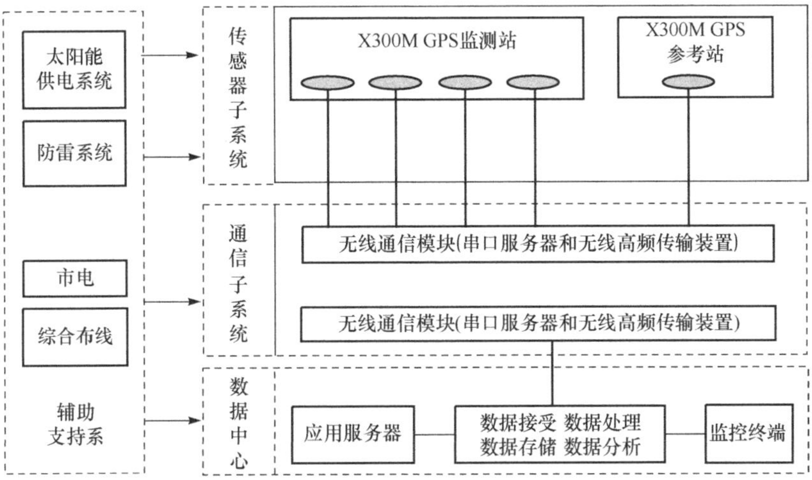

图 9-23　海上勘探平台监测系统拓扑图

石油平台监测系统由以下四大部分组成。

(1) 传感器子系统:由布置在石油平台上的 X300M 监测专用双频高精度 GPS 接收机。

(2) 数据传输子系统:GPS 自动化监测系统数据传输主要通过以下两种方式,各监测点到控制中心采用光纤进行通信，在控制中心完成数据的解算；各参考站原始 GPS 数据通过 GPRS 无线方式传输到控制中心。

（3）数据处理与控制子系统：由布置在监控中心的小型机系统、服务器系统及软件系统组成。

（4）辅助支持系统：包括外场机柜、外场机箱、配电、UPS、防雷和远程电源监控等子系统。

思考题和习题

1. 海底地形测量中测深点定位的方法有哪些？
2. 简要叙述海洋测量信息采集处理技术的发展情况。
3. 海底电缆铺设的调查测量工作包括哪些？
4. 海上钻井船的允许活动半径与哪些因素有关？具体的活动半径如何控制？
5. 海底管道的测量方法主要有哪几种？

第10章　海岸线测量

10.1　海岸线基本概念

海岸线测量是地图测绘、海道测量、海岸带调查、海岸演变研究、海岸和海域管理等的重要内容，也是重要的基础地理数据。由于海岸线是海域使用权属管理和土地权属管理的分界线，共同覆盖了国家整个主权领域。所以，海岸线既有一个地理概念："自然海岸线"，又具有一个法律概念："行政海岸线"。

中华人民共和国国家标准[如《海洋学术语海洋地质学》(GB/T 18190—2000)、《中国海图图式》(GB 12319—1998)、《地形图图式》(GB/T 5791—1993)]明确定义了自然海岸线，即"海岸线是指多年平均大潮高潮时水陆分界的痕迹线"。该定义下的自然海岸，海岸线以下经常为海水淹没；海岸线以上，则主要形式为陆地，仅偶尔少数大潮海水上侵。根据不同的潮汐性质(正规半日潮、非正规半日潮、正规日潮、非正规日潮)，平均大潮高潮痕迹线与年最高潮面(风暴潮除外)仅低0.3m，一年中只有7%日的高潮面高于平均大潮高潮面。而且在海岸实地，由绝大多数高潮能到达并在高潮憩流阶段水面保持一定时间稳定的地方，海岸线痕迹最为明显，且能保存较好，容易辨认。

对于法律概念的"行政海岸线"，尚无明确的定义和严格的界定。在《海域法》中第一章的第二条和第三条指出，海域包括中华人民共和国内水、领海，内水是指中华人民共和国领海基线向陆地一侧至海岸线的海域；海域属于国家所有，国务院代表国家行使海域所有权，单位和个人使用海域，必须依法取得海域使用权。显然，这里的"海岸线"即法律概念的海陆管理分界线。对于这种概念的海岸线，在《土地详查规定》存在不同的定义。在土地详查中规定，"以低潮线为准，海岸线以内为陆地范围，低潮线以外为海域，海域中包括海岛"。对我国土地资源的管理具有一定的意义和作用。目前，我国已形成了国家、省(自治区、直辖市)、市、县四级的海洋行政管理体系。通过技术层面和管理协调层面的协同工作，明确本地区海陆管理界线。

海岸线长度是在一定的海岸线位置定义和测图比例尺下的长度。就地理意义而言，海岸线是海洋和陆地两种不同性状体的界面；就行政管理而言，海岸线是陆域和海域的法定分界线；就科学研究与工程建设而言，海岸线则是陆海相互作用动态平衡的界面线。海岸线是在一定的定义下的海陆分界线，而且需要动态更新。

10.2　海岸线空间特征

根据海岸线定义可知，海岸线位置主要是由潮汐作用所决定，同时也受海岸坡度、岸滩物质、波浪以及入海河流作用等因素的影响。因此，所测得的海岸线只能是一条近似于平均大潮高潮面与岸滩相交的线。不同的海岸类型，其岸线位置的确定原则不同。

10.2.1　自然海岸

(1) 基岩海岸，海蚀陡坎或海水浸泡岩石形成的痕迹线(岩石表面颜色存在差异)顶部。基岩海岸一般是陆地山脉或丘陵延伸且直接与海面相交，经海浸及波浪作用形成，主要分布在半岛、岬角和岛屿。因受长期的波浪冲剥而形成海蚀洞、海蚀平台等海蚀地貌。海蚀平台因地壳上升或海平面下降，可高出海面不再受潮汐波浪影响而成为海蚀阶地，或因地壳下沉或海平面上升，可沉没于海面而形成水下阶地。

基岩海岸海岸线位置明确而清晰，在侵蚀陡崖的基部。基岩海岸线位置及痕迹线如图 10-1、图 10-2 所示。

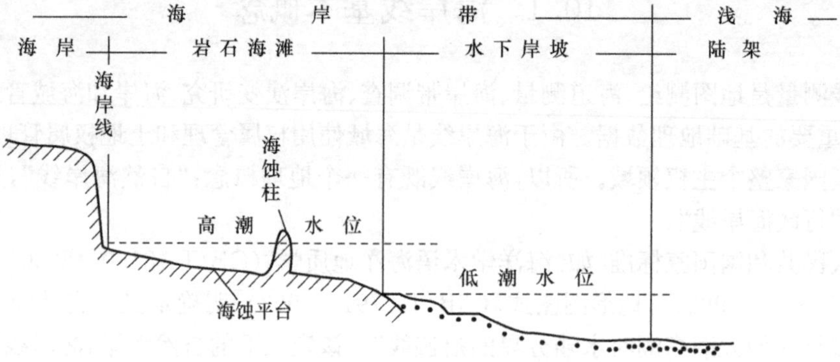

图 10-1　基岩海岸岸线位置

图 10-2　典型基岩海岸岸线痕迹线

(2) 砾质海岸，向海最外一道平行于海岸的垄岗滩脊外侧的坡脚线。因波浪的反复冲击作用，将砾石搬至海滩上侧，在大潮经常到达的水边线(平均大潮高潮面)上侧形成滩脊地形，由砾石堆成一长条状垄岗地形(因海岸线变迁或风暴潮作用，有的地区呈数条平行海岸的砾石垄岗)；而其下侧的砾石海滩，因瞬时水边线经常移动，不呈垄岗地形。

(3) 砂质海岸，平均大潮高潮位形成的痕迹线(漂浮物上界)。我国有约 4000km 长的沙质海岸，主要由波浪塑造而成，其海滩物质组成主要为砂，少量砾石组成的海滩也包括在内。砂质海岸主要分布在基岩岬角之间较为开敞的海域，一般在海滩后侧有海岸沙堤(沿岸堤)，沙堤堤顶处以内(向陆)。包括沙堤内侧的凹洼地，因不常经受海水的淹没和冲击(除特大潮、风暴潮外)，有植物稀长；沙堤外侧，因波浪作用会将大量物质较集中地挟带到海滩上部堆积，形成一条或多条由小砾石、粗砂、贝壳碎片、流木、水草残体等构成的痕迹线。沙岸可分为一般海滩、具有陡岸的海滩、沙坝-潟湖海滩等三种类型。其陆域地貌背景多为丘陵、台地。沙质海岸的潮差一般偏小或中等。

【一般沙岸特征】　多形成于台地海岸浅弧状海湾湾顶，由于较平直的海岸直面海洋，波浪作用较强，海滩较窄，坡度较陡，组成物质较粗，岸外常有水下沙坝发育。较典型的，如辽西海岸、秦皇岛南戴河海岸，鲁南虎山海岸、北海银滩等。这种海滩岸线的确定相对简单，上冲流或暴风浪往往在海滩上部堆成一条与岸平行的脊状砂质沉积称滩脊。滩脊可高出当地大潮平均高潮位 1～2m，一般把海岸线确定在现代滩脊的顶部向海一侧。海滩海岸线位置及痕迹线如图 10-3、图 10-4 所示。

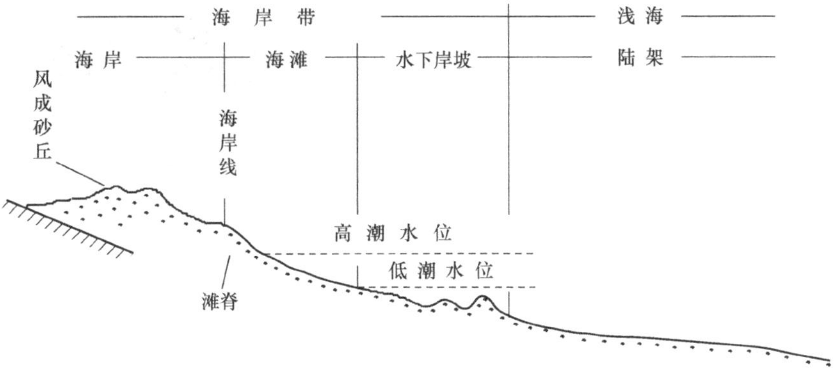

图 10-3　一般沙质海岸岸线位置

图 10-4　典型砂质海岸岸线痕迹线

【具陡崖的沙质海岸特征】　具陡崖的海滩一般无滩脊发育，海滩与基岩（或黄土台地）陡岸直接相接，其岸线非常容易确定，崖下滩、崖的交接线即为岸线。在我国典型的具陡崖的沙滩有辽宁瓦房店附近海岸、北戴河海岸、山东蓬莱西海岸、青岛薛家岛海岸等。具陡崖的沙滩海岸线位置及痕迹线如图 10-5、图 10-6 所示。

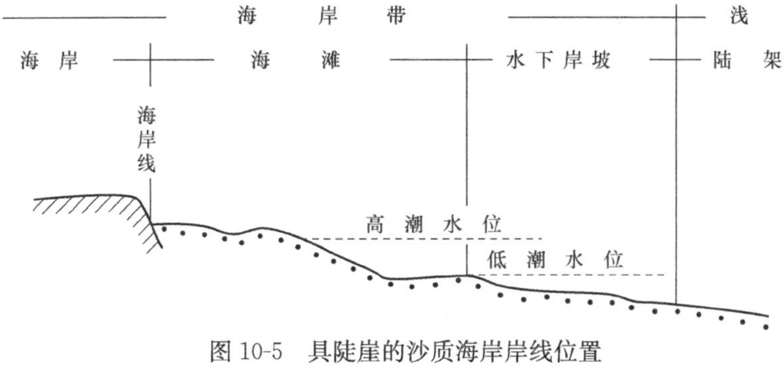

图 10-5　具陡崖的沙质海岸岸线位置

图 10-6　具陡崖的典型沙质海岸岸线痕迹线

【沙坝-潟湖海岸特征】 我国沙坝-潟湖海岸是原丘陵山地海岸的海湾被沙坝或沙嘴拦截成潟湖演化而来，一般规模较小，而美国东海岸，沙坝体沿岸分布，形成规模大得多的沙坝-潟湖海岸。我国的潟湖一般只有很窄的出口，通过口门有潮汐水道伸入潟湖内，因为口门窄，所以有人在计算岸线时往往把潟湖湾内的岸线删除，不予统计，显然不妥。沙坝-潟湖海岸线位置及痕迹线如图 10-7、图 10-8 所示。

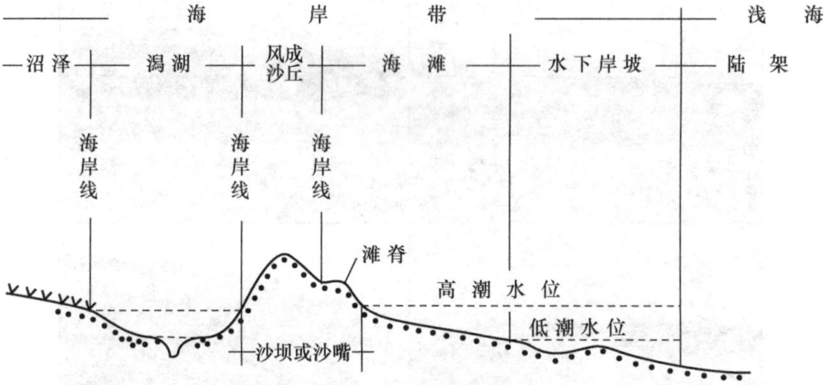

图 10-7　沙坝-潟湖海岸岸线位置

图 10-8　沙坝-潟湖海岸岸线痕迹线

（4）淤泥质海岸，平均大潮高潮位形成的痕迹线（漂浮物上界）或陆生植物的临海界线。泥质海岸主要由江河携带入海和沿岸侵蚀的大量细颗粒泥沙，在波浪和潮流作用下输运沉积所形成,低平海岸,滩面坡度平缓,滩面宽度可达数公里甚至更宽。一般有潮沟发育,一些潮沟上端与河流入海口相接。这种海岸的岸线受上冲流的影响,在潮间带之上向陆一侧有一条耐盐植物生长状况的明显变化的界线。向陆植物生长渐茂盛,盐蒿、芦苇、柽柳等耐盐植物大量出现,向海植物稀疏矮小至光滩。另外上冲流不时光顾的上限往往有植物碎屑、贝壳碎片和杂物垃圾分布线,这是一种典型的"痕迹线",即潮滩海岸线所在,在潮滩岸线之上为潮上带,潮水只偶尔在特大潮期间光顾,潮上带多连接低平的海岸平原,辽东湾湾顶、渤海湾沿岸、苏北海岸是此种海岸的典型发育地区。

对于淤泥质潮滩,在平均大潮高潮线以上部分仅为特大潮淹没,土壤脱盐程度较好,茅草类植物生长茂密;而平均大潮高潮线以下部分,海水淹没次数较多、时间较长,仅能生长一些耐盐植物,如盐蒿等。一般粉砂淤泥海岸线位置及痕迹线如图 10-9、图 10-10 所示。

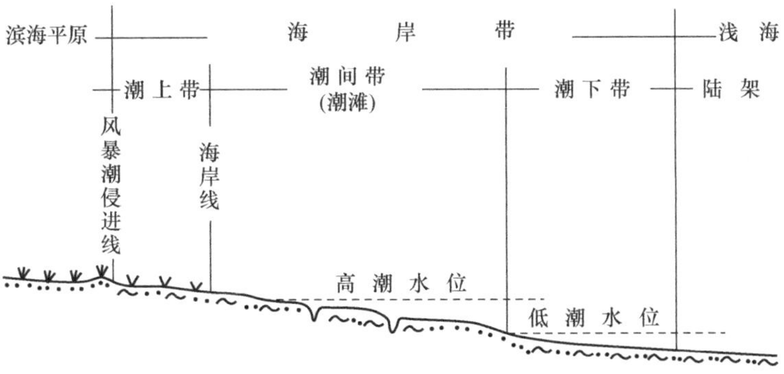

图 10-9　一般粉砂淤泥海岸岸线位置

图 10-10　典型淤泥海岸岸线痕迹线

(5) 土崖海岸,海蚀陡坎顶部、陆生植物边缘线或海水浸泡形成的痕迹线。土崖台地长期受波浪、海流冲刷侵蚀后退所形成海岸,在地貌上一般呈红土土崖,主要分布在岩石风化成红土层区域,土崖海岸临海边缘一般生长有陆生植被。

(6) 生物海岸,主要有红树林海岸、海草(包括大米草)海岸、珊瑚礁海岸等,其中红树林海岸和海草海岸以红树林或海草植物上界或参照淤泥质海岸确定痕迹线;珊瑚礁海岸参照基岩海岸确定痕迹线。红树林一般生长在热带与亚热带的无大风浪、水动力较平静的淤长型淤泥质海岸,以及曲折多湾的堆积作用强烈的港湾内,最佳生长部位为平均潮位与平均高潮位之间。海草(包括大米草)一般生长在淤泥质和粉沙质海岸。珊瑚礁海岸则由海蚀崖和礁坪(类似于海蚀平台)所构成。生物海岸线位置及痕迹线如图 10-11 所示。

图 10-11　典型生物海岸岸线痕迹线

(7) 河口海岸,河海划界确定的界线(水闸、大桥或两岸界点标志物的连线),如果某一河口有明确的河口海陆分界线,且各方对此均无争议,沿用现有的河海分界线作为河口海岸线。未进行河海划界的,以入海口窄处比较明显的标志物连线。可以根据河口区域的管理现状,以历史习惯线或者管理线作为河口岸线界线,或者以河口区域的道路、桥梁、防潮闸、各省(市、自治区)"海洋功能区划"的边界线作为河口岸线界线;也可以以河口区地貌形态来确定河口岸线,即以河口突然展宽处的突出点连线作为河口海岸线。

10.2.2　人工海岸

人工建成的永久、封闭性构筑物,如果向陆一侧不存在平均大潮高潮时自由纳潮水域,确定为人工海岸;海岸线位置根据海岸线定义,以永久性人工构筑物的平均大潮高潮时水陆分界的痕迹线作为人工海岸线。如果永久性和半永久性防潮坝、防波堤等挡水(潮)堤坝向陆一侧存在平均大潮高潮时自由纳潮水域的,按平均大潮高潮时水陆分界的痕迹线达到的位置确定岸线位置。

(1) 码头。有顺岸式码头、突堤式码头、引桥式码头、栈桥式码头、趸船码头(又称浮码头)、道头以及船坞。对于顺岸式码头,海岸线即码头前沿;其他形式的码头,海岸线则取在码头根部。

(2) 海堤(护岸堤)海岸线取堤顶外沿。海堤一般指沿海岸边用土、石、砖、混凝土或其他材料修建的各种挡水护岸构筑物,主要形式有直立式、斜坡式和混合型。但根据堤内外的陆海开发利用情况,有如下两种情况,盐田、农业围垦、农田挖成的虾塘等已取得土地证的,岸线界定在海堤堤顶外沿;围垦种、养殖但未取得土地使用证的,岸线位置则界定在围垦种、养殖区的内侧陆缘,如图 10-12 所示。

(3) 沿海道路路堤外缘。路堤根据地形地势、路基地质、临海侧海洋的水动力作用情况有多种形式,有的路堤外缘采用高标准防波堤,有的路堤外缘采用抛石防浪,而在海洋水动力较弱的淤积性海湾内侧,则直接在自然海岸的基础上通过。

总之,海岸线是近似于平均大潮高潮的痕迹所形成的水陆分界线。测定时,可根据海岸植物的边线,土壤、植脚的颜色、雄度、硬度,以及流木、水草、贝壳等冲积物来确定岸线。海岸实地存在以下五种情况。

(1) 淤泥质海岸和土崖海岸的岸线位置:以陆生植物界线为界,同时海水作用痕迹线也较明显,一般可形成小型的浪蚀陡坎或贝壳堤。海岸线即陆生植被的外边缘线或浪蚀陡坎坡脚的最高痕迹线。

(2) 沙质海岸的岸线位置。以海滩上部小砾石、粗砂、贝壳碎片、流木、水草残体等构成的

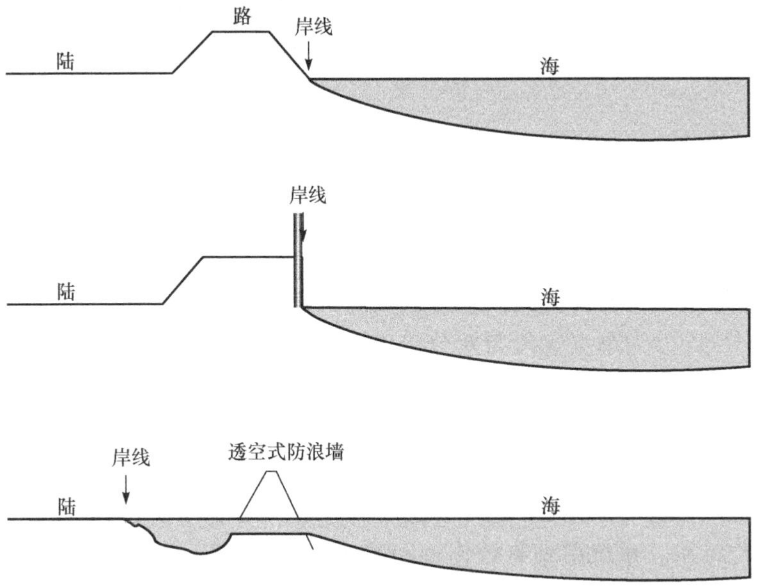

图 10-12　一般海堤海岸岸线位置

大量堆积物痕迹线为海岸线；如果有多条痕迹线，取最高的一条作为海岸线，较低的为较低潮日的高潮水边痕迹线。

(3) 砾质海岸的岸线位置。以向海最外一道平行于海岸的垄岗滩脊外侧的坡脚线为海岸线。有些沙砾质海岸，其海滩内侧滩脊由砾石构成，而滩脊之外侧海滩则由粗砂、细砾组成，形成地形坡度、物质结构截然不同的界线，则滩脊外侧坡脚(上为砾石)与滩面(沙与小砾)等细颗粒分界线即为海岸线。砾质海岸一般海滩坡度较陡。

(4) 基岩海岸的岸线位置。基岩海岸由于受波浪的反复冲击及海水浸泡而痕迹明显，易于识别，但大多基岩海岸陡峭，除非海岸线外有海蚀平台或堆有碎石类的碎屑物，否则人员难以到达实地进行测量。

(5) 生物海岸的岸线位置。①红树林海岸：红树林海岸向陆一侧一般生长为稀树草地或热带季雨林植被，因此红树林海岸线应是稀树草地或季雨林植被的外界痕迹线。②珊瑚礁海岸：珊瑚礁海岸线一般在珊瑚礁坪的后缘陡坎处，如为珊瑚砂海岸，则海岸线一般在砂坝、砂丘的坡脚处。③海草海岸：海草(包括互花米草)为盐生植物，其生长地大多为淤泥质海岸，海岸线一般为陆生植物的外边界。

以上各类岸线中，人员容易进入实地测量的只有人工海岸、沙质海岸和砾质海岸，其他海岸类型存在很多人员难以到达或需要采取特殊措施才能到达的岸段。而且实地测量时，不同的人对海岸线实地痕迹的判断会产生差异。不仅在同一海岸段，不同的测绘人员所测定的海岸线位置会有所差异，即使是同一人，在不同岸段所判定测取的痕迹线也会有所差异。结果反映在海岸线测绘成果方面，同一岸段在不同的测绘图件上，海岸线位置有一定的误差。

10.3　海岸线测量方法

作为一个地理的实体概念，海岸线具有位置、形态、特征、演化等几何属性和物理属性，其痕迹线的实地判别主要根据海岸土壤、植物的颜色、湿度、硬度，以及流木、水草、贝壳等冲积物来确定。海岸线测量主要采用全球卫星定位技术、遥感技术、数字摄影测量技术和地理信息系统等。

10.3.1　全球卫星定位技术

利用DGPS技术，配置GPS－RTK系统、RTG＋RTK GPS系统、GIS采集器及车载定位系统等仪器设备到海岸实地进行定位测量。

GNSS在全球范围内实现全天候、连续、实时的定位、定速、定时，具有高精度、快速与高效率等优点。GNSS分为单点定位与差分定位两种工作方式。单点实时定位的精度在一般为5～25m。差分全球定位系统（DGPS）主要分为无线电指向标差分GPS（RBN/DGPS）系统（简称信标定位系统）与RTK（Real Time Kinematic）系统。信标定位系统由交通部安全监督局在中国沿海统一均匀布设的20多个RBN/DGPS基站（信标台）组成，信标台实时用无线电电波播发卫星定位的改正数，在其覆盖范围内用户用信标接收机接收改正数用于修正GPS接收机定位结果。系统单站有效作用距离为200～500km，定位精度为1～5m（95%置信度）。

RTK技术的出现是GPS定位技术发展的一项突破，其定位系统包括基准站与移动站两部分，一个基准站可同时带多个移动站，基准站工作半径一般在10～20km，工作时要首先求解坐标系转换参数。利用RTK定位系统可实时得出测点的平面坐标和高程，并同时将记录存于工作手簿中，方便绘图，定位精度达到亚米级甚至厘米级。对于河口、沼泽、湿地和某些难以准确判断海岸线位置的地区，可以采用临近已知海岸线位置的高程，准确判定未知海岸线位置，从而极大提高海岸线测量的准确性，这也是RTK技术用于海岸线测量的突出优势。DGPS海岸线测工作流程如图10-13所示。

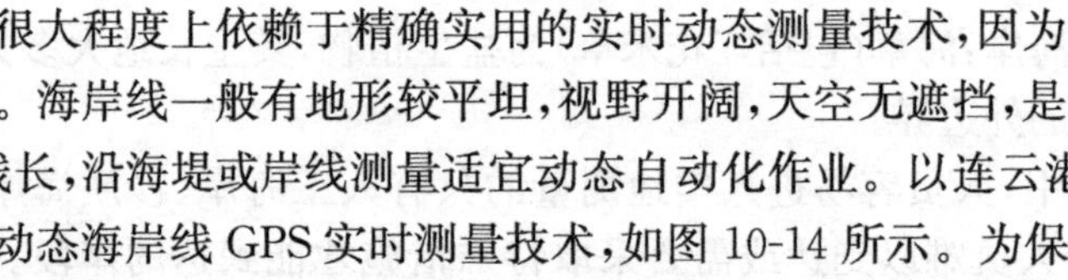

图10-13　DGPS海岸线测量工作流程

海岸线测量在很大程度上依赖于精确实用的实时动态测量技术，因为任何差错都意味着海域使用权属利益。海岸线一般有地形较平坦，视野开阔，天空无遮挡，是卫星定位测量的有利条件；海岸线测线长，沿海堤或岸线测量适宜动态自动化作业。以连云港海岸线测量为例，介绍一种摩托化高动态海岸线GPS实时测量技术，如图10-14所示。为保证得到平面和高程要求的精确度水平和数据的一致性，在海岸线测量工程中采用了GMS RTK实时动态测量技术，它直接采用GPS的L1和L2两个频率上的载波相位数据，既提供三维坐标方向上的厘米级精度的数据，以及精度更高的速度、航向和航线数据，显著提高测量效率。不同于传统RTK技术的独特之处是采用GMS数据链，它的覆盖范围大大增加，施工要求50km。

在实际测量工程施工中使用了3台带有集成GMS无线电数据链电台的GPS接收机。其中2台安装在测量用的摩托车上，观测记录数据，另1台安置在沿海基准点上，并将其修正参数实时传送给流动观测站。该系统应用实时信息来调整特殊设计的网内的相应的高程。

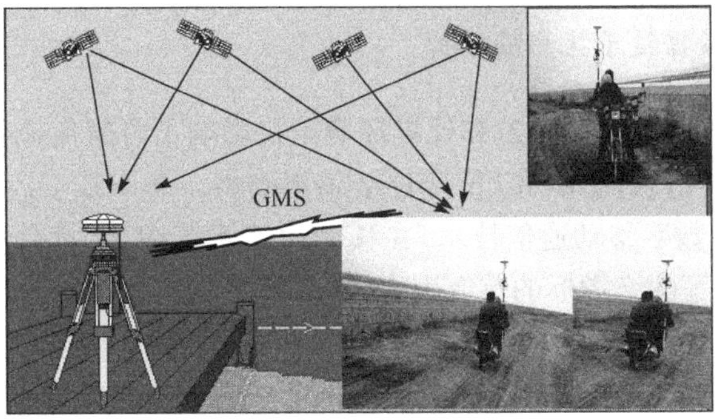

图 10-14 摩托化海岸线 GPS 实时动态测量方法

海岸线摩托化 GPS 实时动态测量的关键是高速、可靠的确定整周未知数(图 10-15)。海岸线 GPS 实时动态测量整周未知数的确定采用综合法(AOTF),初始化在基准点上快速(一般三个历元)完成。首先用已知基线法解算整周未知数的初值,以整周未知数初值为中心建立搜索区域,依据整周未知数搜索准则,然后再用最小二乘搜索法。与一般的算法相比,综合法(AOTF)初始化在基准点上快速完成,一是提高初始基本整周未知数解的精度,二是尽可能的减少了整周未知数的搜索区域。最终减少了计算时间,提高了可靠性保障。

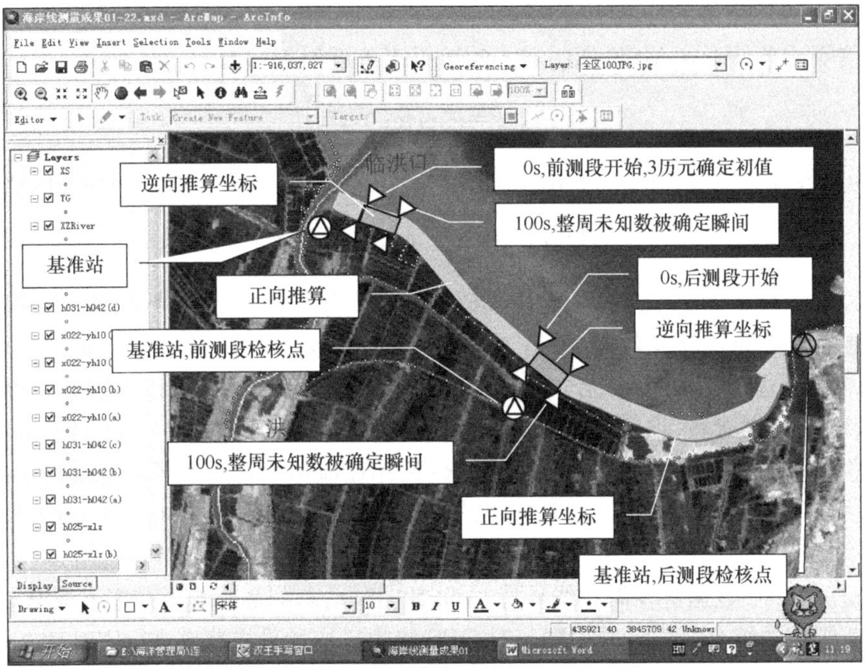

图 10-15 摩托化海岸线 GPS 实时动态测量原理

摩托化海岸线 GPS 实时动态测量误差影响特性分析,海岸线 GPS 实时动态测量误差来源于三个方面:卫星系统本身、电磁波的传播和用户测量方面。大部分误差影响与一般陆地 GPS 实时动态测量类同,这里仅针对摩托化海岸线 GPS 实时动态测量误差影响特性进行分析。

1）海岸线 GSM 数据链干扰影响分析

由于数字通信系统调制解调误差和外界环境干扰影响不可避免地会产生差错，使得 RTK 流动接收机接收错误的信息，影响 RTK 定位结果正确性。海岸线 GPS 实时动态载波相位差分数据链采用了 GMS 数字移动通信技术，在移动通信系统中，干扰是影响 GSM 系统通话质量以及掉话率、接通率等网络指标的重要因素。GSM 系统的干扰分为三大类，即内部干扰，外部干扰和互调干扰。

(1) 内部干扰：通常与海岸线测量相关的内部干扰主要来自两方面。①强烈的镜面反射：目前海岸带城市水面(域)很大，由水面引起电波的强烈反射，这种反射波很有可能引起严重的同频干扰或邻频干扰。此时需调整天线方位角以避开水面域的反射。②基站天线高度及俯仰角、方位角设计不合理，导致覆盖范围的不合理，使海岸线测量区域的覆盖范围超出设计覆盖范围，从而与邻区产生同频干扰或邻频干扰；

(2) 外部干扰：大功率通信设备的干扰。主要包括雷达站以及其他同频段通信设备等。目前海岸线干扰较少，外部干扰产生的影响比较小；

(3) 互调干扰：GSM 的干扰除了自己内部两载频互调干扰外，还来自如联通 CDMA 的干扰，CDMA 本身就是一个自激的系统，无线直放站对 CDMA 本身就有很大的影响。海岸线 GPS 实时动态载波相位差分系统数据链尽量选择移动通信的 GSM 系统。

在高信噪比条件下，GMSK 调制方式的误码率可近似表示为

$$P_{\mathrm{GMSK}}=\frac{1}{2}\operatorname{erfc}\left(\frac{d_{\min}}{2\sqrt{n_0}}\right) \tag{10-1}$$

式中，n_0 为加性高斯白噪声的单边功率谱密度；erfc()为由下式表示的互补误差函数。

$$\operatorname{erfc}(x)=\frac{2}{\sqrt{\pi}}\int_x^{\infty}\exp(-U^2)\,\mathrm{d}U \tag{10-2}$$

GMSK 由于存在着符号间干扰，含有误码率特性。分析上式可知，数据链 GMSK 调制解调器误码与信道频率间隔等参数有关，信道带宽一定时，信道频率间隔越小，则邻道干扰越大。RTK 选用较高采样率，采样的历元个数必须保证在 5～10 个以上，采取以上措施，可通过选择或调整调制解调器相关参数，将误码率控制在最小范围之内(9～10 数量级)，误码率<0.001%。因此，RTK 需要选择可靠性高的数据链。另外，RTK 作业应尽量避外界环境电磁波干扰，采集足够历元的数量，用多余观测数据增加 RTK 数据链的抗差能力。特别是在有干扰的环境中，要适当延长观测时间。

为了检测 GSM 数据链在海岸线环境对 GPS 实时动态测量影响。在连云港海岸线各区段进行了小范围内的综合测试。采用同一对 GPS 接收机按秒采样速率进行实时动态观测，作业过程中始终有 5～9 颗卫星可供观测，GDOP 值在 2.3～3.5；测试区段为达标海堤，移动通信 GSM 基站相距海岸线甚远(>500M)。测试数据分析详见表 10-1 所示，测试统计结果发现，在观测条件优良的情况下，GSM 数据链对 GPS 实时动态测量影响很小，测试区段检测点 DGPS 观测值精度仍可控制在±2～3cm。但在 X012 区段，接近城市、港区，有大功率通信设备等干扰，检测点 DGPS 观测值误差明显增大，观测值中误差达±2.5cm，说明 GSM 数据链对 GPS 实时动态测量是有一定影响的。

表 10-1　海岸线 GPS 实时动态测量误差影响特性测试统计

NO	检测点点名	历元号	GPS 时间	检测点观测值		V/mm	
				x 坐标	y 坐标	V_x	V_y
1	H026	3	08:41:30	75 780.052	7 198.160	−8.2	−0.9
		4	08:41:35	75 780.048	7 198.160	−3.9	−1.1
		5	08:41:40	75 780.036	7 198.152	+8.4	+6.6
			平均值	75 780.044	7 198.159		
2	X012	7	09:21:20	62 562.197	4 471.473	−13.5	−12.3
		8	09:21:25	62 562.201	4 471.475	−16.5	−13.5
		9	09:21:30	62 562.120	4 471.476	−15.8	−15.1
			平均值	62 562.184	4 471.461		
3	G011	12	10:50:00	50 730.202	8 031.109	−0.3	+1.0
		13	10:50:05	50 730.199	8 031.110	+3.2	−0.1
		14	10:50:10	50 730.203	8 031.108	−1.1	+1.6
			平均值	50 730.202	8 031.110		
4	X022	18	11:30:10	49 866.058	9 088.115	+1.9	+0.7
		19	11:30:15	49 866.159	9 088.118	+0.8	−1.9
		20	11:30:20	49 866.061	9 088.116	−1.2	+0.4
			平均值	49 866.060	9 088.116		
5	H021	22	11:50:30	46 398.890	7 851.648	−2.1	−1.2
		23	11:50:35	46 398.890	7 851.647	+1.0	+0.5
		24	11:50:40	46 398.890	7 851.646	−1.6	+0.8
			平均值	46 398.888	7 851.647		
观测值中误差		$m_x=\pm\sqrt{\frac{[vv]}{n-1}}=\pm 7.9\text{mm}$			$m_y=\pm\sqrt{\frac{[vv]}{n-1}}=\pm 6.6\text{mm}$		
		$m=\pm\sqrt{\frac{[vv]}{n-1}}=\pm 10.3\text{mm}$			$m_{x012}=\pm\sqrt{\frac{[vv]}{n-1}}=\pm 25.2\text{mm}$		

综上所述，目前 GSM 数据链干扰影响的解决方法，主要是优选移动通信网络和尽量避免水面或特殊环境对基站影响。

2）测杆摇摆和铅垂对定位精度的影响

摩托化 GPS 实时动态测量流动接收机天线（传感器）安置在棱境杆上，运动过程中采用固定仪器高，通过待测点位时，将测杆下端对准点位测量。摩托车在行驶中，如果测杆靠手扶持，难免左右晃动。测杆的摇摆和不铅垂产生接收天线的位移，这种情况使平面位置的离散度明显加大，天线的位移可以分解成水平位移分量和垂直位移分量。如图 10-16 所示，前者可以归算到平面位置误差中去，后者可以看做是天线高度的误差。在六级海况下，最大横摇±7°，纵摇±5°，最大升沉±1m，误差影响大于 5m。

设测杆摇摆水平姿态改正为 ΔP 和高程姿态改正为 Δh，当姿态角 $\theta\approx\alpha$ 很小时，可按图 10-16列出误差改正模型：

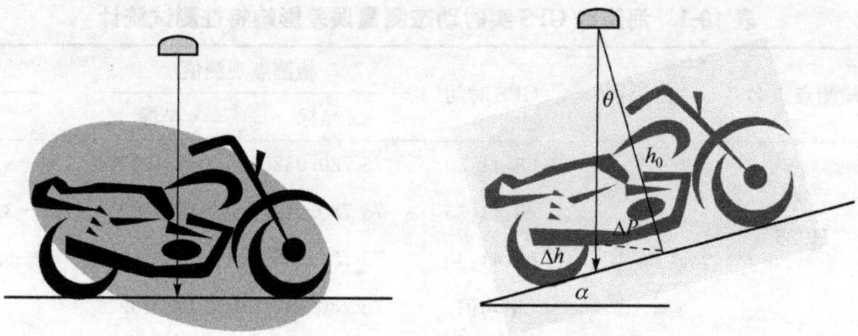

图 10-16　测杆的摇摆和不铅垂产生接收天线位移

$$\Delta P = h_0 \sin\alpha \tag{10-3}$$

$$\Delta h = h_0(\sec\alpha - 1) \tag{10-4}$$

当 h_0 取 $<2\mathrm{m}$，$\alpha \leqslant 5°$时，姿态角 θ 即坡度引起的水平姿态改正 ΔP 见表 10-2；高程姿态改正 Δh 见表 10-3。

表 10-2　姿态角引起的水平姿态改正 ΔP

h_0 \ α	1°	3°	5°
1m	0.017m	0.052m	0.087m
1.5m	0.026m	0.078m	0.130m
2m	0.035m	0.105m	0.174m

表 10-3　姿态角引起的高程姿态改正 Δh

h_0 \ α	1°	3°	5°
1m	0.030m	0.031m	0.034m
1.5m	0.030m	0.032m	0.036m
2m	0.030m	0.033m	0.038m

分析上表 10-2、表 10-3 可看出：姿态角即坡度引起的平面误差随姿态角和天线高度的增大而迅速增加。实际 RTK 作业时，应尽量在待定点上以准动态方式置平对中和确定控制天线高度在 1.5m 以下。那么这项误差才可望控制在±5cm 左右。姿态角即坡度引起的高程误差 Δh 受地面本身的坡度变化影响不大，这项误差可望控制在±3cm 以内。

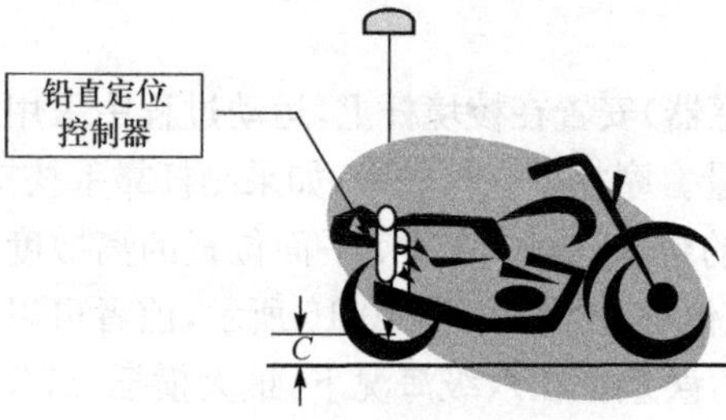

图 10-17　铅直定位控制器

摩托化 RTK 动态作业时载体瞬时姿态改正精度将是一项重要的误差来源。进行动态观测作业时，由于受到各种因素的影响（如风、人员疲劳、生产进度要求等），不能保证流动站单杆的完全竖直。在待定点上也无法实时确定天线动态瞬时姿态参数实施模型修正。针对这种情况，本项目专门设计了铅直定位控制器。如图 10-17 所示，测杆与地面相距固定常数 C，可直接加入天线高。测杆固定在定位控制器中，限制了测杆摇摆和铅垂对定位。

3) 海岸线测量理想高度角的确定

海岸线卫星测量信号受阻碍小，截止高度角设置自由度较大。但无论天线高程误差，测杆摇摆和铅直的误差，引起的定位误差都与最大高度角有关，如何确定截止高度角非常重要。当最大高度角为 30°～40°时，定位误差较小；当最大高度角超过 70°时，引起的误差急剧增大。当卫星的最大高度角为 90°时，即测站在卫星轨迹的地面投影线上（也叫星下线），双曲面的交角很小，几何图形差，误差增大。一般认为，卫星的最大高度角在 30°～40°所得的双曲面交角最好，定位误差最小。但是，当卫星的最大高度角过小时卫星临空的时间短，可获得的多普勒计数太少。同时，电磁被穿过电离层和对流层的路径增长，大气延迟影响增大，定位精度降低。兼顾这两种相反的几何图形较差情况，一般 GPS 卫星海洋定位理想高度角为 10°～70°最佳，海岸线测量高度角可设定为 10°。

实测中，利用双绞基本控制点，取其中之一设为基准站，另一点作为检测点。对各区段的检测点进行了标准配置的摩托化海岸线 GPS 实时动态测量检测，数据统计显示结果见表 10-4。

表 10-4　标准配置的摩托化海岸线 GPS 实时动态测量检测结果

NO	检测点点名	检测点已知坐标		检测点测量坐标		互差/m	
		x	y	x	y	Δx	Δy
1	H026	75 780.092	27 198.156	75 780.052	27 198.159	0.04	−0.003
2	H021	62 562.165	24 471.471	62 562.197	24 471.463	−0.032	0.008
3	G011	50 730.253	28 031.082	50 730.202	28 031.109	0.051	−0.027
4	X022	49 866.123	29 088.136	49 866.058	29 088.115	0.038	0.021
5	X012	46 398.871	37 851.666	46 398.890	37 851.648	−0.019	−0.018
6	X031	51 010.898	29 730.038	51 010.864	29 730.043	0.034	−0.005
7	H011	38 971.912	48 887.089	38 971.956	48 887.078	−0.044	0.011
8	H023	31 298.474	57 715.356	31 298.457	57 715.365	0.017	−0.009
9	H032	25 157.139	67 387.48	25 157.17	67 387.484	−0.031	−0.004
10	H041	21 598.206	74 521.789	21 598.222	74 521.772	−0.016	0.017
					平均值	±0.032	±0.012

由表 10-4 可知，大部分点的各个坐标分量互差在±5cm 之内。纵向误差较横向误差大，说明双绞线型控制网布设方案合理；限制测杆摇摆和铅垂对定位控制器充分发挥作用；GSM 数据链的优化，保障了摩托化海岸线 GPS 实时动态测量必要精度。

摩托化 GPS 实时动态载波相位差分系统的数据是在海岸线测量精度要求范围内实时可用的，其所带来的 DGPS 的改进会大大提高作业的效率，GSM 数据链作业范围广，精度可靠，优于一般常规 RTK 数据链，这一点在摩托化海岸线测量工程中体现出明显优势。则应用证明了使用该系统可以任何时间、任何速度下在海岸线的任意位置获得正确的坐标数据。该系统的精度显著地优于信标系统，在海岸线最大距离（30km）上可以实现的重复精度好于±5cm。

10.3.2 遥感技术

遥感技术是在不直接接触的情况下，对目标物或自然现象远距离感知的一种探测技术，当前它已成为获取地球资源与环境信息的重要手段。卫星遥感数据的优势主要体现在多空间、多时像、多光谱、多分辨率、多信息、多用途、多周期、全天候、宏观性等特点，它是环境条件恶劣不适宜施行现场测绘的有效海岸线测量技术手段。目前，适用于海岸线测量的主要卫星遥感影像种类及成图比例见表 10-5。

表 10-5 适用于海岸线测量的主要卫星遥感影像种类

产品种类	分辨率/m	波谱范围	成图比例尺
TM	30、15	多光谱、可见光	≤1：60 000
SPOT	20、10	多光谱、可见光	≤1：40 000
SPIN-2	10、2	可见光	≤1：10 000
KomPsat	13、6.6	多光谱、可见光	≤1：20 000
IKONOS	4、1	多光谱、可见光	≤1：4 000
QuickBird	0.61	多光谱、可见光	≤1：2 000

利用遥感自动识别提取海岸线的方法很多，但应用于实际的海岸线提取还有一定的差距。对于小比例尺的海岸线修测，可近似采用高潮位过境的遥感影像上的海水边际线、陆地植被边缘线、沙滩上侧边缘线等作为海岸线，自动识别度比较高。但对于大比例尺的海岸线修测，由于海岸线位置的地物细节较清晰，影像色彩、纹理丰富，基本无法自动识别，主要依赖人工判释。

高分辨率遥感影像（一般要在 2.5m 像元以上）或航摄照片，利用可测量的地面控制点（如码头角点、海堤拐点、道路交点、桥梁端点等）进行精确的地理坐标校正（一般采用二次方多项式插值重采样）后，可提取海岸线的岸段主要有：

(1) 人工海岸。对于围垦区或标准较高的海堤、码头、道头以及船坞等其他人工构筑物，遥感图上比较清晰，可直接提取海岸线。对于滨海道路外缘，尤其是外缘生长有杂草或抛石防浪的海岸，应有实地测量点落图比对，才能比较准确地把海岸线判释并勾画出来。

(2) 自然海岸。①基岩海岸。对于岩滩较宽的岸段，在影像上一般会呈现色彩的差异。可先在能到达的海岸线位置测量若干点并落于影像图上，其余在影像上据此目视判译提取岸线；对于分布有海蚀洞、海蚀穴的岸段，岸线一般凹凸曲折较多，即使实地测量，也无法体现凹凸曲折的细节，可直接利用遥感影像勾取岸线。由于基岩海岸很多岸段人工难以到达，只能测量若干控制点，因此利用遥感判释就成为海岸线修测的主要手段。②砂质和砾质海岸。对于滩面较宽的岸段，在影像上一般会呈现色彩的差异。可先在实地的高潮痕迹线位置测量若干特征点并落于影像图上，其余在影像上据此勾取岸线。对于滩面较窄的岸段，比照在实地的高潮痕迹线若干位置点，也可在影像上判译提取岸线。③淤泥质海岸。平均大潮高潮线以上的裸露土地与平均大潮高潮线以下的潮滩，在影像上大多会呈现色彩的差异；如果陆地生植被紧邻海岸，则可直接看出地物的差异；两者情况均可直接在影像上勾取海岸线。但对于紧邻海岸两侧同时分布有陆地植被和海域植被时，则无法判读海岸线的位置，需要实地测量。④土崖海岸。如果向陆一侧长有植被而向海一侧无植被，则可直接在影像上提取海岸线，如果海岸两侧同时分布有陆地植被和潮滩植被，或者两侧同时为裸露土地，则很难在影像上判断陡坎的位置

(即海岸线的位置),需要实地测量若干特征点。⑤生物海岸。只要向陆一侧生长的植被与潮滩植被有差异特征,或者向陆一侧为裸露土地或其他非植被地物,即可判释海岸线位置,如果海岸两侧的陆生植被和海生植被在影像上未能呈现差异,则需要实地测量。

遥感海岸线提取首先通过数学方法和计算机处理获得增强卫星图像,根据海岸线颜色的属性值进行自动矢量化。然后,在专业软件平台上进行遥感影像矢量图无量级放大,根据颜色与灰度信息目视解译修正。同时,结合了海岸线上具有明显定位识别标志的 DGPS 精确定位。遥感海岸线测量工作流程如图 10-18 所示。

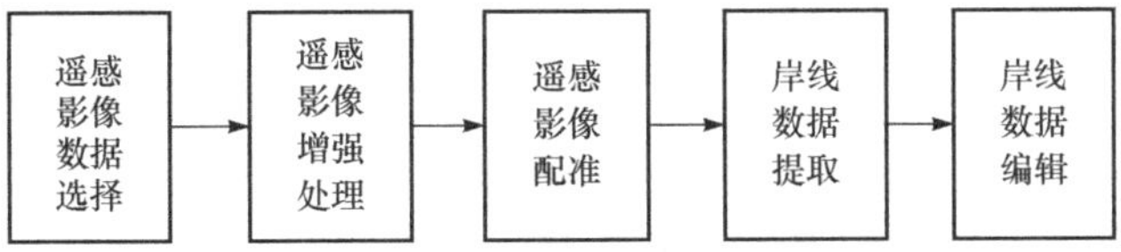

图 10-18　遥感海岸线测量工作流程

遥感海岸线测量误差分析:由遥感影像获取的海岸线地理曲线在矢量 GIS 空间数据库中将以数据方式存储,再以"数字曲线"的形式体现在结果图中,"数字曲线"与自然界海岸线地理曲线原型的差别反映为定位精度,这种定位精度主要取决于选取特征点的代表性、数目、采样精度、可靠性和尺度。遥感影像海岸线提取是一种边缘检测技术,对于分辨率较低的遥感影像可以采取某些梯度算子来锐化图像的边缘值提取海岸线,对于分辨率为 15m 的 ETM 遥感影像,海岸线在遥感影像图上的视觉特征是比较明显的,海岸线的这种遥感影像易提取性常常使其被用作自动确定海上地面控制点 GCP。利用 GIS 软件分析处理遥感影像,使得遥感影像地理校正精度可控制到 0.3 像元左右,由于控制点是人机对话方式输入,影像地理校正综合误差在 0.5 个像元左右。对于分辨率为 15～30 的 ETM 遥感影像上线性地物的提取,两旁可能产生 0.5～1 个像元宽度的虚影,其精度可达 1/4 像元。

从遥感影像上获得的海岸线一般是某一时刻海水与陆地的瞬时交界线(也称水边线),受潮汐等因素的影响,岸线在不断变化。航空摄影或卫星过境时水边线正好位于平均大潮高潮线的影像难以获取,大部分海岸线自动提取算法研究的都是如何利用数字图像处理技术提取瞬时水边线,因此所提取的水边线不能直接作为海岸线。但是,作为海岸线自动提取的必要步骤,水边线提取算法的研究还是必不可少的。目前用于海岸线提取的数据源主要有 LandSat、SPOT 和 SAR 影像,部分航空影像和 QuickBird、IKONOS 等高分辨率的卫星影像也开始用于海岸线提取。受海岸线海陆边界特征的影响,提取海岸线特征实质上是一个图像分割的过程,方法较多,除目视解译和多光谱分类外,目前国内外学者利用阈值分割法(又称密度分割法)、边缘检测法、主动轮廓模型法、区域生长提取法、数学形态学法、神经网络分类等方法对水边线自动提取进行了有益的探索。

在遥感图像水边线信息提取的发展过程中,除上述方法外,还有很多方法,如面向对象的方法,它是将影像对象作为影像分析的基本单元,以自然对象为出发点,根据对象的几何特征、光谱特征以及影像对象间的语义关系将图像分割成为一个个在光谱、纹理和空间组合关系等特征单元。由于引入了影像对象间的语义关系,因此可以利用专家知识来指导影像分析。马尔可夫场模型法将影像空间中地物的分布看作是一个离散随机过程,它利用单个像素及其最近邻域的局部交互来获得复杂的全局行为。在水边线检测时,它首先利用第一个马尔可夫场以低分辨率将图像分为海、陆、低海浪地带,海滩等几类,得到水边线的粗边界,然后再用第二个马尔可夫场以高分辨率对边界进行精确定位，得到准确的边界。由于遥感摄取的影像(数据)一般为瞬时水涯线(即水边线)，并非海岸线(大潮高潮线的影像)，因此必须将水边线通过潮位信息校正至大潮高潮面的水陆分界线才是真正的海岸线。下面介绍两种校正方法。

(1) 基于潮位校正的海岸线提取技术。当遥感影像比例尺较小，空间分辨率较低时，在海岸是陡峭的岩石岸等类型的海岸地段，干出滩垂直海岸线的宽度低于影像的空间分辨率时，海岸线的位置可以用水边线的位置替代，此时海岸线的提取即水边线的提取。当干出滩的宽度大于影像分辨率时，干出滩与陆地在影像上有明显的差别，可以利用遥感影像结合潮位校正方法提取海岸线。通常泥沙质岸的地形一般起伏小，坡度较缓，很小的潮差就会导致水边线相差甚远。因此，利用遥感影像提取海岸线时，必须考虑潮位的影响，对水边线进行潮位校正。潮位校正一般根据成像时刻的潮位高度、平均大潮高潮位的潮水高度以及海岸坡度等信息，计算出水边线至高潮线的水平距离，从而确定海岸线的位置，其原理如图 10-19。

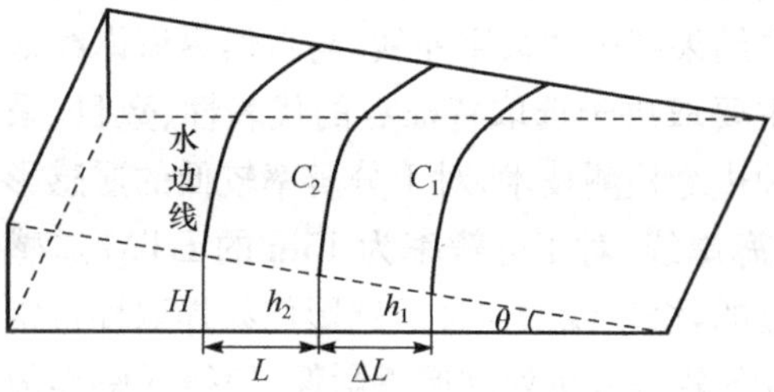

图 10-19　海岸线位置计算原理

首先提取两幅航空摄影像片(或两景卫星图像)的水边线，分别设为 C_1，C_2，量出图像上两水边线的距离，设为 L，同时确定两幅图像中摄影时刻的潮位高度，分别为 h_1，h_2(假设 $h_2>h_1$)，则岸滩的坡度为

$$\theta=\arctan\left(\frac{(h_2-h_1)}{\Delta L}\right) \tag{10-5}$$

然后确定平均大潮高潮位的潮水高度 H(根据多年潮位观测资料得到)，计算出对水边线(以 C_2 为例)至海岸线的距离(校正距离)为

$$L=\frac{H-h_2}{\tan\theta} \tag{10-6}$$

最后沿海岸线的走向提取多幅遥感影像不同时刻的水边线，利用地形坡度距离校正的方法可获取大范围的海岸线。对不同影像不同潮汐资料提取不同地区的海岸线应充分考虑海岸线之间的拼接。使用多个年代阶段的 TM 图像对海岸线的变化进行动态分析，并考虑了季节和卫星过顶时潮位的影响。根据图像中水边线的位置和潮位高度计算出海岸的坡度，以及平均大潮高潮的潮位对某一潮位时图像的水边线进行校正可以提高海岸线位置精度。根据上述原理，首先要获取卫星过顶时刻的潮位数据，但是潮汐表中没有具体时刻的潮位数据，只有整点时刻的潮位数据，而如果忽略潮汐时间，会影响计算的精度。为了计算具体时刻的潮位，把已有的潮位数据进行线性拟合，得出潮位与时间的线性关系方程，从而精确计算出卫星过境瞬间的潮位高度。根据上述海岸线位置校正的原理，将提取得到的水边线向陆地方向移动距离 L 即得到真正意义上的海岸线位置。

通过潮位校正提取海岸线需有详尽的潮位观测资料，是基于地形起伏可以忽略不计的假设，因此，不适用于地形起伏较大的海域。瞬时水边线潮高的精确度及影像的空间分辨率对提取结果也有较大影响。

(2) 基于潮间带 DEM 和潮汐模型的海岸线提取技术。潮间带通常指平均大潮高潮面(海岸线)和理论最低潮面(海图理论深度基准面)之间的潮侵地带，也称干出滩和潮滩，是地形测量的困难地区。基于潮间带 DEM 和潮汐模型提取海岸线的基本思路是，首先假定摄影时刻在一定范围内，水边线不受潮位影响，水边线的位置可以认为是干出滩上高程一致点连接而成的等高线(也称等水位线)。在上述假设条件下，利用多时相的遥感影像提取的水边线信息，结合潮汐模型(或验潮数据)推断出水边线的高程值，一系列不同潮位条件下获得的遥感水边线即可形成一系列已知高程信息的等高线，利用这些等高线和海图的 0m 线通过空间插值进而得到潮间带 DEM，最后根据潮汐模型计算当地平均大潮高潮面(海岸线定义所处潮位)的高程，以此为高程参考面与 DEM 横切(可用等值线自动跟踪方法)得到海岸线。当然可借助潮间带实测的高程断面获得水边线高程来验证潮汐模型的准确性，岸线提取流程如图 10-20 所示。

水边线的提取方法可参见上述的各种方法。而潮汐模型是海岸带高程和水深数据(垂直基准)的枢纽。潮汐预报是以平衡潮理论为基础，借助实际潮位观测资料，采用调和分析方法推算任意时刻的潮汐变化。潮汐表预报潮位只是整点潮位，而影像获取的瞬时时刻一般不是整点时间，且每一景扫描成像过程仅历时十几秒，仅依靠整点潮汐观测资料，会影响影像瞬时对潮位的推算及对潮情的准确判断。若要精确获取该时刻的潮位数据，一种方法是已知预报时采用潮汐调和常数，内插任意时刻的潮位数据；另一种方法是通过整点的潮位观测数据建立多项式，采用插值(或拟合)方法获取任意时刻的潮位。具体实现采用了多年 T/P 卫星测高数据反演潮汐参数与沿岸验潮站结果，建立中国邻近海域高分辨率潮汐模型，可给出中国海域任意时刻水边线的潮位，结合垂直基准转化模型可得到高程值，对海岸线的自动提取奠定了技术基础。例如，依据长江口 1999～2004 年多时相遥感影像光谱特征，对不同潮情影像采用不同波段提取水边线，根据实测高程剖面作为控制剖面获得水边线的高程，并对具有高程信息的水边线采用不规则三角网方法构建 DEM，克服了潮汐资料缺乏的缺点，提高了遥感影像提取水边线对高程反演的精度。

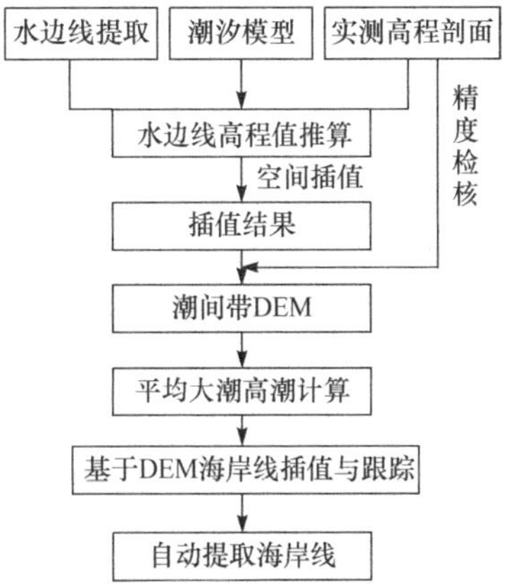

图 10-20　DEM 建立与海岸线提取流程

思考题和习题

1. 什么是海岸线？海岸线如何分类？
2. 简述各类海岸线的特征。
3. 分析海岸线测量的特点。
4. 海岸线测量有哪些方法？各适用于哪些条件？
5. 简述 DGPS 海岸线测量工作流程。
6. 简述遥感海岸线信息提取工作流程。
7. 分析 DGPS 海岸线测量误差影响。

第 11 章　海岛(礁)测绘

海岛是指四面环海水并在高潮时高于水面的自然形成的陆地区域。根据《联合国海洋法公约》,海岛作为海陆兼备的国家疆土,其战略地位日益凸显,经济作用明显,已成为世界各国关注的焦点。我国是海洋的大国,岛屿众多。这些海岛资源丰富,区位特殊,不仅是海洋经济与社会发展的重要依托,同时对于维护国家海洋权益和国防安全具有重大意义。

11.1　海岛(礁)测绘的基本内容和要求

海岛(礁)测量包括海岛行政区域位置、海岛地理坐标位置;海岛海岸线、沙滩及水深等重要的海岛资源;海岛地形地貌(重点特殊地质或景观的地形地貌)、海岛使用权界址坐标、高程、用岛区块面积、海岛建筑物和基础设施、航标、名胜古迹等人工建筑物等内容测量。

国家海洋局 2011 年颁布了《无居民海岛使用测量规范》。海岛坐标系统采用 2000 国家大地坐标系(CGCS2000)。测量精度要求:①界址点坐标的点位中误差不超过±0.5m。②建筑物和设施边长中误差不超过$\pm(0.1\text{m}+D\times10^{-5}\text{ ppm})$,$D$ 是指建筑物和设施边长或者高度(m),高度中误差不超过$\pm(0.1\text{m}+D\times10^{-3}\text{ppm})$。

11.2　海岛(礁)联系测量

由于海岛远离陆地,为了建立陆海统一的大地测量空间基准框架,海岛需要与陆地进行坐标、高程联测。我国海疆辽阔,大小海岛星罗棋布。对这些岛屿,特别是远海岛屿与大陆之间的大地网联测,始终是常规大地测量方法所不能解决的问题。

随着空间技术的发展,卫星多普勒测量给大地测量提供了新的途径,也给海岛联测提供了行之有效的方法。自从卫星导航系统投入运转以来,根据卫星多普勒测量原理制造的各种大地型定位系统相继出现,它以小巧轻便、速度快、精度高、全天候、全自动等优点给大地测量带来了巨大的变化。我国在 1975 年成功的应用卫星多普勒测量技术进行了西沙群岛与大陆联测。共完成 8 个岛屿的雷达定位,10 个点的天文联测,1 个站的卫星摄影定位,3 幅水深测图和群岛航测。经过联测取得了统一的北京坐标系成果。

卫星多普勒测量采用美国海军武器实验室(NWL)建立子午卫星系统。系统由六颗距地面高度约为 1100km 的近圆形极轨道卫星组成。星上装有稳定的无线电发射机,发射频率用 F_S 表示,地面接收机接收到的频率用 F 表示,因卫星与接收机之间存在经向速度,故 $F\neq F_S$,这种由于相对运动而引起的接收频率不等于发射频率的现象称为多普勒效应。由物理学知,在不考虑"相对论"效应时,接收频率 F 是发射频率 F_S、电磁波传播速度 C 和卫星与接收机之间经向速度 $\mathrm{d}D/\mathrm{d}t$ 的函数,三者之间有如下关系:

$$F=F_S\left(1-\frac{\mathrm{d}D/\mathrm{d}t}{C}\right) \tag{11-1}$$

通常,对发射频率与接收频率之差称之为多普勒频移,用 ΔF 表示,即

$$\Delta F = F - F_S = F_S \frac{\mathrm{d}D/\mathrm{d}t}{C} \tag{11-2}$$

在接收机内装一高稳定振荡器，其频率为 F_K，用接收到的频率 F 与 F_K 比较，将其差频 $F_K - F$ 在两相邻时刻之间进行积分，从而得到差频在这时间段内的周数 N，并称之为多普勒计数，如图 11-1 所示，即

$$N_i = \int_{t_i+\Delta t_i}^{t_{i+1}+\Delta t_{i+1}} (F_K - F)\mathrm{d}t \tag{11-3}$$

式中，Δt_i 是卫星时间信息从卫星体传播到测站所需要的时间。

卫星除发射供多普勒测量用的稳定频率外，每 2min 还播发一帧记载卫星轨道参数的电文。电文包括卫星平均轨道参数、摄动轨道参数和世界时每偶数分钟开始时刻的时间信息。由卫星轨道参数与接收时刻，可计算卫星瞬时坐标，结合测站概略坐标值可得到测站至卫星各个位置的概略距离或距离差，联同由多普勒计数及积分间隔得到的观测距离差可组成方程式，然后组成法方程式，用最小二乘拟合法解出测站坐标。

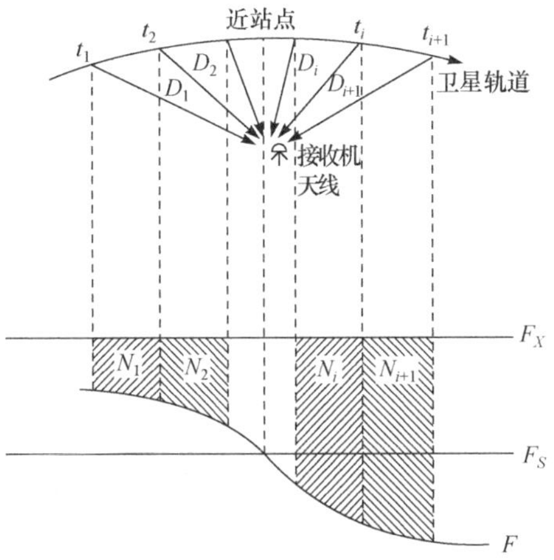

图 11-1　多普勒积分法示意图

卫星大地测量技术的发展，全球卫星定位系统被广泛应用于海岛(礁)联系测量。例如，琼州海峡陆海联测高精度 GPS 控制网，如图 11-2 所示。海峡最窄处也达 30km，因此为加强海峡两岸的联测图形强度，共布测了五个跨海的同步四边形。如此，海峡两岸共有多条基线相联系。使用高精度 Turbo Rogue SNR 8000 GPS 接收机，仪器标称精度为$3+0.01D$(ppm)。该 GPS 网中有五个点与国家三角点重合，另三个点与一等水准点重合。

为使 GPS 网的坐标起算值能满足基于线解算相对精度优于 1(ppm)的要求，必须使起算点在 WGS-84 坐标系中的位置偏差不大于±15m。用伪距单点定位方法测定起始点坐标，难以达到所要求精度。为此，采取了如下措施：①将 GPS 网连接到具有分米级精度的国际 IGS 跟踪站，以推求网中具有准确坐标值的起始点；②选择最优良 GPS 接收机进行观测；③采用精密星历解算基线；④各 GPS 测站不少于二次独立设站观测；⑤对边长 $S<10$km 的联测基线，观测时段不短于 1.5h，$20\text{km}<S<70$km 的联测基线，观测 3h。

数据处理采用美国麻省理工学院研制的 GAMIT 精密定位软件和 IGS 精密星历解算 GPS 基线。首先由武汉 IGS 国际跟踪站推算求得位于网中西部的文滨坡(一等三角点)在 WGS-84 时坐标系中的准确坐标(精度优于 1m)，然后由文滨坡站出发，独立解算网中其余 GPS 基线，反映基线解算质量优劣的复测基线相对较差和异步环相对闭合差统计见表 11-1、表 11-2。

表 11-1　复测基线相对较差统计表

基线名	08—05	08—05	08—05	08—03
基线长度/km	31.602	31.602	31.602	46.588
相对较差/ppm	0.027	0.032	0.036	0.067

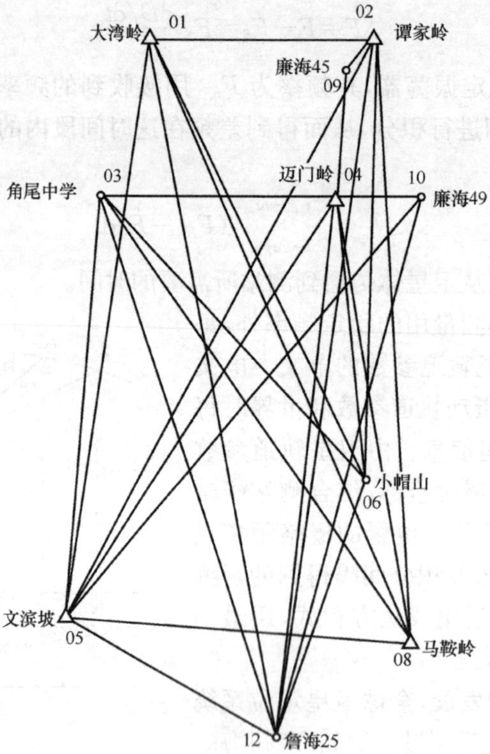

图 11-2 琼州海峡陆海联测 GPS 控制网图

表 11-2 异步环相对闭合差统计表

环线点号	环线长 $\sum S$/km	相对闭合差 $\Delta f/\sum S$/ppm	环线点号	环线长 $\sum S$/km	相对闭合差 $\Delta f/\sum S$/ppm
08—05—12—03—08	149.932	0.156	05—08—04—05	109.195	0.389
05—12—04—05	109.704	0.420	05—12—02—09—10—05	149.534	0.115

由表 11-1 和表 11-2 可见，该 GPS 网的测量精度相当高，观测用于全网平差的基线向量结果可靠。

三维无约束平差后坐标中误差和边长相对精度统计如表 11-3、表 11-4。

表 11-3 平差后坐标中误差统计表

坐标中误差/mm	<5.0	5.1～10.0	10.1～15.0	15.0～20.0
总计/点数	12	8	5	2
所占百分比/%	44.4	29.6	18.5	7.4

表 11-4 平差后边长相对精度统计表

边长相对精度	1∶76 万	1∶250 万～1∶100 万	1∶500 万～1∶250 万	1∶750 万～1∶500 万	1∶1000 万～1∶750 万	低于 1∶1000 万
边 数	1	1	2	3	3	7
所占百分比/%	5.9	5.9	11.8	17.6	17.6	41.2

由表 11-3 和表 11-4 可见，琼州海峡 GPS 网的部精度非常高。平面坐标中误差都小于±1cm，高程中误差不大于±2cm，边长相对精度高于 1∶140 万。

在海岛联测中,由于联测距离较远,陆岛控制点间水路交通条件限制,传统静态 GPS 测量方法存在作业效率低、工作量大、技术组织复杂、成本高等问题。全球卫星导航定位连续运行参考站网(CORS)在海岛(礁)联测中发挥出越来越重要的作用。例如,为了开展连云港海域开山岛、达山岛、平岛、车牛山岛基础地理数据测绘,江苏省测绘地理信息局与淮海工学院合作,利用江苏省全球卫星导航定位连续运行参考站网(JSCORS)完成了海岛 GPS 测量控制点联测及坐标解算,很好地满足了海岛(礁)地形地貌三维坐标数据测绘的需求。

联测方案如图 11-3 所示,联测采用静态 GPS 测量技术。首先,各海岛上联测控制点分别与沿海陆地上 JSCORS 网点同步联测,构成同步联测观测网。只需在各海岛联测控制点上静态观测,即可实现与 JSCORS 网点同步联测。JSCORS 网点观测数据质量远远高于各海岛控制点,联测精度和可靠性得到大大提高。

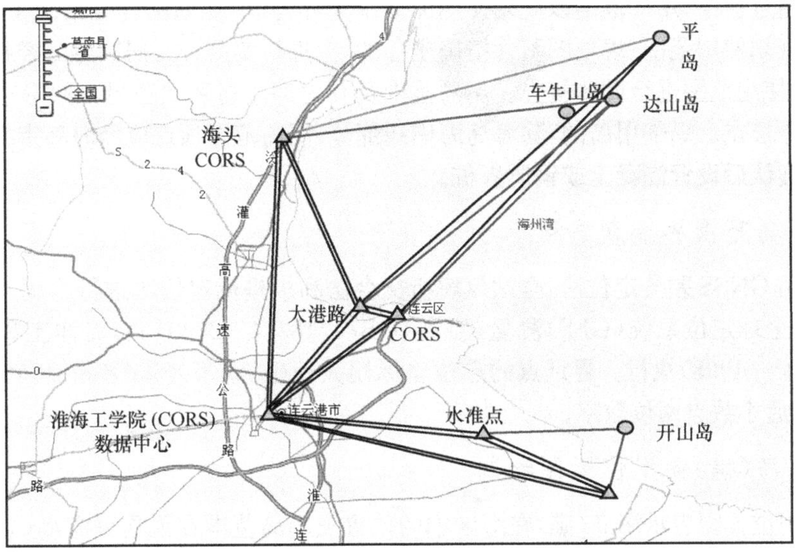

图 11-3　连云港海岛(礁)JSCORS 联测图

海岛与陆地隔水相连,大地测量技术建立陆海一体化的控制网存在许多技术问题。特别是海岛联测中的高程问题。所谓高程,就是地面点到我国大地水准面的正高差,而这个正高差是无法根据卫星测量结果用转换参数求得的。但如果知道地面点的大地水准面差距,则该点高程可通过卫星测量求得的大地高和转换参数求得。海岛上的大地水准面差距,可以采用由已测地区外推的方法求得,也可根据重力场模型的计算和卫星测高仪资料求得,但这些方法应用比较困难,而且至少要有几米、甚至十多米的误差。因此,海岛联测中不宜采用。但反过来,利用卫星测量求算大地水准面差距可实现高程的转换。

为了求得联测点的高程,可以采用海岛验潮求得当地平均海水面并加入海面地形改正的方法。我国大地水准面,即我国高程基准面是通过黄海平均海水面的一个等位面。由于不同海域海水的温度、盐度分布不同,以及大气压力的静力影响、风的影响、动力异常扰动分布和日月引力的影响等,平均海水面不是一个等位面,它相对于与之相近的一个等位面(标准海参考面)来说,是起伏不平的,这就是所谓海面地形。在全球范围内,海面地形的起伏最大可达 2.8m,如被联测的海岛与我国高程起算点相距较远时,就必须考虑海面倾斜的影响。可以根据海洋调查资料,借助于“海洋水准”的方法,求得平均海水面的倾斜。如果被联测点到当地平均海水面的高程加入这项改正,即可把国家统一高程基准面传递到岛屿上去了。据估计,海洋水准的误差约为 0.1m,

如果验潮误差在0.2～0.3m,那么高程联测的精度则小于0.5m。

根据我国沿海布设的数千公里的精密水准路线资料和验潮站联测资料,求得我国大陆边缘平均海水面倾斜与按“海洋水准”计算的太平洋深海海域平均海水面的倾斜,其方向相同,数值相近,这说明海面地形改正法是与我国海域的实际情况大体适应的。对于近海岛屿,如果海面倾斜略去不计,两地潮汐规律基本相同,则可采用陆地和海上同时验潮(验潮时间≥1天)的方法,将陆地上的高程传递到海岛上去。

11.3 海岛(礁)使用位置图和界址点测绘

11.3.1 用岛范围界定

用岛申请过程中,用岛范围以规划使用的范围为界,其中规划图含有精确坐标,可以通过规划图确定规划使用范围;规划图不含精确坐标的,应进行实测。无居民海岛经批准开发利用后,应对实际使用范围进行勘测核查。用岛范围及其内部用岛区块边界自然形态明显转变的拐点应作为界址点。局部用岛的,除海岛海岸线部分,用岛范围顶点应经海岛审批部门和用岛申请人现场确认后设置混凝土或钢质界桩。

11.3.2 用岛范围界址点施测

一般采用GNSS差分定位法、全站仪解析交会法和极坐标定位法进行施测。施测技术要求参照陆地《全球定位系统(GPS)测量规范》(GB/T 18314—2009)和《海洋工程地形测量规范》(GB 17501—1998)执行。界址点的点位坐标用大地坐标(×××°××′××.××″)形式表示,保留秒后小数点两位数字。

11.3.3 海岛(礁)使用位置图绘制

海岛使用位置图表示海岛(礁)在海区中的位置及用岛范围在无居民海岛(礁)上的位置。应包括基础地理要素、海岛海岸线和用岛范围、用岛范围顶点编号及坐标。

对于同一个用岛项目,用岛范围顶点编号以西北点为起点,按顺时针顺序从(1)开始,连续顺编。采用高斯-克吕格投影,以与用岛范围中心相近的0.5°整数倍经线为中央经线。图件版式应有四至坐标、比例尺、方向、投影方式、中央经线、测量单位及测量人员等说明内容。海岛使用位置图样式如图11-4所示。

11.3.4 分类型界址图绘制

分类型界址图表示用岛范围内所有用岛区块分布。应包括用岛范围、用岛范围顶点、用岛区块顶点及其坐标、用岛区块编号、界址线。对于同一个用岛项目,用岛区块编号按从北到南、从西到东顺序,从1开始,连续顺编。

对于同一个用岛项目,用岛区块顶点编号以用岛区块为单元,以各用岛区块的西北点为起点,按顺时针顺序连续顺编。其中用岛区块1的顶点编号从用岛范围顶点编号后连续顺编;用岛区块2的顶点编号从用岛区块1的顶点编号后连续顺编,依次类推。用岛区块顶点编号与用岛范围顶点或相邻用岛区块顶点重合的,不重复编号。

采用高斯-克吕格投影,以与用岛范围中心相近的0.5°整数倍经线为中央经线。图件版式应有四至坐标、比例尺、方向、投影方式、中央经线、测量单位及测量人员等说明内容。分类型界址图样式如图11-5所示。

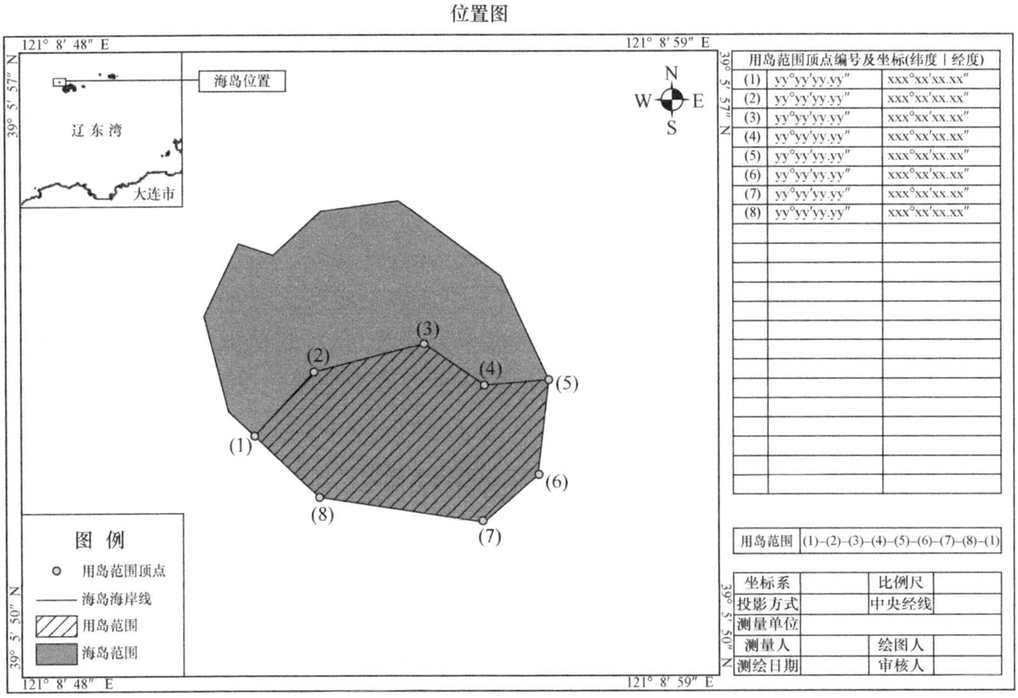

图 11-4　海岛使用位置图

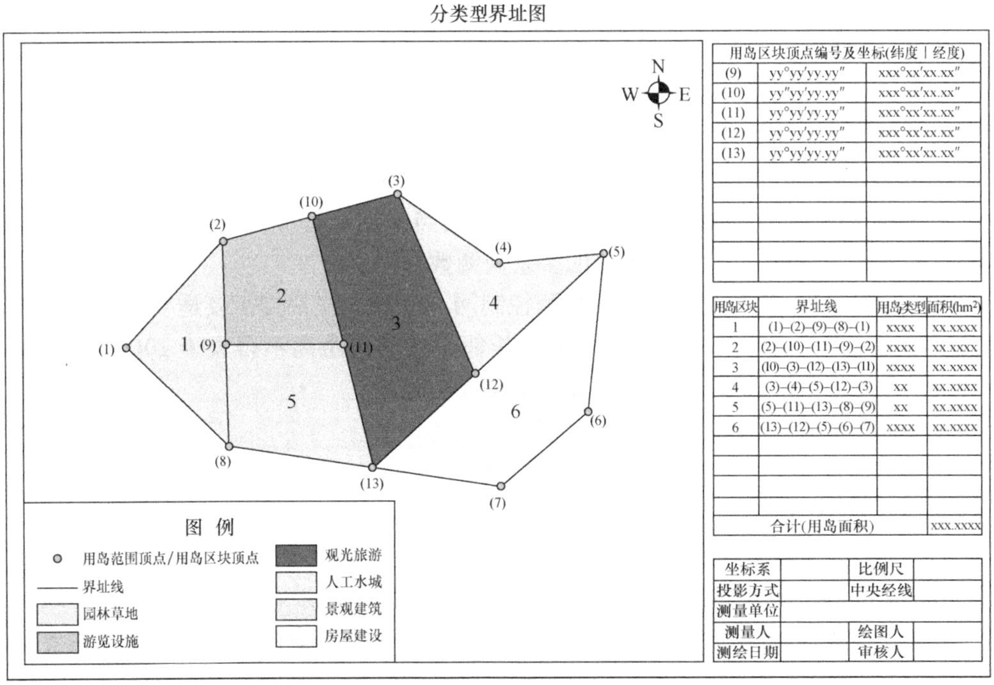

图 11-5　分类型界址图

11.4　海岛(礁)地形地貌测绘

11.4.1　地形地貌测绘

海岛地形地貌测绘以航空摄影测量、卫星遥感、船基三维激光扫描和全球卫星定位测量等技术为主。施测技术要求参照陆地《全球定位系统(GPS)测量规范》(GB/T 18314—2009)和《1∶5000—1∶10 000、1∶25 000海岸带地形图测绘规范》(CH/T 7001—1999)等规范执行。

海岛(礁)地形地貌测绘控制点可采用GNSS快速静态定位测量的方法测定。控制网的布设应视作业时的卫星状况、预期达到的精度、成果可靠性、接收机的数量和测区的交通等情况综合考虑,按照优化设计的原则进行,一般应由一个或若干个独立观测环构成。测量的主要技术要求见表11-5。

表11-5　GNSS测量技术要求

项目	等级(″)/边长相对精度	
	$5/5\times10^{-6}$	$10/100\times10^{-6}$
PDOP	≤10	≤10
卫星高度角/(°)	≥15	≥15
有效观测卫星数/颗	≥5	≥4
时段中任一卫星有效观测时间/min	5	3
二次或二次以上观测时段数的测站占全部测站百分比	30%	20%
观测时段长度/min	20	15
数据采样间隔/s	30～60	30～60
环边数限制	<12	<15

GNSS网可采用单基准、双基准或同步环的方式布设。当采用单基准布网时,为了提高整网的可靠性,应对一部分流动站进行二次设站观测;当采用双基准布网时,不同观测单元的基准基线应尽量相互联结,以确保网平差的多余观测数和强度。

布设GNSS网时,应与附近的海岛联测控制网点联测。应根据需要适当采用等外水准或与其精度相当的方法进行高程联测。网中两相邻点之间的距离不得大于10km,当两相邻点的距离大于上述规定时,应采用常规的静态定位方法施测。

海岛(礁)地形地貌图测绘采用图例如图11-6所示。

1) DGPS-RTK技术

由于岛礁上一般植被比较稀疏,所以特别适合DGPS-RTK测量作业,且数据处理相对较易。采用高精度GNSS仪器,基于差分系统进行了海岛坡地、采石地表、裸地、海岸线等区域的精细测量。平面、高程精度小于2cm。精细测量数据满足作为构建海岛陆面的主要数据源需求。

浙江省应用连续运行卫星定位服务系统(Continuous Operationing Reference Stations, CORS)开展海岛(礁)地形地貌测量。CORS可以定义为一个或若干个固定的、连续运行的参考站,利用现代计算机、数据通信和互联网技术组成的网络,实时地向不同类型、不同需求、不同层次的用户自动地提供经过检验的不同类型的观测值载波相位,伪距、各种改正数、状态信

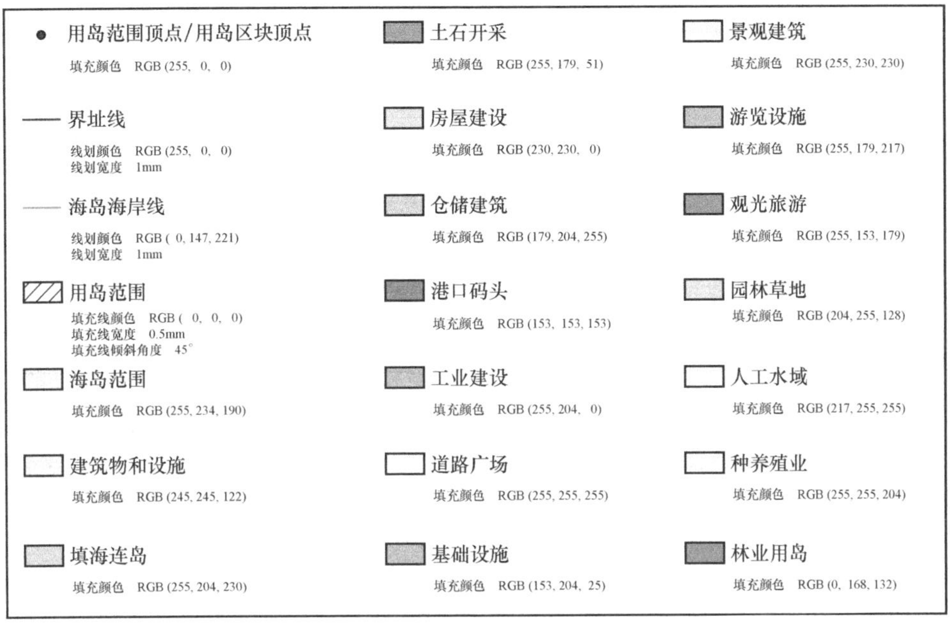

图 11-6　海岛(礁)地形地貌图例

息以及其他有关服务项目的系统。该系统是基于卫星定位技术和网络通信技术的地区性连续运行卫星定位导航系统,其组织结构分为基准站网、数据处理中心、数据传输系统、定位导航数据播发系统、用户应用系统五个部分,各个基准站与监控中心间通过数据传输系统连接成一体,形成专用网络,如图 11-7 所示。

图 11-7　CORS 网络综合服务系统技术体系

基于 CORS 的网络 RTK 测量数据精度取决于以下四个方面:①参考站坐标精度;②参考站位置变化情况;③影像参考站坐标的其他因素;④控制中心软件。连续运行卫星定位服务系统技术指标见表 11-6。

表 11-6　连续运行卫星定位服务系统主要技术指标

指标类型	要求	
实时定位精度	水平	垂直
	0.05m(RMS)	0.10m(RMS)
基准站坐标	点位:(0.005m;变化 0.003m/a)	
系统可用性	95%	
系统兼容性	RTCM2.x,RINEX 及多种 GPS 接收机	
系统完备性	报警时间	<6s
	误报率	<01 3%

试验区选择在分布于距离台州海岸线约 20km 的大陈列岛、桥梁山海岛高于海水面的区域内。采用 Trimble R8 连接 ZJCORS 进行连续地形测量。与 NAVCOM SF2040G 星站差分测量成果进行所得的精度进行对比,以探讨 ZJCORS 相对于其他高精度测量方式的精度优势,以及 JCORS 在实际测量中海陆等不同地域对精度的影响情况。测量精度可达 0.020～0.030m,完全可以达到《无居民海岛使用测量规范》界址点坐标的点位测量精度±0.5m 要求。

2007 年连云港采用了 GPS 网络 RTK 实时动态测量技术,借助连云港连续运行卫星定位参考站网直接在海岛上采用了网络 RTK 实时测量地形检测点数据。设计进行两期同名点实测精度对比分析,精度指标在同一水平,无明显差异,但工作和经济效益提高了 5 倍以上,而且解决个各海岛礁同步水位观测自然岸线的技术难题,分别进行采用 RTK 采集地形检测点数据。

在海岛野外测量工作中,应用连续运行卫星定位参考站网系统具有无需架设基站、操作简便、精度高、作用距离远、可 24 小时全天候作业等特点。但海岛 CORS 测量与陆地 CORS 测量相比,需要注意海面上信号较弱,一般有效卫星颗数比内陆要少 3～4 颗,而且差分不够稳定等问题。

2）机载激光雷达测量技术

中国面积达 500m² 以上的岛屿为 6536 个,总面积超过 72 800km²,岛屿岸线长14 217.8km,其中有人居住的岛屿为 450 个。中国岛屿小岛多、大岛少,无人岛多、有人岛少。众多的岛屿蕴含了丰富的资源,也具有重要的战略价值。由于高技术测绘手段的缺乏,对岛屿的精确三维数据获取有较大困难,特别是众多的小岛、无人岛以及无数的礁石,往往无法进行实地勘测,岛礁的精确地面三维数据极其缺乏,海洋国土资源开发管理急需海岛(礁)基础地理信息数据。

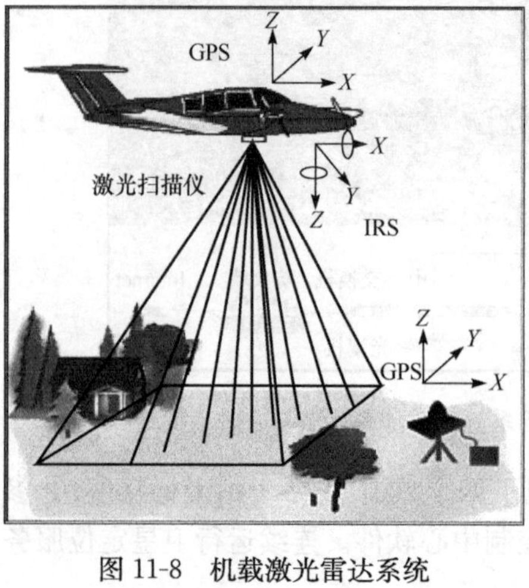

图 11-8　机载激光雷达系统

由于传统的测绘手段很难完成如此庞大的工程,所以必须采用一种高效,精确的测绘手段来进行这项工作。利用机载 LiDAR 技术,可以在很短时间内扫描大片海域,快速获取海岛礁精确的高分辨率的数字地面模型以及地面物体的三维坐标。着重介绍利用机载激光雷达技术对岛礁进行精确地面三维数据获取和处理的方法。

机载激光雷达原理:机载激光雷达(Airborne LiDAR)是搭载于中低空飞行器,集激光扫描仪、全球定位系统和惯性导航系统三种技术于一体,如图 11-8 所示。在机载 LiDAR 系统中,惯性导航系统获得飞行过程中的 3 个方位角(Ψ、Φ、K),全球定位系统获取激光扫描仪中心坐标(x,y,z),利用激光扫描仪获取到激光扫描仪中心至地面点的距离 D,经过 GPS 数据后处理、姿态确定、系统时间同步等一系列的处理后,以此计算出此刻相应地面激光点(X,Y,Z)的空间坐标,最终得到目标物上激光光斑高精度的三维坐标信息。在事先准备好地面基准站和检校场的前提下,典型的效率是作业 12h 内可测量 1000km^2 的区域,并且 24～36h 内可提交数字高程数据,速度比传统方法大大加快,且具有外业成本低、内业处理简单等优点,成为摄影测量领域的热点研究方向之一,受到各国研究人员的广泛关注。经过十几年的发展,机载激光雷达系统的硬件技术已经比较成熟,以最新的 Leica ALS60 机载激光雷达系统为例,其激光器脉冲频率已经高达 200kHz,激光测距精度达到厘米级。由于激光的穿透能力较强,因此利用机载 LiDAR 系统可以获取到植被覆盖区域的高精度的地形表面数据。

机载激光雷达数据采集流程:机载 LiDAR 系统提交的图像数据经软件处理后可以与其他各种数字图像进行合并,机载 LiDAR 系统从数据采集到图像数据处理工作流可分为航摄设计、数据采集、数据处理 3 个主要的数据流程,详细工作流程如图 11-9 所示。

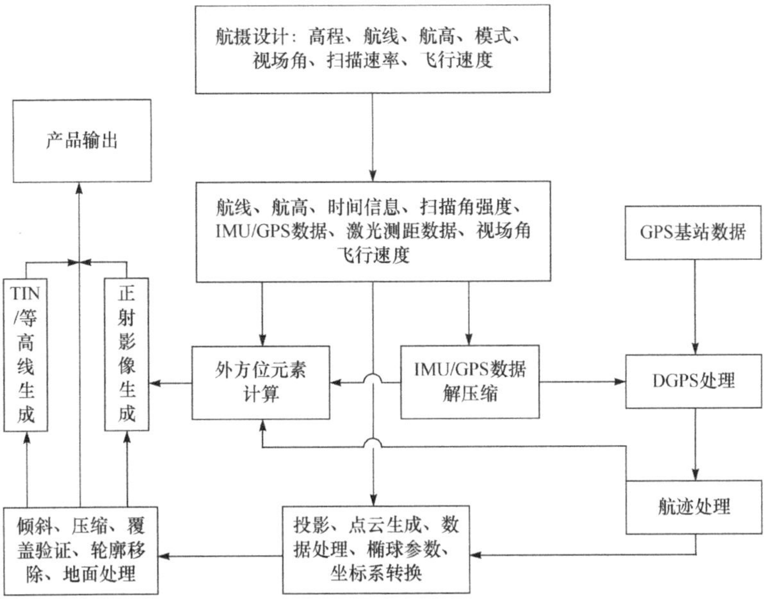

图 11-9　机载激光雷达海岛三维数据采集工作流程

数据处理将飞机的飞行数据文件包括飞机位置、姿态、拍摄时间、影像排列等数据、影像数据文件及地面数字模型文件输入软件系统,必要时还可以将外控数据输入系统,将根据这些数据进行全自动空三平差、镶嵌,形成彩色正射影像图(DOM)。

11.4.2　建筑物和设施边长测量

建筑物和设施边长测量采用一般采用光电测距法、全站仪解析交会法和极坐标定位法进行施测。光电测距法等方法测量建筑物和设施外缘线投影的边长。全站仪解析交会法和极坐标定位方法测量建筑物和设施特征点坐标。

11.4.3　建筑物和设施高度测量

建筑物和设施高度认定:①对于平面屋顶的建筑物和设施,应测量屋顶楼面到室外地坪的相对高度。②对于坡屋面或其他曲面屋顶的建筑物和设施,应测量屋顶最高点至室外地坪的相对高度。

高度测量方法:可采用实地垂线丈量法、光电测距法、三角高程法、前方交会法等方法测量建筑物和设施高度。

11.4.4 建筑物和设施布置图绘制

建筑物和设施布置图表示用岛范围内建筑物和设施的分布，应包括建筑物和设施的名称、编号、分布位置和占岛面积。

对于同一个用岛项目，建筑物和设施编号由用岛区块编号与建筑物和设施代码两部分组成，用“—”连接。同一个用岛区块内部建筑物和设施代码按从北到南、从西到东顺序，从 1 开始，连续顺编。采用高斯-克吕格投影，以与用岛范围中心相近的 0.5°整数倍经线为中央经线。图件版式应有四至坐标、比例尺、方向、投影方式、中央经线、测量单位及测量人员等说明内容。建筑物和设施布置图的样式如图 11-10 所示。

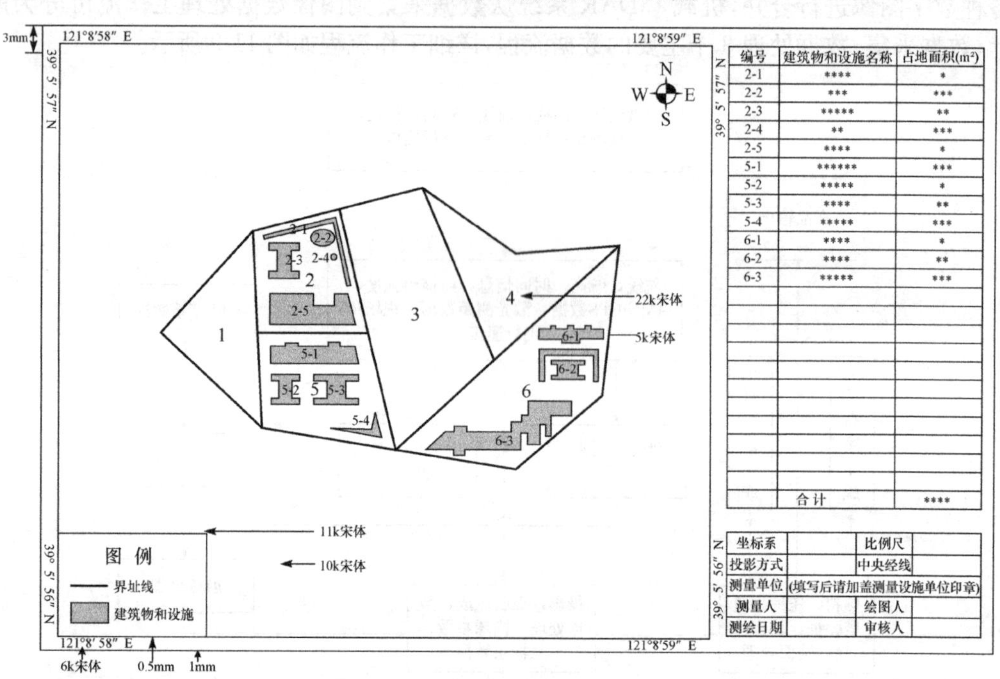

图 11-10 建筑物和设施布置图

11.5 海岛(礁)数字高程模型构建

数字高程模型(Digital Elevation Model，DEM)是一定区域范围内规则格网点的平面坐标(X、Y)及其高程(Z)的数据集，或者是经度 λ、纬度 φ 和海拔 h 的数据集。从数学上描述了区域地貌形态的空间分布。

从数据源采集方式上划分，海岛(礁)DEM 的生成方式主要有三种：一是野外测量获得离散地面点数据直接构建 TIN，从而建立 DEM；二是根据航空或航天影像，采用数字摄影测量途径获取地面高程建立 DEM；三是采用机载激光雷达或合成孔径雷达干涉测量获取。其中第一种方法适用于大比例尺，精度要求高，采集面积范围较小的区域 DEM 制作。基于 CORS 的卫星定位测量技术具有无需架设基站、操作简便、精度高、作用距离远等特点。第二种方法通常用于大范围区域制作，其精度主要取决于航片或卫星影像比例尺的大小。通常情况下，海岛面积较小且分布比较独立,采用大范围的数字摄影测量技术构建的精度主要由航片比例尺的大小决定,比例尺小,不能反映海岛陆面微地形的变化,比例尺大,对小区域作业而言成本又相对较高。第三种方法高程精度较高,比较适用于常年积雪区、植被严重覆盖区 DEM 提取,快速制作高精度的海岛三维景观模型。也可以利用 GIS 系统,将基于 DGPS 的测量数据和已有的地形影像资料进行数据集成,建立海岛(礁)DEM。例如,国家海岛生态修复示范"浙江省岱山县桥梁山海岛生态修复示范项目"。利用基于 CORS 的测量数据及地形数据构建海岛陆面精细三维模型,采用网络 RTK 测量了分布在海岛陆面的 470 个测量点,离散的测量点覆盖了海岛地形起伏较大的部分区域,对于岛上山体比较平整且破坏程度较小的区域直接用数字地形图中的高程点和等高线描绘。综合两方面数据,选取不规则三角网方式建立海岛陆面 DEM。利用 ArcGIS 软件生成 DEM,其流程如图 11-11 所示。

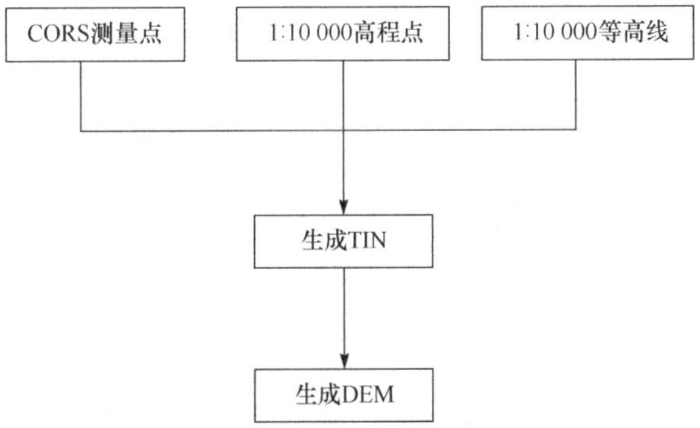

图 11-11　ArcGIS 中 DEM 生成流程图

提取 1∶10 000 矢量地形图中海岛等高线及高程点两个图层数据,经过数据校正,与处理后的测量精细数据在 ArcGIS 中叠加显示,如图 11-12 所示。

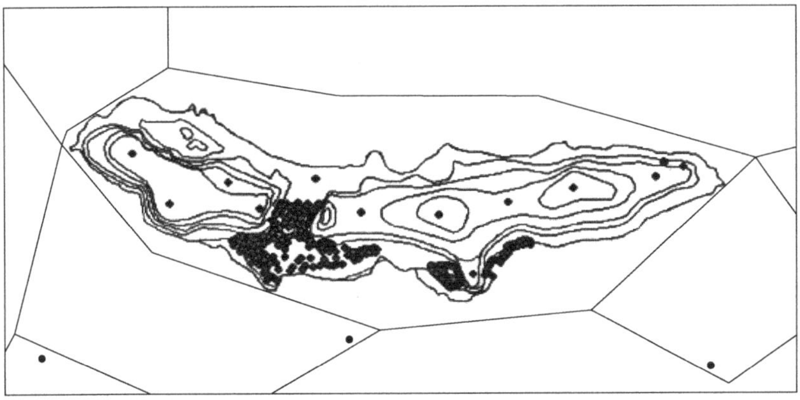

图 11-12　矢量数据叠加显示

选取各图层数据中代表高层信息的 Z 字段,在 ArcMap 中利用 3D Analyst 下的 Create TIN From Features 功能,生成海岛 TIN 模型,如图 11-13 所示。

生成的 TIN 模型为海岛的 DEM 构建提供了基础。在 ArcMap 中利用 Convert TIN to Raster 功能将 TIN 转换为 GRID 格式。若设置像元大小为 5m,则生成 53×160 大小的 GRID,如图 11-14 所示。

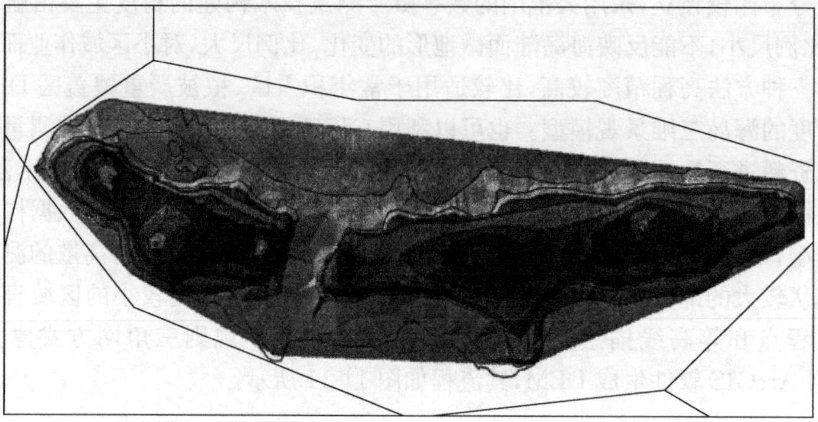

图 11-13　海岛 TIN 模型

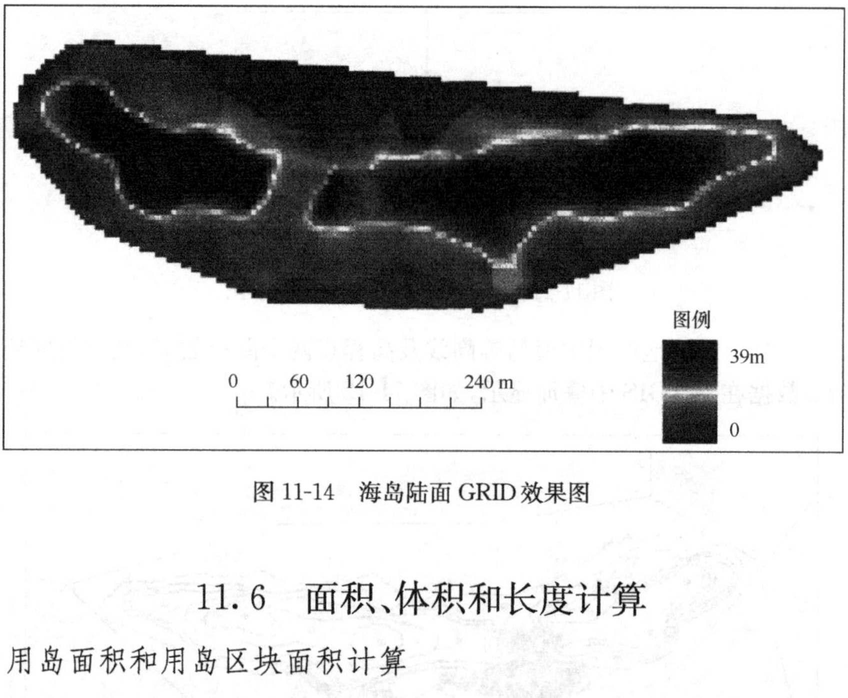

图 11-14　海岛陆面 GRID 效果图

11.6　面积、体积和长度计算

11.6.1　用岛面积和用岛区块面积计算

依据海岛(礁)地形地貌测量数据，通过构建数字高程模型，计算用岛区块面积和用岛面积。数字高程模型构建含工程建设或者土石开采的海岛使用项目，构建比例尺不小于1∶5000的数字高程模型，其他的海岛使用项目，构建比例尺不小于 1∶10 000 的数字高程模型。格网尺寸、高程精度和接边精度按《数字测绘产品质量要求》(GB/T 17941.1—2000)执行。构建数字高程模型应当优先选用大比例尺数据。

1) 用岛区块面积计算

将用岛范围与数字高程模型准确叠置，利用计算机图形处理系统计算用岛范围自然表面形态面积和各用岛区块自然表面形态面积。

各用岛区块面积通过下面公式计算：

$$S_i = M_K \cdot \frac{M}{M_{KZ}} \tag{11-4}$$

式中,S_i 为用岛区块 i 的面积;M_K 为 DEM 计算的用岛区块自然表面形态面积;M 为 DEM 计算的用岛范围自然表面形态面积;M_{KZ} 为 DEM 计算的用岛范围内所有用岛区块自然表面形态面积的和。

其中,DEM 计算的用岛范围的自然表面形态面积小于用岛范围水平投影面积的,用岛区块面积按水平投影面积计算。用岛范围涉及海岛海岸线的部分,以海岸线为用岛范围边界。海岛海岸线通过实际测量或者有效图件提取获得,测量精度不低于构建的数字高程模型精度。

2) 用岛面积计算

各用岛区块的面积相加,获得用岛面积。即

$$S = \sum_{i-1}^{n} S_i \tag{11-5}$$

式中,S_i 为用岛区块 i 的面积;S 为用岛面积。

3) 海岛投影面面积计算

海岛投影面面积根据海岛海岸线围成区域的水平投影面,采用平面解析法计算得到,面积单位为 hm^2。

4) 建筑物和设施占岛面积计算

建筑物和设施占岛面积根据建筑物和设施外缘线围成区域的水平投影面,采用几何图形计算方法计算得到,面积单位一般为 m^2。

5) 岸滩和植被面积及减少面积计算

岸滩和植被(含乔木、灌木、草地三种类型)面积、减少范围应当现场实测获取。面积较大不能实测获取的,利用海岛(礁)地形地貌测量数据构建的数字高程模型,与岸滩和植被覆盖范围、减少范围准确叠置,分别计算岸滩和植被覆盖的自然表面形态面积、减少范围自然表面形态面积,面积单位一般为 m^2,结果取整数。

11.6.2 岛体体积和土石采挖量计算

利用海岛(礁)地形地貌测量数据构建的数字高程模型与岛体、土石采挖范围准确叠置,计算岛体体积、土石采挖量。涵洞式或坑道式采挖,按实际土石采挖量计算,岛体体积和土石采挖量单位一般为 m^3。

11.6.3 海岛海岸线长度及改变长度计算

海岛海岸线(含自然岸线和人工岸线两种类型)长度及改变长度应当依据现场实测数据计算。确实不能实测的,按照要求图上获取,长度单位一般为 m。

思考题和习题

1. 海岛(礁)测量的内容和基本要求有哪些?
2. 分析海岛(礁)测量的特点。
3. 海岛(礁)联系测量有哪些方法?
4. 海岛(礁)使用位置图有哪些信息? 如何绘制?
5. 用岛范围界址点施测有哪些方法? 各适用于哪些条件?
6. 简述海岛(礁)地形地貌测绘工作流程。

第 12 章　勘界测量

沿海国家或地区行使其主权、管制权或主权权利范围的界限称为海域边界。由沿海国依据《联合国海洋法公约》规定，通过双方或多方协商确定，或由国际法院裁定的边界称为“国际海域边界”。海洋作为人类未来的生存空间，跃然成为新时期国际斗争之焦点，国际政治经济与军事斗争的重要舞台。海域划界将是国际海洋政治事务的核心问题，越来越受到各沿海国的高度重视。

海域划界是一种国家行为，既有理论原则问题，也有技术方法问题。主要内容包括两部分：一是确定海域边界，二是海域勘界测量。

12.1　海域划界原则

12.1.1　协议划界和公平原则

协议划界指通过当事国以协议方式定界。公平原则源于 1945 年 9 月 28 日“杜鲁门公告”，是一项得到普遍承认的国际法原则。它首先用于解决美国与邻国之间的大陆架划界问题；之后，众多国家都将其载入重要的法律文献予以确认。“公平”这一概念，于第三次联合国海洋法会议后，则成为《联合国海洋法公约》关于大陆架和专属经济区划界规定中起主导作用的原则。在国际法院的判例中，它作为国际法的组成部分，而被国际法庭所普遍适用。

公平原则不仅指必须采用公平的划界方法，更重要的是要达到公平的划界结果，使划界问题得到公平解决。任何其他原则或方法，只有在符合这一原则的基础上，方可被广泛采用。公平原则作为一个法律概念，直接源于正义这一思想(1982 年突尼斯和利比亚大陆架案)。公平是按照法律规则的公正，公平的适用应有一贯性和可预期性，公平的法律概念是一个直接可以用作法律的普遍原则(1985 年利比亚、马耳他大陆架划界案判决书)。

12.1.2　历史性水域和历史性权利

无论是历史性水域还是历史性权利，均为习惯国际法支配的一种法律制度，但历史性水域则应以历史性权利为依据，如国际法院在 1951 年英-挪渔业案判决书中，明确指出历史性水域被视为内水，但若不存在历史性权利则不具备那种特征的水域。在国际实践中，若一个水域，如果在政治、经济、军事上，对沿岸国具有特别重要意义，并已被该水域长期利用的实践所证实，那么，一般被认为沿岸国对这一水域具有历史上的所有权；如果沿岸国曾在历史上对这一水域的航行、渔业及其他开发利用活动等进行管理和管辖，则可将这一水域宣布为该国的历史性水域，并可根据该水域的特征和法律地位，确定其属于内水或领海制度。

至今，在 1982 年《联合国海洋法公约》及一般国际法中，除历史性海湾外，并没有对历史性水域的概念与法律制度作出规定，如 1982 年《联合国海洋法公约》只是确定了历史性海湾的法律制度，或在有关领海划界的条款中提到历史性所有权。

12.1.3 群岛原则

一般指群岛国制度，是国际海洋法中一项新制度。“群岛国”指全部由一个或多个群岛构成的国家；“群岛”则指一群岛屿，包括若干岛屿的若干部分、相连的水域和其他自然地形，彼此密切相关，以致这种岛屿、水域和其他自然地形在本质上构成一个地理、经济和政治的实体，或在历史上已被视为这种实体(《联合国海洋法公约》第 46 条)。

群岛基线是连接群岛最外缘各岛和各干礁最外缘各点的直线(《联合国海洋法公约》第 47 条)所构成的闭合折线。显然，它不同于大陆领海基线。这种基线应包括主要的岛屿和一个区域，在该区域内，水域面积与包括环礁在内的陆地面积的比例应在 1∶1～9∶1；这种基线长度不应超过 100n mile，但围绕任何群岛的基线总数中至多 3%可超过该长度，最长以 125n mile 为限；这种基线的划定不应在任何明显的程度偏离群岛的轮廓；除在低潮高地上筑有永久高于海平面的灯塔或类似设施，或者低潮高地全部或一部分与最近的岛屿的距离不超过领海的宽度外，这种基线的划定不应以低潮高地为起讫点；群岛国不应采用一种基线制度，致使另一国的领海同公海或专属经济区隔断(《联合国海洋法公约》第 47 条)。群岛的领海、毗连区、专属经济区和大陆架宽度等，应从群岛基线量起。

12.1.4 岛屿原则

《联合国海洋法公约》第 121 条规定：

(1) 岛屿是四面环水并在高潮时高于水面的自然形成的陆地区域。

(2) 除第 3 款另有规定外，岛屿的领海、毗连区、专属经济区和大陆架应按照本公约适用于其他陆地领土的规定加以确定。

(3) 不能维持人类居住或其本身的经济生活的岩礁不应有专属经济区和大陆架。

12.1.5 大陆架自然延伸原则

自然延伸原则是大陆架定界的基本原则。它指每一当事国都尽可能地得到凡构成其陆地领土向海洋的自然延伸的一切部分，而不侵犯另一当事国陆地领土的自然延伸(《国际海域划界条约集》)。自然延伸是构成大陆架法律制度的基础，是主导原则。它指陆地领土或领域，或沿海国陆地主权经由处于该国完全主权下的领海海床而向公海或公海之下的自然延伸或继续的原则(国际法院北海大陆架案判决书)。从法律上讲，它是国家对大陆架的主权权利的根据。

在 1977 年英-法大陆架划界案的裁决书中，仲裁法庭也指出，沿海国陆地领土自然延伸原则的作用不仅取决于特定的地理环境及其他情况，而且取决于法律及公平原则的综合考虑。

“自然延伸”与“距离”是互为补充的两个概念，不能相互取代。200n mile 距离是大陆架和专属经济区两个概念共有的因素，“自然延伸”可以获得大陆架权利，200n mile 专属经济区也可以获得大陆架(海床和底土)权利。可以出现没有专属经济区的大陆架，但不能出现没有海域划界适用的国际法原则，主要包括历史性水域/历史性权利、群岛原则、岛屿制度和大陆架自然延伸原则等。最基本的原则，是协议划界和公平原则，即二元原则。

12.2 海域划界基本方法

根据海域边界的自然形态和边界历史等诸多因素，划界的常用方法有平行线法、中间线(距离线)法、正切线法、交圆法和等比例线法等。

12.2.1 平行线法

平行线法是确定各种单边边界的简便方法之一。具体实施的方法：将领海基线整体地向海一侧整体平移，直至距基线的距离等于所指定区域的宽度，构成与基线形状大体一致的所需的区域外界线。这种方法既适用于正常基线，也适用于直线基线。

实质上，平行线法并非采用真正几何意义上的求任意曲线的平行线的方法来求取领海基线向海一侧的平行线，而是通过将领海基线向海平推一指定距离的方法，而获得一条“平推线”。由此可见，这种方法误差较大，只能在领海基线比较平直时，用于推求像领海外边界这样距离较小的单边边界。

12.2.2 中间线/距离线法

在海岸相向的情况下，一条其每个点到两个国家基线上最近点的距离相等的线，通常被称为“中间线”；在海岸相邻的情况下，则称之为“等距离线”。中间线/距离线法是以中间线/等距离线作为双方或多方主张重叠海区分界线的定界方法。采用中间线/等距离线法获得的双方边界，是一条每一点同两侧有关国家海岸或基线上最近点保持相同距离的边界线，如图12-1所示。中间线/距离线法是海岸相邻或相向国家间的一种划界方法，一般适用于双方或多方海岸线长度近似或几乎相等，且无岛屿、海沟等特殊地形的海域。有关资料显示，中间线/等距离线法在国际实践中已被普遍采用。

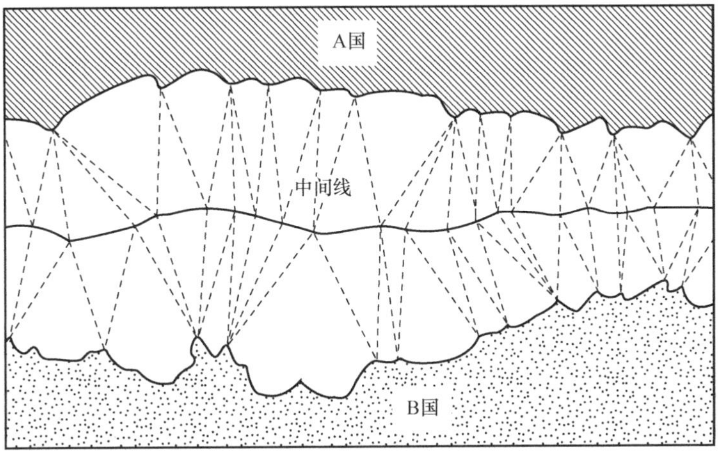

图12-1 海岸相向两国之间的中间线/等距离线示意图

中间线/距离线法划界的关键技术是生成分界线。目前，国际上采用较多的是两点法和三点法。

1) 两点法

如图 12-2(a)所示,两点法是生成海岸相邻或相向国家之间重叠海区中间线/等距离线最简单的方法。算法的核心是大地测量主题的正/反解,采用计算机编程直接计算转折点。具体步骤如下。

第一步:取同时包含双方基点的所有两两组合构造一段大地线,即

$$\left.\begin{aligned} S_{ij} &= S(B_i, L_i, B_j, L_j) \\ \alpha_{ij} &= \alpha(B_i, L_i, B_j, L_j) \quad (i=1,2,\cdots,p, j=1,2,\cdots,q) \end{aligned}\right\} \tag{12-1}$$

式中,p,q 分别为双方基点数量。

第二步:计算每一段大地线的中点坐标(B_m, L_m),即

$$\left.\begin{aligned} B_m &= B\left(B_i, L_i, \frac{S_{ij}}{2}, \alpha_{ij}\right) \\ L_m &= L\left(B_i, L_i, \frac{S_{ij}}{2}, \alpha_{ij}\right) \end{aligned}\right\} \tag{12-2}$$

第三步:判断中点坐标(B_m, L_m)是否为有效的中间线/等距离线转折点。若 $S_{ij}/2$ 小于等于从(B_m, L_m)出发的与其他不包含(B_i, L_i)和(B_j, L_j)的所有基点的距离,则(B_m, L_m)为有效的中间线/等距离线转折点。

第四步:对转折点的顺序作自动排序输出。首先取划界双方第一个基点,通过大地问题正反解得到过该两基点大地线的中点坐标。然后计算所有转折点与该中点的大地线距离,并将其按由小到大排序,距离最小者为第二个转折点。依照此思路逐一确定所有后继转折点。最后,在排序后的转折点之间按大地线依次连接,即可得到所需的中间线/等距离线。

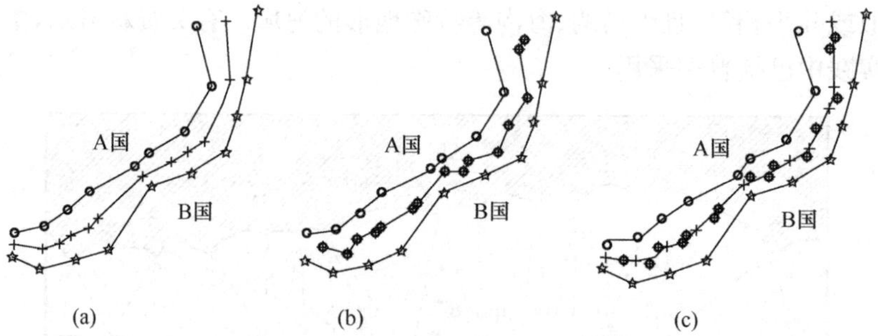

图 12-2　中间线/距离线生成示意图

在计算出分属两国的两两基点大地线连线之中点的地理坐标(经纬度)之后,若经测试,该大地线长度的一半小于或等于由此中点出发的与所有其他双方基点的大地线距离,那么此中点坐标则为中间线/等距离线上的一个转折点。当双方的所有基点在完成上述操作后,则可得到所求的全部转折点。最后,通过人机交互的方法,依照转折点的分布情况,合理连接这些转折点,就是所要求的分界线。

2) 三点法

如图 12-2(b)所示,三点法是通过迭代的方法来求得中间线/等距离线转折点的近似解,生成具体步骤如下。

第一步:取一方的基点或边界点的所有两两组合,依次与另两方的每一基点或边界点组成

一个子集，即由包含双方的每三个点位组合成一系列三元组，过每三点构造一个地球椭球面上的圆。

第二步：判断该圆内是否有双方的基点或边界点。若没有，则该圆心点即为中间线/等距离线上的一个转折点，记下圆心坐标及基点或边界点的序号(用于判断所求出的转折点在中间线/等距离线上的序号，以便正确连接)。否则，该圆心点不是中间线/等距离线上的一个转折点。

第三步：将双方角色互换，重复前两个步骤直至完成对所有子集的处理。至此，中间线/等距离线的所有转折点均已求出，利用每一转折点所对应的基点或边界点的序号，就可以对其实施正确排序，进而通过加密连接大地线的方法实现对中间线/等距离线的精确展绘了。另外，这也为推求等比例线提供了必要的信息。

通过计算分属两国的每3个基点的等距离点(圆心点)坐标之后，得到一半径值，再从此点出发，求其与其他所有基点的大地线距离(长度)，若经过比对后，该半径值均小于或等于前述的距离，该中点坐标则为中间线/等距离线上的一个转折点。当双方的所有基点在完成上述操作后，则可得到全部转折点。最后，依照转折点的分布情况，通过人机交互的方法合理连接这些转折点，也就是所要求的分界线。

以上两种算法已经在国际海洋开发中心(ICOD)的海域划界软件DELMAR中得到实现。但是如果在海岸之间划定一条真正或严格意义的等距离线，即利用国际法为划定领海而允许使用的海岸或沿岸所有基点，那么，在大多数海岸的情况下，这样一条线会包含许多转折点和无数直线线段，由此产生的边界线将是复杂的，在划界条约中不容易表述，而对海员、渔民等海上作业人员来说，在实际操作中很难掌握。因此，在实践中，沿海国往往采用简化的等距离线。简化的等距离线是在严格的等距离线的基础上通过减少转折点和直线线段的数量、增加直线的长度而划出的。简化的等距离线要求构成等距离线的要素，即转折点和直线线段的数量尽可能少，但是同时又必须同严格的等距离线的一般走向基本保持一致。由于简化的等距离线同严格的等距离线的一般走向基本一致，使等距离线在简化后同简化前相比，两侧海域的出入很小，即使存在一些出入，也是两侧当事国之间的平等交换。

12.2.3 正切线法

正切线法又称“共同正切线法”，是确定各种单边边界的方法之一。它分别以领海各基点为圆心、区域宽度为半径，分别向海一侧画半圆，连接相邻半圆的共同切线的交点，则构成所需的区域外界线。这种界线呈折线，其每一段都与对应的领海基线段平行。

12.2.4 交圆法

这是由Boggs于1930年提出的单边边界的定界方法。它以正常基线上的若干点为圆心，指定的区域宽度为半径，分别向海一侧画半圆，由其交点之间的弧线构成所需的区域外部界线。

这种方法的原理简单，也比较容易利用算法加以实现，它包括MarZone等诸多海域划界软件中所采用的基本划界模型。实践表明，采用这种方法确定的区域外界线，其相邻两半圆的圆心距越小，所划定的边界线越准确。

12.2.5　等比例线法

等比例线法是以等比例线作为双方或多方主张重叠海区分界线的定界方法。等比例线是一条其上每一点同两侧有关国家海岸或基线上最近点的距离保持固定比例的线。当双方的比例为 1∶1 时，为中间线/等距离线。比例系数通常可以按照划界双方的“有效”岸线长度（如代表海岸相向国家海岸走向的双方岸线的长度）之比确定。由于该方法在技术实现上比较困难等原因，在以往的国际实践中采用较少。但随着海域划界技术及 GIS 技术等相关技术的不断创新与发展，将为等比例线法的实施提供技术上的可操作性，估计在未来的海域划界实践中会得到较多的应用。

等比例线指距离等比例或面积等比例的线。首先介绍利用“两点法”实现距离等比例线生成技术。第一步：确定 A 国与 B 国的比例值，如果 A 国与 B 国的距离为 S_{ij}，比例为 6∶4，则 $S'_{ij}=0.6S_{ij}$；第二步：按式(12-3)计算给定的距离比例所对应的转折点经纬度坐标；第三步：绘制等比例线。

$$\left.\begin{aligned}B_r&=B(B_i,L_i,S'_{ij},\alpha_{ij})\\L_r&=L(B_i,L_i,S'_{ij},\alpha_{ij})\end{aligned}\right\}\tag{12-3}$$

通过“三点法”生成等比例线则比较困难，一般要通过迭代或搜索的方法进行解算。以搜索法为例，可以通过沿圆弧搜索的方法加以解决。对在求中间线/等距离线时得到的基点或边界点组成的子集，可以求出唯一的一个点位，使其距双方基点或边界点的大地线长度之比为某一设定值。显然，这一点应在以该子集所确定的等距离点为圆心、某一长度为半径的圆周上。这样，按照精度的要求可以设定半径和圆心角的增量值，逐步搜索出所求的等比例点。在实际操作中可以用折半逼近的方法来快速求得等比例点。最后，按前述方法加密连接求得的等比例点即可得到等比例线。

12.3　海域划界技术问题

12.3.1　直线问题

直线是指在一个特定的空间内或特定的平面上，两点之间最短距离的连线。直线是海域划界最基本的几何元素。《联合国海洋法公约》对“直线”的概念，如大地线、等角航线（恒向线）、法截线、弦（地图平面上的直线）等，未加以明确定义。海域勘界直线基线通常采用大地线。

大地线是指在给定的表面或高维空间上，两点之间最短的曲线。过地球椭球面上任意不重叠的两点，只存在唯一的一条大地线，且可用严格的数学模型对大地线进行准确的、与地图投影性质及比例尺大小无关的描述。大地线的特点决定了它是直线基线中谓之“直线”的最理想模型。除了直线基线之外，应当推荐在任何涉及“直线”的海域划界中采用大地线模型。事实上，这一观点早已得到了广泛的认同，如美国、加拿大、委内瑞拉、古巴、墨西哥和新西兰等国家，均将直线基线和其他海域定界中的“直线”视为大地线。

正常基线是在规定的测量精度范围内通过实测得到的。因此，可以认为大比例尺地图（海图）上描绘的 0m 线（陡峭地段与岸线重叠），事实上就是正常基线的精确展绘。显然，通过实测得到的包括正常基线在内的地图（海图）上的所有线要素和面要素的边界，组成它们的最基本单元均为地球椭球面上的短直线（折线），这些折线的数学模型也是大地线。但由于折线很短,故往往可以将其不加区分地视为“直线”。这是为什么线和面要素能按现行的方法实现可视化表达的原因。

12.3.2 距离问题

距离是反映空间相对位置关系的重要参数。在《联合国海洋法公约》中,对距离的概念也没有作出明确的定义,故认为《联合国海洋法公约》对距离的描述是含糊的,容易引起不同的理解与应用,如人们有可能直接采用平面上的欧几里得距离概念,或采用地图投影平面上的欧几里得距离概念,或采用球面上的大圆距离概念,或采用地球椭球体上的大地线距离的概念等。

据分析表明,对于较小的实地距离,采用前述的任何一种距离概念,其结果都会十分接近,或者在精度上起码能满足使用的要求。以 12n mile 的领海宽度为例,就可以理解为这样的一种较小的距离。如在 1∶30 万高斯-克吕格投影地图平面上,长度为 12n mile 的直线与相应的大地线长度的偏差约 10m;12n mile 的大地线长度与等角航线(恒向线)实地长度相差小于 0.01m。可见,它们的误差均很小。但对于像 200n mile 宽度的专属经济区这样的大距离,则对于不同的距离概念会有显著的差别,使用时一定要加以区分。

由于地图投影存在着长度变形问题(等距离投影仅能保证在某些方向上的长度变形为零,而不适用于准确地描述任何方向上的距离),所以基于投影平面的距离会随着投影性质的不同而有显著的差别,因而这种距离的概念是不适宜用于描述地球椭球面上的真实距离的。大圆距离虽可在给定球体的半径之后实现对距离的准确描述,但为达到对地球椭球面上更高精度的距离的求解,应采用地球椭球面上的距离——大地线距离,它才是最为理想的距离概念。大地线距离是过地球椭球面上两个指定点的最短距离,而且,一旦给定了地球参考椭球,其距离量算模型就被唯一确定下来,也就不会引起歧义。

12.3.3 基线体系的确定及基线的连接

基线体系的确定以及直线基线、湾口基线和河口基线的连接问题均与距离的概念关系密切。

1) 基线体系与基点

基线体系包括正常基线体系、直线基线体系和混合基线体系。通常主要是根据岸线的走向及岛礁的分布来确定应采用的基线体系。若采用正常的基线体系,则可依照《联合国海洋法公约》的要求,对河口和符合条件的湾口添加封口线,即形成所谓的河口基线和湾口基线,以便与 0m 线(最低低潮线)组成连续的基线。若采用直线基线体系(含混合基线体系中的直线基线部分),则需通过较大比例尺海图选取那些符合《联合国海洋法公约》规定的岛、礁和低潮高地向海一侧的外缘点位作为领海基点,然后在基点之间通过直线实施连接得到直线基线。混合基线体系则是针对不同的海岸情况交替采用正常基线和直线基线体系。

一般地讲,选择直线基线体系除了有利于增大内水的面积之外,从技术上看确定直线基线要比正常基线来得容易,而且也便于对基点和基线实施管理和维护。可以说,直线基线体系是各海洋国家广为采纳的一种基线体系。全球约有 2/3 的沿海国家采纳直线基线体系。我国也不例外,并在 1996 年 5 月 15 日批准《联合国海洋法公约》生效的同时,首次向全世界公布了我国大陆领海的部分基线(由 49 个基点组成)和西沙群岛的领海基线(由 28 个基点组成),其中,采用直线基线体系 40 个基点,见表 12-1、表 12-2。

表 12-1 中国大陆的部分领海基点

序号	名称	纬度/N	经度/E	序号	名称	纬度/N	经度/E
1	山东高角(1)	37°24.0′	122°42.3′	11	南澎列岛(2)	23°12.3′	117°13.9′
2	山东高角(2)	37°23.7′	122°42.3′	12	石碑山角	22°56.1′	116°29.7′
3	镆耶岛(1)	36°57.8′	122°34.2′	13	针头岩	22°18.9′	115°07.5′
4	镆耶岛(2)	36°55.1′	122°32.7′	14	佳蓬列岛	21°48.5′	113°58.0′
5	镆耶岛(3)	36°53.7′	122°31.1′	15	围夹岛	21°34.1′	112°47.9′
6	苏山岛	36°44.8′	122°15.8′	16	大帆石	21°27.7′	112°21.5′
7	朝连岛	35°53.6′	120°53.1′	17	七洲列岛	19°58.5′	111°16.4′
8	达山岛	35°00.2′	119°54.2′	18	双帆	19°53.0′	111°12.8′
9	麻菜珩	33°21.8′	121°20.8′	19	大洲岛(1)	18°39.7′	110°29.6′
10	乌丘屿	24°58.6′	119°28.7′	20	感恩角	18°50.5′	108°37.3′

表 12-2 中国西沙群岛领海基点

序号	名称	纬度/N	经度/E	序号	名称	纬度/N	经度/E
1	东岛(1)	16°40.5′	112°44.2′	11	北礁(1)	17°05.4′	111°26.9′
2	东岛(2)	16°40.1′	112°44.5′	12	北礁(2)	17°05.7′	111°27.2′
3	东岛(3)	16°39.8′	112°44.7′	13	北礁(3)	17°06.0′	111°27.8′
4	浪花礁(1)	16°04.4′	112°35.8′	14	北礁(4)	17°06.5′	111°29.2′
5	浪花礁(2)	16°01.9′	112°32.7′	15	北礁(5)	17°07.0′	111°31.0′
6	浪花礁(3)	16°01.5′	112°31.8′	16	北礁(6)	17°07.1′	111°31.6′
7	浪花礁(4)	16°01.0′	112°29.8′	17	北礁(7)	17°06.9′	111°32.0′
8	中建岛(1)	15°46.5′	111°12.6′	18	北礁(8)	16°59.9′	112°14.7′
9	中建岛(2)	15°46.4′	111°12.1′	19	赵述岛(1)	16°59.7′	112°15.6′
10	中建岛(3)	15°46.4′	111°11.8′	20	赵述岛(2)	17°05.4′	111°26.9′

2) 正常基线体系确定

对于正常基线体系，要解决的主要技术问题是如何确定低潮线和河口、湾口封口线的问题。当选定划界用海图后，低潮线事实上就是图上的 0m 线，它在海岸平缓处描绘为海滩的外边界，在海岸陡峭处则与岸线重合。如果河流直接流入海洋，基线应是一条在两岸低潮线上两点之间横越河口的直线。

法律上的海湾封口线的确定相当复杂。《联合国海洋法公约》给出了通过比较两个区域面积的方法确定法律上的海湾的客观标准。计算以连接海湾天然入口两端的直线长度为直径得到的半圆的面积 A_1（如果海湾有多于一个的入口，则该半圆的直径等于连接不同入口端点的直线长度之和）。求出横越水曲入口两端的直线和水曲海岸（低潮线）所封闭的水曲的水域面积 A_2（水曲内任何岛屿的面积应作为水域面积的一部分计入）。最后，根据上述两面积的大小对海湾性质作出判断：当 A_2 小于 A_1 时，该海湾不能视为法律上的海湾，如图 12-3(a)所示，否则，该海湾可视为法律上的海湾，如图 12-3(b)所示。

海湾封口线的确定：如果海湾入口两端之间的直线或横越海湾一个以上入口的各直线之

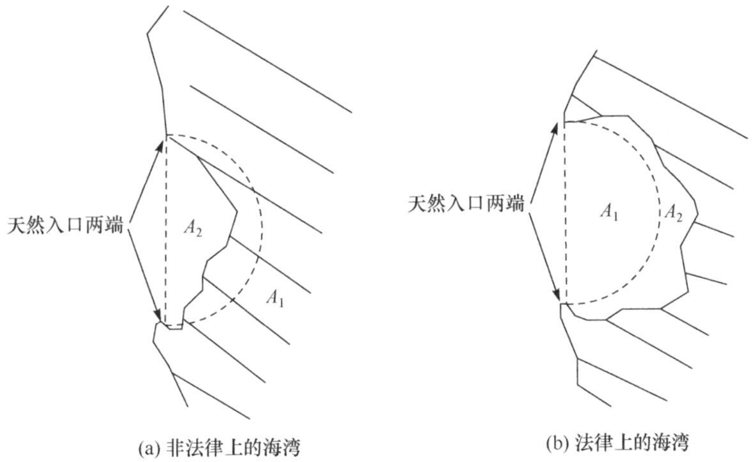

图 12-3 半圆规则图解示意图

和不超过 24n mile，则这些直线可用作海湾封口线。如果直线的长度或各直线长度之和超过了 24n mile，则 24n mile 的直线基线应划在该海湾之内。

3）直线基线体系确定

对于直线基线体系，关键是在选取基点时，要保证由所选的基点组成的直线基线符合《联合国海洋法公约》关于基线"不在任何明显的程度上偏离海岸的一般方向"，以及"直线基线内的海域必须充分接近陆地领土，使其具有内水的资格"等要求。由于《联合国海洋法公约》只给出了定性的要求，一方面可以为各国确定基点提供较大的灵活性，另一方面也增加了确定基点的技术难度。确定组成直线基线的基点所面临的主要技术问题是：如何在众多海岸外缘的备选点位（备选基点）中科学地选取合适的备选基点组成正式领海基点？显然，其最优解应是在符合《联合国海洋法公约》规定的前提下使获得的内水面积为最大。

12.3.4 基线连接问题

正常基线体系中，连接基线的主要技术问题是如何依据《联合国海洋法公约》的规定，解决河口和湾口封口线的"直线"连接问题。对于直线基线体系，则主要解决"直线基线"的准确定义及其精确描绘的问题。

《联合国海洋法公约》中，明确规定海湾封口线不能超过 24n mile。而世界上大多数河口的封口线长度一般也比较小，通常小于 24n mile。经测试，在等距离正圆柱投影海图和墨卡托投影海图上，以我国海区范围内 24n mile 长度的图上直线与过该直线两端点的大地线为例，两者的线间最大距离小于 20m；在高斯-克吕格投影海图上，则可使两者的线间最大距离进一步减小。这就是说，在比例尺小于 1∶10 万的海图上，两种"直线"的最大线间距离还不到 0.2mm，即它们几乎是完全重叠的。所以，这两种封口线可以近似地看成是各种投影平面上的直线，可直接按平面直线对其进行连接。

据估算，我国公布的领海基线中最长基线的大地线长度约为 121.7n mile。在等距圆柱投影海图上，上述基线的图上直线与过该直线两端点的大地线的线间最大距离将大于 300m。由此可见，即使在 1∶100 万较小比例尺的海图上，两种"直线"也有明显的、不能被忽视的差别。

因此，对于这样比较长的基线，只能以较低的精度在墨卡托海图投影平面上对其作“直线”连接，即实质上是按等角航线实施连接。假如为了在某种程度上提高精度，通常也可通过仔细选择合适的海图投影的方法来完成此类作业，如通过将墨卡托投影海图转换到高斯-克吕格投影，或等面积正圆柱投影到海图上，都可达到提高连线精度的目的。

12.3.5 海域边界推求技术

海域边界主要是指领海、毗邻区、专属经济区(EEZ)、大陆架等区域的外部界限，其次是海岸相邻国家之间的共同边界和海岸相向国家之间的主张重叠区共同边界。

1) 单边边界推求

当海岸相向国家间的海域宽度大于或等于双方按《联合国海洋法公约》规定的各种海域边界上限之和时，其界限除大陆架外部界限可能需要按照《联合国海洋法公约》的规定作特例处理外，均表现为与领海基线平行的向海一侧的界限(海域外部界限)。此类海域外部界限统称为单边海域边界。通常可将推求这种边界的技术问题归结为基于平面(通常是投影平面)或地球参考椭球面的任意曲线的平行线求解问题。单边海域边界的数学定义为

$$G(A,d)=\{T\mid\min\{d(T,P)\mid P\in A\}=d\} \tag{12-4}$$

式中，G 表示海域边界；A 表示领海基线；T 表示海洋区域外边界上的点；P 表示领海基线上的点；d 表示到领海基线的距离。

式(12-4)的含义为：到基线 A 的距离为 d 的海洋区域外边界 G，应是那些到基线 A 上最近点 P 的距离$|\min\{d(T,P)P\in A\}|=d$等于 d 的点 T 的集合。

若将上述定义中的“距离”，定义为地球椭球面上的大地线距离，那么，它就是关于基于地球椭球体的缓冲区构建问题。由此可知，对于直线基线而言，海域外部边界应是平行于基线并距基线为指定距离的“直线”；对于基点来说，海域外部边界则应是以该基点为圆心，以指定距离为半径的一段圆弧。

由我国已经公布的大陆沿岸部分基线及西沙群岛基线推算的领海和毗邻区外部界限即属于这种情况，如图 12-4、图 12-5 所示。

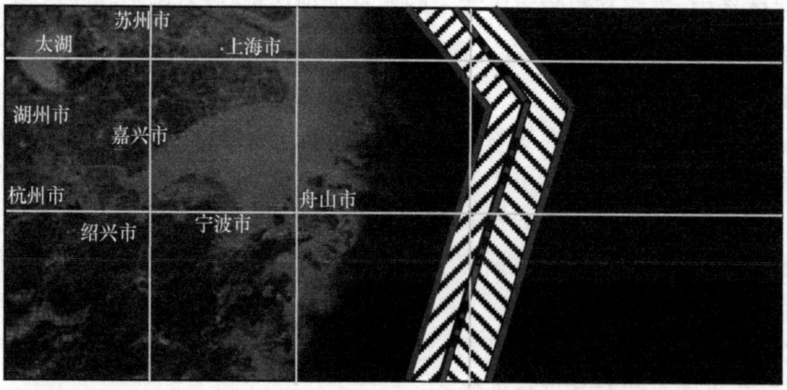

图 12-4　由大陆部分基线推算领海和毗邻区外部界限示意图

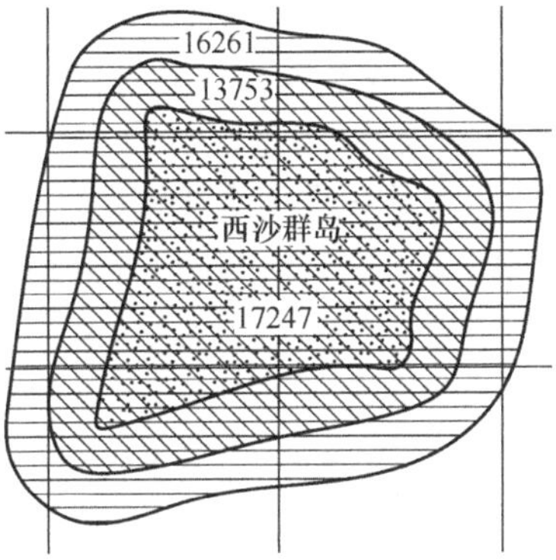

图12-5 由西沙群岛基线推算的领海和毗邻区外部界限示意图

2) 双边边界的推求

当海域宽度小于双方按《联合国海洋法公约》规定的各种海域边界上限之和时，海岸相向国家间的海域边界，通常按照中间线或调整后的中间线(如等比例线)的方式给出；海岸相邻国家间的海域边界，则按照所谓的等距离线或经调整后的等距离线(如等比例线)加以划定，并称之为"双边海域边界"。由于等距离线与中间线的确定方法并无本质上的区别，因此，在一般情况下可以不对中间线与等距离线加以区分，而是通称为中间线/等距离线。

12.4 勘界测量

12.4.1 海洋勘界测量特点

海洋划界不同于陆地勘界，其突出的特点是：

(1) 由于海洋具有流动性等特性，没有山脉、河流等有形的地理标志可作参考；

(2) 海洋划界既涉及水面、海床和底土等空间划分，又涉及其中的海洋自然资源的划分；

(3) 在海面上不可能设立像在陆地上一样的固定的边界界标，一条国际海洋边界的位置必须绘制在一张使用几何点和线的图上，或由计算机根据一系列地理坐标模拟绘制；

(4) 海洋划界所用的技术方法涉及的学科比较多，问题比较复杂。

12.4.2 海域划界中的主要测量工作

根据国际实践，从划界研究开始，到最终正式定界的全过程，每一步都要有充分的有关测绘成果的资料和数据。因此，必须进行专题划界测绘，其主要包括领海基线测量和不同区域的各种边界测量等。

1) 领海基线测量

其主要包括领海基点定位测量、基线量算等，按一般控制测量的程序进行。为保证基点的测量精度，应采用差分GPS进行联测。

领海基线又称"领海的内部界限"，一般分为正常基线和直线基线，分别采用正常基线法和直线法测定。按《联合国海洋法公约》规定，正常基线为除本公约另有规定外，测算领海宽度的正常基线是沿海国官方承认的大比例尺海图所标明的沿岸低潮线(《联合国海洋法公约》第5

条);直线基线则为在海岸线极为曲折的地方,或者如果紧接海岸有一系列岛屿,测算领海宽度的基线的划定可采用连接各适当点的直线基线法(《联合国海洋法公约》第7条第1款)。如按区域分类,又可分为大陆基线、岛屿基线、群岛基线、河口及(海)湾口基线等。1958年我国政府发表的《领海声明》,指出我国的领海基线采用直线基线法。1992年中华人民共和国颁布的《领海及毗连区法》,又重申了我国的这一规定。当时,有关部门对我国大陆和西沙群岛的领海基线(点),组织各方面的力量进行了第一次测量。而后,又在1985年进行了复测。

《联合国海洋法公约》第16条明确规定:①按照第7条、第9条和第10条确定的测算领海宽度的基线,或根据基线划定的界限,和按照第12条和第15条划定分界线,应在足以确定这些线的位置的一种或几种比例尺的海图上标出。或者可以用列出各点的地理坐标并注明大地基准点的表来代替。②沿海国应将这种海图或地理坐标表妥为公布,并应将各该海图和坐标表的一份副本交存于联合国秘书长。

由于沿海国根据《联合国海洋法公约》规定确定的领海基线既是国家内水(内海)与领海分界线,又是测算领海宽度和测定毗连区、专属经济区和大陆架等范围线的基线,因此,国家领海基线(点)测量是海域划界前期工作的重点,不但要先行而且还要进行精测。

2) *海域边界测量*

其主要包括领海、毗连区、专属经济区和大陆架等区域的外部界线测量。

(1) 领海线及其测定。领海线指一国领海的外部界限,它是国家主权水域与管辖(含管制)水域的分界线。《联合国海洋法公约》第3条规定:领海的外部界限是一条其上每一点同基线上最近点的距离等于领海宽度的线。1992年中华人民共和国颁布的《领海及毗连区法》,重申我国的领海宽度为12n mile。

根据国际实践,如果两个国家海岸相向,而且彼此间的距离小于领海宽度的2倍,领海线通常采用中间线法测定;若大于领海宽度的2倍,则按领海宽度大小测定领海线。如果两个国家海岸相邻,其彼此间的领海分界线,则是一条侧面分界线,一般采用等距离线法测定。

(2) 毗连区及其外部界限测定。《联合国海洋法公约》第33条第2款规定:毗连区从测算领海宽度的基线量起,不得超过24n mile。这就是说,毗连区是毗连一国的领海,其外部界限是国家管制水域与管辖水域的分界线,其每一点同基线上最近点的距离等于或小于24n mile一般采用测量领海线的方法测定。

(3)专属经济区及其外部界限测定。《联合国海洋法公约》第57条规定:专属经济区从测算领海宽度的基线量起,不应超过200n mile。它是领海以外并邻接领海的国家管辖水域,通常称为介于领海与公海之间的第三种海域。其外部界限是国家领海与公海的分界线,其每一点同基线最近点的距离等于或小于200n mile,一般采用测量领海线的方法测定。而《联合国海洋法公约》第75条规定:①在本部分的限制下,专属经济区的外部界线和按照第74条划定的分界线,应在足以确定这些线的位置的一种或几种比例尺的海图上标出。在适当情形下,可以用列出各点的地理坐标并注明大地基准点的表来代替这种外部界线或分界线。②沿海国应将这种海图或地理坐标表妥为公布,并应将各该海图和坐标表的一份副本交存于联合国秘书长。

(4) 大陆架及其外部界限的测定。大陆架区域也是国家管辖水域的一部分,并与毗连区、专属经济区共同构成介于领海与公海之间的第三种海域。

《联合国海洋法公约》第76条第1款规定:沿海国的大陆架包括其领海以外依其陆地领土

的全部自然延伸，扩展到大陆外缘的海底区域的海床和底土，如果从测算领海宽度的基线量起到大陆边的外缘的距离不到 200n mile，则扩展到 200n mile。该条第 2 款又规定：沿海国的大陆架不应扩展到第 4～6 款所规定的界限以外。显然，大陆架的外部界限一般指大陆边的外缘线。换言之，从领海基线到大陆边外缘的距离应等于 200n mile，如果小于 200n mile 则可扩展到这一距离，但最大距离不应超过 350n mile，一般采用测量领海线的方法测定。

《联合国海洋法公约》第 84 条规定：①在本部分的限制下，大陆架外部界线和按照第 83 条确定的分界线，应在足以确定这些线的位置的一种或几种比例尺的海图上标出。在适当情形下，可以用列出各点的地理坐标并注明大地基准点的表来代替这种外部界线或分界线。②沿海国应将这种海图或地理坐标表妥为公布，并应将各该海图和坐标表的一份副本交存于联合国秘书长，如为标明大陆架外部界限的海图或坐标，也交存于管理局秘书长。显然，《联合国海洋法公约》第 16 条、第 75 条、第 84 条中，第 2 款的规定几乎是相同的，只是第 84 条第 2 款还规定：如为标明大陆架外部界限的海图或坐标，也交存于管理局秘书长。

上述有关规定，既是各国实施海上划界的主要法律依据，也表明了测绘技术保证是海域划界必不可少的。

思考题和习题

1. 简述国际海域划界的含义。
2. 国际海域划界有几种主要法律依据？
3. 国际海域划界有几种主要方法？
4. 国际海域边界有几种推求方法？
5. 国际海域划界的测量任务与要求有哪些？

第 13 章 卫星测高技术

卫星测高是随着卫星遥感技术发展起来的新型边缘学科。它利用卫星上安装的微波雷达测高计(又称微波高度计),实时测量卫星到海面的高度、有效波高和后向散射系数,并通过数据处理和分析,开展大地测量学、地球物理学和海洋动力学的研究。

自从携带测高仪的 GEOS-3、Seasat、Geosat 和 HY-2A 等卫星发射之后,卫星测高资料已给人类带来了大量宝贵的信息。在地球科学方面,卫星测高为我们提供了全球范围海域的中、长波长大地水准面起伏数据,这是一项极有价值的地球物理成果。大地水准面是空间与地球科学中必不可少的参考基准面,反映了地球内部密度的不均匀结构和地幔对流状态。大地水准面资料与海洋测深资料相结合,可以提供地球弹性响应、海洋岩石圈厚度、年龄及冷却过程的约束。在海洋科学方面,测高计雷达反射脉冲的传播时间、波形可以给出海面地形、海面波浪及海面粗糙度的信息,从而有助于人们更精确地了解海洋的环流、确定海况和风速。

由于卫星测高技术的重大科学和实用价值,自 20 世纪 90 年代开始,欧空局(European Space Agency,ESA)与美国宇航局(National Aeronautics and Space Administration,NASA)都陆续推进了这一领域的研究,并陆续发射了多颗测高卫星,如表 13-1 所示。

表 13-1 卫星测高任务情况

卫星任务	运行时间	轨道倾角/(°)	重复周期/d	测高精度/m
Seasat	1978	108	—	0.2
Geosat	1984～1988	108	3,17	0.08
ERS-1	1991～1996	98	3,35,168	0.04
ERS-2	1995～2005	98	35	0.03
T/P	1992～2002	66	10	0.01
Jason-1	2001～2005	66	10	0.01
EnviSat	2002～	98	35	0.01
HY-2A	2011～	99.34	14	0.04

美国、俄罗斯、法国、日本、加拿大等世界上主要的航天国家在海洋卫星发展方面都已具有相当高的水平。我国海洋二号系列海洋动力环境卫星,携带包括 Ku 和 C 波段的双频高度计、散射计和激光测距等传感器,探测海洋风场、海面高和海面温度,HY-2A 卫星于 2011 年 8 月成功发射投入运行。

13.1 卫星测高基本原理

卫星测高利用卫星高度计,通过对海平面高度、有效波高、后向散射的测量,可同时获取流、浪、潮、海面风速等重要动力参数,如图 13-1 所示。

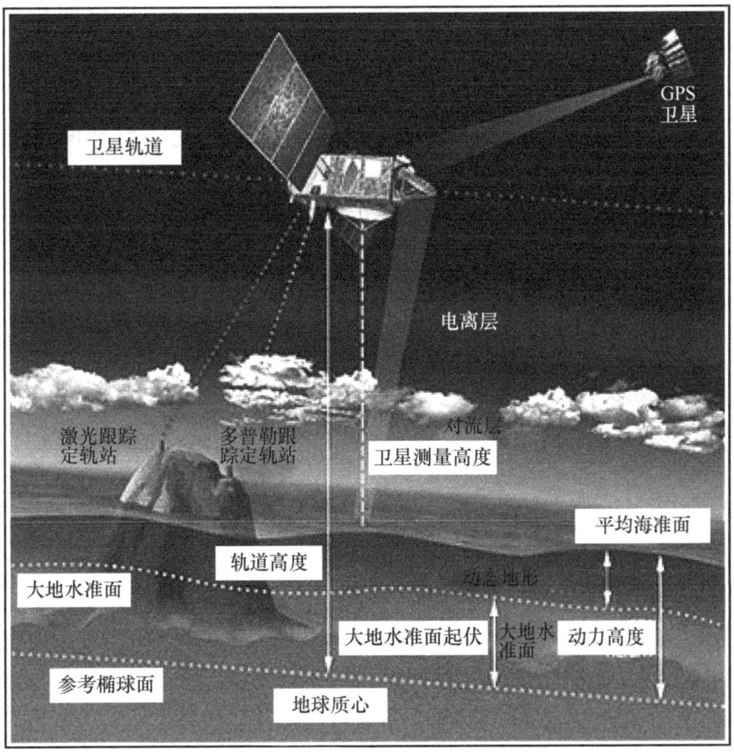

图 13-1　卫星高度计测高原理

13.1.1　卫星高度计工作原理

卫星高度计由一台脉冲发射器、一台灵敏接收器和一台精确计时钟构成。脉冲发射器从海面上空向海面发射一系列极其狭窄的雷达脉冲，接收器检测经海面反射的电磁波信号，再由计时钟精确测定发射和接收的时间间隔 Δt，便可算出由高度计质心到星下点瞬时海面的距离：

$$H_{\text{meas}}=c\cdot\frac{\Delta t}{2} \tag{13-1}$$

式中，c 为电磁波在真空中的传播速度。

高度计需要解决以下关键技术问题。①精确测量时间。为了达到 5cm 量级的测距精度，相应的时间测量要精确到 0.2ns 左右，要求计时钟具有年误差不超过 1s 的精度。②电磁波高能发射。高度计向海面发射一系列测距尖脉冲能量很有限，不足以保证检测回波信号所需的信噪比。为了使输出脉冲携带足够的能量，星载高度计采用了脉冲压缩技术。③测距宽脉冲。5GHz 超宽脉冲带宽远超过国际公认的卫星使用带宽。采用波形检测的方法，其原理如图 13-2所示。从卫星向海面发射一脉宽为 τ_p 的矩形脉冲。波面以卫星为中心，呈球面向下传播到海面，海面与电磁波的作用从 $t=0$ 时起，以球面波的波前与海面的切点开始，逐渐扩展，到 $t=\tau_p$ 时作用面展为以 d 为直径的圆，即

$$d=\sqrt{H_{\text{sat}}\cdot\left(\tau_p^2+16H^2\ln\frac{2}{c^2}\right)} \tag{13-2}$$

式中，H_{sat}为卫星高度；H 为海面波高的标准偏差。

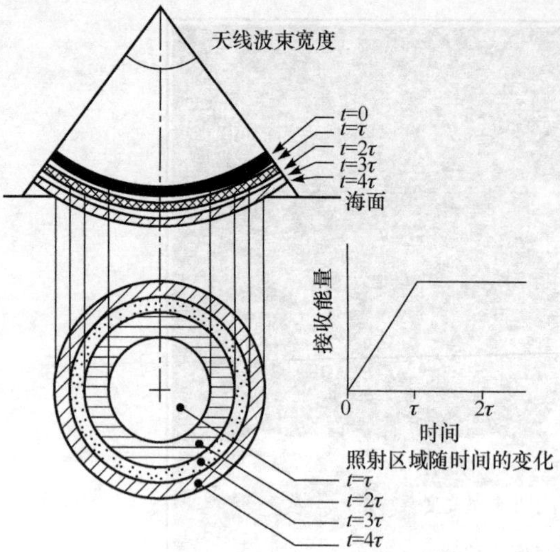

图 13-2 卫星高度计脉冲检测原理

当 $t>\tau_p$ 时，作用面积变为球面电磁波前与海面相割所成的圆环。该环的直径随时间不断扩大，环宽却逐渐变窄，圆环的面积则保持不变。当球面电磁波束的边沿到达海面时，圆环外径不再扩展，内径继续扩大，圆环面积逐渐减小，直至最后消失。经海面返回的电磁波幅度随时间的变化和上述电磁波与海面的作用过程相对应，形成一个展宽的梯形波。精确测量脉冲传输时间和返回脉冲前后波形，就可以得到高精度的测高值。这种波形检测方法大大放宽了对发射脉宽的要求，是现有卫星高度计普遍采用的方法。

13.1.2 卫星测高原理

卫星测高中卫星高度计与各基准面及需要修正的参量之间的几何关系描述如图 13-3 所示。从卫星测高的几何关系上看，瞬时海平面高度可以表示为

$$\left.\begin{aligned} H_{\text{inst}} &= (H_{\text{sat}}+\varepsilon_{\text{sat}})-(H_{\text{meas}}+\Delta H_{\text{meas}}+\varepsilon_{\text{meas}}) \\ \Delta H_{\text{meas}} &= H_{\text{com}}+H_{\text{wet}}+H_{\text{dry}}+H_{\text{iono}} \end{aligned}\right\} \tag{13-3}$$

式中，H_{inst} 为星下点瞬时海平面相对于参考椭球面的高度；H_{sat} 为卫星质心相对于参考椭球面的计算高度；ε_{sat} 为 H_{sat} 的计算误差；H_{meas} 为高度计质心到星下点瞬时海平面的测量距离；ΔH_{meas} 为对 H_{meas} 的各种修正；H_{com} 为质心修正；H_{wet} 为湿对流层修正；H_{dry} 为干对流层修正；H_{iono} 为电离层修正；$\varepsilon_{\text{meas}}$ 为 H_{meas} 的测量误差。

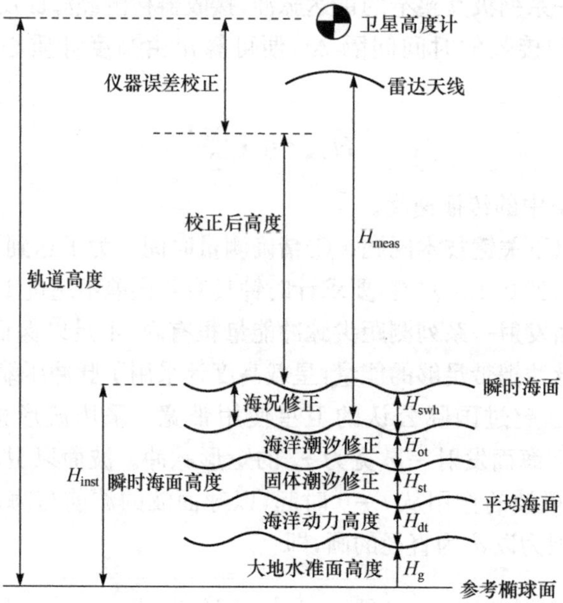

图 13-3 卫星测高的几何关系

从上式可以看出,瞬时海面高度是由卫星高度与测量高度之差经过一系列修正后得到的,而卫星高度是根据轨道运动方程结合地面遥测定位数据得到的,测量高度是根据前节描述的原理由高度计实测得到的,各修正量通过其他独立渠道获得。瞬时海面还可以表示为

$$H_{\text{inst}}=H_{\text{g}}+H_{\text{dt}}+H_{\text{ot}}+H_{\text{st}}+H_{\text{swh}} \tag{13-4}$$

式中,H_{g} 为大地水准面高度,H_{dt}为海面动力高度,H_{ot}为海洋潮高,H_{st}为固体潮高,H_{swh}为海面有效波高。

式(13-4)表明,若利用式(13-3)首先确定瞬时海面高度,采用适当的数据处理方法,则也可获得其他各海洋过程。

13.2　卫星测高数据反演海洋地球重力场

13.2.1　地球重力场的概念

地球上的任何物体都会受到地球和其他天体引力和离心力的作用,引力和离心力的合力称为重力。自然界中的一切现象几乎都与重力有着密切的关系,因此,重力测量的应用范围很广。例如,在地球物理勘探中,由于岩石和矿石密度的不同所引起的重力场的变化,可用来寻找矿藏和了解地质构造;在导弹与航天技术中,重力测量资料可为空间飞行器的轨道计算和惯性导航服务,提高远程导弹的命中率;在大地测量学中,要用重力数据去归算观测成果和研究地球形状等。

重力是质量和重力加速度的乘积。如果被吸引质量 $m=1\text{g}$ 时,则重力在数值上等于重力加速度,因此通常将重力和重力加速度两个词通用。重力加速度的单位以"伽"(Gal)表示(即 1cm/s^2),$1\text{Gal}=10^3\text{mGM}$(毫伽)$=10^6\mu\text{Gal}$(微伽),$1\text{mGal}=1\times10^{-5}\text{m/s}^2$。

为了利用重力研究地球形状等问题,需引用与力有关的函数—位函数作为工具。设有一个标量函数,它对被吸引点各坐标轴的偏导数,分别等于力在相应坐标轴上的分量,这样的函数称为位函数,简称力的位。假设已知空间两个质点 m 和 m'之间的距离为 r 时,则其间的引力大小为

$$F=-f\frac{mm'}{r^2} \tag{13-5}$$

如图 13-4 所示,M 为吸引点,P 为被吸引点,引力方向朝向 M 点。当 $m'=1$,即 P 点为单位质点时,对应于式(13-5)的引力,则引力位 V 的函数形式为

$$V=-f\frac{m}{r} \tag{13-6}$$

假如有许多质点 $m_1,m_2,\cdots,m_n$,都作用于某一单位质点 P,各质点与 P 的距离分别为 r_1,$r_2,\cdots,r_n$,则总的引力位应为各引力位之和。当$n\rightarrow\infty$时,各质点又连续组成一个整体,如此时设地球质体的质量元素为 dm,则此质体(地球)对单位质点的引力位便可写成积分形式,即

$$V=f\int_{\tau}\frac{dm}{r} \tag{13-7}$$

同样,对于离心力位也能找到一个函数 Q

$$Q=\frac{\omega}{2}\rho^2\sin^2\theta=\frac{\omega}{2}(x^2+y^2) \tag{13-8}$$

式中,ω 为地球的旋转角速度;θ 为极距;ρ 为单位质点到坐标原点的距离;$\rho\sin\theta$ 为单位质点到旋转轴的垂直距离。

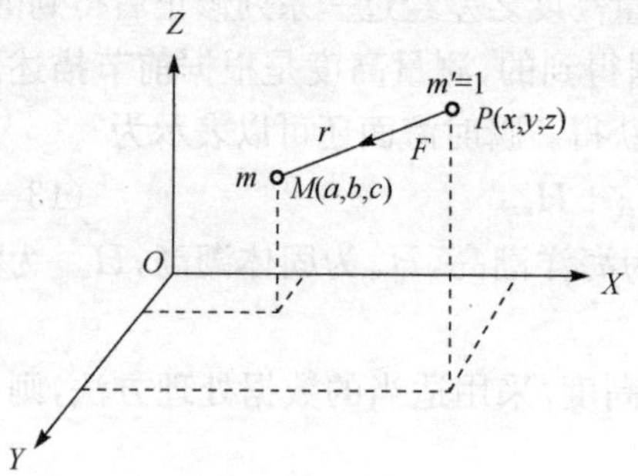

图 13-4　质点的引力

既然重力等于引力和离心力的合力，那么重力位 W 对地球来讲，可写成

$$W = V + Q = f\int_{\tau}\frac{dm}{r} + \frac{\omega}{2}(x^2 + y^2) \quad (13\text{-}9)$$

应用于一般情况，可以认为，重力位对任意方向的导数就等于重力在这个方向上的分力，即

$$\frac{\mathrm{d}W}{\mathrm{d}n} = g_n = g\cos(g, n) \quad (13\text{-}10)$$

当 n 的方向与重力方向垂直，即 $\cos(g,n)=0$，则 $\mathrm{d}W=0$，也就是说，如果被吸引点沿着重力的垂直方向移动，重力位不变，即

$$W = \text{常数} \quad (13\text{-}11)$$

当上式右边给以不同的常数，就可以得到一簇重力等位面，即水准面。其中有一个是十分重要的水准面，即它与静止的海水面重合，称该水准面为大地水准面。由于地球的地壳内部物质密度分布极不均匀，致使各点的重力大小和方向会发生不规则的变化，在这个不规则的表面上是无法进行数学计算的。但是，从整体上看，大地水准面所包围的大地体又相当接近于一个规则的、具有微小扁率的旋转椭球。因此，从研究这个规则的旋转椭球入手，进一步研究地球重力场。地球重力场通常是指地球空间点处的重力(加速度)强度，用地球重力位或其导出量(如重力)表示。

海洋重力测量是在海上测定重力加速度的工作。按照施测的区域可分为海底重力测量(沉箱法和潜水法)、海面(船载)重力测量、海洋航空重力测量和卫星海洋重力测量。

13.2.2　卫星测高反演海洋重力异常

大地水准面与参考椭球面上对应点的重力之差称为该点的重力异常(Gravity Anomaly)，方向之差称为垂线偏差。卫星高度计直接测量地球形状及大地水准面，进而计算全球重力场。目前由卫星测高数据反演海洋重力异常的方法主要有：最小二乘法、Stokes 公式逆运算法、Hotine 积分法、逆 Venning Meinesz 交换法、垂线偏差联合法和谱分析方法等。由于卫星测高数据越来越多，目前国际上正在发展利用各种卫星测高的数据联合求解的方法，以期得到精度更高、时间和空间分辨率更高的重力异常分布。图 13-5 是海洋科学数据中心利用卫星高度计资料获得的全球海洋重力异常分布。

近年来谱分析方法在重力场的逼近计算中得到迅速发展和广泛使用。谱分析方法是基于最基本的 Stokes 或 Hotine 积分公式。由大地测量学得知，计算大地水准面高的 Stokes 积分公式可以表示为

$$N = \frac{R}{4\pi\gamma}\iint \Delta g S(\psi)\mathrm{d}\sigma \quad (13\text{-}12)$$

式中，N 为大地水准面差距；γ 为重力；Δg 为重力异常；$S(\psi)\approx\frac{2R}{l}$ 为 Stokes 函数，其中 $l^2=(x_P-x_Q)^2+(y_P-y_Q)^2$。

令 F 和 F^{-1} 分别代表二维傅里叶正变换和逆变换算子，则可得到由已知大地水面高 $N(x,y)$ 求重力异常的平面近似谱形式。

$$\Delta g = 2\pi\gamma \cdot F^{-1}\left\{\frac{F[N(x,y)]}{F\left[\frac{1}{L}\right]}\right\} \tag{13-13}$$

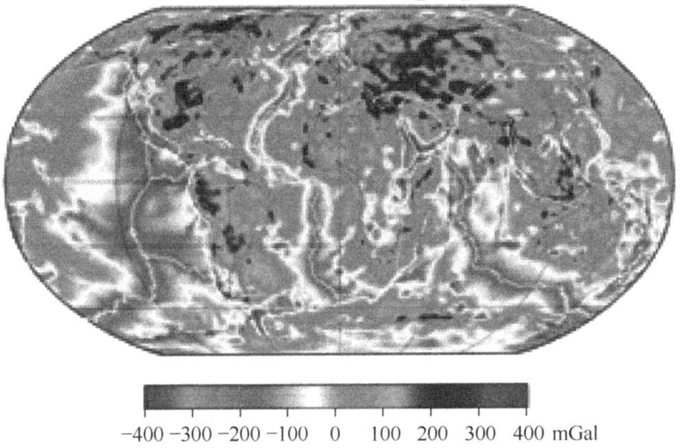

图 13-5　卫星测高全球海洋重力异常分布

13.3　卫星测高技术确定大地水准面

大地测量的基本任务之一是确定大地水准面。卫星测高提供了海域的大地水准面起伏。海洋大地水准面是接近于平均海平面的重力势面和旋转势的等位面，它反映了地球内部质量密度分布的不均匀特性。卫星高度计最初的成果就是测量地球形状及大地水准面。ERS-1卫星 168 天重复周期的运行就是为大地水准面测量而设计的，它提供了前所未有的空间采样分辨率。168 天周期运行 15 个月，取得了大量宝贵资料。以球谐函数级数的形式作为表征地球重力和大地水准面高度的数学模型，目前全球大地水准面模型达到 360 阶。模型的空间分辨率达到 100km，精度小于 0.5m。具有代表性的四个全球大地水准面模型：美国的 GEM 系列（Goddard Earth Model，NASA Goddard Space Flight Center），PGS 系列（Preliminary Gravity Solution），OSU 系列（Ohio State University）和 JGM 系列（Joint Gravity Model 由美国几家主要研究单位和法国 CNES 联合推出）。

测高卫星可以实时测量从卫星到瞬时海面的距离，经过对流层、电离层、潮汐以及仪器偏差等各项改正后，可求得平均海面相对于某一参考椭球面的高度，结合某一已知的地球重力位模型可进一步求得海面地形高度，反过来，根据已知的海面地形模型，可以求得消除了海面地形影响的大地水准面高度，这便是利用测高数据确定大地水准面的基本原理，用公式可以表示为

$$\left.\begin{aligned} h &= h_S - \rho \\ N &= h - \zeta \end{aligned}\right\} \tag{13-14}$$

式中，ρ 为测高仪所测的卫星到海洋面的垂直距离；h_S 为卫星在椭球面上的高度；h 为海洋面相对椭球面的高度，由于在卫星测高的成果处理中，测高距离是取卫星到星下点足迹距离多次观测的平均值，因此，这里的海洋面一般认为是平均海面，h 一般简称为海面高度；ζ 为海面地形高度；N 为大地水准面高度，如图 13-6 所示。

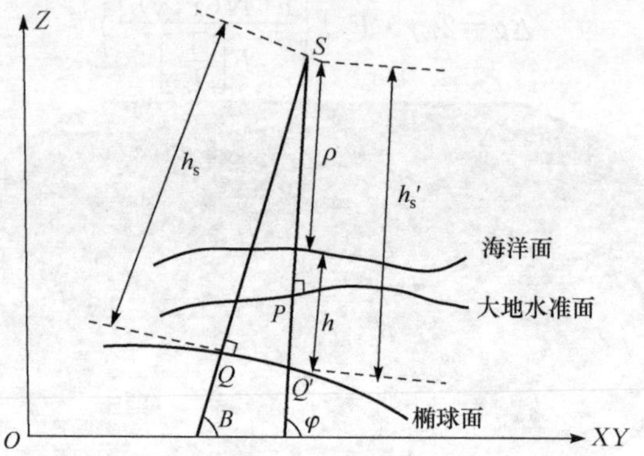

图 13-6 测高数据确定大地水准面原理图

由式(13-14)得知，利用测高数据确定大地水准面的关键是精密计算 h_S、ρ 和 ζ 三个量。下面首先介绍卫星高度 h_S 的计算方法。

由卫星大地测量学得知，通过地面跟踪站对卫星的观测，可以确定卫星的地心直角坐标 (x_S, y_S, z_S)，由椭球大地测量学直角坐标与大地坐标的转换关系式推导出

$$h_s = \frac{z_S}{\sin B} - R_N(1-e^2) \tag{13-15}$$

式中，$R_N = \dfrac{a}{\sqrt{1-e^2\sin^2 B}}$ 为卯酉圈曲率半径；a 和 e 为参考椭球的长半径和第一偏心率；B 和 L 为卫星的大地纬度相经度。

计算海面高度公式(13-4)中的 ρ 是由卫星测高仪测得的卫星至海面的最短距离。卫星测高值受许多因素的影响，必须经过各项误差改正后，才能用于大地测量学和海洋学研究中的进一步计算。需要进行的改正主要包括：卫星质心改正、电离层改正、对流层改正、大气压改正、海潮改正、固体潮改正以及电磁偏差改正等，尽管这些改正项的量级最大可达到 2～3m，但通过模型计算，最终可以将其剩余影响减小到 5cm 左右。

当已知海面高度后，计算大地水准面高的关键是从中分离出海面地形高度。海洋学将海面地形分为两部分，一部分是与时间无关的长期项，称为稳态海面地形；另一部分是随时间变化的部分，这部分的量级较小，目前还难以准确求定，故在一般情况下，都不加区分地将稳态海面地形简称为海面地形，海面地形的总量级在 2m 左右，因此确定海面地形的精度要比该值高出一个数量级才有意义，即至少要达到 10～20cm，如果大地水准面的计算精度要求达到 10cm，那么确定海面地形的精度指标还应作相应的提高。

目前用于确定海面地形的方法主要有三类，即几何水准、海洋水准及卫星测高。用几何水准可以测定验潮站上的海面地形，有时称它为海面倾斜。由于在各验潮站上使用长期验潮结果分别确定了各自的平均海面，将这些验潮站的平均海面用几何水准连接起来，并以其中的一个验潮站作为基准，就可以确定这些验潮站与起始验潮站平均海面之间的位差 ΔW。若 $\Delta W=0$，就表明它们在同一水准面上，海面地形之差异为零；否则就说明存在着海面倾斜。这便是利用几何水准确定海面地形的简单原理，由于这种方法只能确定沿海岸线各验潮站上的海面地形的相对值，因此在开阔的海洋上，确定海面地形主要依赖于海洋水准和卫星测高方法。海洋水准是海洋学中用于确定海面地形的主要方法，其中包括两种基本类型，一种是建立在流体静力平衡基础上的位距水准；另一种是建立在流体动力学基础上的地旋水准。前者主

要用于确定深海地区的海面地形，后者用于确定海峡或近海的局部海面地形。

绝大多数测高卫星的首要任务就是为了精密确定海面地形及其变化。如前所述，当根据卫星测高观测量确定了海面高度以后，依据式(13-14)可以通过已知海面地形模型来计算大地水准而高，反过来，同样可以通过已知大地水准面模型束计算海面地形高度，这是最简单的利用卫厚测高数据确定海而地形的一种方法。这种方法的通常作法是，根据某一重力场模型给出的大地水准面和平差后给出的海面高来计算海面地形，然后将其展开为球谐函数或其他的正交函数形式。国际有许多学者沿这种途径来确定全球和局部海域的海面地形模型，海面高的计算精度可以达到 10cm，甚至更高。为了求定可靠的海面地形，即使是可以不顾及海面高的误差，也得必须具备既有高分辨率又有高精度的重力场模型作基础。

利用卫星测高数据计算海面高度，并据此制作精密的海面形状图，这不仅是确定大地水准面和地球重力场的需要，同时也是开展海底地形、海面变化以及大洋环流和潮汐等各方面研究工作所必需的。

13.4　卫星测高技术检测海山

卫星测高技术能够高精度地确定海洋大地水准面，而海洋大地水准面在一定波长范围内与海洋水深具有很强的相关性。正是基于这一理论，人们利用卫星测高数据发现了许多以前未曾发现的海山。

为了发现测高卫星地面轨迹经过的海山，设海山形状为一简单的正圆锥体，如图 13-7 所示。

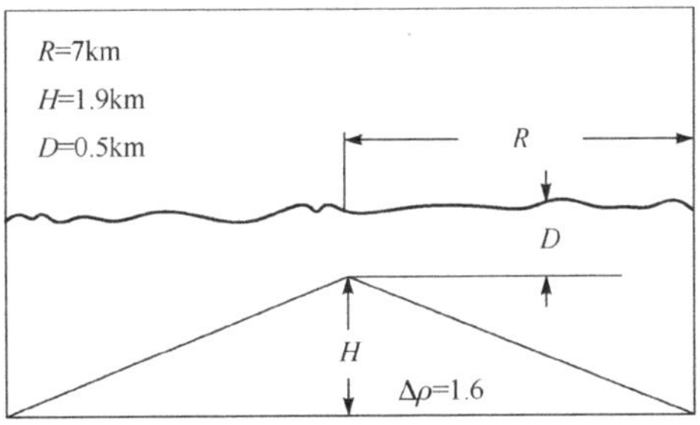

图 13-7　正圆锥体面海山模型

研究表明，大地水准面作为地球重力场的一个等位面，其起伏的变化大小与地表(包括海底)的起伏相关。由海山的存在产生的扰动 T 为

$$T=\int\frac{\mathrm{d}m}{r}\tag{13-16}$$

式中，m 为海山质量；r 为距离。

根据 Bruns 公式可得相应的大地水准面起伏为

$$N=\frac{T}{\gamma}\tag{13-17}$$

式中，γ 为参考椭球体上的正常重力。

对位于正圆锥体轴线上的点而言，式(13-16)可用封闭形式的积分来计算，对于离开轴线上的点，则只能用数值积分的方法来计算。该模型可用于检测星下点轨迹通过其正上方的海山，图 13-8 为相应的大地水准面起伏剖面。

为了以一种统一的方式顾及不同大小的海山的影响，通常是对图 13-8 中所示的海山模型

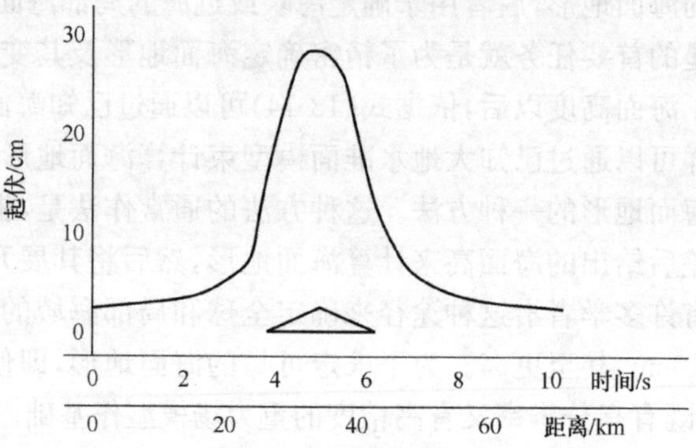

图 13-8 海山引起的大地水准面起伏剖面

的每个方向乘上一个线性比例因子，以使这一简单的海山模型能够较准确地再现不同大小的海山产生的大地水准面起伏。

卫星测高的地球物理数据记录(GDR)光盘上记录了每秒一次的海面高测量结果。当卫星的星下点轨迹直接通过圆锥形海山的正上方时，由海山产生的大地水准面起伏可近似用简单的参数模型来描述。

设对海山的采样长度为 N_S，最大幅度为 A，且最大幅度出现在采样的中央，即 $t_c=\frac{N_S}{2}$处，则海山产生的大地水准面起伏为

$$M(t)=AF\left(\frac{t-t_c}{c}\right) \tag{13-18}$$

式中，

$$F(x)=\frac{1}{1+\left(\frac{x}{t_0}\right)^2} \tag{13-19}$$

对于大多数匹配滤波器应用而言，一般采用 $c=1.7$，$A=80\text{cm}$。根据匹配滤波理论，在对数据进行处理时，可得到 A 的最大似然估计值，但 A 的初始选值并不能表明海山是不是可以被发现。通常为了方便，最好选一个能代表实际大地水准面起伏的合理的 A 值。

需要指出的是，大地水准面作为地球重力场的一个等位面，其起伏大小与地壳的密度构造密切相关，而不仅仅取决于地表(包括海底)的起伏。研究表明，地壳均衡补偿或者岩石圈弯曲对海山所引起的大地水准面起伏的大小有抑制作用，这样就会影响海山检测的灵敏度。对于检测海山而言，考虑不考虑地壳均衡补偿和岩石圈弯曲是利弊兼而有之。好处是模型更加完善，可以检测到一些较小的海山，使得检测到的海山大小更加准确。不利的是模型更加复杂，而且这些海区的地壳构造本来就不是很清楚，使得模型输入参数更加多样化，不确定性因素增加。

除了对海山引起的大地水准面起伏特征进行建模外，匹配滤波算法还需对不存在海山时的测高数据谱特性进行建模。对海面高的测量包含有来自多方面的误差，如大地水准面起伏的误差、轨道误差、仪器误差以及由海潮、气象因素、大气层、电离层等引起的误差。为了检测较小的海山，即大地水准面特征延伸数 10km，而幅度仅为 1m 左右，则波长大于 100km 的影响可不顾及。然而，仪器噪声以及其他短波长噪声的影响会限制检测最小海山的能力。

为了检测海山，一般视测高数据为噪声过程，并在其上叠加海山的特征信号。观测到的海面高时间序列 $D(t)$ 可以表示为

$$D(t)=N(t)+M(t-t_0) \tag{13-20}$$

式中，$N(t)$为描述无海山时的测高数据的高斯平稳随机过程；$M(t-t_0)$为中心位于采样时间t_0处的对称的海山起伏特征。

噪声过程 $N(t)$在不同的区域会表现出不同的特征。即使对一组重复轨迹而言，由于时间的关系，不同轨迹的噪声过程 $N(t)$也会不同。然而在无法针对某一特定的轨迹建立噪声过程模型时，只能使用平均噪声过程模型。

White 等曾利用 Seasat 测高数据进行了检测海山的研究。主要试验区域是大西洋西北部、阿拉斯加海山附近、太平洋西部的马歇尔群岛附近等。他们发现，实际海山的形状与模型海山的形状非常相似，但实际海山的根部直径要大一些，根部扎的要深一些，只是实际海山的高度没有模型海山那么高。如图 13-9 所示为大西洋西北部检测海山的情况。

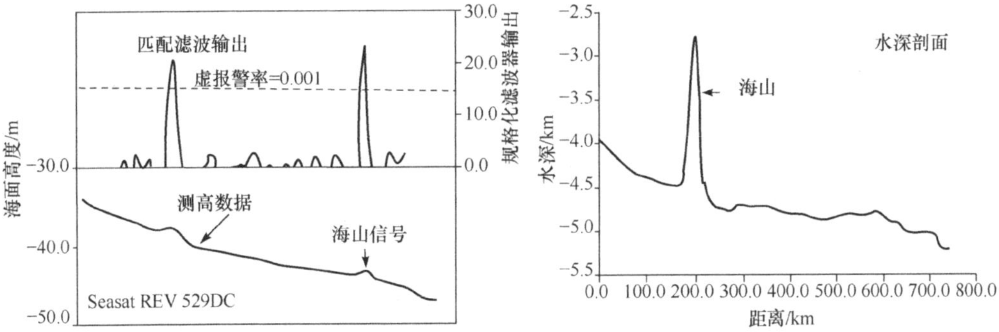

图 13-9　大西洋西北部海山检测

如果模型海山的形状与实际海山的形状不一样，匹配滤波器则是次优的，即使两者的形状只是略相似，实际的海山信号还是可以被检测到的。

13.5　卫星测高技术推估无图海域水深

海洋重力异常和海底地形在一定波长范围内具有高度的相关性，正是利用这种相关性，人们可根据海表重力异常场来推断海洋深度。对无图海区的水深进行了推估，取得了较高的精度。卫星测高数据提取的信息在布设水深测线，发现危险的碍航物、研究声波在海水中的传播等方面起了有非常大的作用。

利用海表重力场推断海洋深度在很大程度上依赖于均衡补偿的方式，而且地面轨迹剖面之间的海底地形对水深的推估有着很强的影响。人们已可利用覆盖全部海洋的多种卫星测高数据和已知的水深来推估未测海区的水深。

海底地形与海面重力场之间的关系可由与海底地形波长有关的函数来描述。理论和实践都表明，重力和水深地形呈现相关性的波长范围为 15～160km。重力场中，波长小于 15km 的部分由于从海底到海面向上延拓的衰减作用，信噪比都比较小，因此试图在该波长范围内推估水深是不安全的。同理，在大于 160km 的波长范围内，由于对海底地形存在的均衡补偿作用，可能根本不产生重力异常。对于波长小于 15km 的海底地形只能靠详细的船载重力测量来推估，对波长大于 160km 的海底地形可以利用已知船测水深的低通滤波结果作为约束。

在推估波长范围内，海底地形与重力的比值 $S(x)$可采用经验的方法确定。在大于 160km 的波长范围内，允许地形-重力比适当变化，以适应海底沉积层厚度及海底密度的变化。在无沉积层的海区，由于海水与岩石的密度差比较大，地形-重力比也较之有沉积层的海区要大。在有些海区，海底有很厚的沉积层，这时地形与重力的相关性就比较小，虽然沉积层产生了较大的重力异常，但海底地形却比较小。由于在沉积层很厚的海区，海底地形比较平坦，因此，我们可取 $S(x)=0$。在实践中，一般是采用带通滤波器对格网化的船测水深和重力进行滤波，用线性回归的方法估计地形-重力比和相关系数，这种方法通常被称为逆 Nettleton 问题，它仅仅利用有实测水深数据的格网点，推估的水深 $b_p(x)$ 等于带通预测值与区域内长波部分的深度 $d(x)$ 之和，即

$$b_p(x)=d(x)+S(x)g(x) \tag{13-21}$$

式中，带通预测值为带通滤波及向下延拓的重力 g 与比例因子 $S(x)$ 之积。

Smith 等人利用弯曲均衡补偿理论设计各种低通滤波器、高通滤波器和带通滤波器进行了水深推估研究。他们利用上面介绍的方法在 30°S 以南海域，利用密集的卫星测高地面轨迹(间隔 2～4km)和稀疏的船测水深(测线间距达数百公里)对海底地形进行了推估。结果发现，推估结果的水平分辨率为 5～10km，50％的推估点与实测水深的偏差在 100m 以内，80％的推估点与实测水深的偏差在 240m 以内。由于对海底地形的推估而言，其精度主要取决于波长小于 160km 的重力场的精度，而对船测水深时测深线的位置并不敏感。因而介绍的推估方法，可用于研究板块构造特性，但不能作为海上导航的依据。

13.6 卫星测高数据建立海潮模型预报潮汐

潮汐是海水受引潮力作用而产生的海洋水体的长周期波动现象。它在铅直方向表现为潮位升降，在水平方向表现为潮流涨落。潮汐的升降和涨落，与人们的多种活动有密切关系：船只航行和进港出港，舰艇活动，沿海地区的农业、渔业、盐业、港口建设，大地测量，环境保护等都必须掌握潮汐变化的规律。此外，利用潮汐进行发电，也是能源开发的一个重要方面。

以往的潮汐研究多为航海安全和港工建设等任务服务，限于观测条件只能在港口和重要航道附近设立验潮站，通常以 1h 时间间隔观测海面高度及其变化，通过调和或非调和分析方法确定有关潮汐参数用以进行潮汐预报，而在未设立验潮站的海域，其潮汐变化规律只能通过数学模型推算获得。为克服传统潮汐测量方法的缺陷，从 20 世纪 70 年代中期开始，美国等西方国家先后发射了一系列的测高卫星，获取了大量的海洋信息。这些数据精度高、数量大而且均匀覆盖了全球海洋，为人类研究不同海域的潮汐规律开辟了一条新的途径。

随着高度计卫星的发展，一些学者分别对 Geosat、T/P Jason-1、ERS-1 及 T/P 与ERS-1/2 的联合数据进行分析得到相应的实用海潮模型。1979 年出现了著名的 Schwiderski 全球海潮模型，20 世纪 90 年代后期，Le Provost 等应用有限元法建立了高精度与高分辨率的海潮模型。1994 年，Mazzega 利用卫星高度计资料联合验潮站数据，通过最小二乘配置法反演了亚洲半封闭海的潮波系统(CSR 模式)，获取了全球大洋 3°×3°的潮汐调和常数。近些年，出现了 20 多种基于卫星高度计的大洋潮汐模式。Andersen 等对其中主要的 10 种大洋潮汐模式进行了初步比较。Shum 等又对这 10 个大洋潮汐模式进行了综合的比较，它们比传统的 Schweiderski 模式的精度大约要提高 5cm。在比较分析中，全球潮汐模型在深水区只有 2～3cm的误差。Shum 对 6 种全球潮汐模型在浅水区域与实测数据进行比较，误差较大。而

从 T/P 自带的全球潮汐模型 CSR3.0、FES95.2 与 T/P 反演的潮汐模型在中国海和西北太平洋的比较中，对潮汐模型在此区域的精度有了新的认识。特别值得注意的是，在西北太平洋深水区，两种潮汐模型仅有 2cm 左右的差异，而在近海浅水区的黄海和东海结果差异较大，达到了 73cm。这主要是由于沿岸和近海海域的岸形、水深、海面地形和海底地形作用更加复杂，潮波变化梯度较大，呈现出许多短波特征，全球模型难以反映这些海域的潮汐特征。

卫星高度计测量海平面高度本身需要进行潮汐修正，同时，它能够给出全球大洋的潮高空间分布。由于潮汐具有确定的周期，使人们有可能将它从海平面高度中与其他不同周期或非周期性的海面起伏分离开来。目前大洋潮汐反演模式约有 13 种，边缘海潮汐反演模式仅有3～4 种。

人类对海洋的开发和利用很多都是在近海区域展开的，因此改善全球潮汐模型在近海区域的精度是极为必要的。而要改善潮汐模型在近海的精度，除了需要更多地了解近海各种复杂情况以外，更重要的是要提高卫星测高在近海的精度以及卫星测高在近海的分辨率。卫星测高在近海的精度主要受到湿对流层延迟改正及波形重定技术的限制。因此，可以从这两个方面，开展改善近海卫星测高精度的研究。而提高分辨率的有效方法之一是联合多种卫星测高任务进行潮汐模型的构建。通过联合精度较高的测高任务，可以避免单一测高任务分辨率较低的缺点。当然，不同种类的测高卫星其测高精度和运行周期也不尽相同，因此相应处理方法还有待研究。

思考题和习题

1. 简述卫星测高基本原理。
2. 卫星测高有哪些特点?
3. 简述卫星测高数据在海洋测绘中有哪些应用?
4. 简述卫星测高数据在潮汐预报中有哪些应用?
5. 简述卫星测高数据在确定地球重力场中有哪些应用?

主要参考文献

暴景阳.2000.海洋深度基准面的定义、标定与维持.海洋测绘,20(4):4～8

暴景阳.2009.海洋测绘垂直基准综论.海洋测绘,29(2):71～75

暴景阳,刘雁春.2006.海道测量水位控制方法研究.测绘科学,31(6):50～53

暴景阳,章传银.2001.关于海洋垂直基准的讨论.测绘通报,(6):10～11

毕永良,孙毅,黄谟涛.2004.海洋测量技术研究进展与展望.海洋测绘,24(3):65～69

陈非凡.1999.多波束条带测深仪的动态测量误差评估.海洋技术,18 (1):41～45

陈坚,金翔龙.2002.机载激光测深技术进展及其应用.海洋通报,21(6):75～82

陈俊勇. 2002.对我国建立现代大地坐标系统和高程系统的建议.测绘通报,(8):1～5

陈俊勇. 2002.关于我国采用三维地心坐标系统和潮汐改正的讨论.北京:中国大地出版社

陈俊勇. 2005.面向数字中国建设中国的现代大地测量基准.地理空间信息,3(5):1～3

陈俊勇,李建成.1998.推算我国高精度和高分辨率似大地水准面的若干技术问题.武汉测绘科技大学学报,23(2):95～99

陈俊勇,李建成,宁津生,等.2001.中国新一代高精度、高分辨率大地水准面的研究和实施.武汉大学学报·信息科学版,26(4):283～299

陈磊,王志云,王良玉. 2009.电子海图领域一些概念名词的梳理.航海技术,(1):35～38

陈永奇,李裕忠,杨仁.1991.海洋工程测量.北京:测绘出版社

丁继盛,张卫红.1998.声速断面对多波束测深误差的影响.海洋测绘,17 (3):15～19

冯士筰,李凤岐,李少菁.1999.海洋科学导论.北京:高等教育出版社

冯仲科,周立,赵俊兰.2002.测量学原理.北京:中国林业出版社

顾孝烈,鲍峰,程效军.2010.测量学.上海:同济大学出版社

关致和.1997.海底测量的相干声呐系统.海洋测绘,17(2):35～39

管泽霖,管铮,翟国君.1996.海面地形与高程基准.北京:测绘出版社

管泽霖,杨震岱,申宪忠,等.1991.我国海域平均海面、海面地形、海洋大地水准面的确定.西安:西安地图出版社

管铮,翟国君,黄谟涛.1999.面向新世纪的海洋测量.海洋测绘,19(4):6～11

郭发宾,张卫红.2004.姿态传感器在水深测量中的应用.海洋测绘,24(3):56～58

国家海洋局海域和海岛管理司.2009.海籍调查规范.北京:中国标准出版社

国家海洋局洋海发展战略研究所课题组.2009.中国海洋发展报告.北京:海洋出版社

国家质量技术监督局.2009. 全球定位系统(GPS)测量规范.北京:中国标准出版社

《海洋测绘词典》编辑委员会.1999.海洋测绘词典.北京:测绘出版社

胡建国 ,李建成, 董晓军,等.2001.利用卫星测高技术监测海平面变化.测绘学报,30(4):315～321

黄丁发,丁建伟,夏捷. 2000.差分 GPS 连续运行参考站(网)建设研究.西南交通大学学报, 35(4):376～379

黄俊华,陈文.2009.连续运行卫星定位综合服务系统建设与应用.北京:科学出版社

黄谟涛,欧阳永忠,陆秀平,等.2005.海洋测量平面控制基准及其转换. 海洋测绘,3(5):1～3

黄谟涛,翟国君,管铮,等.2001.利用卫星测高数据反演海洋重力异常研究.测绘学报,30(2):179～184

黄谟涛,翟国君,王瑞,等.1999.海洋测量异常数据的检测.测绘学报,28(3):269～277

黄张裕,魏浩翰,刘学求. 2007.海洋测绘.北京:国防工业出版社

贾占东.1999.海洋测绘历史及高新技术展望.海洋测绘,19(3) :49～50

亢孟军,翁敏.2010.电子海图 VPF 要素关系模型的实现.海洋测绘,30 (1):38～40

孔祥元,郭际明,刘宗泉.2008.大地测量学基础.武汉:武汉大学出版社

雷桑诺夫,布列霍夫斯基赫.1985.海洋声学基础.北京:海洋出版社

李家彪.1999.多波束勘测原理技术与方法.北京:海洋出版社
李征航,张小红.2009.卫星导航定位新技术及高精度数据处理方法.武汉:武汉大学出版社
梁开龙.1995.水下地形测量.北京:测绘出版社
林观得,孙亨伦.1985.海平面.北京:地质出版社
刘春,陈华云,吴杭彬.2010.激光三维遥感的数据处理与特征提取.北京:科学出版社
刘经南,陈俊勇,张燕平,等.1999.广域差分GPS原理和方法.北京:测绘出版社
刘经南,刘晖.2003.建立我国卫星定位连续运行站网的若干思考.武汉大学学报(信息科学版),28(特刊):27～31
刘雁春.2003.海洋测深空间结构及其数据处理.北京:测绘出版社
刘雁春,李明叁,黄谟涛.2001.海洋测线网系统误差调整的秩亏网平差模型.武汉大学学报(信息科学版),26(6):533～539
刘雁春,肖付民,暴景阳,等.2006.海道测量学概论.北京:测绘出版社
楼锡淳,朱鉴秋.1993.海图学概论.北京:测绘出版社
孟德润,田光耀,刘雁春.1993.海洋潮汐学.北京:海潮出版社
苗丰民.2004.海域使用管理技术概论.北京:海洋出版社
莫杰,高平.2002.海洋油气勘查现代技术方法综合应用现状及发展趋势(上).中国海上油气(地质),16(2):137～144
宁津生.2002.现代大地测量参考系统.测绘通报,(6):1～5
彭光宇,赵明才.1993.海道测量定位与计算.北京:测绘出版社
秦臻.1984.海洋开发与水声技术.北京:海洋出版社
全国海洋标准化技术委员会.2009.海域使用分类 HY/T 123—2009.北京:中国标准出版社
任少华.2005.无验潮模式下的GPS RTK水下地形测量技术.浙江水利科技,138(2):75～78
桑金,张铁军.2002.中国沿海RBN-DGPS系统的建立及性能评定.测绘通报,(11):11～13
沈文周.2003.海域划界技术方法.北京:海洋出版社
王广运,王海瑛,许国昌.1995.卫星测高原理.北京:科学出版社
王涛,尹宝树,陈兆林.2004.海洋工程.济南:山东教育出版社
武汉测绘科技大学,大连舰艇学院,天津海洋测绘研究所.1991.海洋大地测量学.北京:测绘出版社
肖付民,刘雁春,暴景阳.2001.多波束换能器航线偏移对多波束测深质量的影响.测绘通报,(7):32～35
徐德宝,李明,赵建虎.2002.海洋测绘.武汉:武汉大学出版社
许兆新,花文华.2009.三维电子海图地形可视化技术研究.哈尔滨工程大学学报,30(10):1129～1133
叶久长,刘家伟.1993.海道测量学.北京:海潮出版社
易大方.2004.差分GPS数字信标接收机的研制.电讯技术,(5):89～92
翟国君,黄谟涛,欧阳永忠,等.2001.海洋测绘的现状与发展.测绘通报,(6):7～9
翟国君,黄谟涛,谢锡君,等.2000.卫星测高数据处理的理论与方法.北京:.测绘出版社
张明林.1998.中国沿海RBN/DGPS系统精度分析.海洋测绘,18(4):31～42
章书寿,陈福山,周国树.2011.测量学教程.4版.北京:测绘出版社
赵建虎.2002.多波束深度及图像数据处理方法研究.武汉:武汉大学博士学位论文
赵建虎.2007.现代海洋测绘(上册).武汉:武汉大学出版社
赵建虎.2008.现代海洋测绘(下册).武汉:武汉大学出版社
赵建虎,刘经南,张红梅.2001.船姿分析及其对多波束测量的影响.武汉大学学报(信息科学版),26(2):144～149
赵建虎,刘经南,周丰年.2000.GPS测定船体姿态方法研究.武汉:武汉测绘科技大学学报,25(4):353～357
赵建虎,张红梅.1999.水下地形测量技术探讨.武汉:测绘信息与工程,88(4):22～25
赵建虎,周丰年,张红梅.2001.船载GPS水位测量方法研究.测绘通报,(增刊):1～3

赵明才,吴中鼎. 1990. 平均海面基准、精度和倾斜研究. 海洋测绘,10(3):1～8
赵玉新,陈业夫,周广涛. 2005. 电子海图系统点状符号库的设计方法研究. 中国航海,(1):43～47
郑彤,周亦军,边少锋. 2009. 多波束测深数据处理及成图. 海洋通报,28(6):5～10
中国标准出版社. 2006. 测绘标准汇编-海洋测绘卷(上)(下). 北京:中国标准出版社
中国科学院海洋领域战略研究组. 2011. 中国至 2050 年海洋科技发展路线图. 北京:科学出版社
中华人民共和国海事局. 1999. 海洋测绘法规标准汇编. 北京:中国标准出版社
周立,张东明,贺英魁. 2006. GPS 测量技术. 郑州:黄河水利出版社
朱庆,李德仁. 1998. 多波束测深数据的误差分析与处理. 武汉测绘科技大学学报,23(1):43～46
朱世立. 1997. 电子海图应用系统设计. 北京:国防工业出版社
de Jong C D, Lachapelle G, Skone S, et al. 2002. Hydrography. The Delft: Delft University Press
Godin G. 1972. The Analysis of Tides. Canada: University of Toronto Press
Hare R. 1995. Depth and position error budgets for multibeam echo sounding. International Hydrographic Review, 72(2): 37～69
Hughes Clarke J E. 1999. Provisional swath sonar survey specifications. Canada: University of New Brunswick Press
Ingham A E. 1992. Hydrography for the Surveyor and Engineer. 3rd ed. London: Blackwell Scientific Publications
International Hydrographic Organization. 1997. IHO Standards for Hydrographic Surveys. Monaco: International Hydrograghic Bureau
International Hydrographic Organization. 2005. Manual on Hydrography. Monaco: International Hydrographic Bureau
Kielland P, Hagglund J. 1995. Using DGPS to measure the heave motion of hudrographic survey vessels. International Hydrographic Review, 72(1): 21～24
Kusche J, Klees R. 2002. Regularization of gravity field estimation from satellite gravity gradlents. Journal of Geodesy, 76: 359～368
Lachpelle G. 1996. Hydrographic Surveying. Canada: The University of Calgary Press
Thomas Lau. 1996. Improvement of Accuracy of Hydrographic Survey in Nearshore Water. Hong Kong: Hong Kong Polytechnic University Press
Pope R W, Reed B A. 1997. Use of an airborne laser depth sounding system in a complex shallow-water environmentr. Hydrographic Symposium of 15th International Hydeographie Conference. 11:21～29.
Zhang C Y. 1998. Estimation of dynamic ocean topography in the Gulf Stream area using the Hotine formula and altimetry data. Journal of Geodesy, 72:499～510

附　　表

海籍调查基本信息表

<table>
<tr><td rowspan="4">申请人</td><td colspan="2">单位/个人</td><td colspan="3">连云港国际商务投资有限公司</td><td>联系电话</td><td></td></tr>
<tr><td colspan="2">地址</td><td colspan="3">连云港市连云区</td><td>邮编</td><td></td></tr>
<tr><td colspan="2">法定代表人</td><td></td><td>身份证号</td><td colspan="3"></td></tr>
<tr><td colspan="2">联系/代理人</td><td></td><td>身份证号</td><td colspan="3"></td></tr>
<tr><td rowspan="4">项目用海</td><td colspan="3">项目名称</td><td colspan="4">10kV 鸽岛线路工程</td></tr>
<tr><td colspan="2" rowspan="2">用海类型</td><td>一级类</td><td colspan="4">海底工程用海</td></tr>
<tr><td>二级类</td><td colspan="4">电缆管道用海</td></tr>
<tr><td colspan="3">用海设施/构筑物</td><td colspan="4">海底电缆管道</td></tr>
<tr><td rowspan="6">海籍测量</td><td colspan="3">宗海面积</td><td colspan="2">1.28　hm²</td><td colspan="2" rowspan="6">宗海位置(文字说明)
起点位于西大堤南侧 800m 左右的岸边，终点位于鸽岛西侧，宗海位于起点和终点之间的 10m 范围海域</td></tr>
<tr><td rowspan="4">用海方式</td><td colspan="2">海底电缆管道</td><td colspan="2">1.28　hm²</td></tr>
<tr><td colspan="2"></td><td colspan="2">hm²</td></tr>
<tr><td colspan="2"></td><td colspan="2">hm²</td></tr>
<tr><td colspan="2"></td><td colspan="2">hm²</td></tr>
<tr><td colspan="3">使用岸线</td><td colspan="2">m</td></tr>
<tr><td rowspan="2">权属核查</td><td colspan="2">相邻用海</td><td colspan="2">东</td><td>西</td><td>南</td><td>北</td></tr>
<tr><td colspan="2">使用人
(签字)</td><td colspan="2"></td><td></td><td></td><td></td></tr>
<tr><td rowspan="3">记事</td><td colspan="7">权属核查记事：

核查人(签名)　　日期</td></tr>
<tr><td colspan="7">海籍测量记事：

测绘人(签名)　　日期</td></tr>
<tr><td colspan="7">海籍调查结果审核意见：

核查人(签名)　　日期</td></tr>
<tr><td>备注</td><td colspan="7"></td></tr>
</table>

附　　图

1. 中国海图图面注记与配置示意图

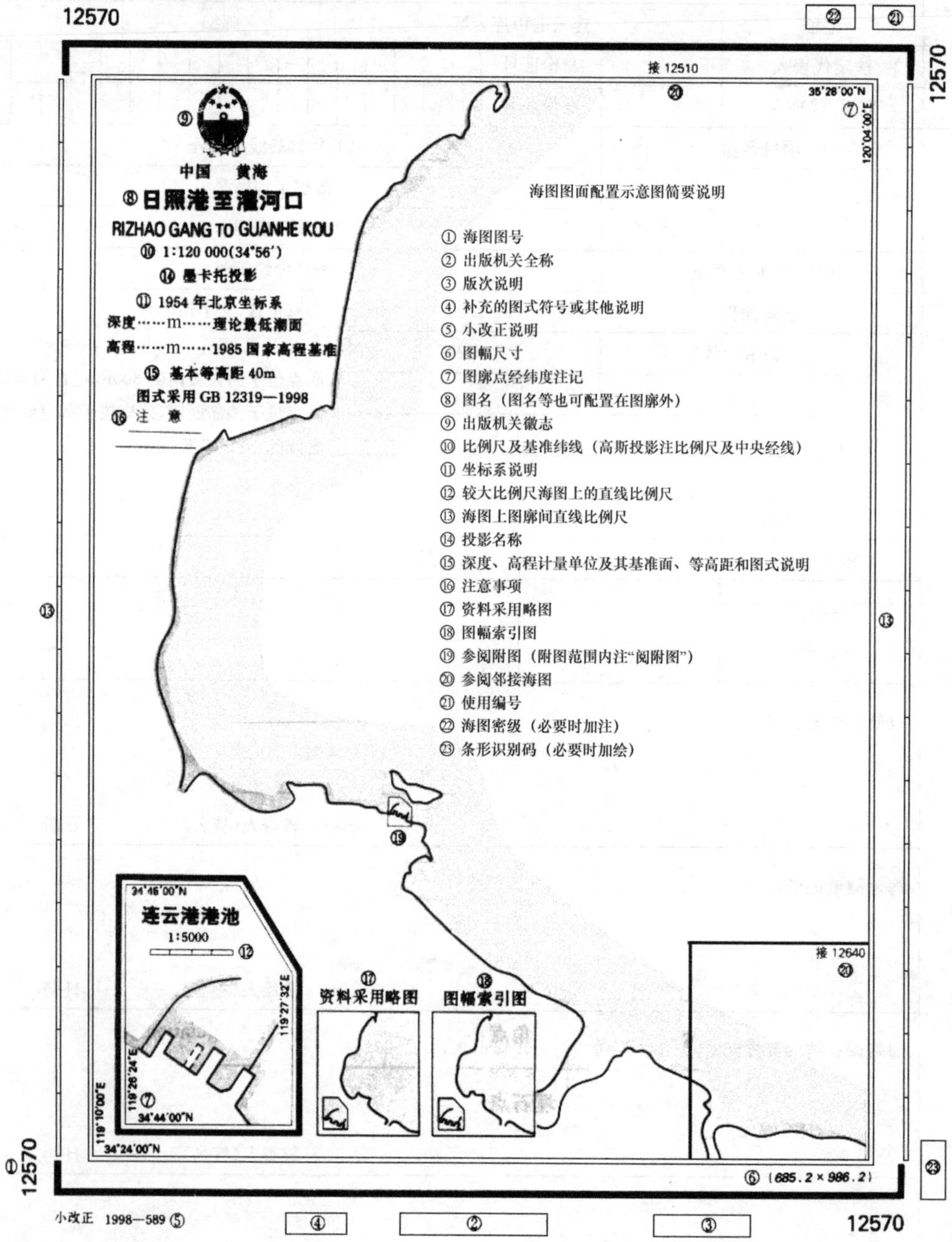

2. 海籍图整饰样式

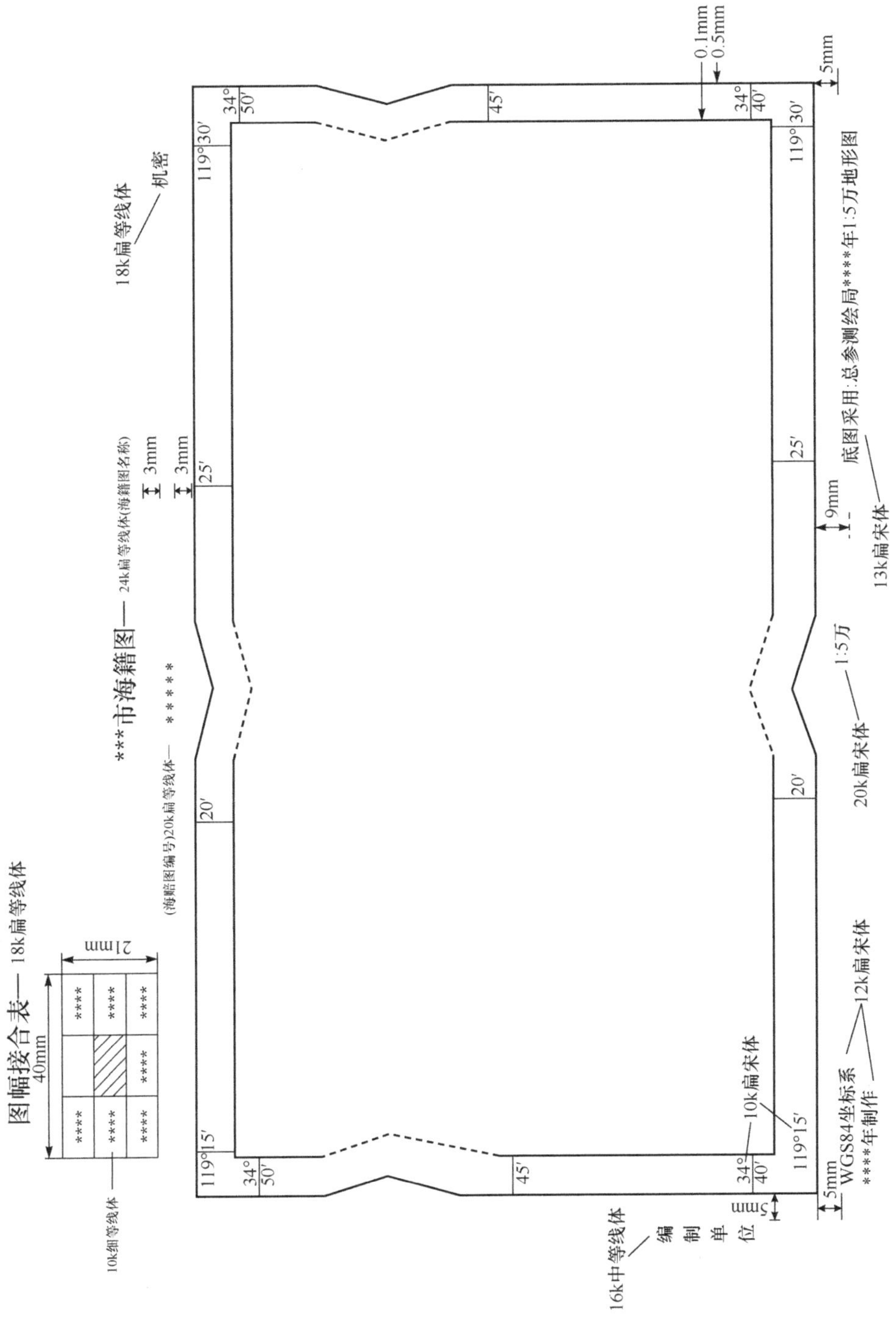
***市海籍图
24k扁等线体(海籍图名称)
*****
(海籍图编号)20k扁等线体
18k扁等线体
机密
图幅接合表
18k扁等线体
40mm
21mm
10k细等线体
0.1mm
0.5mm
5mm
3mm
3mm
9mm
34°
50′
40′
45′
119°30′
25′
20′
119°15′
10k扁宋体
16k中等线体
编制单位
5mm
WGS84坐标系
****年制作
12k扁宋体
1:5万
20k扁宋体
底图采用:总参测绘局****年1:5万地形图
13k扁宋体